Preisermittlung und Veranschlagen

Ein Hilfs- und Nachschlagebuch
zum Veranschlagen von Erd-, Straßen-, Wasser-,
Brücken-, Stahlbeton-, Maurer- und Zimmererarbeiten

Elfte neubearbeitete Auflage

von

Dr.-Ing. Ludwig Baumeister

Mit 165 Abbildungen

Springer-Verlag
Berlin Heidelberg GmbH
1955

ISBN 978-3-642-52651-0 ISBN 978-3-642-52650-3 (eBook)
DOI 10.1007/978-3-642-52650-3
Softcover reprint of the hardcover 11st edition 1955

Ursprünglich erschienen bei Springer-Verlag OHG.,
Berlin / Gottingen / Heidelberg 1955

Meiner lieben Frau
und treuen Mitarbeiterin

Vorwort zur elften Auflage.

Die neue Auflage stellt sich hiermit ihren alten Freunden inhaltlich stark verändert vor. Eine gründliche Neubearbeitung ließ sich nicht umgehen.

Den in den letzten 5 Jahren eingetretenen Veränderungen im Lohn- und Preisgefüge der deutschen Bauwirtschaft mußte Rechnung getragen werden. Die weitgehende Mechanisierung der Baustellen und die Typisierung der Baumaschinen war zu beachten. Sämtliche Beispiele wurden auf heutige Löhne und Baustoffpreise umgerechnet. Zufolge der nur zu begrüßenden Vereinfachung der gesetzlichen Bestimmungen auf dem Gebiete der Baupreisgesetzgebung konnten die früheren Ausführungen über die ,,Amtlichen Bestimmungen zur Baupreisbildung“ (II, § 9) wesentlich gekürzt werden. Der Verfasser konnte sich hier hauptsächlich auf die Erläuterung der neuen Baupreisverordnung beschränken.

In dem Kapitel VIII ,,Baggerarbeiten“ fanden nicht nur die neuesten Baggertypen, sondern auch die Methoden des ,,gleislosen Erdbaues“ Berücksichtigung.

Angeregt durch einen Meinungsaustausch über zweckmäßige Kalkulationsmethoden bei ,,Rammarbeiten“ mit Herrn Prof. Dr.-Ing. KRAUTH, Karlsruhe, hat der Verfasser den Versuch unternommen, die wesentlichen Einflüsse auf den Lohnaufwand bei Rammarbeiten klarzustellen und in übersichtlicher klarer Darstellung Kalkulationswerte zu entwickeln, welche mit der Praxis übereinstimmen.

Bei dem Kapitel ,,Wasserhaltungsarbeiten“ verdanke ich wertvolle Anregungen — betreffend die Wirtschaftlichkeit von Wasserhaltungsmaschinen — Herrn Dozent Dipl.-Ing. ERNST WETZEL in Frankfurt. Dem in der Praxis stehenden Bau-Ingenieur wurde gezeigt, in welcher Richtung er auch auf Grund theoretischer Überlegungen in der Praxis Erfahrungen sammeln muß.

In dem Kapitel ,,Straßenbau“ wurden für den neuzeitlichen Straßenbau, in erster Linie den Betonstraßenbau, entsprechend dem heutigen Stand der Technik Kalkulationswerte gegeben, welche dem praktischen Straßenbauer willkommen sein werden.

Das Kapitel XV ,,Maurerarbeiten und sonstige Hochbauarbeiten“ wurde einer völligen Neubearbeitung unterzogen:

Außer dem Mauern mit Normenziegeln wurde das *Mauern mit Lochziegeln, Leichtsteinen und Großformatsteinen* behandelt. Die verschiedenen im Hochbau heute üblichen *Massivdecken* (einschließlich der Decken aus Betonfertigteilen) wurden so behandelt, daß es dem

Benutzer des Buches möglich ist, danach irgendeine der zahllosen im Hochbau vorkommenden Massivdecken zu kalkulieren. Diese Neubearbeitung wurde im wesentlichen durch Herrn Dipl.-Ing. RUDOLF POHL in Hesepe, Kreis Osnabrück, vorgenommen, dem ich für seine wertvolle Mitarbeit herzlich danke.

Dank gebührt auch den vielen Baumaschinenfabriken, welche mir Unterlagen in reicher Fülle zur Verfügung gestellt haben, so daß es mir möglich war, da und dort im Text auf neue Baumaschinen und Bauverfahren hinzuweisen. Besonderer Dank für das Zustandekommen der neuen völlig umgearbeiteten Auflage gebührt dem Springer-Verlag, welcher allen zeitgemäßen Änderungen in Bild und Text von vornherein großes Verständnis entgegenbrachte und auch die Ausstattung des Buches wieder in altbewährter Güte hat vornehmen lassen.

Möge das Buch in seiner neuen Fassung als Lehrbuch und Nachschlagewerk — wie seine Vorgänger — Freunde finden.

Für Anregungen aus der Praxis bin ich stets dankbar.

Dießen a. Ammersee, im Frühjahr 1955.

Dr.-Ing. **Ludwig Baumeister.**

Inhaltsverzeichnis.

Abkürzungen.

a) Stundenlöhne.

St.	Stundenlohn eines	Tiefbauarbeiters bzw. Bauhilfsarbeiters.
Stas.	,, ,,	Asphaltarbeiters.
Stb.	,, ,,	Betonarbeiters, Zementeurs.
Stbm.	,, ,,	Betonarbeiters oder Maurers.
Stc.	,, ,,	Kanalarbeiters.
Std.	,, ,,	Dachdeckers.
Ste.	,, ,,	Eisenbiegers, Eisenlegers.
Stfa.	,, ,,	Faschinenlegers.
Stl.	,, ,,	Lokomotivführers.
Stm.	,, ,,	Maurers.
Sto.	,, ,,	Oberbauarbeiters bei Eisenbahnbau.
Stpf.	,, ,,	Pflasterers.
Str.	,, ,,	Rohrlegers.
Sts.	,, ,,	Steinarbeiters, Steinsprengers, Steinbrechers.
Stsch.	,, ,,	Schiffsmanns oder Kahnfahrers.
Stsl.	,, ,,	Schlossers.
Stst.	,, ,,	Steinmetzen.
Stv.	,, ,,	Vorarbeiters.
Stz.	,, ,,	Zimmermanns, Stellmachers.
$St_{masch.}$	,, ,,	Maschinisten (I., II., III. Klasse $masch_{I}$ usw.).
$St_{mi.}$	,,	Mittlerer Stundenlohn.
$St_{einsch.}$	,, eines	Einschalers.
$St_{schm.}$	,, ,,	Schmiedes.
$St_{schweiß.}$	,, ,,	Schweißers (Stahlkonstruktionen).
$St_{bo.}$	,, ,,	Bohrmeisters.

b) Maße.

1 m = 1 meter = 100 cm = 1000 mm.
1 m² = 1 qm.
1 m³ = 1 cbm = 1000 l (Liter).
1 t = 1000 kg = 1 Tonne.
m/s = meter/secunde.
1 PS = 75 mkg/1 sec = 1 Pferdestärke.
1 PSh = 1 Pferdestärke-Stunde.
1 kWh = 1 Kilowattstunde = 1,36 PSh.

c) Sonstige Abkürzungen.

BPrVO = Baupreisverordnung.
GeWibau = Geräteliste für die Bauwirtschaft 1952.
VPÖ = Verordnung über Preise bei öffentlichen Aufträgen.
BGBl = Bundesgesetzblatt.
VOB = Verdingungsordnung für Bauleistungen.
(RfPr = Reichskommissar für die Preisbildung).
VAfW = Verwaltungsamt für Wirtschaft.
VAWMBl = Verwaltungsamt für Wirtschaft Min.-Blatt.
LSBÖ = Bauleistungen für öffentliche Auftraggeber.
VOL = Verdingungsordnung für Leistungen.

I. Allgemeines über die Baukostenrechnung mit einem Grundplan der Selbstkostenrechnung.

Der Wert der *Baukostenrechnung* für die Baustellenorganisation und die Bauwirtschaft überhaupt kann nicht hoch genug eingeschätzt werden. Die Kalkulation *angemessener Preise* durch den Unternehmer und die Kenntnis der Berechnung der angemessenen Preise durch die Bauverwaltungen sind die Voraussetzung für eine weitere Gesundung des Verdingungswesens im Baugewerbe. Die Unterlagen hierfür schaffen *Zwischen- und Nachkalkulationen* bei allen Bauarbeiten[1].

Preisermittlungen sind auch nicht zu trennen vom Baubetrieb und dürfen, besonders bei großen Tiefbauarbeiten, nur in Anlehnung an einen genauen *Betriebs- und Terminplan* erfolgen und unter Zugrundelegung eines genauen *Planes über den Geräteeinsatz* (als Musterbeispiel für eine solche Preisermittlung kann das Beispiel Abschnitt XVII, S. 319ff. dienen). Die wirtschaftliche Erfahrung der letzten Jahrzehnte in allen Ländern der Erde hat bei den stets schwankenden Preisgrundlagen eine *Kostenzergliederung* beim Kostenaufbau in die *Kostenelemente* gebieterisch gefordert. Auch die *örtliche Verschiedenheit der Lohntarife* und die besonderen Verhältnisse jeder Baustelle und jeder Baustelleneinrichtung verlangen eine solche. Der Verfasser hält daher eine eingehende Behandlung der Grundlagen einer soliden Kostenberechnung in diesem und dem folgenden Abschnitt für unbedingt erforderlich.

Einteilung der Kalkulation.

So verschieden wie die einzelnen Bauobjekte sich uns in der Praxis darstellen, so verschieden ist auch die Art der Kalkulation je nach dem Zwecke, den sie im einzelnen Falle zu verfolgen hat. Wenn man die Kalkulation zunächst *nach Bauobjekten* in eine solche für den *Hochbau* (unter Einschluß des Stahlbetonhochbaues) und andererseits eine solche des *Tiefbaues* unterscheiden will, so muß uns ein grundsätzlicher Unterschied auffallen. Während man beim Hochbau die ganze Bauausführung, die ganze Bauorganisation und die Kosten der einzelnen Arbeiten auf Grund früherer Erfahrungen verhältnismäßig sehr genau übersehen und schätzen kann — eine Verteuerung infolge von

[1] Über Nachkalkulation siehe Anhang.

Bauunfällen, welche auf höhere Gewalt oder Verfehlen gegen anerkannte Regeln der Baukunst zurückzuführen ist, soll aus der Betrachtung ausgeschlossen sein —, liegen die Dinge im allgemeinen doch wesentlich anders im *Tiefbau*, welcher große Erdarbeiten, Gründungen, Rammarbeiten, Tunnelbauten und ähnliche Arbeiten umfaßt. Die Einschätzung der hier oft eintretenden Schwierigkeiten bei der Bauausführung ist trotz jahrzehntelanger Erfahrung doch an Schätzungen und Vermutungen gebunden, da z. B. bei Erdarbeiten die vorhandenen Bodenaufschlüsse durchaus nicht immer einen Schluß auf die Beschaffenheit der gesamten Bodenmassen gestatten und schon kleine Unterschiede in der Festigkeit des Bodens oder der Einfluß der Witterung bei gewissen Bodenarten, besonders bei Handarbeit, große Unterschiede in den Kosten zur Folge haben können. Tiefbaukalkulationen enthalten also infolge der schwierigeren Fassung der die Kostenbildung bestimmenden Faktoren eine größere Unsicherheit und ein größeres Wagnis, welches selbst durch langjährige Betriebserfahrungen des Kalkulators nicht ganz ausgeschaltet werden kann.

Je nach dem zeitlichen Verhältnis, in welchem die Kalkulation zur Bauausführung selbst steht, unterscheidet man folgende Arten von Kalkulationen:

1. Die *Vorkalkulation*, welche der Bauausführung vorausgeht.

2. Die *Zwischenkalkulation*, als Betriebskontrolle während des Baues.

3. Die *Nachkalkulation* (Erfolgskontrolle) nach Vollendung des Baues oder einzelner Teile desselben.

2. und 3. sind aufs engste verbunden, da eine gute Nachkalkulation jederzeit eine Zwischenkalkulation zulassen muß.

Die *Vorkalkulation* kann man sodann je nach dem Grad der Genauigkeit weiter unterteilen in

a) Kostenschätzung nach großen Einheiten (1 km Bahnstrecke, Kanalstrecke od. dgl.) oder *an Hand eines Skizzenprojekts* auf Grund der Hauptleistungen (vorläufiges Leistungsverzeichnis) für erste finanzwirtschaftliche Erwägungen.

b) Genaue Kalkulation aller einzelnen Arbeiten nach dem endgültigen Projekt durch Einsetzung von für die Ausführung bindenden Preisen in das endgültige Leistungsverzeichnis auf Grund einer sorgfältigen *Preisanalyse* (Angebotspreise). Nur die letztere ist als Kalkulation im eigentlichen Sinne Gegenstand unserer Betrachtung.

Die genaue Ermittlung von Angebotspreisen.

Nach der Ausschreibung von Bauarbeiten durch den Bauherrn erwächst den beteiligten Bauunternehmungen die Aufgabe, die *Angebotspreise* auf die einzelnen Teilarbeiten des Kostenanschlags abzugeben. Diese *Vorkalkulation* des Bauunternehmers ist es auch, welche man unter der *Kalkulation im engeren Sinne* zu verstehen hat. Da sie der Ermittlung von Preisen dient, welche bei Auftragserteilung bindend sind und über Sein oder Nichtsein des Unternehmers entscheiden können, so muß man von ihr einen größtmöglichen Grad der Genauigkeit erwarten. Die Preise sind auch, sofern nichts anderes (z. B. Gleitpreise) vereinbart wird, Festpreise (s. Abschnitt II, § 8, Bauvertrag). Die Unternehmungen müssen daher auf Grund der früheren Erfahrungen bei ähnlichen Bauarbeiten (in Form von „Nachkalkulationen", s. Anhang) die Preisberechnung sorgfältig vornehmen lassen durch Ingenieure, welche auf diesem Spezialgebiet sowie in der praktischen Betriebsführung von Baustellen genügend Erfahrung besitzen. Es sollte daher auch der Bauherr bei der Ausschreibung großer Bauarbeiten zur Ermöglichung sorgfältiger und wohlüberlegter Kalkulationen so verständig sein und nicht innerhalb weniger Tage Angebote auf umfangreiche Bauarbeiten einfordern, so daß es auch bei besten Erfahrungen nicht möglich ist, die Preisermittlung mit der entsprechenden Sorgfalt durchzuführen.

Die Preisbildung hat sich erfreulicherweise in den letzten Jahren immer mehr vervollkommnet und zu einer eigenen Wissenschaft entwickelt. Sie ist auch schon lange keine Geheimwissenschaft mehr, welche nur von eingeweihten Interessentenkreisen gepflegt wird.

Die Preisbildung erfolgt heute fast ausschließlich durch genaue Ermittlung der „*Selbstkosten*" jeder einzelnen Teilleistung (Ordnungszahl) des Kostenanschlags unter getrennter Ermittlung der einzelnen Kostenfaktoren („Preisanalyse"). Zu den ermittelten Selbstkosten kommen dann noch die Zuschläge für Wagnis und Gewinn des Unternehmers. Die folgenden Ausführungen beziehen sich in erster Linie auf *die Ermittlung der Selbstkosten unter Ausschluß von Wagnis- und Gewinnzuschlägen.*

Den Anspruch einer technischen Wissenschaft kann also nur eine Preisermittlung machen, welche die *Selbstkosten* auf die einzelnen Kostenfaktoren zurückführt. Sie erfordert ein großes Maß von technischem und organisatorischem Wissen. Die *Gliederung der Selbstkosten bei der Vorkalkulation von Einzelleistungen des Bauvertrages muß natürlich grundsätzlich dieselbe sein wie die Zergliederung und Aufteilung der Selbstkosten bei der Kostennachrechnung* während der Bauausführung. Es handelt sich also vor allem darum, einen allgemein verwendbaren *Grundplan der Selbstkosten* aufzustellen, welcher sowohl der Kostennachrechnung (Nachkalkulation) als auch der Kostenvorrechnung (Vorkalkulation) zugrunde gelegt werden kann. Die Kunst der Aufstellung eines guten Selbstkostenplanes für spezielle Bauarbeiten besteht nun darin, daß alle Kostenanteile, welche getrennt preisbildend wirken, auch getrennt erfaßt werden. Die Trennung darf aber andererseits nicht zu weit getrieben werden, so daß nebensächliche Einflüsse in der Kalkulation erscheinen, d. h. einzelne Arbeiten etwa noch in die Arbeitselemente zerlegt werden. Letzteres ist die *Aufgabe der wissenschaftlichen Rationalisierung* zur Verbesserung der Arbeitsmethoden. Bei der Kostenvor- und Kostennachrechnung handelt es sich darum, *auf möglichst einfache und klare Weise ein möglichst vollkommenes Bild über die Kosten der Arbeitsvorgänge des Baubetriebes zu bekommen*, das den Betriebsplan zahlenmäßig ergänzt.

Wenn nun auch die grundsätzliche Kostengliederung nach *Kostenarten* (Löhne, Material, Gerätekosten, Gemein- und Geschäftskosten, Gewinn) bei allen Bauarbeiten in gleicher Weise auftritt, so sind doch die *Kostenstellen*, d. h. die Stellen, wo die Kosten bei der Bauausführung verschiedener Bauobjekte entstehen, grundverschieden je nach den einzelnen *Kostenträgern*, d. h. den einzelnen Leistungen, welche mit den Bauarbeiten zusammenhängen. Der Verfasser hält es aus diesem Grunde für zweckmäßig, zur Ausscheidung der wichtigsten Kostenstellen, bei welchen die Hauptkostenarten (Löhne und Material) erscheinen, die verschiedenen Gebiete des Bauwesens nach *Tiefbau* einerseits, sowie *Hoch- und Stahlbetonbau* andererseits, getrennt zu behandeln. Es werden daher bei der *Nachkalkulation*, nach den genannten Fachgebieten getrennt, Vorschläge für eine zweckmäßige Unterteilung nach den Kostenstellen der Lohn- und Materialkosten gegeben werden, aus welchen auch hervorgeht, mit welchen Einheiten bei den verschiedenen Teilarbeiten gerechnet werden muß. Denn diese spezielle Unterteilung in erster Linie der Lohnkosten, in zweiter Linie der Materialkosten, ist für die verschiedenen Bauarbeiten außerordentlich charakteristisch. Andererseits macht es aber erfahrungsgemäß dem Anfänger in den ersten Jahren der Praxis oft erhebliche Schwierigkeiten, das Wichtige und Wesentliche der Kostenzergliederung herauszuschälen, d. h. die ausschlaggebenden und bei derselben Arbeit immer wiederkehrenden Kostenstellen und die zweckmäßigste Einteilung zur Beurteilung der einzelnen Leistungen in einer Form zu wählen, welche die beste Wiederverwendung für die Vorkalkulation gestattet. Aus diesem Grunde wird auch bei der Behandlung der Nachkalkulation auf Baustellen noch innerhalb der einzelnen Fachgebiete eine Unterteilung nach den in der Praxis am häufigsten vorkommenden Bauobjekten vorgenommen.

Da also grundsätzlich Kostenvorrechnung und Kostennachrechnung dieselben Wege bei der Kostenzergliederung gehen müssen und die Vorkalkulation sich auf die Nachkalkulation bei gleichartigen Bauarbeiten stützen muß, ist der Grundplan der Selbstkostenrechnung bei beiden Kalkulationsarten derselbe.

Der folgende *Grundplan der Selbstkostenrechnung für Bauarbeiten* wird als ein in erster Linie für die Vorkalkulation geeignetes Kostenschema in Vorschlag gebracht. Die Hauptsache bei Aufstellung eines Grundplanes ist, daß *sämtliche* Kosten von Bedeutung erfaßt werden. Die Frage, unter welcher Kostengruppe man ein Kostenelement aufführen will, ist oft weniger eine Frage der systematisch richtigen Eingliederung als vielmehr eine Frage der praktischen Zweckmäßigkeit im Hinblick auf die Kostenvorrechnung bzw. Kostennachrechnung.

Grundplan der Selbstkostenrechnung[1].

A. Gerätekosten:

I. Groß- und Kleingeräte.

1. Gerätekosten:

a) Abschreibung und Verzinsung.
b) Materialkosten der Geräteunterhaltung (Reparaturmaterialien und Ersatzteile, Kleingeräte und Werkzeuge).

2. Zusammenbau, Abbau sowie An- und Rücktransport der Geräte (einschließlich Auf- und Abladen) und Baustelleneinrichtung[2].
3. Hin- und Rückfracht für die Geräte und Baustelleneinrichtung[2].

B. Kosten für den Arbeitsverbrauch:

I. Löhne für die Arbeiter und das Aufsichtspersonal (einschl. Überstunden-, Nacht-, Sonntags-Zuschlägen u. dgl., Prämien, Auslösungen usw.).

1. Für Einrichtung und Abräumen der Baustelle.
2. Für allgemeine Arbeiten (Werkstätte, Magazine usw.).
3. Für den Baubetrieb im engeren Sinne.

II. Materialien (frei Baustelle):

a) Baustoffe.
   1. Für Einrichtung und Abräumen der Baustelle[3].
   2. Zum Einbau in das Bauwerk.
b) Betriebstoffe (Kohle, Öle, Strom usw.).
   1. Für Einrichtung und Abräumen der Baustelle.
   2. Für allgemeine Arbeiten (Werkstätte, Magazine usw.).
   3. Für den Baubetrieb im engeren Sinne[4].
c) Bauhilfsstoffe.
   1. Zur Abschreibung bestimmte verbrauchte Bauhilfsstoffe (Schalholz, Nägel, Draht usw.).
   2. Kosten des An- und Rücktransportes für den Gesamtbedarf an Bauhilfsstoffen (vor allem Schal- und Rüstholz).

---

[1] Bei Ermittlung der „*Baupreise*“ und „*Baukosten*“ kommen zu den „*Selbstkosten*“ die Zuschläge für *Wagnis und Gewinn* sowie *Umsatzsteuer*.

[2] A I 2 und 3 werden bei Bauverträgen im Leistungsverzeichnis bei Baustelleneinrichtungskosten und Räumungskosten miterfaßt.

[3] Es ist der *Neuwert* der Baustoffe frei Baustelle abzüglich des Wertes der Stoffe nach Baubeendigung einzusetzen, sofern der Verbrauch nicht bereits als „Abschreibung“ unter A I 1 a) erfaßt wurde.

[4] Praktisch wird es bei Vorkalkulationen stets genügen, unter b) 3 auch die verhältnismäßig geringen Mengen aus II b) 1 und II b) 2 mitzuerfassen.

C. Unkosten der Baustelle und Zentrale:

I. Gemeinkosten.
1. Sozialer Aufwand (Arbeiterversicherung, Urlaub).
2. Unkosten der örtlichen Bauleitung (Gehälter der Angestellten, Telephon, Heizung und Beleuchtung, Reisen, Mieten, Büromaterialien usw.)[1].

II. Allgemeine Geschäftskosten.
1. Anteilige Kosten der Zentrale (Technisches Büro, Direktion, Personalkosten der Geräteverwaltung usw.).
2. Allgemeine Geschäftskosten (Kosten der Kapitalbeschaffung, Zinsen, Mieten, Steuern und Abgaben, Vereinsbeiträge, Versicherungen gegen Brand, Diebstahl usw. und sonstige Geschäftskosten).

Bemerkung. Einmalige Kosten sind A I 2, A I 3, B I 1, B II a) 1, B II b) 1.

Alle übrigen Kostenstellen zählen zu den *dauernden Kosten,* d. h. Kosten, welche sich über die ganze Dauer der Bauzeit erstrecken. Zur *Baustelleneinrichtung* zählen A I 2, A I 3, B I 1, B II a) 1, B II b) 1, B II c) 2.

In Anlehnung an die Baupreisverordnung vom 16. 6. 1939 § 10, wonach die Verpflichtung zur Baukontenführung ausgesprochen wird, empfiehlt die Wirtschaftsgruppe Bauindustrie ihren Mitgliedern etwa folgende

Gliederung der Baukosten[2].

A. Unmittelbare Selbstkosten der Bauarbeiten (Herstellkosten).

I. Einzelkosten der Bauarbeiten.

Lohnkosten[3].

1. Baubetriebslöhne (Löhne der Arbeiter, Vorarbeiter, Aufseher, Schachtmeister und Poliere):
a) Reine Löhne.
b) Zuschläge, für Auslösungen, Wegezulagen, Fahrkosten, Überstunden, Nacht- und Sonntagsarbeit, Wasser-, Tunnel-, Höhen-, Tiefen-, Schwarz-, Druckluftzulagen.

---

[1] Mit B I 2 zusammen auch „Allgemeine Baukosten" genannt.

[2] Nach OPITZ: Selbstkostenermittlung für Bauarbeiten. Berlin: Otto Elsner 1940.

[3] Der *Lohnaufwand je Leistungseinheit* und die Lohnsätze (Tariflöhne) sollen aus der Kalkulation ersichtlich sein. An Stelle der Lohnsätze der einzelnen Arbeiterkategorien (Poliere, Facharbeiter, Tiefbauarbeiter usw.) kann ein nachzuweisender „*Mittellohn*" eingesetzt werden. Lohnnebenkosten für besondere soziale Maßnahmen (Wegegelder, Trennungsentschädigung, Wochenendheimfahrten usw.) bleiben hier unberücksichtigt.

Stoffkosten.

2. *Baustoffe* (zum Einbau in das Bauwerk bestimmt).
   a) Reine Materialkosten (Ankauf).
   b) Fracht, Überfuhrgebühr, Ausladen, Abtransport zur Baustelle, Abladen, Stapeln usw. („Verladelöhne“, Sozialaufwand inbegriffen).
   c) Materialrisiko (Streuverluste, Verluste durch Verschnitt und Schwinden, Bruch, kleinere Diebstähle, Verderben durch Witterung usw.).
3. *Betriebstoffe* (z. B. Kohle, Strom, Benzin, Öle, Putzwolle usw.) gleiche Einteilung wie unter 2. a, b, c.
4. *Bauhilfstoffe* (z. B. Schal- und Rüstholz usw.) einschließlich An- und Rücktransport.

II. Gemeinkosten der Baustelle.

1. Gerätekosten.

a) *Abschreibung und Verzinsung* der Maschinen und des Großgerätes (Eigengeräte) und Mieten für fremdes Gerät.
b) *Verbrauchsgeräte* (Kleingeräte und Werkzeuge)[1].
c) *Auf- und Abladen. Aufbau und Abbau*[2].
d) *Frachten*, hin und zurück. *An- und Abfuhr* (Landfuhrwerk, Auto usw.)[2].
e) *Werkstättenbetrieb*, Reparatur- und Instandhaltungskosten sowie Ersatzteile für laufende Reparatur und Schlußreparatur.
   Löhne,
   Betriebsstoffe[3],
   Reparaturmaterial und Ersatzteile.

2. *Kosten der Baustelleneinrichtung und Baustellenräumung.*

Die Kosten der *Baustelleneinrichtung*[4] (und -räumung), d. h. die Kosten aller Anlagen, Baulichkeiten, Vorrichtungen und vorbereitender Arbeiten zur Durchführung des Baues oder einzelner Teilleistungen (Baubüros, Magazine, Reparaturwerkstätten, Unterkunftsbaracken,

---

[1] Im *Tiefbau* (besonders Erdbau) fällt hierunter auch der *Verbrauch an Gleisschwellen.* Im *Hoch- und Eisenbetonbau* mag es angängig sein (nach OPITZ), diese Kosten den „allgemeinen örtlichen Baukosten“ zuzuzählen. Im Tiefbau empfiehlt sich besondere Erfassung als Gerätekostenanteil.

[2] Soweit diese Kosten nicht unter II, 2, „Kosten der Baustelleneinrichtung“ erfaßt werden.

[3] Die *Betriebsstoffkosten* des Werkstättenbetriebs fallen selbst bei großen Tiefbauarbeiten kaum ins Gewicht. Sie betragen etwa 5% der unter e) genannten reinen Lohnkosten (ohne Zuschläge). Große Reparaturwerkstätten für Erdbaustellen von 2000 bis 4000 m^3 Tagesleistung benötigen bei 10stündigem Betrieb je 1 Arbeitstag etwa: 80 bis 100 kWh Strom, 80 kg Schmiedekohle und 5 kg verschiedene Öle, Fette, Putzwolle, Karbid u. dgl.

[4] Soweit diese Kosten nicht bereits unter II 1 c) oder II 1 d) erfaßt sind.

Unterkunftslager, Einrichtung der Wasser- und Stromversorgung, Beleuchtungsanlagen, Streckenfernsprecher, Umschlagbahnhöfe mit Kran- und Rangieranlagen, erstes Gleislegen auf Erdlosen, Bohlen- und Schwellenfahrten), und zwar

a) Kosten der Baustoffe, Bauhilfsstoffe und *Betriebsstoffe*[1] für Auf- und Abbau, Betrieb und Unterhaltung der gesamten Baustelleneinrichtung.

b) Lohnkosten für Auf- und Abladen beim An- und Rücktransport, für Auf- und Abbau, Betrieb[2] und Unterhaltung der gesamten Baustelleneinrichtung, Herstellen und Instandsetzen von Zufahrtsstraßen.

c) Frachten und Fuhrkosten für Antransport und Rücktransport der Baustelleneinrichtung[3].

3. Betriebskosten besonderer Anlagen[4]

für allgemeine Zwecke der Baustelle, z. B. Rangieranlagen, Entladekrananlagen, Baukraftwerke für Kraftstrom und Beleuchtung, Pumpstationen für die Wasserversorgung u. dgl., soweit die Kosten nicht in den Einzelkosten von Teilleistungen bzw. in der Baustelleneinrichtung A II, 2 miterfaßt sind.

4. Kosten der örtlichen Bauleitung und Hilfslöhne für allgemeine Arbeiten kurz „allgemeine örtliche Baukosten“ genannt.

a) Personalkosten der Baustelle (Gehälter der Bauleiter, Bauführer, Lohnbuchhalter, Techniker, Reisekosten für Zu- und Rückreisen, Heimreisen, Umzugsspesen, Bauzulagen und Sozialaufwand für Angestellte).

b) Besondere Personalkosten der Zentrale für die Baustelle (Entwurfsbearbeitung, Reisen der Oberleitung u. dgl.).

c) Hilfslöhne (fälschlich auch „unproduktive Löhne“ genannt) für Platzmeister, Magazinverwalter, Bürodiener, Nachtwächter, Meßgehilfen, Laufjungen, Sanitäter, Reinemachefrauen, Küchenhilfen usw.

d) Kosten des Bürobetriebes der Baustelle: Büromiete, Reinigung, Beleuchtung, Heizung von Büros, Magazinen und Werkstätten,

---

[1] Nur der „Verbrauch“ an Baustoffen darf berechnet werden. Der Wert der zurückgewonnenen Baustoffe nach Baubeendigung ist also abzusetzen.

[2] *Betriebslöhne* von Geräten, welche bei der Einrichtung der Baustelle eingesetzt werden (z. B. Entladekrane) und in den Betriebslöhnen A I 1 nicht erfaßt sind.

[3] Soweit diese Kosten nicht bereits unter II 1c) oder II 1d) erfaßt sind.

[4] Für *größere Tiefbaustellen* empfiehlt sich allerdings die gesonderte Kalkulation derartiger Anlagen, aus welcher der *Strompreis, Wasserpreis* usw. errechnet und in die Baukalkulation eingeführt wird. Es würden dann nur die geringfügigen Betriebskosten für allgemeine Zwecke hier erscheinen, also z. B. die *Beleuchtungskosten*. Strom, Wasser usw. werden in der Baukalkulation dann als „Stoffe“ behandelt und wie bei Bau- und Betriebsstoffen mit den Unkostenzuschlägen versehen.

Schreib- und Zeichenmaterial, Porto, Fernsprechanlagen, Zeitungen, Lichtpausen usw.

e) Kosten der Verkehrsmittel (Kraftwagen, Motorräder, Motorboote, Fahrräder u. dgl.).

f) Sonstige allgemeine örtliche Unkosten der Baustelle: z. B. Urkundensteuer, Beförderungssteuer, Lohnsummensteuer, Gutachten, Kameradschaftsabende, Betriebssport u. dgl.

g) Haftpflichtversicherung, Unfallversicherung der Bauleiter und Bauführer, Bauschadenversicherung.

5. Sozialaufwand,

d. h. gesetzliche soziale Abgaben und tarifliche soziale Leistungen für Meister, Facharbeiter und Arbeiter für Krankenkasse, Invalidenversicherung, Berufsgenossenschaft, Urlaub usw. (s. Abschnitt II, § 4, 3, S. 36).

6. Lohnnebenkosten,

d. h. Auslösungen (Trennungsentschädigungen), Wegegelder, Wochenendheimfahrten, Zu- und Rückreisevergütung, Arbeiterunterbringung usw., soweit diese Kosten nicht *auf besonderen Nachweis* vom Bauherrn getragen werden.

7. Bauzinsen[1]

für Einsatz von Betriebskapital

a) durch Vorleistung der Baustelleneinrichtungskosten,

b) durch Auslagen für die Bauleistungen bis zur Anweisung der Abschlagszahlungen,

c) durch Einbehalte des Bauherrn (Sicherheitsleistung und Gewährleistung).

8. Sonderkosten.

a) Pachten, Lizenzen, Bürgschaften, Bauwesenversicherung u. dgl.

b) Besondere mit der Eigenart der Baustelle verbundene Bauwagnisse (z. B. schwierige Wasserbauten).

B. Allgemeine Geschäftskosten.

1. Kosten der Oberleitung und zentralen Verwaltung des Bauunternehmens (und seiner Niederlassungen).

a) Gehälter und sonstige Bezüge der Leitung und der Angestellten des Zentralbüros (einschließlich der Vergütung für den Einzelunternehmer).

b) Bürounkosten der Zentrale (Schreibbedarf, Porto, Telephon, Planpausen, Miete, Heizung, Beleuchtung, Reinigung, Zeitschriften, Bücher, Inserate, Verdingungsunterlagen usw.).

---

[1] Sofern keine besonderen Ermittlungen auf Grund des Bauvertrags vorliegen, kann man diese Kosten mit 2,5 v.H. der Baubetriebslöhne annehmen.

c) Reisekosten, Kraftwagen.

d) Löhne für Büroboten, Reinemachefrauen usw. einschließlich des Sozialaufwandes.

e) Abschreibung, Verzinsung und Instandhaltung von Gebäuden, Büromöbeln und Büromaschinen.

2. *Kosten des Bauhofes und zentraler Lagerplätze*, Laboratorien, Lehrwerkstätten u. dgl.

3. *Freiwillige soziale Aufwendungen* für die Gesamtbelegschaft wie Pensionen, Unterstützungen u. dgl.

4. *Steuern und öffentliche Abgaben:* Grundsteuer, Aufbringungsumlage, Gewerbesteuer (ohne gewerbliche Lohnsummensteuer[1], Vermögenssteuer, Berufsschulbeiträge u. dgl.

5. *Wirtschaftsgruppen- und Verbandsbeiträge:* Betonverein, Handelskammerbeiträge, Forschungsgesellschaften u. dgl. (etwa 0,35% der Löhne).

6. *Versicherungen*, d. h. Kollektivversicherung gegen Feuer, Einbruch, Diebstahl, Insassenversicherung der Kraftwagen u. dgl. (nicht die Haftpflichtversicherung der Baustellen und Bauschadenversicherung).

7. *Sonstige allgemeine Geschäftskosten:* Werbung, Rechtskosten, Sachverständigengutachten, Lizenzgebühren u. dgl.

C. Gewinn und Unternehmerwagnis[2].

Das allgemeine Bau- und Unternehmerwagnis ist einzuschließen (besondere Bauwagnisse nach A II, 8).

D. Umsatzsteuer.

Dieses Kostenschema betont mehr die kaufmännisch-buchhalterische Seite, während das erstere mehr auf die technische Kostenvorrechnung abgestimmt ist. Je nach dem Zwecke (Kostenvorrechnung, technische oder kaufmännische Kostennachrechnung) und den jeweils vorliegenden besonderen Bauarbeiten (Hochbau — Tiefbau) wird man sich das Selbstkostenschema zurechtlegen. *Hauptsache ist, daß nichts Wesentliches dabei vergessen wird.* Die verschiedenartige Verwendung des Grundplans der Selbstkostenrechnung bei der technischen Kostennachrechnung gegenüber der kaufmännischen Kostennachrechnung soll im Anhang Abschn. I und II gezeigt werden. Eine Anwendung in der Kostenvorrechnung zeigt das Musterbeispiel einer zweckmäßig angelegten Kostenberechnung Abschnitt XVII, S. 319ff.

---

[1] *Die Lohnsummensteuer*, welche nur an einzelnen Baustellen bezahlt wurde, zählt zweckmäßig zu A II 4f) oder A II 8. Sie betrug 0 bis 2% der Lohnsumme.

[2] Über den Begriff des *Unternehmergewinns* und seine Abhängigkeit vom Beschäftigungsgrad handelt Abschnitt II, § 7, S. 57.

II. Grundlegendes zur Vorkalkulation von Bauarbeiten, besonders des Tiefbaues.

Die folgenden grundlegenden Betrachtungen haben zwar allgemeine Gültigkeit für Bauarbeiten, sind jedoch in erster Linie auf große Bauobjekte, d. h. *Tiefbauarbeiten* zugeschnitten. Es werden die einzelnen Kostenarten näher untersucht und dadurch die allgemeinen Ausführungen über den Grundplan der Selbstkostenrechnung dem Verständnis näher gebracht. Das Zahlenmaterial für Tiefbaukalkulationen ist für den praktischen Kalkulator bestimmt. Das in Abschnitt XVII, S. 319ff. gegebene *Musterbeispiel für die Kalkulation einer größeren zusammenhängenden Bauarbeit* zeigt die zweckmäßige Anlage einer Kostenberechnung in der Praxis an Hand des Betriebsprogramms. Es soll dem Irrtum vorbeugen, als seien die in den folgenden Abschnitten des Buches gegebenen Kalkulationssätze bereits fertige Preisermittlungen. Sie sollen lediglich durch Angabe vor allem des Lohnaufwands je Einheit der Leistung für die verschiedenen Bauvorgänge die Aufstellung von Kostenberechnungen erleichtern.

§ 1. Grundsätzliches zur Frage der Abschreibung und Verzinsung von Baugeräten.

Nach allgemeiner Auffassung im Maschinenbau bildet bekanntlich die Abschreibung einen Ausgleich für die Wertminderung des Gerätes infolge Verschleiß durch die Benutzung bzw. infolge von Veraltung. Die als Abschreibungen zurückgelegten Geldbeträge sollen demnach nicht nur Rücklagen sein zur Beschaffung einer neuen Maschine nach Verschleiß der alten, sondern sie sollen auch den Ersatz veralteter Maschinen ermöglichen. Durch die letztere Begriffsbestimmung wird natürlich die Wahl der Höhe der Abschreibung von Geräten bis zu einem gewissen Grade Sache der persönlichen Beurteilung. Indessen wird man im Baugewerbe den letzteren Gesichtspunkt stark vernachlässigen können, denn es wird wohl niemand einfallen, betriebsfähige Baumaschinen, wie Bagger, Betonmaschinen usw., nur deshalb nicht mehr zu benutzen, weil neuere Konstruktionen auf den Markt gelangen. Die Nutzungsdauer der Geräte bzw. deren wirtschaftliche Lebensdauer kann auf empirischem Wege von entsprechend erfahrenen Fachleuten geschätzt werden im Rahmen der Genauigkeit, welche man von solchen Schätzungen erwarten kann. Eine andere, viel wichtigere Frage ist es, inwieweit der „Beschäftigungsgrad" der Maschinen bei der Abschreibung zu berücksichtigen ist[1].

---

[1] Der Begriff „*Beschäftigungsgrad*" liegt eindeutig fest: Als „beschäftigt" gilt ein Gerät so lange, als es im Baustelleneinsatz vorgehalten wird und eine Bau-

In den Vorbemerkungen zur früheren Geräteliste für die Bauwirtschaft, welche 1944 als Preisvorschrift herausgegeben war und Gesetzeskraft hatte, war die Annahme gemacht, daß das Baugeräte durchschnittlich und über einen längeren Zeitraum gesehen, *nur mit 60 v. H. seiner Nutzungsdauer zum Baustelleneinsatz kommt*. Da eine gesunde Geschäftspolitik bei Bauunternehmungen dahin gehen muß, mit möglichst wenig Maschinen auszukommen, diese jedoch bei den vorliegenden Aufträgen so ausgiebig wie nur möglich auszunützen, d. h. den Beschäftigungsgrad dafür möglichst hochzuhalten, so dürfte es zweckmäßig sein, den Beschäftigungsgrad der Maschinen zunächst überhaupt nicht in die Ermittlung der Abschreibung hineinzunehmen und auch nicht die „Nutzungsdauer" zugrunde zu legen, sondern vielmehr die „wirtschaftliche Lebensdauer", d. h. die Lebensdauer, welche das Gerät bei fortgesetzter Verwendung auf der Baustelle bei einer durchschnittlichen jährlichen Betriebszeit von 2000 Betriebsstunden (10 Betriebsmonate zu 200 Arbeitsstunden) haben würde. Das ist also die „reine Einsatzzeit" des Baugerätes. Für das Geräte wird dann, solange es sich zur Arbeit auf einer Baustelle befindet, der dieser Lebensdauer entsprechende Mietsatz berechnet. Man ist dann völlig unabhängig vom sog. „Beschäftigungsgrad der Maschinen". Dafür hat man aber unter allen Umständen sowohl bei der Preisermittlung entsprechend dem Bauprogramm als auch bei der späteren Belastung der Baustelle mit Gerätemiete die voraussichtliche bzw. tatsächliche Inanspruchnahme des Gerätes auf der Baustelle (Einschichtenbetrieb oder Mehrschichtenbetrieb) zu berücksichtigen, wenn man dem Zweck der Abschreibung gerecht werden und die Wertminderung feststellen will. Eine Bauunternehmung kann andererseits aber nur *das auf Baustellen befindliche Geräte* mit „Gerätemiete" (Geräteleihgebühren) belasten. Wollte man aber die Abschreibung in Abhängigkeit vom tatsächlichen Beschäftigungsgrad festlegen, so würde sich das unmögliche Ergebnis herausstellen, daß in Zeiten schlechter Geschäftslage und daher meist auch schlechter Ausnutzung des Geräteparks die Baubetriebe trotz der schlechteren Preise auch noch höhere Gerätemieten zu zahlen hätten. Bei dem zweiten Kostenanteil der Gerätemiete, der *Verzinsung*, ist allerdings nach den späteren Ausführungen *tatsächlich die Abhängigkeit vom Beschäftigungsgrad vorhanden.*

Zu der rechnerischen Abschreibung bzw. den Gerätemietsätzen (welche nicht ganz gleichbedeutend sind mit den kaufmännischen Abschreibungen in der Bilanz, obgleich natürlich an und für sich beide dem gleichen Zwecke dienen), ist noch zu bemerken, daß man nicht etwa vom Buchwert des Gerätes, sondern nur vom *Neuwert* ausgehen darf. Dabei bleibt man dann auch unabhängig vom Geldwert, von

---

stelle mit „Geräteleihgebühren" belastet werden kann. Dabei ist es gleichgültig, ob das Geräte nun gerade arbeitet oder stillsteht (auch Winterpause, Reparatur u. dgl.). Steht also z. B. ein Geräte, das nach 9 Jahren mit 18000 Betriebsstunden als „abgeschrieben" gilt, im Laufe von 10 Jahren 1 Jahr auf dem Lagerplatz ohne Einsatzmöglichkeit, so ist der „Beschäftigungsgrad" 90 v. H.

Währungsfragen, von der Kaufkraft des Geldes usw., da man bei der Berechnung der *Geräteleihgebühren* jeweils nur die zur Zeit der Berechnung gültigen Einkaufspreise zugrunde legt.

Gesetzliche Bestimmungen für die Ermittlung der Höchstmieten für Baugeräte.

Bis zum Erscheinen der *neuen Baupreisverordnung*[1] PR Nr. 32/51 über die Baupreisbildung für öffentliche und mit öffentlichen Mitteln finanzierte Aufträge vom 11. 5. 1951 (erlassen vom Bundesminister für Wirtschaft im Bundesanzeiger Nr. 92 vom 17. 5. 1951) waren die *Höchstmieten für Baugeräte* ausdrücklich festgelegt in der sogenannten *Wibau-liste* (d. h. der Geräteliste der Wirtschaftsgruppe Bauindustrie). Die in der neu herausgegebenen *Baugeräteliste* 1952[2] genannten Mietsätze sind *nicht mehr als Höchstsätze* vorgeschrieben, sondern haben nur die Bedeutung von Richtlinien. Die neuen Vorschriften besagen lediglich, daß nur eine „*angemessene Verzinsung, Abschreibung und Reparaturkosten*“ eingesetzt werden darf.

Nachdem die Frage der Gerätemieten doch bei der Preisberechnung nach übereinstimmender Meinung der Fachleute eine untergeordnete Rolle spielt, war diese Vereinfachung der gesetzlichen Bestimmungen erwünscht. Die folgenden Betrachtungen mögen dazu beitragen, daß sich der Leser mit dem Problem der Gerätemietberechnung etwas gründlicher befaßt.

Betrachtungen zur Frage der rechnerischen Ermittlung der Baugerätemieten.

Die Herleitung der Gerätemiete aus der Zinseszins- und Rentenrechnung ist nach Ansicht des Verfassers weder notwendig noch auch zweckmäßig. Sie wird auch dem Wesen der Abschreibung nicht gerecht, insofern ein Bauunternehmer ja kein Bankgeschäft ist. Er will vielmehr mit dem eingesetzten Geräte arbeiten und Gewinn erzielen. Es könnte sonst die vom volkswirtschaftlichen Standpunkt nicht ganz unberechtigte Frage aufgeworfen werden, ob es denn überhaupt bei gleichzeitiger Rücklage von angemessenen Abschreibungen für die Neuanschaffung von Geräten zulässig ist, außerdem noch mit der vollen Verzinsung des Geräteneuwerts zu rechnen, wie es die in der früheren Geräteliste angenommene Rentenformel tat. Sie setzt nämlich:

$$R = \frac{(q-1)\cdot 100}{q^n - 1} + p = \frac{q^n \cdot (q-1)\cdot 100}{q^n - 1}.$$

Der Verfasser hält aus diesem Grund eine einfachere, verständlichere und im Maschinenbau allgemein übliche Entwicklung der Miet-

[1] Die frühere Baupreisverordnung vom 16. 6. 1939 samt den hierzu ergangenen Durchführungs- und Ergänzungsbestimmungen ist ab 11. 5. 1951 außer Kraft getreten.

[2] Erschienen im Bauverlag G.m.b.H. Wiesbaden.

sätze für zweckmäßiger und für den Ingenieur auch beweiskräftiger. An Stelle des in der Geräteliste angeführten Begriffes der „Nutzungsdauer“ von n Jahren (welche ja nur zutreffen für einen Beschäftigungsgrad von genau 60 v. H.), soll der Begriff der *„wirtschaftlichen Lebensdauer“* von n_1 Jahren eingeführt werden, welcher auch unabhängig ist vom Beschäftigungsgrad. Denn es ist nicht einzusehen, warum hier mit den beiden Begriffen der Nutzungsdauer in Verbindung mit dem Beschäftigungsgrad operiert wird, während man doch mit dem einen Begriff der wirtschaftlichen Lebensdauer auslangt. Selbstverständlich ist die Ermittlung der Gerätemieten nach der Geräteliste auch richtig, wenn die bei 60prozentigem Beschäftigungsgrad angenommene Nutzungsdauer der Baugeräte richtig geschätzt ist (für den größeren Teil der Baugeräte wird man dies bejahen müssen, nachdem in der Geräteliste von 1944 gegenüber der früheren Ausgabe von 1939 die Nutzungsdauer der meisten Baugeräte wesentlich heraufgesetzt wurde; allerdings ist bei einzelnen Baugeräten des Betonbaues die Nutzungsdauer nach Ansicht des Verfassers zu niedrig eingesetzt). Für die angenommene wirtschaftliche Lebensdauer von n_1 Jahren, nach welcher bei fortgesetztem Einsatz des Gerätes im Einschichtenbetrieb (2000 Betriebsstunden im Jahre) das Gerät als verbraucht angesehen werden kann (nicht berücksichtigt ist, daß das Gerät auch nach dem Verbrauch noch einen Schrottwert besitzt), gilt unter der Annahme, daß die Werte n in der Geräteliste alle richtig sind, die Gleichung:

$$n_1 = 0{,}6\,n.$$

Damit ist die Grundlage gegeben für die Berechnung des sogenannten „Grundwertes der Geräteabschreibung“ a_0. Es gilt dann die Gleichung

$$a_0 = \frac{100}{n_1}$$

v.H. des Geräteneuwertes.

Für den v.H.-Satz der jährlichen Abschreibung a_0 liegt die gleiche Annahme wie in der Geräteliste zugrunde, daß mit dem Geräte 2000 Betriebsstunden im Jahre (250 Arbeitstage zu 8 Stunden oder 10 Monate zu 200 Betriebsstunden) gearbeitet wird.

Bei der Verzinsung des in den Geräten angelegten Kapitals braucht man dann nur zu berücksichtigen, daß im Hinblick auf die fortschreitende Abschreibung das zu verzinsende Anlagekapital sich bis zur völligen Abschreibung der Maschinen ständig verringert. Die Verzinsung darf daher nur mit dem durchschnittlichen Wert von $0{,}5\,p\%$ in die Gerätekostenrechnung eingeführt werden (p = jährlicher Zinsfuß für Kapitalverzinsung, in der Geräteliste angenommen 4,5 v.H.). Dieser Wert bedarf aber insofern einer Berichtigung, als ja das Anlagekapital auch während der Zeit, wo das Gerät nicht auf der Baustelle tätig ist und demnach keine Gerätemiete erhoben werden kann, verzinst werden muß. Man könnte natürlich mit dem Zins für das untätig auf dem Lagerplatz der Zentrale liegende Gerät den Lagerplatz belasten und diesen Kostenanteil den Geschäftskosten der Zentrale zuzählen. Damit würden sich aber die allgemeinen Geschäftskosten in

Zeiten schlechter Geschäftslage auch noch durch diese Zinsbelastung erhöhen. *Bei der Verzinsung der Baugeräte ist also tatsächlich die Abhängigkeit vom Beschäftigungsgrad vorhanden*, wenn man an dem gesunden Grundsatz festhält, daß nur auf Baustellen befindliches Geräte mit Gerätezins belastet werden kann. Der Kapitalzins für das nicht beschäftigte Geräte muß demnach durch die den Baustellen verrechneten Gerätemieten aufgebracht werden. Es erfährt daher der Zinssatz von 0,5 p bei Annahme eines 60prozentigen Beschäftigungsgrades des Gerätes eine kleine Abänderung und beträgt dann:

$$\frac{0{,}5\,p \cdot 100}{60} = 0{,}8\,p \text{ (mit } p = 4{,}5 \text{ beträgt er } 3{,}6).$$

Es beträgt dann im Einschichtenbetrieb bei $b = 2000$ Betriebsstunden im Jahre (oder bei 10 Betriebsmonaten mit $b = 200$ Betriebsstunden) der *monatliche Mietsatz* g in v.H. des *Geräteneuwertes*

$$g = \frac{a_0 + 0{,}8\,p}{12}$$

oder mit $p = 4{,}5\%$

$$g = \frac{a_0 + 3{,}6}{12} = \frac{a_0}{12} + 0{,}3 \qquad \text{(I.)}$$

Mit dieser wesentlich einfacheren Berechnungsweise ergeben sich, wie leicht nachzuweisen ist, etwa *genau dieselben monatlichen Mietsätze*, wie bei Anwendung der Zinseszins- und Rentenformel. Nimmt man z. B. ein Geräte an, für welches in der Geräteliste eine Nutzungsdauer von $n = 10$ Jahren gegeben ist, so entspricht dies $n_1 = 6$ Jahren wirtschaftlicher Lebensdauer. Der Grundwert der Geräteabschreibung dieser Gerätegruppe, d. h. der Jahresmietsatz a_0 beträgt dann $a_0 = \frac{100}{6} = 16{,}67$. Nach Gleichung (I) ist

$$g = \frac{16{,}67}{12} + 0{,}3 = 1{,}7 \text{ v.H.},$$

d. h. derselbe Mietsatz, wie er in der Baugeräteliste 1952 angegeben ist. Ausschlaggebend ist also nur, daß in beiden Fällen die angenommenen Nutzungsjahre n bzw. die wirtschaftliche Lebensdauer n_1 richtig gewählt sind.

Um nun den *monatlichen Mietsatz* g_b bei einer beliebigen monatlichen Betriebsstundenzahl b zu erhalten, legt man entsprechend den Preisvorschriften der Geräteliste (Anlage 2) einen Zuschlag von 0,3 v.H je Überstunde der über 200 Betriebsstunden im Monat hinausgehenden Arbeitsstunden zugrunde. Es ergibt sich dann bei b Betriebsstunden im Monat bei gleichzeitiger Gültigkeit der Gleichung (I)

$$g_b = g \cdot \left[1 + \frac{0{,}3 \cdot (b - 200)}{100}\right] \qquad \text{(IIa)}$$

oder

$$g_b = g \cdot \frac{0{,}3\,b + 40}{100}, \qquad \text{(IIb)}$$

d. h. mit $b = 400$ Betriebsstunden erhöht sich die Monatsmiete um 60 v. H. und mit $b = 600$ Betriebsstunden erhöht sich die Monatsmiete um 120 v. H.

Nimmt man in Gleichung (IIb) g_b als konstante und g sowie b als veränderliche Größen an, so stellt die Gleichung (IIb) eine Hyperbel dar. Man kann dann in einem Diagramm für sämtliche Gerätegruppen mit a_0 als Abszissen und b als Ordinaten Zwischenkurven mit konstantem g (von 0,1—0,5 v.H. abgestuft) konstruieren. Aus einem solchen Diagramm kann dann durch Zwischenablesungen für jede beliebige monatliche Betriebsstundenzahl und jede beliebige Gerätegruppe die monatliche Abschreibung in v.H. des Geräteneuwerts entnommen werden (siehe Abb. 1).

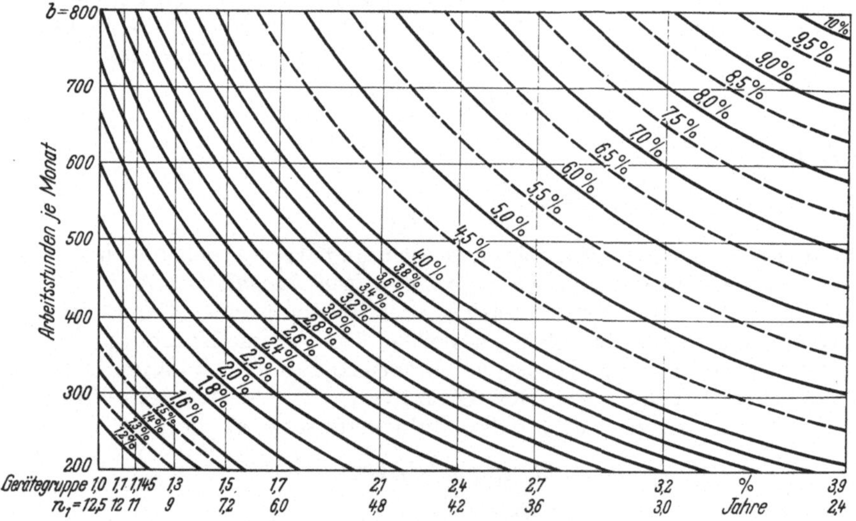

Abb. 1. Gerätemieten je Monat in % des Neuwerts ($p = 4,5\,\%$).

Nachstehend soll die Formel (IIa) theoretisch begründet werden:

Bei mehrschichtigem Betrieb eines Gerätes kann der 100%ige Beschäftigungsgrad als gesichert angenommen werden. Es darf daher der jährliche Verzinsungsanteil mit höchstens $0,5\,p$ in die Rechnung eingeführt werden. Es wird auch nach der mit $2000 \cdot n_1$ Betriebsstunden vorgesehenen Lebensdauer des Gerätes meist noch keine Neuanschaffung notwendig werden, sondern eine Grundreparatur genügen. Der Abschreibungsanteil kann daher bei mehrschichtigem Betrieb niederer festgesetzt werden als bei Einschichtenbetrieb. Man kann den Anteil a_0 bei $b = 400$ Betriebsstunden zu $1,75\,a_0$ und bei $b = 600$ Betriebsstunden zu $2,5\,a_0$ annehmen. Damit ergibt sich mit den früher gewählten Bezeichnungen die monatliche Gerätemiete g_m in Form folgender Gleichung:

$$g_m = \frac{0,5\,p}{12} + \frac{a_0}{12}\left(1 + \frac{b - 200}{1,33 \cdot 200}\right) \qquad \text{(III)}$$

oder mit $p = 4{,}5$ v.H. $\quad g_m = 0{,}18 + \frac{a_0}{12}\left(1 + 0{,}38 \cdot \frac{b - 200}{100}\right).$

Diese genaue Formel kann aber ohne weiteres in der Praxis durch die Formel (IIa) ersetzt werden.

Vorschläge zur Neuregelung von Höchstsätzen für Baugerätemieten.

Nachdem man sich darüber im klaren sein muß, daß die Berechnung der Gerätemieten eine verhältnismäßig untergeordnete Rolle bei der Preisermittlung spielt, hält der Verfasser eine weitere Vereinfachung der ganzen Gerätemietberechnung für zweckmäßig. Nachdem die durchschnittliche Lebensdauer von überwiegend bei einzelnen Bauarbeiten verwendeten Baumaschinen gerade so leicht oder gerade so schwer zu schätzen ist wie die Lebensdauer einzelner Baumaschinen, hält es der Verfasser *in der Praxis für stets ausreichend, an Stelle der bisher in der Geräteliste angenommenen 16 verschiedenen Gerätegruppen* nur noch *4 Gruppen von Bauarbeiten* zu unterscheiden, wobei dann für ein und dieselbe Art von Bauarbeiten *nur noch ein einheitlicher Mietsatz* in v. H. des jeweiligen Geräteneuwertes festgelegt wird und zwar ein für allemal und einheitlich für alle Geräte der gleichen Gruppe von Bauarbeiten. Diese Werte können dann als *Festwerte* angesehen werden. Da nun allerdings die Abschreibungen stets auf den „Neuwert" des Gerätes bezogen werden und nachdem dieser Neuwert von den tatsächlich bezahlten Anschaffungskosten abweichen kann (z. B. in Zeiten starker Geldwertschwankungen), bleibt noch klarzustellen, welche Werte der Unternehmer als Geräteneuwert in seiner Kalkulation annehmen darf. Es könnte in diesem Fall die Baugeräteliste als Preisliste belassen werden, sofern man es nicht vorzieht, von dem jeweiligen *Einkaufspreis* des Gerätes auszugehen, welcher von Zeit zu Zeit in der Gerätekartothek der Bauunternehmungen zu berichtigen wäre (nach einer „Schlüsselzahl"). Bei einer durchschnittlichen 20%igen Erhöhung der Einkaufspreise von Baugeräten gegenüber den Preisen der Geräteliste würde dann die Schlüsselzahl 1,2 betragen. Bei der untergeordneten Bedeutung der Gerätekosten an und für sich könnten aber die Bauunternehmungen genau so gut von dem *Einkaufspreis* ihrer Geräte ausgehen, welcher bei jeder Firma in einer eigenen Geräteliste oder Gerätekartothek eingetragen sein muß.

Vom „Beschäftigungsgrad" wären die so festgelegten Gerätemietsätze so gut wie unabhängig.

Der Verfasser schlägt für das gesamte Bauwesen folgende Gruppen und Höchstmietsätze je Monat (für Eigengeräte) bei normaler Arbeitszeit vor:

Gruppe 1: *Höchstmietsätze 1,0 v. H. des Geräteneuwertes* für *Hochbau* und verwandte Zweige (Maurerarbeiten, Zimmererarbeiten, Kanalisation und Wasserversorgung, Wohnhausbau, Stahlbetonhochbau mit Ausnahme des Industriebaues).

Gruppe 2: *Höchstmietsätze 1,6 v. H. des Geräteneuwertes* für *Allgemeinen Tiefbau* und Industriebau (Baggerarbeiten, Brückenbauten, Wasserhaltungen, Wasserkraftanlagen und Wehrbau, Wasserbau, z. B. Flußkorrektionen, Gründungen, Rammarbeiten, Eisenbahnbau, Straßenbau außer Betonstraßenbau, Industriebau, vor allem in Stahlbeton- und Stahlbau).

Gruppe 3: *Höchstmietsätze 2,0 v.H. des Geräteneuwertes* für Betonstraßenbau (Autostraßen), Tunnel- und Stollenbau, Felsarbeiten und Steinbruchbetriebe, Druckluftarbeiten.

Gruppe 4: *Höchstmietsätze 2,5 v.H. des Geräteneuwertes* für gleislosen Erdbau.

Von *Verbrauchsgeräten* (Werkzeuge und Kleingeräte einschl. Gleisschwellen u. dgl.) wird der tatsächliche Verbrauch abgeschrieben bzw. in der Kalkulation geschätzt.

Der obige *Vorschlag entspricht etwa den in der Baugeräteliste vorgeschlagenen Mietsätzen.*

Wem diese Genauigkeit nicht ausreichend ist, der möge bedenken, daß es ernsthafte Volkswirtschaftler gibt, welche der Auffassung sind, daß die *Abschreibung und Verzinsung der Geräte überhaupt nicht eigens berechnet und kalkuliert* werden darf, sondern daß diese vielmehr aus den Unternehmergewinnen bestritten werden müssen. Jedenfalls gibt es eine Reihe von unabhängigen Fachleuten, welche diesen Standpunkt zum mindesten für die Verzinsung der Geräte einnehmen.

Selbstverständlich würde auch für diesen Vorschlag, welchem 200 Betriebsstunden im Monat zugrunde liegen, bei einer Änderung der monatlichen Betriebsstundenzahl das vorstehend Gesagte Gültigkeit behalten.

Maßgebende Gesichtspunkte für die Kalkulation der Gerätemietkosten.

Bei einer kritischen Bewertung der amtlich genehmigten Mietsätze muß allerdings zugegeben werden, daß die einzige Unsicherheit eigentlich in der *Annahme des Grundwertes der Geräteabschreibungen* a_0, d. h. *der Lebensdauer der Geräte* n_1 für die einzelnen Gerätegruppen liegt. Gerade bei der Bemessung der Gerätekosten für mehrschichtigen Betrieb, wo nur die *Abnützung des Gerätes wertmindernd wirkt,* ist es außerordentlich wichtig, daß die angenommenen Werte für die Lebensdauer des Gerätes n_1 auch tatsächlich stimmen. Hier liegen also unter Umständen noch für den Unternehmer Möglichkeiten, seine üblichen Gerätemieten zu senken, wenn die Erfahrungen im eigenen Betrieb dies rechtfertigen. Bei *langjährigen Bauarbeiten* müßte auch im Einschichtenbetrieb berücksichtig werden, daß der vorstehend angenommene Beschäftigungsgrad von 60% nicht mehr zutrifft, vor allem nicht, wenn in verlängerter Schicht oder Zweischichtenbetrieb gearbeitet wird.

Soweit *Vorhaltungskosten* von Baugeräten und Baumaschinen für eine wesentlich geringere Ausnützung als 200 Betriebsstunden im

Monat, also z. B. *für Stilliegezeiten* im Winter oder aus übergeordneten Gründen in Frage kommen, so würden nach GeWibau ***höchstens*** *75% der amtlichen Höchstsätze*[1] für $b = 200$ Betriebsstunden im Monat berechnet werden dürfen. Die Formel (IIa) würde z. B. mit $b = 100$ Betriebsstunden im Monat einen Wert von 70 v. H. der Mietsätze GeWibau ergeben.

Die wichtige Frage, ob die Gerätemieten als Geschäftskosten zu betrachten sind oder ob bei Eigengeräten *Zuschläge auf die Vorhaltungskosten* zulässig sind, war in der früheren Baupreisverordnung eindeutig entschieden: „*Die Berechnung eines angemessenen Zuschlages auf die Abschreibungs- und Verzinsungssätze für Unterhaltung*[2], *Verwaltungskosten und Gewinn ist zulässig.*"

Bei der *Ermittlung der Gerätemietkosten in der Kalkulation* des Unternehmers spielt neben der Annahme der Mietsätze eine mindestens ebenso große Rolle die Annahme der „*Gerätemietdauer*", d. h. die Zeitdauer, auf welche ein Gerät der Baustelle angelastet werden soll. Grundsätzlich wird von der Zentralverwaltung einer Unternehmung die Baustelle von dem Zeitpunkt ab mit Gerätemiete belastet, wo es auf dem Lagerplatz für die Baustelle zur Verfügung gehalten wird. Als Zeitpunkt der Beendigung der Geräteleihgebühren wird man den Zeitpunkt ansehen müssen, an dem das Gerät zum Lagerplatz der Unternehmung zurückgekehrt ist. Die *Gerätemietdauer* wird daher im allgemeinen über die Zeit des reinen Arbeitseinsatzes auf der Baustelle auch noch die Zeit des An- und Rücktransportes und betriebsbedingte Wartezeiten auf der Baustelle mitenthalten müssen. Auch die einem Angebot zugrunde gelegte Kostenberechnung muß hier Annahmen machen. *Die Annahme der Gerätemietdauer bei der Vorkalkulation kann daher von großem Einfluß auf die Preisbildung sein.* Man muß z. B. bei *kurzfristigen Geräteeinsätzen*, mit welchen an und für sich ein größeres Wagnis verbunden ist, außer der reinen Zeit des Arbeitseinsatzes angemessene Zeiten für An- und Rücktransport bzw. Bereitstellung auf der Baustelle bei der Annahme der Gerätemietdauer berücksichtigen.

---

[1] Diese Berechnung soll vom 11. Stilliegetag an gelten. Dazu kämen noch 8% für Wartung und Pflege, dagegen keine Reparaturkosten.

[2] Die Lohn- und Materialkosten der *Geräteunterhaltung* werden zweckmäßig bei Bauarbeiten mit umfangreichem Geräteeinsatz (besonders Tiefbau) *gesondert* ermittelt nach § 2. Der Zuschlag auf die Vorhaltekosten für Eigengeräte in der Preisermittlung ergibt sich z. B. bei Annahme von Geschäftskosten mit 7% der Gesamtkosten (7,5% der Einzelkosten) und Gewinn-Wagnis- und Umsatzsteuerzuschlag von 6,5% der Gesamtkosten (7% der Selbstkosten) zu 15% *der Gerätemiete* ($1{,}075a + 0{,}075\,a = 1{,}15\,a$). Dieser Satz wäre wohl als *Höchstsatz* anzusprechen. Die Anordnung PR Nr. 55/47 des Verwaltungsamts für Wirtschaft in Minden hatte für Selbstkostenerstattungsverträge einen Zuschlag von 10 v.H. vorgesehen.

§ 2. Kosten der Geräteunterhaltung.

Die Kosten der Geräteunterhaltung gliedern sich in
1. *Lohnkosten* für laufende Instandhaltung und Hauptreparatur der Geräte und
2. *Materialkosten* für Verbrauchsmaterialien,
   a) Reparaturmaterialien und Ersatzteile,
   b) Kleingeräte und Werkzeuge.

Der äußerst geringfügige Verbrauch an *Betriebsstoffen* für Geräteunterhaltung in der Werkstätte kann vernachlässigt werden.

A. Lohnkosten der Geräteunterhaltung.

Für die *Lohnkosten der Geräteunterhaltung* ist die Kostenstelle in erster Linie die *Reparaturwerkstätte mit Nebenbetrieben.* Man pflegt die Löhne, welche unter den Titel „Allgemeine Arbeiten" fallen, in der Kalkulation nach ihrer Ermittlung auf die Hauptposition des Bauvertrages, also bei Erdarbeiten auf diese, zu verteilen. Für rohe Kostenüberschläge mag man bei Erdarbeiten, wo ja die Werkstattlöhne wohl die größte Rolle spielen, den *Lohnaufwand für die Gerätereparatur gleich den Materialkosten* setzen. Diese Gleichung ist aber nur richtig für leichte Bodenarten und mehr oder weniger neues Geräte. Bei der Kalkulation der Werkstattlöhne wird man zweckmäßig so verfahren, daß man die dem Gerätepark und der angenommenen Betriebszeit entsprechende Belegschaft der Werkstätte und des Lagerplatzes (Magazinverwalter, Platzarbeiter, Dreher, Maschinenschlosser, Stellenmacher, Nachtwache usw.) auf Grund von früheren Erfahrungen festlegt und den gesamten Lohnaufwand hierfür der Gesamtleistung (m^3 Bodenbewegung) gegenüberstellt.

Man kann bei Erdarbeiten für Bodenarten, welche ohne Sprengung mit Baggern gelöst und geladen werden, den *Lohnaufwand für Werkstätte, Magazin, Lagerplatz usw.* je 1 m^3 Bodenbewegung etwa wie folgt veranschlagen:

bei 60 cm Spurgeräte 0,20 bis 0,25 Facharbeiterstd./1 m^3,
bei 75 cm Spurgeräte 0,15 bis 0,20 Facharbeiterstd./1 m^3,
bei 90 cm Spurgeräte 0,12 bis 0,18 Facharbeiterstd./1 m^3.

Die *reinen Werkstattlöhne* betragen etwa $^2/_3$ der oben genannten Sätze. Bei felsigen Bodenarten und auch bei Verwendung von älterem Geräte erhöhen sich die Werkstattlöhne. Etwa die Hälfte der Werkstattlöhne entfällt bei Verwendung von hölzernen Kippwagen auf die Rollwagenreparatur. Die Bauart der Wagen (hölzerne oder eiserne Selbstkipper), die Beschaffenheit des Bodens und der Förderwege und das Alter der Wagen beeinflussen die Höhe der Reparaturlöhne.

Beim *gleislosen Erdbetrieb*, wo die Erdtransporte durch Spezialfahrzeuge (Mack 15 t, GMC 5 t, Cyclop 6,7 m^3 usw.) bewerkstelligt werden, sind die Reparaturlöhne an der Baustelle niedriger als beim Gleisbetrieb.

Man kann den *Lohnaufwand für Werkstätte, Magazin, Lagerplatz usw.* (je nach dem Baggergeräte und der mittleren Transportweite) zu *0,06 bis 0,10* St_{masch} *je 1* m^3 veranschlagen.

Wesentlich höher als beim Gleisbetrieb sind jedoch *die Materialkosten der Geräteunterhaltung.* Hier gilt also keinesfalls die Gleichung für Reparaturkosten: Lohnkosten = Materialkosten. Einschließlich „Hauptreparatur" muß man etwa mit 0,60 bis 0,80 DM/m^3 als Materialkosten rechnen.

B. Materialkosten der Geräteunterhaltung.

a) Reparaturmaterialien und Ersatzteile. Zu den *Reparaturmaterialien* zählt man alle Verbrauchsmaterialien, welche in der Reparaturwerkstätte oder auf der Baustelle für die Maschinenunterhaltung und Maschinenreparatur verbraucht werden, also z. B. Dichtungs- und Packungsmaterial (Asbestschnur, Graphitpackung, Gummidichtungen, Klingerit, Hanfpackungen, Putzlochdichtungen, Filz u. dgl.), Maschinenschrauben und Niete, Anschweißenden mit Muttern und Unterlagscheiben, Splinte, Werkzeugstahl (Rundstahl, Meißelstahl, Maschinenstahl), Feinmetalle (Kupfer- und Messingstangen, Kupferrohre, Blei, Zink, Lötzinn, Rotguß, Lagermetall, Kompositionsmetall für Lokomotiven usw.), Rundeisen, Flacheisen, Formeisen, Stahlbleche, Gasrohre, Eichen- und Kiefernholz (Kantholz und Schnittholz für Rollwagenreparatur) usw.

Zu den *Ersatzteilen* rechnet man alle Maschinenteile, welche im Betrieb infolge Abnützung oder Bruch unbrauchbar geworden sind und daher ersetzt werden müssen, z. B. Drahtseile (Hubseile für Löffelbagger), Bremsbänder, Rollwagenlager, Radsatzrollen, Roststäbe von Lokomotiven und Baggern, Siederohre, Zahnräder usw.

Auch die sorgfältigste *Maschinenpflege* und größte Sparsamkeit bei der Bewirtschaftung der Reparaturmaterialien in der Werkstätte und im Betrieb können nicht verhindern, daß zur laufenden Instandhaltung der Maschinen *auf Tiefbaustellen jährlich große Summen für Reparaturmaterialien und Ersatzteile* verausgabt werden. Der Verbrauch ist zu ermitteln für die *laufende Instandsetzung* der Geräte auf der Baustelle zuzüglich der in gewissen Zeitabständen für Großgeräte vorgenommenen „Hauptreparatur", d. h. der gründlichen Überholung der Geräte nach mehrjähriger Tätigkeit auf Baustellen.

Zur Ermittlung des Verbrauches an Reparaturmaterialien und Ersatzteilen bei der Vorkalkulation kann man verschiedene Wege beschreiten. Beim *kaufmännischen Weg,* welcher sich auf die Erfahrungen der kaufmännischen Selbstkostenrechnung stützt (s. Anhang, Kapitel „Kaufmännische Nachkalkulation"), entnimmt man die Kosten der Reparaturmaterialien und Ersatzteile nach dem Geldwert aus den Selbstkostenbüchern und errechnet danach entweder die *Jahreskosten des Materialverbrauches bei der Geräteunterhaltung in Prozent des Anschaffungswertes (Neuwert) des auf der Baustelle befindlichen Großgerätes* oder die *Materialkosten der Reparaturen in Geld-*

wert (DM.) je Einheit der Leistung (z. B. 1 m^3 Erdbewegung). Zu beachten ist, daß natürlich in die Berechnung nur „Großgeräte" einbezogen werden darf, bei welchem die Verbrauchsmaterialien auch unter dem Titel „Reparaturmaterialien und Ersatzteile" in der Selbstkostenrechnung geführt werden und nicht etwa Transportgleis, wo die Verbrauchsmaterialien (Schwellen, Bolzen, Laschen usw.) unter dem Titel „Kleingeräte und Werkzeuge" geführt werden.

Der geschätzte Prozentsatz für jährliche Geräteunterhaltung muß sich *den örtlichen Verhältnissen und dem Bauprogramm anpassen*. Es ist zu beachten, ob neues oder älteres Gerät zur Verwendung vorgesehen ist, ob in einer oder in mehr Schichten gearbeitet werden soll und ob bei den örtlichen vorliegenden Verhältnissen mit einer stärkeren oder schwächeren *Inanspruchnahme des Gerätes* (Laden von Hand oder mit Baggern, lange oder kurze Transportwege) zu rechnen ist. Die Berücksichtigung all dieser Umstände bei dem *Jahresprozentsatz für Geräteunterhaltung* kann natürlich nur gefühlsmäßig erfolgen, so daß dem Verfahren eine gewisse Ungenauigkeit anhaftet.

Bei dem zweiten Verfahren entnimmt man ebenfalls den Selbstkostenbüchern nach früheren ähnlichen Arbeiten die Auslagen für Reparaturmaterialien und Ersatzteile in bezug auf 1 m^3 Erdbewegung oder 1 m^3 Beton, also den *Geldwert je Leistungseinheit*, welcher höchstens noch nach dem Alter des Gerätes eine kleine Abänderung erfährt. Dieses Verfahren hat ohne Zweifel den Vorteil, daß es *von der Intensität des Betriebes weniger abhängige Werte* ergibt, welche unter sonst gleichen Verhältnissen (gleiche Bodenart, Geräteart, Transportweite usw.) *bei der Einheitspreisbildung unmittelbar verwertbar* sind. Auf der anderen Seite setzt aber dieses Verfahren, wenn es genau sein soll, da es ja Geldwerte benützt, eine gleichbleibende Kaufkraft des Geldes oder eine feststehende Währung voraus. Bei dem ersteren Verfahren, welches stets vom Neuwert des Gerätes, d. h. den Anschaffungskosten zur Zeit der Berechnung ausgeht, ist in dieser Hinsicht allerdings ein gewisser Ausgleich geschaffen, da ja z. B. bei steigenden Löhnen und Materialpreisen sich auch die Anschaffungskosten der Geräte erhöhen werden. Die erstere Art der Berechnung ist daher in Zeiten mit starken Preisschwankungen vorzuziehen. Diese Jahresprozentsätze der Geräteunterhaltung bilden allerdings durchaus keine festen Werte, sondern schwanken mit dem *Alter* der Maschinen, insofern ältere Maschinen wesentlich höhere Reparaturkosten verursachen. Sie schwanken ferner sehr stark bei den verschiedenen *Maschinengruppen* und sind außerdem eine Funktion der stärkeren oder schwächeren Inanspruchnahme der Maschinen, und zwar nicht etwa nur infolge längerer oder kürzerer Betriebszeit, sondern auch — und das wird meist übersehen — infolge eines größeren oder geringeren *Ausnutzungsgrades der Maschinen*[1] (wichtig bei Transportmaschinen, z. B. Lokomotiven) oder infolge des durch die örtlichen Verhältnisse bedingten Grades

---

[1] Man vergleiche dazu das Kapitel „Nachkalkulation der Betriebsstoffe" im Anhang Abschn. I, 2.

der Inanspruchnahme von Arbeitsmaschinen (z. B. Bagger in leichtem oder schwerem Boden). Die Reparaturkosten von Förderwagen in Erdbetrieben hängen z. B. außer von der Größe der Transportgefäße davon ab, ob leichter bzw. schwerer oder gar felsiger Boden geladen wird und weiter davon, mit welchen Geräten der Boden geladen wird. Selbstverständlich sind hier (wie auch bei Lokomotiven) Steigungen, Kurven und allgemeiner Zustand des Fördergleises von Einfluß auf die Reparaturkosten.

Für die verschiedenen *Maschinen des Erd- und Betonbaues* können folgende Angaben als Anhaltspunkte dienen:

Jährliche Materialkosten der Geräteunterhaltung im Einschichtenbetrieb in v. H. des Geräteneuwerts.

Absetzapparate (mit Förderband)	3— 5%	des Geräteneuwertes
Eimerkettenbagger	4— 6%	„ „
Löffelbagger	4— 8%	„ „
Greifbagger	5—10%	„ „
Dampflokomotiven (je nach Größe, Alter und Inanspruchnahme)	2— 5%	„ „
Diesellokomotiven (je nach Größe, Alter und Inanspruchnahme)	3— 6%	„ „
Einebnungspflüge	3— 4%	„ „
Muldenkipper bis 2 m³ Inhalt		
beim Beladen von Hand	3— 5%	„ „
beim Beladen mit Löffelbaggern	6—10%	„ „
Eiserne Selbstkipper, 3 bis 6 m³ Inhalt	3— 5%	„ „
Hölzerne Förderwagen (auch Selbstkipper)	8—12%	„ „
Betonmischmaschinen	4— 6%	„ „
Betonpumpen	5— 8%	„ „
Dampframmen	8—10%	„ „
Kreiselpumpen	3— 5%	„ „
Werkzeugmaschinen	5— 8%	„ „
Steinbrecher (je nach Gesteinshärte)	15—20%	„ „
Elektromotore	4— 6%	„ „

Mittelwert für Tiefbaustellen

im Einschichtenbetrieb	4%	des Geräteneuwertes[1]
„ Zweischichtenbetrieb	8%	„ „
„ Dreischichtenbetrieb und verlängertem Zweischichtenbetrieb	12%	„ „

In der praktischen Kalkulation werden die *Materialkosten* der Geräteunterhaltung — umfassend die laufende Instandhaltung und Schlußreparatur — ermittelt, indem man diese Kosten *in Prozenten der Gerätemieten* (für Eigengeräte nach den Ge Wibau-Sätzen) ausdrückt. Die Richtigkeit dieser Sätze muß natürlich stets an Hand der Selbstkostenbücher überprüft und gegebenenfalls berichtigt werden.

Man kann unter Zugrundelegung der obengenannten Erfahrungssätze rechnen für *Eigengeräte*

---

[1] *Ohne Gleisanlagen.* Der Schwellenverbrauch erscheint unter „Kleingeräte und Werkzeuge".

Materialkosten der Geräteunterhaltung, in v.H. der Gerätemiete.

	Hoch- und Stahlbetonbau	Tiefbau, Erdbau, Gründungen
bei Einschichtenbetrieb	20%	25%
„ Zweischichtenbetrieb	25%	30%
„ verlängertem Zweischichtenbetrieb (Dreischichtenbetrieb	28%	33%

der Gerätemiete (Annahme GeWibau-Liste).

Bemerkung. Die Anordnung PR-Nr. 55/47 des VAfW in Frankfurt sieht für die Abrechnung der Geräteunterhaltung bei *Selbstkostenerstattungsverträgen* und *Eigengeräten* vor:

a) Erstattung der *Lohnkosten* für Geräteunterhaltung auf Nachweis (wie alle übrigen Lohnkosten).

b) Erstattung der *Materialkosten* der Geräteunterhaltung mit 40 v.H. der ungekürzten Sätze der Ge Wibau.

In den Erläuterungen (Anhang 1) zur *Baugeräteliste 1952* sind als angemessene *Reparaturkosten* im Sinne von § 6 der BPrVO 1951 (bei öffentlichen und mit öffentlichen Mitteln finanzierten Aufträgen) und § 19 des Wirtschaftsgesetzes (bei privaten Aufträgen) bei normaler Arbeitszeit

66% der Abschreibungs- und Verzinsungsbeträge

angegeben, welche sich zu gleichen Teilen aus der Instandhaltung, Schlußinstandsetzung und Grundüberholung zusammensetzen sollen (je 22%).

30% der Wibausätze sind angenommen zur Deckung der entstehenden Lohnkosten (ausschließlich der darauf ruhenden Sozialaufwendungen) und *36% zur Deckung der sonstigen Kosten* (Materialkosten).

Dieser Satz dürfte für die meisten Bauarbeiten als sehr ausreichend bezeichnet werden dürfen. Für einzelne Spezialarbeiten, wo vor allem die Materialkosten der Geräteunterhaltung verhältnismäßig hoch sind (z. B. beim *gleislosen Erdbau*, wo die Ersatzteilbeschaffung wesentlich höhere Kosten verursacht als beim Gleisbetrieb), können die *über 3 Jahre nachgewiesenen tatsächlichen Reparaturkosten* in die Kalkulation eingeführt werden.

Behandlung der „Reserveteile" bei der Kostenberechnung.

Die Ersatzteilbeschaffung verlangt für die häufigem Verschleiß ausgesetzten Maschinenteile einen gewissen Vorrat an *Reserveteilen* auf der Baustelle. Wollte man, wie teils in der Literatur vorgeschlagen, auch die Verzinsung des in Reserveteilen auf der Baustelle angelegten Kapitals bei der Kostenberechnung berücksichtigen, so hieße das, eine Genauigkeit in solche Berechnungen hereintragen, welche praktisch nicht existiert. Bei guter Organisation in einem Unternehmen (d. h. bei Verwendung möglichst gleicher Maschinentypen) ist das in Ersatzteilen angelegte Kapital verhältnismäßig gering. Gegenüber den an und für sich nur geschätzten Sätzen für Abschreibung und Verzinsung tritt die Verzinsung des Kapitals für Reserveteile vollkommen zurück.

b) Kleingeräte und Werkzeuge. Mit Rücksicht auf den großen Verschleiß an „Kleingerät und Werkzeugen" bei Tiefbauarbeiten, rechnet man diese zweckmäßig nicht unter „Geräte", sondern unter „Verbrauchsmaterialien". Denn sie können ja nach dem Verschleiß nicht mehr instandgesetzt werden bzw. geht ein beträchtlicher Teil auf der Baustelle verloren, selbst wenn man durch Ausgabe von Werkzeugbüchern und sorgfältige Kontrolle das Abhandenkommen von Werkzeugen zu verhindern sucht. Die Bestandsaufnahmen der Materialverwaltung, welche in gewissen Zeitabständen stattfinden, ergeben die Verluste und die Unterlage für die „Verbrauchsmeldung" des als *verbraucht abzuschreibenden* Kleingerätes.

An wichtigen Materialien, welche unter den Begriff „Kleingeräte" fallen, sind zu nennen: *Kleineisenzeug* (Laschen, Bolzen, Schienennägel, Schwellenschrauben usw.) und *hölzerne Gleisschwellen.* Der Verschleiß an Schwellen hängt sehr von den örtlichen Verhältnissen der Baustelle ab, d. h. Art der Verwendung (Fördergleis, Ladegleis, Kippgleis, Baggergleis usw.), von der Beschaffenheit des Untergrundes und Bettungsmaterials, von der Verwendungsdauer und betrieblichen Inanspruchnahme des Fördergleises (Mehrschichtenbetrieb), von der Sorgfalt der Gleisunterhaltung, Dauer der Zwischenlagerung auf Lagerplätzen usw.

Als mittlere *jährliche Abschreibungssätze* kann man bei *Vorkalkulationen* etwa annehmen:

	Einschichtenbetrieb	Mehrschichtenbetrieb
Für Werkzeuge . . .	40% des Neuwertes	50% des Neuwertes
„ Kleineisenzeug .	15% „ „	25% „ „
„ Holzschwellen .	30% „ „	50% „ „

§ 3. Kosten des Zusammenbaues und Abbaues von Baugeräten.

Die folgenden Tabellen geben Anhaltspunkte zur Ermittlung der Montagekosten. Die Klammerwerte gelten als zulässige Grenzwerte (für Erstmontagen).

1. Erdarbeiten.

Tabelle 1.

Geräte	Dienstgewicht in t	Lohnstundenaufwand		Dauer d. Montage Tage
		für Montage	für Demontage	
Absetzapparate				
1. Typ $\frac{400}{34}$ Bagger	210	8800 (10000)	4500	70 (80)
Elektromontage		3500 (4500)	1500	
2. Typ $\frac{500}{40}$ Bagger	250	10000 (12000)	4800	75 (85)
Elektromontage		3500 (4500)	1500	

Geräte	Dienstgewicht in t	Lohnstundenaufwand für Montage	Lohnstundenaufwand für Demontage	Dauer d. Montage Tage
Absetzapparate				
3. Typ $\frac{500}{47}$ Bagger	270	11000 (13000)	5300	80 (95)
Elektromontage		3500 (4500)	1500	
Absetzergleise mit Kippgleis und Fahrleitung je 1 m Strosse		8,5	4,5	
Eimerbagger				
E-Bagger 300 l, 14 m Tiefe	160	2500 (3000)	1500	22 (30)
B-Bagger 250 l, 15 m Tiefe	145	2400 (3000)	1400	20 (25)
1 m *B*-Baggergleis		8,0	4,0	
A-Bagger 180 l, 10 m Tiefe	80	1700 (2200)	1000	16 (20)
1 m *A*-Baggergleis		6,0	3,5	
C-Bagger 100 l, 8 m Tiefe	50	1100 (1400)	700	10 (14)
1 m *C*-Baggergleis		5,0	3,0	
Ältere Dampflöffelbagger				
Menck und Hambrock				
G 20 2 m³-Löffel	70	1000 (1400)	700	15 (20)
F 1,6 m³-Löffel	53	850	500	10
F 1,3 m³-Löffel	45	600	400	8
E 1,3 m³-Löffel	36	500	300	6
Universalraupenbagger (Dampfbagger)				
VI 2,2 m³-Löffel	140	1300 (1600)	1000	18 (24)
V 1,5 m³-Löffel	88	1000 (1400)	700	15 (18)
IV 1 m³-Löffel	55	680 (800)	400	8 (10)
III 0,67 m³-Löffel	33	450 (600)	300	6 (9)
Universalraupenbagger (Diesel) Mb		300 (400)	250	4 (6)
M 250	75	200 (300)	150	4 (5)
Greifbagger				
auf Gleis bzw. Raupendampfgreifer				
C 0,4 m³-Greifer	13	250	150	4
E 0,8 m³-Greifer	23	350	250	5
G 2 m³-Greifer	50	900	600	12
Wasserhaltung[1]				
Zentrifugalpumpen mit 15 m Rohrleitung				
300 mm Saugrohr-Ø	2,50	160	100	4
250 mm Saugrohr-Ø	1,70	140	80	4
200 mm Saugrohr-Ø	1,20	110	70	3
150 mm Saugrohr-Ø	0,90	80	50	3
100 mm Saugrohr-Ø	0,50	70	40	2

[1] Zu Wasserhaltung: Bei den Montagestunden ist die Aufstellung eines Antriebsmotors mitgerechnet, *nicht* jedoch *bei der Gewichtsangabe*. *Nicht* eingerechnet sind die Kosten des Pumpenschachtes und Aufstellung einer Schutzhütte.

2. *Betonarbeiten.*

Tabelle 2.

Geräte	Dienst-gewicht in t	Lohnstundenaufwand für Montage	Lohnstundenaufwand für Demontage	Dauer d. Montage Tage
Betonmaschinen				
ohne Antriebsmotore				
1500 l (40 PS)	9,0	450	200	10
1200 l (25 PS)	8,0	350	200	8
1000 l (20 PS)	7,0	320	180	6
750 l (15 PS)	6,0	250	120	5
500 l (12 PS)	5,0	180	100	4
375 l (8 PS)	3,0	120	70	3
250 l (6 PS)	1,85	80	60	3
150 l (3 PS)	1,40	50	30	2
Betonpumpen[1]				
ohne Antriebsmotor				
Torkret (L 7 1939) 12 m³/h (35 kW) . .	4,6	200	100	4
Beton-Gießtürme und Gießmaste				
Gießmast 350 l komplett, 40 m hoch, $v = 0{,}5$ m/s, 10 PS Antriebsmotor . .	8,5	350 (450)	200	7 (9)
Gießturm 500 l komplett, 50 m hoch, $v = 0{,}5$ m/s, 15 PS Antriebsmotor . .	17,7	1200 (1500)	600	14 18)
Gießturm 750 l komplett, 50 m hoch, $v = 1{,}0$ m/s, 35 PS Antriebsmotor . .	39,0	2400 (3000)	1200	25 (30)
Bandbetonierturm, 48 m Höhe, 26 m Ausladung	38,0	2400 (3000)	1200	25 (30)
Kabelbahnen				
Kabelkraftanlage, 2,8 t Tragkraft, Spannweite $L = 300$ m	33,0	6000 100 m³ Betonfundament	3000	70
Kabelkraftanlage, 5,2 t Tragkraft, Spannweite $L = 300$ m	40,0	12000 120 m³ Betonfundament	6000	110
Drehkrane				
Turmdrehkran 6 bis 16 m Ausladung, 3 bis 0,9 t Tragkraft	10[2]	300	150	3 bis 4
Turmdrehkran 10 bis 30 m Ausladung, 6 bis 2 t Tragkraft	22 bis 44[2]	600 bis 1000[3]	400 bis 600[3]	6 bis 12

[1] Ohne Betonfundamente für die Pumpe, ohne Montagestunden für den Antriebsmotor, ohne Förderrohre (ca. 180 mm ∅).

[2] Konstruktionsgewicht ohne Gegengewicht (13 t bis 50 t) siehe „Verwendung von Turmdrehkranen bei Betonarbeiten" Abschn. XVII (Wolff 15 und Wolff 45 bis 90).

[3] Die größten Werte gelten für die größten Typen.

Geräte	Dienst-Gewicht in t	Lohnstundenaufwand		Dauer d. Montage Tage
		für Montage	für Demontage	
Steinbrecher ohne Antriebsmaschine, Fundamente, Silos und Schutzhütte				
750/400 mm Maulweite	12,5	600	300	10
515/300 mm ,, ...	7,0	300	200	6
450/250 mm ,, ...	4,4	180	120	4
300/200 mm ,, ...	3,0	120	80	4
Kieswaschmaschinen ohne Antriebsmaschine und Fundamente				
30 m³ Stundenleistung	10,0	300	200	6
12 m³ ,, ...	5,0	200	120	5
8 m³ ,, ...	4,0	150	90	4
Elevatoren ohne Antriebsmaschine				
15 m³/h, 20-l-Becher	2,7	150	80	6

3. Rammarbeiten.

Tabelle 3.

Geräte	Dienst-gewicht in t	Lohnstundenaufwand		Dauer d. Montage Tage
		für Montage	für Demontage	
Dampframmen ohne Rammgerüste und Rammgleis				
Kleindampframme 500 kg Bärgewicht, 6,5 m Nutzhöhe	4,0 mit Bär	120	60	3
Drehramme 1000 kg Bärgewicht, 7,0 m Nutzhöhe	10,0 mit Bär	400	250	7
Drehramme direkt wirkend, 2000 kg Bärgewicht, 16 m Nutzhöhe	23,0 mit Bär	800	500	12 (15)
Universalbetonpfahlramme, 4000 kg Dampfbär, 18 m Nutzhöhe	40,0 mit Bär	1000	700	16 (20)
Modell *Menck*				
MR 8	11,05	200	150	2
MR 12	16,0	300	250	3
MR 18	24,5	500	320	4
MR 27	35,1	550	350	4
MR 40	50,5	700	500	5
MR 60	76,0	1000	600	6

Für *MR-Dieselrammen* finden sich entsprechende Angaben in dem Kap. XIV., Rammarbeiten, Seite 218.

4. *Druckluftarbeiten.*

Tabelle 4.

Geräte	Dienstgewicht in t	Lohnstundenaufwand für Montage	Lohnstundenaufwand für Demontage	Dauer d. Montage Tage
Stationäre Kompressoren[1] ohne Antriebsmaschine, ohne Fundament und ohne Barackenbau				
Bis 3 at-Druck, 5 m^3/min Luftansaugung	1,50	90	50	2
Bis 3 at-Druck, 10 m^3/min Luftansaugung	2,50	120	60	3
Bis 7 at-Druck, 5 m^3/min Luftansaugung	2,20	100	50	2
7 m^3/min Luftansaugung	3,50	130	80	4
11 m^3/min Luftansaugung	4,00	150	90	5

5. *Hochbauaufzüge und Winden.*

Tabelle 5.

Geräte	Dienstgewicht in t	Lohnstundenaufwand für Montage	Lohnstundenaufwand für Demontage	Dauer d. Montage Tage
Schnellbauaufzüge mit Friktionswinde				
ohne Antriebsmaschine 20 m hoch, 600 kg Tragkraft, $v = 0,8$ m/s, 10 PS, (*ohne* Holzkonstruktion)	1,7	80	40	2
Baugrubenaufzüge mit Windwerk *ohne* Antriebsmaschine, 0,75 m^3, 7 m Höhe	4,0	150	90	4
Friktionswinden für Riemenantrieb, ohne Motor mit 1 Trommel und 2 Gängen, $v = 0,5$ und 0,8 m/s				
3000 kg Tragkraft (25 PS)	1,53	50	30	2
2000 kg ,, (17 PS)	1,20	35	20	2
1500 kg ,, (13 PS)	1,00	25	15	1
1000 kg ,, (8,5 PS)	0,80	20	15	1
750 kg ,, (6,5 PS)	0,60	15	10	½
(für $v = 0,5$ m/s)				
Muldenaufzüge mit Seilrollen und Führungsschienen ohne Winden und Motor bis 30 m Höhe				
350—500 l-Mulde (10 PS)	2,0	100	60	2
750 l-Mulde (15 PS)	2,50	120	80	3
$v = 0,5$ m/s				

Bemerkung. Bei den Muldenaufzügen kommt hinzu die Aufstellung der hölzernen Aufzugstürme, welche einen Holzbedarf von 0,25 m^3/l stgd.m Gerüst erfordern. Für Abbinden, Aufstellen und Abseilen des *Aufzugturmes* kann man je 1 m Turmhöhe 8 Zimmererstunden rechnen, bei bereits abgebundenen Türmen 6 Zimmererstunden je 1 stgd.m und für Wiederabbrechen des Holzturmes 3 Zimmererstunden je 1 stgd.m, d. h. insgesamt etwa *10 Zimmererstunden je 1 stgd.m.*

[1] Ohne Betonfundamente, welche besonders zu kalkulieren sind.

6. *Antriebsmaschinen.*

Tabelle 6.

Geräte	Gewicht in kg	Lohnstundenaufwand		Dauer der Montage Tage
		für Montage	für Demontage	
Elektromotore ohne Fundamente mit Vergießen und Anschließen der Maschine				
3 PS Motor	100	15	10	½
5 PS ,, ...	180	20	15	1
10 PS ,, ...	340	25	18	2
20 PS ,, ...	450	30	20	2
25 PS ,, ...	550	40	25	3
30 PS ,, ...	770	50	25	3
50 PS ,, ...	1050	60	30	3
70 PS ,, ...	1320	70	35	4
100 PS ,, ...	2000	100	50	5
Dieselmotore ohne Fundament				
12 PS Bulldogg.		20	10	2
20 PS Motor	1500	40	20	2
30 PS[1] ,, ...	800	80	40	3
50 PS ,, ...	3500	100	50	4
100 PS[1] ,, ...	1500	120	60	5

7. *Werkstattmaschinen.*

Nachstehend ist für die *Reparaturwerkstätte einer Tiefbaustelle* (Erdarbeiten) die Geräteausstattung und der *Lohnstundenaufwand für den Zusammenbau und Abbau der Werkstattmaschinen* zusammengestellt. Das zugehörige Werkstattgebäude, welches einen Grundriß von 540 m² aufweist, enthält auf der einen Seite die Werkstattmaschinen für die Instandsetzung der Baumaschinen und auf der anderen Seite die Stellmacherei für die Rollwagenreparatur. Der Lohnaufwand für das Betonieren der Maschinenfundamente ist in die Montagelöhne eingeschlossen, nicht dagegen die Materialkosten der Fundamente.

Es ergeben sich demnach für die *Einrichtung ganzer Reparaturwerkstätten die Lohnkosten:*

für *Montage* der Werkstattmaschinen zu *40 Facharbeiterstunden*,

für *Demontage* der Werkstattmaschinen zu *25 Facharbeiterstunden je 1 t Werkstattausstattung.*

Bei einer Belegschaft von 1 Maschinenmeister, 4 Maschinenschlossern und 2 Tiefbauarbeitern würde also bei Einhaltung des 8-Stundentages die maschinelle Einrichtung der vorstehenden Reparaturwerkstätte 18 Arbeitstage in Anspruch nehmen. Der höheren Entlohnung des Maschinenmeisters wird dadurch Rechnung getragen, daß für die Montage nur mit „Facharbeiterstunden" gerechnet wird. Es kann in der Kalkulation aber auch mit dem „mittleren Stundenlohn" gerechnet werden, nachdem eine bestimmte Zusammensetzung der bei der Montage tätigen Belegschaft angenommen wurde.

[1] Neue leichtere Motortype.

Tabelle 7.

Lohnaufwand für den Zusammenbau der Maschinen einer Reparaturwerkstätte.

Geräte	Gewicht in kg	Lohnstunden-aufwand		Fundament m³ Beton
		für Montage	für Demontage	
1 Antriebsmotor 20 PS	450	30	20	0,40
2 Transmissionen 13 m mit Hängelagern und Riemenscheiben	1000	80	40	—
1 Leitspindeldrehbank 3000 × 500	5800	150	100	1,00
1 Schnelldrehbank 1500 × 220	2000	80	50	0,40
Dreherwerkzeuge	100			
1 Shapingmaschine 500 mm Hub	1500	60	40	0,30
1 Säulenbohrmaschine bis 60 mm	800	30	26	0,30
1 ,, bis 25 mm	400	15	10	0,20
1 Wandbohrmaschine bis 30 mm	320	13	10	—
1 Schmirgelschleifmaschine				
1 Schleifstein für Kraftantrieb	180	8	5	0,20
1 Kaltsäge	100	4	3	0,20
1 Federhammer 60 kg Bärgewicht	1450	60	30	0,50
1 Antriebsmotor 10 PS	340	25	20	0,20
1 Schmiedeherd mit 2 Feuern und Ventilator	400	50	30	0,30
1 Richtplatte, 1 Lochplatte				
2 Ambosse	500			
Schmiedewerkzeuge	600			
1 Schmiedeherd mit 1 Feuer und Ventilator	320	40	25	0,20
1 Amboß	180			
1 Eisenschere mit Stanze	1500	50	35	0,20
1 Radsatzpresse	2500	80	60	0,40
1 Kreissäge	600	20	15	0,20
1 Bandsäge	700	30	20	0,30
1 Antriebsmotor 8 PS	320	10	8	0,20
1 Bohrmaschine mit Zubehör	500	20	15	0,20
1 elektrische Handbohrmaschine	150			
1 Hobelbank und Werkbänke	800	10	5	—
1 Schienenbiege- und Richtmaschine	1200	30	20	0,30
1 Schweißapparat	150	5	3	—
Verschiedene Kleingeräte	140	100	30	—
Insgesamt:	25000	1000	620	6,00

§ 4. Grundsätzliches zur Lohnkostenermittlung.

1. *Allgemeines.*

Für die Wichtigkeit der richtigen Erfassung der *Lohnkosten* bei der Kalkulation spricht die Tatsache, daß der *Kostenanteil der reinen Löhne* (ohne soziale Aufwendungen) an den Selbstkosten von Bauarbeiten etwa zwischen 35% (Hoch- und Stahlbetonbau) und 50% (Erdarbeiten) beträgt.

Die Höhe des Stundenlohnes für die einzelnen Arbeiterkategorien (Maurer, Zimmerleute, Bauhilfsarbeiter, Tiefbauarbeiter, Maschinisten, Steinsetzer usw.) wird in Deutschland von den Landesarbeitsämtern bzw. den Arbeitsministerien nach *Tarifgebieten* festgelegt und durch die Gewerkschaften überwacht. Der für alle Bauarbeiten gültige

Rahmentarifvertrag für das Baugewerbe[1] enthält die allgemeinen Arbeitsbedingungen, Einstellung und Entlassung von Arbeitern, Arbeitszeit, Überstunden, Nacht- und Sonntagszuschläge, Entlohnung und soziale Leistungen, Urlaub, Auslösungen, Lehrlingsarbeit, Arbeiterunterbringung usw.

Die Löhne sind *örtlich* verschieden nach den *Ortsklassen A*, I, II und III und sind für die verschiedenen Arbeiterkategorien angegeben nach dem *Schlüssel-Facharbeiter-* (Maurer-) *lohn* in *Ortsklasse A* mit *100%*. Der Lohn des Bauhilfsarbeiters Ortsklasse A beträgt z. B. 85%, der des Hochbauhelfers 92%, des Baumaschinenführers 105% und der des Maurerhilfspoliers 120%.

Die Übernahme von langfristigen Bauverträgen durch den Unternehmer zu „Festpreisen" setzt eine Beurteilung der Lohnentwicklung und der sozialen Leistungen über die Dauer dieser Zeit voraus.

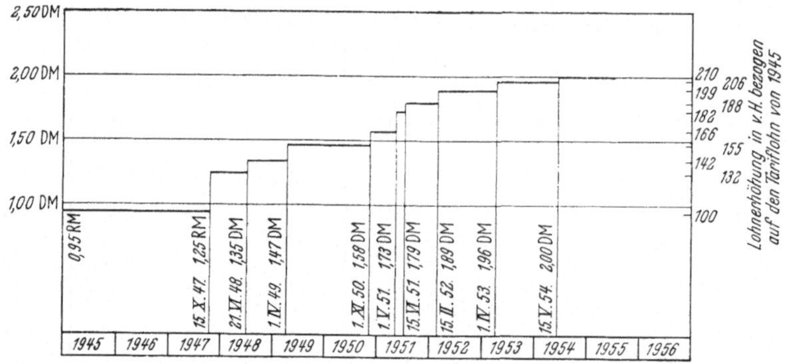

Abb. 2. Entwicklung des Facharbeiter-(Maurer-)Ecklohns in München (Ortsklasse A).

Abb. 2 zeigt die Entwicklung der Bauarbeiterlöhne von 1948 bis 1954 der Ortsklasse A in München. Dargestellt ist der Maurer- (Facharbeiter-) Ecklohn (Schlüssel 100%).

Wahl des Arbeitssystems. Bei *Tagelohnarbeit* ist der tarifliche *Stundenlohn* vom Unternehmer ohne Rücksicht auf die Leistung zu bezahlen. Bei *Akkordarbeit* übernehmen einzelne Arbeitspartien (Akkordkolonnen) bestimmte Arbeiten (z. B. Mutterbodenabhub, Mutterbodenandecken, Grabenaushub u. dgl.) im *Leistungslohn* auf Grund einer freien betrieblichen Vereinbarung zwischen Betriebsleiter und Belegschaft. *Der Tariflohn ist garantiert.* Der *Akkordüberschuß* ist der gegenüber dem Tariflohn erzielte Mehrverdienst. *Akkordtarife* (Leistungstarife), in welchen eine bestimmte Leistung bezahlt wird, bestanden bisher nur vereinzelt (der Tariflohn muß garantiert sein). Bei der *Prämienarbeit* werden dem Arbeiter bei Überschreitung einer Soll-Leistung *Leistungszulagen* oder Prämien gewährt. Bei reiner

[1] Vom 17. 4. 1950 in der Fassung vom 8. Febr. 1952 für das Gebiet der Bundesrepublik Deutschland.

Handarbeit soll ein Mehrverdienst von mindestens 20 bis 25% möglich sein. Indessen läßt sich das Prämiensystem mit Erfolg auch auf stark mechanisierte Tiefbaubetriebe anwenden.

Ab 1. 1. 1943 war für alle *Betriebe des Hoch-, Beton-, Tiefbau- und Zimmergewerbes* die Arbeit im *Leistungslohn* angeordnet für ganz Deutschland. Es galt die *Reichstarifordnung über Leistungslohn im Baugewerbe* vom 2. 6. 1942 (Rahmentarifordnung).

Während die Tarifordnung selbst die allgemein richtungsgebenden Grundsätze enthielt, wurden für die Festsetzung der *Bauleistungswerte* eigene Tarifordnungen als *Anhang zur Reichstarifordnung* erlassen, z. B.:

1. Anhang vom 25. 6. 1942 Bauleistungswerte für *Maurerarbeiten.*
2. Anhang vom 15. 6. 1942 Bauleistungswerte für *Verputzarbeiten.*
3. Anhang vom 15. 6. 1942 Bauleistungswerte für *Beton- und Einschalungsarbeiten.*
4. Anhang vom 25. 6. 1942 Bauleistungswerte für *Zimmererarbeiten.*
5. Anhang vom 1. 8. 1942 Bauleistungswerte für *Erd- und Felsarbeiten.*
6. Anhang vom 7. 9. 1942 Bauleistungswerte für *Straßenbauarbeiten.*
7. Anhang vom 27. 4. 1943 Bauleistungswerte für *Abbrucharbeiten.*
8. Anhang vom 30. 4. 1943 Bauleistungswerte für *Ausbau von Luftschutzkellern.*
9. Anhang vom 30. 4. 1943 Bauleistungswerte für *Eisenbahnoberbauarbeiten.*

Zweck des Leistungslohns ist eine gerechte Entlohnung, bei der einem *Mehrlohn* aber auch eine *Mehrleistung* gegenübersteht. Der *Tariflohn als Mindestlohn ist nicht mehr garantiert.* Die Richtwerte für die Leistung sind gesetzlich festgelegt und der betrieblichen Vereinbarung entzogen im Unterschied zur Akkordarbeit. Grundlage für die Festsetzung der *Bauleistungswerte* ist die *normale Friedensleistung des deutschen Arbeiters.*

Eine Abweichung von den tariflich festgelegten Bauleistungswerten bei anders gearteten (leichteren oder schwereren) Arbeitsbedingungen als im Tarif vorausgesetzt, kann der Betriebsleiter vornehmen mit Zustimmung des Landesarbeitsamtes. In Fällen, wo tariflich keine Bauleistungswerte festgelegt sind, sollen solche gebildet werden zwecks Durchführung des Leistungslohnes.

Im *Gegensatz zur Akkordarbeit*, bei welcher nur verhältnismäßig kleine Arbeitspartien als Akkordkolonnen zusammengeschlossen waren, verlangt die *Arbeit im Leistungslohn* die Bildung großer „*Leistungsgemeinschaften*". Es sollen auch *Nebenarbeiten* (z. B. Gleisunterhaltung) miteingeschlossen werden, nicht dagegen die sog. *unproduktiven Arbeitskräfte* (Budenwärter, Wachen, Laufjungen u. dgl.) und *Lehrlinge.*

In *Tiefbaubetrieben* mit großem Maschineneinsatz müssen von Fall zu Fall die Bauleistungswerte festgelegt werden. Während bei der „*Prämienarbeit*" der Unternehmer an besonderen Leistungen der Belegschaft noch besonders verdienen konnte, sollte dies bei der Arbeit im Leistungslohn ausgeschlossen sein.

Der *Verteilungsschlüssel für die Verteilung des Überschusses über den Tariflohn* sollte durch den Betriebsleiter festgelegt werden, welcher auch besondere Leistungen einzelner Arbeiter besonders berücksichtigen konnte (ähnlich den „Leistungszulagen" bei Prämienarbeit). Die *Persönlichkeitsbewertung* (Bewertung der Einzelleistung jedes Arbeiters nach einem Punktsystem) war zugelassen und hatte sich praktisch bewährt.

Für *Überzeitarbeit, Nacht-, Sonntags- und Feiertagsarbeit* mußten nach wie vor die tariflichen *Zuschläge* bezahlt werden, desgleichen die *Erschwerniszuschläge.* Auch die *Stammarbeiterzulage* (5 Pf. je Stunde) mußte als Treueprämie bezahlt werden, solange keine *Persönlichkeitsbewertung* des einzelnen Arbeiters erfolgte.

Das *Aufsichtspersonal* (z. B. Schachtmeister, Poliere), soweit es nicht tätig, sondern nur organisatorisch mitarbeitete, konnte *nicht am Betriebsüberschuß der Leistungsgemeinschaft beteiligt* werden. Der Unternehmer konnte dieses Personal aber durch zeitweise *Leistungsprämien* an der Leistungsentlohnung teilnehmen lassen und an Mehrleistungen interessieren.

Auswirkung des Leistungslohnes auf die Kalkulation. Die Einführung des *Leistungslohnes* im Baugewerbe mochte in vielen Fällen die *Kalkulation* erleichtern. Die Bauleistungswerte ersetzen aber nicht die Kalkulation, da sie meist nicht den *Gesamtlohnaufwand* umfassen. Sie enthalten üblicherweise nicht den Lohnaufwand für die *Aufsicht*, für die *allgemeinen Arbeiten* (Lagerplatz, Magazin, Wache, Barackenwärter, Elektriker, Werkstattpersonal) und für die Nebenarbeiten (Nebenlöhne). Sie enthalten auch nicht das *Kalkulationswagnis*, welches dem Unternehmer bei einer Änderung der örtlichen Verhältnisse gegenüber den Annahmen bei der Kalkulation erwachsen kann. Auch das *Wagnis von Minderleistungen*, welche auf das Ausbleiben von Baustoffen, Maschinenausfällen u. dgl. zurückzuführen sind — welche aber keine Kürzung der Löhne der Belegschaft zulassen —, kann nicht ausschließlich dem „Wagnis- und Gewinnanteil" zugewiesen werden. Der Unternehmer mußte daher außer den Bauleistungswerten bei der Preisermittlung noch die sog. „*Randstunden*" erfassen.

Wenn auch zur Zeit das Problem des *Leistungslohnes* in Deutschland noch nicht so großem Interesse begegnet, so kann andererseits darauf hingewiesen werden, daß in vielen Ländern (z. B. Amerika, Rußland) Akkord- oder Leistungstarife beim Bau vorherrschen.

Wahl der Arbeitszeit. Neben der Wahl des Arbeitssystems ist noch von Einfluß auf die Lohnkosten die Wahl der *Arbeitszeit* und die Art der Einschaltung und Dauer der Arbeitspausen. Einschichtiger und zweischichtiger Betrieb wird stets wirtschaftlicher für den Unternehmer sein als dreischichtiger Betrieb, da beim letzteren bei 7½-stündiger tatsächlicher Arbeitszeit 8 Stunden bezahlt werden müssen und mit Minderleistungen der Nachtschicht möglicherweise, sowie mit Mehrkosten der Nachtbeleuchtung und der tariflichen Entlohnung der Nachtarbeit überhaupt gerechnet werden muß.

Auch die *Jahreszeit* kann von großem Einfluß sein (Winterarbeit!).

Personalfrage. Von entscheidendem Einfluß auf die Lohnkosten, d. h. auf ein wirtschaftliches Arbeiten, ist die Auswahl des *Bauleiters*, der *Bauführer* und des *Aufsichtspersonals* sowie des Facharbeiterpersonals im Baugewerbe, welche meist als *Stammarbeiter*[1] bei den Bauunternehmungen das Maschinen- und Werkstättenpersonal bilden. Sehr wichtig für das Baugewerbe ist die Heranbildung von geeignetem *Facharbeiternachwuchs* in den Betrieben und in Lehrwerkstätten.

Arbeiterwohlfahrt. Die soziale Einstellung des Bauunternehmers bzw. Betriebsleiters wird auch Leistung und Stimmung der Belegschaft beeinflussen. Die vordringlichsten Forderungen der Arbeiterwohlfahrt lauten kurz zusammengefaßt: freundliche, saubere und hygienisch einwandfreie *Unterkünfte*, Maßnahmen der Unfallverhütung, Betreuung verunglückter Arbeiter (erste Hilfe bei Unglücksfällen), Fernhaltung des *Alkohols* von der Baustelle.

---

[1] Die meisten Tarife sehen für Stammarbeiter gemäß R.T.O. § 12 Stammarbeiterzulagen von 0,05 DM je Stunde vor.

2. Ermittlung der Lohnkosten.

Wie die Ermittlung der Selbstkosten für Bauarbeiten überhaupt, soll auch die Ermittlung der *reinen Lohnkosten* nur im Zusammenhang mit einem wohldurchdachten *Betriebsprogramm* erfolgen, aus dem die Dauer der Arbeiten wie auch die angenommenen Leistungen und die Zahl der erforderlichen Arbeitskräfte hervorgeht. Ein vorheriges Durchdenken des ganzen Betriebes schützt am besten gegen falsche Kostenermittlungen. Kostenermittlung und Baustellenorganisation sind auf das engste miteinander verbunden.

Die richtige *Dimensionierung des Geräteparks* und *Schätzung der Arbeiterzahl* in den verschiedenen Teilen des Betriebes an Hand eines wohlüberlegten *Betriebsprogramms* ist besonders bei der *Vorkalkulation von Tiefbauarbeiten* wichtig und muß hier als Kontrolle von vereinfachten Kalkulationsmethoden diese ergänzen. Im übrigen besteht dann die Kalkulation der Lohnkosten nur in der richtigen *Schätzung der Leistung von Mensch und Maschine* im Betrieb. Sorgfältige *Nachkalkulationen* früher ausgeführter Arbeiten und eigene Betriebserfahrungen des Kalkulators bilden die Grundlage für diese Schätzungen.

Maßstab der Leistung des Arbeiters ist einzig und allein der *Lohnstundenverbrauch je Einheit der Leistung.* Dieser Maßstab ist unabhängig von der Arbeitszeit (gegenüber dem „Arbeitertagewerk") und von der Lohnhöhe (gegenüber dem „Geldwert der Lohnkosten je Leistungseinheit"). Dabei ist eine *Trennung nach Facharbeiter- und Hilfsarbeiterstunden* manchmal erwünscht und im Hochbau auch üblich. Sie ist aber in den wenigsten Fällen unbedingt erforderlich, da dem Betriebspraktiker bei den meisten Bauarbeiten bekannt ist, in welchem Verhältnis etwa Aufsichtspersonal, Maschinisten, Facharbeiter und Hilfsarbeiter bei der betreffenden Arbeitsleistung Verwendung finden. Auch Prämien, Auslösungen, Wegegelder, Nacht- und Sonntagszuschläge sowie andere zusätzliche Lohnvergütungen, wie z. B. Beförderungskosten oder Unterbringungskosten, Zureisekosten[1] usw. — den Urlaub rechnet man besser zu den „sozialen Aufwendungen" —, können in Form eines Zuschlages zum *reinen Lohn* in der Kalkulation berücksichtigt werden. Man rechnet daher zweckmäßig bei Tiefbauarbeiten bei der Ermittlung der Lohnkosten für die Lohnstunde einen „*mittleren Stundenlohn*". Dieser kann entweder aus der Zusammensetzung der Belegschaft nach den verschiedenen Arbeiterkategorien ermittelt werden oder auf Grund früherer Erfahrungen (Feststellungen der Lohnbuchhaltungen) — im *Tiefbau* vor allem mit seiner vielseitigen Staffelung der verschiedenen Facharbeiterkategorien hält der Verfasser diese Methode für die zweckmäßigste, während im *Hochbau* eine Trennung nach Facharbeitern und Hilfsarbeitern sich meist leicht durchführen läßt — durch einen *prozentualen Zuschlag auf den Arbeiterlohn* berechnet werden (im Tiefbau z. B. bei großen Erdarbeiten etwa 30%).

---

[1] *Nicht* einzuschließen sind die *Kosten der besonderen sozialen Maßnahmen* Punkt 1 bis 5, S. 36, sofern der Bauvertrag dies nicht ausdrücklich vorsieht.

3. Soziale Aufwendungen.

In unmittelbarer Abhängigkeit von den Lohnkosten stehen die *gesetzlichen sozialen Aufwendungen,* welche daher auch *in Prozenten der Löhne* ausgedrückt werden. Sie bestehen aus

Unternehmeranteil zur Krankenkasse (örtlich verschieden)	$\frac{6,0}{2}$	= 3,0%
Unternehmeranteil zur Invalidenversicherung	$\frac{10,0}{2}$	= 5,0%
Unternehmeranteil zur Erwerbslosenversicherung, etwa	$\frac{4,0}{2}$	= 2,0%
Unternehmeranteil zur Angestelltenversicherung der Schachtmeister u. Poliere i. M.		= 0,5%
a) An die *Krankenkasse* abzuführende Beträge		10,5%
b) Beiträge zur Berufsgenossenschaft (Unfallversicherung nach Gefahrenklassen verschieden)		3,0 bis 3,8%
c) Arbeiterurlaub (Lohnempfänger und Poliere)		6,03%
d) Bezahlung von Feiertagen[1], Krankheit und Arbeitsversäumnis[2]		6,0 bis 7,0%
Summe der sozialen Zuschläge		25,50 bis 27,30% der Löhne.

Neuerdings werden hierzu noch für den „*Schwerbeschädigtenausgleich*“ 2% von der Unternehmerseite geltend gemacht.

Die *sozialen Zuschläge* sind nach den Tarifgebieten *örtlich verschieden* und betrugen Frühjahr 1954 in Deutschland 26 bis 28% der reinen Löhne (ohne Auslösungen). Die unter c) und d) erfaßten Aufwendungen bezeichnet man heute häufig als „Soziallöhne“, weil diese Ausgaben als Löhne in den Lohnlisten erscheinen.

Kosten besonderer sozialer Maßnahmen[3].

An sonstigen „sozialen Maßnahmen“ sieht der *Rahmentarifvertrag* vor:

1. Entfernungszulagen (auch Wegegelder genannt) bei Entfernungen von 10 bis 15 km vom Wohnort des Arbeiters 0,50 DM./Tag, bei Ent-

---

[1] Zugrunde gelegt sind die bezahlten Feiertage in Bayern.

[2] Hierunter fallen auch die sozialen Leistungen für Lehrlinge (Bezahlung von Krankheitstagen und Berufsschulunterricht).

[3] Bei den unter Titel 1 bis 4 aufgeführten Leistungen handelt es sich um tarifliche Leistungen, welche die Bauindustrie als „*Lohnnebenkosten*“ bezeichnet. (Siehe Kalkulationsschulungsheft von Dr. RICHARD NASCHOLD und Obering. LEOPOLD BOESE, Bauverlag G.m.b.H., Wiesbaden, 1953.)

fernungen von 20 bis 25 km 1,— DM./Tag, bei Entfernungen über 30 km 1,50 DM./Tag.

2. *Trennungsentschädigung:* Verheiratete Stammarbeiter oder betriebsentsandte Arbeiter, welche getrennt von ihren Familien leben müssen, erhalten als *Auslösung* pro Tag das 3fache des Stundenlohns eines Maurers am Bauort, ledige Arbeiter das $1\frac{1}{2}$fache des Maurerlohns am Ort.

3. *Familienheimfahrt* für auswärtige Arbeiter (der „bezahlte Urlaub" ist bereits in den „sozialen Zuschlägen" behandelt).

4. *Vorhalten von warmen* (im Winter) *bzw. kalten* (im Sommer) *Getränken auf der Baustelle* (Kaffee oder Tee).

5. *Kostenlose Unterbringung in Barackenlagern* mit billiger Verpflegung kann auf Grund von *Sondertarifen* ausnahmsweise in Frage kommen.

4. Kosten der Arbeiterunterbringung auf Baustellen.

Zu den sozialen Maßnahmen in Deutschland zählt vor allem die würdige Unterbringung der von auswärts zugewiesenen Arbeiter. Es gilt hier das „Gesetz für Unterkunft" für Bauten vom 13. 12. 1934 (RGBl. I, 1934, Nr. 134 vom 5. 12. 1934 mit Ausführungsverordnung vom 10. 1. 1935 RGBl. I, 1935, Nr. 2).

Abb. 3 zeigt die Lageplanskizze eines Arbeiterlagers für etwa 300 Mann.

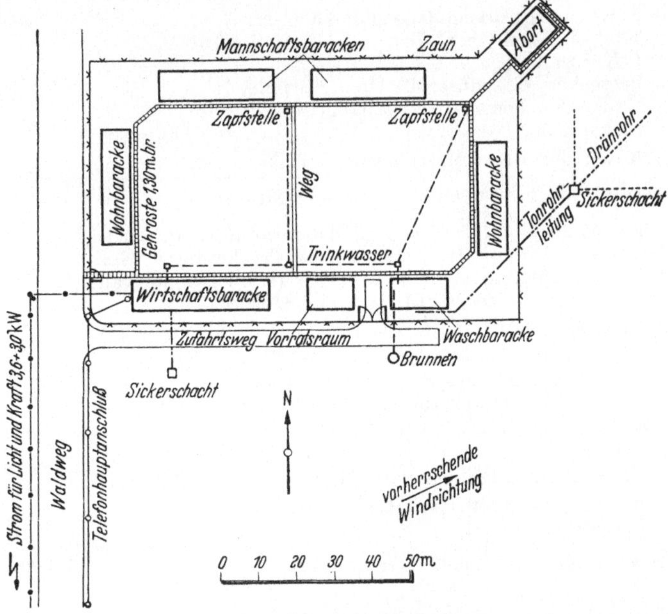

Abb. 3. Lageplan eines Arbeiterlagers.

Beispiel 1: Lagerbeschaffungs-, Lageraufbau- und Lagerbetriebskosten eines Barackenlagers für max. 300 Mann sind zu ermitteln (ohne Grunderwerb) und auf 1 Arbeitertagewerk umzurechnen.

Lösung.

A. Lagerbeschaffung für 300 Mann.

4 Mannschaftsbaracken mit je 75 Mann (mit Stuben für Lagerverwalter usw.), 1 Wirtschaftsbaracke (Kantine), 1 Waschbaracke, 1 Abortbaracke und sämtliche Einrichtungsgegenstände, maschinelle Anlagen für Wasserversorgung, Heizung, Kücheneinrichtung usw.

Pos. 1. *4 Mannschaftsbaracken*[1] doppelwandig, für je 75 Mann zu je $30 \cdot 8 =$ *240 m² Grundfläche* zu je 0,15 t/m² = 36 t Holzgewicht (einschl. 360 Pfählen, Ø 14 cm, 1,2 m lang)

a) Gebäude 240 m² zu 100,— DM . . . . 24000,— DM.

b) Einrichtung: Betten (77), Schränke (77), Tische (10), Öfen (6), Bettausstattung (77), Handtücher, Feuerlöscher (4) usw. 75·200 15000,— „

c) Material für Elektroinstallation der Baracken nebst Anteil der Außenleitung im Lagerhof . . . . 2000,— „

Neuwert für 1 komplette Mannschaftsbaracke . . . . 41000,— DM.

Neuwert von 4 Baracken zu je 41000,— DM. . . . . . 164000,— DM.

Pos. 2. *1 Wirtschaftsbaracke* (Kantine) doppelwandig mit $35 \cdot 8 =$ *280 m² Grundfläche* mit 185 m² Speiseraum für 200 Sitzplätze, etwa 50 m² Küche, 30 m² Vorratsraum, Verkaufsraum. 280 m² zu 0,13 t = 36 t Holzgewicht (einschl. 360 Pfähle, Ø 14 cm, 1,2 m lang)

a) Gebäude 280 m² zu 110,— DM. . . . . 30800,— DM.

b) Einrichtung: Kochanlagen mit 3 Kesseln 300 l, 1 Küchenherd usw. . . . . 10000,— „
1 Kühlzelle . . . . 7200,— „
Bestecke, Eßschüsseln, Öfen, Stühle, Bänke, Küchenwäsche, Vorhänge, Handtücher usw. . . . . 6000,— „

c) Anteil der Elektroinstallation . . . . . 1000,— „

Neuwert für 1 komplette Wirtschaftsbaracke . . . . . 55000,— DM.

Pos. 3. *1 Waschbaracke*, $13{,}5 \cdot 8$ m mit Waschraum (35 m²), Auskleideraum, Duschraum (10 Duschen), Trockenraum, Heizraum und Lüftung, *ohne Fundamente* (s. B. Lageraufbau), 108 m² Grundfläche zu 0,10 t = 11 t Holzgewicht

a) Gebäude 108 m² zu 140,— DM. . . . . 15120,— DM.

b) Maschinelle Anlage für Heizung und Wasserversorgung (selbstansaugende Kreiselpumpe, 2″ Druckstutzen, Druckwindkessel, Boiler, Niederdruckwarmwasserkessel) . . . . 12880,— „

c) Material für Elektroinstallation . . . . 1000,— „

d) Einrichtung (200 Waschschüsseln und Bänke) . . . . 3000,— „

Neuwert für 1 komplette Waschbaracke . . . . 32000,— DM.

[1] In Holz, halbmassiv (Fachwerk) oder ½ St. Mauerwerk.

Pos. 4. *1 Abortbaracke*, 15 · 8 m = 120 m²
Grundfläche (mit 18 Sitzen) zu 50,— DM. 6000,— DM.
Elektroinstallation . . . . 1000,— „

Neuwert der Abortbaracke . . . . 7000,— DM.

Summe Pos. 1 + 2 + 3 + 4 = 258000,— DM. oder rd. *260000,— DM.*

Vorratsschuppen, Keller usw. je nach Entfernung des Lagers von Ortschaften verschieden (s. B. Lageraufbau).

B. Lageraufbaukosten (einschl. Abbau).

I. Allgemeine Arbeiten.

1.	Fracht für 190 t Barackenteile Frachtkl. F für 200 km		3800,— DM.
2.	Lastautotransport für 190 t Barackenteile zu 6,— DM.		1140,— „
	Rücktransport desgl.		1140,— „
3.	Vorarbeiten (Roden, Vermessung usw.), Platzmiete		2500,— „
4.	Wegearbeiten für Zufahrtswege 2000 m² zu 4,— DM.		8000,— „
5.	Planierarbeiten 1600 m² zu 1,— DM.		1600,— „
6.	420 lfd. m Zaun zu 7,— DM.		2940,— „
7.	400 m² Lattenroste (auf Kiesbettung) zu 10,— DM.		4000,— „
8.	Wasserversorgung des Lagers		
	a) Brunnen 20 m tief mit Kiesfilter (einschl. Versuchsbohrung)	4000,— DM.	
	b) 150 lfd. m Trinkwasserleitung 2″ mit 6 Schächten, Zapfstellen, Absperrschieber usw. zu 30,— DM.	4500,— „	8500,— „
9.	Kanalisation des Lagers 80 lfd. m Tonrohrleitung 125 mm Ø mit Sickerschächten und Dränagen einschl. Materiallieferung		3500,— „
10.	Stromversorgung und Telephonanlage		
	a) 1700 m Niederspannungsleitung 220/380 V, 35 bis 50 mm² Alum.-Freileitung herstellen einschließlich Materiallieferung mit An- und Abschaltgebühren, Schrank für Sicherungen usw.	12000,— DM.	
	b) 1700 m Telephonhauptanschlußleitung	5000,— „	
	c) Installation der Gebäude	2000,— „	19000,— DM.
	Summe: Allgemeine Arbeiten		56120,— DM.
	Für Abbau dieser Anlagen und Geländeherstellung		18880,— „
			75000,— DM.

II. Gebäudeaufbau (und Abbau).

1.	4 Mannschaftsbaracken aufstellen (mit Pfahlrostschlagen) 240 m² zu 12,50 DM. = rd. 3000,— DM./Baracke	12000,— DM.
2.	1 Wirtschaftsbaracke 280 m² zu 13,— DM. rd.	3600,— „
3.	1 Waschbaracke mit Maurerarbeiten für Maschinenfundamente, Maschinenraum, Kohlenbunker, Schornstein usw. 108 m² zu 60,— DM. = rd.	6500,— „
4.	1 Abortbaracke aufstellen mit Maurerarbeiten für die Grube 120 m² zu 35,— DM.	4200,— „
5.	Anstrich von Pos. 1 bis 4	10000,— „

6. 1 Vorratsschuppen $8 \cdot 12 = 96\,m^2$, Grundfläche mit $32\,m^2$, Keller 2 m tief, Außenwände Stülpschalung (einschl. Materiallieferung) zu 80,— DM. rd. . . . . 8000,— „
7. Für sonstige Anlagen (Aschengrube, Bühne, Beschilderung usw.). . . . . 1700,— „

Insgesamt für II. Gebäudeaufbau . . . . 46000,— DM.
Für Gebäudeabbau . . . . 14000,— „

60000,— DM.

Insgesamt für B. aus I. und II. = *135000,— DM.*

C. Lagerbetriebskosten (einschl. Instandhaltung).

1. Personalkosten, gerechnet auf *1 Kalendertag*

a) *Gehaltsempfänger* (einschl. freier Verpflegung), 1 Lagerverwalter, 1 Lagerhelfer 1050/30 . . . . 35,— DM./Tag
b) *Wochenlohnempfänger*, 2 Köche, 1 Hilfe, 1 Sanitäter, 1 Heizer, 1 Kantinenverkäufer, 2 Barackenwärter, 4 Kartoffelschälfrauen 1400/7 . . . . 200,— „
c) Sozialaufwand + Geschäftskosten 50% von 235,— DM. 115,— „

Personalkosten je 1 Kalendertag . . . . 350,— DM./Tag

Kosten je 1 Belegungstagewerk bei durchschnittlich 75% Belegung, d. h. $\frac{75 \cdot 300}{100} = 225$ Tagewerk/Tag

$\frac{350}{225} = $ *1,55 DM./1 Belegungstagewerk*

2. Sachliche Kosten

a) Einrichtungskosten (Büro und Sanitätsraum) und Lagerausschmückung. . . . . 1200,— DM.
Bei 2jährigem Betrieb 1200/720 . . . . 1,67 DM./Tag
b) Laufende Betriebskosten/Monat

Unterhaltung[1] und Reinigung der Gebäude	1000,— DM.	
Hygienische Überwachung.	100,— „	
Kohlenverbrauch	1000,— „	
Licht- und Kraftverbrauch (je 1000 kWh)	300,— „	
Wäschereinigung	400,— „	
Zeitungen, Telephon, Büro, Rundfunkgebühr, Fäkalabfuhr, Lagerfeiern u. dgl. .	600,— „	
Sachliche Betriebskosten/Monat	3400,— DM.	113,33 DM./Tag
		115,— DM./Tag

Kosten je 1 Belegungstagewerk bei einer durchschnittlichen Belegung von 75% $\frac{115}{0{,}75 \cdot 300} = $ *0,51 DM.*/Belegungstagewerk

Summe aus 1. und 2. 1,55 + 0,51 = *2,06 DM.*

Lagerbetriebskosten 2,06 DM./Belegungstagewerk

Zusammenstellung der Kosten aus A., B. und C. je 1 Belegungstagewerk.

Die durchschnittliche Belegung sei 75% oder $\frac{75 \cdot 365 \cdot 300}{100} = 82000$ Belegungstagewerke/*Jahr.*

[1] Nach den amtlichen Bestimmungen können für die Instandsetzung bis zu 30% der höchstzulässigen Gerätemiete berechnet werden, in unserem Falle also bei *Eigengeräte* 7800,— DM./Jahr, d. h. bis zu 650,— DM./Monat.

Zusammenstellung der Gesamtkosten der Lagerhaltung.

	Dauer der Baustelle			
	1 Jahr	2 Jahre	3 Jahre	4 Jahre
1. Barackenmiete[1] (Kapital 260000,— DM., p = 4 v.H.)	DM. 65000,—	DM. 109000,—	DM. 153000,—	DM. 197000,—
2. Auf-Abbaukosten	135000,—	135000,—	135000,—	135000,—
3. Zinsen 4% von Aufbaukosten = 102120,— DM. rd.	4000,—	8000,—	12000,—	16000,—
Kosten aus A. und B. insgesamt	204000,—	252000,—	300000,—	348000,—
Je Belegetagewerk DM.	2,50	1,53	1,22	1,06
Kosten aus C. je 1 Belegungstagewerk	2,06	2,06	2,06	2,06
Gesamtkosten G je 1 Belegungstagewerk DM.	4,56	3,59	3,28	3,12
Je 1 Arbeitstagewerk 1,3 G.	5,95	4,65	4,25	4,05

d. h. bei 8 stündiger Arbeitszeit kostet die Arbeiterunterbringung in Lagern *0,50 DM. bis 0,75 DM. je Arbeitsstunde.*

Aus dieser überschlägigen Berechnung der Kosten der Arbeiterunterbringung in Arbeiterlagern geht hervor, daß die Unterbringung in Lagern nur in besonderen Ausnahmefällen zu rechtfertigen wäre.

§ 5. Erfahrungswerte über den Betriebsstoffverbrauch von Baugeräten.

Nachstehend sind für verschiedene Baugeräte Angaben über den *Betriebsstoffverbrauch* gemacht. Selbstverständlich sind es nur Durchschnittswerte aus der Praxis. Bei Vorkalkulationen müssen jeweils die besonderen Betriebsbedingungen und der zu erwartende „Grad der Ausnützung“ der Maschinen berücksichtigt werden. Auch die Güte der verwandten Putz- und Schmiermittel ist von Einfluß auf den Verbrauch. Bei den angegebenen Verbrauchsziffern sind Öle in mittleren Preislagen zugrunde gelegt.

---

[1] Die *Barackenmiete* berechnet sich unter der Annahme, daß es sich um *Eigengeräte* und die *Umstellung* vorhandener Baracken handelt, wie folgt (s. II, § 1 S. 15):

Miete bei $p = 4$ v.H. und Beschäftigungsgrad 0,6: $\dfrac{\frac{100}{12} + 2}{0{,}6} = 17$ v.H. im Jahr.

Dazu kommen zum Ausgleich für die Wertminderung bei der Umstellung im ersten Jahr 8 v.H. des Neuwertes (bei gebrauchten Baracken gem. GeWibau 1944), also 25 v.H. im ersten und 17 v.H. in den folgenden Jahren.

1. *Verbrauch an Betriebsstoffen bei Dampflöffelbaggern und Dampfgreifbaggern.*

Die Diagramme der Abb. 4, a—c geben für verschiedene Bodenarten und Stundenleistungen den *Kohlenverbrauch* in kg/1 PSh. Dieser schwankt bei Löffelbaggern bis 2 m³ = Löffelinhalt je nach der Bodenart und dem Grad der Ausnützung (Stundenleistung) zwischen 1,0 und 1,6 kg/PSh (1 PSh als rechnerischer Wert; man vergleiche im Anhang das Kapitel „Nachkalkulation der Betriebsstoffe" I, 2).

Für den Putz- und Schmiermittelverbrauch kann man die nachstehend angegebenen Verbrauchsziffern, welche sich auf 1 Betriebsstunde beziehen, als mittlere Werte der Kalkulation zugrunde legen.

Putz- und Schmiermittelverbrauch für Dampflöffelbagger je 1 Betriebsstunde.

Betriebsstoff	Löffelbagger		Greifbagger 0,8 m³
	1 m³ kg	2 m³ kg	kg
Maschinenöl	0,18	0,28	0,12
Heißdampfzylinderöl	0,15	0,25	0,10
Putzöl	0,04	0,05	0,03
Putzwolle	0,04	0,05	0,03
Staufferfett	0,07	0,10	0,04

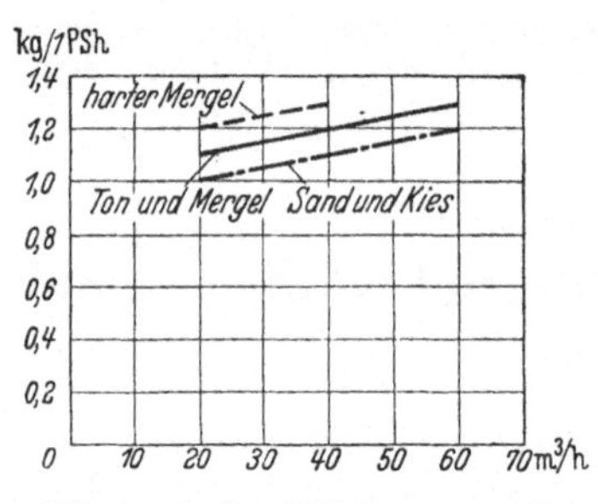

Abb. 4a. 1 m³ = Löffelbagger 55 PS.

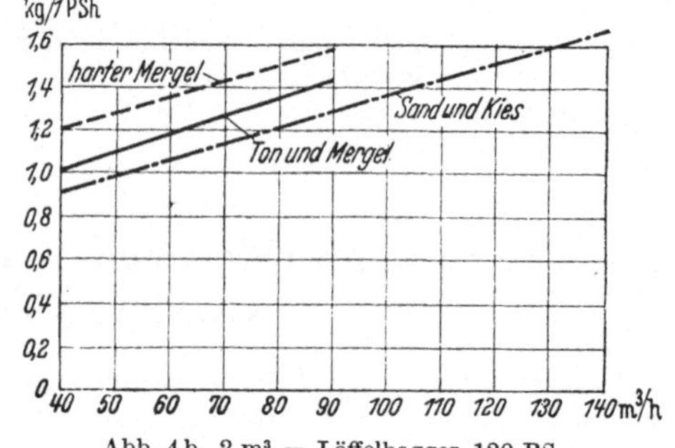

Abb. 4b. 2 m³ = Löffelbagger 120 PS.

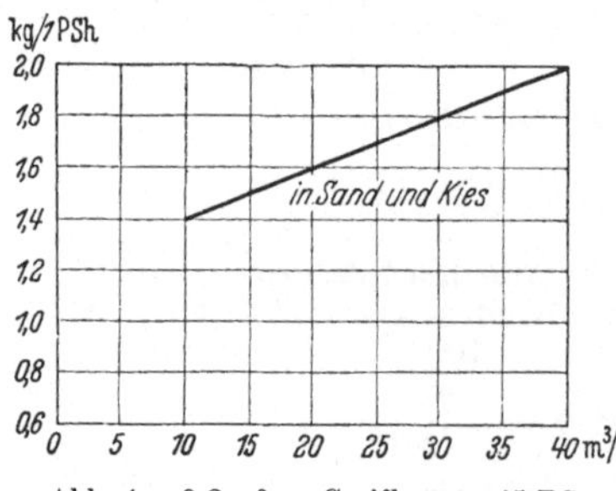

Abb. 4c. 0,8 m³ = Greifbagger 45 PS.

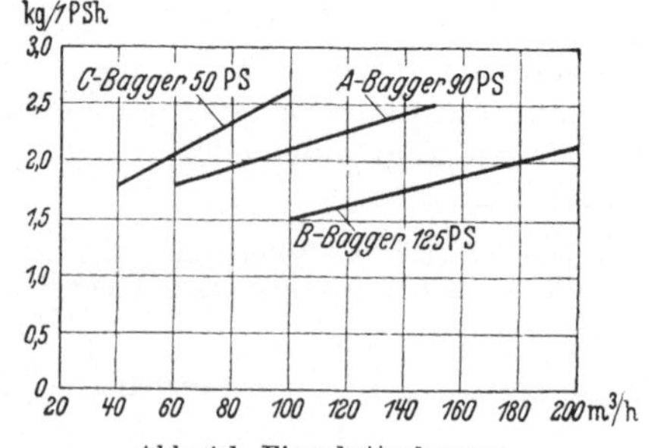

Abb. 4d. Eimerkettenbagger.

Abb. 4a—d. Kohlenverbrauch von Baggern in kg/1 PSh.

Den *Speisewasserbedarf* von Dampfbaggern kann man erfahrungsgemäß bei *1 m³-Löffelbaggern* zu *0,6 m³/h* und bei *2 m³-Löffelbaggern* zu *1,0 m³/h* annehmen.

2. Betriebsstoffverbrauch von Diesellöffelbaggern.

(Siehe Abschnitt VIII, Baggerarbeiten, S. 127ff.)

Verbrauch an Treiböl (Dieselöl) *in kg/h und kg/m³.*

Modell	Löffelinhalt	PS	kg Treiböl je 1 Betriebstunde	kg/PSh	kg/m³ (Boden Kl. 1/2)
M_o	0,53	48	5,8	0,12	0,20
M_a	0,75	70	7,0	0,11	0,16
M_{152}	1,5	125	12,5	0,10	0,15
M_c	1,4	142	14,0	0,10	0,14
M_d	1,9	200	18,0	0,09	0,14
M_e	2,6	300	24,0	0,08	0,14

Für *Dieselgreifbagger* kann man mit *0,09* bis *0,08 kg/PSh* Treibölverbrauch rechnen. Der Verbrauch an Motorenöl beträgt etwa 3% vom Dieselölverbrauch.

Verbrauch an Putz- und Schmiermitteln in kg/1 Betriebsstunde.

Man kann für die praktische Kalkulation genügend genau den *Stundenverbrauch an Ölen, Putz- und Schmiermitteln* = $^1/_{20}$ *des Treibölverbrauchs* setzen, also z. B. für M_c = Dieselbagger 0,7 kg/1 h. Rechnet man mit einem Preis für Rohöl von 0,53 DM. je 1 kg und von 1,20 DM. je 1 kg Putz- und Schmiermittel und von 1,60 DM. je 1 kg Motorenöl, so betragen die *restlichen Betriebsstoffkosten 15% der Treibölkosten.*

3. Betriebsstoffverbrauch von Eimerbaggern mit Dampfantrieb.

Der Kohlenverbrauch für verschiedene Eimerbagger mit Dampfantrieb, bezogen auf 1 PSh, bei Baggerung von Sand- und Kiesboden aus dem Trockenen, ergibt sich aus dem Diagramm Abb. 4d. (Bei Baggerung aus dem Nassen sind die angegebenen Werte um 20% zu erhöhen.)

Für den Putz- und Schmiermittelverbrauch, bezogen auf 1 Betriebsstunde, kann man folgende mittlere Verbrauchswerte der Kalkulation zugrunde legen.

Putz- und Schmiermittelverbrauch für Eimerbagger in kg je 1 Betriebsstunde.

Betriebsstoff	C-Bagger	A-Bagger	B-Bagger
Maschinenöl	0,18	0,25	0,35
Heißdampfzylinderöl	0,20	0,30	0,55
Putzöl	0,03	0,04	0,06
Putzwolle	0,03	0,03	0,04
Staufferfett	0,05	0,08	0,10

4. Betriebsstoffverbrauch für Absetzapparate und E-Bagger mit elektrischem Antrieb.

In dem Diagramm der Abb. 5 ist der Stromverbrauch in kW je 1 Betriebsstunde für die Typen 400/34 und 500/40 des Kruppschen Schwenkabsetzers und eines elektrisch betriebenen E-Baggers gegeben. Der Stromverbrauch je 1 installierte kW und 1 Betriebsstunde bewegt sich bei den angenommenen Leistungsgrenzen zwischen 0,30 und 0,55 kW, und der *Stromverbrauch je 1 m³* beträgt bei *elektr. E-Baggern 0,3 kWh/m³, bei Absetzapparaten 0,4 bis 0,5 kWh/m³*.

Den Putz- und Schmiermittelverbrauch von Absetzapparaten kann man in der Kalkulation wie folgt annehmen:

Putz- und Schmiermittelverbrauch von Absetzapparaten je 1 Betriebsstunde.

Betriebsstoff	Absetzapparat	
	500/40	400/34
	kg	kg
Maschinenöl	0,10	0,12
Putzöl . . .	0,05	0,05
Putzwolle .	0,03	0,04
Benzol . . .	0,02	0,03
Staufferfett .	0,20	0,26

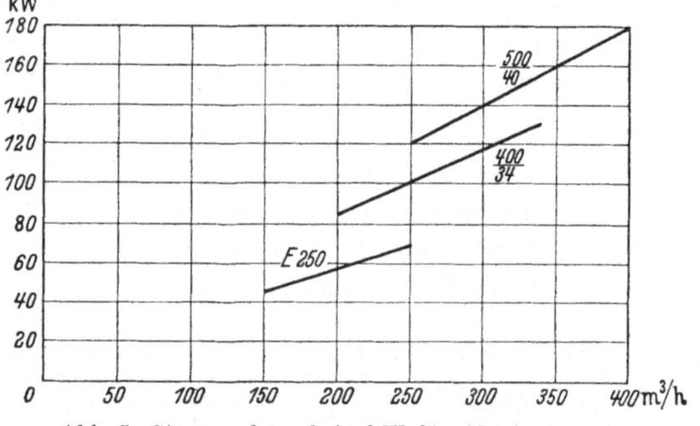

Abb. 5. Stromverbrauch in kW für Absetzapparate und elektrische E-Bagger.

5. Betriebsstoffverbrauch von Flachbaggergeräten.

Verbrauch an Treiböl (Dieselöl) *in kg/h* (Betriebsstunde) für den *55 PS-Dieselraupenschlepper* (Hanomag-Menck und Hambrock) i. M. 50 kg/10 Std.-Tag:

für *Kiesplanierarbeiten* . . . . . 3,5 kg/h (5,0 kg/Arbeitsstunde)
„ *Walzarbeiten*[1] . . . . 2,4 bis 3,3 kg/h } je nach Ausnützung des
„ *Mutterbodenabtrag* . . 5,7 „ 7,2 kg/h } Gerätes und Lösbarkeit des Bodens.

Leistungen des Gerätes s. S. 102.

Verbrauch an Dieselöl in kg/h für die *130-PS-Dieselplanierraupe* (System Carl Kaelble, Backnang, Gewicht etwa 19000 kg, Preis Frühjahr 1954 etwa 89400.— DM): 13 bis 15 kg/Stunde, Ölverbrauch 0,4 kg/Stunde. Denselben Betriebsstoffverbrauch etwa hat die *110-PS-Menck-Schürfraupe* (20 t Verladegewicht).

6. Betriebsstoffverbrauch von Dampflokomotiven.

Der Kohlenverbrauch von Dampflokomotiven hängt nach den Untersuchungen des Verfassers[2] in erster Linie von dem „Grad der Ausnützung β“ der Maschine ab $\left(\beta = \frac{F}{T} = \frac{\text{Reine Fahrzeit}}{\text{Gesamtbetriebszeit}}\right)$.

[1] Für Tondichtungen der Sohle und Böschungen von Schiffahrtskanälen u. dgl.

[2] Baumeister: Über Berechnung des Kohlenverbrauchs von Baulokomotiven bei Baggerarbeiten. Bauingenieur 1933, H. 13/14.

Demnach sind im Diagramm der Abb. 6 die Kohlenverbrauchswerte für Zuglokomotiven in Baggerbetrieben in Funktion des Ausnützungsgrades, bezogen auf 1 PSh (als rechnerischer Wert), gegeben. Der Ausnützungsgrad wird sich in der Praxis meist zwischen $\beta = 0{,}2$ und 0,5 bewegen. Für Rangierlokomotiven kann man den Verbrauchswert für $\beta = 0{,}2$, vermindert um 20%, Kalkulationen zugrunde legen.

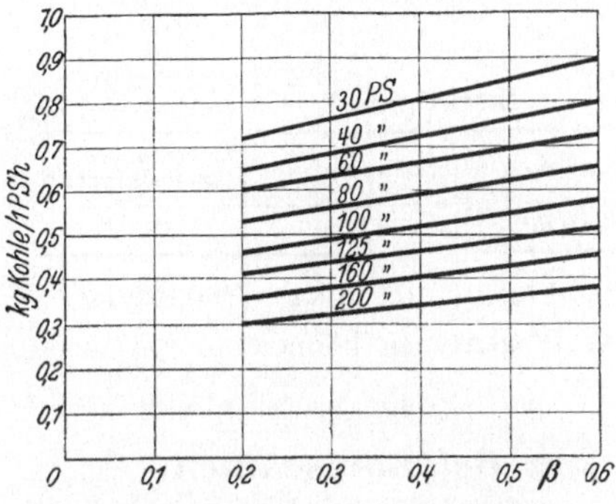

Abb. 6. Kohlenverbrauch für Zuglokomotiven von Baggerzügen in kg/PSh (mit Anheizen).

Über den Putz- und Schmiermittelverbrauch sowie auch über den Speisewasserbedarf von Lokomotiven gibt die folgende Tabelle[1] näheren Aufschluß.

Tabelle 8. *Betriebsstoffverbrauch für Dampf-Zuglokomotiven je 1 Betriebsstunde (Kohlenverbrauch ausschließlich Anheizen der Maschine).*

Betriebsstoffe	Lok. 30 PS	Lok. 40 PS	Lok. 50 PS	Lok. 60 PS	Lok. 80 PS	Lok. 100 PS	Lok. 125 PS	Lok. 160 PS	Lok. 200 PS
Brennstoffe									
Kohlen kg/h	17 bis 24	20 bis 28	30 bis 33	33 bis 37	35 bis 40	37 bis 45	45 bis 50	50 bis 65	55 bis 75
(7500 bis 8200 Cal) kg/PSh	0,6 bis 0,8	0,5 bis 0,7	0,5 bis 0,65	0,5 bis 0,6	0,45 bis 0,60	0,37 bis 0,50	0,35 bis 0,45	0,32 bis 0,40	0,26 bis 0,35
Für Anheizen:									
Kohle kg	35	35	45	50	50	55	55	60	75
Holz Ztr.	0,2	0,25	0,25	0,30	0,30	0,35	0,35	0,40	0,50
Putz- und Schmiermittel									
Maschinenöl kg/h . . .	0,12	0,13	0,15	0,16	0,18	0,20	0,25	0,30	0,35
Sattdampfzylinderöl kg/h	0,10	0,10	0,12	0,12	0,13	0,14	0,15	0,18	0,25
Putzöl kg/h	0,02	0,02	0,02	0,02	0,03	0,03	0,03	0,04	0,05
Putzwolle kg/h	0,02	0,03	0,03	0,04	0,04	0,05	0,05	0,05	0,05
Speisewasser m³/h . . .	0,30	0,30	0,35	0,40	0,45	0,50	0,50	0,60	0,75

Über den Betriebsstoffverbrauch von *Diesellokomotiven* s. Abschnitt X, „Förderkosten", S. 171.

---

[1] Nach BAUMEISTER: Grundlagen zur Berechnung der Lokomotivförderkosten in Baubetrieben. Bauingenieur 1934, H. 7/8 u. 9/10.

7. Betriebsstoffverbrauch von Förderwagen.

Dieser besteht im wesentlichen im Verbrauch von *Rollwagenöl* für die Schmierung der Achslager.

Tabelle 9. *Verbrauch an Rollwagenöl je 1 Betriebsstunde je 1 Wagen.*

Eiserne Muldenkipper		Holzkastenkipper (auch Selbstkipper)			Stahl-Selbstkipper
0,5 m³	1,5 m³	2,0 m³	3,0 m³	4,0 m³	5,3 m³
0,005 kg	0,010 kg	0,012 kg	0,014 kg	0,018 kg	0,025 kg

Bemerkung. Ersparnisse bei den großen Wagentypen können mit „Dauerschmierpolstern" erzielt werden.

8. Betriebsstoffverbrauch von Betonmaschinen.

Der Betriebsstoffverbrauch für Betonmischmaschinen geht aus nachstehender Tabelle hervor.

Wie man aus der Tabelle ersieht, spielen Putz- und Schmiermittel eine geringe Rolle. Ausschlaggebend ist der Strom- bzw. Rohölverbrauch der *Antriebsmaschine.*

Tabelle 10. *Verbrauch an Betriebsstoffen für Betonmischmaschinen.*

Füllung	Vorgesehene Leistung	Stärke der Antriebsmaschine	Betriebsstoffverbrauch je 1 Betriebsstunde						
			bei elektr. Antrieb		bei Rohölantrieb			Betonmischer	
			Strom	Motorenöl	Rohöl	Motorenöl	Putzwolle	Maschinenöl	Putzwolle
l	m³/h	PS	kWh	kg	kg	kg	kg	kg	kg
250	4	5	3,5	0,025	1,2	0,06	0,005	0,025	0,005
300	5	6	4,8	0,030	1,5	0,08	0,010	0,030	0,006
500	7,5	12	7,0	0,050	3,0	0,12	0,010	0,050	0,010
750	12	15	10,0	0,060	3,5	0,15	0,015	0,075	0,015
1000	15	25	15,0	0,080	5,5	0,25	0,020	0,100	0,020
1500	22	40	18,0	0,100	8,8	0,30	0,025	0,120	0,025

Bei *elektrischem Antrieb* kann man je nach Leistung, Maschinenstärke und Maschinentyp mit einem *Stromverbrauch* rechnen von 0,5 bis 0,7 kWh je 1 PS-Motorstärke oder *0,8 bis 1,0 kWh je 1 m³ Beton.*

9. Betriebsstoffverbrauch von Kreiselpumpen[1].

Tabelle 11. *Putz- und Schmiermittelverbrauch für Kreiselpumpen (ohne Antriebsmaschine) je 1 Betriebstag (24 Betriebsstunden).*

Durchmesser des Saugrohrs mm	Maschinenöl kg	Putzwolle kg	Petroleum kg
125—150	0,5	0,05	0,10
200—250	0,6	0,05	0,10
300—350	0,7	0,06	0,12
400—500	0,85	0,075	0,15

[1] *Stromverbrauch* der Motore bei *elektrischem Antrieb* siehe Abschnitt VII, S. 122ff., Abschnitt XVII, S. 286 und Abschnitt II, § 5, 15. Bei Verwendung von *Dieselantrieb* siehe Abschnitt II, § 5, 11.

Ausschlaggebend ist auch hier der Betriebsstoff- bzw. Stromverbrauch der *Antriebsmaschine.* Wählt man hierfür, wie dies früher häufig bei Wasserhaltungen auf Baustellen geschah, Dampflokomobilantrieb, so ergibt sich folgender Betriebsstoffverbrauch:

10. Betriebsstoffverbrauch für Heißdampflokomobilen.

Kohlenverbrauch für Lokomobilen 10 PS bis 30 PS je 1 PSh 2,5 kg bis 1,5 kg.

Putz- und Schmiermittelverbrauch je 1 Betriebsstunde für Lokomobilen 10 bis 30 PS.

Maschinenöl kg	Zylinderöl kg	Putzwolle kg	Putzöl kg	Wasser m^3
0,10—0,12	0,8—0,10	0,03	0,02	0,30—0,50

11. Betriebsstoffverbrauch von kompressorlosen Dieselmotoren bei Dauerbelastung (Stromversorgung, Wasserhaltung usw.).

	Dieselöl	*Schmieröl*
Für Motoren bis 40 PS	0,22 kg/PSh	0,01 kg/PSh
Für Motoren von 40 bis 80 PS	0,20 kg/PSh	0,01 kg/PSh
Für Motoren über 80 PS	0,18 kg/PSh	0,01 kg/PSh

Dazu kommt noch der Verbrauch an *Kühlwasser.*

12. Betriebsstoffverbrauch von Turmdrehkranen.

Als Beispiel diene der Wolff-Kran, Form 45.

Bei einer insgesamt installierten Motorenstärke von 33 kW (Hubmotor + Schwenkmotor + Fahrmotor) kann man je nach der Anzahl der Spiele/Stunde (diese schwankt je nach der Art der Arbeit *zwischen 10 und 20 Spielen/Stunde.* Im Hochbau beim Hochfördern von Backsteinen, Mörtel und Beton usw. wird man nicht über 12 Spielen/Stunde kommen, ebenso in allen Fällen, wo die Kübel von Hand beladen werden müssen. Bei Tiefbauten und im Brückenbau, wo entsprechende Betonmassen vorliegen, kann man auf mittlere Förderleistungen von 20 Spielen kommen bei guter Organisation) mit einer Stromabnahme von 25% bis 40% der installierten Motorenstärke rechnen, also

7,5 kW bis *13 kW je 1 Betriebsstunde*

für das Hochfördern von Beton und andere Materialien mit dem Turmdrehkran, oder bei *Betonförderung i. M. 1,2 kWh/1 m*^{3}.

13. Betriebsstoffverbrauch von Kompressoren.

Für 1 Kompressor *50 kW* (mit angeschlossenen 4 Drucklufthämmern, von denen praktisch 3 in Betrieb sein werden) beträgt bei *Dieselantrieb* des Motors der Verbrauch an Dieselöl *50 kg/8 Stunden* = 6,3 kg/h oder *0,13 kg/kWh* = *0,1 kg/Psh.* Dieser Verbrauchswert kann auch auf kleinere Kompressortypen (16 PS, 30 PS, 45 PS) bei einer mittleren Belastung angewandt werden. Nur bei sehr starker Belastung empfiehlt es sich, mit *0,15 kg/PSh* oder *0,2 kg/kWh* zu rechnen (siehe auch § 5, 10; der Verbrauch an Schmieröl und Kühlwasser ist dann bereits miterfaßt).

Bei *elektrisch angetriebenen Kompressoren* rechnet man am besten je *1 lfd. m Bohrloch* bzw. *je 1 Bohrhammer*, welcher ständig angeschlossen ist, *15 kWh*.

14. Betriebsstoffverbrauch von autogenen Schneidgeräten.

1 Schneidbrenner verbraucht in 3 Stunden 1 Flasche Sauerstoff + ¼ Flasche Acetylen (oder 3 kg Karbid).

Zum Auseinanderbrennen einfacher Stahlkonstruktionen kann man je 1 t 3 Schweißerstunden rechnen. Bei schwierigen starken Konstruktionen muß man 6 Schweißerstunden und mehr rechnen.

15. Betriebsstoffverbrauch von Elektromotoren.

Da der Elektromotor nur Strom entsprechend der tatsächlichen Belastung abnimmt, kann man praktisch rechnen ($\eta = 0{,}7$ bis $0{,}8$):

1 PSh = 0,6 bis 0,7 kWh.

Der *Verbrauch an Motorenöl* beträgt *0,006 kg/kWh bis 0,007 kg/kWh* (letzterer Wert für Motore < 10 kW).

16. Betriebsstoffverbrauch von Stromerzeugungsanlagen.

Mit Rücksicht auf die Bedeutung, welche eigenen Stromerzeugungs-Aggregaten auf Baustellen (verschließbares Blechgehäuse) zukommt, seien einige Angaben über Spezialgeräte für Baustellen[1] gemacht. Die Angaben beziehen sich (Preisbasis Frühjahr 1954) auf *transportable Dieselzentralen* mit luftgekühltem Deutz-Dieselmotor, komplett mit *Drehstromgenerator* 220/380 V mit Brennstoffbehälter, kompletter Schaltanlage, elektrischer Anlaßvorrichtung *auf breiten Schlittenkufen* montiert.

Aggregat	Dieselmotor PS	Gewicht kg	Anschaffungspreis Frühj. 1954 etwa DM.
20	25	1350	13000,—
30	37,5	1650	16000,—
40	50	1950	18000,—
80	105	3200	28000,—
100	120	3750	32000,—
140	175	5000	40000,—

Fahrbare Zentralen (siehe Abb. 7) der gleichen Leistungen kosten + 15 bis 20%.

[1] Die Angaben, ebenso wie die Abbildung, verdanke ich der Maschinenfabrik *Ad. Strüver*, Hamburg 20, welche die Geräte mit Deutz-Dieselmotoren ausgestattet liefert.

Der *Betriebsstoffverbrauch* von Aggregaten errechnet sich nach der vorausgegangenen Nr. 11 und beträgt je nach Größe *0,22 bis 0,18 kg Dieselöl/PSh.*

Abb. 7. Fahrbares 85 KVA-Aggregat Strüver-Deutz.

17. Betriebsstoffverbrauch von Rüttelgeräten für Erd- und Betonbau.

Soweit diese Geräte elektrischen Antrieb haben und direkt aus einem Netz Strom erhalten, gilt für die Berechnung des Stromverbrauchs die vorausgegangene Nr. 15. Soweit sie von einer fahrbaren Dieselzentrale aus gespeist werden, ist Nr. 16 zu beachten. Soweit sie eigene Diesel- oder Benzinmotore als Betriebsquelle haben, kann man mit einem Verbrauch von etwa 0,15 kg/PSh Diesel bzw. Benzin rechnen.

§ 6. Materialkostenermittlung.

Die *Materialkosten* für Baustoffe und Betriebstoffe werden „frei Verwendungsstelle“ oder wie man sagt „frei Bau“ ermittelt. Zum Preis ab Werk kommen unter der Voraussetzung, daß das Werk Gleisanschluß hat, hinzu:

A. Materialpreis frei Waggon ab Werk je Einheit . . . . . DM.

1. + Fracht . . . . Tarifklasse . . . . km . . . . DM.
2. + Anschlußgebühr und Zustellgebühr . . . . DM.
3. + Überladen vom Waggon auf Lastkraftwagen (Fuhrwerke) und Beförderung . . . . km. . . . . DM.
4. + Abladen vom Lastkraftwagen an der Baustelle . . . . . Lohnstunden + ... % Sozialaufwand . . DM.
5. + Überladen vom Waggon (bzw. Lastkraftwagen) auf Feldbahngleis und Transport zur Verwendungsstelle (einschl. Abladen an der Verwendungsstelle) . . . km DM.

B. Reine Materialkosten je Einheit (Summe 1 bis 5) . . . DM.

6. + Verlust (beim Transport und Aufladen bzw. Schnittverlust bei Rundeisen) 2 bis 5% von B . . . . . DM.

7. + Allgemeine Geschäftskosten der Materialbewirtschaftung[1] 8—12% von B . . . . DM.
8. + Anteilige Kosten für Anlage besonderer Zufahrtswege (Schwellenwege) oder Gleisanlagen[2]. . . . . DM.

C. Materialpreis frei Baustelle je Einheit (Summe 1 bis 8) . DM.

Bemerkungen. Wenn die *Baustelle Gleisanschluß* hat, entfallen Punkt 3 und 4.

Bei *Lastkraftwagentransport* vom Bahnhof zur Baustelle entfällt im allgemeinen Punkt 5. Bei ausgedehnten oder unzugänglichen Tiefbaustellen schließt sich allerdings bisweilen an die Straßenförderung noch ein *Feldbahntransport* an.

Die Kosten für besondere Zufahrtswege (Schwellenwege und Gleisanlagen) können auch schon bei den „Einrichtungskosten" der Baustelle berücksichtigt werden. Dann entfällt Punkt 8.

Sofern ein Fuhrunternehmer die Leistung Punkt 3 ausführt, entfällt für den Bauunternehmer die Berechnung der Sozialzuschläge auf die Überladelöhne (nicht jedoch z. B. Umsatzsteuer).

Punkt 4 entfällt beim Abkippen auf der Baustelle.

Wo der *Bauherr die Baustoffe selbst liefert* (z. B. frei einem Bundesbahnhof), kann Punkt 6 und Punkt 7 ermäßigt werden. Bei Lieferung frei Verwendungsstelle seitens des Bauherrn entfällt Punkt 6.

Das Schema Punkt 1 bis 5 kann auch zur Ermittlung des *Geräte-an- und Rücktransports* Verwendung finden.

Bemerkungen zu Tabellen 13 bis 15: 1. In den „*Baustoffpreisen ab Werk frei Waggon*" ist das Aufladen auf Eisenbahnwaggons bereits enthalten.

2. Bei *Lastkraftwagenförderung* vom Bahnhof zur Baustelle (s. Abschnitt XI, S. 176) ist das Umschlagen aus dem Eisenbahnwaggon auf die Lastautos, wenn nichts anderes gesagt ist, im Förderpreis mitenthalten.

3. Auf leistungsfähige *Entladebahnhöfe* (Umschlagstellen) ist bei großen Tiefbaustellen besonderer Wert zu legen. Ausrüstung mit Handdrehkran oder besser *Portalkran oder Drehkran und Kopframpe* ist erforderlich.

Lastkraftwagenförderung (auch einschl. Überladen am Empfangsbahnhof. Siehe Abschnitt XI, S. 175f.).

Die *Materialpreise* sind von Fall zu Fall für jede Baustelle auf Grund der *besonderen örtlichen Verhältnisse* zu ermitteln. Man benützt dabei zweckmäßig entsprechend obiger Zusammenstellung *Vordrucke*[3] für die verschiedenen Materialien bzw. Bauarbeiten.

---

[1] Einschließlich Gewinn- und Umsatzsteuer.

[2] Wird besser zur „Baustelleneinrichtung" gerechnet.

[3] Z. B. *Kalkulations-Schulungsheft* von Dr. RICHARD NASCHOLD und Obering. LEOPOLD BOESE. Schriftenreihe des Hauptverbandes der Deutschen Bauindustrie Nr. 2.

Aufladen und Entladen von Baustoffen und Geräten.

Tabelle 12. *Aufladen auf Fahrzeuge*[1].

Einheit	Bezeichnung	*Lohnaufwand* in Stunden *für Aufladen* (Überladen) *auf*					Bemerkungen
		Schubkarren	Muldenkipper oder Feldbahnwagen	Pferdewagen	Eisenbahnwagen	Lastautos	
1000 kg	*Baugeräte* (Loks, Wagen usw.)	—	1,2	1,4	1,2	1,5	Vorausgesetzt: Portalkran 10 t und Kopframpe am Entladebahnhof
1000 kg	*Baustoffe*	0,5	0,6	0,8	0,9	0,9	
1 m³	Beton	0,7	0,8	—	—	1,0	
1 lfd. m	Bordsteine (Hoch- und Tiefbau)	0,2	0,2	0,2	0,25	0,25	vorsichtiges Laden!
1000 kg	Brikettkohle	0,6	0,7	0,8	1,0	1,0	einschl. Stapeln in den Wagen
1 m³	Bruchsteine						
	a) Granit, Porphyr, Basalt	1,0	1,1	1,1	1,2	1,2	
	b) Sandstein, Kalkstein	0,9	1,0	1,0	1,1	1,1	
1000 St.	Dachziegel (zu 2 kg)	1,5	1,8	2,0	2,0	2,2	vorsichtiges Laden zwischen Stroh
1000 kg	Eisenteile (schwere für Bagger, Brücken usw.)	—	1,0	1,0	1,1	1,2	Teile > 300 kg mit Kran entladen (Handdrehkran oder Portalkran)
1 m³	Holz (Bauholz, Kantholz, Schnittholz)	—	0,5	0,6	0,8	0,8	Stücke < 100 kg, sonst Zuschl. +25%
1 m³	Kalk (Stückkalk)	—	0,8	0,9	1,0	1,0	
1 m³	Kies (und Ton) $\gamma = 1{,}6$ t	0,5	0,6	0,7	0,75	0,8	von „Hand". Mit Greifern billiger
1 m³	Mutterboden (Lehm)	0,5	0,55	0,6	0,65	0,7	
1000 kg	Packlagesteine (0,60 m³) 18/22, 22/25	0,5	0,55	0,6	0,75	0,8	
1000 kg	Pflastersteine 9/11 (= 4,5 m²)	0,6	0,6	0,7	0,75	0,8	
1000 kg	Rundeisen	—	—	1,1	1,1	1,2	
1 m³	Sand, Splitt	0,6	—	0,7	0,75	0,8	
1000 St.	Schamottsteine	1,5	1,5	1,6	1,8	2,0	
1 m³	Schotter ($\gamma = 1{,}8$)	0,8	0,8	0,85	0,9	1,5	mit Gabeln
1000 St.	Schwemmsteine (Tuffsteine) Format 9,5 × 12 × 25 cm	—	1,5	1,8	2,0	2,2	
1000 kg	Tonrohre	0,8	1,0	1,2	1,25	1,4	
1 m³	Werksteine	—	—	1,2	1,4	1,5	100 bis 200 kg mit Einlegen von Stroh und andern Schutzmitteln, bes. schwere Stücke teurer
1000 kg	Zement[2]	—	0,9	1,0	1,2	1,2	
1000 St. (3500 kg)	Ziegel 25 × 12 × 6,5	1,5	1,6	2,0	2,2	2,4	

[1] Ohne etwaige vorherige Transporte, z. B. vom Zementschuppen zum Fahrzeug.

[2] Zement in Säcken. Für offenen Zement sind 25% höhere Werte anzunehmen. Dagegen erfordert das Pumpen des offenen Zements aus „Kesselwagen" in Baustellensilos kaum Kosten. Es wird als „Kundendienst" betrachtet.

Tabelle 13. *Entladen aus Fahrzeugen.*

Einheit	Bezeichnung	*Lohnaufwand* in Stunden *für Entladen*						
		1. Überladen auf Förderwagen oder Lastautos			2. Abladen (bzw. Abkippen) und Stapeln bis 10 m Entfernung			
		aus Eisenbahnwaggons	aus Lastautos	aus Fuhrwerken	aus Eisenbahnwaggons	aus Fuhrwerken	aus Lastautos oder Kippwagen: ohne Kippvorrichtung	aus Lastautos oder Kippwagen: mit Kippvorrichtung
1000 kg	Baugeräte[1]	1,0	1,1	1,2	1,1	1,2	1,1	—
1000 kg	Baustoffe	0,5	0,6	0,6	0,4	0,5	0,4	0,06
1 m³	Beton	—	0,8	—	—	—	—	0,06
1 lfd. m	Bordsteine	0,25	0,25	0,25	0,25	0,25	0,20	0,06
1000 kg	Brikettkohle	0,7	0,8	0,8	1,0	1,2	1,4	0,06
1 m³	Bruchsteine a) Granit, Porphyr, Basalt	1,0	1,1	1,1	0,8	1,0	0,8	0,06
	b) Kalkstein, Sandstein	0,9	1,0	1,0	0,7	0,8	0,7	0,06
1000 Stück	Dachziegel (zu 2 kg)	2,0	2,2	2,4	2,5	2,6	2,5	—
1000 kg	Stahlteile (schwere, für Brücken usw.)	1,0 mit Kranen	1,2	1,5	1,0 mit Kranen	1,5	1,4	—
1 m³	Holz (Bauholz, Rundholz, Kantholz)	0,6	0,7	0,7	0,6	0,7	0,65	0,45
100 m²	100 m² Bretter 1″ (5/4″)	1,3	1,4	1,5	2,0	2,2	2,0	0,75
	100 m² Bohlen 2″	2,4	2,5	2,6	3,5	3,6	3,5	1,00
	100 m² Dielen 3/4″	1,0	1,1	1,2	1,5	1,6	1,5	0,6
1 m³	Kalk	0,8	0,9	1,0	—	0,8	0,9	0,06
1000 Stück	Klinker	2,0	2,0	2,2	3,0	3,2	3,0	—
1 m³	Kies ($\gamma = 1{,}6$) und Ton	0,7	0,8	0,7	0,8	0,5	0,5	0,06
1 m³	Mutterboden (Sand- und Lehmböden)	0,5	0,55	0,6	0,55	0,5	0,5	0,06
1000 kg	Packlagesteine	0,6	0,65	0,7	—	0,5	0,5	0,05
1000 kg	Pflastersteine 9/11 (= 4,5 m²)	0,6	0,7	0,8	0,8	0,7	0,6	0,05
1000 kg	Rundstahl	0,7	0,8	1,0	1,3	1,5	1,2	—
1 m³	Sand, Splitt	0,55	0,6	0,7	0,6	0,5	0,5	0,06
1000 Stück	Schamottesteine	2,2	2,2	2,4	2,8	3,0	2,8	—
1 m³	Schotter ($\gamma = 1{,}9$) (mit Gabeln)	0,8	0,7	0,8	0,8	0,7	0,6	0,06
1000 Stück	Schwemmsteine (Tuffsteine) 9,5 × 12 × 25 cm	2,0	2,0	2,2	2,5	2,8	2,5	—
1000 kg	Tonrohre	1,0	1,0	1,1	1,1	1,2	1,1	—
1 m³	Werksteine[1] (vorsichtig lagern zw. Stroh) 100 bis 200 kg	1,0	1,5	1,8	2,5	3,0	2,8	—
1000 kg	Zement[2]	1,0	1,0	1,0	1,2	1,3	1,2	—
1000 Stück	Ziegel (25 × 12 × 6,5)	1,8	1,8	2,0	2,4	2,6	2,5	—
					einschl. Stapeln der Steine			

[1] *Entladekran* zum Entladen schwerer Geräte vorausgesetzt, sonst mindestens 100% Aufschlag. Gerätekosten sind zu berücksichtigen.

[2] Zement in Säcken. Für offenen Zement mindestens 25% Zuschlag. Transporte zu Zementschuppen sind besonders zu veranschlagen. Bei dem heute schon sehr verbreiteten *Umschlag des Zements aus „Kesselwagen" in „Baustellensilos"* entfallen besondere Kosten für Entladen.

Tabelle 14. *Beispiele für Materialkostenermittlung von Baustoffen.*

Fracht km	25	140	100	200	40	40	200	—
Kostenanteile	Packlagesteine 1 t DM.	Werksteine 1 m³ (= 2600 kg) DM.	Ziegel 1000 Stück (= 3000 kg) DM.	Kantholz und Schnittholz 1 m³ DM.	Mauersand 0/7 1 m³ DM.	Betonkies 7/15, 15/30, 30/70 1 m³ DM.	Kleinpflaster 9/11 Kl. 1b 1 t (= 4,4 m²) DM.	Portlandzement 100 kg (in Säcken) DM.
Ab Werk	3,50	300,—	75,—	150,—	5,90	5,—	50,—	Frei Baustelle mit LKW
Transport mit Auto zum Bahnhof H. und Aufladen auf Waggon . . .	—	—	Transport mit LKW zur Baustelle (100 km)	Transport mit LKW (200 km)	Transport mit LKW 40 km	Transport mit LKW 40 km	—	
Fracht/Einheit.	3,90 (5 B 1) 25 km	29,50 (3 B 2) 140 km					10,— (5 B 1) 200 km	
Zustellgebühr	0,10	0,30					0,10	
Überladen von Waggons in Lastautos und Befördern zur Baustelle 5 km . .	3,—	15,—	25,—	10,—	7,30	8,—	4,90	7,20
Abladen (Abkippen) an der Baustelle 1 St. = 2,60 DM. (mit Zuschlägen) und Stapeln	—	5,—	5,—	2,—	—	—	—	0,30
Kosten frei Bau	10,50	349,80	105,—	162,—	13,20	13,—	65,—	7,50
+ Verlust[1] und Bruch . .	0,20	—	4,50[1]	—	0,50	0,50	—	0,20
+ Geschäftskosten und Gewinn (10%).	1,05	34,20	10,50	16,—	1,30	1,30	5,—	0,80
Baustoffpreis je Einheit zu kalkulieren	*11,75* DM./t	*384,—* DM./m³	*120,—* DM./1000 St.	*178,—* DM./m³	*15,—* DM./m³	*14,80* DM./m³	*70,—* DM./t	*8,50* DM./100 kg

[1] Wenn der Verlust besonders berechnet wird, ist bei der Kalkulation der Materialmenge natürlich nur der Bedarf ohne Zuschlag in die Kalkulation einzuführen.

Fracht.

Die Fracht wird nach dem Gewicht der Sendung und nach der Entfernung zwischen Versand- und Bestimmungsbahnhof, bei Wagenladungen außerdem nach der für das Gut zutreffenden Tarifklasse (Ausnahmetarif) berechnet. Die bei der Frachtberechnung anzuwendenden Frachtsätze werden den *Frachtsatzzeigern der Deutschen Bundesbahn* entnommen. Für *Stückgut* bis 1000 kg bestehen ausgerechnete Frachten, die in der *Frachtentafel für Stückgut* enthalten sind.

Die Frachtsätze der ermäßigten Wagenladungsklassen B—G und der Ausnahmetarife werden nur angewendet, wenn das Gut im Frachtbrief der Gütereinteilung des Deutschen Eisenbahn-Gütertarifs, Teil I, Abteilung B, oder den Ausnahmetarifen entsprechend tarifmäßig bezeichnet ist. Der *richtigen tarifmäßigen Bezeichnung* kommt daher große Bedeutung zu.

Bei *Werkgleisanschluß* wird neben der Fracht noch die vertragsmäßig festgelegte *Anschlußgebühr*, bei Lagerplätzen *Stellgebühr* berechnet.

Von den in der Bauwirtschaft benötigten Stoffen und Geräten fallen unter:

Tarifklasse A: Maschinen aus Eisen und anderen Stoffen als Eisen (soweit diese Stoffe nicht nebensächlich sind), ferner Verbrennungs- und Explosionsmotoren, Lastkraftwagen, sämtlich neu oder gebraucht (gebraucht jedoch nur, wenn es sich nicht um gebrauchte Baugeräte der Klasse F handelt); Baustoffe und Bauwaren aus Nichteisenmetallen, wie Kupferdraht, Messingarmaturen, elektrisches Installationsmaterial, Kabel, Benzin, neue Papier- oder Jutesäcke.

Tarifklasse C: Bleiblech, Bleidraht, Bleiröhren, gewalztes Zinkblech, unbearbeitet; eiserne Masten; Teile von Eisenbauwerken aus gewalztem Eisenblech und Stabeisen, Fensterrahmen und Türen aus Holz ohne Schloß (Verschluß) und Drücker; Holztragewerke (Balkenbinder, Fachwerkbinder, Vollwandbinder); Holzfaserhartplatten, Wohnhäuser, Wochenendhäuser, Sommerhäuser, Baracken, Schuppen, sämtlich aufbaufertig fabrikmäßig hergestellt.

Tarifklasse D: Asbestzementplatten, Asbestzementschiefer, Eisendraht, Stacheldraht; Eisenbahnschienen, Eisenbahnschwellen aus Eisen (falls nicht gebrauchte Baugeräte der Klasse F); Eisenbleche, unbearbeitet und unverpackt; Eisenröhren; gewalztes Stab- und Formeisen (Flacheisen, Bandeisen, T-Eisen, Winkeleisen) unbearbeitet; verzimmerte Bauhölzer; polierte Steine; Spundwandbohlen aus Stahl (neu); Isoliermittel (z. B. Korksteinplatten, Glaswolle, Steinwolle, Holzfaserdämmplatten).

Tarifklasse E: Schnittholz (hierfür besteht außerdem der Ausnahmetarif 1B1); Flach- und Hohlglas unbearbeitet; Asphaltpappe, Bitumenpappe, Teerpappe.

Frachttarife[1].

Tabelle 15. *Nach dem Frachtsatzzeiger aufgestellte Tabelle der Frachten in DM. je Tonne.*

Stand vom 1. August 1953.

km	A_{15}	C_{15}	D_{15}	E_{15}	F_{15}	AT 2 B 1	AT 3 B 2	AT 4 B 6	AT 5 B 1 I	AT 5 B 1 II/III
5	2,90	2,90	2,90	2,90	2,90	2,60	2,80	2,90	2,60	2,70
10	3,50	3,50	3,50	3,50	3,40	3,10	3,40	3,40	3,10	3,30
20	4,60	4,60	4,60	4,60	4,40	3,50	4,30	4,30	3,50	4,10
30	5,50	5,50	5,50	5,50	5,10	4,20	5,—	5,—	4,20	4,60
40	7,20	7,—	7,—	6,80	6,10	5,10	6,—	5,90	5,10	5,20
50	8,50	8,10	7,90	7,90	6,80	5,70	6,60	6,60	5,50	5,90
60	9,80	9,10	9,—	8,80	7,70	5,80	6,70	7,30	5,60	6,—
70	11,80	11,—	10,80	10,20	8,70	5,80	6,70	8,—	5,60	6,20
80	13,10	12,20	11,60	11,10	9,50	5,90	6,80	8,90	5,70	6,30
90	14,20	13,30	12,80	12,40	10,30	5,90	6,80	9,50	5,70	6,50
100	16,30	15,40	14,90	14,10	11,90	6,40	8,10	11,—	5,80	7,40
125	19,30	18,30	17,60	16,50	13,90	7,70	10,10	12,90	6,80	8,90
150	22,50	21,—	19,90	19,—	16,10	9,10	12,20	15,—	8,—	10,60
175	25,50	23,90	22,90	21,40	17,80	10,60	13,90	16,50	9,—	12,—
200	28,50	26,60	25,30	23,90	19,90	12,10	16,10	18,50	10,10	13,70
250	33,30	31,—	29,40	27,70	23,10	14,10	19,20	21,50	12,—	16,20
300	38,—	35,10	33,40	31,50	25,90	16,40	22,—	24,10	13,60	18,60
350	42,20	38,90	37,—	34,70	28,70	18,10	24,70	26,60	15,10	20,50
400	46,10	42,70	40,40	38,10	31,20	19,90	27,30	29,10	16,70	22,80
450	49,60	45,70	43,50	40,70	33,50	21,50	29,50	31,10	18,—	24,50
500	53,—	49,10	45,70	42,10	34,10	21,60	30,20	31,80	18,10	24,60
550	56,—	51,60	48,20	44,30	35,80	22,90	31,90	33,40	19,—	26,—
600	59,—	54,30	50,70	46,70	37,80	24,10	33,70	35,10	20,20	27,40
650	61,20	56,40	52,60	48,40	39,10	26,30	35,80	36,30	22,10	28,50
700	63,60	58,60	54,50	50,—	40,40	28,40	37,90	37,70	24,10	29,40
800	67,—	61,60	57,30	52,50	42,40	29,70	41,60	39,20	25,30	31,—
900	69,30	63,90	59,20	54,40	43,70	30,60	(43,70)	(43,70)	26,—	32,—
1000	71,70	66,30	61,40	56,20	45,20	31,70	(45,20)	(45,20)	26,90	33,10

Tarifklasse F: Asphaltmastix; gebrauchte Baugerätschaften und gebrauchte Baubaracken beim unmittelbaren Versand durch Bauunternehmer oder an solche (darunter fallen sämtliche Geräte, Maschinen, hölzernes und eisernes Rüstzeug, Werkzeuge, Feldbahnmaterial, Fahrzeuge, sämtlich soweit sie vor der Aufgabe bei der Eisenbahn für Bauarbeiten bei Hoch- und Tiefbauarbeiten verwendet wurden); gebrauchte Straßenwalzen, gebrauchte Straßenteermaschinen; Eisenschrott zum Einschmelzen; gewöhnliche Erdfarben und gewöhnliche Schwarzfarben; Holzmasten, Stammholz, Stangenholz über 9 cm Durchmesser; roher und gemahlener Kalkstein (hierfür besteht von bestimmten Bahnhöfen der Ausnahmetarif 4 B 1 mit der Klasse G); Kaltasphalt und Kaltteer zum Straßenbau; bestimmte Öle, z. B. Dieselkraftstoff, sofern er den

---

[1] Die Frachtsätze gelten für volle 15-t-Ladungen in ungedeckten Wagen. Für Ladungen von 5 bis 10 t und 10 bis 15 t und bei geschlossenen Waggon siehe Frachtsatzzeiger. Für Ladungen unter 5 t gilt der *Stückguttarif*.

Bedingungen des Tarifes entspricht; gebrauchte Packmittel; Steinholzplatten für den Rohbau (andere: Klasse D); Umzugsgut.

Ausnahmetarif 2 B 1: Kies, Sand, Baukies, Bausand, sämtlich roh und unverpackt; zerkleinerte oder gemahlene Steine, Schlacken, sämtlich zur Herstellung von Beton, Betonwaren und Kunststeinen.

Ausnahmetarif 3 B 2: Gewöhnliche Asphaltplatten; bestimmte Betonwaren wie Steine, Platten, Rohre, Maste, Dachsteine, Türstürze (nicht poliert); Betonzuschlagstoffe gewöhnlicher Art; Bimswaren (z. B. Steine, Platten); roher und gebrannter Gips; Gipsbauplatten, Gipsdielen; gebrannter Kalk und Dolomit; Leichtbauplatten bestimmter Art wie Heraklithplatten; Mörtelmischungen; Steine, Platten, Werkstücke aus Naturgestein oder Kunststein nicht poliert; bestimmte Tonwaren (z. B. Backsteine, Dränröhren, Leitungsröhren, Dachziegel, Mauerziegel, Klinker), sämtlich zum Hoch- oder Tiefbau.

Ausnahmetarif 4 B 6: Zement.

Ausnahmetarif 5 B 1: Rohe, zerkleinerte oder gemahlene Steine, Pflastersteine, Teermakadam (mit höchstens 12% Teer oder Asphalt), sämtlich zum Bahn-, Wasser- und Wegebau.

Bemerkung: Die Tabelle 15 soll die *überschlägige* Ermittlung von *Frachtkosten* ermöglichen. Da die Frachtsätze sich ändern können, sind sie erforderlichenfalls zu berichtigen. Für genaue Frachtberechnungen gilt der „*Frachtsatzzeiger*“ der Eisenbahn („Heft A“) oder der einschlägige Ausnahmetarif.

§ 7. Allgemeine Geschäftskosten und Gewinn im Baugewerbe.

Die Begriffsbestimmung der „*Allgemeinen Geschäftskosten*“ ist in dem *Grundplan der Selbstkostenrechnung* S. 9 eindeutig festgelegt. Nur noch im *Hochbau* ist es üblich, die „Gemeinkosten der Baustelle“ mit den „Allgemeinen Baukosten“, dem Gewinn (mit Wagnis) und der Umsatzsteuer zusammen in *einem* einzigen *Geschäftskostenaufschlag* auf Löhne und Stoffe zusammenzufassen. Im Tiefbau und Stahlbetonbau hat sich die getrennte Erfassung dieser Kostenanteile als zweckmäßig erwiesen und allgemein durchgesetzt.

Die *Allgemeinen Geschäftskosten* (siehe auch S. 6 und § 10 S. 66) werden üblicherweise in der Preisermittlung in Form eines *Zuschlags, bezogen auf den Umsatz*, ermittelt. Unterlagen dazu liefern die *Selbstkostenbücher* früherer Aufträge. Bezüglich der Höhe der Zuschläge ist der Unternehmer bei *Festpreisverträgen* (ausgenommen Selbstkostenerstattungsverträge) an keine Höchstgrenzen gebunden, sondern nur an den allgemeinen Grundsatz, daß die Zuschläge wirtschaftlich angemessen sein müssen. Die Höhe des Zuschlags ist von einer Reihe von Faktoren abhängig, z. B. Größe des Unternehmens, Art der Bauaufträge, Beschäftigungsgrad. Nach den Ausführungen § 10, Seite 65ff. ist der Anteil an den Gesamtkosten verhältnismäßig gering (nach

Tabelle 16 betragen sie heute 6 bis 10 v.H. des Umsatzes). Es empfiehlt sich, sie an Hand der Geschäftsbücher zu verfolgen. Eine allgemeine gesetzliche Regelung ihrer Höhe durch amtliche Bestimmungen empfiehlt sich nicht in einer Volkswirtschaft, welche auf den Wettbewerb von Privatunternehmungen aufgebaut ist. Dagegen empfiehlt es sich, bei *Selbstkostenerstattungsverträgen* die obere Grenze festzulegen. Beim Nachweis der Geschäftskosten gilt der Durchschnitt der letzten 3 Jahre.

Der Unternehmergewinn.

Was im kalkulatorischen „*Gewinn*" gleichzeitig abgegolten wird, ist in den noch gültigen amtlichen Bestimmungen festgelegt (LSBÖ):

a) Eine angemessene Verzinsung des für den Auftrag gebundenen betriebsnotwendigen Kapitals (soweit nicht bereits in A II 7 des Grundplans in den Gemeinkosten erfaßt).

b) Das privatwirtschaftliche Unternehmerwagnis und normale Bauwagnis.

c) Die mit dem Auftrag verbundenen technischen und organisatorischen Leistungen.

d) Die auf a) bis c) entfallende Körperschaftssteuer.

e) Ausfuhrförderungszahlungen oder ähnliche Leistungen.

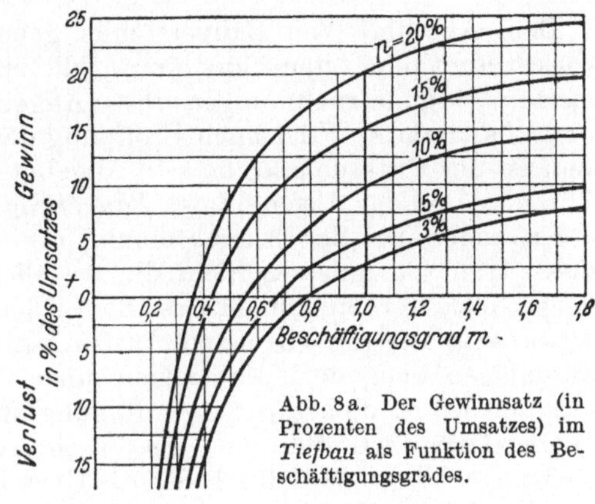

Abb. 8a. Der Gewinnsatz (in Prozenten des Umsatzes) im *Tiefbau* als Funktion des Beschäftigungsgrades.

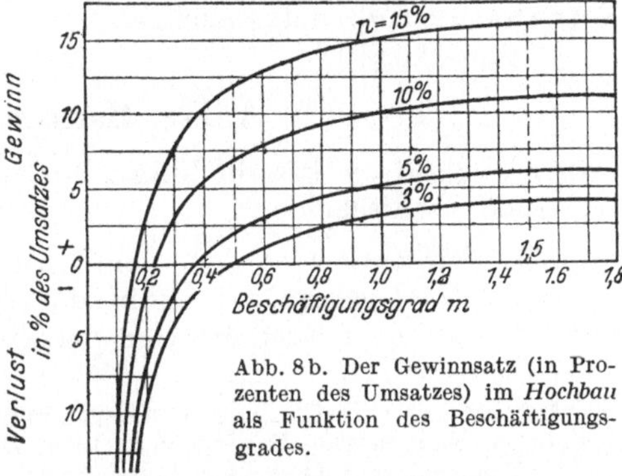

Abb. 8b. Der Gewinnsatz (in Prozenten des Umsatzes) im *Hochbau* als Funktion des Beschäftigungsgrades.

Die allgemeinen *Bauwagnisse* (vor allem das Kalkulationswagnis mit der Annahme bestimmter Leistungen von Arbeitern und Maschinen), das *allgemeine Unternehmerwagnis* und der Gewinn sind als „*Gewinn und Wagnis*" zusammenzufassen.

Zum allgemeinen Unternehmerwagnis zählt auch das Gewährleistungswagnis (VOB) und das Wagnis aus einer wenn auch vorübergehenden ungenügenden Beschäftigung des Unternehmers. *Die Abhängigkeit des Geschäftskostensatzes und des Gewinns vom Be-*

schäftigungsgrad ist in einer Veröffentlichung des Verfassers[1] aus dem Jahre 1933 eingehend untersucht. Hier ist nachgewiesen, daß Geschäftskosten und Gewinn mit dem Beschäftigungsgrad eines Unternehmens stark schwanken, wobei der Tiefbau wesentlich empfindlicher gegen solche Schwankungen ist als der Hochbau. Die beiden Kurvendiagramme Abb. 8a und 8b, welche diesem Aufsatz entnommen sind, zeigen mit aller Deutlichkeit die Gefahren, welche vor allem für größere Bauunternehmen in dem Rückgang des Auftragsbestandes liegen. Bei einem kalkulierten „Reingewinn" von 5% bewirkt z. B. ein Rückgang des normalen Auftragsbestandes um 20% ein Absinken des Gewinns auf 2,5% im Tiefbau bzw. 4% im Hochbau.

§ 8. Bauvertrag und Kostenanschlag.

Dem Abschluß von Bauverträgen geht die Ausschreibung voraus (beschränkt oder öffentlich), worauf die an dem Ausschreiben interessierten Bauunternehmungen ihre Angebote einreichen. Innerhalb einer bestimmten Frist nach Eröffnung der Angebote (während dieser Zeit ist der Unternehmer an sein Angebot gebunden) erfolgt dann der Zuschlag und der Abschluß des *Bauvertrags*, dessen Fassung allerdings meist schon bei der Ausschreibung der Arbeiten bekannt gegeben wird. Hier soll indessen nicht die rechtliche Seite von Bauverträgen besprochen werden, sondern es werden lediglich die in bezug auf die *Preisermittluug* verschiedenen Formen von Bauverträgen und Kostenanschlägen behandelt. Zur allgemeinen Orientierung über das Verdingungswesen dienen die „Verdingungsordnung für Bauleistungen", (VOB) DIN 1960, 1961 und die „Technischen Vorschriften für Bauleistungen" DIN 1962 bis 1985. Als Grundlage des Bauvertragsrechts ist die VOB[2] (Verdingungsordnung für Bauleistungen, aufgestellt vom Reichsverdingungsausschuß 1926, herausgegeben vom Deutschen Normen-Ausschuß) anzusehen.

A. Der Bauvertrag.

In bezug auf die Preisbildung kann man folgende Arten von Bauverträgen unterscheiden:

1. Der Selbstkostenvertrag[3]. Dem Unternehmer werden alle Selbstkosten auf Nachweis ersetzt und für die Gemeinkosten und allgemeinen Geschäftskosten ein vereinbarter Satz in Prozenten von den Lohn-

---

[1] BAUMEISTER: Zeitgemäße Untersuchungen über Geschäftsunkosten und Gewinn im Baugewerbe. Bauingenieur 1933, Heft 5/6.

[2] VOB neugedruckt Düsseldorf-Lohausen: Werner-Verlag G.m.b.H., 1953.

[3] Für den *Selbstkostenvertrag* ist vorläufig noch in Kraft die LSBÖ (Verordnung über Preisermittlung auf Grund der Selbstkosten bei Bauleistungen für öffentliche Auftraggeber) vom 25. 5. 1940, für *Stundenlohnarbeiten* Runderlaß Nr. 43/44 vom 19. 9. 1944 RfPr. VAfW hat am 23. 6. 1949 (PR Nr. 55/47) *Grundsätze für die Abrechnung von Bauarbeiten nach den Selbstkosten* herausgegeben.

kosten vergütet. Diese Vertragsform, welche in der Inflationszeit bei den ständig sich ändernden Preisgrundlagen gebräuchlich war, kommt heute nur bei Arbeiten in Frage, deren Übernahme im Leistungsvertrag dem Unternehmer ein allzu großes Wagnis aufbürden würde.

2. Der Akkordvertrag mit Festpreisen (Leistungsvertrag). Die Bezahlung der Leistungen erfolgt hier nach Aufmaß und festen Einheitspreisen eines Kostenanschlages, welche unabhängig sind von Schwankungen der Tariflöhne oder Materialpreise. Der Unternehmer trägt das Wagnis für Änderungen der Preisgrundlagen bei den vertraglichen Arbeiten. Fallen z. B. Löhne und Materialpreise, so erhöht sich sein Gewinn.

3. Der Akkordvertrag mit Gleitpreisen. Bauverträge dieser Art sehen vor, daß sich die Einheitspreise für die einzelnen Leistungen des Kostenanschlages mit der Veränderung der Preisgrundlagen (in erster Linie Löhne und Materialpreise) nach einem bestimmten Schlüssel ebenfalls verändern. Es kann sich dann z. B. bei Erdbewegungen der Preis für 1 m^3 Bodenbewegung zusammensetzen aus einer bestimmten Anzahl von Tariflohnstunden, einer bestimmten Kohlenmenge und einem festen Preisanteil. Es gilt demnach, wenn P der Einheitspreis, St der tarifliche Stundenlohn eines Tiefbauarbeiters, K der Kohlenpreis für 1 kg Kohle und a, b und c konstante Größen sind, die Gleichung

$$P = a \cdot \mathrm{St} + b \cdot K + c.$$

In Zeiten, wo mit einer Veränderung der Preisgrundlagen zu rechnen ist, kann der Bauherr billigerweise dem Unternehmer das Wagnis hierfür nicht zumuten. Es ist dann die Vertragsform der *Gleitpreise*[1] zu empfehlen. Zweckmäßig wird der Unternehmer, wenn er freie Wahl hat, in solchen Fällen den festen Kostenanteil bei Gleitpreisen möglichst niedrig ansetzen.

4. Der Akkordvertrag mit fester Pauschalsumme. Der Unternehmer übernimmt hier die Herstellung eines Bauwerks bis zur schlüsselfertigen Übergabe für einen fest vereinbarten Geldbetrag. Er trägt das Wagnis einer Veränderung der Preisgrundlagen und unter Umständen erforderlich werdender Mehrleistungen. Ein solcher Vertrag birgt die Gefahr in sich, daß Ersparnisse auf Kosten der Güte des Bauwerks gemacht werden. Diese Vertragsform empfiehlt sich daher nur in Fällen, wo alle Bauleistungen im voraus klar zu übersehen sind. Denn es können dem Unternehmer billigerweise keine Leistungen zugemutet werden, welche er vorher nicht übersehen kann und nachträglich nicht bezahlt bekommt.

---

[1] § 15 der BPrVO (PR Nr. 32/51 vom 11. 5. 1951) sieht vor, daß die Vertragschließenden Preisvorbehalte in Form von *Lohn- und Stoffpreisgleitklauseln* vereinbaren. § 16 und § 17 enthalten die näheren Bestimmungen: Nur *tarifliche* Lohnerhöhungen dürfen berücksichtigt werden. Die Nachberechnung des Lohnunterschiedes in tatsächlicher Höhe plus einem *angemessenen Zuschlag* zur Abgeltung der Gemeinkosten und Umsatzsteuer ist zulässig. Dieser Zuschlag beschränkt sich die ersten 4 Monate vom Tag der Angebotsabgabe an auf die lohngebundenen Kosten zuzüglich Umsatzsteuer (nicht über 35%). Materialgleitklauseln sollen möglichst vermieden werden.

B. Der Kostenanschlag und das Leistungsverzeichnis.

Die *Preisbildung der Einzelpreise* durch den Unternehmer dient zur Einsetzung der Preise in den *Kostenanschlag*, welcher gleichzeitig als *Leistungsverzeichnis* der einzelnen Bauleistungen einen Bestandteil des Bauvertrags darstellt.

Für die kalkulatorische Ermittlung der *Einzelpreise* sind die in dem vorausgegangenen Kapitel I gegebenen Gesichtspunkte zu beachten. Grundsätzlich ist nach *Kostenarten* zu trennen. Bei der Preisbildung pflegt man die Gerätekosten, ebenso wie die Lohnkosten für die Baustelleneinrichtung (wenn der Kostenanschlag hierfür keine besondere Position vorsieht) und allgemeine Arbeiten, auf die Hauptleistung des Vertrags zu verteilen. Die allgemeinen Geschäftskosten und der Gewinn werden in Form eines prozentualen Zuschlages auf die Löhne und Stoffe bei den Einzelpreisen berücksichtigt. Für die Wahl des Prozentsatzes sind die in *§ 7* und *§ 10* entwickelten Gesichtspunkte maßgebend.

Was die äußere Form des Kostenanschlages anbelangt, so würden sich hier für die wichtigsten Bauarbeiten des Hoch-, Tief- und Stahlbetonbaus „*Kostenanschlagsnormen*" empfehlen, welche einerseits die Interessen des Bauherrn wahrnehmen und andererseits unbillige Zumutungen an den Unternehmer verhindern. Eine solche *Normierung der Kostenanschläge*, vor allem im Hochbau, wäre leicht möglich und würde neben einer großen Arbeitserleichterung mit dazu beitragen, einheitliche klare Rechtsverhältnisse für alle Bauausführungen zu schaffen.

Der Forderung nach einer *gesunden Gestaltung der Leistungsverzeichnisse*, welche seit Jahren immer wieder erhoben wurde, trägt die Baupreisverordnung vom 11. 5. 1951 (Ersatz für BPrVO vom 16. 6. 1939) Rechnung. Der Bauherr ist verpflichtet, „die geforderten Bauleistungen so eindeutig und erschöpfend zu beschreiben und aufzugliedern, daß die mit ihnen verbundenen Wagnisse klar und deutlich zu erkennen sind und die Baupreisermittlung durch den Unternehmer einwandfrei und ohne umfangreiche Vorarbeiten erfolgen kann". In der früheren BPrVO war folgende Erläuterung für diese Bestimmung gegeben: „Alle für die Baupreisermittlung wichtigen Grundlagen, wie z. B. Bodenart, Grundwasserverhältnisse, Anfuhrmöglichkeiten, Lagerplätze u. a., sind durch *hinreichend genaue Untersuchungen* (also Bohrungen, Schürfungen usw.) *durch den Bauherrn* zu klären und in den Ausschreibungsunterlagen zu erläutern. Unklare Leistungsverzeichnisse sind ebenso unzulässig wie die Aufbürdung eines unbegrenzten Wagnisses." „Pauschalverträge sind nur bei klaren Verhältnissen gestattet". Die Zusammenfassung ungleichartiger Leistungen in Sammelpositionen, die schwer zu berechnen sind (hohes Wagnis!), ist verboten. Bei größeren Aufträgen ist aus Gründen einer klaren Vertragsabwicklung im beiderseitigen Interesse vorgeschrieben, daß für *Baustelleneinrichtung* und *Baustellenräumung* eine *besondere Ordnungszahl* vorgesehen wird. Sog. „Wasserhaltungspauschalen" bei großen Tiefbauarbeiten (Gründungen, Erdarbeiten) sind daher *nicht zulässig*. Es ist vielmehr klar zu trennen zwischen Einrichtung (und Räumung) und Betrieb der einzelnen Pumpenaggregate (je 1 Betriebsstunde).

Auch die frühere Baupreisverordnung sah keine besondere Ordnungszahl vor für *Vorhaltekosten* (von Geräten, Maschinen, Baracken, Unterkünften usw.). Jedoch hielt sie eine besondere Ordnungszahl für notwendig für den Fall, daß aus übergeordneten Gründen die Baustelle stilliegt. Rechtlich liegen allerdings, sofern der Bauherr den Stillstand zu vertreten hat, die Verhältnisse klar. Der Unternehmer kann hier für Eigengeräte höchstens die Sätze der früheren GeWibau fordern (bei Stilliegen 75%).

C. Amtliche Bestimmungen für den Abschluß von Bauverträgen.

Durch die amtlichen Bestimmungen sind die Grundsätze für Bauverträge wie folgt festgelegt:

1. Grundsätzlich sind *Leistungsverträge* auf Grund *öffentlicher* oder *beschränkter Ausschreibung* zu *Festpreisen* (gemäß BPrV) abzuschließen (nach VOB DIN 1960, 1961), gegebenenfalls (d. h. wenn keine „angemessenen Preise" bei der Ausschreibung erzielt wurden) auf Grund einer *freihändigen* Vergebung unter Einforderung der Kalkulation (in außergewöhnlichen Fällen wird ein *Selbstkostenerstattungsvertrag* mit festen Preisanteilen, also z. B. Akkordvertrag mit Gleitpreisen empfohlen). Der Abschluß von Pauschalen für Baustelleneinrichtung, Gerätevorhaltung u. dgl. für die Dauer der Bauzeit bzw. für den Fall von Unterbrechungen aus übergeordneten Gründen kann zweckmäßig sein. Er liegt aber selten im Interesse des Bauherrn.

2. *Selbstkostenverträge* und *Stundenlohnverträge* sind auf Ausnahmefälle zu beschränken, die letzteren nur bei einfachen kleinen Arbeiten ohne Geräte, deren Kosten schlecht vorher geschätzt werden können. Für *Selbstkostenverträge* galt früher LSBÖ, für *Stundenlohnarbeiten* RfPr, Runderlaß Nr. 43/44 vom 19. 9. 1944.

Das VAfW hat mit Erlaß PR-Nr. 55/47 vom 23. 6. 1947 die *Grundsätze für die Abrechnung von Bauarbeiten nach den Selbstkosten* herausgegeben (siehe S. 62).

3. Zwischenlösungen zwischen den drei Vertragsformen sind zu vermeiden.

4. Grundsätzlich muß Klarheit über die Vertragsform *vor* der Zuschlagserteilung bestehen.

An diesen Bestimmungen hat sich grundsätzlich nichts geändert. Auch die Preisbildungsstellen der Länder halten *Selbstkostenerstattungsverträge* nur für zulässig, solange die Bauarbeiten infolge der besonderen Eigenart nicht so eindeutig und erschöpfend beschrieben werden können, daß eine einwandfreie Preisermittlung möglich ist.

Grundsätze für den Abschluß von *Selbstkostenerstattungsverträgen* hat das Verwaltungsamt für Wirtschaft (VAfW) am 23. 6. 1947 (PR-Nr. 55/47) herausgegeben.

Es werden je nach Schwierigkeit der Bauarbeiten *drei Gruppen von I, II und III* unterschieden (III = Hoch- und Tiefbauten schwierigster Art = Ingenieurbauten). Baustellenlohn- und -gehaltskosten sowie Stoffkosten werden auf Nachweis vergütet.

Für *Gerätevorhaltung* werden für Eigengeräte die Abschreibungs- und Verzinsungsbeträge der Geräteliste für die Bauwirtschaft (GeWibau) ungekürzt zuzüglich 40 v.H. Reparaturentgelt vergütet (Reparaturlöhne gesondert auf Nachweis).

Die *Höchstzuschläge* auf Baustellenlöhne und -gehälter sollen betragen (einschl. Sozialaufwendungen):

in Vergütungsgruppe I: *55 v.H.* (jetzt 59 v.H.),
in Vergütungsgruppe II: *60 v.H.* (jetzt 64 v.H.),
in Vergütungsgruppe III: *65 v.H.* (jetzt 69 v.H.).

Die Zuschläge auf vom Unternehmer beschaffte *Baustoffe* sind zu 6 v.H. vorgesehen. Auf *Frachten und Fuhrkosten* sind gleichfalls 6 v.H. und auf Geräte- und Gerüstvorhaltung 10 v. H. Zuschlag vorgesehen, für lohnsteuerpflichtige *Wegezeitgelder* waren höchstens 25 v. H. Zuschlag festgesetzt (später auf max. 38 v. H. erhöht). Die Grundsätze sind für Bauleistungen öffentlicher und privater Auftraggeber bindend.

§ 9. Amtliche Bestimmungen zur Baupreisbildung.

A. Allgemeines.

Für die Festsetzung von angemessenen Preisen durch *Preisbehörden* (Preisbildungsstellen bei den Wirtschaftsministerien) besteht in der freien Marktwirtschaft nicht mehr das gleiche Bedürfnis wie in der gebundenen Wirtschaft. Die Preisbildung für Bauarbeiten wird auch in einer gelenkten Wirtschaft stets ein schwieriges Kapitel sein. Daher gilt für Bauleistungen auch nicht die Verordnung PR Nr. 30/53 über die Preise bei öffentlichen Arbeiten vom 21. 11. 1953.

Für *Bauleistungen* waren im *Frühjahr 1954* noch folgende Verordnungen maßgebend bzw. noch in Kraft:

Nr. 1. Verordnung über die Baupreisbildung vom 11. 5. 1951 (Baupreisverordnung = BPrVO), PR Nr. 32/51 über die Preisbildung für öffentliche und mit öffentlichen Mitteln finanzierte Aufträge, gemäß BA Nr. 92 vom 17. 5. 1951.

Nr. 2. Verordnung *LSBÖ* vom 25. 5. 1940, d. h. die Verordnung über Preisermittlung auf Grund der Selbstkosten bei Bauleistungen für öffentliche Auftraggeber, welche Leitsätze für die Preisermittlung auf Grund der Selbstkosten sind. Im allgemeinen sind sie durch die folgenden Nr. 3, Nr. 4 und Nr. 5 ersetzt.

Nr. 3. Anordnung PR Nr. 55/47 vom 23. 6. 1947. Das Verwaltungsamt für Wirtschaft (VAfW, MBl S. 189) gab hier Grundsätze über die *Abrechnung von Bauarbeiten nach Selbstkosten* heraus, welche auch heute noch gegebenenfalls anwendbar sind.

Nr. 4. Runderlaß Nr. 43/44 (RfPr) von 19. 9. 1944 betreffend Zuschläge und Pauschbeträge für *Stundenlohnarbeiten* nebst Anordnung PR Nr. 17/47 über Änderung der Stundenlohnzuschläge im Baugewerbe vom 25. 3. 1947 (VAfW, MBl S. 71) mit Ergänzungserlassen behandeln die Stundenlohnarbeiten.

Nr. 5. Anordnung über die Berechnung der *Lehrlingsarbeit* bei der Berechnung der Preise und Entgelte im Handwerk vom 13. 8. 1943 und die Anordnung PR Nr. 20/50 über die *Verrechnung der Lehrlingsarbeit bei Bauleistungen* vom 18. 4. 1950 (BA Nr. 113 vom 16. 6. 1950).

B. Erläuterungen zur neuen Baupreisverordnung.

Nachstehend werden die wesentlichen Punkte der neuen *Baupreisverordnung* herausgestellt:

1. Die Baupreisverordnung gilt *nur für öffentliche und mit öffentlichen Mitteln finanzierte Aufträge.*

2. Die Herstellung von *Baustoffen* und Bauteilen in besonderen Betriebsstätten fällt *nicht* unter die Baupreisverordnung.

3. Der Unternehmer ist nach der BPrVO zu einer *geordneten Baupreisermittlung, die alle einzelnen Kostenelemente aufweist,* verpflichtet. (Löhne, Baustoffe nebst Transportleistungen, Gerätevorhaltung, Baustellenkosten und Allgemeine Geschäftskosten, kalkulatorischer Gewinnsatz und Sonderkosten.)

§ 4 legt fest, das *keine höheren Löhne* eingesetzt werden dürfen *als die zur Zeit des Angebots* tatsächlich gültigen Tariflöhne.

§ 16 (4) legt fest, daß die Höhe der kalkulierten Stundenlöhne aus dem Angebot ersichtlich sein muß. Es dürfen auch nach § 4 (2) nur *Arbeitsleistungen* zugrunde gelegt werden, die bei *wirtschaftlicher Betriebsführung* gerechtfertigt sind. Damit ist indirekt auch das *Recht des Bauherrn auf Vorlage der Urpreisberechnung* des Unternehmers festgelegt.

4. Das bisherige *Gerätekostenrecht* ist aufgegeben. Die Wibausätze[1] für Abschreibung, Verzinsung und Reparaturentgelt sind daher *nicht mehr als Höchstsätze vorgeschrieben.*

§ 6 besagt lediglich, daß eine „angemessene" Verzinsung, Abschreibung und Erstattung der Reparaturkosten eingesetzt werden darf.

5. Auch für die übrigen Kostenelemente, z. B. „Allgemeine Geschäftskosten", ist ebenfalls nur gesagt, daß sie eine „angemessene Höhe" nicht überschreiten dürfen. Was allerdings unter „angemessener Höhe" zu verstehen ist, ist nicht gesagt.

6. Punkt IV. der BPrVO behandelt die *Stundenlohnabrechnung* und besagt im wesentlichen, daß im Stundenlohn vergebene Bauleistungen nach *tatsächlichen Lohnkosten, Stoffkosten* und *Kosten der Vorhaltung für Maschinen, Geräte und Gerüste zuzüglich angemessener Zuschläge* abzurechnen sind. Vom Auftraggeber gestellte Stoffe bleiben ohne Ansatz. Der Bundesminister für Wirtschaft (oder mit seiner Zustimmung die Preisbildungsstellen der Länder) kann zulassen, daß statt dessen nach „Verrechnungssätzen" abgerechnet wird.

Bei eingetretenen Umsatzsteuererhöhungen ist zugelassen, bei den Zuschlägen die *Umsatzsteuererhöhung in tatsächlicher Höhe* einzusetzen.

7. Über *Lohn- und Materialgleitklauseln* in Bauverträgen setzt § 16 (2) fest, daß nur die Nachberechnung des Lohnunterschiedes in tatsächlicher Höhe plus einem angemessenen Zuschlag zur Abgeltung der Gemeinkosten und Umsatzsteuer zulässig ist. 4 Monate vom Tage der Angebotsabgabe an gerechnet dürfen nur die *lohngebundenen Kosten plus Umsatzsteuer* auf die Lohnerhöhung zugeschlagen werden.

---

[1] Die 1952 im Bauverlag G.m.b.H., Wiesbaden, erschienene *Baugeräteliste* ist allerdings vom Bundesminister für Wirtschaft als geeignete Grundlage zur Berechnung der Gerätekosten empfohlen.

Materialgleitklauseln sollen nach Möglichkeit vermieden werden durch Voreinkauf mit Eigentums- und Verwendungssicherung.

8. Gemäß *PR Nr. 32/53 des Bundesministers für Wirtschaft vom 14. 12. 1953* (ab 1. 1. 1954 in Kraft) sind ergänzende Bestimmungen zur BPrVO betreffend VII. *Preisprüfung und Preisnachweis* herausgegeben, welche im wesentlichen besagen, daß der Auftragnehmer den für die Preisbildung und Preisüberwachung zuständigen Behörden das Zustandekommen des Preises auf Verlangen nachzuweisen hat und daß diese berechtigt sind, die Unterlagen einzusehen sowie die Betriebe zu besichtigen. *Bei Streitigkeiten kann die Preisbildungsstelle den angemessenen Preis festsetzen.* Es wird auch auf die Strafbestimmungen zur Vereinfachung des Wirtschaftsstrafrechts vom 26. 7. 1949 in der Fassung vom 25. 3. 1952 verwiesen.

9. Gemäß *Verordnung PR Nr. 36/52 des Bundesministers für Wirtschaft* zur Ergänzung der Verordnung PR Nr. 32/51 (BPrVO) vom 6. 5. 1952:

§ 1 wird ergänzt: „Die auf Grund des Gesetzes zur Änderung des Umsatzsteuergesetzes und des Beförderungssteuergesetzes vom 28. 6. 1951 eingetretene Umsatzsteuererhöhung darf in tatsächlicher Höhe berechnet werden. Sie ist im Falle der Weiterberechnung gesondert auszuweisen.“

An wichtigen *allgemeinen Bestimmungen* für Lieferungen an Behörden ist vor allem zu nennen die *VOL*, d. h. die Verdingungsordnung für Leistungen, herausgegeben vom früheren Reichsfinanzministerium.

C. Stundenlohnarbeiten.

Erläuterung der Bestimmungen (A. Nr. 4 und BPrVO IV, § 12).

I. Allgemeines.

Eine Unterscheidung zwischen angehängten und selbständigen Stundenarbeiten, wie sie der Erlaß Nr. 43/44 vorsah, gibt es nicht mehr.

Gemäß Erlaß PR-Nr. 17/47 des VAfW vom 25. 3. 1947 unterscheidet man *Stundenlohnzuschläge*

1. Für das *Bauhauptgewerbe* jetzt höchstens 63 v.H. auf Löhne und 10 v.H. auf Stoffe und Gerätevorhaltung.
2. Für das *Baunebengewerbe* sind je nach der Art des Gewerbes (Maler, Tapezierer, Dachdecker usw.) Zuschläge von 65 bis 85 v.H. auf Lohn und 10 bis 25 v.H. auf Stoffe vorgesehen.

II. Einzelfragen.

Die Kosten der *Aufsicht* sind nicht im Zuschlag abgegolten. Ebenso sind Hilfslöhne nicht abgegolten.

Die *Meister kleiner Handwerksbetriebe* dürfen eigenhändige *Mitarbeit* und eigene Tätigkeit als Aufsicht berechnen.

Die *Kosten von Stofflieferungen* des Unternehmers sind mit einem mäßigen *Zuschlag* (höchstens 10 v.H.) gesondert zu berechnen. Anordnung PR-Nr. 55/47 sieht 6 v.H. vor.

Auf *Stofflieferungen des Bauherrn* ist im allgemeinen kein Zuschlag zu berechnen.

Kosten der Vorhaltung von Gerüsten, Geräten und Maschinen sind gesondert zu berechnen unter Beachtung der in der BPrVO gegebenen Richtlinien. Auf die Vorhaltekosten darf etwa der gleiche Zuschlag wie auf Stofflieferungen (höchstens 10 v. H.) berechnet werden. Anordnung PR-Nr. 55/47 sieht 10 v. H. als Zuschlag vor.

Die *Vorhaltung von Kleingerät* darf durch einen an den Stundenlohnzuschlag anzuhängenden Zuschlag von *2 bis 3 v.H. der Lohnsumme* abgegolten werden.

Anfallende *Lohnzulagen* (für besondere soziale Maßnahmen wie Wegegelder usw.) sind gesondert mit einem Zuschlag nur für die Umsatzsteuer zu berechnen.

Auf die *gesondert*[1] zu berechnenden *Lohnzuschläge* (Erschwerniszuschläge, Zuschläge für Mehrarbeit usw.) darf ein Zuschlag für Gemeinkosten, Gewinn und Umsatzsteuer erhoben werden. Daß *Zuschläge für Mehrarbeit nicht sozialversicherungspflichtig* sind, ist bei der Ermittlung des Stundenzuschlages zu berücksichtigen.

Es sind jeweils *die tariflichen Löhne und Lohnzuschläge* (Erschwerniszuschläge, Zuschläge für Mehrarbeit, Sonntagsarbeit und Leistungszulagen) zugrunde zu legen.

Aufwendungen für *Urlaub, Feiertage, Krankheit* u. dgl. sind im Zuschlag bereits abgegolten.

§ 10. Methoden der Kalkulation und Verteilung der Gesamtbaukosten auf die einzelnen Kostenarten.

Methoden der Kalkulation.

Für alle Arten von Bauarbeiten eine einheitliche Kalkulationsmethode zu geben, ist kaum möglich. Die Schwierigkeit liegt einmal in der Verschiedenartigkeit der Bauarbeiten selbst:

Das *Hochbaugewerbe* unterscheidet sich wesentlich von den mehr industriellen *Stahlbeton- und Tiefbauunternehmungen.* Dazu kommt die Verschiedenartigkeit der Bauverträge. Viele Bauherren schließen in die Bauverträge alle Baustofflieferungen ein, während andere selbst den Baustoff liefern. Größere Bauunternehmen, z. B. Stahlbeton- und Stahlbrückenbauunternehmen, müssen große Ingenieurbüros für die Ausarbeitung von Entwürfen vorsehen und haben daher naturgemäß höhere Geschäftskosten als Hochbaugeschäfte.

Die Tabelle 16 zeigt, besonders auch bezüglich der Geschäftskosten (zentral), daß man vorwiegend *2 große Baugruppen* unterscheiden kann:

a) den mehr gewerblichen „*Hochbau*" (besonders Wohnungsbau);

b) den mehr industriellen „*Tiefbau*" und *Ingenieurbau*, welch letzterer durch größeren Geräteeinsatz und das Erfordernis großer Entwurfsbüros gekennzeichnet ist. Der letztere ist daher auch bezüglich Geschäftskosten und Gewinn Umsatzschwankungen gegenüber wesentlich empfindlicher (siehe § 7). Im „Hochbau" können die „Gemeinkosten" mit Geschäftskosten, Wagnis, Gewinn und Umsatzsteuer als „Unkosten" zusammengefaßt werden. Im „Tiefbau" dagegen, besonders bei Erdarbeiten, ist eine getrennte Erfassung dieses Kostenanteils notwendig. Es wird auch die Aufgliederung dieser Kosten erforderlich nach Gerätekosten, Baustelleneinrichtungs- (und Räumungs-) kosten, Kosten der örtlichen Bauleitung und Kosten des Sozialaufwands (direkt lohngebundene Kosten für Sozialversicherungen usw.).

Verteilung der Gesamtbaukosten.

Tabelle 16 gibt eine Übersicht über die Verteilung der einzelnen Kostenarten auf die Gesamtbaukosten bei verschiedenen Bauarbeiten.

---

[1] Die Bauherren anerkennen heute meist diese Bindung nicht und verlangen Einrechnung in die Einheitspreise.

Tabelle 16. *Prozentuale Kostenaufteilung der Baukosten nach Kostenarten.*

Art der Bauarbeiten	Anteil der Kostenarten in v. H. der Baukosten							
	I. Löhne[1] (reine Löhne)	II. Baustoffe[2] (Bauhilfsstoffe und Betriebsstoffe)	III. Gemeinkosten					IV. Allgemeine Geschäftskosten + Gewinn + Wagnis + Umsatzsteuer[3]
			a) Baustelleneinrichtung[2]	b) Gerätekosten	c) Kosten der örtlichen Bauleitung	d) Sozialaufwand (23—26% der Löhne)	Summe III	
	v. H.	v. H.	v. H.	v. H.	v. H.	v. H.	v. H.	v. H.
1. Hoch- u. Wohnungsbau (einschl. Innenausbau)	35	40	1,5	1	2	8,5	13	12 = 8% auf Material + 26% auf Löhne
2. Stahlbetonhochbau .	32	38	2	3	2	8	15	15 = 10% auf Material + 35% auf Löhne
3. Erdbau (Baggerarbeiten, nicht Felsarbeiten)	40	10	3	17	3	10	33	17 = 10% auf Material + 40% auf Löhne
4. Betonstraßenbau . .	22	45	5	6	4	5	20	13 = 10% auf Material + 39% auf Löhne
5. Stahlbeton- und Betonbrücken	28	36	4	6	3	7	20	16 = 10% auf Material + 45% auf Löhne
6. Stahlbrücken . . .	18[1]	34[5]	3	3	2,5	4,5	13	35[6] = 25% auf Material + 145% auf Löhne

[1] Ohne Sozialaufwand und ohne Kosten der besonderen sozialen Maßnahmen (Trennungsentschädigung usw.) einschließlich der Lohnkosten der Baustelleneinrichtung. — [2] Einschließlich Fracht und Beifuhr der Baustoffe (bzw. Geräte), Bauhilfsstoffe und Betriebsstoffe. Einrichtungslöhne unter I. — [3] 3,09% der Selbstkosten. — [4] Einschließlich Werkstattlöhne (reine Löhne). — [5] Einschließlich Fracht und Beifuhr der Baustoffe, einschließlich Materialkosten des Gerüstzuschlags, einschließlich Vorfrachten. — [6] Einschließlich der Zuschläge auf die Werkstattlöhne.

Sie beansprucht keine Allgemeingültigkeit, zeigt jedoch andererseits die grundsätzliche Verschiedenheit der einzelnen Bauarbeiten in kalkulatorischer Hinsicht[1].

Ein Generalrezept für die Kalkulation der verschiedenen Bauaufträge gibt es nicht. Wichtigster Grundsatz ist, sich jeweils auf das Wesentliche zu beschränken und keine schwierigen mathematischen Probleme zu suchen, wo sie nicht vorhanden sind. Wenn man von größeren Umsatzschwankungen und ihren Auswirkungen auf die Höhe der Geschäftskosten absieht, gibt es für den *erfahrenen* Bauunternehmer und Kalkulator bei der Kalkulation neuer Bauvorhaben eigentlich nur *eine große Unbekannte*, nämlich die *Lohnkosten*. Denn diese hängen ab von der vorher nicht bekannten Leistung des Arbeiters (besonders des zugewiesenen Arbeiters im Gegensatz zum *Stammarbeiter*) und von der Fähigkeit der örtlichen Bauleitung. Der Unternehmer kann sich auf die Ergebnisse der Nachkalkulation stützen, wo ihm eine erprobte Bauleitung und ein Stamm von guten Facharbeitern zur Verfügung steht. Alle anderen Kosten sind dem erfahrenen Praktiker bekannt:

Über *Baustoff- und Betriebsstoffverbrauch* hat auch jeder Bauleiter genügend Erfahrung. Die *Gerätekosten* liegen bei bekannten Terminen gleichfalls fest. Über Lohn- und Materialkosten der *Geräteunterhaltung* hat der Unternehmer Erfahrungswerte gesammelt. Die *Kosten der Baustelleneinrichtung* (Transport + Fracht + Auf- und Abbau) lassen sich genau errechnen. Die Kosten der *örtlichen Bauleitung* lassen sich bei bekannter Bauzeit genau ermitteln. Die Kosten des *Sozialaufwands* sind lohngebundene Kosten, welche heute 25 bis 27% der reinen Löhne bzw. 24 bis 26% der gesamten Lohnkosten betragen. Sie werden im Tiefbau heute zu den „Gemeinkosten" gerechnet, während sie im „Hochbau" zu den „Unkosten" zählen. Auf Baustellen sind sie aus den Lohnlisten jederzeit zu ermitteln.

Bei *Festlegung des Gewinnanteils* (mit Bau- und Unternehmerwagnis, Spenden und Gewährleistungsverpflichtungen) ist die Einschätzung des Wagnisses durch den Unternehmer ausschlaggebend. Der Zuschlag für Wagnis und Gewinn wird sich zwischen 5 und 8% der Selbstkosten bewegen (z. B. 5% bei Tagelohnarbeiten). Die *Umsatzsteuer* ist genau bekannt. Sie beträgt 4% des Umsatzes oder $\frac{4{,}0}{1{,}0 - 0{,}04} = 4{,}17\%$ von (Selbstkosten + Gewinn) ohne Umsatzsteuer.

So bleibt also nur noch zu bestimmen, wie die „*Allgemeinen Geschäftskosten*" zu kalkulieren sind, welche umfassen: Personal- und Sachkosten für zentrale technische und kaufmännische Leitung, Entwurfsbüros, Lagerplätze, Bauhöfe (soweit nicht in dem Aufschlag auf die Gerätevorhaltekosten berücksichtigt), Steuern und öffentliche Ab-

[1] Zum Studium der neuen Kalkulationsmethoden in Anlehnung an die Baupreisverordnung sei das im Verlag Otto Elsner, Berlin 1941, erschienene Schulungsheft der Wirtschaftsgruppe Bauindustrie „Die vorschriftsmäßige Ermittlung der Baupreise" empfohlen, desgl. die *Preisermittlungsformblätter* der Wibau von Dipl.-Ing. RIEDEL.

gaben (Gewerbesteuer, Vermögenssteuer, Aufbringungsumlage u. dgl.), Kosten der Kapitalbeschaffung, Zinsverluste für ausstehende Forderungen, Büromiete, Kraftwagen, Zeitschriften usw. In § 7 ist auf die Abhängigkeit dieser Kosten von den *Umsatzschwankungen* besonders hingewiesen. Der Unternehmer muß die *Höhe der Geschäftskosten* in den „Selbstkostenbüchern" besonders nachweisen. Es dürfen *nur ähnliche Arbeiten* verglichen werden. Wo der Zuschlag in Prozent der Baustellenkosten gewählt wird, muß unterschieden werden, ob der *Bauvertrag mit oder ohne Materiallieferung* abgeschlossen wird. Wenn man aber die durch die *Materialbeschaffung* tatsächlich entstehenden *Geschäftskosten* (gleichgültig ob sie in der Zentrale oder auf der Baustelle entstehen) grundsätzlich durch einen *Unkostenaufschlag auf die Materialkosten frei Verwendungsstelle* berücksichtigt (der Zuschlag wird z. B. ohne Umsatzsteuer 6 bis 8% betragen), und alle Materialkosten (einschließlich Frachten, Betriebsstoffe u. dgl.) mit diesem Unkostensatz belastet, können die noch verbleibenden *Geschäftskosten in Prozent der Lohnkosten*[1] ausgedrückt werden. Die so ermittelten Unkostensätze hat der Unternehmer an Hand seiner Buchhaltung (Selbstkostenbücher) sorgfältig zu überprüfen. Umfang der Arbeit und des Gesamtumsatzes müssen berücksichtigt werden. Ein für alle Arbeiten und für alle Bauunternehmungen anwendbares mathematisches Verfahren zur Ermittlung der Geschäftskosten gibt es nicht. Kleine und mittlere Baugeschäfte werden für kleine und mittelgroße Bauaufträge keine höheren Unkostenprozente einsetzen müssen als sie Großfirmen für große Aufträge einsetzen. Dagegen werden Großfirmen bei Übernahme kleinerer Aufträge höhere Geschäftskosten berechnen müssen. Man darf nicht übersehen, daß die *Unsicherheit einer Kalkulation* im allgemeinen *nicht bei der Berechnung des Geschäftskostenanteils* liegt — — hier sind nur Schwankungen von wenigen Prozenten möglich —, *sondern bei der Schätzung der Lohnkosten und Maschinenleistungen.*

Auch die Rückberechnung vom *Unkostensatz bezogen auf die Gesamtkosten* zu dem *Unkostensatz bezogen auf die Selbstkosten,* kann man sich sparen, wenn man sich grundsätzlich daran gewöhnt, bei Vor- und Nachkalkulation die Geschäftskosten in Prozent der Selbstkosten bzw. der Löhne zu rechnen. Wo aber der Unternehmer gewohnt ist, seine Geschäftsunkosten mit a% des Umsatzes zu bewerten, beträgt der Zuschlag u auf die Selbstkosten $u = \frac{a}{1{,}0 - 0{,}01a}$.

[1] Vgl. Opitz: Zuschläge auf die vom Bauherrn gelieferten Baustoffe, siehe Zeitschrift „Die Bauindustrie" 1942, Nr. 6. Opitz schlägt auch vor, *auf vom Bauherrn gelieferte Stoffe keine Zuschläge* zu berechnen, sondern so zu verfahren: Auf die Einzelstoffkosten soll nur ein Aufschlag eingesetzt werden, der den durch die Beschaffung der Stoffe entstehenden Kosten entspricht, also den *Kosten des Einkaufs* (welche einen geringen Teil der allgemeinen Geschäftskosten betragen), den Zinskosten und der Umsatzsteuer, während die restlichen allgemeinen Geschäftskosten und der Ansatz für Gewinn und Wagnis durch *Zuschläge* auf die übrigen Herstellkosten abgegolten wird, also *auf die Einzellohnkosten* und *Gemeinkosten der Baustelle.*

Wird also z. B. der Sozialaufwand mit 25 v.H. der reinen Löhne ermittelt und betragen die Allgemeinen Geschäftskosten 10 v.H. des Umsatzes, Gewinn und Wagnis 8 v.H. des Umsatzes für die Lohnkosten bzw. 3 v.H. für die Stoffkosten, die Umsatzsteuer 4 v.H. des Umsatzes, so errechnen sich die Zuschläge für Sozialaufwand, Allgemeine Geschäftskosten, Gewinn und Wagnis sowie Umsatzsteuer wie folgt:

A. Lohnanteil.

Lohnkosten (reine Löhne) 100%
+ Sozialaufwand . . . . 25% = 125%

Allgemeine Geschäftskosten, Gewinn + Wagnis, sowie Umsatzsteuer betragen 10 + 8 + 4 = *22% des Umsatzes.* Daher ein Zuschlag auf 100% Löhne von

$$\frac{22 \cdot 125}{100 - 22} = 35{,}3\,\%.$$

Die Gesamtkosten aus dem Lohnanteil betragen demnach 125 + 35,3 = 160,3%.

Zuschlag auf Löhne demnach *60,3%*.

B. Stoffanteil.

Stoffkosten 100%. Geschäftskosten + Gewinn + Umsatzsteuer 10 + 3 + 4 = 17%. Daher Zuschlag auf Stoffkosten

$$\frac{17 \cdot 100}{100 - 17} = 20{,}0\,\%.$$

Zuschlag auf Stoffkosten 20,0%.

III. Erd- und Felsarbeiten.

(Lösen ohne Maschinen.)

A. Vorarbeiten.

Allen größeren Bauvorhaben mit Erdarbeiten wie Eisenbahnbauten, Straßenbauten, Kanalbauten usw. gehen Ermittlungen über die bei der Linienführung angetroffenen *Bodenarten* und Grundwasserstände voraus. Die Ergebnisse dieser *Vorarbeiten*, welche aus Schürfungen und Bohrungen ermittelt werden, trägt man in das Längenprofil (Bohrprofil) ein.

Die *VOB*, C I. *Erdarbeiten* (DIN 1972) unterscheidet außer schlammigem Boden und Triebsand, der mit Schöpfgefäßen zu beseitigen ist, nur *4 Bodenarten*.

a) *Leichter Boden* (mit Schaufel oder Spaten lösbar).

b) *Mittlerer Boden* (mit Spitzhacke, Breithacke oder Spaten lösbar), z. B. festgelagerter Lehm, kiesiger Lehm, leichter Ton und Torf.

c) *Fester Boden* (durch Keile oder Sprengen lösbar), z. B. schwerer Lehm mit Trümmern, fester Ton oder Mergel, grober Kies mit Ton, schieferartiger Fels oder Steingeschiebe.

d) *Felsen* (nur durch Sprengen mit Sprengstoff lösbar).

Für die Kalkulation größerer Erdarbeiten genügt diese Unterscheidung jedoch nicht. Der Verfasser hat daher die Unterscheidung der Böden in 7 bzw. 9 Klassen beibehalten.

Wenn auch für die Kostenschätzung zur Bauausführung (s. III, B, S. 71) in erster Linie die *tiefbautechnischen Eigenschaften* (Lösbarkeit mit Werkzeugen bzw. Maschinen, Wasserempfindlichkeit usw.) interessieren, so sind doch auch die *geologischen Bezeichnungen* und bodenmechanischen Eigenschaften für den praktischen Ingenieur von Bedeutung (Rutschgefahr u. dgl.).

Geologische Bezeichnungen für die Bodenarten.

Sand (Körnung 0/3 und 3/7 mm angeben), Kies (Körnung 7/15, 15/30, 30/70 angeben), Ton (kieselsaure Tonerde), Mergel (Kalkgehalt von 25 bis 50% im Ton durch Salzsäure festzustellen), Tonmergel, Kalkmergel (50 bis 70% Kalk), Tegel (blaugrüner Mergel), Lehm (Gemenge von Ton und mindestens 30% Quarzsand), Löß, Letten, (Zwischenstufen von Ton, Lehm und Mergel), Torf- und Moorboden, Schluff, Mutterboden, Kalkstein, Sandstein, Urgesteine (Granit, Porphyr, Gneis usw.).

Kosten der Vorarbeiten.

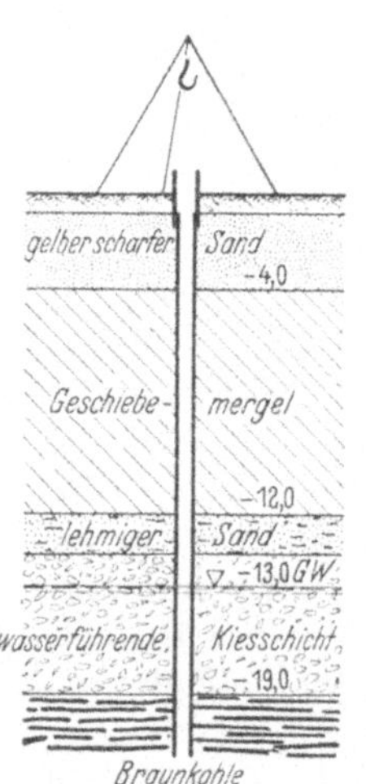

Abb. 9. Beispiel einer Bohrung.

1. Schürfungen. *Schürfgruben* sind nach B., 2., S. 74f. zu kalkulieren.

2. Bohrungen. (Zur Feststellung der Bodenarten und des Grundwasserstandes.)

In Sand, Kies, Mergel und ähnlichen Bodenarten kosten (einschließlich aller Unkosten, ausgedrückt in Lohnstunden) Bohrungen

bis 10 m Tiefe . . .	*8 St.*/1 lfd. m	Bohrloch
10 bis 20 m Tiefe . .	*10 St.*/1 lfd. m	„
20 bis 30 m Tiefe . .	*15 St.*/1 lfd. m	„

also mit St. = 1,60 DM.

bis 10 m Tiefe . . .	*13,— DM./1 m*	Bohrloch
10 bis 20 m Tiefe . .	*16,— DM./1 m*	„
20 bis 30 m Tiefe . .	*24,— DM./1 m*	„

Dazu kommen die Kosten für *Antransport, Rücktransport und Rücken des Bohrgerätes* von Bohrstelle zu Bohrstelle. Man kann rechnen außer den Transportkosten die Zeit des Transports für eine Bohrkolonne von 1 Bohrmeister und 2 bis 3 Hilfsarbeitern.

3. Bohrungen zur Anlage von Filterbrunnen für Trinkwasser oder zur Wasserversorgung von Baustellen mit Speisewasser siehe Abschnitt XXIII, Wasserversorgung.

B. Bauausführung.

Tiefbautechnische Einteilung der Bodenarten.

Die Bodenarten werden nach dem Grade der Schwierigkeit ihrer Gewinnung, ihrer Kohäsion und nach dem Widerstand, den sie der Lösung entgegenstellen, in 7 bzw. 9 Klassen eingeteilt.

Klasse 1. Bodenarten ohne Zusammenhang oder solche mit einem sehr geringen Zusammenhang wie loser Sand, Ackererde, Gartenerde, Mutterboden, feiner Kies ohne Bindemittel.

Lösegerät. Schaufel, Spaten.

Die Leistung eines Arbeiters[1] ist etwa 1 bis 1,5 m^3, im Durchschnitt 1,2 m^3 in der Stunde. (Lösen und Laden in Förderwagen.)

Ladekoeffizient $q = 1{,}1$. Das ist der Raum, den 1 m^3 Boden in dem Fördergefäß einnimmt.

Auflockerung. Anfänglich 10 bis 15%, bleibend 1 bis 2%. Spezifisches Gewicht von 1 m^3 Boden $\gamma = 1500$ bis 1600 kg.

Klasse 2. Bodenarten mit geringem Zusammenhang und weichem Gefüge, die noch mit dem Spaten gestochen werden können. Sandiger Lehm, leichter Ton, grober Sand, feuchter Sand, Torfmoor, feiner Kies mit Bindemittel.

Lösegerät. Schaufel und Spaten, schlesische Schaufel.

Ladekoeffizient $q = 1{,}2$.

Die Leistung eines Arbeiters[1] ist etwa 0,8 bis 1,2 m^3, im Durchschnitt 1,0 m^3 in der Stunde. (Lösen und Laden in Fördergefäße.)

Auflockerung. Anfänglich 15 bis 20%, bleibend 1 bis 2%.

Diese Bodenart gehört zum mittelschweren Stichboden. $\gamma =$ etwa 1600 kg.

Klasse 3. Bodenarten mit stärkerem Zusammenhang. Steiniger Sand, sandiger Lehm.

Lösegerät. Breithacke, Kreuzhacke, außerdem Geräte wie Klasse 2.

Die Leistung eines Arbeiters[1] für Lösen allein ist etwa 1,2 bis 1,5 m^3, im Durchschnitt 1,3 m^3 in der Stunde.

---

[1] Angegeben sind die Leistungen geübter deutscher Tiefbauarbeiter.

Ladekoeffizient $q = 1{,}2$.

Auflockerung. Anfänglich 20 bis 25%, bleibend 2 bis 4%.

Diese Bodenart gehört zu den schweren Stichböden. $\gamma = 1650$ bis 1750 kg.

Klasse 4. Feste Bodenarten wie grobsteiniger Boden, grober loser Kies, kleines loses Gerölle.

Lösegerät. Wie Klasse 3 und Hand.

Die Leistung eines Arbeiters[1] ist etwa 0,8 bis 1,2 m^3 für Lösen allein, im Durchschnitt 1,0 m^3 in der Stunde.

Ladekoeffizient $q = 1{,}2$.

Auflockerung. Anfänglich 20 bis 25%, bleibend 2 bis 4%.

Diese Bodenart gehört zu den schweren Stichböden. $\gamma = 1700$ bis 1800 kg.

Klasse 5. Bodenarten mit zähem Gefüge und starkem Zusammenhang, jedoch mit geringem Härtegrad. Schwerer Lehm und Ton, Letten, Mergel, grober Kies, steiniger Boden, loses Gerölle. Diese Bodenarten müssen erst besonders aufgelockert werden, ehe sie mit der Schaufel gefaßt werden können.

Lösegerät. Spitzhacke, Kreuzhacke, Keile, Schlägel und Brechstangen.

Die Leistung eines Arbeiters[1] ist etwa 0,75 bis 0,9 m^3 für Lösen allein, im Durchschnitt 0,85 m^3 in der Stunde.

Ladekoeffizient $q = 1{,}25$.

Auflockerung. Anfänglich 25 bis 30%, bleibend 4 bis 6%.

Diese Bodenart wird zum leichten, milden Hackboden gerechnet. $\gamma = 1800$ bis 1900 kg.

Klasse 6. Bodenarten, die den Übergang zum Felsen bilden. Festes Gerölle, verwitterter Felsen, Trümmergesteine, weichere Sandsteine, zerklüfteter Kalkstein, kleinbrüchiger Schiefer.

Lösegerät. Spitzhacke, Keilhaue, Treibekeile, Brechstangen, auch Bohrungen mit Sprengmitteln.

Die Leistung eines Arbeiters[1] ist etwa 0,4 bis 0,6 m^3 für Lösen, im Durchschnitt 0,50 m^3 in der Stunde.

Ladekoeffizient $q = 1{,}35$.

Auflockerung. Anfänglich 30 bis 45%, bleibend 6 bis 7%.

Diese Bodenart gehört zum schweren Hackboden. $\gamma =$ etwa 2000 kg.

Klasse 7. Gesteine in Bänken von nicht zu großer Mächtigkeit und Festigkeit, bei denen die einzelnen Lager noch mit Spitzhacke, Brecheisen und Keilen gelöst werden können. Brüchiger Schiefer, klüftiger weicher Sandstein, Kalkstein, Kreide.

---

[1] Angegeben sind die Leistungen geübter deutscher Tiefbauarbeiter.

Lösegerät. Spitzhacke, Keilhaue, Treibekeile, Brechstangen, Bohrungen mit Sprengmitteln.

Die Leistung eines[1] Arbeiters ist etwa 0,22 bis 0,30 m³, im Durchschnitt 0,25 m³ in der Stunde für Lösen allein.

Ladekoeffizient $q = 1{,}40$.

Auflockerung. Anfänglich 40 bis 50%, bleibend 8 bis 15%.

Diese Bodenart gehört zum milden Hackfelsen. $\gamma = 2200$ bis 2400 kg.

Klasse 8. Felsen in geschlossenen Bänken, harte Sand- und Kalksteine, die mit Pulver oder Dynamit gesprengt werden müssen.

Lösegerät. Brechstangen, Bohrungen und Sprengmittel.

Die Leistung eines Arbeiters[1] ist etwa 0,15 bis 0,20 m³, im Durchschnitt 0,17 m³ in der Stunde.

Ladekoeffizient $q = 1{,}4$ bis 1,5.

Auflockerung. Anfänglich 40 bis 50%, bleibend 8 bis 15%.

Diese Bodenart gehört zum festen Gebirge. $\gamma = 2500$ bis 2600 kg.

Klasse 9. Feste, schwer schießbare Gesteine, harter Felsen, Gneis, Granit, Quarz, Syenit, Porphyr.

Lösegerät. Bohrungen bzw. Bohrmaschinen und Sprengmittel.

Die Leistung eines Arbeiters[1] ist etwa 0,10 bis 0,16 m³, im Durchschnitt 0,13 m³ in der Stunde.

Auflockerung und Ladekoeffizient wie Klasse 8.

$\gamma =$ etwa 2800 kg.

1. Lösen und Laden des Bodens[1] (Einschnittsmaße).

St. = Stundenlohn des Erdarbeiters.

Klasse 1.

1 m³ Boden zu lösen und zu laden kostet . . . . . . 0,6 St.

Klasse 2.

1 m³ Boden zu lösen und zu laden kostet . . . . . . 0,9 St.

Klasse 3.

1 m³ Boden zu lösen kostet 0,75 St.
1 m³ Boden zu laden kostet 0,45 St.
Vorhalten und Unterhalten (Abnutzung u. Abschreibung) der Geräte und Werkzeuge, schärfen, neue Stiele usw. für 1 m³ gewachsenen Boden . . . 0,10 St.

Klasse 4.

1 m³ Boden zu lösen kostet 1,00 St.
1 m³ Boden zu laden kostet 0,50 St.
Vorhalten und Unterhalten der Werkzeuge für 1 m³ Boden. . . . . 0,15 St.

Klasse 5.

1 m³ Boden zu lösen kostet 1,20 St.
1 m³ Boden zu laden kostet 0,55 St.
Vorhalten und Unterhalten der Werkzeuge für 1 m³ Boden. . . . . 0,15 St.

---

[1] Vorausgesetzt sind normale Leistungen geübter Tiefbauarbeiter.

Klasse 6.

1 m³ Boden zu lösen kostet 2,00 St.

1 m³ Boden zu laden kostet 0,80 St.

Vorhalten und Unterhalten der Geräte für 1 m³ Boden 0,20 St.

Für Sprengmittel u. Nebenmaterialien je 1 m³ Boden 0,15 kg Sprengstoff.

Sprengfels.

Klasse 7.

1 m³ Boden zu lösen kostet bis . . . . . 1,5 Sts. + 0,40 St.

1 m³ Boden zu laden kostet 0,80 St.

Vorhalten und Unterhalten der Geräte für 1 m³ Boden 0,50 St.

Für Sprengmittel u. Nebenmaterialien je 1 m³ Boden 0,4 kg Sprengstoff.

Klasse 8.

Sehr festes Sprenggestein 1 m³ zu lösen kostet 3,0 Sts. + 4,00 St.

1 m³ Boden zu laden . . . 1,00 St.

Vorhalten und Unterhalten der Geräte . . . . . . 0,80 St.

Für Sprengmittel u. Nebenmaterialien je 1 m³ Boden 0,6 kg Sprengstoff.

Klasse 9.

Höchst festes Gestein 1 m³ zu lösen . . . 5,0 Sts. + 5,00 St.

1 m³ zu laden . . . . . . 1,00 St.

Vorhalten und Unterhalten der Geräte. . . . . . . 1,00 St.

Sprengmittel und Nebenmaterialien für 1 m³ Boden 1,5 kg Sprengstoff.

Ausheben im sumpfigen Boden (Schlamm).

Wenn die Trockenlegung nicht durch Herstellung von Abzugsgräben geschehen kann, *erhöhen sich die Kosten für die Bodengewinnung* bei den *Klassen 1 bis 4 um 40 bis 50%*.

Statt dessen wird vielfach auch für 1 m³ Boden ein Zuschlag von 0,5 St. gewählt.

Wenn der Aushub auf mehr als 1 m Tiefe ins *Grundwasser* zu liegen kommt, ist eine ,,*Wasserhaltung*'' erforderlich, welche bei kleinen Baugruben mit einer Diaphragmapumpe bewältigt wird.

Bemerkung zu Boden Klasse 7 bis 9. Nähere Kostenangaben über Bohrungen und Sprengungen siehe unter *Abschnitt IV*, *,,Bohr- und Sprengarbeiten''*, S. 87f.

2. *Bodenaushub aus Baugruben und Fundamentgräben.*

St. = Stundenlohn des Erdarbeiters.

Sts. = Stundenlohn des Steinarbeiters.

Aushub des Bodens aus engen Baugruben und aus Fundamentgräben von Hand einschl. Herausschaffen des Bodens.

Dazu kommen bei Kalkulationen in der Praxis stets folgende Leistungen:

a) Aussteifung der Baugrube nach S. 86 und Abschnitt IX, ,,Gründung und Untergrundentwässerung'', S. 156ff.

b) Laden des herausgeschafften Bodens nach Nr. 1.

c) Förder- und Kippkosten nach Abschnitt X, ,,Förderkosten'', S. 166ff. bzw. Abschnitt XI, ,,Neuzeitliche Fördermittel'', S. 175ff.

d) Wiedereinfüllung der Baugrube (Hinterfüllen).

Aushub aus Baugruben[1].

a) Ohne Maschinen.

Klasse 1.

1 m³ Boden ausheben und herausschaffen kostet
bis zu 2 m Tiefe ohne Absteifung . . . . 1,0 St.
bei 2 bis 4 m Tiefe ohne Absteifung . . . . 1,8 St.
bei 4 bis 6 m Tiefe . . . 2,6 St.

Klasse 2.

1 m³ Boden ausheben und herausschaffen kostet
bis zu 2 m Tiefe ohne Absteifen . . . . 1,3 St.
bei 2 bis 4 m Tiefe ohne Absteifen . . . . 2,0 St.
bei 4 bis 6 m Tiefe . . . 3,0 St.

Klasse 3.

1 m³ Boden ausheben und herausschaffen kostet
bis zu 2 m Tiefe ohne Absteifen . . . . 1,6 St.
bei 2 bis 4 m Tiefe ohne Absteifen . . . . 2,4 St.
bei 4 bis 6 m Tiefe ohne Absteifen . . . . 3,2 St.

Klasse 4.

1 m³ Boden ausheben und herausschaffen kostet
bis zu 2 m Tiefe ohne Absteifen . . . . 2,0 St.
bei 2 bis 4 m Tiefe ohne Absteifen . . . . 2,8 St.
bei 4 bis 6 m Tiefe ohne Absteifen . . . . 3,6 St.

Klasse 5.

1 m³ Boden ausheben und herausschaffen kostet
bis zu 2 m Tiefe ohne Absteifen . . . . 2,8 St.
bei 2 bis 4 m Tiefe ohne Absteifen . . . . 4,0 St.
bei 4 bis 6 m Tiefe ohne Absteifen . . . . 5,0 St.

Klasse 6.

1 m³ Boden ausheben und herausschaffen kostet
bis zu 2 m Tiefe ohne Absteifen . . . . . 4,0—4,5 St.
bei 2 bis 4 m Tiefe ohne Absteifen . . 4,8—5,5 St.
bei 4 bis 6 m Tiefe ohne Absteifen . . 5,8—6,5 St.

Klasse 7.

1 m³ Boden ausheben und herausschaffen kostet
bis 2 m Tiefe . 2,0 Sts. + 4,0 St.
bei 2 bis 4 m Tiefe . . . . 2,0 Sts. + 5,0 St.
bei 4 bis 6 m Tiefe . . . . 2,0 Sts. + 6,0 St.

Klasse 8.

1 m³ Boden ausheben und herausschaffen kostet
bis 2 m Tiefe ohne Absteifen . . . . . 3,0 Sts. + 5,0 St.
bei 2 bis 4 m Tiefe . . . . 3,2 Sts. + 6,5 St.
bei 4 bis 6 m Tiefe . . . . 3,5 Sts. + 8,5 St.

Klasse 9.

1 m³ Boden ausheben und herausschaffen kostet
bis 2 m Tiefe ohne Absteifen . . . . . 5,0 Sts. + 6,0 St.
bei 2 bis 4 m Tiefe . . . . 5,5 Sts. + 8,0 St.
bei 4 bis 6 m Tiefe . . . . 6,0 Sts. + 10,0 St.

Vorhalten und Unterhalten der Werkzeuge sowie Sprengstoffverbrauch für Klasse 7 bis 9 wie unter 1. Lösen und Laden des Bodens. S. 74.

---

[1] Vorausgesetzt sind gute Leistungen *geübter Tiefbauarbeiter*. In *Baugruben mit Wasserhaltung* empfiehlt sich *ein Erschwerniszuschlag von etwa 30 v.H.*, ebenso in weiten Baugruben, sofern kein Kran zur Verfügung steht.

Schlammboden.

1 m³ Boden ausheben und herausschaffen kostet

	mit Schaufeln	mit Eimern
bis 2 m Tiefe ohne Absteifen	2,0 St.	2,8 St.
bei 2 bis 4 m Tiefe ohne Absteifen .	2,8 St.	3,5 St.
bei 4 bis 6 m Tiefe ohne Absteifen .	3,8 St.	4,2 St.

b) Mit Maschinen.

Bei *Baugrubenaushub mit großen Massen* und Tiefen von mindestens 2 bis 3 m bedient man sich zweckmäßig entsprechender *Maschinen* zum Heben des Materials. Es kommen in Frage:

a) Schrägaufzug der Loren mit Windenantrieb;

b) Schrägaufzug mit Förderkübel und Entleerung in oberhalb der Baugrube stehende Fördergefäße;

c) Schwenkmast oder Derrickkran zum Hochziehen der Fördergefäße aus der Baugrube;

d) Dieseldrehkran oder elektrischer Drehkran mit Krankübeln;

e) Greifbagger;

f) Förderbänder.

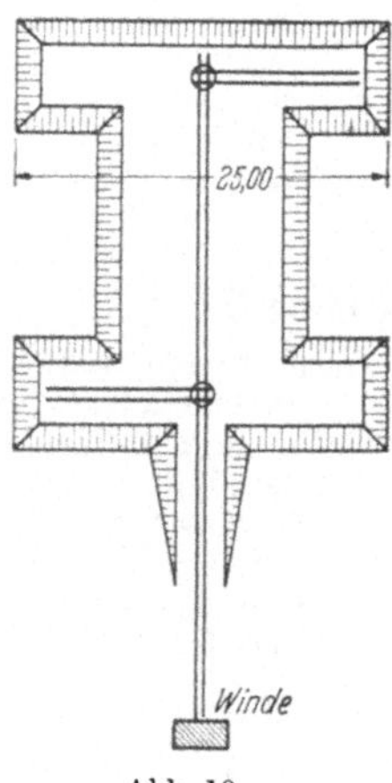

Abb. 10.

Ob und welche Hilfsmittel im einzelnen Falle in Frage kommen, ist jeweils durch eine *Wirtschaftlichkeitsberechnung* festzustellen, bei der die Belegschaft und der Betriebsstoffverbrauch nach der Erfahrung eingesetzt werden. Bei der Besetzung des Ladeschachts ist vor allem darauf zu achten, welche Förderleistung im Maximum bei der gewählten Anlage möglich ist. Das kann nur auf Grund von Erfahrungen bestimmt werden.

Beispiele für maschinellen Baugrubenaushub.

Beispiel 2. Aus einer Baugrube (s. Abb. 10) mit einer mittleren *Aushubtiefe von 6—7 m* werden etwa 3000 m³ Boden (Material: Keuperauffüllung mit lettigen Beimengungen, nur mit Pickel zu lösen) aus den unteren Teilen der Baugrube mit *1 Winde* (Antriebsmotor 8,4 kW, 1 Drahtseil 50 m lang) hochgezogen in 3 Loren von ³/₄ m³ Inhalt und in eine benachbarte Mulde verkippt. Die Selbstkosten sind zu ermitteln bei einem mittleren Stundenlohn von 2,— DM. und einem Strompreis von 0,30 DM./kWh.

Lösung. Die *Belegschaft* setzt sich wie folgt zusammen: 1 Schachtmeister, *Ladeschacht:* 11 Mann, *Winde:* 1 Maschinist, *Kippe* und Planierungsarbeiten: 3 Mann, für *allgemeine Arbeiten:* 1 Mann. *Leistung* in 8 h: 57 Loren zu 0,6 m³ = *34 m³*.

Somit je 1 m³ $\frac{17 \cdot 8}{34} = \mathit{4{,}0}\ \mathrm{St_{mi}/1\ m^3}$.

Diese zerfallen in: Lösen und Laden (einschl. Gleise umlegen) . . 3,0 St_{mi}
Bedienung der Winde und Kippe . . . . 1,0 St_{mi}

4,0 St_{mi}

Dazu Einrichtungslöhne 600/3000 . . . . 0,2 St_{mi}

4,2 St_{mi}

Zur Ermittlung des *Stromverbrauches* dient die Beobachtung, daß das Aufziehen von 2 Wagen = 1,2 m³ 2,5 min dauert. Es entfallen somit auf 1 m³ $\frac{8,4 \cdot 2,5}{60 \cdot 1,2}$ = 0,3 kWh. Gerechnet wird vorsichtshalber mit *0,4 kWh.*

Zusammenstellung der Kosten je 1 m³.

a) Löhne: 4,2 St_{mi} zu 2,— DM. . . . . 8,40 DM.
b) Betriebsstoffe: 0,4 kWh zu 0,30 DM. . . . . 0,12 „
Öle und Schmiermittel . . . . 0,03 „
c) Gerätekosten: je 1 m³ (geschätzt) . . . . 0,45 „
d) Sozialaufwand, Bauleitung und Geschäftskosten: 60% von 8,40 DM. / 10% „ 0,60 „ } . 5,10 „

Selbstkosten (ohne Gewinn, Wagnis und Umsatzsteuer) . . . . 14,10 DM./1 m³

Bemerkung. Bei kleineren und beengten Baugruben ist ein entsprechender Zuschlag zu machen! Baggereinsatz würde sich hier lohnen.

Beispiel 3. Schrägaufzug. Es soll die Ersparnis festgestellt werden, welche beim Aushub einer Baugrube von 20 m Länge, 12 m Breite und 5 m Tiefe erzielt wird bei Verwendung eines Baugrubenaufzugs mit Aufzugskübel von 0,75 m³ Füllung gegenüber dem Aushub durch Hochpritschen des Materials. Der Baugrubenaufzug habe ein Gesamtgewicht von etwa 3500 kg (einschl. Motor und Winde) und koste 6000,— DM. Als Antrieb diene ein Dieselmotor. Der mittlere Stundenlohn sei 2,— DM.

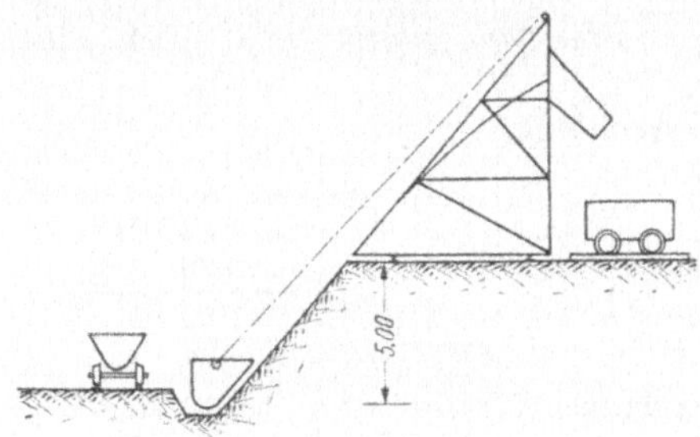

Abb. 11. Schrägaufzug.

Lösung. Da die Kosten des Lösens in beiden Fällen dieselben sind, werden nur die Förderkosten zum Vergleich gestellt:

a) Fördern des Materials durch Hochpritschen. Man kann mit folgender Belegschaft rechnen:

Aufsicht: 1 Schachtmeister . . . . 1 Mann
4 Mann für Beifahren des Bodens. . . . . 4 Mann
Je 2 Mann unten, auf jeder Pritsche und oben zum Einwerfen in Förderwagen oder Fuhrwerke. 8 Mann

Gesamtbelegschaft 13 Mann

Gefördert werden in 10 h bei dieser Besetzung 40 bis 50 m³, im Mittel 45 m³. Somit Lohnkosten $\frac{13 \cdot 10}{45} = 2,89$ St_{mi}.

Diese Förderkosten fallen an für die untersten Schichten des Aushubs, während man für die obersten Schichten mit 1,0 St_{mi} rechnen kann. Die Kosten betragen demnach im Mittel je 1 m³ $\frac{1,0 + 2,89}{2} = 1,95$ St_{mi} zu 2,— DM. = 3,90 DM. Dazu kommen für Sozialaufwand, Bauleitung und Geschäftskosten 60% von 3,90 DM. = 2,40 DM./1 m³. Gesamtkosten *6,30 DM./1 m³.*

b) Fördern mit Schrägaufzug in den untersten Schichten: Die Maschine leiste etwa 14 Förderspiele stündlich zu je 0,5 m³ feste Masse, das ist etwa 7,0 m³ je 1 h.

Die Belegschaft kann wie folgt angenommen werden:

Aufsicht (1 Schachtmeister)	1 Mann
Beifahren des Materials zum Aufzugskübel	4 ,,
Bedienung des Aufzugs	1 ,,
Lösen des an der Rutsche haftenden Materials	1 ,,
Reinigen des Aufzugsschachtes und verschiedene Arbeiten	1 ,,
Gesamtbelegschaft	8 Mann

Somit betragen die *Lohnkosten* $\frac{8 \cdot 1}{7} = 1{,}14$ St_{mi} zu 2,— DM. = 2,28 DM. + 60% für Sozialaufwand, Bauleitung und Geschäftskosten = 1,37 DM. Zusammen *3,65 DM./1 m³*. Dazu kommen noch die Gerätekosten und Betriebsstoffkosten, welche etwa wie folgt ermittelt werden können:

Gerätekosten. 1. Abschreibung, Verzinsung und Kosten der Geräteunterhaltung. Die Monatsmiete betrage 1,3 v. H., die Geräteunterhaltung (Lohn + Material) 0,8 × 1,3 = 1,0 v. H., somit Gerätekosten insgesamt monatlich 2,3 v. H. von 6000,— DM. = 138,— DM. Angenommen werden 3 Monate zu 138,— DM. = 414,— DM. oder bei 1200 m³ Gesamtleistung je 1 m³

$$\frac{414}{1200} = 0{,}35\ DM./1\ m^3.$$

2. An- und Rückfuhr etwa 3,5 t zu 40,— DM. = 140,— DM., welche sich auf einen Gesamtaushub von etwa 1200 m³ verteilen; dazu kommt der Auf- und Abbau des Schrägaufzugs: 200 × 3,2 = 640,— DM. Somit 780 : 1200 =*0,65 DM./1 m³*.

1. + 2. *Gerätekosten* 0,35 + 0,65 = *1,— DM/1 m³*.

Bei elektrischem Antrieb zusätzlich an *Einrichtungskosten* 1000,— DM. oder 1000/1200 = *0,80 DM.*

Betriebsstoffverbrauch.

Dieselantrieb 15 PS. Verbrauch an Treiböl 15 · 0,18 = 2,5 kg/1 h

2,5 kg Treiböl zu je 0,53 DM.	1,32 DM.
Putz- und Schmiermittel 0,18 kg zu 1,55 DM.	0,28 ,,
Betriebsstoffe je 1 Betriebsstunde	1,60 DM.

oder *je 1 m³* 1,60 : 7 = *0,23 DM.*

Elektrischer Antrieb. 10 PS Stromverbrauch 0,7 · 10 = 7 kWh/1 h oder

7 kWh : 7 = 1 kWh	0,30 DM.
Putz- und Schmiermittel	0,05 ,,
je 1 m³	*0,35 DM.*

Die *Gesamtkosten* (Selbstkosten) des Aushubs in den unteren Schichten betragen demnach:

Bei *Dieselantrieb* 3,65 + 1,00 + 0,23 = *4,88 DM./1 m³*.

Bei *elektrischem Antrieb* 3,65 + 1,00 + 0,80 + 0,35 = *5,80 DM./1 m³*.

In den oberen Schichten kostet die Materialförderung 1,0 St. zu 2,— DM. = 2,— DM. + 60% für Sozialaufwand und Geschäftskosten = 3,20 DM.

Die mittleren Förderkosten mit Schrägaufzug (Selbstkosten) betragen daher

$$\frac{3{,}20 + 4{,}88}{2} = 4{,}04\ DM./m^3.$$

Die *Ersparnis an Selbstkosten* beträgt demnach: 6,30 — 4,04 = *2,26 DM.* oder für 1200 m³: 1200 · 2,26 = *2700,— DM.*

Bemerkung. Zur Ermittlung der *gesamten Selbstkosten je 1 m³ Baugrubenaushub* müssen die Kosten für Lösen und Laden im Schacht sowie Transport und Kippe des mit dem Aufzugskübel hochgeförderten Bodens berücksichtigt werden, also z. B. *für Boden Klasse 1* (Sand):

Im Ladeschacht	5 Mann
Transport, Kippe und allgemeine Arbeiten	4 ,,
Im Mittel	9 Mann

Somit 9/7 = 1,3 St. zu 2,— DM. . . . . 2,60 DM.
+ 60% für Zuschläge[1] . . . . 1,56 „

4,16 DM.

Also *Selbstkosten*[2] *je 1 m³* 4,04 + 4,16 = *8,20 DM.*

Bei der Ermittlung des Angebotspreises ist vor allem die *Zwischenlagerung der Hinterfüllungsmassen* und das Einstampfen dieser Massen zu beachten.

Wasserhaltung ist, wenn erforderlich, getrennt zu ermitteln.

Das Beispiel zeigt, daß eine Baugrube diesen Umfanges wirtschaftlicher mit einem kleinen Greif- oder Löffelbagger ausgehoben wird. Für den Abtransport verwendet man zweckmäßig LKWs.

Beispiel 4. *Baugrubenaushub mit Dieseldrehkran.* Ein Tunnel soll im offenen Tagebau in einzelnen Zonen von 6 × 8-m-Schächten und 8 bis 10 m Tiefe ausgeführt werden, da ein offener Einschnitt wegen der im Untergrund befindlichen Gleitflächen nicht riskiert werden kann (Rutschgefahr!). Es soll immer nur in 2 Zonen ausgehoben und in 2 anderen Zonen betoniert werden. Der Boden (insgesamt 10000 m³) ist sehr schwerer Tonboden und Kalkstein, der teils sogar gesprengt werden muß. Zum Aushub über 2 m Tiefe wird ein Dieseldrehkran 10 PS von 12,0 t Gewicht und 36000,— DM. Neuwert verwendet (siehe Abb. 12). Mittlerer Stundenlohn

$$\frac{1{,}60 + 2{,}00}{2} = 1{,}80\ DM.$$

Angenommene Materialpreise:

Dieselöl 0,53 DM./1 kg, Schnittholz 200,— DM./1 m³, Rundholz 110,— DM./1 m³.

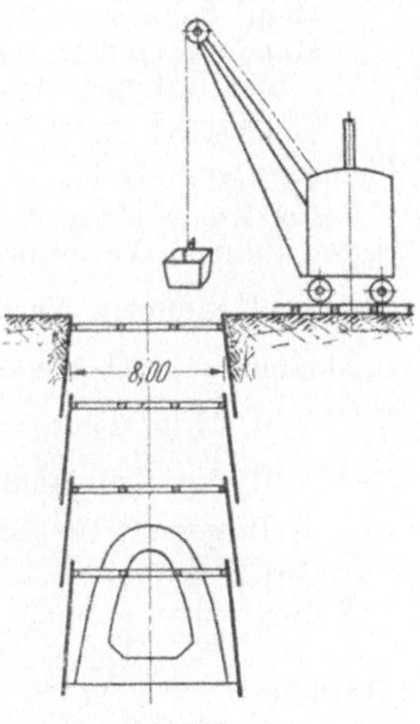

Abb. 12.
Baugrubenaushub mit Drehkran.

Nachkalkulation für 1 m³ Baugrubenaushub.

1. Löhne (ohne Ausschalen und Hinterfüllen!). Belegschaft: Schacht und Kippe 1 Schachtmeister, 13 Tiefbauarbeiter, 2 Einschaler, 1 Kranführer, 1 Lokführer. Für Gleisunterhaltung, allgemeine Arbeiten (Wasserversorgung, Schmiede usw.) 1 Schmied, 2 Mann. Insgesamt 21 Mann.

Leistung in 8 h bei Kranaushub ab 2 m Tiefe durchschnittlich 30 m³.

Lohnaufwand je 1 m³ Aushub $\frac{21 \cdot 8{,}5}{30}$ . . . . 6,0 Lohnstunden

Für Einrichtungsarbeiten und Baustellenräumung . . . 1,0 „

Insgesamt *Löhne je 1 m³ Baugrubenaushub* . . . . . . *7,0 Lohnstunden*
(zur Hälfte Facharbeiter und Tiefbauarbeiter).

Reine Lohnkosten je 1 m³ 7,0 St_{mi} zu 1,80 DM. = *12,60 DM.*

2. Betriebsstoffe.

Dieselöl: 1 Dieseldrehkran 10 PS, 9 h: 10 · 9 · 0,2 . . . 18 kg
1 Lokomotive (Transport) 30 PS . . . . 27 „
Schmiede, Wasserversorgung . . . . 5 „

50 kg

je 1 m³ 50 : 30 = *1,7 kg Dieselöl.*

Da etwa ¼ des Aushubs ohne Drehkran ausgeführt wird, kann man rechnen: 110 m³ Aushub ohne Dampfdrehkran 0 kg Dieselöl, 330 m³ Aushub mit Drehkran zu 1,7 kg = 560 kg Dieselöl, somit 560 : 440 = *1,3 kg Diesel/1 m³ Aushub.*

An *Putz- und Schmiermitteln: 0,2 kg Maschinenöl.*

Sprengstoffe: 0,3 kg je 1 m³ Aushub.

[1] Zuschläge auf Lohn für Sozialaufwand, Bauleitung und Geschäftskosten.
[2] Ohne Gewinn, Wagnis und Umsatzsteuer.

Kosten der *Betriebsstoffe je 1 m³:*

1,7 kg Diesel zu 0,53 DM.	0,90 DM.
0,2 kg Putz- und Schmiermittel zu 1,50 DM.	0,30 „
0,3 kg Sprengstoff zu 3,0 DM.	0,90 „
Betriebsstoffkosten je 1 m³ Aushub	*2,10 DM.*

3. Bauhilfsstoffkosten für Baugrubenaussteifung (s. auch Abschnitt IX, S. 161 f.). *Je 1 lfd. m Schacht* = 48 m³ Aushub:

32 m² Schachtbohlen 6 cm stark	1,9 m³
Rundholz und zweiseitig beschnittenes Rundholz für Sprieße und Rahmen (4% vom „verbauten Raum")	1,9 „
Holzbedarf (7,5% des verbauten Raums)	3,8 m³.

Kleineisenzeug: 25 kg.

Holzverbrauch (5malige Verwendung): 0,8 m³ je lfd. m Schacht (1,5% des verbauten Raums). Verbrauch je 1 m³ Aushub 0,8/48 = *0,017 m³ Holz* (½ Schnittholz, ½ Rundholz). Verbrauch je 1 m³ Aushub $\frac{25}{5 \cdot 48}$ = *0,1 kg Kleineisenzeug* (Bauklammern). Kosten der *Bauhilfsstoffe je 1 m³ Aushub:*

0,017 m³ Holz zu $\frac{110 + 200}{2}$	2,65 DM.
0,1 kg Bauklammern zu 1,— DM.	0,10 „
Insgesamt für Bauhilfsstoffe je 1 m³ Aushub	*2,75 DM.*[1]

4. Gerätekosten.

a) Geräteabschreibung, Verzinsung und Geräteunterhaltung 25% im Jahr.

	Gewicht	Neuwert	Gerätekosten
1 Drehkran	12,0 t	36000,— DM.	25% von 36000,— = 9000,— DM.

Somit bei 200 Betriebstagen im Jahr 9000/200 = 45,0 DM./1 Tag oder 45/30 = 1,50 DM./1 m³ Baugrubenaushub.

b) Einmalige Kosten für An- und Rücktransport des Kranes, Aufbau und Wiederabbau des Gerätes:

Die Frachtkosten sollen 50,— DM./t, also 12 · 50 =	600,— DM. betragen.
Für 4maliges Auf- und Abladen	300,— „
Für Auf- und Abbau sowie Transport des Kranes 200 $St_{masch.}$ zu 3,50 DM.[2]	700,— „
Somit 1malige Gerätekosten	*1600,— DM.*

oder bei einer Gesamtleistung von 10000 m³ Aushub
je 1 m³ Aushub 1600/10000 = *0,16 DM.*

Gerätekosten a) + b) je 1 m³ Aushub rd. *1,65 DM.*

5. Zusammenstellung des Angebotspreises.

	L DM.	M DM.	
Löhne	12,60		
Betriebsstoffe		2,10	
Bauhilfsstoffe		2,75	
Gerätekosten		1,65	
	12,60	6,50	
Zuschläge 60% von L	7,60		
10% von M		0,65	
Selbstkosten	20,20 +	7,15 =	27,35 DM.
+ 10% für Gewinn, Wagnis und Umsatzsteuer			2,65 „
Angebotspreis je 1 m³			*30,— DM.*

Über *Baugrubenaushub mit Greifbaggern* siehe Abschnitt VIII, Baggerarbeiten, S. 127ff.

[1] Dazu kommen noch die Kosten für An- und Rücktransport der Bauhilfsstoffe.

[2] Einschließlich aller Zuschläge, Auslösung usw.

3. *Grabarbeiten*[1] *in Rohrgräben für Wasserversorgungs- und Kanalisationszwecke.*

Bis zu 2 m wird der Boden gelöst und nach oben geworfen. Bei größeren Tiefen wird der ausgehobene Boden auf Zwischenbühnen aufgeworfen, um von da aus weiter befördert zu werden. Auf der Straße wird der Boden aufgeschaufelt und zur Seite geworfen, so daß etwa 50 cm Baugrubenrand freibleibt. In den angegebenen Preisen ist auch der Lohnstundenaufwand für den Schachtmeister enthalten. In den Gesamtkosten sind auch die Gerätekosten (Baubude, Nägel, Krampen usw.) zu erfassen.

Das Abfahren des übriggebliebenen Bodens muß *besonders in Rechnung gesetzt* werden.

Es sind hier *folgende Leistungen enthalten:*

Bodenaushub von Hand, Auf- und Zuwerfen, Zufüllen des Grabens, Werfen auf Zwischenbühnen und Weiterbeförderung (bei größeren Tiefen als 2 m).

Das *Absteifen der Baugrube* und *das Einstampfen des Bodens* sind *besonders zu veranschlagen.* Siehe auch Abschnitt XXII, „Kanalisationsarbeiten".

Bemerkung. Bei Aushubtiefen von 3 m ab wird man, statt den Boden hochzupritschen, zweckmäßig *Kanaldreifüße mit Aufzugskübeln* verwenden, die oben von 1 oder 2 Mann bedient werden, welche auch, soweit erforderlich, das Material zurückschaufeln. Dadurch entfällt das Bedienen der Pritschen.

Baugrubenbreite $B = 1{,}0$ bis 1,5 m.

Klasse 1.	Mit Hochpritschen	Mit Dreibock und Kübeln
1 m³ Bodenaushub bis 2 m Tiefe kostet[2]:		
ohne Absteifen	1,7 St.	—
mit Absteifen	2,5 St.	—
Bei Tiefen von 2 bis 4 m		
ohne Absteifen	2,8 St.	2,8 St.
mit Absteifen	3,8 St.	3,8 St.
Bei *Tiefen über 4 m*		
Zuschlag für Aushub von *1 m Mehrtiefe* . .	+ 0,4 St.	+ 0,1 St.
für Aussteifen von *1 m³* (= *1 m²*)	1,2 Stc.	1,2 Stc.
Klasse 2.		
1 m³ Bodenaushub bis 2 m Tiefe kostet:		
ohne Absteifen	2,2 St.	—
mit Absteifen	3,0 St.	—
Bei 2 bis 4 m Tiefe		
ohne Absteifen	3,2 St.	3,1 St.
mit Absteifen	4,0 St.	3,9 St.

[1] Von Hand ohne Maschinen.
[2] Vorausgesetzt sind gute Leistungen geübter Tiefbauarbeiter.

	Mit Hochpritschen	Mit Dreibock und Kübeln
Bei *Tiefen über 4 m*		
Zuschlag für Aushub von *1 m Mehrtiefe* . .	+ 0,5 St.	+ 0,1 St.
für Aussteifen von *1 m³* (= *1 m²*)	1,2 Stc.	1,2 Stc.

Klasse 3.

1 m³ Bodenaushub bis 2 m Tiefe kostet:		
ohne Absteifen	2,5 St.	—
mit Absteifen	3,4 St.	—
Bei 2 bis 4 m Tiefe		
ohne Absteifen	3,6 St.	3,5 St.
mit Absteifen	4,5 St.	4,4 St.
Bei *Tiefen über 4 m*		
Zuschlag für Aushub von *1 m Mehrtiefe* . .	+ 0,55 St.	+ 0,1 St.
für Aussteifen von *1 m³* (= *1 m²*)	1,2 Stc.	1,2 Stc.

Klasse 4.

1 m³ Bodenaushub bis 2 m Tiefe kostet:		
ohne Absteifen	2,8 St.	—
mit Absteifen	3,6 St.	—
Bei 2 bis 4 m Tiefe		
ohne Absteifen	3,8 St.	3,8 St.
mit Absteifen	4,8 St.	4,8 St.
Bei *Tiefen über 4 m*		
Zuschlag für Aushub von *1 m Mehrtiefe* . .	+ 0,6 St.	+ 0,1 St.
für Aussteifen von 1 m³ (= 1 m²)	1,2 Stc.	1,2 Stc.

Klasse 5.

1 m³ Bodenaushub bis 2 m Tiefe kostet:		
ohne Absteifen	3,5 St.	—
mit Absteifen	4,5 St.	—
Bei 2 bis 4 m Tiefe		
ohne Absteifen	4,3 St.	4,2 St.
mit Absteifen	5,7 St.	5,6 St.
Bei *Tiefen über 4 m*		
Zuschlag für Aushub von *1 m Mehrtiefe* .	+ 0,7 St.	+ 0,1 St.
für Aussteifen von 1 m³ (= 1 m²)	1,0 Stc.	1,0 Stc.

Klasse 6.

1 m³ Bodenaushub bis 2 m Tiefe kostet:		
ohne Absteifen	5,0 St.	—
mit Absteifen	6,0 St.	—
Bei 2 bis 4 m Tiefe		
ohne Absteifen	5,8 St.	5,5 St.
mit Absteifen	6,8 St.	6,5 St.
Bei *Tiefen über 4 m*		
Zuschlag für Aushub von *1 m Mehrtiefe* . .	+ 0,8 St.	+ 0,12 St.
für Aussteifen von 1 m³ (= 1 m²)	0,8 Stc.	0,8 Stc.

Klasse 7.

	Mit Hochpritschen	Mit Dreibock und Kübeln
1 m³ Bodenaushub bis 2 m Tiefe kostet	2,5 Sts. + 5 St.	—
bei 2 bis 4 m Tiefe . .	2,5 Sts. + 6 St.	2,5 Sts. + 5 St.
Bei *Tiefen über 4 m* Zuschlag für Aushub von *1 m Mehrtiefe* . . .	+ 0,2 Sts. + 1,1 St.	+ 0,2 Sts. + 0,15 St.

Klasse 8.

1 m³ Bodenaushub bis zu 2 m Tiefe kostet . .	4,0 Sts. + 6,0 St.	—
bei 2 bis 4 m Tiefe . .	4,5 Sts. + 8,5 St.	4,5 Sts. + 6,0 St.
Bei *Tiefen über 4 m* Zuschlag für 1 *m Mehrtiefe*	+ 0,2 Sts. + 1,3 St.	+ 0,2 Sts. + 0,2 St.

Klasse 9.

1 m³ Bodenaushub bis zu 2 m Tiefe kostet:		
ohne Sprengstoffe . . .	6,0 Sts. + 6,0 St.	—
bei 2 bis 4 m Tiefe . .	6,5 Sts. + 7,5 St.	6,5 Sts. + 6,0 St.
Bei *Tiefen über 4 m* Zuschlag für 1 *m Mehrtiefe*	+ 0,25 Sts. + 1,3 St.	+ 0,25 Sts. + 0,2 St.

1. Bemerkung. Bei größeren Tiefen und entsprechenden Massen lohnt sich die Benutzung von *Fördermaschinen*, z. B. kleine Raupengreifer oder Drehkrane, welche längs der Baugrube fahren und die Fördergefäße (Klappkübel) hochziehen und zur Entleerung bringen.

2. Bemerkung. In *Fließsand* und ähnlichem Boden wird ein gewöhnliches Absteifen (selbst bei Verwendung von Dichtungsmitteln wie Stroh, Lehm, Mist u. dgl.) nicht mehr ausreichen, und es erweist sich als notwendig, vor dem Aushub der Erdmassen Spundwände zu rammen (Kleindampframme). Näheres hierüber siehe unter „Rammarbeiten“, Abschnitt XIV.

4. Grabenaushub (von Hand) einschließlich Reinplanie für Straßen-, Eisenbahngräben u. dgl.[1].

Die beiden Seitenflächen sind unter 45° geneigt.

Es bedeutet: b = die obere Grabenbreite,
s = die Grabensohle,
t = die Grabentiefe,
F = der Grabenquerschnitt.

Für den Bodenaushub, das seitliche Werfen und Einplanieren des Bodens und das Einebnen der Seitenflächen sind die *reinen Lohnkosten für 1 m³ Aushub* nachstehend angegeben.

[1] Vorausgesetzt sind normale, d. h. gute Leistungen geübter Tiefbauarbeiter. Wo diese nicht vorhanden sind, ist jedenfalls Baggerarbeit vorzuziehen.

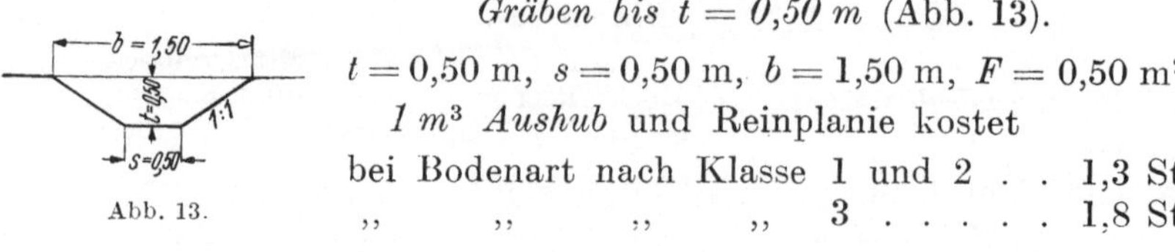

Abb. 13.

Gräben bis t = 0,50 m (Abb. 13).

$t = 0{,}50$ m, $s = 0{,}50$ m, $b = 1{,}50$ m, $F = 0{,}50$ m².

1 m³ Aushub und Reinplanie kostet

bei Bodenart nach Klasse 1 und 2 . . 1,3 St.

„ „ „ „ 3 . . . . . 1,8 St.

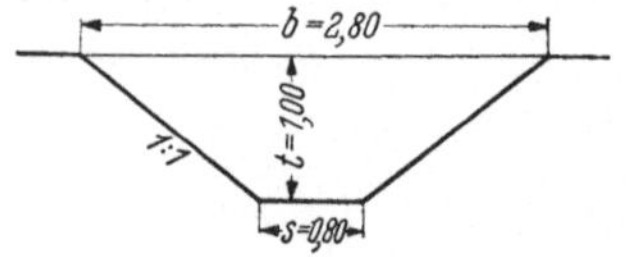

Abb. 14.

Gräben bis t = 1,00 m (Abb. 14).

$t = 1{,}00$ m, $s = 0{,}80$ m,

$b = 3{,}00$ m, $F = 1{,}80$ m².

1 m³ Aushub und Reinplanie kostet

bei Bodenart nach Klasse 1 und 2 . . 1,2 St.

„ „ „ „ 3 . . . . . 1,5 St.

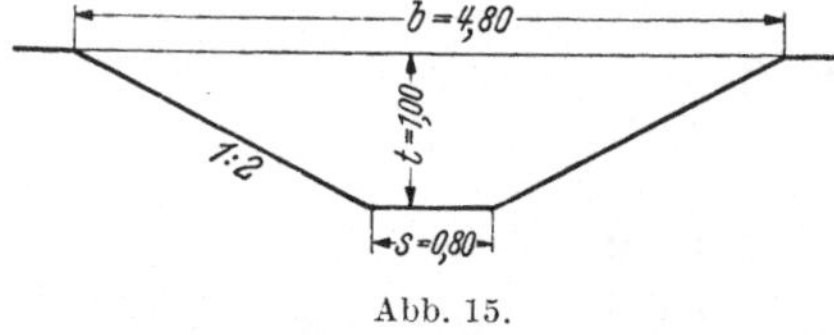

Abb. 15.

$t = 1{,}00$ m,

$s = 0{,}80$ m,

$b = 4{,}80$ m,

$F = 2{,}80$ m².

1 m³ Aushub und Reinplanie kostet (Abb. 15)

bei Bodenart nach Klasse 1 und 2 . . . . 1,5 St.

„ „ „ „ 3 . . . . 1,8 St.

1. Bemerkung. Wird der Boden nicht seitlich einplaniert, sondern auf Loren geladen und auf eine Kippe gefahren, so gelten — ausschließlich der Einrichtungskosten — auch obige Sätze. Die *Förderkosten* sind jedoch nach Abschnitt X, S. 166f., zuzuschlagen.

2. Bemerkung. Grabenaushub von Hand ist selbst für kleine Massen bei schweren Böden heute nicht mehr wirtschaftlich. Bei größeren Leistungen und auf Baustellen, wo an und für sich Großgeräte eingesetzt sind, wird man Gräben jeglicher Bodenart heute zweckmäßig *mit Baggern* ausheben, und zwar Bodenarten 1 bis 4 mit Greifbagger, Bodenarten 5 und 6 mit kleinen Löffelbaggern (s. Abschnitt VIII, „Baggerarbeiten", S. 127f.). Der Bagger kann allerdings *nur die Arbeit im Rohen* machen. Es sind noch etwa 1 Vorarbeiter und 2 bis 3 Mann für Reinplanie des Profils und Einebnen des seitlich ausgesetzten Bodens notwendig.

5. *Aussteifen von Rohrgräben, Sickerschächten, Baugruben u. dgl.*

Über *Aussteifen von Rohrgräben* für Wasserleitungs- und Kanalisationsarbeiten siehe Abschnitt XXII „*Kanalisationsarbeiten*".

Außer den Gerüstbohlen (4,5 cm stark) bzw. *Kanalbohlen* (6 cm stark) *für den waagerechten Verbau* werden an *Steifenhölzern* (Ø 13 bis 20 cm) und Brusthölzern je nach Bodenart, Baugrubenbreite, Baugrubentiefe und Druckverhältnissen im Untergrund, benötigt:

Holzbedarf an Steifenholz (ohne Kanalbohlen).

Schmale, wenig tiefe Baugruben, geringe Bodenpressungen etwa 2,0% des verbauten Raumes. Breite, tiefe Baugruben mit starken Drücken im Untergrund etwa 4,0% des verbauten Raumes.

Holzverbrauch $^1/_6$ bis $^1/_8$ des Holzbedarfs.

Aussteifen von Schachtungen und Baugruben.

Für tiefe Schachtungen wie z. B. für Sickerschächte (zur Entwässerung des Untergrunds) kommt nur eine Aussteifung wie nach Abb. 16 in Frage.

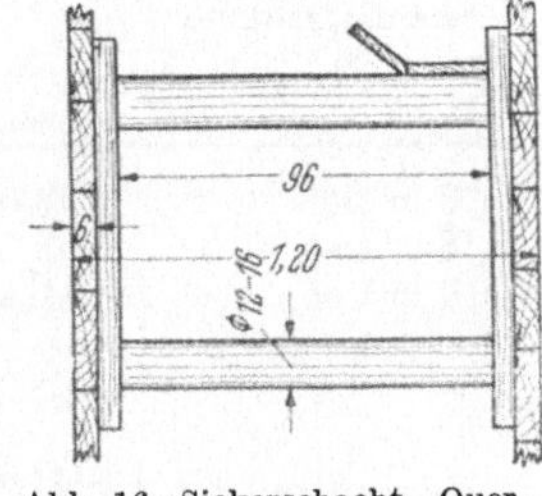

Abb. 16. Sickerschacht, Querschnitt der Baugrube.

Bei Baugruben hängt es von der Tiefe der Baugrube, den Grundwasserverhältnissen, Bodenart, Raumbeschränkung usw. ab, ob mit „offener Baugrube" oder einer „Umschließung der Baugrube", d. h. Aussteifen gearbeitet wird. Es empfiehlt sich bei Kalkulationen in jedem einzelnen Fall je nach den örtlichen Verhältnissen an *Hand einer Skizze* die Aussteifung zu kalkulieren.

a) Aussteifen mit waagerechten Bohlwänden (s. Abb. 17) bei mehr längsgestreckten Baugruben und nicht allzu starken Drücken. Es liegt eine vorwiegend zweiseitige Umschließung der Baugrube vor.

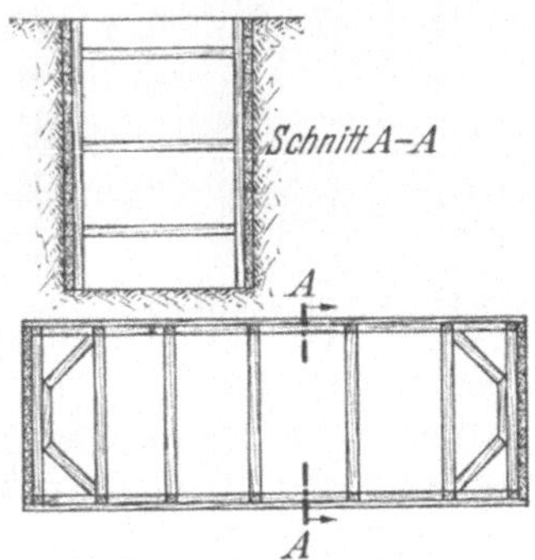

Abb. 17. Aussteifen mit waagerechten Bohlwänden.

Materialbedarf.

1. Der *Bedarf an Schachtbohlen* (6 cm stark) beträgt

0,06 m^3 je 1 m^2 Schachtwandfläche.

Der *Verbrauch* kann = 0,012 m^3 gesetzt werden.

2. Der Bedarf an *Kantholz und Rundholz für die Ausspießung:* Je nach Tiefe, Bodenart usw. schwankt der Bedarf zwischen *2,5 und 4,0% des verbauten Baugrubenraumes.* Für mittlere Verhältnisse kann man genügend genau mit *3% des verbauten Raumes* rechnen.

Der *Verbrauch an Sprießholz* (Verschnitt und Abschreibung) kann dann mit 0,03/5 = *0,006% des Baugrubenaushubs* roh geschätzt werden.

3. *Bedarf an Kleineisenzeug* (Klammern):

etwa 10 kg je 1 m^3 verzimmertes Holz.

Verbrauch: Etwa 3 kg je 1 m^3 verzimmertes Holz oder bei einem gesamten Holzbedarf von 7% des verbauten Raumes: *0,2 kg je 1 m^3 Baugrubenaushub.*

Lohnaufwand.

1. 1 m² Schalwand setzen und wieder entfernen einschließlich Transport . . . . 0,8 Stz.

2. 1 m³ Sprießholz zurichten, einbauen, verkeilen und später wieder entfernen . . . . 20,0 Stz.

Damit ergibt sich der

Stundenaufwand für Aussteifen (Ein- und Ausbau) je 1 m³ Baugrubenaushub.

Tiefe des Aushubs	Für Baugrube							
	2 m breit		4 m breit		6 m breit		8 m breit	
	l. A. Stz.	sch. A. Stz.	l. A. Stz.	sch. A. Stz.	l. A. Stz.	sch. A. Stz.	l. A. Stz.	sch. A. Stz.
Bis 3 m tief	1,0	1,3	0,9	1,2	0,8	0,9	0,8	0,9
Bis 6 m tief	1,2	1,5	1,0	1,3	1,0	1,1	0,9	1,1
Bis 9 m tief	1,4	1,6	1,2	1,4	1,1	1,3	1,0	1,3

l. A. = leichter Ausbau, sch. A. = schwerer Ausbau.

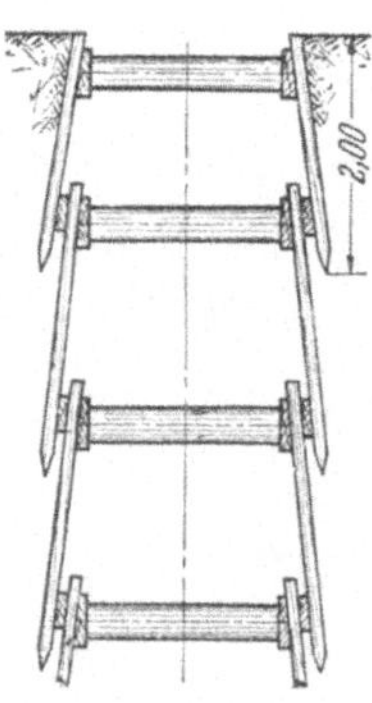

Abb. 18. Bergmännische Schachtung.

b) Aussteifen mit senkrechten Bohlwänden (bergmännische Schachtung für größere Tiefen) bei längsgestreckten Baugruben, d. h. *vorwiegend zweiseitiger Umschließung* (Schachtbohlen von 1,5 bis 2 m Länge gespitzt, s. Abb. 18).

Material.

1. Bedarf an Schachtbohlen (6—8 cm stark) 0,08 bis 0,09 m³ je 1 m² Schachtwandfläche.

2. Bedarf an Sprießholz und Kantholz wie bei waagerechten Bohlwänden bei schwerem Ausbau.

Löhne

wie oben, schwerer Ausbau.

c) Aussteifen von Baugruben mit senkrechtem Verbau und vierseitiger Umschließung der Baugrube (starke Drücke).

Lohnaufwand und Materialbedarf für Aussteifen je 1 m³ Baugrubenaushub[1].

Baugruben-tiefe	Für Aussteifen[1]		
	Rundholz und Kantholz		Lohn-aufwand je 1 m³
	Bedarf m³	Verbrauch m³	Stz.
3 m	0,015	0,003	0,4
6 m	0,025	0,005	0,6
9 m	0,030	0,006	0,7
12 m	0,050	0,010	1,0

Der *Ausbau* muß *mit Schachtrahmen* erfolgen nach Kapitel IX, S. 162 bzw. dem vorausgegangenen Beispiel 4, S. 79.

Man vergleiche auch „Brückenpfeilerbaugruben“, Abschnitt XXIV.

[1] Dazu kommt der Lohnaufwand für Einschalen und Materialbedarf an Schalbohlen je 1 m² geschalter Wandfläche mit *0,07 m³ Schnittholz.*

1. Bedarf an *Schalbohlen 0,07* m^3 *je 1* m^2 *geschalte Wandfläche.*
2. Bedarf an *Sprießholz 3 bis 6% des verbauten Raumes.*

d) Aussteifen umspundeter Baugruben (hölzerne oder eiserne Spundwände).

Schlagen der Spundwände nach Kapitel XIV, Rammarbeiten, S. 218f. Am besten erfolgt eine Berechnung des Erddrucks bzw. Wasserdrucks nach den örtlichen Verhältnissen und danach Bemessung der Sprieße.

6. Handschächte mit Maschinenbetrieb.

(Lokomotivbetrieb, s. auch Abschnitt X, Förderkosten, S. 168f.)

Bei den *im Bahnbau und Straßenbau üblichen* Erdbewegungen sind *Handschächte mit Gleisbetrieb* zufolge der hohen Lohnkosten *nicht mehr wirtschaftlich.* Es würden sich hier Angebotspreise ergeben, welche (ohne Einrichtungskosten) bei leichten Bodenarten sich etwa bei 7,— DM/1 m^3, bei schweren Bodenarten (z. B. fester Mergel) bei 15,— DM/1 m^3 und bei sehr schweren Bodenarten (Kalksandstein) bei 22,— DM/1 m^3 bewegen würden. Statt dessen werden stets *Bagger* eingesetzt mit Gleisbetrieb oder Erdtransportfahrzeugen (Spezial-LKWs).

IV. Bohr- und Sprengarbeiten.

Die Bohrlochtiefe t ist in der Regel 20 bis 200 cm. Die obere Weite des Bohrlochs für Pulver bei Handbohrung ist im Durchschnitt $d = 2{,}34 + 0{,}02\,t$ (in cm).

Bei Dynamitbohrungen ist die Bohrung 20 bis 25% enger. Für $t = 60$ cm ist $d = 2{,}34 + 0{,}02 \cdot 60 = 2{,}34 + 1{,}2 = 3{,}54$ cm $= 35$ mm.

Bei Handbohrung wählt man $t = 30$ bis 120 cm und $d = 20$ mm bis 50 mm.

Bei Maschinenbohrung ist $t = 100$ bis 250 cm und $d = 45$ mm bis 85 mm.

Eine Pulverladung nimmt erheblich mehr Raum in Anspruch als eine Dynamitladung und erfordert größere Bohrlöcher. Die Ladungstiefe beträgt etwa 0,3 bis 0,4 der Bohrlochtiefe.

Bei *Handbohrung* kann man rechnen:

Der *Lohnaufwand* für das *Löcherbohren von Hand* bei Lochweiten von 30 bis 40 mm beträgt *3,0* bis *5,0* St_s *je 1 lfd. m Bohrloch bei weichem Gestein der Klasse 7.* Daraus ergibt sich, daß es heute nur noch wirtschaftlich ist, bei Bohrarbeiten mit Maschinen (Druckluft- oder elektrischen Bohrmaschinen) zu arbeiten. Im folgenden ist daher *nur Maschinenbohrarbeit* behandelt.

Im Tiefbau kann man zwei grundsätzlich verschiedene Arten von Bohr- und Sprengarbeiten unterscheiden:

a) In Steinbrüchen und offenen Einschnitten (Abtrag im Bahn- und Straßenbau).
b) Bei Stollen- und Tunnelbauten.

Im letzteren Falle ist ein Schießen von Profilen und starke Zerkleinerung des Materials erforderlich, was ein enges Setzen der Bohrlöcher bedingt. Die erforderliche *Bohrlochlänge je 1 m³ Stollenausbruch* ist bei Stollenquerschnitten von 5 bis 7 m² Querschnitt etwa das 2,5- bis 4fache gegenüber dem Abschuß über Tag bei Einschnitten und dgl.

A. Bohr- und Sprengarbeiten in offenen Einschnitten als Felsabtrag.

Man kann hier annehmen:	lfd. m Bohrlochlänge/1 m³	Sprengstoffverbrauch kg/m³
Bei Gestein der Klasse 7	0,2	0,15
,, ,, ,, ,, 8	0,5	0,4
,, ,, ,, ,, 9	1,0	1,5
,, Stahlbetonkonstruktionen	bis 1,2	bis 2,0

Je *1 kg Sprengstoff* kann man einen *Verbrauch von 2 m Zündschnur und 1,8 Sprengkapseln* rechnen.

Die Kosten von Bohrarbeiten mit Druckluftbohrmaschinen kann man etwa wie folgt annehmen: Es betragen die *Betriebskosten* (L + M)[1] *der Bohrmaschinen ohne Gerätekosten* (von Fall zu Fall zu ermitteln):

	Je 1 Bohrhammer Kosten für 1 h		Je 1 Bohrhammer Leistung je 1 h	Kosten je 1 m Bohrloch		Kosten[2] je 1 m³	
	Sts.	kWh	m	Sts.	kWh	Sts.	kWh
Klasse 7.	1,5	18	1,5—2,5	1,0	10	0,5	5
,, 8.	1,5	20	1,0—1,5	1,5	18	2,0	15
,, 9.	1,5	22	0,8—1,0	2,0	20	4,0	30
Stahlbeton						5,0	35

Beispiele für Bohr- und Sprengarbeiten beim *Abbruch von Stahlbetonkonstruktionen* u. dgl. siehe Abschnitt XXVI Abbrucharbeiten und Trümmerbeseitigung.

Für das *Sprengen* selbst (Laden, Verdämmen z. B. Abdecken mit Faschinen u. dgl., und in Zeitabständen elektrisch zünden) kann man je nach der Schwierigkeit der Sprengung

1,5 bis 3,0 Sts je *1* m³

rechnen, wobei der letztere Wert für schwierige Unterwassersprengungen gilt.

---

[1] Erfaßt sind hier nur die *Kosten der reinen Bohrarbeit* ohne Sprengen, Laden, Fördern usw., und zwar nur der *reine Lohnaufwand* ohne lohngebundene Kosten (Zuschläge), sowie die Betriebsstoffkosten (also *ohne* Sprengstoffkosten, Verbrauchsmaterialien, allgemeine Baukosten und Geschäftskosten).

[2] Miterfaßt sind hier die Aufsicht, Kompressorbedienung und die allgemeinen Arbeiten, welche in der Praxis dazukommen, dagegen nicht die Lade- und Sprengarbeiten.

Der *Sprengstoffbedarf* schwankt für Bodenklasse 7 bis 9 *zwischen 0,2 kg/m³ und 1,5 kg/m³* (der letztere Wert kann im allgemeinen auch für Sprengung von Stahlbetonkonstruktionen angenommen werden).

Bei Kalkulationen muß beachtet werden, daß zu den vorgenannten Arbeiten noch *das Laden und Kippen der Sprengtrümmer* hinzukommt.

Häufig wird man heute besonders bei kleineren Massen, dünnen Konstruktionen oder nicht allzu festem Gestein statt des Bohrens und Sprengens den *Kompressoraufbruch* mit Bohrhämmern bzw. Bohrmeißeln wählen. Ein Kostenvergleich empfiehlt sich jeweils. Bei festem, kompaktem Gestein bzw. starken Konstruktionen wird allerdings das Sprengen immer billiger sein.

Es folgen zwei Beispiele, in welchen eine Bohr- und Sprengarbeit bei einer i. M. 70 cm starken Eisenbetonplatte und ein Kompressoraufbruch von 0,25 m starken Straßenbetondecken gezeigt sind.

Beispiel 5: Zu sprengen waren 100 m³ Eisenbetonplatte (stark bewehrt) von i. M. 0,70 m Stärke. Es waren notwendig 1 lfd. m Bohrloch je 1 m³ Eisenbeton. Beschäftigt waren 1 Sprengmeister (teilweise), 2 Arbeiter (an den Bohrhämmern)[1], 1 Kompressormaschinist.

Für Bohrarbeit fielen an	5,2 St_{mi} /m³
Für Sprengen (und Verdämmen)	1,6 ,,
Für allgemeine Arbeiten (Bohrerschärfen usw.) .	0,4 ,,
Für Bohren und Sprengen insgesamt	7,2 St_{mi} /m³
(ohne Verladen und Kippen).	

An Betriebsstoffen sind zu rechnen:

1 Kompressor 50 PS mit einem Dieselölverbrauch von 5 kg/h bei einer durchschnittlichen Tagesleistung von 6 lfd. m Bohrloch (bzw. 6 m³) 42 : 6 = 7 kg Dieselöl je 1 m³.

Die *Selbstkosten* je 1 m³ gesprengtem Stahlbeton setzen sich demnach etwa wie folgt zusammen:

Gerätekostenmiete für 1 Dieselkompressor 50 PS und 2 Bohrhämmer 1 Monat 200,— DM.: 100 m³ =	2,— DM.
Geräteunterhaltung	2,— ,,
Lohnkosten: 7,2 St_{mi} zu 2,— DM.	14,40 ,,
Betriebsstoffe:	
7 kg Dieselöl zu 0,53 DM.	3,70 ,,
Öle, Schmiermittel usw. 10% von 3,70 DM. rd. .	0,40 ,,
Bohrstahl	0,60 ,,
Sprengstoff:	
1,2 kg Ammonit zu 3,— DM.	3,60 ,,
Sprengkapseln, Zündschnur usw.	0,40 ,,
Sozialaufwand, Gemeinkosten, allgemeine Baukosten, Geschäftskosten 60% der Löhne	8,60 ,,
10% der Stoffkosten	1,30 ,,
Selbstkosten je 1 m³	*37,00 DM.*
(ohne die Kosten für Wegschaffen des gesprengten Materials).	

Beispiel 6: Abzubrechen waren ca. 1000 m² Betondecken 25 cm stark mit Kompressoraufbruch und Aufbruchhämmern. Zur Verfügung stand 1 fahrbarer Dieselkompressor 75 PS mit 4 Aufbruchhämmern (30—40 kg). Die tägliche

[1] Bei größeren Massen ist ein stärkerer Kompressor (75 PS) und 3 Bohrhämmer wirtschaftlicher.

Leistung (9 h) betrug i. M. 40 $m^2 \times 0{,}25 = 10\ m^3$. Eingesetzt waren an der Aufbruchstelle 1 Vorarbeiter, 1 Maschinist, 5 Mann (3 bis 4 Mann an den Bohrhämmern). Daher Lohnaufwand (ohne Laden und Abtransportieren des gewonnenen Aufbruchmaterials):

$7 \times 9 = 63\ St_{mi} : 10\ m^3$	6,3 St_{mi}/m^3
Allgemeine Arbeiten (Werkstatt usw.)	0,7 „
Insgesamt	7,0 $St_{mi}/1\ m^3$

Zusammenstellung der Selbstkosten je 1 m³ Betonabbruch:

Gerätekosten:

Miete für 1 Dieselkompressor 75 PS und 4 Bohrhämmer je 1 Monat	360,— DM.	
Geräteunterhaltung 60 v.H..	216,— „	
	576,— DM.	
576 : 250 m³		2,30 DM.
Lohnkosten:		
7,0 $St_{mi} \times$ 2,00 DM.		14,— „
Betriebsstoffe:		
70 kg : 10 m³ = 7 kg Dieselöl zu 0,53 DM.		3,70 „
Öle und Schmiermittel		0,40 „
Meißelstahl		0,50 „
Sozialaufwand, Gemeinkosten, allgemeine Baukosten, Geschäftskosten: 60% der Löhne		8,40 „
10% der Stoffkosten		0,70 „
Selbstkosten je 1 m³ Betonabbruch		*30,00 DM.*[1]

B. Stollen- und Tunnelbau.

Die vorstehenden Angaben für Steinbruch- bzw. Felseinschnittbetriebe, können nicht ohne weiteres auf den *Tunnel- und Stollenbau* angewandt werden, da im engen Raum die Leistungen wesentlich niederer sind als in Steinbruch- und bei Erdbetrieben, wo große Massen abgeschossen werden können.

Nachstehend folgen einige Angaben aus der Praxis über den *Lohnaufwand je 1 m³ Ausbruch* bei ausgeführten Stollen- und Tunnelbauten:

1. Richtstollen 2,5 × 2,5 m = 6,25 m² in mittelfestem Sandstein.

Abb. 19.

Der Sandstein konnte leicht mit Aufbruchhämmern aufgearbeitet werden (ohne Sprengen!), erforderte jedoch zur Vermeidung von Firsteinbrüchen einen mittelschweren Firsteinbau mit Ulmenzimmerung (siehe Abb. 19).

Der durchschnittliche Arbeitsfortschritt vor Ort im Richtstollen betrug pro Tag (3 Schichten zu 8 Stunden) 3 lfd. m Vortrieb.

---

[1] Ohne Laden und Abtransportieren des gebrochenen Materials.

Der *Lohnaufwand* für *je 1 m³ Ausbruch* betrug *bei mittelschwerem Firsteinbau* (0,5—0,7 m³ Holzeinbau je 1 lfd. m Richtstollen):

a) Für Ausbruch (einschl. Schuttern, Transport und Kippe)	1,0 St_{masch} + 8 St_{mi}
b) Für Auszimmerung (Ein- und Ausbau).	3,25 St_z + 5 St_{mi}
Insgesamt je 1 m³ Ausbruch .	1,0 St_{masch} + 3,25 St_z + 13 St_{mi} (Tiefbauarbeiter mit Zuschlag für Aufsicht)

Bei leichtem Firsteinbau Lohnaufwand je 1 m³ 1,0 St_z + 12 St_{mi}.

2. Richtstollen 2,5 × 2,8 = 7 m² in festem Kalkstein.

Auszimmerung war nicht notwendig. Es wurde mit Preßluftbohrhämmern gebohrt und mit Ammonit gesprengt (Sprengstoffverbrauch zwischen 3 und 4 kg/1 m³).

Der Lohnaufwand für Schießen vor Ort, Schuttern, Transportieren und Kippen (Entfernung 500 m) betrug

je 1 m³ Ausbruch 2 St_{masch} + 12 St_{mi}

(St_{mi} = Mittellohn für Häuer + Tiefbauarbeiter, mit Zuschlag für Aufsicht.)

Richtzeiten für Tunnel- und Stollenbau.

Die nachstehenden Richtwerte gelten ohne Schachtmeister, Schießmeister, Maschinenmeister, jedoch mit Nebenarbeiten (Kompressorbedienung, Lokführer, Schmiede, Rohrschlosser und Reparaturschlosser, Kippe) und Herstellung von Schußgerüsten, Wassergräben u. dgl.

I. Richtstollenvortrieb

in Kalk, Schiefer oder ähnlichem Gebirge. Lösen mit Sprengarbeit an der Stollenbrust (kein Ausbau außer Kopfschutz) einschließlich Laden und Transportieren zur Ausweiche bzw. Kippe bis 500 m von der Stollenbrust.

A. Ausbruch, Schutterung, Transport

6 m² bis 4 m² Stollenquerschnitt.

	Lohnaufwand je 1 m³ Ausbruch
mittelhartes Gestein (durchschnittl. Bohrleistung 0,9—1,0 m/Std.)	10 bis 12 St_{mi}
hartes Gestein (durchschnittl. Bohrleistung 0,7 bis 0,8 m/Std.)	12 bis 14 St_{mi}
sehr hartes Gestein (durchschnittl. Bohrleistung 0,6 m und weniger/Std.)	14 bis 18 St_{mi}

Die kleinen Werte gelten für die großen Profile.

B. Richtstollenzimmerung (Ein- und Ausbau).

Kopfschutz	1,5 bis 2 St_z	je 1 m³ Ausbruch
Leichter Einbau (2 bis 3 m Ständerentfernung)	2 ,, 3 St_z	,,
Kappenzimmerung ohne Seitenverzug	3 ,, 5 St_z	,,
Kappenzimmerung mit Seitenverzug (Ständerentfernung 1,20 m)	6 ,, 8 St_z	,,
Getriebezimmerung (Rahmenentfernung 1,0 m)	10 ,, 12 St_z	,,

Die kleinen Werte gelten für die großen Profile.

II. Profilgerechter Vollausbruch.

A. Ausbruch, Transport und Kippe

einschließlich Herstellen des reinen Profils erfordert
je 1 m³ Vollausbruch:

bei 0 bis 5 m³	Vollausbruch	je 1 lfd. m	Tunnel	14 bis 12 St_{mi}
,, 5 ,, 15 m³	,,	je 1 lfd. m	,,	12 ,, 10 St_{mi}
,, 15 ,, 30 m³	,,	je 1 lfd. m	,,	10 ,, 8 St_{mi}.

B. Zimmerung in Vollausbrüchen.

1. Einbau von Kopfschutz und Hilfsgerüst (nebst späterem Abbau) 0,4 bis 0,6 m³ Holzeinbau je 1 lfd. m Vollausbruch . . . . 12 bis 18 St_z
2. Einbau von 4 Kronbalken und Langständern (nebst späterem Abbau) je 1 m³ Holzeinbau . 26 ,, 30 St_z

Bei 2 m³ Holzeinbau z. B. beträgt demnach der Lohnaufwand 52 bis 60 St_z je 1 lfd. m Vollausbruch.

III. Auskleidung mit Beton.

Die *Betonierungsarbeiten* umfassen die Herstellung des Betons in einer Betonierungsanlage am Stollenmund (wo die Zuschlagstoffe, Zement usw. lagern), Transport des Betons bis zur Verwendungsstelle, Einbau und späterer Ausbau der Schalung, Einbringen und Verdichten des Betons (Einrütteln des Widerlagerbetons) einschl. Aufsicht.

Lohnaufwand je 1 m³:

Sohlenbeton 20 bis 60 cm stark . . . . 10 bis 9 St_{mi}

Widerlagerbeton 20 bis 60 cm stark . . . . . 12 St_{mi}
dazu Schalarbeiten 2,8 St_z je 1 m² geschalter Fläche

Gewölbebeton 20 bis 60 cm stark . . . . . . 30 bis 25 St_{mi}
(oder für reines Betonieren 15 St_{mi}/m³ Beton, Lehrgerüst 30 St_z je 1 m³ Holzeinbau).

IV. Sohlenentwässerung

(siehe Kanalisationsarbeiten, Abschnitt XXII).

Verlegen von Rohren ∅ 20 bis 40 cm auf Betonsohle erfordert je 1 lfd. m . . . . 5 bis 8 St_{mi}
(einschließlich Umpacken mit Grobkies).

Grubenlokomotiven

für den Stollen- und Tunnelbau.

Für den Grubenbetrieb im Stollen- und Tunnelbau werden *Diesellokomotiven in Sonderbauart* hergestellt, z. B. von der Maschinenfabrik Henschel und Sohn, Kassel.

Abb. 20 zeigt eine 30-PS-Grubenlokomotive von Henschel.

Abb. 20. Grubenlokomotive 30 PS von Henschel.

Übersicht und technische Daten der Grubenlokomotiven Bauart Henschel.

Typ	PS	Größte Länge über Zug- und Stoßvorrichtung	Größte Breite	Größte Höhe	Spurweite	Dienstgewicht etwa
DG 13	15	3506 mm	800 mm	1700 mm (mit Dach)	600 mm	4,5 t
DG 26	30	3640 mm	830 mm	1530 mm (ohne Dach)	600 mm	6,0 t

Schlepplast für DG 13 (15 PS).

Geschwindigkeit	Hakenzugkraft	Schlepplast in Tonnen auf gerader Strecke und Steigung von					
		0‰	5‰	10‰	20‰	25‰	40‰
km/h	kg	1 : ∞	1 : 200	1 : 100	1 : 50	1 : 40	1 : 25
3	750	75	49	36	23	19	12
5	615	61	40	29	18	15	9
8	370	37	24	17	10	8	5
13	215	21	13	9	5	4	1

Schlepplast für DG 26 (30 PS).

Geschwindigkeit	Hakenzugkraft	Schlepplast in Tonnen auf gerader Strecke und Steigung von					
		0‰	5‰	10‰	20‰	25‰	40‰
km/h	kg	1 : ∞	1 : 200	1 :100	1 : 50	1 : 40	1 : 25
3	1350	135	88	65	41	34	22
5	1250	125	81	60	38	31	20
8	755	75	48	35	21	17	10
15	375	37	23	16	9	6	3

Zugwiderstand von 10 kg/t auf ebener Strecke vorausgesetzt.

Sprengstoffverbrauch.

Einen Überblick über den *Sprengstoffverbrauch*[1] im *Stollenbau* gibt die nachstehende Tabelle, in welcher der *Sprengstoffbedarf* für die verschiedensten Gesteinsarten und Stollenquerschnitte bei ausgeführten Stollen angegeben ist.

Tabelle 17.

Bauvorhaben	Gesteinsart	Stollen-querschnitt m²	Sprengstoffverbrauch kg/m³
Tauerntunnel	Gneis, Granit	4,5	5,5
Tauerntunnel	Gneis, Granit	6,5	4,5
Albula-Tunnel	Granit	5,5	4,5
Simplon-Tunnel Süd	Gneis	6,0	3,5
Arlberg-Tunnel West	Gneis und Glimmerschiefer	6,8	3,5
Bosruck-Tunnel.	Harter Kalk	5,5	4,0
Gotthard-Tunnel	Quarzitischer Gneis	5,8	3,5
Hauensteinbasis-Tunnel . . .	Mergel, Dolomit u. Kalkstein	6,5	2,2
Wocheiner Tunnel	Kiesel-Kalk	7,0	4,0
Lötschberg-Tunnel	Kreide, Jura	6,2	3,7
Lötschberg-Tunnel	Gastern-Granit	6,2	4,2
Druckstollen Alfenzwerk. . .	Dachsteinkalk	4,5	3,3
Druckstollen Bärenwerk Bruck Fusch (Salzburg)	Fester Kalk	4,0	3,9

[1] Benutzte Literatur: Dr.-Ing. DOLEZALEK: Der Eisenbahntunnel. Berlin-Wien: Urban & Schwarzenberg 1919. — Dr.-Ing. Dr. jur. RANDZIO: Neue Stollenbauten,

Tabelle 18 gibt eine Übersicht der *Bohrarbeiten vor Ort* bei verschiedenen Stollenbauten.

Tabelle 18.

Bauvorhaben	Gestein	Stollenquerschnitt m²	Anzahl der Bohrmaschinen	Bohrlöcher je Angriff: Stück	lfd. m	lfd. m/m³	lfd. m je Maschine	Angriffe je Schicht (6 Std.)	Lohnaufwand vor Ort: St_{mi}/1 lfd. m Bohrloch	St_{mi}/1 m³
Gotthard-Tunnel . .	Quarzit	5,8	6 (5 m³-Hämmer)	18	22,5	4,0	3,8	1 = 1,1 m	3,8	13
Gotthard-Tunnel . .	Gneis	6,2	4	18	23	3,5	5,8	1 = 1,1 m	2,5	8
Bosruck-Tunnel . .	Harter Kalk	5,5	4	18	30	4,0	7,5	1 = 1,6 m	2,0	7
Lötschberg-Tunnel . .	Granit	6,2	4 (60 mm-Bohrer)	18	22	3,0	5,5	2 = 2,3 m	1,8	5,5
Wocheiner Tunnel . .	Harter Kalkstein	7,0	4 (Elektr. Stoßbohrer)	20	34	3,2	8,5	1 = 1,6 m	1,9	5,5

Beispiel 7: Der Preis je 1 m³ *Stollenausbruch* ist zu ermitteln für einen Stollen von 2000 m Länge mit einem Querschnitt 2,5/2,8 m = 7,0 m³ in hartem Quarzitgestein (ohne Stollenverzimmerung). Es soll angenommen werden, daß der Vortrieb nur von einer Seite erfolgen kann. Bei Einsatz von 4 Bohrhämmern (18 kg schwer) betrage der tägliche Arbeitsfortschritt im Stollen 4,0 lfd. m Stollen = 28 m³ Ausbruch. Als Mittellohn (jeweils besonders zu ermitteln!) soll 2,— DM. angenommen werden, worin auch Leistungsprämien, Nachtzuschläge, Überstunden usw. berücksichtigt seien. Nicht zu berücksichtigen sind die Kosten der besonderen sozialen Maßnahmen (Trennungsentschädigung, Wochenendheimfahrten usw.) und die Kosten der Baustelleneinrichtung bzw. Baustellenräumung, welche vom Bauherrn gesondert vergütet werden. Die Stromkosten sollen 0,30 DM./kWh betragen, wobei in diesem Preis auch die Elektroinstallation (Transformator aufstellen und Stromanschluß) inbegriffen ist. Für Sprengstoff wird ein Preis von 3,— DM./kg angenommen.

Lösung: *Bauzeit:* Die Bauzeit beträgt 2000 : 4 = 500 Arbeitstage oder 500 : 250 = 2 Jahre. Dazu kommen für Einrichten und Abräumen der Baustelle sowie Schlußreparatur 4 Monate. Somit gesamte Bauzeit *28 Monate.*

---

in der Zeitschrift „Die Bautechnik", 1925, H. 26. — Dr.-Ing. GABER (Karlsruhe): Die Entlüftung des Königstuhltunnels in Heidelberg, in der Zeitschrift „Die Bautechnik", 1925, H. 12. — WIESMAN: Denkschrift über den Bau des Hauenstein-Basis-Tunnels. Berlin u. Bern: 1917.

a) *Geräteeinsatz:*

Anzahl	Geräteart	Neuwert DM.	Gewicht t	Monatliche Gerätekosten, Miete + Unterhaltung[1] DM.	Insgesamt Gerätekosten für 28 Monate DM.
1	Werkstatteinrichtung . .	20000,—	4,—	300,—	8400,—
1	zweistufige stationäre Kompressoranlage 7,5 m³/min mit 7 atü .	12000,—	1,05	300 + 150 = 450,—	12600,—
1	Antriebsmotor 75 PS . .	10000,—	0,80	200 + 100 = 300,—	8400,—
1	Druckluftbehälter 8 m³ .	5000,—	2,20	100 + 50 = 150,—	4200,—
2500	lfd. m Rohrleitung 4″ . .	27000,—	30,—	300 + 100 = 400,—	11200,—
6	Bohrhämmer 18 kg (2 Reserve)	3600,—	0,12	90 + 60 = 150,—	4200,—
3000	lfd. m Gleis einschl. Kleineisenzeug	50000,—	90,—	500 + 100 = 600,—	16800,—
4000	Stück Schwellen	12000,—	6,—	400 + 0 = 400,—	11200,—
2	Ventilatoren für Lüftung 5500 m³/h	9000,—	1,40	180 + 20 = 200,—	5600,—
1	Antriebsmotor 40 PS . .	8000,—	0,70	80 + 20 = 100,—	2800,—
2500	lfd. m Flanschrohrleitung 350 mm (Lüftung) . .	50000,—	40,—	800 + 200 = 1000,—	28000,—
2	Diesellokomotiven 15 PS	25000,—	7,—	500 + 150 = 650,—	18200,—
	Bauhütten 100 m² doppelwandig 200 m² einwandig 80 m² Wellblechschuppen (für Öle u. Sprengstoff)	30000,—	57,—	380 + 120 = 500,—	14000,—
		261600,—	240,27	5200,—	145600,—

Gerätekosten je 1 m³ Ausbruch $\frac{145600}{14000} = 10{,}40$ *DM.*

b) *Lohnkosten:* Die Belegschaft des Stollenbetriebes setzt sich etwa wie folgt zusammen:

Im Dreischichtenbetrieb: 1 Schießmeister: 4 Mann für Bohren, Schießen und Laden; 2 Maschinisten. Im Tagesbetrieb (11 Stunden): 2 Mann Kippe, 1 Schmied, 1 Schmiedehelfer, 1 Reparaturschlosser, 1 Maschinenmeister, 1 Lokomotivführer, 2 Mann Gleisunterhaltung, 1 Magazinverwalter, 1 Elektriker. Der Lohnaufwand beträgt dann bei einem angenommenen mittleren Stundenlohn (besonders zu ermitteln unter Berücksichtigung der Überstunden-, Nachtzuschläge und Leistungsprämien) von 2,— DM. 335 Lohnstunden. Bei einer täglichen Leistung von $7 \times 4 = 28$ m³ Stollenausbruch entfallen somit auf 1 m³ Stollenausbruch $\frac{335}{28} = 12$ Lohnstunden × 2,— DM. = 24,— DM.

[1] Materialkosten der Geräteunterhaltung. Die Lohnkosten der Geräteunterhaltung sind unter c) miterfaßt.

c) *Betriebsstoffe: Stromverbrauch für Sprengarbeiten.* Angenommen je 7 m² Stollenquerschnitt 14 lfd. m Bohrlöcher × 18 kWh oder $\frac{14 \times 18}{7} = 36$ kWh/m³.

Stromverbrauch für Lüftung, Beleuchtung und Werkstattbetrieb: Bei einem Ausnützungsfaktor von $\eta = 0{,}95$, kann man rechnen

$$\frac{40\ \text{PS} \times 0{,}95 \times 24}{1{,}36 \times 28} = 24{,}0\ \text{kWh/m}^3.$$

Insgesamt also Verbrauch je 1 m³ Stollenausbruch 36 + 24 = 60 kWh und Kosten:

60 kWh × 0,30 DM.	18,— DM.
Dazu Öle und Schmiermittel 10% von 18,— DM. .	1,80 „
Kosten für Betriebsstoffe insgesamt	19,80 DM./m³

d) *Sprengstoffe:* Nach obiger Tabelle kann man annehmen in hartem Quarzit einen Sprengstoffverbrauch von

5,0 kg/m³ × 3,— DM./kg	15,— DM.
5 × 2 = 10 m Zündschnur × 0,15 DM.	1,50 „
5 × 1,8 = 9 Sprengkapseln × 0,15 DM. rd.	1,50 „
Kosten für Sprengstoffe insgesamt.	*18,— DM./m³*

e) *Verbrauchsmaterialien und Ersatzteile:* Die Reparaturmaterialien und Ersatzteile sind als Materialkosten der Geräteunterhaltung bereits unter b) Geräteeinsatz erfaßt. Die Kosten der übrigen *Verbrauchsmaterialien*, vor allem *Bohrstähle*, sollen betragen (Erfahrungssatz) *0,80 DM./m³*.

f) *Gemeinkosten und Allgemeine Baukosten:* Diese Kosten setzen sich zusammen aus dem etwa 25% der Löhne betragenden Sozialaufwand und den Kosten der örtlichen Bauleitung, Bürokosten und sonstigen örtlichen Geschäftskosten, welche (gemäß einer besonderen Berechnung) 40% von den Lohnkosten betragen sollen. Die Gemeinkosten und Allgemeinen Baukosten (ausgenommen Gerätekosten, welche unter a) besonders ermittelt werden) betragen demnach 65% von 24,— DM. = 15,60 DM.

g) *Allgemeine Geschäftskosten, Wagnis und Gewinn:* Für das Rechnungsbeispiel sollen für diesen Kostenanteil angenommen werden 10% der Selbstkosten für Materialanteil und 40% der Lohnkosten.

Zusammenstellung der Kosten je 1 m³ Stollenausbruch.

		DM./m³
a)	Gerätemiete und Materialkosten der Geräteunterhaltung	10,40 (M)
b)	Lohnkosten (einschließlich Löhne für Geräteunterhaltung und allgemeine Arbeiten)	24,— (L)
c)	Betriebsstoffe (Strom usw.)	19,80 (M)
d)	Sprengstoffe	18,— (M)
e)	Verbrauchsmaterialien (Bohrstähle u. dgl.)	0,80 (M)
f)	Gemeinkosten (Sozialaufwand und örtliche Bauleitung) .	15,60
	Örtliche Selbstkosten	88,60 DM./m³
g)	Allgemeine Geschäftskosten, Wagnis und Gewinn 10% von 49,— DM. + 40% von 24,— DM..	14,40 DM./m³
		103,— DM./m³
	+ 4,17% Umsatzsteuer	4,30 „
	Angebotspreis je 1 m³.	*107,30 DM./m³*

V. Rodungsarbeiten, Mutterbodenabhub, Planierarbeiten.

A. Rodungsarbeiten.

Die Kosten von Rodungsarbeiten hängen natürlich in erster Linie von der Stärke der Wurzelstöcke und der Dichte des Bestandes ab. Für mittlere Verhältnisse kann man bei Annahme von einem Wurzelstock $d = 40$ cm auf 8 bis 10 m^2 kalkulieren:

Rodungen in Eichen- u. Buchenwald für 1 m^2 0,4 St.
Rodungen in Nadelholzwald . . . . 0,25 St.
Rodungen in Niederwald . . . . . . 0,2 St.
Rodungen in Hochwald . . . . . . 0,4—0,5 St.

Um die Kosten den Verhältnissen anzupassen, wurden die Kosten für Rodung einzelner Wurzelstöcke angegeben. Es ist stets angenommen, daß die Wurzelstöcke seitlich gelagert werden. Es ist dann das *Abräumen des Bodens von Nadeln usw.* noch zuzuschlagen. Ein guter Mittelwert, mit dem man mangels näherer Angaben rechnen kann, ist *0,4 St. je 1 m^2.*

Rodung einzelner Wurzelstöcke von Hand

(mit Hebebäumen und Kreuzhacke).

Roden von einem Wurzelstock *Kiefer*
Ø 15 cm = 0,5 St.
Ø 20 cm = 0,7 St.
Ø 25 cm = 1,0 St.
Ø 30 cm = 1,5 St.
Ø 40 cm = 2,0 St.

Roden von einem Wurzelstock *Eiche*
Ø 30 cm = 2,0 St.
Ø 50 cm = 3,0 St.
Ø 80 cm = 5,0 St.

Sprengen von Stubben mit Sprengstoff.

				Löhne	Sprengstoff kg	Sprengkapseln
Ein Wurzelstock	Tanne	Ø 25 cm	erfordert	0,5 St.	0,5	2
,, ,,	Eiche	Ø 30—35 cm	,,	1,0 St.	0,65	2
,, ,,	Eiche	Ø 60—80 cm	,,	1,6 St.	1,0	5

Beispiel 8: Es soll ermittelt werden, ob es billiger ist, bei Wurzelstöcken von i. M. 50 cm Ø Eiche von Hand oder mittels Sprengung zu roden, und was die Rodung je 1 m^2 kostet, wenn die Stubben durchschnittlich in 4 m Entfernung stehen? Der Stundenlohn betrage einschließlich aller Zuschläge St. = 2,75 DM., der Preis von 1 kg Sprengstoff 3,— DM. und der Preis für 1 Sprengkapsel 0,15 DM.

Lösung. 1. Roden eines Wurzelstocks von Hand:

Löhne 3,0 St. zu 2,75 DM.	*8,25 DM.*

2. Roden eines Wurzelstocks mittels Sprengstoff:

Löhne 1,4 St. zu 2,75 DM.	3,85 DM.
0,85 kg Sprengstoff zu 3,— DM.	2,55 „
4 Sprengkapseln zu 0,15 DM.	0,60 „
Zündschnur	0,30 „
	7,30 DM.

Man ersieht hieraus, daß es bei den angenommenen Löhnen und Materialpreisen nicht mehr wirtschaftlich ist, von Hand zu roden. Das *Sprengen von Stubben mit Sprengstoff* dürfte sich von *50 cm Stammdurchmesser ab* lohnen.

1 m² Rodung kostet $\frac{7{,}30}{4 \cdot 4} = 0{,}45$ DM.

Maschinelle Verfahren zum Roden.

Es werden als *Rodemaschinen* Göpel mit Pferd, Winden und Dreiböcke mit Flaschenzug verwendet. Wo an und für sich Bagger auf der Baustelle sind, kann man auch Löffelbagger und Greifbagger mit Vorteil verwenden. Ein sehr wirtschaftliches Verfahren besteht darin, daß man durch Sprengschüsse lockert und die Stubben mit einer Planierraupe von 110 bis 130 PS vermittels Drahtseil heraushebt.

Holzfällen.

Für *Fällen von Holz* einschließlich Abästen kann man etwa rechnen für 1 m Holz:

	Kiefer und sonstiges Weichholz	Eiche und sonstiges Hartholz
Holz Ø 10 cm	0,20 St.	0,25 St.
Holz Ø 20 bis 30 cm	0,30 St.	0,40 St.
Holz Ø 40 cm	0,45 St.	0,60 St.
Holz Ø 75 cm	0,80 St.	1,10 St.

Als Mittelwerte für *1 Festmeter Starkholz* kann man rechnen *2,5 St.* (Holzhauerstunden!)

B. Mutterboden- und Rasenabhub.

1. Mutterbodenabhub.

Bei Straßen-, Eisenbahn- und Kanalbauten, wo der Mutterboden unter den Dämmen abgehoben wird, einmal um ein besseres Einbinden der geschütteten Bodenmassen zu bewirken und andererseits Mutterboden zum Andecken der Dammböschungen benötigt wird, kommen im Betriebe drei verschiedene Möglichkeiten des Humusabhubs vor:

1. Bei niederen Dämmen besonders pflegt man den Mutterboden mittels Wurf- oder Querförderung[1] je nach der Dammbreite am Fuß des Dammes zu lagern.

2. Wo der Mutterboden sofort wieder auf einer fertigen oder halbfertigen Dammstrecke angedeckt werden kann, wird er entlang eines Ladegleises, das mit fortschreitender Arbeit in der Querrichtung gerückt wird, auf Kippwagen (bei gleislosem Betrieb auf LKW) geladen und an der Verwendungsstelle abgeladen und eingebaut. Wo immer sich dies ohne Störung des Hauptbetriebs ermöglichen läßt, ist es natürlich wirtschaftlicher als 3.

3. Der Mutterboden wird geladen und bis zur Fertigstellung der Dämme auf einem „Mutterbodendepot“ gelagert. Er muß also vor

[1] Heute wohl am wirtschaftlichsten mit einer Planierraupe (siehe Seite 102).

c) *Betriebsstoffe: Stromverbrauch für Sprengarbeiten.* Angenommen je 7 m² Stollenquerschnitt 14 lfd. m Bohrlöcher × 18 kWh oder $\frac{14 \times 18}{7} = 36$ kWh/m³.

Stromverbrauch für Lüftung, Beleuchtung und Werkstattbetrieb: Bei einem Ausnützungsfaktor von $\eta = 0{,}95$, kann man rechnen

$$\frac{40\ \text{PS} \times 0{,}95 \times 24}{1{,}36 \times 28} = 24{,}0\ \text{kWh/m}^3.$$

Insgesamt also Verbrauch je 1 m³ Stollenausbruch 36 + 24 = 60 kWh und Kosten:

60 kWh × 0,30 DM.	18,— DM.
Dazu Öle und Schmiermittel 10% von 18,— DM. .	1,80 „
Kosten für Betriebsstoffe insgesamt	19,80 DM./m³

d) *Sprengstoffe:* Nach obiger Tabelle kann man annehmen in hartem Quarzit einen Sprengstoffverbrauch von

5,0 kg/m³ × 3,— DM./kg	15,— DM.
5 × 2 = 10 m Zündschnur × 0,15 DM..	1,50 „
5 × 1,8 = 9 Sprengkapseln × 0,15 DM. rd.	1,50 „
Kosten für Sprengstoffe insgesamt.	*18,— DM./m³*

e) *Verbrauchsmaterialien und Ersatzteile:* Die Reparaturmaterialien und Ersatzteile sind als Materialkosten der Geräteunterhaltung bereits unter b) Geräteeinsatz erfaßt. Die Kosten der übrigen *Verbrauchsmaterialien,* vor allem *Bohrstähle,* sollen betragen (Erfahrungssatz) *0,80 DM./m³.*

f) *Gemeinkosten und Allgemeine Baukosten:* Diese Kosten setzen sich zusammen aus dem etwa 25% der Löhne betragenden Sozialaufwand und den Kosten der örtlichen Bauleitung, Bürokosten und sonstigen örtlichen Geschäftskosten, welche (gemäß einer besonderen Berechnung) 40% von den Lohnkosten betragen sollen. Die Gemeinkosten und Allgemeinen Baukosten (ausgenommen Gerätekosten, welche unter a) besonders ermittelt werden) betragen demnach 65% von 24,— DM. = 15,60 DM.

g) *Allgemeine Geschäftskosten, Wagnis und Gewinn:* Für das Rechnungsbeispiel sollen für diesen Kostenanteil angenommen werden 10% der Selbstkosten für Materialanteil und 40% der Lohnkosten.

Zusammenstellung der Kosten je 1 m³ Stollenausbruch.

		DM./m³
a)	Gerätemiete und Materialkosten der Geräteunterhaltung	10,40 (M)
b)	Lohnkosten (einschließlich Löhne für Geräteunterhaltung und allgemeine Arbeiten)	24,— (L)
c)	Betriebsstoffe (Strom usw.)	19,80 (M)
d)	Sprengstoffe	18,— (M)
e)	Verbrauchsmaterialien (Bohrstähle u. dgl.).	0,80 (M)
f)	Gemeinkosten (Sozialaufwand und örtliche Bauleitung) .	15,60
	Örtliche Selbstkosten	88,60 DM./m³
g)	Allgemeine Geschäftskosten, Wagnis und Gewinn 10% von 49,— DM. + 40% von 24,— DM..	14,40 DM./m³
		103,— DM./m³
	+ 4,17% Umsatzsteuer	4,30 „
	Angebotspreis je 1 m³.	*107,30 DM./m³*

V. Rodungsarbeiten, Mutterbodenabhub, Planierarbeiten.

A. Rodungsarbeiten.

Die Kosten von Rodungsarbeiten hängen natürlich in erster Linie von der Stärke der Wurzelstöcke und der Dichte des Bestandes ab. Für mittlere Verhältnisse kann man bei Annahme von einem Wurzelstock $d = 40$ cm auf 8 bis 10 m² kalkulieren:

Rodungen in Eichen- u. Buchenwald für 1 m² 0,4 St.
Rodungen in Nadelholzwald . . . . 0,25 St.
Rodungen in Niederwald . . . . . . 0,2 St.
Rodungen in Hochwald . . . . . . 0,4—0,5 St.

Um die Kosten den Verhältnissen anzupassen, wurden die Kosten für Rodung einzelner Wurzelstöcke angegeben. Es ist stets angenommen, daß die Wurzelstöcke seitlich gelagert werden. Es ist dann das *Abräumen des Bodens von Nadeln usw.* noch zuzuschlagen. Ein guter Mittelwert, mit dem man mangels näherer Angaben rechnen kann, ist *0,4 St. je 1 m²*.

Rodung einzelner Wurzelstöcke von Hand
(mit Hebebäumen und Kreuzhacke).

Roden von einem Wurzelstock *Kiefer*
Ø 15 cm = 0,5 St.
Ø 20 cm = 0,7 St.
Ø 25 cm = 1,0 St.
Ø 30 cm = 1,5 St.
Ø 40 cm = 2,0 St.

Roden von einem Wurzelstock *Eiche*
Ø 30 cm = 2,0 St.
Ø 50 cm = 3,0 St.
Ø 80 cm = 5,0 St.

Sprengen von Stubben mit Sprengstoff.

			Löhne	Sprengstoff kg	Sprengkapseln
Ein Wurzelstock	Tanne Ø 25 cm	erfordert	0,5 St.	0,5	2
,, ,,	Eiche Ø 30—35 cm	,,	1,0 St.	0,65	2
,, ,,	Eiche Ø 60—80 cm	,,	1,6 St.	1,0	5

Beispiel 8: Es soll ermittelt werden, ob es billiger ist, bei Wurzelstöcken von i. M. 50 cm Ø Eiche von Hand oder mittels Sprengung zu roden, und was die Rodung je 1 m² kostet, wenn die Stubben durchschnittlich in 4 m Entfernung stehen? Der Stundenlohn betrage einschließlich aller Zuschläge St. = 2,75 DM., der Preis von 1 kg Sprengstoff 3,— DM. und der Preis für 1 Sprengkapsel 0,15 DM.

Lösung. 1. Roden eines Wurzelstocks von Hand:
Löhne 3,0 St. zu 2,75 DM. . . . . *8,25 DM.*
2. Roden eines Wurzelstocks mittels Sprengstoff:
Löhne 1,4 St. zu 2,75 DM. . . . . 3,85 DM.
0,85 kg Sprengstoff zu 3,— DM. . . . . . . 2,55 ,,
4 Sprengkapseln zu 0,15 DM. . . . . 0,60 ,,
Zündschnur . . . . 0,30 ,,
7,30 DM.

St. = 2,70 DM. und Stl. = 3,30 DM. (Löhne + Sozialaufwand + Gemeinkosten + Geschäftskosten + Gewinn), so ergibt sich ein Angebotspreis je 1 m^3 Mutterboden von 7,80 bis 8,80 DM.

Bemerkung. Die Kosten des Mutterbodenabhubs sind bei Handarbeit sehr abhängig von der Witterung (im Sommer sehr hart und fest!).

Eindeutig ergibt sich aus vorstehendem Beispiel, daß *Humusabhub und Laden von Hand* bei den heutigen Löhnen und Materialpreisen *nicht mehr wirtschaftlich* ist.

b) *Mutterbodenabhub mit Maschinen.*

1. Lockern des Bodens mit Hilfe des Pflugs und Laden von Hand in Wagen.

a) Lockern mit dem Pflug: Bei Annahme der Kosten eines Zweigespanns mit Führer je 1 h von 6,50 DM. und bei einer Leistung von nur 30 ar, d. h. 3000 m^2 je 10 Stundentag ergeben sich die Kosten für 1 m^2 zu 0,02 DM. Noch billiger stellt sich das maschinelle Pflügen mit Traktoren.

b) Laden des gepflügten Bodens von Hand auf Förderwagen einschließlich Gleisrücken je 1 m^3 . . . . 0,60—0,70 St.

Laden mit Bagger siehe unter 2.

Transport, Kippe und sonstige Kosten wie bei a) 3.

2. Mutterbodengewinnung mit Greifbagger oder Schleppseilgreifer (s. „Baggerarbeiten", S. 137f.).

Diese Arbeitsmethode kann sich bei großen Massen und besonders bei starken Mutterbodenschichten von 30 bis 40 cm Stärke lohnen. Der Mutterboden wird entweder seitlich ausgesetzt — hierbei ist zu beachten, ob bei der Breite des Abhubs nicht teilweise Zwischenlagerung notwendig ist — oder in Förderwagen bzw. Lastautos geladen und auf eine Mutterbodenablagerung gefahren. Die Wirtschaftlichkeit ist von Fall zu Fall zu untersuchen.

Das *seitliche Aussetzen von Mutterboden bzw. Laden in Förderwagen* (ohne Transport und Kippe) kann man bei einem 70-PS-*Rohölraupengreifer* (Normalgreifer $^3/_4$ m^3 oder Schleppseilgreifer) etwa wie folgt veranschlagen ohne Einrichtungskosten (Aufbau und Abbau sowie Transportieren des Baggers):

Leistung des Baggers i. M. 25 m^3/h.[1]

Gerätekosten[2]: Die Monatsmiete betrage 1000,— DM. bei 200 h im Monat 1000/200 = 5,— DM./h = *0,20 DM./m^3*.

---

[1] Bei seitlichem Aussetzen kann man im allgemeinen etwas höhere Leistungen, etwa 30 m^3/h annehmen.

[2] Bei kurzfristigem Einsatz ist zusätzlich die Gerätemiete für Anlauf- und Rücklaufzeit zu berücksichtigen.

Löhne (einschließlich Sozialaufwand, Geschäftskosten und Gewinn):

1 Greifbaggermeister	3,75 DM.
1 Vorarbeiter	3,25 ,,
2 Tiefbauarbeiter zu 2,60 DM. (für Planie usw.)	5,20 ,,
Reparaturlöhne und allgemeine Arbeiten . .	5,80 ,,
	18,— DM.
oder je 1 m³ 18,0/25	*0,72 DM./m³*.

Betriebsstoffe:

Rohöl 6 kg/h zu 0,53 DM.	3,18 DM.
Schmieröl usw. 20%	0,64 ,,
	3,82 DM.
+ 10% Zuschlag auf Material	0,38 ,,
	4,20 DM.
oder je 1 m³ 4,20/25	*0,17 DM./m³*.
Materialkosten der Geräteunterhaltung (Reparaturmaterial und Ersatzteile)	*0,21 DM./m³*

Kosten[1] *je 1 m³:* 0,20 + 0,72 + 0,17 + 0,21 = *1,30 DM.*

3. Mutterbodenabhub mit der Planierraupe.

Die wirtschaftlichste Art des Mutterbodenabhubs ist heute meist der Abhub mit der *Planierraupe*. Diese findet als *Flachbaggergerät* beim „*Gleislosen Erdbau*“ Verwendung (S. 154ff.).

Nachstehend sei für *55-PS-* und *130-PS-Raupen* die *überschlägige Kostenermittlung* eines Mutterbodenabhubs unter einem Damm in 20 bis 25 cm Stärke bei 15 m mittlerer Transportentfernung gegeben: Für die 55-PS-Raupe kann eine Leistung von 30 m³/h und bei einer 130-PS-Raupe von 60 m³/h angenommen werden. Bei der Lohnkostenermittlung sind auch die Lohnkosten für die Instandsetzung des Gerätes erfaßt und berücksichtigt, daß ein Nachplanieren von Hand und Regulierung der Mutterbodenhaufen Arbeitskräfte erfordert, desgleichen ist ein Anteil für Aufsicht vorgesehen. Es ist mit einem mittleren Stundenlohn von 3,20 DM. gerechnet[2].

Kostenermittlung für die	55-PS-Raupe	130-PS-Raupe
Gerätekosten:		
a) Abschreibung und Verzinsung	0,20 DM./m³	0,20 DM./m³
b) Materialkosten der Geräteunterhaltung . . .	0,10 DM./m³	0,10 DM./m³
Lohnkosten:		
0,12 St_{mi} × 3,20 DM. (für 55-PS-Raupe)	0,38 DM./m³	
0,08 St_{mi} × 3,20 DM. (für 130-PS-Raupe)		0,26 DM./m³
Betriebsstoffe:		
Dieselöl 0,18 kg × 0,53 DM. (55-PS-Raupe) . .	0,10 DM./m³	0,12 DM./m³
Sonstige Betriebsstoffe	0,02 DM./m³	0,03 DM./m³
Gesamtkosten	*0,80 DM./m³*	*0,71 DM./m³*

[1] Ohne Transport und Einbau!
[2] Einschließlich aller Zuschläge.

2. *Rasenabhub.*

Das Stechen der Rasentafeln erfolgt mit dem Spaten oder mittels des Schneideeisens. Das Schneideeisen wird von einem Mann am Strick gezogen und von einem andern in den Boden eingedrückt und geführt. Die Rasentafeln haben eine Breite von 25 cm, eine Länge von 25 cm und eine Stärke von 10 bis 20, allgemein *d* cm. Für 1 m² Rasen muß man etwa 1,25 m² Rasenfläche stechen. Nach etwa 3 Monaten sind nur etwa 75% der gestochenen Rasentafeln brauchbar, nach 12 Monaten nur 50%. Die anderen können höchstens noch für Humus gebraucht werden.

Man kann rechnen, daß eine Kolonne von einem Vorarbeiter und 11 Tiefbauarbeitern etwa 600 m² Rasen 10 cm stark in 10 h unter Dämmen abheben und seitlich lagern kann, was einem Stundenaufwand von

120/600 = 0,20 St. je 1 m² entspricht.

Dementsprechend kostet je 1 m²

Rasenstechen mittels Spaten . . . . 0,10—0,15 St.
Rasenstechen mittels Schneideeisen . . . . 0,08—0,10 St.
Rasentafeln verfahren bis auf 50 m Entfernung und Aufstapeln, wenn *d* die Dicke des Rasens in cm bedeutet 0,010 · *d* St.—0,015 · *d* St.
oder bei *d* = 0,10 m Dicke 0,10—0,15 St.
d = 0,15 m „ 0,15—0,22 St.

Rasenstechen, bis 50 m transportieren und sachgemäß stapeln, kostet demnach *je 1 m² . . . . 0,25—0,35 St.*

Abtreppungen.

Werden Dämme auf stark geneigten Hängen (Neigung größer als 1 : 3) geschüttet, so ist eine Vorbereitung des Untergrunds durch Anlage von Abtreppungen erforderlich. Die Lohnkosten hierfür sind etwa dieselben wie beim „Lösen und Laden von Boden im Handbetrieb“ (s. Abschnitt III, Erd- und Felsarbeiten).

C. Planiearbeiten.

Für das Anziehen von Dammböschungen und Einebnen von Böschungsflächen kann man rechnen:

In leichtem Boden je 1 m² . . . . 0,25 St.

Das Einebnen von Auf- und Abträgen erfolgt nach einnivellierten Pflöcken. Mit Abgrabungen, welche 30 cm nicht überschreiten sollen, werden die Vertiefungen ausgefüllt. Das Einebnen kostet:

In Sand- und Kiesboden für 1 m² . . . . 0,20 St.
In leichtem Lehmboden für 1 m². . . . . 0,30 St.
In Tonboden und hartem Mergel für 1 m² . . . . 0,40 St.

Bei Baggerarbeiten in Einschnitten werden stets 2 bis 4 Mann nur mit Planiearbeiten beschäftigt sein. Die Planiearbeiten spielen hier bei der Lohnkostenermittlung eine Rolle und dürfen bei *Baggerung von Einschnitten* bei der Kalkulation nicht übersehen oder unterschätzt werden.

VI. Böschungs- und Uferbefestigungsarbeiten, Dichtungsarbeiten.

Humus andecken.

1. Mutterboden andecken in Einschnitten.

a) Von Hand.

Bei Einschnitten bleibt der Mutterboden, nachdem er seitlich abgelagert war, am oberen Rand der Einschnittsböschungen liegen und ist daher nur abzuwerfen. Ist nicht genügend Mutterboden an Ort und Stelle vorhanden, so wird es möglich sein, solchen nach den oberen Böschungsrändern zu schaffen. Es wird dann nur bei sehr hohen und flachen Böschungen erforderlich sein, einen Teil des Mutterbodens nochmals zu werfen. Das Andecken der Ackererde an die Böschungen kostet hier

für 1 m³ Boden (im Einschnitt gemessen) . . . 0,70—1,20 St.
(je nach Einschnittstiefe).

Bei Mergel oder ähnlichen Bodenarten ist es noch erforderlich, vor dem Aufbringen des Mutterbodens *Rillen in die Böschungen einzuhauen*, welche etwa 0,10 m tief sind, um dem Mutterboden Halt zu bieten. Die Kosten hierfür betragen

für 1 m² Böschung . . . . etwa 0,10 St.

Die *Gesamtkosten* (für Rillen hauen und Andecken) betragen daher bei Einschnittsböschungen *in festen Bodenarten* für 1 m² Einschnittsböschung bei einer Stärke des Mutterbodens von *d cm*

$d = 10$ cm	$d = 15$ cm	$d = 20$ cm
0,15—0,22 St.	0,20—0,30 St.	0,25—0,35 St.

wobei die kleineren Werte bei schräg gemessenen Böschungslängen bis 10 m und die größeren Werte bei Böschungslängen über 10 m Geltung haben.

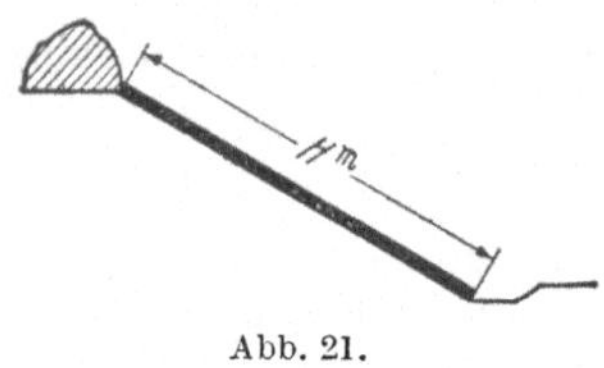

Abb. 21.

Mutterbodenandecken an Einschnittsböschungen (Handarbeit). *Allgemeine Formel* (ohne Rillen hauen!): Man kann bei H m schräg gemessener größter Böschungslänge die *Lohnkosten je 1 m³ (0,70 + 0,030 H) St.* annehmen oder je 1 m² für d cm Stärke *0,01 d (0,70 + 0,03 H) St.*

oder für $d = 10$ cm	für 1 m²	$(0{,}07 + 0{,}003\ H)$ St.
$d = 15$ cm	für 1 m²	$(0{,}10 + 0{,}0045\ H)$ St.
$d = 20$ cm	für 1 m²	$(0{,}14 + 0{,}0060\ H)$ St.

b) Mit Maschinen.

In Frage kommen *Förderbänder* mit 400 bis 500 mm Gurtbreite und 8 bis 15 m Förderweite mit einem Kraftbedarf von 2 bis 3 PS, einem Neuwert von 7500,— bis 10000,— DM. (Frühjahr 1954) und einem Gewicht von 1500 bis 2100 kg. Des weiteren können *Greifbagger* (Normalgreifer oder Schleppseilgreifer, s. unter „Baggerarbeiten", S. 133ff.) manchmal mit Vorteil verwendet werden, wo an und für sich solche Geräte auf der Baustelle vorhanden sind. Nur eine *Wirtschaftlichkeitsberechnung* von Fall zu Fall unter Berücksichtigung der Einrichtungskosten, Betriebskosten usw. kann entscheiden, ob der Einsatz von Geräte und welches Geräte für diese Arbeiten wirtschaftlich ist.

2. Mutterboden andecken an Dammböschungen.

Andecken der Dämme vom Böschungsfuß aus.

a) Von Hand.

Ist der Mutterboden am Dammfuß gelagert, so muß er bei hohen Dammböschungen durch Anlage von Pritschen (etwa alle 3 m schräg gemessen) hochgepritscht werden.

Bei H m schräg gemessener größter Böschungslänge betragen die

Lohnkosten je 1 m³ durchschnittlich
$(0{,}6 + 0{,}08\,H)$ *St.*

Für Dammböschungen von d cm Dicke, welche von unten aus angedeckt werden, betragen demnach die Kosten

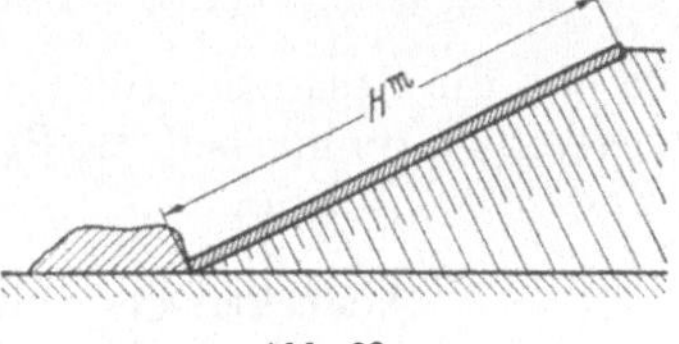

Abb. 22.

für 1 m² . . $0{,}006\,d\,(1 + 0{,}13\,H)$ *St.*

Die *durchschnittlichen* Lohnkosten bei H m *schräg gemessener größter Böschungslänge* eines Dammes sind nachstehend zusammengestellt:

Zusammenstellung.

H in m	Lohnkosten St. je 1 m³	Lohnkosten[1] St. je 1 m² Stärke der Mutterbodenschicht			
		$d = 0{,}10$ m	$d = 0{,}15$ m	$d = 0{,}20$ m	$d = 0{,}25$ m
3	0,8	0,08	0,12	0,16	0,20
6	1,1	0,10	0,15	0,20	0,28
12	1,6	0,16	0,24	0,32	0,40
20	2,2	0,22	0,33	0,44	0,55
25	2,6	0,26	0,40	0,50	0,65

b) Mit Maschinen.

In Frage kommen vor allem wie bei 1. b) *Förderbänder* oder *Greifbagger* zum Hochfördern des Mutterbodens. Man kann mit

[1] Vorausgesetzt sind die Leistungen geübter Tiefbauarbeiter.

$\frac{3}{4}$ m³ Greifern bis 6 m hoch und bis 13 m weit fördern (s. Abschnitt VIII, Baggerarbeiten, S. 133f.).

Die *Kosten für Mutterbodenandecken mit dem Greifbagger an Dammböschungen* setzen sich dann wie folgt zusammen:

1. Greiferkosten wie S. 101f.
2. Einbau des Mutterbodens und Planierungsarbeiten *0,3 bis 0,4 St. je 1 m³* (höhere Werte bei geringen Humusstärken).

Legt man die Greiferkosten von Seite 102 mit 1,30 DM./m³ und einen mittleren Stundenlohn (einschl. Aufsicht, Prämien usw.) von 3,— DM. zugrunde, so ergeben sich folgende Kosten für Andecken mit Greifer:

Mutterbodenstärke	$d = 0{,}15$ m	$d = 0{,}20$ m	$d = 0{,}25$ m
Greiferkosten je 1m² .	0,20 DM.	0,26 DM.	0,33 DM.
Einbaukosten je 1 m² .	0,18 DM.	0,20 DM.	0,22 DM.
Gesamtkosten je 1 m² .	0,38 DM.	0,46 DM.	0,55 DM.

Zu 1. kämen also bei einer Dammböschung 1 : 2, welche 25 cm stark angedeckt wird, bis $H = 14$ m (Dammhöhe etwa 6 m) noch hinzu die Löhne von 8 Mann für Einbau oder $\frac{8 \cdot 3{,}00}{25} = 0{,}96$ DM./m³, so daß die Gesamtkosten $1{,}30 + 0{,}96 = 2{,}26$ DM./m³ betragen würden gegenüber Handarbeit 1,6 St. zu 3,— DM. = 4,80 DM., d. h. *2,54 DM. Ersparnis je 1 m³*.

Andecken der Dämme von der Dammkrone aus.

Man ersieht aus den Kosten von 2. a), daß diese bei großen Dammhöhen sehr beträchtlich werden, so daß es bei allgemeiner Mutterbodenknappheit im Erdlos an Stellen mit Mutterbodenüberschuß (niedere Dämme) wirtschaftlicher sein kann, den am Fuß der Dämme lagernden Mutterboden nach Beendigung der Dammschüttungen im Längstransport (Gleis oder LKWs) auf die Dammkrone hoher Dämme zu bringen und dort abzukippen. Es gilt dann (wenn man Kippkosten von 0,1 St. zusätzlich und Entfall von Handarbeit von etwa 0,3 St. berücksichtigt) entsprechend 1 a.) die Gleichung: Lohnkosten je 1 m³ = $(0{,}5 + 0{,}08\,H)$ St.

Die Wirtschaftlichkeitsgrenze, wo es eben noch wirtschaftlich ist, die Dammböschungen von unten her anzudecken, finden wir, wenn wir die Kosten der beiden Verfahren gleichsetzen. Es gilt dann etwa die Gleichung:

$$1{,}7 + 0{,}03\,H = 0{,}5 + 0{,}08\,H\,.$$

$H = 22$ m, also bei Böschung 1 : 2 und einer *Dammhöhe $h = 10$ m*, d. h. *nur bei sehr großen Dammhöhen ist es wirtschaftlich, von oben her anzudecken.* Im allgemeinen wird man dieses Verfahren nur anwenden, wenn an und für sich *mit Rücksicht auf die Mutterbodenverteilung Längstransporte erforderlich* sind. Dies gilt vor allem, wenn die Möglichkeit besteht, mit Maschinen, z. B. Greifern, hochzufördern. Wenn z. B. auf der Baustelle ein Greifer vorhanden ist, wird in diesem Falle das Andecken mit dem Greifer schon bei Dammhöhen von $h > 3$ m an wirtschaftlicher sein.

In gleicher Weise lassen sich *Wirtschaftlichkeitsvergleiche bei Verwendung* verschiedener *maschineller Verfahren* je nach den örtlichen Verhältnissen anstellen, was sich bei großen Erdbewegungen lohnt.

Ansäen der Böschungen.

Das Auflockern der etwa schon festgeregneten Ackererde mit eisernen Rechen (Harken) und das Ansäen der Böschung kostet einen Lohnstundenaufwand von

0,01 bis 0,02 St. für 1 m².

Der erforderliche *Samenbedarf*

ist etwa 0,008 kg/1 m² bis 0,015 kg/1 m².

Rechnet man beispielsweise für 100 kg Samen 330,— DM., so betragen die *Kosten für Samen für 1 m²* 2,5 bis 5 Dpf.

Für erste Unterhaltung der Böschungen nach der Ansaat (Freihalten von Unkraut, Nachsäen, einmal Grasschneiden) bis zum Graswuchs kann man rechnen 5 bis 6 Dpf./m².

Gesamtkosten für Böschungsansaat je 1 m² . . . 0,10—0,15 DM. bei Annahme von $St_{mi} = 3$,— DM. (einschließlich aller Zuschläge).

Grassamenmischungen.

Als *Grassamenmischung* empfiehlt sich beispielsweise für lehmigen Boden folgende Mischung:

(16% weiche Trespe),	14% roter Schwingel,
15% englisch Raygras,	5% Rasenstrauchgras,
(15% Timotee),	(20% gelber Klee).
15% Schafschwingel,	

Bemerkung. Bei Sandböschungen gehen die eingeklammerten Grassorten nicht auf.

Flachrasen andecken.

Wenn die Rasen am Fuß des Dammes bzw. am Rand der Einschnittsböschung aufgestapelt sind, so werden sie mittels einer Tragbahre, welche von zwei Mann getragen wird, zur Verwendungsstelle transportiert und werden dort mit Weidenpflöcken (etwa 20 Stück je 1 m²) vernagelt. Da im ersteren Falle, wo die Rasenplacken am Dammfuß lagern, Bergtransport an der Böschung erforderlich ist, wird der Transport wesentlich schwieriger als der Taltransport bei der Befestigung der Einschnittsböschung. Dementsprechend unterscheidet man zweckmäßig:

a) Andecken von Dammböschungen vom Dammfuß aus,

b) Flachrasen andecken an Einschnittsböschungen vom Böschungsrand aus.

a) Flachrasen andecken an Dammböschungen vom Dammfuß aus.

Es fallen an Lohnkosten an

1. Aufladen der Rasenstücke auf Tragbahren je 1 m³ . . . . 0,8 St.

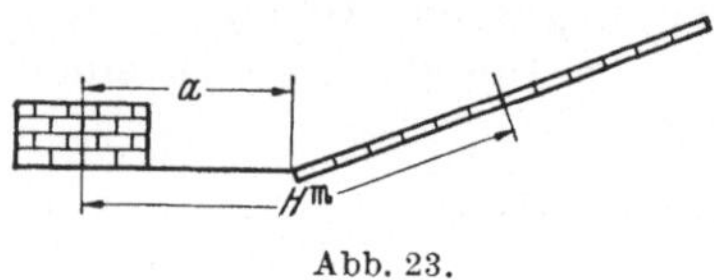

Abb. 23.

2. *Förderkosten*[1] bei *H m schräger* mittlerer *Förderlänge (0,06 H) St. je 1 m³.*
3. Legen und Vernageln von Flachrasentafeln *für 1 m²* . . *0,25 St.* Material: je 1 m² 15 Spicknägel 30 cm lang, 2 cm stark.

Die *Gesamtkosten für Aufladen, Transportieren und Verlegen von Flachrasen* betragen demnach für *1 m²* bei *H* m *mittlerer* Förderweite (in der Böschung schräg gemessen) für $d = 0{,}10$ m

$$(0{,}33 + 0{,}006\,H)\ \text{St.}$$

Zusammenstellung der Lohnkosten je 1 m².

H in m	5 m	8 m	10 m	15 m	20 m	25 m	30 m
St. je 1 m² . .	0,36	0,38	0,39	0,42	0,45	0,48	0,50

Bei $a = 5$ m und $H = 20$ m beträgt die größte schräge Böschungslänge 30 m, d. h. *bei Neigung 1 : 2 des Dammes* ist dieser etwa *13 m hoch.*

b) Flachrasen andecken an Einschnittsböschungen vom Böschungsrand aus.

An Lohnkosten fallen an je 1 m³

1. Laden der Rasenstücke auf Tragbahren 0,8 St.
2. An Förderkosten bei *H* m *mittlerer* Förderlänge (auf der Böschung schräg gemessen) *je 1 m³ (0,04 H) St.*
3. Legen und Nageln der Flachrasentafeln *für 1 m²* . . . *0,25 St.* Material: je 1 m² 15 Spickpfähle 30 cm lang, 2 cm stark.

Die Gesamtkosten für Aufladen, Transportieren und Verlegen von Flachrasen betragen demnach für *1 m²*

$$\text{für } d = 0{,}10\ m \quad (0{,}33 + 0{,}004\,H)\ St.$$

Kopfrasen setzen.

Da Kopfrasen fast nur bei niedrigen Böschungen angewandt wird, kann man für Transport von 1 m³ Rasen 1,0 St. rechnen. Dazu

[1] Bei flachen Böschungen und großen Förderweiten ($H > 15$ m) besser *Schubkarrenförderung* (s. Abschnitt X, Förderkosten, S. 166f.).

kommt noch das Laden des Rasens mit 0,8 St./1 m^3 und das Setzen des Rasens mit 0,50 St. je 1 m^2, so daß das Andecken von Kopfrasen, an Böschungen von 2 bis 5 m Höhe in 25 cm Stärke angedeckt, 0,95 St. für 1 m^2 kostet

rund 1,0 St. je 1 m^2.

Steinschüttungen und sonstige Böschungsbefestigungen.

Steinschüttungen in Stärken von etwa 30 cm auf Böschungen.

Als Ufer- und Böschungsbefestigung bei Kanälen u. dgl., besonders im Sandboden, werden häufig Steinschüttungen von etwa 30 cm Stärke gewählt, welche die Böschungen gegen Witterungseinflüsse und Wellenschlag sichern. Die Steine sollen durchschnittlich nicht stärker als 15 bis 20 cm sein und erhalten eine Unterbettung von Kies oder dgl. Man kann rechnen, wenn die Steine in Waggons auf der Baustelle eintreffen:

1. für Entladen der Steine aus den Waggons 1 m^2 = 0,30 m^3 zu 1,75 t = 0,50 t zu 0,8 St. . . . 0,40 St.
2. Transport von der Entladestelle zur Verwendungsstelle . . . . 0,20—0,35 St.
3. Kippen der Steine und Aufbringen der Packlage in 30 cm Stärke einschließlich sorgfältigem Auszwicken mit kleinen Steinen für 1 m^2 . . . . 0,60—0,80 St.

Die Gesamtkosten von 1. bis 3. betragen demnach

für 1 m^2 *1,2 bis 1,5 St.*

Anmerkung. Gleisarbeiten sind in diese Berechnung nicht inbegriffen, ebenso nicht Betriebsstoffe und Gerätekosten, welche entsprechend der Transportentfernung zuzuschlagen sind.

Steinpackung zur Sicherung von Steindämmen.

Bei Steindämmen wird ein Anbeugen der Steine in der Böschungsflucht erforderlich. Das Aufbringen von Humus oder Rasen wäre zwecklos. Zum Ansetzen werden meist Steine von 20 bis 30 cm Stärke gewählt.

Für Verkleidung der Böschung mit Steinen kann man rechnen	5,0 St. für 1 m^3
Für das Aussuchen geeigneter Steine einen Zuschlag von	1,5 St. für 1 m^3
Insgesamt:	6,5 St. für 1 m^3

oder bei einer Stärke der Verkleidung von

20 cm Steinstärke für 1 m^2	1,3 St.
25 cm ,, ,, 1 m^2	1,6 St.
30 cm ,, ,, 1 m^2	2,0 St.

Steinwurf als Uferschutz von Flüssen oder als Stütze von Pflasterungen.

Es werden zu diesem Zweck schwere Steine (Wasserbausteine) verwendet, welche mit Bruchstangen und Hebebäumen in eine gute Lage gebracht werden müssen. Das Heranschaffen der Steine geschieht entweder durch Kippen der Steine einem Gleis entlang am Ufer oder die Steine können auch, wenn sie dem Ufer entlang gelagert sind, von Hand oder mit Hilfe von kleinen Derrickkranen zur Einbaustelle herangeschafft werden.

Das Einwerfen der Steine ins Wasser kostet einschließlich Heranschaffen der Steine bis zu 10 m Entfernung, wenn die Arbeit unter Wasser geschieht,

für 1 m³ . . . . 7,0 St.

Wenn die Arbeit nicht im Wasser oder bei sehr niederem Wasserstand erfolgt

für 1 m³ . . . . 5,0 St.

Pflastern von Böschungen mit schweren etwa 30 cm starken Wasserbausteinen.

Das Pflastern erfolgt nach aufgestellten Lehren. Die Steine werden mit unbearbeiteten Kopfflächen im Verband versetzt und die Fugen entweder mit Erde und Moos oder mit Zementmörtel ausgefüllt.

Die Lohnkosten für diese Arbeit betragen, wenn die fertig behauenen Steine oben auf der Böschung lagern, für 1 m² . . . . etwa 2,5 Stm. Man verwendet für diese Arbeit am besten Maurer.

Berauhwehrung zum Schutz von Böschungen an Flüssen.

Auf den Böschungen wird eine Lage Reisig gleichmäßig ausgebreitet und mittels darübergenagelter Wippen oder Flechtwerkstränge auf dem Boden befestigt. Meist erfolgt noch eine Bekiesung.

Eine Wippe 10 m lang, 15 cm dick, von 30 cm zu 30 cm mit Wippendraht (geglüht Nr. 16) gebunden, wiegt frisch 125 kg und die Anfertigung kostet etwa 2,0 St., somit für 1 m Wippe anfertigen 0,2 St.

Es kostet dann 1 m² Berauhwehrung:

Reiser an Ort und Stelle bringen und einbauen	0,8 St.
Wippen binden und befestigen	0,3 St.
Bekiesen	0,4 St.
1 m² Berauhwehrung	1,5 St.

Der Antransport der Materialien mit Hilfe von Transportbahn, Fuhrwerk oder dgl. ist bei der Kalkulation noch zuzuschlagen.

Anfertigen von Faschinen und Befestigen von Böschungsfüßen.

Diese Befestigungsart kommt beispielsweise vor bei Gräben mit Sandböschungen, welche Fließsand enthalten. Das Anfertigen von Faschinen von 30 cm Stärke (Gewicht etwa 12 kg/m)

kostet . . . . etwa 0,5 St.
Das Einbauen der Faschinen am Böschungsfuß im Trockenen . . . . etwa 0,7 St.

Gesamtkosten für 1 lfd. m Faschine . . . . 1,2 St.
oder, da etwa 4 lfd. m für 1 m² erforderlich sind, für 1 m² *4,8 St.*

Anmerkung. Für Arbeit im Nassen Zuschlag von etwa 30%.

Faschinen versenken und unter Wasser einbauen.

Das Anfertigen der Faschinen siehe oben. Man kann bei Berechnung des „mittleren Stundenlohns" annehmen, daß ein Buhnenmeister und zwei Hilfsarbeiter beschäftigt sind. Wenn wir mit St_{mi} den mittleren Stundenlohn bezeichnen, so betragen die Kosten für Faschinen im Trockenen als Uferbefestigung einlegen und mit Wippen und Schotter versehen für 1 m³ $2{,}0\ St_{mi}$.

Faschinen im Wasser befestigen.

Man kann annehmen, daß ein Schiffer, ein Buhnenmeister und zwei Hilfsarbeiter hierbei beschäftigt sind. Die Lohnkosten für Versenken von Faschinen im Wasser betragen für 1 m³ . . . . $3{,}0\ St_{mi}$.
desgleichen Versenken in starker Strömung für 1 m³ . . . $4{,}5\ St_{mi}$.

Weidenpflanzungen an Böschungen.

Schräg abgeschnittene Weidensetzlinge von 2 bis 3 cm Stärke, 30 bis 60 cm Länge im Verband (schachbrettartig) und in *e* (Meter) Entfernung zu setzen, kostet für 1 m²

bei *e* = 10 cm = 2,0 St.	bei *e* = 50 cm = 0,08 St.
bei *e* = 20 cm = 0,5 St.	bei *e* = 60 cm = 0,06 St.
bei *e* = 30 cm = 0,22 St.	bei *e* = 70 cm = 0,04 St.
bei *e* = 40 cm = 0,13 St.	bei *e* = 80 cm = 0,03 St.

Heckenzaun, doppelt zu pflanzen, kostet für 1 lfd. m . . . . 1 St.

Dichtungsarbeiten an Kanälen.

Zur Dichtung von Schiffahrtskanälen, besonders in Sand- und sonstigem durchlässigen Boden, verwendet man vielfach (Mittellandkanal, Rhein-Herne-Kanal usw.) Dichtungen aus Ton oder Lehm. Sie werden besonders verwendet, wo der Kanalwasserspiegel über Grundwasser oder die Kanalsohle über Geländehöhe liegt. Es wird auf eine Schicht Ton oder Lehm, die in Lagen von etwa 15 cm eingewalzt oder eingestampft wird, eine Lage Deckkies aufgebracht. Der Lehm wird zweckmäßig mit einer 2-Tonnen-Walze, welche von einer Lokomotive gezogen wird, eingewalzt. Man kann — Gewinnung und Transport des Lehms nicht inbegriffen — ohne Berücksichtigung der Einrichtungsarbeiten (Gleislegen usw.) rechnen an Lohnkosten:

Für den Einbau von 1 m³ Lehm (mit Walze):

Auf der Sohle . . . . 2,5 St.
An den Böschungen . . . . 2,8 St.

Für das Aufbringen von 1 m³ Deckkies:

Auf der Sohle . . . . 2,0 St.
Auf den Böschungen . . . . 2,5 St.

Wird der Lehm an Ort und Stelle gewonnen, so kann man das Gewinnen des Lehms und Laden in Transportwagen nach Abschnitt III, „Erd- und Felsarbeiten", S. 73 errechnen, die Förderkosten nach Abschnitt X, „Förderkosten", S. 166f.

VII. Wasserschöpf- und Wasserhaltungsarbeiten. Wasserversorgung von Baustellen.

Die Kosten des Wasserschöpfens und von Wasserhaltungen überhaupt sind außerordentlich schwierig zu schätzen, da Umstände, von denen man abhängig ist, so vor allem die Dichtigkeit des Baugrunds, Umfang der Baugrube usw. mit hereinspielen. Man kann z. B. eine Wasserhaltung in lehmigem, festem Sandboden, der wenig durchlässig ist, für ein bestimmtes Bauwerk leicht mit einer Kreiselpumpe bewältigen, während man in grobem Kies, der sehr durchlässig ist, unter sonst gleichen Umständen drei Kreiselpumpen ansetzen müßte. Es sollen zunächst einfache Schöpfarbeiten und Wasserpumpen mittels Handpumpen behandelt werden und dann noch Beispiele für größere Wasserhaltungen durchgerechnet werden.

Wasserschöpfen mit dem Eimer.

1 m³ Wasser 1 m hoch heben kostet . . . . 0,15 St.

Wasserschöpfen mit dem Eimer, an der Haspel.

Es sind mindestens zwei Arbeiter erforderlich.

1 m³ Wasser auf 1 m Höhe zu heben kostet . . . . . . 0,10 St.

Wasserschöpfen mit der Pumpe von Hand.

Die Leistung eines Arbeiters bei 10stündiger Arbeitszeit kann gesetzt werden (nach Rziha) zu 5 mkg je Sekunde. Soll eine Wassermenge von Q Liter je Sekunde H (Meter) hoch gehoben werden, so ist die erforderliche Arbeiterzahl $n = 0{,}3\,QH$. Der Wirkungsgrad der Pumpe wurde zu 0,67 bis 0,7 angenommen.

Handpumpen.

Gewöhnliche Baupumpe (Saugpumpe).

Zylinderweite mm	70	80	100
Saugrohrweite mm	32	38	51
Leistung etwa m^3/h	1,5	2,2	4,0
Gewicht etwa kg	40	50	74
Preis etwa DM.	105,—	125,—	170,—

Lohnkosten für Bedienung: je 1 m^3 Wasser und je 1 m Hub *0,08* bis *0,10 St.*

Anlage des Brunnens als Schachtbrunnen, Tiefbrunnen oder Abessinierbrunnen ist zu berücksichtigen.

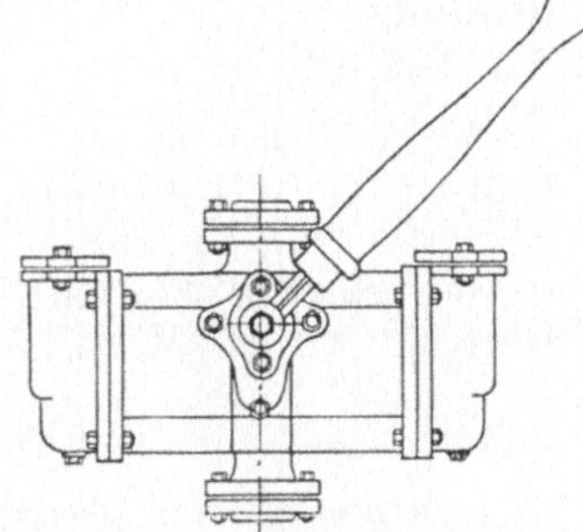

Abb. 24. Flügelpumpe.

Doppeltwirkende Saug- und Druckpumpe (Flügelpumpe).

Zylinderweite mm .	75	90
Saugrohrweite mm .	32	38
Leistung etwa m^3/h	2,5	3,5
Gewicht etwa kg .	26	42
Preis etwa DM. . .	120,—	160,—

Diaphragma-Pumpe für Handbetrieb

(Saugpumpe mit Gummimembrane, also ohne Plunger und ohne Zylinder) wird bis zu 7 m Saughöhe verwendet. Bei *Saughöhen bis 4 m ist ein Arbeiter* erforderlich, *bei Saughöhen von 4 bis 7 m sind zwei Arbeiter* erforderlich. Für Handbetrieb wählt man Diaphragma-Pumpen mit einer Leistung von 12, 20 und 25 m^3 je Stunde.

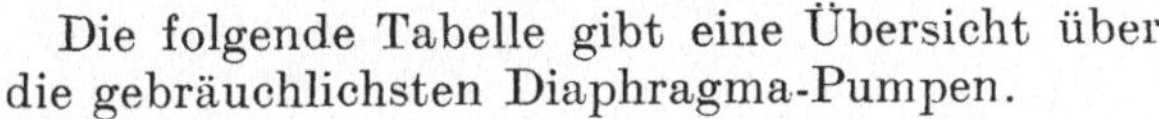

Die folgende Tabelle gibt eine Übersicht über die gebräuchlichsten Diaphragma-Pumpen.

Abb. 25. Diaphragma-Pumpe.

Größe Nr.	1	2	3
Saugschlauchanschluß (Zoll)	2½″	3″	4″
Höchstleistung m^3/h bei niederster Saughöhe und reinem Wasser	12	20	25
Gewicht etwa (kg)	90	150	200
Preis[1] der Pumpen etwa (DM.)	121,—	165,—	229,—
Zubehör:			
6 m Gummispiralschlauch etwa (DM.)	129,—	165,—	218,—
1 gußeiserner Saugkorb etwa (DM.) .	6,—	9,—	15,—
1 Verschraubg. (Gußeisen) etwa (DM.)	—	—	12,—
1 Übergangsbogen etwa (DM.) . . .	25,—	30,—	40,—
1 eiserner Schubkarren zum Transport etwa (DM.)	100,—	100,—	100,—
Insgesamt (DM.):	381,—	469,—	614,—

[1] Frühjahr 1954 (nach Angaben der Pumpenfabrik Hammelrath & Schwenzer, Düsseldorf).

Tabelle 19. *Kosten je 1 Diaphragma-*

Kostenanteile	Betriebs- 500	
	2½″	4″
1. Abschreibung + Verzinsung[1] . . .	0,12 DM.	0,18 DM.
2. Materialkosten der Geräteunterhaltung	0,08 DM.	0,12 DM.
3. Lohnkosten für Bedienung und Reparatur	1,1 St_{masch}	2,1 St_{masch}
4. Zuschläge 70% von 3.	0,77 St_{masch}	1,5 St_{masch}
Bei Saughöhen bis 4 m Insgesamt *je 1 Pumpenstunde* . .	1,87 St_{masch} + 0,20 DM.	3,6 St_{masch} + 0,30 DM.
Bei Saughöhen über 4 m Insgesamt *je 1 Pumpenstunde* . .	3,57 St_{masch} + 0,20 DM.	5,3 St_{masch} + 0,30 DM.

Selbstkosten von Wasserhaltungen mit Diaphragmapumpen.

In den vorstehenden Tabellen sind *nicht* enthalten die Kosten für

1. An- und Rücktransport der Geräte.
2. Anlage von Pumpensümpfen und Pumpenschächten.
3. Anlage und Unterhaltung von Wassergräben.
4. Anlage von Sohlendrainagen und Freihalten des Pumpensumpfs.

Als Wasserhaltungsmaschinen bei Ausschachtungsarbeiten für größere Bauwerke, deren Sohle ins Grundwasser zu liegen kommt, werden heute fast ausschließlich *Kreisel-(Zentrifugal-)Pumpen* verwandt. Die

Abb. 26. Kreiselpumpenaggregat (bis 15 m³/h), 3 PS.

[1] Der *gesamte Mietbetrag* einer Wasserhaltung soll *mindestens* 1/5 *der jährlichen Miete* betragen.

pumpenstunde (mit Gewinn!).

stunden im Jahr			
1000		2000	
2½″	4″	2½″	4″-Anschluß
0,09 DM.	0,14 DM.	0,06 DM.	0,10 DM.
0,06 DM.	0,08 DM.	0,04 DM.	0,05 DM.
1,1 St_{masch} 0,77 St_{masch}	2,1 St_{masch} 1,5 St_{masch}	1,1 St_{masch} 0,77 St_{masch}	2,1 St_{masch} 1,5 St_{masch}
1,87 St_{masch} + 0,15 DM.	3,6 St_{masch} + 0,20 DM.	1,87 St_{masch} + 0,10 DM.	3,6 St_{masch} + 0,15 DM.
3,57 St_{masch} + 0,15 DM.	5,3 St_{masch} + 0,20 DM.	3,57 St_{masch} + 0,10 DM.	5,3 St_{masch} + 0,15 DM.

gebräuchlichsten Typen, wie sie auf Baustellen üblich sind, seien nachstehend zusammengestellt.

Für kleinere Wasserhaltungen (Leistungen bis 15 m³/h) stellt z. B. die Firma Amag-Hilpert-Pegnitzhütte AG. in Nürnberg tragbare Kreiselpumpenaggregate mit angebautem 3 PS-Drehstrommotor her (Gewicht der Pumpe mit Motor 75 kg, Preis einschl. Tragrahmen und Motor Frühjahr 1954 ca. 1600,— DM.). Abb. 26 zeigt ein solches Aggregat, fahrbar, mit Elektroantrieb.

(Kanalrad-)Kreiselpumpen (Zentrifugalpumpen)[1].

Saugstutzen mm Ø	Drehzahl	H (m)	Kraftbedarf PS	Gewicht[2] kg	Preis[3] etwa DM.	Leistung m³/h
80	2850/1450	10—8	5	145	705,—	50—80
100	1450	10—8	8	180	780,—	80—100
150 g	1450	10—8	15	355	1270,—	180—250
200	1450	10—8	20	480	1790,—	250—350
250	960	10—8	25	590	2050,—	350—450
300	960	10—8	30	650	2470,—	450—550
250 g	960	16—13	50	1235	4150,—	480—550

Der Antrieb der Kreiselpumpen erfolgt heute meist mit Rohölmotor oder Elektromotor, wobei im letzteren Falle die Leistung der Motore in der Tabelle zweckmäßig um 10% höher gewählt wird, zum Ausgleich der Spitzen.

[1] Die Angaben verdankt der Verfasser der Amag-Hilpert-Pegnitzhütte A.G., Nürnberg.

[2] Gewicht ohne Grundplatte, Kupplung, Motor, Saugstutzen, Ventile und sonstige Zubehörteile siehe S. 121.

[3] Preise Frühjahr 1954 für Pumpe *ohne* Motor.

Bei der Bestimmung der Pumpenleistung bzw. der erforderlichen Motorleistung ist eine *Gesamtförderhöhe H von 8 bis 10 m* zugrunde gelegt, wie sie im Baubetrieb wohl meist gebraucht wird. Als Spezialpumpe ist der Typ „250 g“ mit $H = 13$ bis 16 m angegeben.

Die *zulässige Saughöhe* bei diesen Pumpen bewegt sich *zwischen 5 und 6 m.*

Für *große Fördermengen* (bis 4000 m³/h) und *kleine Förderhöhen* von 3 bis 30 m, d. h. für Schöpfwerke, Bewässerungsanlagen, Entwässerungsanlagen usw. baut die Pumpenfabrik Ritz und Schweizer, Schwäbisch-Gmünd, die sogenannten *Schraubenpumpen*, welche sich für *große Wasserhaltungen mit geringen Saughöhen* (bei Rohr ∅ 300 mm 5 m, Rohr-∅ 400 mm und 500 mm 3,5 m, Rohr ∅ 600 mm 2,5 m) eignen.

Die halbaxial beaufschlagten Laufräder mit wenigen schraubenförmigen Schaufeln zeigt Abb. 27. Diese erlauben hohe Antriebsdrehzahlen, so daß auch bei niederen Förderhöhen normale Elektromotoren mit 950 und 1450 Umdrehungen benützt werden können.

Abb. 27. Schraubenlaufräder von Schraubenpumpen.

Senkrechte Schmutzwasser-Kreiselpumpen (Unterwasserpumpen) baut die AMAG-Hilpert-Pegnitzhütte A.G., Nürnberg, für Fördermengen bis 450 m³/h und Förderhöhen bis 55 m. Diese Pumpe zeigt die Abb. 28. Sie wird an einem Kran oder Dreibock aufgehängt und in die Baugrube abgelassen.

Übersicht über senkrechte Kreiselpumpen[1]

Type	Rohr-∅ mm	Preis[2] DM.	Gewicht kg	Q (m³/h)	H (m)	N (PS) Motor
KWvS	80	2180,—	380	60—80	10—8	5
KWvS	100 g	3390,—	660	100—160	10—8	10
KWvS	150 k	2880,—	520	140—195	10—8	10
KWvS	200 k	3260,—	630	180—260	10—8	15
KWvS	200 g	4350,—	790	275—350	10—8	20

[1] Die Angaben verdankt der Verfasser der Amag-Hilpert-Pegnitzhütte A.G., Nürnberg.

[2] Frühjahr 1954.

Über den Wirkungsgrad von Wasserhaltungspumpen und Abrechnung von Wasserhaltungsbetrieben.

Dem in der Tabelle Seite 115 angegebenen *Kraftbedarf* in PS liegt ein *Gesamtwirkungsgrad von* $\eta = 0{,}55$ von Pumpe und Motor zusammen zugrunde. Fast stets werden *Wasserhaltungsbetriebe nach „Pumpenstunden von Pumpen mit Anschlußweiten von 100 bis 300 mm ∅“* angeboten. In einzelnen Fällen verlangt der Bauherr einen entsprechenden Nachlaß, wenn die Pumpen nur 50% oder 75% der normalen Wassermenge liefern. Weder über *Förderhöhe* noch über die zu fördernde *Wassermenge* („Förderstrom“ genannt) herrscht vor der Vergebung Klarheit. Während wissenschaftlich die Grundlagen des Wasserhaltungsbetriebes[1] (Kennlinie von Pumpen, Wirkungsgrade usw.) längst geklärt sind, sind Bauherr und Bauunternehmer meist nicht mit den Grundlagen der Wasserhaltungswissenschaft vertraut. Die Abhängigkeit des Wirkungsgrades einer Förderanlage bei Regelung des Wasserzuflusses durch den Drosselschieber[1] sind nicht bekannt, noch weniger werden Wassermengenmessungen auf der Baustelle gemacht. Wenn nach reinen Pumpstunden ohne Berücksichtigung der Fördermenge abgerechnet wird, kann der Unternehmer bei bekannter *Förderhöhe* der Baustelle aus der Pumpencharakteristik (Q-H-Linie) unter Berücksichtigung des Wirkungsgrades die *Antriebsleistung* errechnen. Die mögliche Fördermenge einer Pumpe kann so angenommen werden, daß man bei dem betreffenden Saugrohr-∅ eine Fließgeschwindigkeit von 2 m/s annimmt (z. B. bei 300 mm ∅: $Q = \frac{0{,}30^2 \cdot \pi}{4} \cdot 2{,}0 \cdot 3600 = 500\ \mathrm{m}^3$). Es gilt, wenn Q die Wassermenge in m³/h, H die geodätische Förderhöhe (Saughöhe + Druckhöhe) ist und N die *Nutz-kW* (je Stunde) bedeuten, die Gleichung:

Abb. 28. Unterwasserpumpe der AMAG-Hilpert-Pegnitzhütte A.G., Nürnberg.

$$N = \frac{Q \cdot H}{367{,}2}$$

Nimmt man den *Gesamtwirkungsgrad von Pumpe + Motor zu* $\eta = 0{,}5$ (bisweilen auch höher) an, so ergibt sich der

Strombedarf in kW zu $2\,N$
oder in PS zu $2{,}7\,N$.

---

[1] Dipl.-Ing. Ernst Wetzel, Frankfurt a. M., hat in der Zeitschrift „Bautechnik“, 1941, H. 19, S. 208ff. über den *„Betriebswirkungsgrad von Wasserhaltungspumpen auf Baustellen“* berichtet.

Es ist dabei schon berücksichtigt, daß bei den meisten Anlagen *auf Baustellen die Wirkungsgrade sehr niedrig* sind, weil man es dem Maschinenmeister überläßt, wie er die Pumpen betreiben will.

Um eine bessere Wirtschaftlichkeit in der Praxis zu erreichen, macht WETZEL[1] den Vorschlag, an Stelle der Staffelung nach Anschlußweiten der Pumpen bei der Ausschreibung (und Abrechnung je Pumpenbetriebsstunde) die *Staffelung nach den stündlichen Fördermengen* für die Preisbildung je Wasserhaltungsbetriebsstunde zu benützen. Er empfiehlt für die angenommenen Förderströme (Wassermengen) die Reihe 60, 95, 145, 225, 345, 535, 760, 1070 und 1600 m³/h. Die hierzu erforderlichen *Wassermengenmessungen* auf der Baustelle wären verhältnismäßig einfach durchzuführen, da die Ausflußkurve eine Parabel ist. Bei einer Ausflußweite von a und Ausflußhöhe s am Rohrende ergibt sich die Fließgeschwindigkeit v (m/s) und bei einem gefüllten Rohrquerschnitt F_a

$$Q = F_a \cdot v = 2{,}22 \cdot F_a \cdot \frac{a}{\sqrt{s}} \text{ (m}^3\text{/s).}$$

Der Bauherr hätte dann bei einer Wasserhaltung nur festzulegen, welchen *Gesamtförderstrom* die vorzuhaltenden Pumpen der Wasserhaltung haben müssen. Mit welchen und mit wieviel Pumpen der Unternehmer den garantierten Förderstrom erreicht (mit dem bestmöglichen Wirkungsgrad), wäre seine Sache. Es bleibt abzuwarten, ob die Praxis einen solchen Vorschlag annimmt. Jedenfalls regen solche Vorschläge eine bessere betriebswirtschaftliche Erfassung der Erfahrungen bei Wasserhaltungsbetrieben an. Auch die Kalkulation muß vielleicht mehr als bisher auf die *Abhängigkeit des Betriebsstoffverbrauchs von Förderhöhe und Fördermenge* achten.

Beispiele von Wasserhaltungen mit Kreiselpumpen.

Beispiel 9. Es seien die Wasserhaltungskosten bei einem Dükerbau zu ermitteln, nachdem man nach dem Baugrogramm feststellen konnte, daß von dem Tag der Inbetriebnahme der Wasserhaltung bis zur Außerbetriebsetzung 100 Tage vergehen werden und man annehmen kann, daß außer den Pumpenmaschinisten, welche Tag und Nacht die Pumpe bedienen, noch ein Mann ständig zum Reinigen des Pumpensumpfs und der Offenhaltung der Zuleitungsgräben erforderlich ist. Der Düker liege im Sandboden und die Tiefe der Baugrubensohle unter Terrain betrage etwa 5 m. Das Grundwasser soll etwa 2 m unter Terrain anstehen.

Lösung. Arbeitsvorgang: Es werden zunächst die oberen 2 m im Trockenen ausgehoben und dann ein Pumpenschacht abgeteuft bis etwa 1 m unter die Baugrubensohle. Es können zu diesem Zweck auch Zementrohre von 1 m Durchmesser verwandt werden, wovon dann 4 Stück erforderlich werden. Dann erfolgt die Aufstellung der Pumpe, deren Saugrohre in den Schacht eintauchen.

Die Kosten der Wasserhaltung setzen sich unter Annahme von Dieselmotorantrieb wie folgt zusammen:

Annahme folgender Löhne: 1 St. = 1,80 DM., 1 $\text{St.}_{\text{masch.}}$ = 2,10 DM.
und folgender Zuschläge: 10% auf Material, 70% auf Löhne.

[1] Aufsatz in der Zeitschrift „*Der Bauingenieur*“, 1950, Heft 7, S. 251—254, E. WETZEL, „Senkung der Wasserhaltungskosten durch Änderung des Abrechnungsverfahrens“.

1. Gerätekosten.

	Gewicht	Neuwert
	kg	DM.
1 Kreiselpumpe 200 mm mit Zubehör . . .	1000	2500,—
1 Dieselmotor 22 PS ($n = 1500$)	500	3000,—
	1500	5500,—

a) Abschreibung und Verzinsung.

Monatliche Miete *während des Pumpbetriebes* (100 Tage):

für $b = 700$ h/Monat ist

$g_m = 3{,}75\%$ von 2500,— DM. + 5,25% von 3000,— = 251,25 DM.

Monatliche Miete für *Stilliegezeiten* (2 Monate für An- und Rücktransport und Zeit der Lagerung auf der Baustelle):

$g_m = 1{,}5\%$ von 2500,— + 2,1% von 3000,— 100,50 DM.

Für Stilliegezeit 75 v.H. von 100,50 . . . . 75,— DM.

Somit Gerätemieten $\frac{100}{30} \times 251{,}25 + 2 \times 75{,}—= 987{,}50$ DM.

b) Kosten für An- und Rücktransport einschließlich Fracht geschätzt zu 100,— DM./t . . . . . . 150,— DM.

c) Materialkosten der Geräteunterhaltung 40 v.H. von 987,50 DM. . . . . 390,— DM.

Gerätekosten insgesamt . . . . 1527,50 DM.

oder 1527,50 : 100 = *15,30 DM. je Pumpentag.*

2. Einrichtungskosten und Räumungskosten[1] (einschl. Zuschlägen).

Der Pumpenschacht von 4 m Tiefe kostet etwa 300 h zu 3,— DM.[2]	900,— DM.
Aufbau der Pumpenanlage etwa 200 h zu 3,— DM.[2]	600,— „
Abbau der Pumpenanlage etwa 100 h zu 3,— DM.[2]	300,— „
Einrichtungskosten insgesamt:	1800,— DM.

das ist 18,— DM. im Tag.

3. Tägliche Kosten des Pumpbetriebs.

a) Lohnkosten:	1 Pumpenmaschinist 24 h zu 3,30 DM[2]. . . .	79,20 DM.
	1 Hilfsarbeiter 10 h zu 3,— DM.[2]	30,— „
	Geräteunterhaltung (Lohn)	5,80 „
		115,— DM.

b) Betriebsstoffe: Wenn der Dieselölverbrauch eines Dieselmotors 0,2 kg je 1 PS h beträgt, so ist der Verbrauch in 24 h an Dieselöl

$$22 \cdot 24 \cdot 0{,}2 = 105{,}60 \text{ kg Dieselöl,}$$

d. h. bei einem Preis frei Verwendungsstelle von 0,50 DM. je 1 kg	52,80 DM.
An Ölen werden verbraucht etwa 3 kg zu 1,50 DM.	4,50 „
Wasser und sonstige Betriebsstoffe	2,70 „
Betriebsstoffe insgesamt:	60,— DM.
+ 10% Zuschlag. . . .	6,— „
	66,— DM.

Mit Zuschlägen von 70% auf Lohn und 10% auf Material ergeben sich also folgende Kosten für 24 h:

15,30 + 18,— + 115,— + 66,— = 214,30 DM.

oder je *1 Pumpenbetriebsstunde 8,90 DM.*

(ohne Auf- und Abbau, An- und Rücktransport 8,10 DM.)

[1] Diese Kosten werden sonst zweckmäßig in einer Einrichtungspauschale zusammen mit dem Geräte-An- und -Rücktransport besonders ausgewiesen.

[2] Einschließlich Zuschlägen.

Beispiel 10. Für eine Wasserhaltungsanlage in einem Kanal, welche aus 4 Kreiselpumpen 300 mm ∅ besteht und durch Elektromotore angetrieben wird, sollen die täglichen Betriebskosten ermittelt werden, wenn die kWh 20 Dpf. kostet. Ebenso bei 25 Dpf./kWh und 30 Dpf./kWh. (Löhne wie im vorigen Beispiel.)

Lösung. Reine Löhne:

Bedienung 1 Maschinist 24 h zu 2,10 DM.	50,40 DM.
1 Hilfsarbeiter zum Reinhalten des Pumpenschachts 10 h zu 1,80 DM.	18,— „
Löhne insgesamt	68,40 DM.
Stromverbrauch. Die 4 Elektromotore, welche zweckmäßig zu $30 + 30/5 = 36$ PS oder 30 kW gewählt werden, haben folgenden Stromverbrauch in 24 h: Da die Motore nicht ständig vollbelastet sind, kann man mit einem Ausnutzungsfaktor $\eta = 0{,}8$ rechnen, so daß also tatsächlich nur $0{,}8 \cdot 30 = 24$ kW je Einheit verbraucht werden. Somit Gesamtstromverbrauch $4 \times 24 \times 24 = 2304$ kWh zu 0,20 DM.	460,80 DM.
An Ölen für Schmierung kann man rechnen 10%	46,20 „
	507,— DM.

Bei 300 Wasserhaltungstagen (8000 Pumpenbetriebsstunden im Jahre) ergeben sich die *Betriebskosten in 24 h:*

Kostenanteile	Kosten für 1 kWh 0,20 DM; 0,25 DM.; 0,30 DM.		
	0,20 DM.	0,25 DM.	0,30 DM.
1. Gerätekosten[1] (Abschreibung, Verzinsung, Geräteunterhaltung) in 24 h.	50,—	50,—	50,—
2. Löhne.	68,40	68,40	68,40
3. Betriebsstoffe (Strom)	507,—	634,—	760,—
4. Geschäftskosten, Gemeinkosten, Gewinn			
10% von 1. + 3.	55,—	68,—	81,—
80% von 2.	55,—	55,—	55,—
Betriebskosten in 24 h	735,40	875,40	1014,40
Kosten je 1 Betriebsstunde für 4 Pumpen ∅ 300 mm	30,50	36,50	42,50

Zusammenstellung der Betriebskosten für Wasserhaltungen je 1 Pumpenstunde.

Zu einer *vollständigen Wasserhaltung* bei Bauarbeiten gehören außer Pumpe und Antriebsmotor noch verschiedene Zubehörteile (Saugkorb, Absperrventil usw.) und etwa 20 m Rohrleitung mit Paßstücken, Krümmern, Dichtungen und Schrauben. Fußend auf den grundlegenden Ausführungen des Abschnitts II, § 1 bis 5, S. 11 ff. sind für vollständige Wasserhaltungen *mit Kreiselpumpen* die *Betriebskosten für 1 Wasserhaltungsstunde* in den nachstehenden Tabellen zusammengestellt.

---

[1] Es wurde mit einem Neuwert je 1 Aggregat ∅ 300 mm mit Motor von 7000,— DM. und bei 700 Betriebsstunden/Monat mit $g_m = 5\%$ (einschl. Unterhaltung) gerechnet, d. h. 12,50 DM./Aggregat in 24 h.

In den Tabellen *nicht* enthalten und *besonders zu veranschlagen* sind (je nach örtlichen Verhältnissen und Untergrund):

1. An- und Rücktransport der Geräte zur Baustelle.
2. Zusammenbau und Abbau der maschinellen Anlage (s. Abschnitt II, § 3, S. 26f.), Wetterschutz, Gerüste.
3. Anlage von Pumpenschächten[1] und Pumpensümpfen, Schlagen von Pumpenblechen.
4. Anlage und Unterhaltung von Wassergräben in der Baugrube und für den Ableitungsgraben.
5. Anlage von Sohlendrainagen (Grobkies) und Freihalten des Pumpensumpfs.
6. Elektrische Installation wie z. B. Aufstellung eines Transformators und Legen von Leitungen oder Aufstellung eines Stromerzeugungsaggregats und Beleuchtung für die Nacht.

Die Zusammenstellung berücksichtigt

a) Elektromotorenantrieb,

b) Rohölmotorenantrieb (Dieselmotoren).

Tabelle 20. *Zusammenstellung der Geräte für Wasserhaltungen.*

Saugstutzen	Kreiselpumpe		Zubehörteile (Saugkorb, Absperrventil usw.)		20 m Rohrleitung mit Paßstücken		Elektromotor			Dieselmotor	
mm Ø	Gewicht kg	Preis[2] DM.	Gewicht kg	Preis[2] DM.	Gewicht kg	Preis[2] DM.	kW	Gewicht kg	Preis[2] DM.	Gewicht kg	Preis[2] DM.
80	160	705,—	70	200,—	200	300,—	5	70	400,—	300	1800,—
100	200	780,—	100	250,—	250	325,—	8	85	600,—	340	2000,—
150	400	1270,—	180	400,—	450	530,—	15	125	970,—	450	3000,—
200	540	1790,—	280	600,—	580	625,—	20	150	1250,—	500	4000,—
250	750	2050,—	420	900,—	720	900,—	25	180	1800,—	550	4500,—
300	1000	2470,—	600	1200,—	900	1100,—	30	220	2200,—	1500	5000,—

Für die *Geräteabschreibungen* werden für Kreiselpumpen $g_m = 1{,}5\%$, für Elektromotoren $g_m = 1{,}1\%$ und für Rohrleitungen $g_m = 2{,}1\%$ zugrunde gelegt.

Bei den *Lohnkosten* sind Nachtzuschläge, Sonntagszuschläge und Überstundenzuschläge für den Pumpenmaschinisten zu beachten (evtl. auch Auslösungen).

Wasserhaltungsarbeiten unterscheiden sich von allen übrigen Bauarbeiten grundsätzlich dadurch, daß die Pumpen bei Wasserhaltungen

[1] Die Herstellungskosten für *Pumpenschächte* werden nach S. 85, S. 86 und S. 162 berechnet.

[2] Als Preise sind die ungefähren Preise Frühjahr 1954 angegeben. Auch der Berechnung der Gerätemieten sind diese Preise als Anschaffungswerte zugrunde gelegt.

meist *ununterbrochen 24 Stunden im Betriebe* sind (30 × 24 = *720 Betriebsstunden* im Monat). Häufig sind sie auf Baustellen nur in Bereitschaft, wenn der Einsatz ungewiß ist. Bei *Bauwerken* beschränkt sich der Einsatz meist auf die Zeit der *Gründungsarbeiten*. Der Unternehmer kann natürlich, solange sich die Pumpen (zum Einsatz oder in Bereitschaft) auf der Baustelle befinden, die Geräteleihgebühren berechnen.

Tabelle 21 zeigt bei Dauereinsatz (8000 h/Jahr) und Gelegenheitseinsatz (2000 h/Jahr) die *Betriebskosten je 1 Pumpenstunde.*

Tabelle 21.
Betriebskosten[1] *je 1 Pumpenstunde für Wasserhaltungen. Antrieb: Elektromotor.*

Kostenanteile	Ø 100 mm	Ø 125 mm	Ø 150 mm	Ø 200 mm	Ø 250 mm	Ø 300 mm
8000 Betriebsstunden im Jahr (Dauereinsatz).						
1. Abschreibung + Verzinsung (DM.)[1]	0,10	0,12	0,15	0,22	0,30	0,40
2. Kosten der Geräteunterhaltung (DM.)[1]	0,06	0,07	0,09	0,13	0,18	0,25
3. *Lohnkosten* für Bedienung (St_{masch})	1,1	1,1	1,1	1,1	1,1	1,1
4. Zuschläge und Gewinn 70% von 3. (St_{masch})	0,77	0,77	0,77	0,77	0,77	0,77
5. *Betriebsstoffe* a) Strom (kWh)	5	7	10	13	18	22
b) Schmieröle und Putzwolle (DM.)	0,10	0,10	0,11	0,11	0,12	0,12
Insgesamt St_{masch}	1,87	1,87	1,87	1,87	1,87	1,87
+ kWh	5	7	10	13	18	22
+ DM.	0,26	0,29	0,35	0,46	0,60	0,77
2000 Betriebsstunden im Jahr (Einsatz mit Unterbrechungen).						
1. Abschreibung + Verzinsung (DM.)[1]	0,13	0,15	0,20	0,30	0,40	0,50
2. Kosten der Geräteunterhaltung (DM.)[1]	0,07	0,09	0,12	0,18	0,25	0,30
3. *Lohnkosten* für Bedienung (St_{masch})	1,1	1,1	1,1	1,1	1,1	1,1
4. Zuschläge und Gewinn 70% von 3. (St_{masch})	0,77	0,77	0,77	0,77	0,77	0,77
5. *Betriebsstoffe* a) Strom (kWh)	5	7	10	13	18	22
b) Schmieröle und Putzwolle (DM.)	0,10	0,10	0,11	0,11	0,12	0,12
Insgesamt St_{masch}	1,87	1,87	1,87	1,87	1,87	1,87
+ kWh	5	7	10	13	18	22
+ DM.	0,30	0,34	0,43	0,59	0,77	0,92

1. Bemerkung: Die vorstehenden Angaben über den *Stromverbrauch je Pumpenbetriebsstunde* gelten für *eine Gesamtförderhöhe von H = ca. 10 m.* Bei niederen Förderhöhen geht der Stromverbrauch nicht im

[1] Preisstand Frühjahr 1954.

gleichen Maße zurück. Desgleichen wird bei größerer Förderhöhe, z. B. $H = 14$ m, der Stromverbrauch nicht im gleichen Maße steigen. Vielmehr wird die Pumpe nicht mehr voll auswerfen. Hat man also den gleichen Wasserandrang wie bei $H = 10$ m zu bewältigen, so empfiehlt sich eine Pumpe mit größerer Umdrehungszahl, welche dann auch einen höheren Stromverbrauch hat, nämlich in kW: $N = 0{,}005\, Q \cdot H$ (also bei ∅ 300 mm 35 kW; der Motor wird zweckmäßig mit 40 kW gewählt).

2. Bemerkung: Wo bei großen Wasserhaltungen *mehrere Pumpenaggregate in einem Pumpenschacht* stehen, ermäßigen sich die Lohnkosten je 1 Betriebsstunde, da zumindest 1 Pumpenmaschinist zur Überwachung der ganzen Anlage ausreicht. Es können dann die *Lohnkosten für die Bedienung und Geräteunterhaltung* bei gleichzeitiger Überwachung von 3 bis 5 Pumpen bis auf *0,5* St_{masch}/*Pumpenstunde* zurückgehen. Auch die Unterhaltung des Pumpensumpfs wird sich verbilligen. Andererseits ist die *Anlage von wesentlich größeren und kostspieligeren Pumpenschächten* bei der Ermittlung der *Einrichtungskosten* zu berücksichtigen. Desgleichen muß das *Umsetzen der Pumpen* von einem Schacht zum anderen beachtet werden. Bei umfangreichen Wasserhaltungsarbeiten muß daher ein *sorgfältig ausgearbeitetes Baubetriebsprogramm* (Entwurf der Pumpenschächte für die einzelnen Bauabschnitte) die *Grundlage der Kostenberechnung* bilden. Wasserhaltungen sollen daher auch möglichst nicht *pauschal* vergeben werden (siehe VOB, II, § 9 und BPrVO).

3. Bemerkung: Bei Wasserhaltungen mit nur 1 Pumpenaggregat kommen für den Antrieb auch *Dieselmotore* in Frage. Der Verbrauch an Dieselöl ist etwa *0,2 kg/1 PSh.*

Wasserversorgung von Baustellen.

Der Wasserbedarf von Beton- und Stahlbetonbaustellen des Hoch- und Tiefbaus schwankt je nach stündlichen Betonleistungen von 5 m^3/h bis 40 m^3/h (2 Betonmischmaschinen 1200 l) *zwischen 1,5* m^3/h *und 14* m^3 *Wasser/h.*

Der Wasserbedarf von großen Erdbaustellen mit 4 bis 5 Dampfbaggern und 15 bis 20 Dampflokomotiven kann bis zu *20* m^3 *Wasser/h* betragen (5 Löffelbagger 2 m^3: Wasserbedarf zu je 1,0 m^3; 20 Loks 200 PS: Wasserbedarf zu je 0,75 m^3).

Der *Wasserbedarf von großen Betonstraßenbaustellen* kann bei Stundenleistungen von 60 m^3 (250 m^2/h) *bis 100* m^3 *Wasser/h* (einschließlich Nachbehandlung) betragen.

Die Einrichtung der Wasserversorgung (s. auch Abschn. XXIII Wasserversorgung) einer Baustelle bedingt

1. die Herstellung von Pumpschächten bzw. Brunnenanlagen (s. S. 162 und Abschn. XXIII, C.),
2. die Aufstellung der Maschinen für die Wassergewinnung (Kolbenpumpe, Tiefwasserpumpe) einschließlich Schutzhütte,

3. die Verlegung von Wasserleitungsrohren,
4. die Aufstellung von Wasserbehältern.

Bezüglich der Wahl der *Pumpen und Antriebsmaschinen* (am besten elektrisch) sind jeweils die geforderten Leistungen, Möglichkeiten des Stromanschlusses (Transformatoranlage) und die sonstigen örtlichen Verhältnisse zu beachten. Für die unter 3. und 4. genannten Arbeiten sind nachstehend einige Erfahrungswerte angegeben:

1. *Erdarbeiten.*
   a) Wasserleitungsgraben (0,30 × 1,00 m) ausheben und wieder verfüllen 0,3 m³/1 lfd. m.
   b) Wasserleitung später ausgraben und verfüllen 0,3 m³/1 lfd. m (s. S. 81ff.).
2. *Wasserleitung 2″ bis 4″ Ø verlegen und wiederaufnehmen* (einschließlich Nahtransport, dichten und seitlichem Lagern zum Abtransport).
   Lohnaufwand je 1 lfd. m Rohr:

	bei 2″-	3″-	4″-Rohren
für Verlegen	0,15	0,30	0,40 $St_{masch.}$
für Wiederaufnehmen . .	0,10	0,20	0,25 $St_{masch.}$

Durch die Verwendung von Rohren mit neuzeitlichen Verbindungen (Schraubmuffenrohre, Rohre mit Kardankupplung und dgl., siehe auch Abschnitt XXIII Wasserversorgung) lassen sich die Lohnkosten für das Verlegen wesentlich reduzieren.

3. *Wasserbehälter (als Hochbehälter) aufstellen und anschließen.*

Angabe der Leistung	2 m³-Behälter	8 m³-Behälter	30 m³-Behälter
Lohnaufwand			
für Aufstellen . . .	20 St_z + 20 St	50 St_z + 50 St	200 $St_{masch.}$ + 400 St
für Abbrechen . . .	15 St_z + 15 St	30 St_z + 30 St	120 $St_{masch.}$ + 250 St
Holzbedarf für Hochbehältergerüst je 1 stgdm	0,3 m³	0,6 m³	2,0 m³

4. *Hochbehältergerüste* sind besonders zu veranschlagen (s. Zimmererarbeiten S. 336). Ein Gerüst von 14 m Höhe für einen 30 m³ Wasserbehälter erfordert z. B. 30 m³ Holz (80% Rundholz). Das Abbinden, Aufstellen und Wiederabbrechen des Gerüstes erfordert 12,5 + 13 + 7,5 = 33 St_z/m^3 oder 33 × 30 = 990 St_z.

Zu diesen *einmaligen Kosten* der *Baustelleneinrichtung* (und Räumung), zu welchen die vorgenannten Arbeiten, ebenso wie die Anlage von Pumpschächten, die Aufstellung von Transformatoren- und Pumpenanlagen einschließlich An- und Rücktransport gehören, kommen die *Gerätemieten* (nebst Geräteunterhaltung) mit der Abschreibung der maschinellen und baulichen Anlagen und die *laufenden Betriebskosten:*

a) *Lohnkosten* für den Pumpenmaschinisten, für das Umlegen und Anschließen der Leitungen, Reparaturlöhne für die Maschinen usw.
b) *Betriebsstoffe*, d. h. Stromkosten, Öle, Putzwolle u. dgl.

Als praktisches Beispiel ist nachstehend die Kostenermittlung für die *Wasserversorgung einer Erdbaustelle* mit einem Wasserbedarf von 16 m³/h gegeben.

Beispiel 11. Es sollen die Selbstkosten der Wasserversorgung einer Erdbaustelle ermittelt werden, auf der 3 Dampflöffelbagger und 15 Loks 200 PS eingesetzt sind und 620000 m³ Bodenbewegung zu leisten sind. Außer dem Pumphaus, welches 4,2 × 5,2 m groß in Holz gebaut werden soll, seien folgende bauliche Anlagen erforderlich: 1 Brunnen mit Zementrohren 100 cm Ø, 5 m tief, 1 km Wasserleitung 4″ Ø, 3 km Wasserleitung 3″ Ø, 1 Hochbehälter mit 30 m³ Inhalt in 15 m Höhe und 3 Hochbehälter mit 3 m³ Inhalt. Als mittlere Stundenlöhne sollen angenommen werden 1 $St_{masch.}$ = 2,— DM., 1 St. = 1,60 DM. Der Strompreis sei 0,20 DM./1 kWh, die mittlere Stundenleistung der 3 Bagger sei 200 m³/h.

Lösung. Der stündliche *Wasserbedarf* beträgt:

Für 3 Dampflöffelbagger M_V je 1 m³	3,0 m³/h
„ 15 Loks 200 PS je 0,7 m³	10,5 m³/h
Sonstiger Wasserbedarf und Wasserverluste	2,5 m³/h
Erforderliche Stundenleistung der Pumpe	16,0 m³/h

Bei einer mittleren Stundenleistung der Bagger von 200 m³ Boden beträgt die Monatsleistung bei Annahme von 200 Betriebsstunden im Monat 40000 m³ und im Jahr 400000 m³. Die reine *Bauzeit* errechnet sich daher zu $\frac{620000 \cdot 12}{400000}$ = 18,6 Monate.

Als *Gerätemietdauer* sind daher *20 Monate* zu rechnen. Der gesamte Wasserbedarf der Baustelle ist $\frac{16 \cdot 620000}{200}$ = rd. *50000 m³ Wasser.*

Die Kosten gliedern sich wie folgt:

1. Einmalige Einrichtungskosten[1].

a) Anlage eines 5 m tiefen Brunnens 1 m Ø : 5 × 200,— DM. (einschließlich Verfüllen)	1000,— DM.
b) Aufstellen und Wiederabbrechen eines Pumpenhauses 4,2 × 5,2 = 22 m² × 20,— DM.	440,— „
Betonfundament errichten und wieder abbrechen 5 m³ × 70,— DM.	350,— „
Holz- und Pappeverbrauch für Verschalung	100,— „
c) Aufstellen und Wiederabbrechen der maschinellen Anlage (Pumpe und Elektromotor, s. Geräteaufstellung unter 2a) mit Stromanschluß 400 $St_{masch.}$ zu 3,10 DM.	1240,— „
Fundamente für Pumpe und Motor 14 m³ Beton zu 50,— DM.	700,— „
d) Verlegen und späteres Wiederaufnehmen	
von 1 km 4″-Rohrleitung zu 3,50 DM./lfd. m	3500,— „
von 3 km 3″-Rohrleitung zu 3,— DM./lfd. m	9000,— „
e) Auf- und Abbau (nebst Anschließen) von	
1 Hochbehälter 30 m³	700,— „
1 Hochbehältergerüst[2] 15 m hoch, 30 m³ Holz × 133,— DM.	4000,— „
3 Hochbehälter 3 m³ aufstellen und abbrechen	300,— „
3 Hochbehältergerüste[2] 4 m hoch	1000,— „
f) Für An- und Rücktransport von rd. 70 t Geräte (s. Geräteaufstellung) einschließlich Fracht je 1 t 2 × 20 = 40,— DM. .	2800,— „
Gesamte Einrichtungskosten	25130,— DM.

oder *je 1 m³ Wasser* $\frac{25130}{50000}$ = *0,50 DM.*

[1] Einschließlich Räumungskosten nach Baubeendigung.

[2] Holztransport, Abbinden und Aufstellen sowie Holzverschnitt.

2. *Laufende Betriebskosten.*

a) Gerätekosten.

Stück	Geräte	Neuwert* DM.	Gewicht t	Monatliche Miete DM.	Miete für 20 Monate DM.	Gesamtkosten der Geräteunterhaltung[1] DM.	Gerätekosten insgesamt DM.
1	Pumpenhaus 22 m²	2000,—	3,3	15,—	300,—	90,—	390,—
1	Plungerpumpe. . . 16 m³/h.	1500,—	0,6	15,—	300,—	80,—	380,—
1	Elektromotor 7 kW (9,5 PS). .	1000,—	0,3	10,—	200,—	50,—	250,—
	Vorgelege u. elektr. Ausrüstung . . .	800,—	0,1	8,—	160,—	40,—	200,—
1	km 4″-Rohrleitung.	11000,—	10,0	220,—	4400,—	600,—	5000,—
3	km 3″-Rohrleitung.	30000,—	24,0	400,—	8000,—	1000,—	9000,—
1	Hochbehälter 30 m³	3000,—	4,0	33,—	660,—	330,—	990,—
3	Hochbehälter 3 m³.	1800,—	1,8	12,—	240,—	120,—	360,—
40 m³	Gerüstholz[2]	—	22,0	—	—	—	—
			66,1	713,—	14260,—	2310,—	16570,—

Gerätekosten je 1 m³ Wasser $\frac{16570,—}{50000} = 0{,}33\ DM.$

b) Betriebslöhne.

1 Maschinist (bzw. Schlosser, Elektromonteur u. dgl.) 18 Monate zu 100 h = 1800 $St_{masch.}$ zu 2,— DM. . . . . 3600,— DM.

c) Betriebsstoffe.

50000 m³ : 16 = 3100 h × 7 kW = 21700 kWh zu 0,20 DM. . . . 4340,— DM.
Für Öle, Putzwolle usw. 15% von 4340,— DM. . . . . 651,— „
Betriebsstoffkosten . . . . 4991,— DM.

d) Geschäftskosten, Gemeinkosten und allgemeine Baukosten.

10% von a) + c) 1657,— DM. + 499,— DM. . . . . 2156,— DM.
50% von b) = 50% von 3600,— DM. . . . . 1800,— „
Geschäftskosten. . . . . 3956,— DM.
Somit laufende Betriebskosten a) + b) + c) + d) . . . . 29117,— „
oder je 1 m³ Wasser $\frac{29117}{50000} = 0{,}58\ DM.$

Selbstkosten 25130 + 29117,— = 54247,— DM. oder *je 1 m³ Wasser* 54247 : 50000 = *1,08 DM.*
oder *je 1 m³ Erdbewegung* 54247 : 620000 = *0,09 DM.*

Durch günstigere betriebliche Dispositionen lassen sich diese Kosten u. U. noch ermäßigen.

* Es sind die ungefähren Neuwerte Frühjahr 1954 angegeben.
[1] Materialkosten und Lohnkosten (Reparaturlöhne).
[2] Bereits unter 1. e) erfaßt bezügl. der Abschreibung.

VIII. Baggerarbeiten.

Trockenbaggerungen mit Dampf- und Dieselbaggern.

Baggerarbeiten zu kalkulieren erfordert große, jahrelange Erfahrung. Die Kosten sind abhängig in erster Linie von der Bodenart, Art der Gewinnungsstelle (ob Bahn-, Kanal- und Straßeneinschnitt mit Planiearbeiten oder Füllgrube), Geländeverhältnissen des Transportweges (Steigungen), Entfernung und Beschaffenheit der Einbaustelle (Ablagerung oder Dammkippe). Eine erschöpfende Behandlung der Kalkulation von *Trockenbaggerarbeiten* läßt sich in dem kurzen Rahmen dieses Lehrbuches nicht geben und müßte auch eine sehr gründliche Tiefbaupraxis beim Leser voraussetzen.

Im folgenden sind nur in gedrängter Zusammenstellung die *gebräuchlichsten älteren und neueren Trockenbaggertypen* mit den für Kostenberechnung notwendigen Daten gegeben. Sodann wird in einigen Beispielen für Greifbagger-, Löffelbagger- und Eimerkettenbaggerarbeiten der *Kostenaufbau einer Kostenberechnung* für Baggerarbeiten gezeigt. Diese Beispiele sind auch nur als solche zu werten. In der Praxis müssen selbstverständlich solchen Berechnungen genaue Überlegungen über den erforderlichen *Geräteeinsatz* (Bagger- und Fördergeräte) an Hand eines *Baubetriebsprogramms* vorausgehen. Auch die beste Anleitung kann hier die Praxis nicht ersetzen. Die tatsächlichen Kosten in der Praxis hängen vor allem auch von geschickten Betriebsanordnungen ab. Genaue technische Angaben über Baggergeräte können aus der Spezialliteratur* und den Katalogen der Herstellerfirmen entnommen werden.

A. Löffel- und Greifbagger.

Der Bau von Löffel- und Greifbaggern hat in den letzten 20 Jahren starke Wandlungen erfahren. Die früheren *Schienenbagger*, welche auf Baggerrosten liefen (Modelle G 20, F und E der Firma Menck & Hambrock) werden nicht mehr gebaut, sondern ausschließlich *Raupenbagger*. Diese wurden sodann (zumeist noch als Dampflöffel- und Greifbagger, einzelne Typen aber auch mit Diesel- oder Elektroantrieb)

---

* Krauth u. Vosberg: Erdbau. Karlsruhe: Verlag C. F. Müller. — Garbotz: Handbuch des Maschinenwesens beim Baubetrieb, Bd. III, Teil 1. Berlin: Springer 1937. — Paulmann u. Blaum: Die Bagger und Baggereihilfsgeräte, Bd. I, 2. Aufl. Berlin: Springer 1923. (Neuauflage in Vorbereitung.) — Eckert: Über Kostenberechnung und Baugeräte im Tiefbau unter besonderer Berücksichtigung der Erdarbeiten. 2. Aufl. Berlin: Springer 1931. — Garbotz: Baumaschinen und Baubetrieb. München: Hanser Verlag, 1948.

als *Universalbagger* gebaut (Modelle III, IV, V, VI der Firma Menck & Hambrock, Altona), wobei der Löffelbagger zum Greifbagger oder Eimerseilbagger umgebaut werden konnte. Als neue Typen kamen 1933 die *Universaldieselbagger* (Typen Mo, Ma, Mb 2, Mc 2, Md der Firma Menck & Hambrock, Altona) heraus, welche als *Löffelhochbagger, Löffeltiefbagger, Greifbagger, Eimerseilbagger, Planierbagger, Schrapper, Kran und Ramme* Verwendung finden können durch jeweiligen Austausch von Ausleger, Baggerschaufel und Seilen.

Ab 1948 wurden auch diese Typen nicht mehr gebaut und durch die neuesten Typen M 75 und M 152, sowie später M 250 und M 60 abgelöst.

Die wichtigsten Angaben für die gebräuchlichsten älteren, neueren und neuesten Baggertypen der Firma Menck & Hambrock, Altona, sind nachstehend gegeben. Bezüglich der *Kosten des Zusammenbaus und Abbaus* dieser Geräte wird auf Abschnitt II, § 3, S. 25f, bezüglich des *Betriebsstoffverbrauchs* auf Abschnitt II, § 5, S. 41f. und bezüglich der *Geräteabschreibung und -unterhaltung* auf Abschnitt II, § 1 und 2, S. 11ff. verwiesen. Die dort gemachten Angaben wurden auch bei den nachstehenden Kalkulationsbeispielen berücksichtigt.

Zusammenstellung von Löffel- und Greifbaggertypen, Eimerseilbaggern und Stampfgeräten.

Vorbemerkung: Die *Leistungsangaben — in m³ gewachsenem Boden* im Berge, nicht etwa Wagenmaß — sind als *Durchschnittsleistungen* bei mittleren Betriebsverhältnissen anzusprechen. Unter besonders günstigen Verhältnissen (günstigste Grabhöhe bzw. -tiefe, Schwenk ∢ 135 und kleiner, Wagen mit 4fachem Inhalt des Grabgefäßes, günstige Transport- und Kippverhältnisse) lassen sich diese Leistungen noch steigern. Bei schwierigen Betriebsverhältnissen (vor allem überdurchschnittlichen Betriebsunterbrechungen und zu erwartenden Betriebsstörungen) sind entsprechend niedrigere Leistungswerte bei der Kalkulation einzusetzen.

1. Ältere Dampflöffelbagger auf Schienen (Löffelhochbagger).

Modell	Löffelinhalt	Versand-gewicht[1]	Ungefährer Neuwert[2]	Leistung m³/h in Bodenklasse				
	m³	t	DM.	1/2	3/4	5	6	Fels gesprengt
E	1,0	36 (27)	66000,—	45	35	—	—	—
F 1	1,3	45 (33)	76000,—	55	45	—	—	—
F 2	1,6	53 (39)	86000,—	70	58	50	35	25
G 20	2,0	70 (59)	128000,—	100	85	70	50	35

Fußnote 1 und 2 siehe Seite 129.

2. Universaldampfbagger auf Raupen (Typen der Fa. Menck & Hambrock).

a) Als Dampflöffelbagger.

Modell	PS	Löffel-inhalt m³	Versand-gewicht[3] t	Ungefährer Neuwert[2] etwa DM.	Leistung m³/h in Bodenklasse 1/2	3/4	5	6	Fels gesprengt
III	55	$^2/_3$	33 (27,5)	95000,—	40	30	—	—	—
IV	90	1	55 (44,5)	124000,—	60	50	45	—	—
V	125	1½	88 (73,1)	194000,—	100	90	75	50	35
VI	150	$2^1/_4$	140 (115,0)	285000,—	145	120	100	80	50

Hauptabmessungen des Universaldampfbaggers auf Raupen.
(System Menck & Hambrock, Altona.)

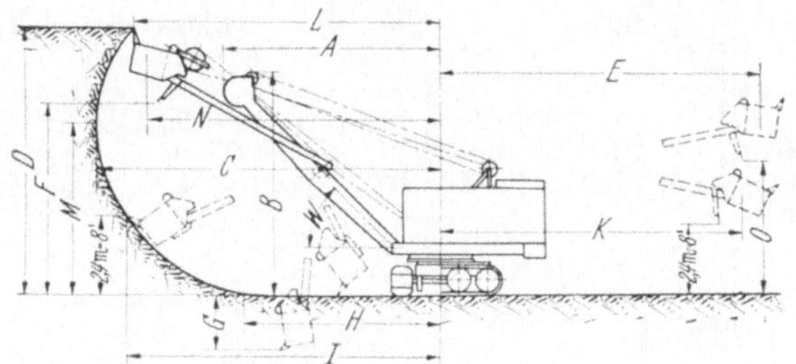

Abb. 29. Universalbagger.

Modell	Löffel-inhalt m³	F max $w = 30°$	$= 45°$	$= 60°$	E max $w = 30°$	$= 45°$	$= 60°$	H max $w = 30°$	$= 45°$	$= 60°$
III	$^2/_3$	2,78	4,37	5,68	8,15	7,75	7,10	5,40	4,90	4,40
		$E = 8,15$	$= 7,70$	$= 6,55$	$F = 2,78$	$= 3,74$	$= 4,16$			
IV	1	3,35	5,20	6,73	9,75	9,20	8,40	6,45	5,85	5,30
		$E = 9,75$	$= 9,05$	$= 7,70$	$F = 3,35$	$= 4,46$	$= 4,96$			
V	1½	4,04	6,25	8,08	11,60	10,90	9,95	7,68	6,98	6,36
		$E = 11,60$	$= 10,70$	$= 9,15$	$F = 4,04$	$= 5,38$	$= 6,00$			
VI	2½	5,00	7,60	9,75	13,75	12,90	11,80	9,15	8,30	7,60
		$E = 13,75$	$= 12,65$	$= 10,80$	$F = 5,00$	$= 6,48$	$= 7,20$			

[1] Mit Gegengewicht, Reserveteilen und 4 Baggerrosten (maßgebendes Gewicht zur Ermittlung der Bahnfracht). In Klammern das Konstruktionsgewicht. (Zu S. 128.)

[2] Frühjahr 1954. Ohne Gegengewicht und Reserveteile. Da diese Baggertypen nicht mehr gebaut werden, sind die angegebenen *Neuwerte* nur *geschätzt in DM* als Anhaltspunkt beim Kauf eines alten gebrauchten Baggers. Die seinerzeitigen RM.-Preise betrugen nur etwa 36 v.H. der angegebenen DM.-Neuwerte.

[3] Mit Gegengewicht und notwendigsten Reserveteilen (maßgebend für die Ermittlung der Bahnfracht). In Klammern das reine Konstruktionsgewicht.

b) Als Dampfgreifbagger.

Modell	etwa PS	Greifer-inhalt m³	Gewicht des Greifers t	Versand-gewicht[1] t	Ungefährer Neuwert[2] etwa DM.	Leistung* m³/h Bodenklasse 1/2	3/4
III	55	0,5	1,34	32 (26)	90000,—	20 (15)	—
IV	90	0,8	2,14	54 (42)	115000,—	32 (28)	22 (15)
V	125	1¼	3,41	85 (70)	180000,—	45 (40)	35 (25)
VI	150	2	5,48	135 (110)	264000,—	85 (70)	70 (50)

Hauptabmessungen des Dampfraupengreifers (s. Abb. 32).

Modell	Greiferinhalt m³	E max 40° m	C max 25° m	H m
III	0,5	4,90 $C = 9,96$	11,50 $E = 2,50$	2,00
IV	0,8	5,85 $C = 11,70$	13,50 $E = 3,00$	2,37
V	1¼	7,00 $C = 13,69$	15,80 $E = 3,67$	2,80
VI	2	8,50 $C = 16,20$	18,70 $E = 4,55$	3,30

c) Als Dampf-Eimerseilbagger.

Modell	etwa PS	Eimer-inhalt m³	Versand-gewicht[1] t	Ungefährer Neuwert[2] DM.	Leistung* m³/h Bodenklasse 1/2	3/4	5
III	55	0,48	34 (27,3)	89500,—	20 (15)	15 (12)	—
IV	90	0,75	56 (44,5)	114000,—	35 (28)	22 (16)	—
V	125	1,20	88 (72,5)	179000,—	60 (50)	40 (32)	30 (25)
VI	150	1,90	140 (117)	262000,—	90 (80)	75 (60)	50 (40)

Hauptabmessungen der Dampf-Eimerseilbagger (s. Abb. 33).

Modell	Eimer-inhalt m³	E max m $w = 20°$	E max m $w = 40°$	F max m $w = 20°$	F max m $w = 40°$	D max m $w = 20°$	D max m $w = 40°$	C m (1 : 1,5) $w = 20°$	C m (1 : 1,5) $w = 40°$	G m $w = 20°$	G m $w = 40°$
III	0,48	9,40	8,35	17,60	15,85	17,80	17,22	6,00	5,72	2,90	7,18
IV	0,75	11,30	9,95	21,10	18,85	21,33	20,46	6,90	6,62	3,85	8,72
V	1,70	12,98	11,50	24,27	21,90	24,54	23,78	8,14	7,72	4,49	10,36
VI	1,90	15,30	13,50	28,70	25,92	29,00	28,16	9,48	9,10	5,28	12,16

[1] Mit Gegengewicht und notwendigsten Reserveteilen. In Klammern das Konstruktionsgewicht.

[2] Frühjahr 1954. Ohne Gegengewicht und Reserveteile. Der angegebene Neuwert in DM. ist nur geschätzt. Die seinerzeitigen RM.-Preise lagen etwa bei 36 v. H. des angegebenen DM.-Neuwerts. Diese Baggertypen werden zur Zeit nicht mehr gebaut.

* Die Leistungen in Klammern gelten als Durchschnittsleistungen beim Laden in Förderwagen und Gleisförderbetrieb bzw. Lastwagenförderbetrieb.

3. Menck-Universaldieselbagger (s. Abb. 30).

a) Als Normal-Löffelhochbagger.

Modell	Löffel-inhalt m³	Diesel-motor PS	Versand-gewicht[1] t	Ungefährer Neuwert[2] DM.	Leistung m³/h in Bodenklasse				
					1/2	3/4	5	6	Fels gesprengt
*Mo	0,53	48	22 (16,7)	80000,—	35	25	—	—	—
*Ma	0,75	70	31 (24,1)	114000,—	50	35	—	—	—
*Mb 2	1,0	107	44 (33,0)	137000,—	75	55	45	—	—
*Mc 2	1,4	142	64 (50,2)	187000,—	100	90	75	50	30
*Md	1,9	200	100 (77,1)	259000,—	130	110	90	70	40
M 60	0,6	66	20 (16,0)	70000,—	50	40	—	—	—
M 75	0,85	88	27 (21,7)	100000,—	70	50	40	—	—
M 152	1,7	155	46 (38,6)	160000,—	120	100	85	60	35
M 250	2,5	250	75 (60,5)	229000,—	170	140	115	90	50

Hauptabmessungen des Diesel-Löffelhochbaggers (s. Abb. 29).

Modell	Löffel-inhalt m³	*F* max m			*E* max m			*H* m		
		w = 30°	= 45°	= 60°	*w* = 30°	= 45°	= 60°	*w* = 30°	= 45°	= 60°
Mo*	0,53	2,38	3,92	5,38	7,60	7,20	6,60	4,70	4,30	3,85
		N = 7,58	*N* = 6,93	*N* = 5,58	*O* = 2,57	*O* = 3,10	*O* = 3,50			
Ma*	0,75	2,68	4,45	6,05	8,50	8,10	7,45	5,24	4,93	4,43
		N = 8,50	*N* = 7,70	*N* = 6,40	*O* = 2,96	*O* = 3,55	*O* = 4,00			
Mb2*	1,0	3,10	5,10	7,00	9,70	9,20	8,50	5,95	5,60	5,05
		N = 9,70	*N* = 8,75	*N* = 7,30	*O* = 3,20	*O* = 3,85	*O* = 4,35			
Mc*	1,4	3,65	5,92	8,10	11,10	10,50	9,70	6,90	6,54	5,90
		N = 11,10	*N* = 10,00	*N* = 8,33	*O* = 3,80	*O* = 4,50	*O* = 5,10			
Md*	1,9	4,30	6,92	9,40	12,64	11,90	10,94	8,20	7,80	7,00
		N = 12,58	*N* = 11,52	*N* = 9,56	*O* = 4,36	*O* = 5,20	*O* = 5,85			
M 60	0,6			4,40	6,10			4,50		
M 75	0,85	2,90	3,80	5,00	7,55	7,25	6,75	5,25	5,05	4,65
		N = 7,50	*N* = 6,80	*N* = 5,60	*O* = 2,55	*O* = 3,10	*O* = 3,50			
M 152	1,7	3,00	5,00	6,80	9,75	9,25	8,55	5,95	5,60	5,05
		N = 9,75	*N* = 8,85	*N* = 7,35	*O* = 3,00	*O* = 3,85	*O* = 4,35			
M 250	2,5	3,40	5,60	7,40	11,30	10,50	9,80	7,80	7,50	7,00
		N = 11,30	*N* = 10,30	*N* = 8,70	*O* = 3,40	*O* = 4,70	*O* = 5,30			

Die *größte Baggertiefe* unter Terrain *G* beträgt bei

	M 60	*M 75*	*M 152*	*M 250*
$W = 30°$	1,50	1,75	2,30	2,60
$W = 45°$		1,30	1,70	2,00
$W = 60°$		0,90	1,20	1,40

[1] Mit Gegengewicht und notwendigsten Reserveteilen. In Klammern das Konstruktionsgewicht.

[2] Frühjahr 1954. Ohne Gegengewicht und Reserveteile. Die *Neuwerte* sind nur *geschätzt* für die mit * bezeichneten Typen, welche ab 1948 nicht mehr neu gebaut werden. Für die neuesten Typen verdankt der Verfasser Preis- und sonstige Angaben der Maschinenfabrik Menck und Hambrock, Altona.

Der neueste und kleinste Universalbagger *M 60* arbeitet wie M 75 schnell und wendig. Er kann ohne besondere Genehmigung im Straßenverkehr transportiert und zufolge des geringen Eigengewichts auf Tiefladern befördert werden. Er kann mit gummibereiftem Unterwagen geliefert werden und auf einem LKW montiert arbeiten.

Abb. 30. Menck-Bagger M 250 beim Beladen eines 10-t-Mack-Lastwagens.

b) Als Löffeltiefbagger.

Modell	Löffel-inhalt m³	Diesel-motor PS	Versand-gewicht[1] t	Neuwert[2] DM.	Leistung m³/h in Bodenklasse				
					1/2	3/4	5	6	Fels gesprengt
*Mo	0,42	48	20 (16,0)	77000,—	25	20	—	—	—
*Ma	0,58	70	29 (23,0)	106000,—	35	25	—	—	—
*Mb 2	0,8	107	42 (31,4)	132000,—	45	35	20	—	—
*Mc 2	1,1	142	61 (47,6)	182000,—	60	50	45	—	—
*Md	1,5	200	95 (72,0)	256000,—	90	75	60	40	30
M 60	0,45	66	19 (15)	69000,—	35	25	—	—	—
M 75	0,6	88	26 (20,7)	98500,—	45	35	25	—	—
M 152	1,2	155	43,7 (36,4)	155000,—	90	70	50	35	25
M 250	1,6	250	69 (55,1)	219000,—	110	90	70	50	30

[1] Vgl. Fußnote 1, S. 131. [2] Vgl. Fußnote 2, S. 131.

c) *Als Diesel-Greifbagger mit großem Greifer und kurzem Ausleger.*

Modell	Greifer-inhalt	Gewicht des Greifers	Diesel-motor	Versand-gewicht[1]	Neuwert[2]	Leistung[3] m³/h	
	m³	t	PS	t	DM.	1/2	3/4
*Mo	0,37	0,93	48	20 (15,8)	76500,—	15 (12)	—
*Ma	0,53	1,34	70	29 (22,7)	104000,—	20 (15)	—
*Mb 2	0,75	1,91	107	41 (30,9)	130000,—	35 (28)	22 (15)
*Mc 2	1,05	2,68	142	58 (46,4)	179000,—	45 (35)	30 (22)
*Md	1,6	4,00	200	90 (70,7)	245000,—	80 (70)	60 (50)
M 60	0,42	0,95	66	19 (15)	66500,—	20 (15)	—
M 75	0,60	1,35	88	25,6 (20)	95000,—	35 (30)	22 (15)
M 152	1,20	2,68	155	43,4 (36)	152500,—	70 (60)	45 (30)
M 250	1,70	3,80	250	68 (54)	213000,—	90 (75)	70 (45)

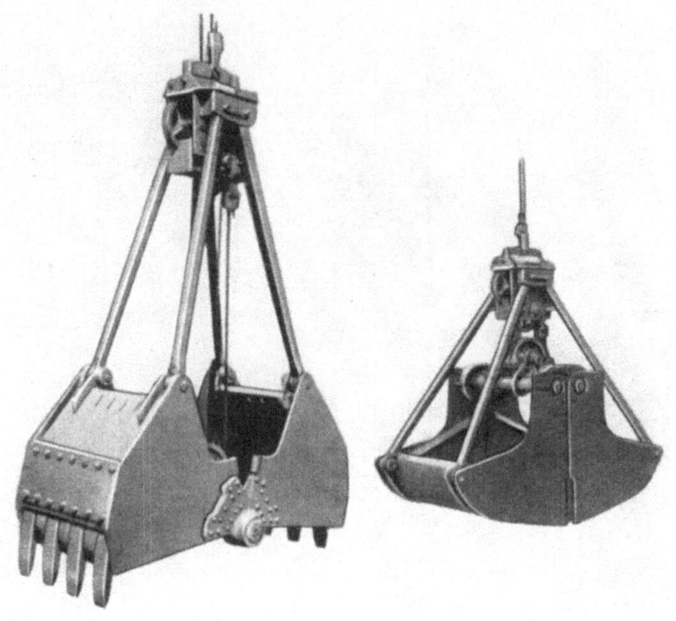

a *b*

Abb. 31. Greifertypen.

[1] Vgl. Fußnote 1, S. 131.
[2] Vgl. Fußnote 2, S. 131.
[3] Die *in Klammern angegebenen Leistungen* gelten als Durchschnittsleistung beim Laden in Förderwagen und Gleisförderbetrieb oder Lastwagenbetrieb. Beim *Baggern aus dem Wasser* ermäßigen sich die Leistungen (10 bis 20%). Es müssen u. U. gelochte Greiferkörbe Verwendung finden.

Hauptabmessungen der Menck-Dieselgreifer (s. Abb. 32).

Modell	Greifer-inhalt	E max 65°	C min 65°	C max 25° (30°)[1]	E min 25° (30°)[1]	G bei E = max	G bei E = min	H	Ausleger-länge
	m³	m	m	m	m	m	m	m	m
*Mo	0,37	5,74	4,75	8,76	1,95	9,76	13,55	1,5	8,22
*Ma	0,53	6,55	5,48	10,00	2,20	10,45	14,80	1,7	9,38
*Mb 2	0,75	7,60	6,23	11,50	2,55	11,90	16,95	1,96	10,90
*Mc 2	1,05	9,00	7,26	13,50	3,10	11,50	17,40	2,23	12,85
*Md	1,6	9,80	8,18	14,82	3,56	15,20	21,44	2,55	13,70
M 60	0,42	6,60	5,60	9,90	2,00	11,00	15,20	1,50	9,80
M 75	0,60	6,40	5,40	9,45	2,60	14,60	18,40	1,60	9,25
M 152	1,20	7,20	6,23	11,10	2,80	11,30	15,70	2,00	10,90
M 250	1,70	8,65	7,26	13,00	3,40	10,25	15,50	2,20	12,85

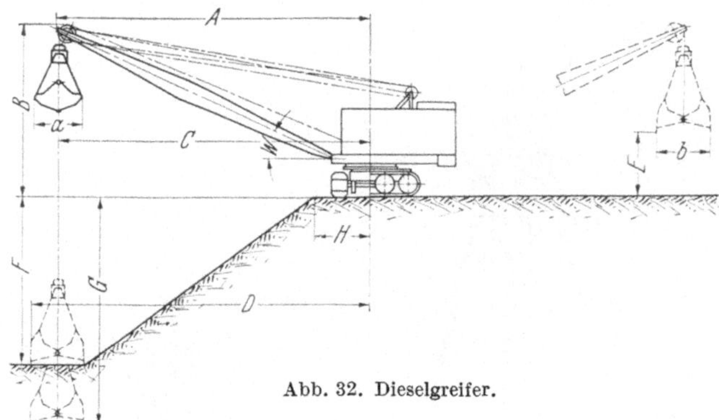

Abb. 32. Dieselgreifer.

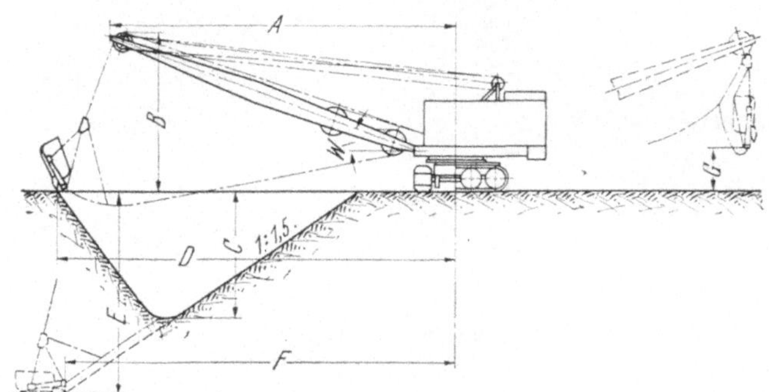

Abb. 33. Diesel-Eimerseilbagger.

[1] Der kleine Neigungswinkel beträgt bei M 60, M 152, M 75 und M 250 nicht $W = 25°$, sondern $W = 30°$.

Abb. 31 zeigt verschiedene Typen von Greiferkörben. Die Zähne der Type *a* können auch in Spezialausführung geliefert oder durch eine Schneide ersetzt werden.

Die Greiferbagger können auch *mit langem Ausleger und kleinem Korb* gebaut werden. Es betragen dann z. B. bei

Baggertyp	M 75	M 152	M 250
Greiferkorbinhalt m³	0,42	0,85	1,20
Auslegerlänge m	12,00	14,20	16,12

d) Als Diesel-Eimerseilbagger mit großem Eimer und kurzem Ausleger.

Modell	Eimer-inhalt m³	Diesel-motor PS	Versand-gewicht[1] t	Ungefährer Neuwert[2] DM.	Leistung[3] m³/h in Bodenklasse 1/2	3/4	5
*Mo	0,53	48	21 (15,5)	76000,—	20 (15)	15 (12)	—
*Ma	0,75	70	29 (22,3)	103000,—	35 (28)	22 (16)	—
*Mb 2	1,05	107	42 (30,5)	129000,—	50 (40)	35 (28)	—
*Mc 2	1,6	142	60 (45,9)	178000,—	90 (75)	65 (50)	45 (35)
*Md	2,3	200	93 (70,7)	243000,—	120 (100)	100 (80)	60 (50)
M 60	0,65	66	19,5 (15,5)	66000,—	35 (28)	25 (18)	—
M 75	0,90	88	25,3 (20)	94000,—	50 (40)	35 (28)	—
M 152	1,70	155	42,8 (35,5)	150000,—	95 (80)	70 (55)	50 (40)
M 250	2,60	250	67 (53)	210000,—	130 (110)	110 (90)	90 (75)

Die in Abb. 34 dargestellten *Menck-Record-Eimer* sind infolge hochwertigen Materials leichter als frühere Ausführungen, wodurch sich ein Mehrinhalt ergibt. Zähne und Schneide sind aus Manganhartstahl.

Abb. 34. Menck-Record-Eimer.

[1] Mit Gegengewicht (unter e) S. 136 auch Stampferausrüstung) und notwendigen Reserveteilen (maßgebend für die Ermittlung der Bahnfracht).

[2] Frühjahr 1954. Ohne Gegengewicht und Reserveteile.

[3] *Klammerwerte* bei Laden in Förderwagen oder Lastwagen. Beim Baggern aus dem Wasser sind die Mindestleistungen gering (gelochte Eimer!).

Hauptabmessungen der Diesel-Eimerseilbagger (s. Abb. 33 auf Seite 134).

Modell	Eimerinhalt m^3	Auslegerlänge m	*E* max m $w = 25°$ m	$= 40°$ m	*F* max m $w = 25°$ m	$= 40°$ m	*C* max m $w = 25°$	$= 40°$	*D* max m $w = 25°$	$= 40°$	*G* $w = 25°$	$= 40°$
*Mo	0,53	8,22	5,38	4,60	10,48	9,68	3,15	2,92	10,82	10,50	1,95 $A =$ 8,90	3,95 $A =$ 7,70
*Ma	0,75	9,38	6,15	5,25	12,00	11,08	3,56	3,33	12,40	12,04	1,95 $A =$ 10,16	3,95 $A =$ 8,78
*Mb 2	1,05	10,90	7,00	6,10	13,76	12,62	4,25	4,00	14,23	13,73	2,25 $A =$ 11,70	4,55 $A =$ 10,16
*Mc 2	1,6	12,85	8,10	7,10	16,15	14,85	4,95	4,63	16,72	16,15	2,95 $A =$ 13,70	5,60 $A =$ 11,80
*Md	2,3	13,70	8,90	7,80	17,70	16,30	5,50	5,10	18,32	17,70	3,40 $A =$ 15,05	6,30 $A =$ 13,10
M 60	0,65	9,80	6,30	4,50	14,00	12,80	4,50	4,30	12,80	12,30	2,00 $A =$ 10,20	4,00 $A =$ 8,80
M 75	0,90	9,25	6,05	5,40	11,80	11,00	3,65	3,50	12,20	12,00	1,80 $A =$ 9,90	3,80 $A =$ 8,65
M 152	1,70	10,90	7,00	6,10	13,76	12,62	4,10	3,90	14,23	13,73	2,00 $A =$ 11,70	4,35 $A =$ 10,16
M 250	2,60	12,85	8,10	7,10	16,15	14,85	4,70	4,40	16,72	16,15	2,65 $A =$ 13,70	5,30 $A =$ 11,80

Der *größte Menck-Universalbagger* hat als *Eimerseilbagger* einen *Eimerinhalt von 4,4 m^3*, ein Arbeitsgewicht von 262 t und eine Gesamtmotorleistung von 458 PS (Hubmotor 258 PS + Drehmotor 100 PS + Vorschubmotor 100 PS).

e) Als Diesel-Verdichtungsgeräte.

(Stampfgeräte zum Verdichten von Dammschüttungen.)

Modell	Stampfgewicht t	Dieselmotor PS	Versandgewicht[1] t	Ungefährer Neuwert[2] DM.	Leistung* m^2/h
Mo	1,5	48	22 (17)	79000,—	80
Ma	2,2	70	30 (23)	105000,—	90
M 152	3,0[3]	120	45 (37)	152000,—	90

Bemerkung: Für sämtliche Universalbagger können dazu passende *Kraneinrichtungen*, *Verladegreifereinrichtungen* und *Hochbaukraneinrichtungen* geliefert werden.

Abb. 35. Dieselverdichtungsgeräte.

[1] Vgl. Fußn. 1, S. 135. [2] Vgl. Fußn. 2, S. 135.
[3] Für schwere Böden (soweit nicht wasserempfindlich!).
* Vorausgesetzt Schüttung in 1-m-Lagen.

Beispiele von Greifbagger- und Löffelbaggerarbeiten.

1. Greifbaggerarbeiten.

Die Verwendung von Greifbaggern im Tiefbau ist eine sehr vielseitige. Einige Verwendungsarten sind bereits in anderen Kapiteln erwähnt, wie z. B. der Mutterbodenabhub mittels Greifbagger in Abschnitt V und der Baugrubenaushub mittels Greifbagger in Abschnitt III. So vielseitig seine Anwendungsmöglichkeit ist, ebenso beschränkt ist sie nach verschiedenen Seiten hin. Einmal nach der Größe der Leistung: Wenn auch bei keinem Bagger die Leistung so sehr von der Geschicklichkeit des Baggermeisters abhängt wie beim Greifbagger, so ist doch die Leistungsfähigkeit eine beschränkte. Die stündliche Leistung bewegt sich in den Bodenarten, für welche der Greifbaggerbetrieb in erster Linie in Frage kommt (leichter Boden), je nachdem der Boden nur ausgesetzt oder in Wagen geladen wird, zwischen 20 und 40 m^3 bei einem 0,75 m^3-Greiferkorb und im Trockenaushub. Zweitens ist die Anwendungsmöglichkeit beschränkt nach der Bodenart: Mit den normalen Greiferkörben eignet sich der Greifbagger nur für die leichteren Bodenarten wie Sand, Kies, Moor u. dgl. Es gibt allerdings Spezialgreiferkörbe für schwerere Bodenarten. Doch wird in den meisten Fällen dann der Löffelbagger das wirtschaftlichere Gerät sein. Bei den folgenden Beispielen ist leichter Boden angenommen und Baggerung im Trockenen (bei Naßbaggerung gehen die Leistungen ganz wesentlich zurück). In den Beispielen sind die Zuschläge auf Lohn (für Sozialaufwand, örtliche Bauleitung, Geschäftskosten usw.) mit 65%, die Zuschläge auf Stoffkosten mit 10% angenommen.

Beispiel 12. *Kosten der Bodengewinnung mit einem 0,75 m^3-Dieselraupen-Greifbagger Modell Mb 2 in Sandboden bei seitlichem Ansetzen des gewonnenen Materials in einem Damm.*

Diese Art der Gewinnung läßt sich oft mit Vorteil bei Kanalbauten auf Strecken anwenden, wo sich an den Kanaleinschnitt rechts und links Dämme anschließen. Transport und Kippe entfallen, und die Kosten der Gewinnung sind gleichzeitig die Gesamtkosten für die Bodenbewegung. Die Kosten für An- und Abtransport des Baggers sowie Aufstellen und Abbrechen desselben (einmalige Auslagen) sind auf die Anzahl der bewegten m^3 zu verteilen, welche hier zu 20000 m^3 angenommen werden mögen, während die Entfernung der Baustelle vom Lagerplatz der Unternehmung zu 135 km mit beiderseitigem Gleisanschluß angenommen werden soll.

Lösung. Leistung des Baggers in 10 h geschätzt zu 300 m^3.

Einmalige Kosten. Kosten für An- und Rücktransport.

4maliges Be- bzw. Entladen von 54 t zu 1,5 h = 324 h zu 2,— DM.	648,— DM.
Transport, Aufbau und Abbau des Baggers, 600 $St_{masch.}$ zu 2,30 DM.	1380,— „
	2028,— DM.
+ 65% Zuschläge auf Lohn	1318,— „
	3346,— DM.
+ 10% Gewinn, Wagnis und Umsatzsteuer	334,— „
	3680,— DM.
Hin- und Rückfracht 54 t zu (15,0 + 15,0) für 135 km	1620,— „
Insgesamt:	5300,— DM.

Diese Kosten verteilen sich auf 20000 m^3, somit entfallen *auf 1 m^3* 5300/20000 = *0,265 DM.*

Dauernde Kosten. *a) Gerätekosten.* Die Gerätekosten, umfassend Abschreibung, Verzinsung und Unterhaltung des Gerätes[1], werden wie folgt ermittelt: Bei 3 Monaten reiner Arbeitszeit muß man (einschließlich Anlauf- und Rücklaufzeit) *5 Monate Mietdauer* der Baustelle anlasten. Als Geräteleihgebühren sollen der Baustelle angelastet werden 2000,— DM./Monat. Dazu kommen Materialkosten der Geräteunterhaltung 0,4 × 2000,— DM. = 800,— DM. Also mit einem Zuschlag von 10 v.H. Gerätekosten insgesamt 3000,— DM. × 5 Monate = 15000,— DM.

$$\frac{15000}{20000} = 0{,}75\ DM.\ je\ 1\ m^3 \text{ oder } 22{,}50\ DM./1 \text{ Betriebsstunde.}$$

b) Arbeitskosten (Betriebskosten). Angenommene Löhne (einschl. Prämien, Auslösungen, Zuschläge für Über- oder Nachtstunden):

1 $St_{masch.}$ I. Klasse	2,30 DM.
1 $St_{masch.}$ II. Klasse	2,10 „
1 Stv.	2,20 „
1 St.	1,90 „
1 Stsl.	2,25 „

1. Arbeitslöhne (je 1 Arbeitstag = 10 Betriebsstunden).

Bedienung: 1 Baggermeister 11 h	25,30 DM.
1 Vorarbeiter 10 h	22,— „
2 Mann für Dammplanie zu 10 h	38,— „
	85,30 DM.
Lohnkosten der Geräteunterhaltung und allgemeine Arbeiten: 1 Schlosser, 10 h	22,50 DM.
1 Tiefbauarbeiter, 8 h	15,20 „
Insgesamt Löhne	123,— DM.
+ 65% Zuschläge auf Lohn	80,— „
	203,— DM.

2. Betriebsstoffe. Angenommener Dieselölpreis je 1 kg = 0,50 DM. Nach Abschnitt II, § 5, ergibt sich der Dieselverbrauch je 1 Betriebsstunde zu 107 PS × 0,09 kg = 9,6 kg. Je 1 Arbeitstag:

96 kg Dieselöl zu 0,50 DM.	48,— DM.
Schmier- und Putzmittel 9 kg zu 1,60 DM.	14,40 „
	62,40 DM.
+ 10% für Materialverwaltung	6,20 „
	68,60 DM.

Zusammenstellung der dauernden Betriebskosten:

Arbeitslöhne + 65% Zuschläge	203,— DM.
Betriebsstoffe + 10% Zuschläge	68,60 „
	271,60 DM.
+ 10% Wagnis, Gewinn und Umsatzsteuer . . .	27,20 „
Dauernde Kosten	298,80 DM.

Zusammenstellung der Kosten je 1 m³:

Einmalige Kosten	0,265 DM.
Gerätekosten	0,750 „
Betriebskosten 298,80/300.	0,995 „
Kosten je 1 m³	*2,010 DM.*

[1] Materialkosten der Geräteunterhaltung.

Beispiel 13. *Kosten der Bodengewinnung mit einem 0,75 m³-Greifbagger Modell Mb 2 in Sandboden einschließlich Laden in Förderwagen, Transportieren und Kippen in einen Damm mit etwa 3 km Transportentfernung.* Die Gewinnungskosten sind dieselben wie in Nr. 12, nur wird beim Laden in Förderwagen die Leistung etwas zurückgehen. Die Leistung möge in diesem Fall mit 280 m³ Tagesleistung (Zehnstundentag) angenommen werden. Die Gewinnungskosten ergeben sich dann bei Annahme von 20000 m³ Gesamtleistung wie folgt:

a) Gewinnungskosten.

Einmalige Kosten (Einrichtung)	0,265 DM.
Gerätekosten 22,50/28	0,805 „
Betriebskosten 298,80/280	1,070 „
Gewinnungskosten insgesamt	2,140 DM.

b) Förderkosten und Gleisunterhaltung.

1. *Löhne:*

2 Lokomotivführer zu 24,— DM.	48,— DM.
2 Heizer zu 22,— DM.	44,— „
1 Weichensteller zu 19,— DM.	19,— „
Gleiskolonne, 1 Vorarbeiter zu 23,— DM.	23,— „
„ 2 Gleisarbeiter zu 19,— DM.	38,— „
	172,— DM.

2. *Betriebsstoffe:*

Kohlen für 2 Lokomotiven 125 PS, 1000 kg zu 0,08 DM.	80,— DM.
Schmier- und Putzmittel 10 kg zu 1,60 DM.. . .	16,— „
Rollwagenöl $30 \cdot 0{,}014$ kg $\cdot$ 10 h $= 4{,}2$ kg zu 0,90 DM.	3,80 „
Betriebsstoffe insgesamt	99,80 DM.
Gesamtkosten für Förderung und Gleisunterhaltung 172,— + 99,80 DM.	271,80 DM.
Zuschläge 65% von 172,— DM. + 10% von 99,80 DM.	121,80 „
Gesamte Selbstkosten der Förderung	393,60 DM.
+ 10% für Wagnis, Gewinn und Umsatzsteuer. .	39,40 „
	433,00 DM.

Kosten für Transport und Gleis je 1 m³ 433,00/280 = *1,55 DM.*

c) Kippe und Reinplanie[1].

1 Vorarbeiter	22,— DM.
6 Mann kippen zu 19,— DM..	114,— „
2 Mann für Böschungsplanie und Dammplanum sind in den Betriebskosten (1,070 DM.) enthalten . .	—
	136,— DM.
+ 65% Sozialaufwand, Bauleitungs- und Geschäftskosten	88,40 „
	224,40 DM.
+ 10% für Wagnis, Gewinn und Umsatzsteuer. .	22,40 „
	246,80 DM.

oder *je 1 m³ 246,80/280 = 0,880 DM.*

[1] Bei Grabenaushub u. dgl. sind für Reinplanie des Grabens noch 2 Mann zusätzlich zu kalkulieren.

Zu diesen Kosten kommen noch zusätzliche:

d) Gerätekosten für Fördermittel[1]. Die Gerätemiete, umfassend *Abschreibung, Verzinsung und Gesamtkosten der Geräteunterhaltung*[2], *beträgt für*

2 Lokomotiven 125 PS je 750,— DM. monatlich
= 1500,— DM./Monat. Somit für 5 Monate
$5 \times 1500,\!— = 7500,\!—$ DM.
Geräteunterhaltung $0,6 \times 7500,\!—$ . . . . 4500,— „
12000,— DM.

Die Gerätemiete für 30 Holzkastenselbstkipper 2 m³
Inhalt beträgt $30 \times 30,\!— \times 5 = 4500,\!—$ DM.
Geräteunterhaltung $1,0 \times 4500,\!—$ DM. . . . . . 4500,— „
9000,— DM.

Gesamtgerätekosten 12000,— + 9000,— DM. . . 21000,— DM.
+ 10% Geschäftskosten . . . . 2100,— „
23100,— DM.

Die zusätzlichen Gerätekosten für Fördermittel betragen demnach

$$23100 : 20000 = 1{,}16 \ \text{DM}.$$

Gesamtkosten je 1 m³ aus a) bis d): $2{,}14 + 1{,}55 + 0{,}88 + 1{,}16 = 5{,}73$ *DM.*

Bemerkung: Der Unternehmer könnte wohl durch Herabsetzen der Gerätemieten noch etwas günstiger anbieten. Bei günstigen Fahrverhältnissen wird es wirtschaftlicher sein, mit *LKW-Betrieb* zu arbeiten (siehe D. „Gleisloser Erdbau“, Seite 150).

2. Löffelbaggerarbeiten.

Der Löffelbagger ist im allgemeinen, soweit es sich nicht um große Abtragstiefen oder Bodengewinnung mit Wasserhaltung aus größeren Tiefen handelt, das wirtschaftlichste Baggergerät im Tiefbaubetrieb.

Beispiel 14. Es sind etwa 1,2 Mill. m³ schwerer Mergelboden (Kl. 5) in einem Kanaleinschnitt auf eine mittlere Entfernung von 4 km (max. 6 km) nach einer 8 m hohen Ablagerungsstelle zu fördern und zu verkippen. Es stehen an Geräten zur Verfügung: 1 Menck-Dieselbagger Md (1,9 m³ Löffel), 3 Mc-Bagger (1,4 m³ Löffel, davon 1 Mc als Reservebagger) und 3 Kippflüge. An Kippen sollen stets 2 Kippen mit einer Abnahmefähigkeit von 120 m³/h und 1 Reservekippe zur Verfügung stehen. An Wagen stehen 280 hölzerne Selbstkipper 4,5 m³ Wageninhalt und 15 Lokomotiven (davon 3 Reservelokomotiven) zur Verfügung. Das erforderliche Gleis seien 20 km Gleis 90er Spur. Es soll im Zweischichtenbetrieb (2 · 10h) gearbeitet werden. Die Baggerkosten je 1 m³ Boden sind zu ermitteln.

Löhne. Schachtmeister und Maschinist I. Kl.: 2,50 DM., Facharbeiter: 2,20 DM., Tiefbauarbeiter: 1,80 DM. Kohle 70,— DM./t frei Verwendungsstelle. Dieselöl: 50,— DM./100 kg. Speisewasser 0,80 DM./1 m³. 1 kWh 0,30 DM.

Lösung. Gerechnet wird mit einer Stundendurchschnittsleistung von $90 + 2 \times 75 = 240$ m³/h. Damit ergeben sich mit 20 h/Tag $1200000 : 4800 = 250$ Baggertage (*zu 20 h*) oder 10 Baggermonate mit 500 h/Monat. Mit Rücksicht auf Unterbrechungen (Winter) sowie Anlauf- und Rücklaufzeit muß mit 12 Baggermonaten (500 h/Monat, d. h. Zweischichtenbetrieb) als Gerätemietdauer gerechnet werden.

---

[1] Es ist angenommen, daß das Gleis als Fördergleis des Erdloses bereits liegt. Sonst müssen die Gleisverlegungsarbeiten (als Einrichtungskosten) und die Gleisabschreibung noch bei der Preisbildung berücksichtigt werden.

[2] Die Abschreibung und Verzinsung wurde nach den *Geräteneuwerten Frühjahr 1954* bemessen (siehe auch Abschnitt II, § 1 und § 2, sowie Abschnitt X. Förderkosten). Die *Geräteunterhaltung* wurde bei Lokomotiven mit 60% des Mietwerts, bei Holzkastenselbstkippern mit 100% des Mietwerts angenommen.

1. Gerätekosten.

Zusammenstellung der Geräte und Gerätekosten.

Menge	Geräte	Löffel- bzw. Wageninhalt m³	PS	Gewicht t	Neuwert[3] DM.	Gerätekosten[4]/1 Monat $b = 500$ h/Monat: Abschreibung und Verzinsung	Materialkosten der Geräteunterhaltung	Insgesamt DM. je 1 Monat
1	2	3	4	5	6	7	8	9
1	Menck Md.	1,9	200	100	259000,—	6500,—	2500,—	9000,—
3	Menck Mc[1]	1,4	142	192	561000,—	14000,—	5500,—	19500,—
280	Holzselbstkipper[2]	4,5	—	924	980000,—	24500,—	12000,—	36500,—
20 km	Gleis	—	—	1200	480000,—	9500,—	1500,—	11000,—
3	Kippflüge	—	—	30	45000,—	1000,—	300,—	1300,—
30000 Stck.	Schwellen	—	—	750	240000,—	7000,—	—	7000,—
15 Stck.	Lokomotiven	—	200	250	1000000,—	20000,—	7000,—	27000,—
1500 m²	Baubuden	—	—	230	100000,—	1500,—	500,—	2000,—
5000 m	Wasserleitungsrohr	3″	—	40	35000,—	1000,—	200,—	1200,—
	Kleingeräte, Baustoffe, Werkzeuge usw., Elektroinstallation	—	—	100	80000,—	3000,—	—	3000,—
	Werkstattausrüstung	—	—	25	100000,—	2500,—	500,—	3000,—
		—	—	3841	3880000,—	90500,–	30000.–	120500,-

Es betragen also die *Gerätekosten*, umfassend Abschreibung, Verzinsung, Kleingeräte und Werkzeuge, Reparaturmaterialien und Ersatzteile *je 1 m³*

$$\frac{120500 \cdot 12}{1200000} = \mathit{1{,}20\ DM./1\ m^3}.$$

2. Lohnkosten.

Errechnung des mittleren Stundenlohnes (aus Zusammenstellung S. 140):

9 Schachtmeister und Masch. I. Kl. zu 2,50 DM. .	22,50 DM.
47 Facharbeiter zu 2,20 DM.	103,40 „
83 Tiefbauarbeiter zu 1,80 DM.	149,40 „
139 Mann.	275,30 DM.
Mehrstunden und Auslösungen der Schachtmeister, Maschinisten und Stammarbeiter	13,50 „
Für Überstunden, Sonntags- und Nachtzuschläge, Leistungsprämien + 10% von 275,30 DM.	27,20 „
	316,— DM.

oder $St_{mi} = 316{,}—: 139 =$ *2,28 DM.*[5]

Lohnkosten je 1 m³ demnach 139/240 = 0,58 h zu 2,28 DM. = *1,32 DM.*

[1] Einzelgewicht 64 t. [2] Einzelgewicht 3,3 t.

[3] Als *Geräteneuwerte* sind etwa die Anschaffungskosten *Frühjahr 1954* eingesetzt.

[4] *Abschreibung und Verzinsung* sowie die *Materialkosten der Geräteunterhaltung* wurden nach den Richtlinien Abschnitt II, § 1 und § 2 angenommen (entspricht etwa den Sätzen Ge Wibau 1952, Ausgabe 1954 unter Berücksichtigung des verlängerten 2-Schichtenbetriebs).

[5] Der mittlere Stundenlohn ist demnach 27 v.H. höher als der Tiefbauarbeiterlohn von 1,80 DM.

Zusammenstellung der Belegschaft für eine Schicht.

	Schachtmeister und Baggermeister	Facharbeiter und Vorarbeiter	Tiefbau-arbeiter
An den Löffelbaggern (2 Schichten) . .	5	4	3
Reinplanie im Einschnitt			4
Transportpersonal (2 Schichten)	1	24	2
Gleisunterhaltung und Gleisumbau . .		1	15
Weichensteller			5
Wasser- und Kohleversorgung		2	2
Elektrische Beleuchtung		1	
Wasserhaltung und Entwässerung . . .		1	2
Kippen mit Planie	2	1	40
Werkstatt und Schlußreparatur (eine Schicht)	1	20/2 = 10	
Lagerplatz, Magazin, Nachtwächter und allgemeine Arbeiten (Barackenunterhaltung, Kaffeekochen usw.)		3	10
	9	47	83

3. Betriebsstoffe.

Für Bagger: 1 Md 200 PS + 2 Mc 282 PS = 482 PS. *Verbrauch je 1 Betriebsstunde*

Dieselöl: 482 · 0,1 kg/PSh = 48,2 kg zu 0,50 DM. . .	24,10 DM.
Schmieröl, Putzwolle usw. 3,5 kg zu 1,60 DM. . . .	5,60 „
	29,70 DM.
Für Loks: 12 Loks 200 PS, Kohlen 12 · 75 = 900 kg zu 0,07 DM.	63,— „
Öle 12 · 0,60 kg = 7,2 kg zu 1,60 DM.	11,52 „
Speisewasser 12 · 0,75 = 9 m³ zu 0,80 DM.	7,20 „
	111,42 DM.
Strom für Werkstatt, Beleuchtung usw. 20 kWh zu 0,30 DM.	6,– „
Insgesamt für Betriebsstoffe	117,42 DM.

oder je 1 m³ 117,42/240 = *0,49 DM.*

4. Zuschläge und Gewinn.

Reiner Sozialaufwand	24% der Löhne
Steuern, allgemeine Geschäftskosten	15% „ „
Bauleitung, Gemeinkosten	16% „ „
Wagnis, Gewinn und Umsatzsteuer	20% „ „
	75% der Löhne

oder je 1 m³ 0,75 · 1,32 = *0,990 DM.*

Zuschlag auf Materialkosten

10% von (1,20 + 0,49) = *0,170 DM.*

Zuschläge insgesamt *1,16 DM./1 m³.*

Zusammenstellung der dauernden Kosten.

1. Gerätekosten	1,20 DM.
2. Löhne	1,32 „
3. Betriebsstoffe	0,49 „
4. Zuschläge + Gewinn	1,16 „
Angemessener Einheitspreis je 1 m³	*4,17 DM.*

Einmalige Kosten (Einrichtungskosten).

4maliges Be- und Entladen 3841 t · 6 $St_{mi.}$ = 23046 $St_{mi.}$ zu $\frac{2,20 + 1,80}{2}$	46090,— DM.
Fracht und Anschlußgebühr (nach Frachtsatzzeiger) für 135 km 2 · 3841 · 15,— DM.	115230,— „
Baggerauf- und -abbau (einschl. Transport) 2300 + 3 · 1600 = 7100 $St_{masch.}$ zu 2,20 DM.	15600,— „
Erstes Gleislegen und Wiederabbrechen 20000 · 1,8 = 36000 h zu 2,— DM.	72000,— „
Sonstige Einrichtungsarbeiten (Wasserversorgung, Unterkünfte usw.) an Löhnen 20000 h zu 2,— DM. . . .	40000,— „
Für Sozialaufwand, Geschäftskosten und Gewinn 75% von (46090 + 15600 + 72000 + 40000) . . . =	130270,— „
Zuschlag auf Material 10% von 115230,—.	11520,— „
	430710,— DM.

oder 430710/1200000 = *0,36 DM.* je 1 m³
oder Angebotspreis einschließlich Einrichtungskosten
je 1 m³ 4,17 + 0,36 = ***4,53 DM.***

Bemerkung. Bei *Dammkippen von Straßen- und Eisenbahndämmen* u. dgl. sind die *Restarbeiten,* d. h. Herstellung der genauen Planumshöhe entsprechend zu berücksichtigen mit mindestens *0,4 St. je 1 m² Planumsoberfläche.* Desgleichen ist die Böschungsplanie, besonders bei flachen Böschungen, entsprechend zu beachten.

B. Eimerkettenbaggerarbeiten.

Nachstehend sind die wichtigsten Angaben zur Kostenermittlung für ältere B-Baggertypen und für die neuesten Kruppschen E-Bagger und Kruppschen Absetzapparate zusammengestellt. Der Antrieb erfolgt heute bei günstigem Stromanschluß meist elektrisch. Im übrigen muß auf Abschnitt II, § 1, 2, 3 und 5 verwiesen werden.

Abb. 36 stellt einen Schaufelradbagger SchRs $\frac{250}{0,6}$ · 12 auf Raupen dar (250 l Eimerinhalt, 12 m Abtraghöhe). Statt auf Förderwagen wird heute häufig auf „Bandstraßen" (auf Raupen) verladen.

Abb. 37 zeigt einen Absetzer „As 1000×50".

Zusammenstellung.

1. Älterer Typ als Dampfeimerkettenbagger.

	Baggertiefe (45°) m	Dienstgewicht[1] t	PS	Neuwert[2] DM.
B-Bagger, 250-l-Eimer	15	etwa 160	150	450000,—
E-Bagger, 300-l-Eimer	14	etwa 200	200	600000,—

[1] Ohne Ballast.
[2] Geschätzte Neuwerte Basis Frühjahr 1954.

2. *Elektrisch angetriebene Eimerkettenbagger* (Friedr. Krupp, Stahlbau-Rheinhausen). *a) Schienenbagger.*

		Seitenschütter	Eintorbagger		Eintorschwenkbagger	Doppeltorbagger			Doppeltorschwenkbagger
Type		S 150/200	$E\,\frac{250}{24,6}$	$E\,\frac{300}{20,5}$	$E_s\frac{250}{9,5}\cdot 6,5$	$D\,\frac{300}{15}$	$D\,\frac{350}{19,6}\cdot 17$	$D\,\frac{400\text{—}500}{20,5}$	$D_s\frac{500}{10\cdot 12,8}\cdot 10$
Eimerinhalt	Liter	150 ÷ 200	250	300	250	300	350	400 ÷ 500	500
Ausladung des schwenkbaren Beladebandes	m	—	—	—	—	—	—	—	—
Ausladung des Beladebandes . .	m	11,5	—	—	—	—	—	—	—
Bandbreite	m	1,0	—	—	—	—	—	—	—
Baggertiefe	m	20,0	24,6	20,5	9,5	15	19,6	20,5	10—12,8
Baggerhöhe	m	—	—	—	6,5	—	17	—	10
Dienstgewicht	to	110,0	250,0	230,0	200,0	240,0	350,0	370,0	370,0
Antriebsart		Elektr.	Elektr.	Elektr.	Elektr.	Elektr.	Elektr.	Elektr.	Elektr.
Installierte PS		135,0	190,0	190,0	175,0	250,0	320,0	460,0	418,0
Kaufpreis einschl. Elektr. Einrichtung*	DM.								

* Man vergleiche Fußnote 2 S. 146.

b) Raupenbagger.

		Grabenbagger	Eimerkettenschwenkbagger		Schaufelradbagger[1]	
Type		$RG\ \frac{75}{4{,}5}$	$Rs\ \frac{250}{8-10}\cdot 8$	$RSS\ \frac{300}{12-14}\cdot 12$	$SchRs\ \frac{250}{0{,}6}\cdot 12$	$SchRs\ \frac{400}{1}\cdot 18\cdot 6$
Eimerinhalt	Liter	75	250	300	200	400
Ausladung d. schwenkbaren Beladebandes .	m	—	25	25	15	18
Ausladung des Beladebandes	m	5,5	—	—	—	—
Bandbreite	m	0,65	1,00	1,00	1,00	1,20
Baggertiefe	m	4,5	8—10	12—14	0,6	1,00
Baggerhöhe	m	—	8	12	12	18
Dienstgewicht	to	30,0	290,0	420,0	200,0	610,0
Antriebsart		Diesel	Elektr.	Elektr.	Elektr.	Elektr.
Installierte PS . . .		60,0	490,0	530,0	232,0	769,0
Kaufpreis einschl. Elektr. Einrichtung*	DM.					

[1] Neu entwickelt wurde noch ein Schaufelradbagger mit 100 l-Eimern, 360° Schwenkbereich, 11 m Ausladung, ca. 80 t Dienstgewicht. * Man vergleiche Fußnote 2 S. 146.

3. *Schwenkabsetzer*, Friedr. Krupp, Stahlbau-Rheinhausen.

		Absetzer für Hoch oder Tief			Absetzer für Hoch und Tief		Kanalbagger mit schwenkbarem Gurtförderer
Type		*As* 400 · 30	*As* 500 · 47	*As* 400 · 50	*As* 500 · 42,5	*As* 1000 · 50	*As* 530 · 40
Eimerinhalt	Liter	400	500	400	500	1000	530
Ausladung des schwenkbaren Gurtförderers	m	30	47	50	42,5	50	40
Bandbreite	m	1,10	1,20	1,20	1,20	1,40	1,20
Tiefkippe		Tief	Tief	Tief	Tief	Tief	—
Hochkippe	m	15	17	18	15	18	13
Dienstgewicht[1]	to	200,0	315,0	395,0	385,0	950,0	390,0
Antriebsart		Elektr.	Elektr.	Elektr.	Elektr.	Elektr.	Diesel-elektr. Antrieb
Installierte PS		339,0	400,0	460,0	710,0	1966,0	480,0
Kaufpreis[2] einschl. elektr. Einrichtung	DM.						

[1] Vgl. Fußn. 1, S. 143.

[2] Da genaue *Anschaffungspreise* für *Frühjahr 1954* nicht zu bekommen waren, empfiehlt es sich, jeweils Angebote einzuholen. Als rohen Überschlag kann man etwa 3,25 DM. bis 3,50 DM. je 1 kg Dienstgewicht rechnen. (Ohne elektrische Ausrüstung, ohne Baggergleis und Fahrleitungsmaste!)

Abb. 36. Schaufelradbagger Friedr. Krupp, Maschinen- und Stahlbau Rheinhausen.

Abb. 37. Schwenkabsetzer.

Beispiel 15. Ein elektrisch betriebener B-Bagger habe 400000 m³ Kies zu baggern, welcher in einen 20 m breiten, i. M. 10 m hohen Damm in 1-m-Lagen zu verbauen ist. Der gewonnene Boden sei reiner Kies und es stehe 1 m unter Terrain das Grundwasser an, welches durch eine Wasserhaltung abgesenkt wird. Den für die Ausführung der Arbeit erforderlichen Fuhrpark kann man annehmen zu:

4 Lokomotiven zu 160 PS
und 100 Stück Holzkastenkipper von 4 m³ Fassungsraum.

Es werde in einer Schicht zu 10 h gearbeitet, und die durchschnittliche Leistung in einer Betriebsstunde betrage 160 m³ (ohne Grundwasser müßte sie etwa 180 m³ betragen). Es sollen die Kosten des Baggerbetriebes ermittelt werden, wenn der mittlere Stundenlohn für die Erdarbeiten 2,00 DM. und für die Montagearbeiten 2,20 DM. beträgt. 1 kWh = 0,20 DM. Kohlen 80,— DM./t.

Lösung.

Zusammenstellung des Geräteparks und der Gerätekosten[1].

Bezeichnung des Gerätes	Gewicht etwa t	Neuwert etwa DM.	Gerätekosten %	im Jahr DM.	je Tag[2] DM.
Büro, Werkstätten, Baubuden, Wasserleitung usw.	310	150000,—	15	22500,—	90,—
1 B-Bagger	140	500000,—	10	50000,—	200,—
Baggergleis 600 lfd. m	150	50000,—	20	10000,—	40,—
4 Lokomotiven 160 PS	70	300000,—	10	30000,—	120,—
Transportgleis 15 km (mit Schwellen)	1500	550000,—	12	66000,—	264,—
100 Holzkastenkipper ($4 m^3$-Selbstkipper)	280	350000,—	20	70000,—	280,—
	2450	1900000,—		248500,—	994,—

Einmalige Kosten, welche auf die ganze Arbeitszeit zu verteilen sind (Einrichtungskosten). Kosten für An- und Rücktransport:

1. 4mal Be- und Entladen zu 1,5 $St_{mi.}$ = 6 $St_{mi.}$
   2000 t zu 6 $St_{mi.}$ = 12000 $St_{mi.}$ zu 2,— DM. . . . . 24000,— DM.
   + 60% für Geschäftskosten, Sozialaufwand usw. . . . . . 14400,— „
   38400,— DM.
   + 10% Gewinn, Wagnis und Umsatzsteuer . . . . 3800,— „
   42200,— DM.
2. Fracht (180 km). 2450 t zu 2 · 12,50 = 25,— DM. je 1 t . . 61250,— DM.
3. *Transport, Montage des Baggers und erstes Gleis legen:*
   Montage und Demontage 3000 $St_{mi.}$ zu 2,20 DM. . . . . . 6600,— DM.
   Erstes Gleis legen und Abbrechen von 600 lfd. m Baggergleis zu 6 $St_{mi.}$ = 3600 $St_{mi.}$ zu 2,— DM. . . . . 7200,— „
   Erstes Gleis legen und Aufnehmen von 15 km Transportgleis zu 1800 $St_{mi.}$ = 27000 $St_{mi.}$ zu 2,— DM. . . . . 54000,— „
   Summe 3. . . . . 67800,— DM.
   + 60% Sozialaufwand, Geschäftskosten usw. . . . . 40700,— „
   Selbstkosten . . . . 108500,— DM.
   + 10% Gewinn, Wagnis und Umsatzsteuer . . . . 10800,— „
   119300,— DM.
   Sonstige Einrichtungskosten[3] (Unterkunftsbaracken, Bürogebäude, Werkstätten aufstellen, Wasserversorgung) . . . 30700,— „
   150000,— DM.

Zusammenstellung der einmaligen Kosten (Einrichtungskosten).

1. An- und Rücktransport . . . . 42200,— DM.
2. Fracht (Hin- und Rückfracht) . . . . 61250,— „
3. Montage und sonstige Einrichtungsarbeiten . . 150000,— „

Einmalige Kosten . . . . 253450,— DM.
oder je 1 m^3 253450/400000 = *0,633 DM.*

Dauernde Kosten.

A. Gerätekosten. Nach der Zusammenstellung des Geräteparks betragen die täglichen Gerätekosten 994,— DM. oder bei einer durchschnittlichen täglichen Leistung von 10 · 160 = 1600 m^3:
Gerätekosten je 1 m³ 994,—/1600 . . . . *0,620 DM.*

[1] Gerätekosten = Abschreibung + Verzinsung + Materialkosten der Geräteunterhaltung.
[2] Gerechnet ist mit 250 Arbeitstagen zu 1600 m^3 = 400000 m^3 im Jahr.
[3] Vorwiegend Lohnkosten (einschließlich 60 v.H. Zuschlag).

B. Betriebskosten.

a) Arbeitslöhne. Allgemeine Arbeiten:

1. Für Reparaturwerkstatt und Wagenreparatur einschließlich Schlußreparatur 12 Mann zu 12 h = 144 h oder je 1 m³ 144/1600 = 0,09 h zu 2,20 DM. . . . . 0,198 DM.
2. Für sonstige allgemeine Arbeiten auf dem Lagerplatz, Magazin, Nachtwächter, Wasserversorgung, Elektrozentrale usw. 8 Mann zu 10 h = 80 h oder 80/1600 = 0,05 h zu 2,— DM. 0,100 „

Somit für allgemeine Arbeiten . . . . *0,298 DM.*

Bauausführung. Im *Ladeschacht:*

Schachtmeister	1 Mann
Baggerbedienung	3 „
Im Baggergleis und Gleisrücken[1] . . .	12 „
Wächter und Laufjunge	2 „
	18 Mann zu 10 h = 180 h.

oder je 1 m³ 180/1600 = 0,112 St_{mi}. zu 2,— DM. = *0,224 DM.*

Transport und Gleisunterhaltung:

Lokomotivführer	5 Mann	zu 11 h	=	55 h
Heizer	4 „	„ 12 h	=	48 h
Weichensteller	3 „	„ 10 h	=	30 h
Gleisunterhaltung und Gleisumbau . .	15 „	„ 10,5 h	=	157 h
Wagenschmierer	2 „	„ 10 h	=	20 h
Wasser- und Kohlenausgabe	4 „	„ 10 h	=	40 h
	33 Mann	zu 10,6 h	=	350 h

oder je 1 m³ 350/1600 = 0,218 h zu 2,— DM. = *0,436 DM.*

Kippe. Es werden 2 Kippstellen (Dammkippen) mit je 1 Kippmeister und 15 Mann angenommen, ferner für Reinplanie der Dämme 6 Mann. Somit Lohnkosten 38 · 10 = 380 St_{mi} oder je 1 m³ 380/1600 = 0,24 St_{mi} zu 2,— DM. = *0,480 DM.*

Die *Löhne* aus *Betriebskosten* betragen demnach

0,298 + 0,224 + 0,436 + 0,480 = *1,438 DM.*

b) Betriebsstoffe.

B-Bagger: Elektrischer Strom nach Abb. 4d, S. 42: Für 160 m³/h, 50 kW oder 50/160 = 0,31 kWh/1 m³
0,31 kWh zu 0,20 DM.. . . . . 0,062 DM.
Schmiermittel, Öle usw. etwa 1 kg/h zu 1,30 DM. oder 1,30/160 = 0,008 DM./1 m³ . . . . 0,008 „

Lokomotiven: 4 Lokomotiven 160 PS je 1 Betriebsstunde.
Kohlen 4 · 65 = 260 kg + 1 Rangierlokomotive zu 40 kg = 300 kg/1 Betriebsstunde. Je 1 m³ $\frac{11 \cdot 300}{1600}$ = 2,0 kg zu 0,080 DM. 0,160 „
Öle und Schmiermittel: je 1 Betriebsstunde 4 · 0,50 + 0,40 = 2,4 kg zu 1,50 DM. = 3,60 DM.

Speisewasser: 5 · 0,6 = 3 m³ zu 0,60 DM. = 1,80 DM.

Holzkastenkipper: 100 Stück zu 0,018 kg/1 h *Wagenöl* = 1,8 kg Öl zu 0,80 = 1,44 DM.
Strom für Werkstatt: 10 kWh zu 0,20 DM. = 2,— DM.
Öle + Wasser + Strom: 3,60 + 1,80 + 1,44 + 2,— = *8,84 DM.*
oder je 1 m³ 8,84/160 . . . . 0,055 „

Für Betriebsstoffe insgesamt *je 1 m³* . . . . 0,285 DM.
10% Zuschlag auf Material . . . . 0,029 „

0,314 DM.

---

[1] Beim Einsatz von Gleisrückmaschinen ermäßigen sich diese Kosten.

Betriebskostenzusammenstellung:

Reine Löhne	1,438 DM.
Sozialaufwand, Geschäftskosten, Allgemeine Baukosten 60% von 1,438 DM.	0,863 „
Betriebsstoffe	0,314 „
	2,615 DM.
+ Gerätekosten je 1 m³	0,620 „
Selbstkosten je 1 m³	3,235 DM.
+ 10% Wagnis, Gewinn und Umsatzsteuer	0,325 „
Angebotspreis je 1 m³	*3,560 DM.*

ohne Einrichtungskosten (einmalige Kosten), welche 253450,— DM. oder bei 400000 m³ Gesamtleistung *0,633 DM./m³* betragen.

Der *Angebotspreis einschließlich Einrichtungsarbeiten* würde demnach *4,20 DM./1 m³* betragen.

C. Gleisloser Erdbau.

I. Schürfwagen.

Der in Amerika in größtem Umfang mit *Schürfkübelraupen*[1], *Motorschürfwagen* (motorscraper) und *Schürfwagenzügen* (Raupenschlepper mit selbstgrabendem Schürfkübelanhänger) übliche „*gleislose Erdbetrieb*“ hat sich zufolge der völlig anders gelagerten wirtschaftlichen Verhält-

Abb. 38. 150 PS-Menck-Schürfraupe.

nisse in Europa nicht einbürgern können, zumal auch die enormen hierfür notwendigen Kapitalinvestierungen nicht möglich sind. In Europa ist ein solcher Betrieb bis jetzt nicht wirtschaftlich wegen der höheren Treibstoffpreise, höheren Reifenpreise (Reifenkosten ca. 20% der Anschaffungskosten!) und zufolge der wesentlich niedrigeren Löhne in Europa. Die Witterungsverhältnisse spielen in Europa auch eine

[1] Als Literatur empfohlen der Artikel von Dipl.-Ing. Hugo Cordes, Hamburg: „Erdbau mit Schürfkübelraupen“ in der Zeitschrift „Straße und Autobahn“, Heft 4, 1953.

größere Rolle. Die Motorschürfwagen und Schürfwagenzüge sind aber sehr von der Bodenart, Ebenheit der Förderwege und dem Wetter (bei wasserempfindlichen Böden geringer Nutzeffekt!) abhängig. Auch die Vorhaltekosten sind zufolge der hohen Anschaffungspreise sehr hoch und lohnen selbst bei günstigen Verhältnissen nur bei kurzen Transportweiten. Die Motorschürfwagen haben geringeren Betriebsstoffverbrauch als die Schürfkübelanhänger mit zusätzlichen Zuggeräten.

Deutsche Schürfraupe.

Die 150 PS-Menck-Schürfraupe Modell SR 53 hat statt Anhängerschürfwagen einen Kübel von 6,5 m^3 Inhalt in das Gerät eingebaut. Das Verladegewicht beträgt 18,3 t, die Anschaffungskosten Frühjahr 1954 158800,— DM. (siehe Abb. 38). Bis 30 m Entfernung wird mit Brustschild gearbeitet (75 bis 120 m^3/h) und von 40 m bis 500 m mit Kübel (angegeben bei grabfähigen Böden 100 bis 20 m^3/h).

II. Lastwagentransporte im Erdbau.

In Deutschland beschränkt sich der „gleislose Erdbau" heute noch im allgemeinen auf den Ersatz des Gleistransportes durch die Erdförderung mit *Speziallastwagen*[1]. Die Beanspruchung solcher Lastwagen ist natürlich wesentlich größer als bei Materialtransporten auf befestigten Straßen. Die *Witterung* spielt bei wasserempfindlichen Böden eine bedeutende Rolle. Die Unterhaltung einer guten und möglichst ebenen Fahrstraße als Zufahrtstraße zu den Kippen ist sehr wichtig. Bei entsprechenden Bodenverhältnissen, welche den Einsatz von LKWs rechtfertigen, ist die *Ersparnis an Löhnen* gegenüber dem Gleisbetrieb (Wegfall der Gleisverlegungen und des größten Teils des Kipppersonals) sehr groß. Der *Betriebsstoffverbrauch je 1 m^3 Bodenbewegung* ist aber größer als beim Gleisbetrieb. Infolge der stark erhöhten Kohlenpreise ist allerdings der Unterschied beim 90er-Spurbetrieb, wo noch größtenteils Dampflokomotiven eingesetzt werden, nicht mehr so groß. Der Betriebsstoffverbrauch innerhalb der wirtschaftlichen Grenzen (1 bis 3 km *mittlere* Transportentfernung) schwankt beim Lastwagenbetrieb etwa zwischen 0,7 und 1,2 kg Dieselöl/1 m^3. Der *Verbrauch an Ersatzteilen* (Materialkosten der Geräteunterhaltung, einschließlich Reifenverschleiß) ist *erheblich größer als beim Gleisbetrieb* (siehe Beispiel).

An ausländischen Fabrikaten werden in Deutschland, vielfach umgebaut, verwendet:

1. Der 5 t-GMC-Wagen mit Allradantrieb für kleinere Erdbewegungen.
2. Der 15 t-Mack-Lastwagen (siehe Abb. 39).

Wichtig ist der *Allradantrieb*, welcher auch bei nassen und glatten Bodenverhältnissen genügend Bodenhaftung gibt. Genügend *starke Motore*, d. h. Kraftreserven werden beim geländegängigen Erdtransportwagen für notwendig gehalten, *möglichst mindestens 200 PS*.

---

[1] Als benutzte Literatur sei genannt der Aufsatz von Dipl.-Ing. PAUL SCHMITZ: „Der Lastwagen beim Erd- und Straßenbau" in der Zeitschrift „Straße und Autobahn", Heft Nr. 4, 1953.

Abb. 39. 15 t-Mack-Lastwagen in Kippstellung.

Abb. 40. 20 t-Zweiachshinterkipper von Carl Kaelble, Backnang.

Betont wichtig ist auch, gute Fahrtverhältnisse zu schaffen zur Verminderung des Reifenverschleißes und sonstiger Ersatzteilbeschaffungen. Auch die *Bodenfreiheit* ist wichtig bei den geländegängigen Fahrzeugen. Neuerdings werden *Schwerlastwagen für Erdtransporte* auch in Deutschland von verschiedenen Werken gebaut, von denen (ohne Anspruch auf Vollständigkeit) einige angegeben sind:

1. *Südwerke, Motoren- und Kraftwagenfabriken G.m.b.H. Essen,* bauen als Spezialfahrzeug für Erdbetrieb „*Cyklop*"-*Wagen* mit 210 PS-Motorenleistung, Muldenkipper mit 6,7 m³ Fassungsvermögen und Kippwinkel 65 bis 70° sowie AM 180 *Gigant* (Allrad) 18 t und 20 t.

Technische Daten der Zweiachshinterkipper der Südwerke G.m.b.H. Essen.

Wagentype	M 130 Cyklop	AM 180 Gigant (Allrad)	
Nutzlast ca.	13 t	18 t	20 t
Tragfähigkeit des Fahrgestells ca.	17 t	23 t	25 t
Fahrfertiger Wagen (Leergewicht) ca.	11 t	13 t	14 t
Zulässiges Gesamtgewicht ca.	24 t	31 t	34 t
Techn. zul. Achsdrücke, vorn	6,5 t	7,5 t	8 t
Techn. zul. Achsdrücke, hinten	17,5 t	24,5 t	26 t
Kippaufbau	6,7 m³	8 m³	9 m³
Fahrzeuglänge	7955 mm	7750 mm	7750 mm
Fahrzeugbreite	2500 mm	2500 mm	2800 mm
Fahrzeughöhe (über dem Schutzdach unbeladen)	3150 mm	3150 mm	3150 mm
Reifengröße (Spezial)	12,00—24	v. 12,00—24 h. 14,00—24/16—24	12,00—24 14,00—24/16—24
Höchstgeschwindigkeit auf ebener Straße	46,5 km/h	53 km/h	56,5 km/h
Größtes Steigvermögen im 1. Gang (Geländegang ca. 3,5 km/h) ca. %	38%	42,5%	40%
Ungefähre Anschaffungskosten (Frühjahr 1954) ca. DM	68500,—	—	96500,—

2. *Faun-Werke, Nürnberg,* bauen als ausgesprochene Erdkippwagen die Typen *603 K* und *900 K* mit 8 m³-Mulde und 9 m³-Mulde.

3. *Carl Kaelble G.m.b.H. Backnang,* baut Schwerlastwagen für 16 t, 20 t und 22 t Nutzlast. Das Fahrgestell ist besonders stabil gebaut. Die Stahlblechmulde besitzt Verstärkungsrippen und doppelten Boden mit Hartholzbohlen gegen die Wucht des Schüttgutes. Der Antriebsmotor ist ein *Dieselmotor* Typ GN 130a von *200 PS Leistung.* Der 22 t-Wagen ist ein Dreiachshinterkipper mit Vorderradantrieb = Allradantrieb.

Abb. 40 zeigt den 20 t-Zweiachshinterkipper in Kippstellung.

In Abb. 41 sind die Abmessungen der Zweiachs- und Dreiachshinterkipper wiedergegeben. Die nachstehende Tabelle bringt eine Zusammenstellung der wichtigsten technischen Daten nebst ungefähren Anschaffungskosten (Frühjahr 1954):

Technische Daten der Kaelble-Zweiachshinterkipper — Dreiachshinterkipper.

Nutzlast		16 t	20 t	22 t
Tragfähigkeit des Fahrgestells		19,0 t	23,5 t	25,5 t
Gewicht ohne Kippmulde		9000 kg	9200 kg	10000 kg
Zul. Gesamtgewicht		28000 kg	32000 kg	35500 kg
Bodenfreiheit		380 mm	430 mm	330 mm
Fassungsvermögen der Kippmulde . .		8,5 m³	10 m³	12 m³
Bereifung, EM Spezial . . .	vorn	12,00—24	13,00—24	12,00—24
	hinten	14,00—24	16,00—24	12,00—24
Angetr. Achsen		2	2	3
Ungefähre Anschaffungskosten DM. .		84990,—	88320,—	89100,—

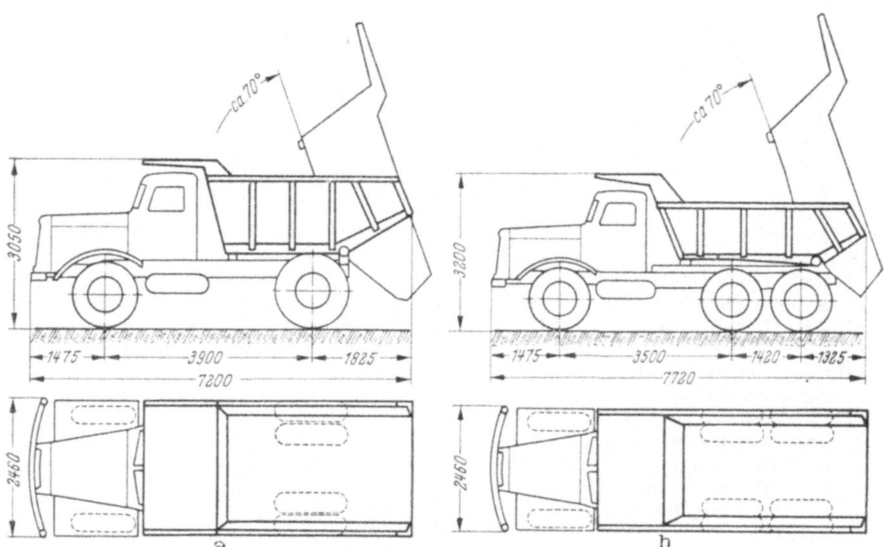

Abb. 41. Abmessungen der 20 t bzw. 22 t-Kaelble-Zweiachs- und Dreiachshinterkipper.

Im Baustellenbetrieb wird eine Steigfähigkeit bis 43% (im 1. Gang 3,5 km/h) angegeben und bei 8% noch eine Fahrgeschwindigkeit von 13,5 km/h im 4. Gang. Von einer Überlastung der Kippwagen ist dringend abzuraten.

Als *Bereifung der Spezial-Lastwagen* für Erdbetrieb kommen auch nur Spezialreifen 24″ zur Anwendung (Lieferfirmen: Continental, Hannover; Dunlop, Hanau; Metzler Gummiwerke A.G. München; Phoenix, Harburg).

III. Planierraupen (siehe S. 102).

Beispiel 16. Der Angebotspreis für einen gleislosen Erdbetrieb ist zu kalkulieren für eine *Baggerung von 400000 m³* mit einem M 250 als Eimerseilbagger[1] (2,6 m³ Eimerinhalt). Die Bodenmassen, bestehend aus sandigem Kies, sind in hohe Dämme einer Staustufe einzubauen. Die mittlere Entfernung zu den Kippstellen betrage etwa 2 km. Für die Förderung sollen 10 m³-Kaelble-Hinterkipper verwendet werden. Der mittlere Maschinistenlohn betrage 2,— DM., der mittlere Tiefbauarbeiterlohn 1,60 DM.

Lösung. Die Leistung des M 250 im verlängerten 2-Schichtenbetrieb (2×11 Stunden Fahrbetrieb, 12 Stunden Baggerbetrieb) betrage durchschnittlich $2 \cdot 1200 = 2400$ m³. Der Betrieb erstreckt sich daher auf $\frac{400000}{2400} = 170$ Arbeitstage oder rd. 210 Kalendertage.

Rechnet man einschließlich Aufenthalten beim Beladen, Kippen und auf der Strecke mit einer durchschnittlichen Fahrgeschwindigkeit von 8 km/h, d. h. 20 Fahrten je eine Schicht (11 Stunden) zu 10 m³, so kann man je Fahrzeug mit 200 m³/Schicht oder 400 m³ je Doppelschicht rechnen. Erforderlich sind also 6 Kaelble-Zweiachs- oder Dreiachshinterkipper + 2 Reservefahrzeuge = 8 Fahrzeuge. Auf den Kippen sind notwendig 2 Kaelble-Dieselplanierraupen 150 PS mit Querschild.

Die Verdichtungsgeräte für die Verfestigung des Bodens sollen außer Betracht bleiben, da die Verdichtung in einer eigenen Position des Vertrages bezahlt wird. Auch die Einrichtungskosten bleiben außer Betracht.

Für die Geräteabschreibung und -verzinsung werden bei 8monatiger Mietdauer folgende Annahmen gemacht:

Stück	Geräte	Neuwert DM.	Abschreibung und Verzinsung DM.
1	M 250	400000,—	80000,—
8	Kaelble 10 m³ Dreiachshinterkipper . .	712000,—	140000,—
2	Kaelble-Diesel-Planierraupen 150 PS .	179000,—	20000,—
		Geräteabschreibung	240000,—DM

Für *Gerätevorhaltung* (ohne Unterhaltung) ist demnach zu rechnen:

240000 : 400000 = *0,60 DM./m³*. Der Lohnaufwand der Geräteinstandsetzung (einschließlich Schlußinstandsetzung und anteilige Generalüberholung) wird ermittelt, indem angenommen wird, die ständige Besetzung der Reparaturwerkstätte (einschließlich Magazin und Lagerplatz) betrage bei Tag 8 Maschinisten zu 12 Stunden = 96 St_{masch} (einschließlich Aufsicht) oder es entfallen auf Geräteinstandsetzung

$$96 : 2400 = 0{,}04\ St_{masch}.$$

Die übrige Besetzung der Baustelle werde wie folgt angenommen (in einer Schicht):

1	Werkmeister	zu 12 Stunden =	12 St_{masch}
2	Schachtmeister	„ 12 „ =	24 „
1	Baggermeister	„ 12 „ =	12 „
1	Baggermaschinist	„ 12 „ =	12 „
2	Raupenführer	„ 12 „ =	24 „
9	LKW-Fahrer	„ 12 „ =	108 „
1	Vorarbeiter	„ 12 „ =	12 Stv.
10	Tiefbauarbeiter (auf Kippe, für Planie und allgemeine Arbeiten)	„ 11 „ =	110 St.

Insgesamt je eine Schicht 192 St_{masch} + 122 St.

$$\text{oder} \left(\frac{192}{1200} = \right) 0{,}16\ St_{masch}/1\ m^3 + \left(\frac{122}{1200} = \right) 0{,}10\ St./1\ m^3.$$

[1] Man vergleiche dazu die Abb. 30, Seite 132.

Der *Betriebsstoffverbrauch*, vorwiegend Dieselöl, ermittelt sich wie folgt für eine Schicht:

1 M 250 13 kg × 12	= 156 kg
6 Kaelble-Fahrzeuge zu 80 km = 480 km zu 150 kg/100 km	= 720 „
2 Planierraupen zu i. M. 100 kg	= 200 „
	1076 kg

Somit *je 1 m³* 1076 : 1200 = *0,9 kg Dieselöl.*

Ermittlung des Angebotspreises je 1 m³

	Lohn DM.		Material DM.
Gerätevorhaltung			0,60
Geräteunterhaltung			
a) Lohn 0,04 St_{masch} zu 2,— DM. = ...	0,08		
b) Materialkosten (Ersatzteile und Reifen)			0,60
Löhne:			
0,16 St_{masch} zu 2,— DM. = ...	0,32		
0,10 St. zu 1,60 DM. = ...	0,16		
Betriebsstoffe:			
0,9 kg Dieselöl zu 0,50 DM. = ...			0,45
Öle, Schmierstoffe usw. + 15% = ...			0,07
	0,56	+	1,72 DM.
Zuschläge: + 70% auf *L*	0,39		
+ 10% auf *M*			0,18
	0,95	+	1,90 DM.

Angebotspreis = 2,85 DM./1 m³.

IX. Gründung und Untergrundentwässerung.

Es kann natürlich nicht Aufgabe dieses Buches sein, für sämtliche heute bestehenden Gründungsverfahren eine Kostenberechnung zu geben, zumal allein schon die verschiedenen Betonpfahlgründungen eine solche Mannigfaltigkeit der Verfahren aufweisen, daß es nicht möglich und auch nicht zweckmäßig ist, sie alle zu behandeln. Erwähnt seien z. B. nur: Simplex-Pfähle, Strauß-Pfähle, Preßluft-Pfähle System Wolfsholz, Mast-Pfähle, Franki-Pfähle usw. Für diese Spezialverfahren, wie auch für seltene Gründungen, wie das Gefrierverfahren, müssen eben Angebote der allein in Frage kommenden Spezialfirmen eingezogen werden. Bezüglich der Gründung mit Hilfe der Rammung von Spundwänden oder Pfählen muß auf Abschnitt XIV, „Rammarbeiten" verwiesen werden, wo sich zahlreiche Beispiele von ausgeführten Rammarbeiten finden, welche Anhaltspunkte für die Kostenberechnung solcher Arbeiten bieten.

An Gründungsverfahren sollen zur Besprechung kommen:

A. Der Schwellrost.

B. Der Pfahlrost.

C. Herstellung von Fangedämmen.
D. Schachtung mit Verzimmerung für tiefe Baugruben.
E. Gründung mittels Senkbrunnen.
F. Gründung mittels Druckluft.

A. Schwellrost.

In Entfernungen von 1 m liegen die 4,40 m langen Querschwellen, die einen Querschnitt von 20/20 cm besitzen (s. Abb. 42). Über diese werden dann die Langschwellen in Entfernungen von 1 m gelegt, eingelassen und mit Bolzen fest verbunden. Die Langschwellen sollen einen Querschnitt von 20/24 cm besitzen. Auf die Langschwellen werden die Bohlen, die einen Querschnitt von 30/10 cm besitzen, den Querschwellen gleichlaufend gelegt. Die Bohlen werden auf die Langschwellen mit Nägeln festgenagelt.

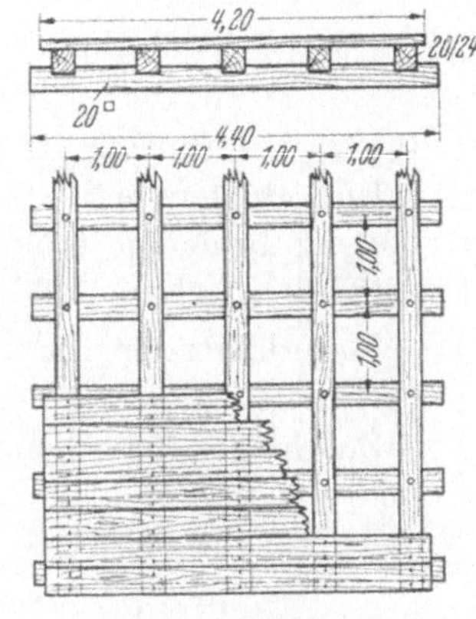

Abb. 42. Schwellrost.

Die Berechnung soll auf 1 m Schwellrostlänge (in der Richtung der Langschwellen gemessen), also auf 4,4 · 1 = 4,4 m², durchgeführt werden.

1. Massenberechnung.

1 Querschwelle 4,4 · 0,2 · 0,2	0,176 m³
5 Langschwellen auf je 1 m Länge = 5 (1 · 0,20 · 0,24) .	0,240 m³
Zusammen:	0,416 m³

Bohlen = 4,4 · 1 = 4,4 m² · 0,10 = 0,440 m³.

5 Stück Bolzen von $d = 18$ mm und 40 cm Länge zwischen Kopf und Mutter, also 5 · (0,40) = 2 m je 2 kg/m	4,00 kg
30 Stück Nägel je 20 cm Länge (100 Stück = 7 kg) 30 Stück	2,10 kg
Zusammen:	6,10 kg

2. Arbeitslohn.

a) Herstellen des Schwellenrosts	0,416 m³	zu	10 Stz. . . .	4,16 Stz.
b) „ „ Bohlenbelags	4,4 m²	„	1,0 Stz. . .	4,40 Stz.
Lohnaufwand für 4,4 m² Rost				8,56 Stz.
„ „ 1 m² „			rd.	2,0 Stz.

3. Materialbedarf und Arbeitslohn.

Auf 1 m² ist dann erforderlich:

an Holz für Lang- und Querschwellen = 0,416/4,4 .	0,095 m³
an Bohlen von 10 cm Stärke	1,1 m²
an Bolzen = 4,00/4,4	0,91 kg
an Nägeln = 2,10/4,4	0,48 kg
an Arbeitslohn = 8,56/4,4	2,0 Stz.

4. Kostenberechnung für 1 m².

0,1 m³ Kantholz je 180,— DM.	18,— DM.
1,1 m² Bohlen je 18,— DM.	20,— „
0,91 kg Bolzen je 1,50 DM.	1,40 „
0,48 kg Nägel je 1,20 DM.	0,60 „
Materialkosten	40,00 DM.
Arbeitslohn = 2,0 Stz. je 2,— DM.	4,— „
Zuschläge für Gemeinkosten, Geschäftskosten und Gewinn	
10% auf Material	4,— „
70% auf Lohn	2,80 „
Angebotspreis je 1 m² Schwellrost.	*50,80 DM.*
oder *rd.*	*51,— DM.*

B. Pfahlrost.

Wenn man unter den Kreuzungspunkten der Lang- und Querschwellen (Abb. 42) Pfähle einrammt, so erhält man einen Pfahlrost. Unter einem Querholz kommen dann 5 Pfähle zu liegen. Die Pfähle sollen eine Länge von 6 m und einen Durchmesser von 25 cm besitzen. Die Einrammungstiefe soll nur 5 m sein.

Für Ø = 25 cm erhält man einen Umfang von $U = 79$ cm und eine Querschnittsfläche von 491 cm² = 0,049 m². Da die Kosten des Schwellrostes bereits angegeben sind, so muß man hier nur noch die Pfähle in Rechnung setzen.

1. Material.

An Material wird noch erforderlich sein (je 1 m Schwellrostlänge = 4,4 m²):

5 Pfähle von je (0,049 · 6) = 0,30 m³ = 1,5 m³ + 10% Verschnitt = 1,65 m³

5 Pfahlschuhe je 5 kg . . . . 25,0 kg

½ Ring (auf je 10 Pfähle 1 Ring) von je 79 cm Umfang = 0,80 m, 6 cm Breite, 2,5 cm Stärke und je 12 kg Gewicht für 1 lfd. m. Also auf 0,80 m = ½ (0,8 · 12) = 4,8 kg, abgerundet . . . . . . 5,0 kg

2. Arbeitslohn[1] für Ø = 25 cm.

5 Pfähle Ø 25 cm vorbereiten (spitzen, beschuhen usw.) und je 5 m tief in weichen Tonboden einrammen mit einer Kleindampframme (s. Abschnitt XIV, „Rammarbeiten")

25 lfd. m zu (1 Stz. + 1 St_{masch} + 4 St.) = 25 Stz. + 25 St_{masch} + 100 St.

3. Betriebsstoffe und Gerätekosten.

25 lfd. m zu 16 kg Kohle = 400 kg Kohle,

Gerätekosten[2] (geschätzt) 1020,— DM. Somit

4. Material- und Lohnaufwand je 1 m².

An Material = 1,65 : 4,4 = 0,38 m³ Holz,
(25 + 5) : 4,4 = 7 kg Eisen,
an Arbeitslohn: 5,7 Stz. + 5,7 St_{masch} + 23 St.,
an Betriebsstoffen: 400/4,4 = 90 kg Kohle,
an Gerätekosten: $\frac{1020}{4,4 \cdot 4,4} = 54,$— DM./1 m².

5. Pfahlrost.

Nimmt man noch die Ergebnisse aus A. hinzu, so erhält man für 1 m² Pfahlrost:

an Holz = 0,10 (aus A.) + 0,38	0,48 m³
an Bohlen von 10 cm Stärke (aus A.)	1,10 m²
an Bolzen	0,91 kg
an Eisen für Pfahlschuhe	7,00 kg
an Nägeln (aus A.)	0,48 kg
an Arbeitslohn = 2,0 Stz. (aus A.) + 5,7 Stz. + 5,7 St_{masch} + 23 St.	

Nimmt man an St. = 1,60 DM., Stz. = 2,— DM., 1 m³ Rundholz = 120,— DM., 1 m³ Kantholz 190,— DM., 1 kg Kohle 0,10 DM., 1 m² Bohlen = 20,— DM., 1 kg Eisen für Pfahlschuhe = 2,50 DM., 1 kg Bolzen = 1,50 DM., 1 kg Nägel = 1,50 DM., so betragen die Kosten des Pfahlrostes je 1 m² (bei der angegebenen Bodenart):

Zusammenstellung der Kosten je 1 m² Pfahlrost:

Holz 0,1 m³ je 190,— DM. + 0,38 m³ je 120,— DM.	64,60 DM.
1,1 m² Bohlen je 20,— DM.	22,— „
0,9 kg Bolzen je 1,50 DM.	1,35 „
7 kg Pfahlschuhe je 2,50 DM.	17,50 „
0,48 kg Nägel je 1,50 DM.	0,75 „
Baustoffe	106,20 DM.

[1] Ohne Einrichtungslöhne.

[2] Einschließlich An- und Rücktransport für eine Kleindampframme (500 kg Bärgewicht) sowie Auf- und Abbau der Ramme, jedoch *ohne* eventuelle Rammgerüste.

	Übertrag:		106,20 DM.
Arbeitslöhne:	7,7 Stz. zu 2,— DM. . .	15,40 DM.	
	5,7 $St_{masch.}$ zu 2,— DM.	11,40 ,,	
	23 St. zu 1,60 DM.. . .	36,80 ,,	63,60 ,,
Betriebsstoffe:	90 kg Kohle zu 0,10 .	9,— ,,	
	Putz- und Schmiermittel	2,— ,,	11,— ,,
Gerätekosten			54,— ,,
Zuschläge (einschl. Gewinn) 70% vom Lohn . .			44,50 ,,
	10% vom Material[1] . .		17,70 ,,
Angebotspreis für 1 m² Pfahlrost			*297.— DM.*

C. Herstellung von Fangedämmen.

Beispiel 17. Es sollen die Kosten für die Herstellung eines Fangedamms mit doppelten Wänden errechnet werden, der bis 3 m über Flußsohle in 1 m Breite in einen Fluß hereingebaut werden soll. Die Pfähle sollen 2 m tief, die Bohlen 1 m tief eingerammt werden. Der Stundenlohn eines Tiefbauarbeiters betrage St. = 1,60 DM., der Lohn eines Zimmermanns Stz. = 2,20 DM.

Lösung. Die folgende Berechnung erstreckt sich auf 5 lfd. m Fangedamm.

1. Arbeitslöhne: 8 Pfähle 5,0 m lang 20/20 Einrammen für 1 Pfahl 2 · 10,0 = 20 St., demnach Einrammen von 8 Pfählen 8 · 20 = 160 St_{mi}. zu 2,— DM.	320,— DM.
10 m Holme 20/20 Aufbringen zu 0,6 Stz. = 6 Stz. zu 2,20 DM.	13,20 ,,
20 m Zangen 10/14 Anbringen zu 0,35 Stz. = 7 Stz. zu 2,20 DM.	15,40 ,,
40 m² Bohlen 5 cm stark Zurichten und Einrammen auf 1 m Tiefe Rammen 10 m² zu 12 St. = 120 St_{mi} zu 2,— DM.	240,— ,,
5 m³ Lehm oder sonstigen Dichtungsboden Einbringen und Einstampfen einschließlich Gewinnung des Lehms je 1 m³ 3 St. 5 m³ zu 3 St. = 15 St. zu 1,60 DM.	24,— ,,
	612,60 DM.
+ 70% für Sozialaufw., Geschäftskosten, Wagnis und Gewinn . .	428,40 ,,
Lohnkosten für 5 m Fangedamm	1041,— DM.
oder je 1 m Fangedamm	208,— ,,
oder je 1 m² Fangedamm (Ansichtsfläche)	*69,30 DM.*

Bemerkung. Würde das Wiederentfernen des Fangedamms ebenfalls mit einbezogen werden und würde man etwa die Hälfte des eben errechneten Betrags hierfür einsetzen, so würde man an *gesamten Lohnkosten für Einbau und Wiederentfernen* erhalten:

je 1 m Fangedamm rund *300,— DM.*,
je 1 m² Fangedamm rund *100,— DM.*

2. Materialien: Man wird annehmen können, daß sich im allgemeinen für einen Teil dieses Holzes wieder Verwendung finden läßt. Es sind daher 50% als verbraucht angenommen.

[1] Stoffkosten = Baustoffkosten + Betriebsstoffkosten + Gerätekosten.

40 lfd. m Holz zu den Pfählen 20/20: 40·0,04 = 1,6 m³ zu 190,— DM.	304,— DM.
10 m Kantholz 20/20 (Holm): 10 · 0,04 = 0,4 m³ zu 200,— DM.	80,— „
20 m Zangen 10/14: 20 · 0,014 = 0,28 m³ zu 190,— DM.	53,20 „
50 m² Bohlen 5 cm stark zu 10,— DM.	500,— „
Für Nägel 20 kg zu 1,50 DM.	30,— „
Materialverbrauch für 5 m Fangedamm. . . . . 50% von	967,20 DM.
	= 483,60 „
Zuschlag 10% von M.	48,40 „
	532,— DM.
oder je 1 lfd. m Fangedamm	*106,40* „
oder je 1 m² Fangedamm.	*35,50* „
1 m² Fangedamm herstellen kostet demnach 69,30 + 35,50 DM. .	*104,80* „
oder *1 lfd. m Fangedamm 3 m hoch* 208,— + 106,40 = rd. . . .	*315,— DM.*

1 lfd. m Fangedamm 3 m hoch herstellen und wiederentfernen würde demnach kosten: 300,— + 106,40 = *rd. 406,— DM.*

Betonfangedämme

kommen in Frage bei felsiger Beschaffenheit der Flußsohle oder überall da, wo man auf vorhandene Stahlspundwände aufsetzen kann (z. B. Wiederherstellung von Pfeilern in Flüssen, wenn die alte Umspundung vorhanden ist). Es kommen im allgemeinen folgende Arbeiten dabei in Frage:

1. Einebnen der Flußsohle und eventuell Einbau von Abweisern in den Strom zur Verringerung der Strömung.
2. Rammen von Führungshölzern für die Schalkästen und Schalen (Schalkästen) je nach der Wasserströmung (Ein- und Ausschalen) 2,5 bis 3,5 Stz. je 1 m² geschalter Fläche (Nägel 0,5 kg/m²).
3. Betonieren (Kontraktorbeton) mit 250 bis 300 kg Zement je 1 m³ Beton. Arbeitsaufwand 10 bis 12 $St_{mi.}$ je 1 m³.
4. Wiederentfernen des Fangedamms (am besten Sprengen!).

D. Schachtung mit Verzimmerung bei Gründungsarbeiten.

Schachtungen mit Verzimmerung werden beispielsweise angewandt bei der Gründung von Brückenpfeilern mit tiefliegender Gründungssohle bei wenig standhaftem Boden, vor allem auch in druckhaftem Gelände (Rutschgelände, Auffüllgelände; siehe auch die Veröffentlichung des Verfassers in der Zeitschrift „Der Bauingenieur" 1922, Heft 11). Das Schachtverfahren kommt nur für größere Tiefen in Frage (mindestens 4 bis 5 m Tiefe). Es werden dann für die Beförderung des Fundamentaushubs zweckmäßig maschinelle Hilfsmittel eingesetzt. Es sind nachfolgend Schachtungen für Brückenpfeilergründungen quadratischen oder rechteckigen Querschnitts mit Hilfe eines Dieseldrehkrans behandelt.

Schachtungen für Pfeilergründungen.

Ein Beispiel einer solchen Schachtung gibt Abb. 43. Das Maß l, d. i. der Abstand der Schachtrahmen[1], wird zweckmäßig etwa 1,60 m gewählt, wobei dann Schachtbohlen von 2 m Länge zur Verwendung kommen. Die Schachtungsarbeiten, bei Annahme, daß die Ausführung wenigstens von 2 bis 3 m Tiefe ab mit Dieselkran erfolgt, setzt sich wie folgt zusammen:

a) Lösen des Bodens und Laden in Krankübel.
b) Zimmer- und Schalarbeit.
c) Hochziehen der Krankübel mit dem Dieseldrehkran.
d) Abtransport des Aushubs in Fördergefäßen.
e) Wenn erforderlich, Wasserhaltung.

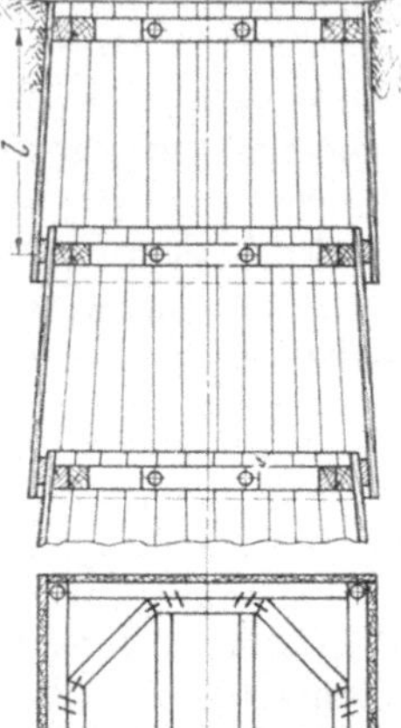

Abb. 43. Pfeilerschachtung.

Da sich d) und e) ganz nach den örtlichen Verhältnissen richten bzw. a) nach der Bodenart, muß bezüglich der Kalkulation dieser Arbeitsvorgänge auf die betreffenden Abschnitte verwiesen werden. Für den Vorgang b) sollen die Lohnkosten und Materialkosten an Hand von Beispielen näherungsweise ermittelt werden.

Zu a) ist noch zu bemerken, daß zu den Werten, welche dem Abschnitt III, Erd- und Felsarbeiten „Bodenaushub aus Bau- und Fundamentgruben“ entnommen werden, für die Lohnkosten noch ein *Zuschlag von 25 bis 30%* zu machen ist, da die Aushubarbeiten in der ausgesteiften Baugrube etwas schwieriger vor sich gehen.

Ist eine eigene *Wasserhaltung* erforderlich, so ist diese nach Abschnitt VII zu ermitteln (einschließlich Pumpenschacht und Dränagen der Baugrubensohle).

Zu b) Zimmer- und Schalarbeiten.

Materialbedarf. Der Holzbedarf (ohne Verschnitt) je 1 m Schacht, bei Schächten von Querschnitt 5/5 bis 7/8 m, beträgt:

1. Schalbohlen 6 cm st.: 1,4 bis 2,2 m³,
2. Rundholz und zweiseitig beschnittenes Holz: 1,2 bis 2,2 m³.

Der gesamte Holzverbrauch ist demnach 2,6 bis 4,4 m³.

Gerechnet auf *1 m² Schalfläche* ergibt sich der *Materialbedarf:*

1. Schalbohlen 6 cm st.	0,07 m³
2. Rundholz und zweiseitig beschnittenes Holz .	0,07 m³
	0,14 m³ Holz

Dazu kommt an Kleineisenzeug 20 bis 30 Stück Bauklammern = 20 bis 30 kg je lfd. m Schacht, oder *je 1 m² Schalfläche 1 kg Bauklammern.*

---

[1] Bei starken Drücken und in größeren Tiefen $l = 0{,}80$ m bis 1,00 m.

Mit einem Preis für Bohlen von 200,— DM. je 1 m³, für Rundholz von 110,— DM. je 1 m³, für Bauklammern von 1,50 DM. je 1 kg beträgt demnach der Materialbedarf *je 1 m² Schachtwandfläche:*

0,07 m³ Bohlen zu 200,— DM.	14,— DM.
0,07 m³ Rundholz zu 110,— DM.	7,70 „
1 kg Bauklammern zu 1,50 DM.	1,50 „
Kosten je 1 m² Wandfläche	23,20 DM.

Die Kosten des *Materialverbrauchs* an Bauhilfsstoffen ergeben sich bei Annahme *3maliger Verwendung:*

je *1 m² Schachtwandfläche* 23,20/3 . . . . 7,70 DM.
oder je 1 m³ Baugrubenaushub . . . . 6,20 bis 4,20 „

Dabei gilt der große Wert für den kleinen Querschnitt mit einem *Holzbedarf von 10,5% des verbauten Raumes* und der kleine Wert für den großen Querschnitt mit einem *Holzbedarf von 8% des verbauten Raumes.*

Arbeitslöhne. Die Zimmer- und Schalarbeit kann etwa wie folgt gerechnet werden:

0,07 m³ Holz verzimmern mit Stumpfstößen und Wiederausbauen zu 30 Stz.	2,1 Stz.
1 m² Schalung Setzen und Verkeilen nebst Transport des Holzes	0,8 St_{einsch}
Arbeitslöhne für Schal- und Zimmerarbeit je 1 m² Schachtwandfläche . . . . 2,1 Stz. +	0,8 St_{einsch}
oder auch *je 1 m² Schachtwandfläche*	2,8 Stz.

oder 2,8 : 0,14 = 20 Stz. je 1 m³ verzimmertes Holz oder
0,075 × 20 = *1,5 Stz. je 1 m³ Baugrubenaushub*
bis 0,110 × 20 = *2,2 Stz. je 1 m³ Baugrubenaushub* (kleine Querschnitte).

Zu c) Kosten des Dieselkrans.

Vgl. die genaue Berechnung der Gerätekosten, Betriebsstoffkosten usw. in dem Beispiel 4, S. 79.

E. Gründung mittels Senkbrunnen und Druckluftgründungen.

An Stelle von *gemauerten Brunnen* für *Brunnengründungen* (Durchmesser 1 bis 3 m, Wände 25 cm, 38 cm, 51 cm stark), wie sie früher Verwendung fanden, wählt man heute zweckmäßig *fertige Beton- und Stahlbetonrohre* (Schleuderbetonrohre unbewehrt bzw. spiralbewehrt) in Höhen von 0,50 m bis 1,0 m zum Absenken. Bei größeren Querschnitten z. B. für Brückenpfeiler, Hafenmauern u. dgl. verwendet man ausschließlich *Senkkästen in Stahlbeton* mit bewehrten Wänden von 0,80 bis 1,50 m Stärke (etwa wie Abb. 44), welche durch ihr eigenes Gewicht beim Aushub sich absenken.

Bei diesen *Brunnengründungen* fallen folgende Teilleistungen an, welche einzeln nach den entsprechenden Kapiteln (Eisenbetonbau, Greiferarbeiten, Wasserhaltung usw.) zu kalkulieren sind:

1. Herstellung des *Stahlbetonsenkkastens* (Schalen, Armieren, Betonieren) über der Baugrube oder auf künstlichem Planum. 30 bis 40 kg Rundstahl je 1 m³.
2. *Bodenaushub mit Greifer* od. dgl. (unter Umständen unter Wasser, sonst mit Wasserhaltung).
3. Bei Unterwasseraushub: *Betonieren* der Sohle unter Wasser im *Kontraktorverfahren* und Abpumpen des Wassers.
4. *Ausbetonieren des Senkkastens* im Trockenen bzw. mit Wasserhaltung.

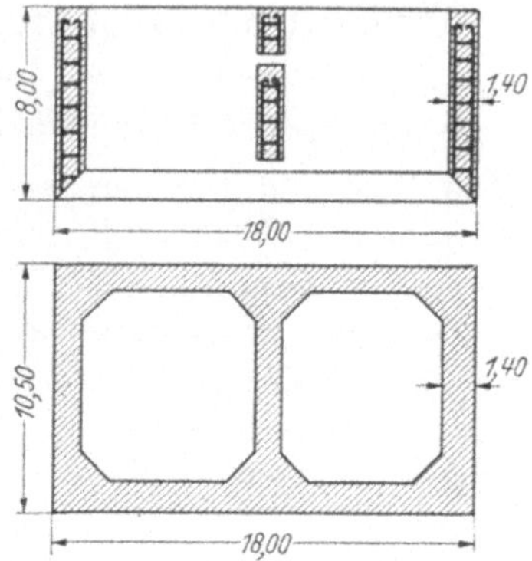

Abb. 44. Senkkasten.

Die Ausführung von *Druckluftsenkkästen* unterscheidet sich von den Senkbrunnen lediglich durch das Einziehen von horizontalen Eisenbetondecken, welche die Luft- und Materialschleusen tragen (verlorene Schalung!). Über ihre Kalkulation sind im Anhang über Nachkalkulation der Löhne, Abschn. G., nähere Angaben gemacht.

Druckluftgründungen[1].

Für überschlägige Zwecke kann man (nach Zschocke) folgende Näherungsformeln benutzen:

Die *Kosten K* in DM. *von 1 m³ Mauerwerk* unter Druckluft betragen, wenn a die Kosten des m³ Mauerwerks in freier Luft und b die des m³ Bodenaushubs bei Druckluft und t die Tiefe unter dem Wasserspiegel bedeuten, bei

1. gemauerten Arbeitskammern $K = 1{,}5\,(a + b) + \frac{60}{t}$;
2. großen Kammern in Stahl oder Stahlbeton
$$K = 1{,}5\,(a + b) + \frac{200}{t};$$
3. eisernen Caissons mit Gerüst und Mantelblechen
$$K = 2{,}0\,(a + b) + \frac{900}{t};$$
4. eisernen Caissons mit Mantelblechen, am Lande gebaut und abgeschwemmt
$$K = 2{,}0\,(a + b) + \frac{600}{t};$$
5. Hängeglocken (bei mindestens 20000 m³ Mauerwerk)
$$K = 1{,}5a + 2{,}0b + 40;$$
6. Taucherglocken (wie vor) $K = 1{,}5a + 2{,}0b + 50.$

[1] Siehe auch im Anhang *G. Brunnengründungen und Druckluftgründungen*, Seite 506ff.

Untergrundentwässerung.

1. *Schachtungen.*

Zur Entwässerung von schlechtem Untergrund und zur Verhütung von Damm- und Einschnittsrutschungen müssen Sickerungen angelegt werden, um dem Boden das Wasser zu entziehen, welches die Hauptursache von Rutschungen ist. Zur Anlage der Sickerungen müssen erst Schächte von 0,80 bis 1,50 m Breite angelegt werden, welche nachher mit Bruchsteinen ausgepackt werden. Die Aussteifung der Baugrube wird mit fortschreitenden Steinbeigungsarbeiten wieder entfernt.

Über die Kostenberechnung solcher Schachtungsarbeiten siehe Abschnitt III und XXII.

2. *Sickerungsanlagen.*

Steinbeigung (s. Abb. 45) von Sickerungen einschließlich Heranschaffen der Bruchsteine bis auf etwa 30 m einschließlich Entfernen der Absteifung der Baugrube, je nach örtlichen Verhältnissen für
1 m³ Steinbeigung . . . . 2,5—3,0 St.

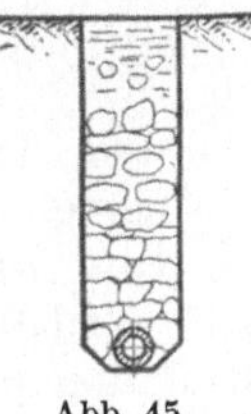

Abb. 45.

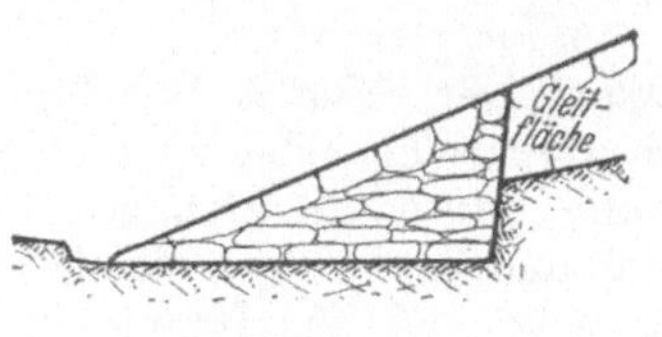

Abb. 46.

Steinbeigung hinter Stützmauern zur Entwässerung in 40 bis 60 cm Breite, einschließlich Heranschaffen der Steine auf etwa
30 m je 1 m³ Steinbeigung . . . . 3,0 St.

Steinfüße als Fuß von Einschnittsböschungen zur Verhütung von Rutschungen (s. Abb. 46):

a) Herstellung der Steinbeigung einschließlich Heranschaffen der Steine auf etwa 10 m je 1 m³ Steinbeigung . . . 1,5 Stm. + 2,0 St.

b) Verkleiden der Ansichtsfläche
je 1 m² . . . . 2,0 Stm. + 1,0 St.

3. *Entwässern von Baugrubensohlen durch Dränagegräben.*

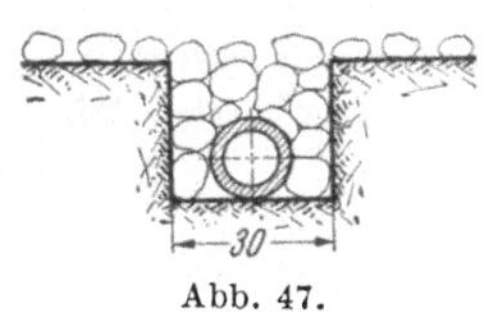

Abb. 47.

Sohlendränagen (siehe Abb. 47) zum Entwässern der Baugrubensohle bei Gründungen (Ableitung zum Pumpensumpf) herstellen kostet *je 1 lfd. m*

an *Material:* 1 lfd. m Dränagerohre 10 bis 15 cm Ø, 0,10 m³ Kies, an *Löhnen: 0,5 St.*

X. Förderkosten.

1. Schubkarrentransport.

Materialienbeförderung mittels Schubkarren auf einer waagerechten oder wenig geneigten Bahn, Hinfahrt beladen, Rückfahrt leer, einschließlich Kippen des geladenen Materials und einschließlich Aufenthalt an der Belade- und Entladestelle:

Gerätean- und Rücktransport ist je nach der örtlichen Lage der Baustelle besonders zu ermitteln. 1 Schubkarren mit 70 bis 150 l Inhalt[1] (Holz oder Eisen) wiegt 40 bis 50 kg.

Gerätekosten, d. h. Gerätemiete und Geräteunterhaltung von Schubkarren und Karrbohlen (30 cm breit, 6 cm stark mit Bandeisen beschlagen) kann man bei Förderweiten, innerhalb deren der Schubkarrentransport noch wirtschaftlich ist (im allgemeinen bis zu 50 m) wie folgt annehmen (1 Schubkarren 85 l kostet etwa 77,— DM., 1 lfd. m Karrbohle etwa 3,50 DM.):

Für *1000 kg Material*		Für *1 m³ Boden*			
0,10 DM.	Klasse	1/2	3/4	5/7	8/9
		0,12	0,15	0,15	0,18 DM.

Lohnkosten. Der *reine Lohnaufwand* für Fördern und Kippen einschließlich aller Nebenarbeiten und der Löhne für allgemeine Arbeiten (jedoch ohne *Baustelleneinrichtung,* z. B. Aufstellen von Unterkunftsbaracken u. dgl., welche jeweils besonders ermittelt werden und ohne Zuschläge) setzt sich für 1000 kg Material bzw. 1 m³ Boden wie folgt zusammen:

L = Förderweite in m und

St. = Stundenlohn eines Tiefbauarbeiters

Fördern und Kippen.

Für *1000 kg Material*	*1 m³ Boden*		
$0{,}4 + (L - 40) \cdot 0{,}005$ St.	Klasse	1/2	$0{,}50 + (L - 40) \cdot 0{,}008$ St.
	,,	3/4	$0{,}60 + (L - 40) \cdot 0{,}008$ St.
	,,	5/7	$0{,}70 + (L - 40) \cdot 0{,}010$ St.
	,,	8/9	$0{,}80 + (L - 40) \cdot 0{,}010$ St.

Gewinnen und Laden nach Abschnitt III, S. 73.

1. Bemerkung. Bei *Steigungen* über 2% muß für je 1 m Steigung eine Mehrlänge von 20 m Weg in obige Formel eingesetzt werden.

2. Bemerkung. Zu den reinen Lohnkosten sind bei Ermittlung des Einheitspreises noch die *sozialen Aufwendungen, Gemeinkosten, Geschäftskosten und Gewinn* zuzuschlagen.

---

[1] Sog. Japanerkarren.

2. Muldenkippertransport.

Handbetrieb.

Gerätean- und Rücktransport sind je nach den örtlichen Verhältnissen der Baustelle besonders zu ermitteln.

Muldenkippwagen für Spurweiten von 500 bis 750 mm:

Nr.	Spurweite mm	Inhalt m³	Länge mm	Breite mm	Höhe mm	Gewicht ohne Bremse kg	Gewicht mit Bremse kg	Kosten[1] (ohne Bremse) etwa DM.
1	500	0,50	1700	1280	1015	280	310	400,—
2	600	0,75	1860	1470	1195	345	390	500,—
3	600	1,00	2055	1500	1275	580	620	880,—
4	750	1,50	2420	1940	1565	950	1050	1400,—

a) Die *Einrichtungskosten* für Muldenkipperförderung umfassen außer Einrichtungskosten allgemeiner Natur (Baubuden aufstellen u. dgl. je nach Örtlichkeit und Art der Arbeit) vor allem das erstmalige Gleislegen und Wiederaufnehmen der Gleise einschließlich Rohplanie:

1 lfd. m Gleis verlegen und wieder aufnehmen[2]

kostet für Rahmengleis 600 mm Spur 0,35 + 0,15 = 0,5 St.
„ Schwellengleis 600 „ „ 0,45 + 0,25 = 0,7 St.
„ „ 750 „ „ 0,60 + 0,25 = 0,85 St.

b) Die *Gerätekosten*, umfassend Gerätemiete und Materialkosten der Geräteunterhaltung, aber ohne die Lohnkosten der Geräteunterhaltung (d. h. die Lohnkosten der Werkstatt mit Nebenbetrieben wie Magazin sind in den Lohnkosten mit 0,05 bis 0,10 St_{mi} je 1 m³ Bodenbewegung eingerechnet) werden etwa auf folgender Grundlage ermittelt:

Gerätemiete[3] (bei *eigenem* Geräte).

1 Förderwagen	*100 m Gleis*
³/₄ m³ 10,— DM./Mon.	Rahmengleis 600 mm, 70 mm hoch 10,— DM./Mon.
1 m³ 15,— DM./Mon.	Brigadegleis 600 mm, 70 mm hoch 20,— DM./Mon.
	1 Weiche 600 mm 10,— DM./Mon.

Überschlägig kann man rechnen für *Gerätemiete*[3] *je 1 m³ Boden* (feste Masse):

Bodenklasse 1/2 . . . . 0,20 DM.
„ 3/4 . . . . 0,25 „
„ 5/7 . . . . 0,35 „
„ 8/9 . . . . 0,50 „

c) Die *Lohnkosten für Muldenkipperförderung von Hand*, einschließlich aller Nebenarbeiten (z. B. Gleisrichter) und Löhnen für allgemeine Arbeiten (mit Werkstattlöhnen, Magazin usw.), betragen, wenn L die Förderweite in m und St_{mi} den mittleren Stundenlohn bedeutet (jeweils

[1] Frühjahr 1954.
[2] Ohne größere Erdbewegungen, welche besonders zu kalkulieren sind.
[3] Einschließlich Materialkosten der Geräteunterhaltung.

einschließlich Aufsicht zu ermitteln, sonst 10 v. H. Zuschlag auf Tiefbauarbeiterlöhne einsetzen) für

1 m³ Boden zu fördern und kippen

Bodenklasse 1/2 . . . [*0,55* + (L — 100) · 0,0018] St_{mi}
,, 3/4 . . . [0,60 + (L — 100) · 0,0020] St_{mi}
,, 5/7 . . . [0,70 + (L — 100) · 0,0020] St_{mi}
,, 8/9 . . . [0,75 + (L — 100) · 0,0022] St_{mi}

Gesamtkosten = Teilkosten $a + b + c$.

1. Bemerkung. Muldenkipperförderung von Hand wird im allgemeinen etwa *bis 250 m Förderweite* noch als wirtschaftlich in Frage kommen.

2. Bemerkung. Steigungen im Fördergleis kann man Rechnung tragen, indem man in obiger Formel bei den Lohnkosten für *1 m Steigung 50 m Mehrlänge* für L einsetzt. Begründung: Die Förderkraft eines Mannes ist etwa 12,5 kg (Zug- oder Druckkraft). Der Widerstandswert ist $W = 0{,}010$ kg/t. Ein beladener ¾-m³-Wagen wiegt etwa 350 + 900 = *1250 kg*, d. h. *1 Mann* kann soeben auf waagerechter Bahn einen beladenen ¾ m³ = Kipper schieben.

Bei 1% Steigung sind + 1250/100 = 12,5 kg mehr Widerstand zu überwinden, d. h. *2 Mann* erforderlich. Bei 2% Steigung sind *3 Mann* erforderlich.

3. Lokomotivförderung.

Auf größere Entfernungen (> 300 m) und bei größeren Förderleistungen kommt für Gleisförderung von Geräten, Zuschlagstoffen, Beton, Bodenmassen usw. nur Lokomotivzug in Frage. Da sich die Anwendung elektrischer Lokomotiven im allgemeinen auf stationäre Betriebe, wie Abraumbetriebe, beschränkt, werden nur die im Baubetrieb gebräuchlichen Diesel- und Dampflokomotiven in Betracht gezogen. Die Kostenermittlung der Lokomotivförderung erfolgt in Anlehnung an eine Veröffentlichung des Verfassers[1].

Allgemeines. Die Berechnung der *Zugkraft der Lokomotive* und die Ermittlung der *Bruttozuglasten*, welche in Tabelle 22 und 23 für Diesel- und Dampflokomotiven angegeben sind, werden als bekannt vorausgesetzt. Die Wahl der Förderwagen und des Fördergleises hängt in erster Linie vom Gerätebestand einer Unternehmung ab.

Die *Fahrgeschwindigkeit* von Baulokomotiven kann man bei mäßigen Steigungen und Krümmungen und guter Gleislage für die kleinen 10 bis 50 PS-Loks zu 7 km/h (6 km/h für Vollzüge, 8 km/h für Leerzüge), für die großen 160 bis 200 PS-Loks zu durchschnittlich 14 km/h (12 km/h Vollzüge, 16 km/h Leerzüge) annehmen. Die Aufenthalte beim Beladen und Entladen (Kippen) der Förderzüge, beim Wasser- und Kohlefassen und die jeweiligen örtlichen Verhältnisse im Ladeschacht und an der Einbaustelle sind bei Berechnung der Förderleistung sorgfältig zu berücksichtigen.

---

[1] Baumeister: Grundlagen zur Berechnung der Lokomotivförderkosten in Baubetrieben. Siehe „Der Bauingenieur" 1934 H. 7/8 u. 9/10.

11 A

Dampflokomotiven. Tabelle 22. *Bruttozuglasten in t bei verschiedenen Steigungen in gerader Bahn* (Dauerleistung bei Zugwiderstand von etwa 10 kg/t für Lokomotiven und 6 kg/t für Wagen).

Leistung . . . . etwa PS		10	20	30	40	50	60	80	100	125	160	200	230
Befördert eine angehängte Bruttolast in Tonnen auf gerader Steigung von	1 : ∞ = 0‰	70	126	165	206	260	300	380	445	514	590	660	810
	1 : 500 = 2‰	50	90	122	150	194	220	280	330	380	435	490	600
	1 : 200 = 5‰	34	60	85	110	136	158	200	235	272	312	352	430
	1 : 100 = 10‰	22	40	55	73	87	105	134	158	180	208	235	285
	1 : 50 = 20‰	11	20	30	41	48	61	78	92	105	120	135	160
	1 : $33^1/_3$ = 30‰	6	13	18	27	32	41	52	62	70	80	92	108
	1 : 25 = 40‰	4	8	12	19	22	30	38	45	50	58	68	80
	1 : 20 = 50‰	3	6	8	14	16	23	29	34	38	44	52	60

Diesellokomotiven. Tabelle 23. *Bruttoanhängelasten*[1] *von Diesellokomotiven in t auf gerader Bahn.*

Steigungen	12 PS		24 PS		40 PS		75 PS		12 PS		24 PS		40 PS		75 PS	
	2,8 t	3,8 t	4,6 t	7 t	7 t	9 t	10 t	12 t	2,8 t	3,8 t	4,6 t	7 t	7 t	9 t	10 t	12 t
1 : ∞	50	66	75	125	130	166	235	277	39	38	75	73	108	106	213	211
5‰	34	45	52	86	90	115	153	181	27	26	52	50	74	72	138	136
10‰	25	34	39	65	68	87	113	133	20	19	39	37	56	54	101	99
20‰	17	22	25	42	45	57	72	85	13	12	25	23	36	34	64	62
40‰	9	12	14	23	25	32	39	46	6,8	5,8	14	11,5	20	18	35	33
50‰	7	9,5	11	18,5	20	25	31	35	5,2	4,2	11	8,5	15	13	27	25
Fahrgeschwindigkeit km/h	3	3	3	3	3,3	3,3	4	4	5	5	5,2	5,2	6	6	7	7
Hakenzugkräfte[2] auf gerader Ebene kg	600	800	900	1500	1560	2000	2350	2770	470	455	900	870	1300	1275	2130	2110
1 : ∞	23	22	44	42	58	56	129	127	13	12	22	20	32	30	81	79
5‰	15	14	29	27	39	37	82	80	8,2	7,2	14	12	21	19	51	49
10‰	11	10	22	19,5	29	27	59	57	5,7	4,7	10	8	14	12	36	34
20‰	6,6	5,6	13,5	11	17	15	36	34	3	2	5,5	3	8	6	20	18
40‰	3	2	6,5	4	8	6	18	16	—	—	1,6	—	2	—	8	6
50‰	2	1	5	2,5	6	4	13	11	—	—	—	—	—	—	5	3
Fahrgeschwindigkeit km/h	8,2	8,2	8,7	8,7	10,5	10,5	11	11	13,3	13,3	15,5	15,5	17,5	17,5	17	17
Hakenzugkräfte[2] auf gerader Ebene kg	270	255	525	500	700	675	1290	1270	155	140	270	240	385	360	810	790

[1] Errechnet mit einem Anfahrwiderstand von 12 kg je 1 t Zuggewicht auf gerader Ebene. Bei einem $w = 10$ kg/t bzw. 8 kg/t erhöhen sich die Zahlen um 20% bzw. 50%. [2] Nur bei trockenem und gutem Schienenzustand.

Selbstkosten der Lokomotivförderung.

Außer den nachstehend behandelten Selbstkosten der Lokomotivförderung sind bei der Kalkulation jeweils von Fall zu Fall die *einmaligen Kosten für An- und Rücktransport der Geräte* zur Baustelle (einschließlich Frachtkosten) zu ermitteln.

Bei *Einrichtung und Abräumung* von Baustellen mit Gleisförderung entstehen außer Einrichtungskosten allgemeiner Natur einmalige Kosten beim *erstmaligen Gleislegen und der späteren Wiederentfernung* der Gleise nach Baubeendigung. Man kann einschließlich Planierarbeiten (jedoch nicht größere Erdarbeiten) und erstes Unterstopfen der Gleise (jedoch ohne Entladen und Zurückverladen von Schienen und Schwellen, was zu den einmaligen Kosten für An- und Rücktransport zu rechnen ist, man vgl. Abschnitt II, S. 51) für

1 lfd. m Gleis verlegen und später wieder aufnehmen

an Löhnen rechnen:

bei Rahmengleis	. . .	600 mm	Spur	0,35 + 0,15 = 0,5 St.
,, Schwellengleis	. . .	600 ,,	,,	0,45 + 0,25 = 0,7 St.
,, ,,	. . .	750 ,,	,,	0,70 + 0,40 = 1,1 St.
,, ,,	. . .	900 ,,	,,	0,90 + 0,60 = 1,5 St.

1 Weiche verlegen und später wieder aufnehmen

kostet an Löhnen:

für	600 mm	Spur	25 + 15 = 40 St.
,,	750 ,,	,,	40 + 20 = 60 St.
,,	900 ,,	,,	50 + 25 = 75 St.

Die *Selbstkosten eines Lokomotivförderbetriebs je 1 Betriebsstunde* können aus *Tabelle 29* auf S. 174 unter Zuhilfenahme der *Tabellen 24 bis 30* entnommen werden. Für Abschreibung und Verzinsung der Baugeräte wurden entsprechend der BPrVO und den Ausführungen Kap. II § 1 „angemessene" Werte angenommen (siehe Abb. 1 Seite 16). Die Materialkosten der Geräteunterhaltung wurden in Anlehnung an die Ausführungen Kap. II § 2, Seite 23ff. festgelegt. Auf die Summe dieser Gerätekostenanteile wurden 10 v.H. für Gemeinkosten usw. zugeschlagen. Der so ermittelte Mietsatz je 1 Betriebsstunde ist aber ein theoretischer Wert. Da in der Praxis, besonders bei kurzfristigem Einsatz, die „Gerätemietdauer" die Arbeitszeit des Gerätes wesentlich übersteigt (unvermeidliche Arbeitsunterbrechungen sowie Anlauf- und Rücklaufzeit für das Geräte), so wurde diesem Umstand durch einen Aufschlag (im Mittel bis etwa 25 v.H.) entsprochen, der bei langfristigen Einsätzen entsprechend zu ermäßigen wäre.

Der Betriebsstoffverbrauch für Zuglokomotiven je 1 Betriebsstunde ist in Abschnitt II, S. 45 behandelt.

Tabelle 24. *Betriebsstoffverbrauch für Zuglokomotiven (Diesel) je 1 Betriebsstunde (50% Belastung).*

Betriebsstoffe	Diesel-Lok. 15 PS	Diesel-Lok. 30 PS	Diesel-Lok. 55 PS	Diesel-Lok. 75 PS
Brennstoffe:				
Dieselöl kg/h	1,50	3,0	5,0	7,0
Putz- und Schmiermittel:				
Schmieröl kg/h	0,15	0,20	0,30	0,6
Putzöl kg/h	0,02	0,03	0,04	0,06
Putzwolle kg/h	0,02	0,03	0,04	0,06

Abb. 48. 55-PS-Deutz-Diesel-Schmalspurlokomotive (luftgekühlt), 60-cm-Spur.

Tabelle 25. *Abschreibung + Verzinsung + Materialkosten der Geräteunterhaltung (einschließlich Hauptreparatur) für 1 Förderwagen in DM. je 1 Betriebsstunde.*

Wagenart	Eiserne Muldenkipper		Holzkastenkipper[1]		Hölzerne Selbstkipper[2]		Stahlselbstkipper	
Spur mm	600	600	600	750	900	900	900	900
Wageninhalt m³	0,75	1,0	1,5	2,0	2,0	4,0	5,3	6,0
Gewicht kg	350	580	1000	1300	1450	3300	3800	6600
Neuwert etwa DM.[3]	500,—	880,—	1280,—	1520,—	1530,—	3500,—	8500,—	14000,—
Betriebsstunden je Monat								
$b = 200$	0,10	0,20	0,25	0,30	0,40	0,80	1,80	2,50
$b = 300$	0,09	0,18	0,23	0,28	0,36	0,75	1,70	2,30
$b = 400$	0,08	0,16	0,21	0,26	0,33	0,70	1,60	2,20
$b = 600$	0,08	0,15	0,20	0,25	0,30	0,65	1,50	2,—

[1] Sogenannte Einmanndoppelkipper (zweiseitig kippende Selbstentlader), wie sie z. B. von der Maschinenfabrik KONR. REIN SÖHNE, Michelstadt (Hessen), gebaut werden.

[2] Sogenannte „Einmannkipper", Selbstentlader System „Gabel" (einseitig kippend), wie sie von der Maschinenfabrik KONR. REIN SÖHNE in Michelstadt im Odenwald gebaut werden (siehe Abb. 49).

[3] Preise Frühjahr 1954.

Bemerkungen. 1. Beim Beladen von eisernen Muldenkippern bis 2 m³ mit Löffelbaggern sind die gegebenen Werte mindestens um 30% zu erhöhen. 2. Bei schweren, felsigen und sehr nassen Bodenarten sind, besonders bei Holzkastenkippern, die gegebenen Werte noch um 15 bis 20% zu erhöhen.

Abb. 49. 4-m³-Holzkastenkipper der Maschinenfabrik Konr. Rein Söhne (Selbstentlader, System Gabel D.R.P.a.) im Entladezustand.

Tabelle 26. *Gerätekosten für 100 m Gleis für 1 Betriebsstunde in DM.*

Spurweite	1. Schienen und Laschen			2. Kleineisenzeug		3. Schwellen		Einschichtenbetrieb $b = 200$ Stunden im Monat	Mehrschichtenbetrieb $b = 500$ Stunden im Monat
	Gewicht der Schienen	Gesamtgewicht	Kosten[1]	Gewicht	Kosten[1]	Stück	Kosten[1]		
mm	kg/m	kg	DM.	kg	DM.		DM.		
600	10,0	2020	870,—	100	60,—	150	360,—	0,06 + 0,06 = 0,12	0,05 + 0,04 = 0,09
	12,0	2430	1050,—	100	60,—	150	380,—	0,07 + 0,06 = 0,13	0,06 + 0,04 = 0,10
	14,0	2835	1220,—	120	70,—	150	450,—	0,08 + 0,07 = 0,15	0,07 + 0,05 = 0,12
	16,0	3240	1400,—	120	70,—	150	600,—	0,10 + 0,10 = 0,20	0,08 + 0,07 = 0,15
900	24,5	4960	2130,—	130	80,—	150	800,—	0,14 + 0,14 = 0,28	0,11 + 0,09 = 0,20
	27,5	5580	2400,—	130	80,—	150	900,—	0,15 + 0,15 = 0,30	0,12 + 0,10 = 0,22
	30,0	6080	2600,—	135	82,—	150	1000,—	0,17 + 0,16 = 0,33	0,13 + 0,11 = 0,24
	31,0	6290	2700,—	140	85,—	150	1100,—	0,18 + 0,17 = 0,35	0,14 + 0,12 = 0,26
	33,3	6800	2920,—	150	90,—	150	1200,—	0,20 + 0,20 = 0,40	0,16 + 0,14 = 0,30

Bemerkung. Die erste Ziffer der Summe bezieht sich auf Schienen nebst Laschen und die zweite Ziffer auf Kleineisenzeug und Schwellen.

Die *Selbstkosten der Lokomotivförderung je 1 Betriebsstunde* setzen sich aus den in *Tabelle 29* aufgeführten Kostenanteilen zusammen.

Tabelle 31 und 32 zeigen dann die *Betriebskosten* (Selbstkosten) *von Dampf- und Diesellokomotiven.* Der Berechnung liegen folgende Löhne und Materialpreise zugrunde:

Löhne:

Lokomotivführerlohn	2,10 DM.
Heizerlohn	1,80 ,,
Facharbeiterlohn	2,05 ,,
Tiefbauarbeiterlohn	1,80 ,,

Sozialaufwand + Geschäftskosten + Gemeinkosten 60% der Löhne + 10% der Materialkosten.

Materialpreise in DM. (frei Verwendungsstelle):

Kohle	80,— DM./t
Sattdampfzylinderöl	110,— DM./100 kg
Maschinenöl Visc. 10-11	130,— DM./100 kg
Putzöl	70,— DM./100 kg
Putzwolle	150,— DM./100 kg
Dieselöl	50,— DM./100 kg
Wasser	0,50 DM./m³

[1] Preise Frühjahr 1954 ab Werk.

Tabelle 27. *Abschreibung, Verzinsung und Materialkosten der Geräteunterhaltung für Dampflokomotiven in DM. je 1 Betriebsstunde.*

Dampflokomotive Gewicht t Neuwert[1] etwa DM.	30 PS 6,5 30000,—	40 PS 8,5 42000,—	50 PS 9,5 50000,—	80 PS 11,5 55000,—	100 PS 12,5 60000,—	125 PS 14 70500,—	160 PS 16 74500,—	200 PS 22 78500,—	250 PS 25,4 82000,—
Betriebsstunden im Monat:									
$b = 200$	2,50	3,50	4,—	4,40	4,80	5,60	6,—	6,30	6,60
$b = 300$	2,40	3,40	3,90	4,20	4,60	5,40	5,80	6,10	6,50
$b = 400$	2,20	3,20	3,70	4,—	4,40	5,20	5,60	5,80	6,20
$b = 600$	2,—	3,—	3,50	3,80	4,20	5,—	5,40	5,50	6,—

Tabelle 28. *Abschreibung, Verzinsung und Materialkosten der Geräteunterhaltung für Diesellokomotiven in DM. je 1 Betriebsstunde.*

Diesellokomotive Gewicht t Neuwert[1] etwa DM.	15 PS 3,2 13000,—	28 PS 6,6 25000,—	55 PS 10,0 31300,—	75 PS 10 35000,—	165 PS 19 75000,—
Betriebsstunden im Monat					
$b = 200$	1,50	2,75	3,50	3,90	8,20
$b = 300$	1,45	2,65	3,40	3,80	8,—
$b = 400$	1,40	2,55	3,20	3,70	7,80
$b = 600$	1,30	2,50	3,—	3,50	7,50

Tabelle 29 auf Seite 174.

Tabelle 30. *Betriebsstoffverbrauch für Zuglokomotiven (Dampf) je 1 Betriebsstunde (Kohlenverbrauch ausschließlich Anheizen der Maschine).*

Betriebsstoffe	Lok. 30 PS	Lok. 40 PS	Lok. 50 PS	Lok. 60 PS	Lok. 80 PS	Lok. 100 PS	Lok. 125 PS	Lok. 160 PS	Lok. 200 PS
Brennstoffe:									
Kohlen kg/h . .	17–24	20–28	25–33	30–37	35–40	37–45	45–50	50–65	55–75
(7500—8200 Cal.) kg/PSh . . .	0,6 bis 0,8	0,5 bis 0,7	0,5 bis 0,65	0,5 bis 0,6	0,45 bis 0,60	0,37 bis 0,50	0,35 bis 0,45	0,32 bis 0,40	0,30 bis 0,35
Für Anheizen:									
Kohle kg . .	35	35	45	50	50	55	55	60	75
Holz Ztr. . .	0,2	0,25	0,25	0,30	0,30	0,35	0,35	0,40	0,50
Putz- und Schmiermittel:									
Maschinenöl kg/h	0,12	0,13	0,15	0,16	0,18	0,20	0,25	0,30	0,35
Sattdampfzylinderöl kg/h . .	0,10	0,10	0,12	0,12	0,13	0,14	0,15	0,18	0,25
Putzöl kg/h . .	0,02	0,02	0,02	0,02	0,03	0,03	0,03	0,04	0,05
Putzwolle kg/h .	0,02	0,03	0,03	0,04	0,04	0,05	0,05	0,05	0,05
Speisewasser m^3/h	0,30	0,30	0,35	0,40	0,45	0,50	0,50	0,60	0,75

[1] Frühjahr 1954.

Tabelle 29. *Selbstkosten von Zuglokomotiven je 1 Betriebsstunde.*

1. Lokomotivkosten.

A. Gerätekosten.

a) Abschreibung + Verzinsung + Materialkosten der Geräteunterhaltung:

Tabelle 27 und 28.

b) Lohnkosten der Geräteunterhaltung (Werkstattlöhne) je 1 Betriebsstunde:

10—50 PS	50—120 PS	120—220 PS
0,2	*0,35*	*0,5*

Facharbeiterstunden.

B. Löhne.

Je 1 Betriebsstunde:

Diesel-	Dampfloks
1,10	1,15 Lokomotivführerstunde
1,10	1,30 Heizerstunde (2schichtig 1,20 h) (3schichtig 1,15 h) ab 80 PS Heizer

C. Betriebsstoffverbrauch.

Siehe *Tabelle 24 und 30.*

2. Förderkosten.

A. Gerätekosten.

a) Abschreibung + Verzinsung + Materialkosten der Geräteunterhaltung:

Tabelle 25.

b) Lohnkosten der Geräteunterhaltung je 1 Wagenbetriebsstunde:

Eiserne Muldenkipper

¾ m³	1 m³	2 m³	5 m³ Selbstkipper
0,01	0,015	0,03	0,10

Facharbeiterstunden.

Holzkastenkipper

1,5 m³	2 m³	3 m³	4 m³
0,04	0,05	0,08	0,12

Facharbeiterstunden.

B. Löhne.

Eventuell Bremser (Bremswagen möglichst vermeiden!). Sonst nur 1 Schmierjunge

0,01 St. je 1 Wagenbetriebsstunde.

C. Betriebsstoffe.

Rollwagenöl je 1 Betriebsstunde in kg.

Eiserne Muldenkipper

¾ m³	1 m³	2 m³	5 m³ Selbstkipper
0,005	0,01	0,012	0,025

Holzkastenkipper

1,5 m³	2 m³	3 m³	4 m³
0,01	0,012	0,014	0,018

3. Gleiskosten.

A. Gerätekosten.

a) Abschreibung + Verzinsung + Materialkosten der Geräteunterhaltung:

Tabelle 26.

b) Werkstattlöhne zu vernachlässigen!

B. Löhne.

Für Gleisunterhaltung je 1 Betriebsstunde:

1 km Gleis

Spur 600 mm 0,4 St.
,, 750 mm 0,6 St.
,, 900 mm 0,9 St.
+ Weichensteller!

C. Betriebsstoffe

zu vernachlässigen! (z. B. Streusand und Kohle zum Rösten des Sandes).

Tabelle 31. *Dampflokomotiven. Betriebskosten*[1] *in DM. je 1 Betriebsstunde (Selbstkosten).*

Lokomotivstärke PS	Monatliche Betriebsstunden b			
	$b = 200$	$b = 300$	$b = 400$	$b = 600$
30	10,20	10,10	9,90	9,70
40	12,—	11,90	11,80	11,50
50	13,20	13,10	13,—	12,70
80	19,—	18,80	18,50	18,—
100	20,—	19,80	19,50	19,—
125	21,—	20,80	20,50	20,—
160	23,—	22,80	22,50	22,—
200	24,—	23,80	23,50	23,—
250	26,—	25,50	25,—	24,50

Tabelle 32. *Diesellokomotiven. Betriebskosten*[1] *in DM. je 1 Betriebsstunde (Selbstkosten).*

Lokomotivstärke PS	Monatliche Betriebsstunden			
	$b = 200$	$b = 300$	$b = 400$	$b = 600$
15	8,—	7,90	7,85	7,70
28	9,50	9,40	9,35	9,20
55	12,50	12,40	12,25	12,—
75	16,—	15,80	15,70	15,50
165	26,—	25,80	25,50	25,—

XI. Neuzeitliche Fördermittel für Straßentransporte

In neuerer Zeit werden auf den Straßen die Pferdefuhrwerke immer mehr durch den meist wirtschaftlicheren und beweglicheren „*Lastkraftwagen*" ersetzt. Im allgemeinen wird man das leicht bewegliche, *nach drei Seiten kippende Lastauto* (Motorlastkraftwagen) mit Anhänger als das ideale Fördermittel für den Lagerplatz einer großen Bauunternehmung bezeichnen können. Neuerdings werden, in erster Linie für das Stadtgeschäft, d. h. den Nahverkehr, *Eilschlepper* mit Seitenkipperanhängern (Wechselwagen) zum Teil bevorzugt. Ob eine Bauunternehmung sich einen eigenen Fuhrpark zulegt oder ihre Transporte besser an einen Transportunternehmer vergibt, hängt von dem Umfang des Unternehmens, Art des Geschäfts (Stadthochbauten oder Tiefbau) und anderen Umständen ab. Auf großen Tiefbaustellen lohnt es sich im allgemeinen, einen eigenen Eilschlepper mit Anhänger oder leichten Lkw. (3 t oder 5 t) für Transporte zu unterhalten.

Der *grundsätzliche Unterschied bei der Verwendung von Lastkraftwagen und ähnlichen Fördermitteln im Baugewerbe* gegenüber Fernlasttranspor-

[1] Frühjahr 1954, 1 $St_{mi.}$ = 2,— DM. (ohne Zuschläge).

ten liegt in den *kurzen Förderweiten* und die durch die Aufenthalte beim Überladen auf Bahnhöfen, Abladen an der Baustelle usw. bedingten *verhältnismäßig geringen jährlichen Fahrleistungen.* Das darf bei Wirtschaftlichkeitsberechnungen nicht übersehen werden.

Bei Vergebung von Baustofftransporten an ein Transportunternehmen kann man als rohen Anhaltspunkt unter der Voraussetzung *guter Straßen* folgende Preise annehmen, welche bei Wettbewerbsfähigkeit auch für Fuhrwerke gelten können:

Kosten der Lastkraftwagenförderung von Baustoffen[1].

Die Leistung umfaßt das Überladen auf dem Bahnhof vom Waggon in das Fördergerät (s. auch Abschnitt II, S. 52), Förderung zur Baustelle und nach dem Abladen (Abkippen) auf der Baustelle Rückkehr zum Bahnhof. Man kann für Baustoffe (Ziegel, Kies, Sand, Zement u. dgl.) rechnen (Abladen auf der Baustelle ist Sache des Unternehmers, St. = 1,80 DM.):

Transportkosten je 1 t. Entfernung (einfach) in km.

km	2	3	4	5	6	7	8	9	10	11	12
Kosten in DM.	2,80	3,—	3,20	3,50	3,60	3,70	3,80	3,90	4,—	4,20	4,40

Für *Rundeisen:* Zuschlag + 10%.
Für *schwere Geräte und Formeisenteile:* Zuschlag bis 50%.
Auf *schlechten Straßen* ebenfalls entsprechender *Zuschlag.*

Soweit Bauunternehmungen für Ziegeleien, Kiesbetriebe, Stadtbaustellen usw. eigene Transportfahrzeuge einsetzen, bevorzugen sie meist trotz der höheren Anschaffungskosten starke *Dreiseitenkipper = LKW* (mit Dreiseitenkipperanhängern).

Motorlastkraftwagen und Motorlastzüge.

Im Baugewerbe werden *Lastkraftwagen mit Dieselmotoren von 95 bis 145 PS* mit Kippaufbauten (Zweiseiten- bzw. Dreiseitenkipper) für 3 bis 9 t Nutzlast verwendet. Sie können noch 1 Anhänger mit hydraulischer Kippvorrichtung erhalten. Die Motorlastkraftwagen haben gegenüber den Schleppern größere Fahrgeschwindigkeiten, größeres Zug- und Steigvermögen, d. h. gutes Zugvermögen in bewegtem Gelände und auf schlechten Wegen. Im letzteren Falle wird meist der Allradantrieb bevorzugt.

Nachstehend ist eine Wirtschaftlichkeitsberechnung für einen Motorlastzug gegeben, bestehend aus einem 5-t-Dreiseitenkipper Lkw. mit 5-t-Anhänger.

---

[1] Für die reinen Förderkosten von Lastkraftwagen sind *Höchstpreise* festgelegt in der *Nahverkehrspreisordnung* (NVO.). Für größere Entfernungen werden vielfach die Frachtsätze der Bundesbahn der Berechnung zugrunde gelegt.

Wirtschaftlichkeitsberechnung eines 5-t-Dreiseitenkippers, 120 PS Dieselmotor, mit hydraulischem Dreiseitenkipper nebst Anhänger für 5 t Nutzlast.

Betriebsfertiges Eigengewicht: etwa 5,6 t.

Der Berechnung liegt die Annahme von *20000 km jährlicher Fahrtleistung* zugrunde.

1. Anschaffungspreis.

1 5-t-Dreiseitenkipper, 5 t Nutzlast einschließlich Werkzeug, Zubehör, Beleuchtung und Bereifung (Bereifung 4000,— DM.)	36000,— DM.
1 Dreiseitenkipper-Anhänger, Typ 5 t, mit Bereifung 38 × 9 mit Knorrbremse (Bereifung 3000,— DM.)	14000,— „
	50000,— DM.

2. Verbrauchskosten (Betriebsstoffe und Geräteunterhaltung) *je 1 km*

Dieselöl 0,425 kg zu 0,50 DM.[1]	0,213 DM.
Schmieröl 0,04 kg zu 1,20 DM.	0,048 „
Wagenunterhaltung (Reparatur)	0,186 „
Reifenverschleiß (30000 km Lebensdauer)	
Lastkraftwagen . . . 4000,— DM.	0,133 „
Anhänger . . . . . 3000,— „	0,100 „
	0,680 DM.

3. Feste Betriebskosten in 1 Jahr.

a) Abschreibung und Verzinsung[2] der Wagen ohne Reifen:	
15% von (32000,— + 11000,—) DM.	6450,— DM.
Verzinsung 4% von (4000,— + 3000,—) DM.	280,— „
b) Personal: 1 Fahrer 3000 h zu 3,30 DM.	9900,— „
1 Beifahrer 2000 h zu 2,50 DM.	5000,— „
c) Kraftwagensteuer	1000,— „
d) Versicherung: Kasko, Haftpflicht usw.	1500,— „
e) Unterstellung der Fahrzeuge	600,— „
f) Unvorhergesehenes und zur Abrundung	270,— „
	25000,— DM.

Bei 20000 km Fahrtleistung

Somit feste Betriebskosten je 1 km 25000/20000 . . .	1,25 DM.
Verbrauchskosten	0,68 „
	1,93 DM.

bei *20000 km* je 1 t/km $\frac{1,930}{10}$ = *0,193 DM.*

„ 10000 km je 1 t/km = 0,318 DM.

„ 15000 km je 1 t/km = 0,235 „

„ 30000 km je 1 t/km = 0,151 „

„ 40000 km je 1 t/km = 0,121 „

[1] Der jeweils gültige Dieselölpreis ist einzusetzen (z. B. *Frühjahr 1954 = 0,50 DM./kg* frei Verwendungsstelle). [2] Bei 250 Stunden/Monat und mit 15 v. H. Aufschlag für Geschäftskosten und Gewinn.

XII. Gewinnung von Baumaterialien.

Beispiel 18. Maschinelle Schottergewinnung mit Steinbrechern. Nachdem die Bruchsteine im Steinbruch gewonnen sind, sollen sie zu „*Schotter*“ verarbeitet werden. Es ist in der nachfolgenden Berechnung angenommen, daß die Bruchsteine auf Loren geladen in der Nähe des Schotterwerks zur Verfügung gestellt werden. Ist vom Steinbruch zur Schotteranlage noch eine besondere Transportanlage wie Seilbahn, Bremsberg oder dgl. erforderlich, so sind diese Kosten selbstverständlich den Gewinnungskosten noch zuzuschlagen.

Zum Brechen der Steine soll ein Brecher von 7 m³ *Stundenleistung* (tatsächliche Leistung, nicht theoretische) zur Verwendung kommen nebst Elevator von etwa 10 m Höhe zum Hochheben des Schotters in ein Sortiersieb, wo das Material, getrennt nach Grobschotter, Feinschotter und Brechsand (Grus) in ein Silo von etwa 100 m³ Fassung gelangen soll, von wo es aus den Siloschnauzen in die Förderwagen abgelassen werden kann. Die Anlage ist als vorübergehende Anlage gedacht und 300 Betriebstage Dauer angenommen. Der mittlere Stundenlohn einschließlich Zuschlägen betrage 3,— DM., für Maschinisten und Zimmerleute 3,30 DM.

Lösung. Für die *Einrichtung* der Anlage sind erforderlich:

Geräte	Gewicht etwa kg	Anschaffungs-kosten etwa DM.	Gerätekosten[1] DM. je 1 Tag
1 Steinbrecher 25 PS	7000	15000,—	16,—
1 Elevator 5 PS	2000	5000,—	4,—
1 Elektromotor 30 PS	4500	3000,—	2,—
1 Siloanlage in Holz		12000,—[2]	18,—[3]
			40,—

d. h. Gerätekosten je *1 m³ Schotter* 40,—/70 = *0,57 DM.*

An *einmaligen Kosten* entstehen:

Fundament des Steinbrechers 25 m³ Beton M.V. 1 : 10 zu 50,— DM.	1250,— DM.
Aufstellung der Maschinen 600 St_{masch} zu 3,— DM. . .	1800,— „
Aufstellen des Silos, 60 m³ Holz zu 30 Stz. = 1800 Stz. zu 3,30 DM.	5940,— „
	8990,— DM.
Für Abbrechen	3010,— „
	12000,— DM.

Die Gesamtleistung beträgt 300 · 70 = 21000 m³ Schotter. Auf diese verteilt ergibt sich demnach

je 1 m³ Schotter 12000/21000 = *0,57 DM.*

Gerätekosten + Einrichtungskosten betragen demnach

je 1 m³ Schotter 0,57 + 0,57 = *1,14 DM.*

---

[1] Abschreibung + Verzinsung + Unterhaltung (einschließlich 10 v.H. für Geschäftskosten und Gewinn).

[2] Holzwert.

[3] Materialabschreibung.

Die täglichen *Betriebskosten* werden wie folgt ermittelt:

a) *Löhne.* Die Belegschaft setzt sich wie folgt zusammen:

1 Maschinist zur Bedienung des Motors, Brechers und Elevators.
1 Mann am Elevator.
2 Mann zum Fahren und Kippen der Bruchsteine.
1 Mann am Brecher.
1 Mann für sonstige Arbeiten.

6 Mann zu 1 h = 6 h.

Somit, wenn mit St_{mi} der mittlere Stundenlohn bezeichnet wird und die stündliche Leistung zu 7 m³ angenommen wird, betragen die Lohnkosten

je 1 m³ Schotter 6 St_{mi} : 7 = 0,9 St_{mi} zu 3,20 DM. = *2,88 DM.*

b) *Betriebsstoffe:* Stromverbrauch je 1 Betriebsstunde

16 kWh × 0,25 DM. =	4,— DM.
Öle, Schmiermittel usw. für alle Maschinen	1,— DM.
	5,— DM.

Somit je 1 m³ 5,— : 7 = *0,70 DM.*

Die Verkaufskosten für 1 m³ maschinell gebrochenen Schotter betragen demnach einschließlich Gewinn, aber *ohne Steinbruchbetrieb:*

1,14 + 2,88 + 0,70 = *4,72 DM./1 m³ Schotter.*

Beispiel 19. In einer Steinbrecheranlage sei festgestellt worden, daß je 1 m³ Schotter einschließlich der Steinbruchanlage, in der das Gestein geschossen wird, an Lohnstunden aufgewandt werden 4,5 Arbeiterstunden. An Sprengstoff werde verbraucht 0,4 kg je 1 m³ Schotter. Der Sprengstoff koste einschließlich Sprengkapseln und Zündschnur 3,50 DM. je 1 kg. Für die Einrichtungs- und Gerätekosten sollen 80 Dpf. je 1 m³ Schotter eingesetzt werden und der durchschnittliche Stundenlohn mit Sozialaufwand, Geschäftskosten und Gewinn zu 3,20 DM. angesetzt werden. Wie teuer muß 1 m³ Schotter ab Schottersilo verkauft werden, wenn für 1 m³ Schotter 1,6 kWh Strom verbraucht werden (1 kWh = 0,25 DM.)?

Lösung. Einrichtungskosten	0,80 DM.
Betriebskosten: Löhne 4,5 h zu 3,20 DM.	14,40 DM.
Strom 1,6 kWh zu 0,25 DM.	0,40 „
Öle usw.	0,10 „
Sprengstoffe 0,4 kg zu 3,50 DM	1,40 „
Verkaufspreis ab Silo je 1 m³ Schotter (ohne Bruchzins) . .	*17,10 DM.*

Erzeugung von Bruchsteinen und Werksteinen siehe Abschnitt XXV „*Steinmetzarbeiten und Steinbrucharbeiten*“.

XIII. Straßenbau und Pflasterarbeiten.

1. Planieren und Verdichtung des Untergrunds (Dammschüttungen).

Einebnen der Auf- und Abträge nach einnivellierten Pfählen. Die Abgrabungen (die eine Dicke von 30 cm nicht überschreiten) füllen die Vertiefungen aus. Es kostet

das Einebnen in Sand und Kies für 1 m²	0,2 St.
das Einebnen in sonstigem leichtem Boden für 1 m² . . .	0,25 St.
das Einebnen in Ton und strengem Lehm für 1 m²	0,3 St.

Verdichtungsarbeiten.

Die Verdichtung von Schotterstraßen erfolgt auch heute mit *Dampf- oder Dieselwalzen* (siehe Seite 183).

Bei der *Verdichtung des Untergrunds* und der *Dammschüttungen im Straßenbau* werden beim gleislosen Erdbau zum Verteilen der geschütteten Erdmassen *Planierraupen* von 55 PS bis 150 PS eingesetzt (siehe Kap. VIII. Baggerarbeiten, gleisloser Erdbau).

Zum Verdichten der geschütteten Massen werden im Ausland meist *Spezialwalzen*[1] verwendet: Schaffußwalze, Gummiradwalze, Gürtelradwalze (z. B. die Koppischwalze in Deutschland). Je nach Bodenart wird man mit Kosten von 0,15 bis 0,25 DM/1 m² bei Schüttlagen (lose) von i. M. 0,20 m rechnen müssen.

Abb. 50. Vibromax-Rüttelgeräte.

In Deutschland werden besonders im Fernstraßenbau, wo ein noch besserer Verdichtungsgrad erwünscht ist als man mit Walzen erreichen kann, *Stampfbagger mit Stampfplatte*[2] von 1,0 bis 2 t Gewicht (für Schütthöhen von 0,60 bis 1,0 m lose) oder *Rüttelplatten von ca. 1,5 t Gewicht* (für Schütthöhen von etwa 0,40 bis 0,50 m lose) bevorzugt. Bei sorgfältiger Verdichtung (5-malige Überdeckung) kann man mit folgenden Leistungen rechnen bei vorgenannten Schütthöhen:

Stampfbagger mit 2 t-Stampfplatte: i. M. 80 m²/h.

Rüttelgeräte 1,5 t, 12 PS: i. M. 30 m²/h.

Abb. 50 zeigt das 1,5 t schwere Rüttelgeräte „*Vibromax*" mit 12 PS-Diesel-Antriebsmotor der Maschinenfabrik Losenhausen, Düsseldorf. Ein ähnliches Geräte, System Prof. Lorenz, baut die Maschinenfabrik Bohn und Kähler, Kiel. Es hat eine Stampfplatte von 1×1 m, 1,6 t Gewicht und wird von einem Volkswagenmotor, 28 PS, angetrieben (Kosten Frühjahr 1954 18500,— DM.)

Nachstehend sind zwei Kostenermittlungen für Verdichtung mit Vibromaxgeräte und Stampfbagger gegeben:

---

[1] Literatur: Dr.-Ing. HEINZ PÖSCH, Verdichtungstechnik und Verdichtungsgeräte im ausländischen Erdbau, Verlag Wilhelm Ernst u. So., Berlin 1953.

[2] Siehe Abschn. VIII. Baggerarbeiten, Seite 136.

I. Verdichten mit Vibromax 1,5 t, Kosten je 1 Betriebsstunde:

	L/DM.	M/DM.
Löhne 1,1 St_{mi} × 1,80 DM. = ...	1,98	
Betriebsstoffe 1,2 kg Diesel zu 0,53 DM. . .		0,65
Schmierstoffe 15% von 0,65 DM.		0,10
Gerätemiete		1,00
Geräteinstandhaltung	0,20	0,40
	2,18	2,15
+ 60% von L	1,32	
+ 10% von M		0,20
	3,50 + 2,35 = 5,85 DM.	

Bei Annahme von i. M. 30 m² Stundenleistung:

Angebotspreis $\frac{5,85}{30}$ = *0,20 DM/1 m²* oder *0,50 DM/1 m³* verdichteten Boden.

II. Verdichten mit Stampfbagger 2,0 t-Stampfplatte, Kosten je 1 Betriebsstunde:

	L/DM.	M/DM.
Löhne 1,1 St_{mi} × 1,80 DM.	1,98	
Betriebsstoffe: 10 kg Diesel zu 0,53 DM. .		5,30
Schmierstoffe 10% von 5,30 DM.		0,50
Gerätemiete		4,50
Geräteinstandsetzung	0,50	1,50
	2,48	11,80
+ 60% von L	1,49	
+ 10% von M		1,20
	3,97 + 13,00 = rd. 17,00 DM.	

Bei einer angenommenen Leistung von 1200 m³/24 Stunden bei Kiesboden ist der *Angebotspreis* 17,00 : 50 = *0,34 DM./1 m³* oder 17,00 : 80 m² = *0,21 DM./1 m²*.

2. *Kies- oder Schlackenwege.*

Kies oder *Sand* in den Weg einbringen und planieren kostet für 1 m³ . . . . 1,0 St.

Schotter, Oberschale oder Grobschlacke zur Herstellung von Wegen in 10 bis 12 cm Stärke einbringen, einwalzen, mit Deckkies (oder Feinschotter und Splitt) und Sand abdecken, einschlämmen und nachwalzen kostet (ohne Lieferung der Baustoffe) an Löhnen je 1 m² . . . 0,3 St.
+ Walzkosten je 1 m² (mit 1 St_{masch} = 2,— bis 2,20 DM.)
0,30 bis 0,40 DM.

Materialbedarf für Wege je 1 m² 0,18 t Schotter, Oberschale u. dgl.
+ 0,05 t Deckkies u. dgl.

3. Packlage mit Kleinschlag (Chaussierung).

Packlage herstellen. Die Steine auf etwa 30 m Entfernung befördern, zerschlagen, auf ihr Lager setzen, die Spitzen abköpfen und auskeilen kostet bei einer Stärke der fertigen Packlage von 18 bis 22 cm für 1 m² . . . . 0,4 Stpf. + 0,20 St.

oder mit wenig geübten Arbeitern . . . . 0,8 St.

Packlagesteine 18/22 oder 22/25 cm stark (endgültige Höhe der fertigen Packlage 18 bzw. 20 cm) senkrecht mit Spitzen nach oben auf den vorbereiteten Untergrund dicht aneinandersetzen, die größeren Steine aussuchen und als seitliche Umfassung nach der Schnur aufstellen und feststampfen, die überstehenden Spitzen köpfen, die Lücken mit passenden Steinen auszwicken und auskeilen, mit einer 12 bis 18 t schweren Walze abwalzen, so daß eine gut geschlossene *nach dem Abwalzen 20 cm starke Packlage* entsteht, auffüllen und ausgleichen der durch Walzen entstehenden Setzungen durch Schotter, *mit etwa 70 kg/m² Stein- oder Kiessand abdichten,* einschlämmen und nachwalzen einschließlich Stellen der Walze in fertiger Ausführung (Befestigungsstoffe liefert die Verwaltung und läßt sie zur Baustelle befördern. Nahförderung der Stoffe ebenso wie Wasserbeschaffung ist Sache des Unternehmers):

Lohnaufwand je 1 m² . . . . 0,4 Stpf. + 0,4 St.
+ Walzkosten (etwa 0,35 DM.)

oder mit weniger geübten Arbeitern . . . . 1,0 St.
+ Walzkosten (etwa 0,35 DM.)

Materialbedarf für 1 m² Packlage 20 cm fertige Stärke:

Steinmaterial: Porphyr, Quarzporphyr, Grauwacke, Granit u. dgl.

Packlagesteine 22/25 . . . . 0,40 t

Steinsand oder Kiessand . . . . 70 kg

Beschotterung.

Die Beschotterung einer Straße einschließlich Zufuhr mittels Schubkarren bis auf 20 m Entfernung kostet:

a) bei neuen Straßen für 1 m³ . . . . 1,5 St.

b) bei bestehenden Straßen einschließlich Kotabziehen . . 2,0 St.

Die Besandung einer beschotterten Straße einschließlich Beförderung der Materialien bis 25 m Entfernung kostet für 1 m³ . 1,8 St.

Klarschlag (oder Kies) über der fertigen Packlage 10 cm stark bei neuen Straßen einbauen, bei 50 m größter Entfernung der Nahtransporte, einschließlich Absanden und Einschlämmen der Decke kostet an Löhnen je 1 m² . . . . 0,3 St.

Materialbedarf für die *Schotterdecke von 10 cm Stärke:*

Schotter	40/70	. . . .	0,10 t/1 m²
,,	20/40	. . . .	0,04 t/1 m²
Splitt	10/20	. . . .	0,025 t/1 m²
Sand	0/7	. . . .	0,025 t/1 m²
1 Schotterdecke 10 cm stark		. . . .	0,190 t/1 m²

Walzkosten.

Als Stundenleistung einer Dampf- oder Dieselwalze bei Befestigung von Schotterstraßen werden i. M. *5,0 m³* oder 50 m² angenommen.

An- und Rücktransport der Walze als *einmalige* Kosten.

Beim *Anmieten von Walzen* kann man als *dauernde* Kosten *je 1 h Walzarbeit* rechnen (Gerätemiete, Bedienungsmannschaft, Betriebsstoffe usw.) bei 1 St_{masch} = 2,— DM.:

a) Kosten[1] *für Walzen* bis 10 t Gewicht	. . .	7,50 bis 9,— DM.
,, ,, ,, ,, 15 t ,,	. . .	9,— bis 11,— DM.
,, ,, ,, ,, 20 t ,,	. . .	11,— bis 12,50 DM.

Somit *je 1 m³ Schotter 1,50 DM. bis 2,50 DM., i. M. 2,00 DM.* Dazu kommen noch

b) die *Kosten für die Handarbeit* (Sprengen, Vorwerfen von Splitt und Sand usw.) und die *Wasserbeschaffungskosten* (Sprengwagen!) mit 1,20 bis 1,80 DM., *i. M. 1,50 DM. je 1 m³ Schotter.*

Somit *Walzkosten je 1 m³ Schotter* . . . . *3,— bis 3,60 DM.*

Walzkosten je 1 m² Schotterdecke 10 cm st. *i. M.* . . . *0,33 DM.*

Bemerkung. Über *Dampf- und Dieselwalzen*[2] verschiedener Gewichte für den Straßenbau vgl. man die Kataloge von Spezialfirmen (z. B. Ruthemeier in Soest, Schwartzkopf in Berlin u. a.). Abb. 51 zeigt eine Dieselmotorwalze 33 PS Motorleistung mit doppelseitigem Straßenaufreißer der Maschinenfabrik Ruthemeier, Soest i. W.

Abb. 51. Dieselmotorwalze 33 PS.

Die *Anschaffungskosten* für Dieselwalzen waren Frühjahr 1954 etwa folgende:

6-t-Walze	. . . . . .	20000 DM.
11-t-Walze	. . . . . .	30000 ,,
16-t-Walze	. . . . . .	38000 ,,

Der Betriebsstoffverbrauch: Dieselöl 0,2 kg je 1 PSh.

Beispiel 20. Die Kosten von *1 m² Steinschlagbahn mit Packlageunterbau* sind zu ermitteln. Stärke der fertigen Packlage 20 cm, des Schotters mit

[1] Ohne Wegegelder, Trennungsentschädigung, Fahrgelder und dgl. für das Bedienungspersonal.

[2] Eine Zusammenstellung von Straßenwalzen verschiedener Größen nebst Lieferfirmen findet sich in der Veröffentlichung GARBOTZ, Baumaschinen und Baubetrieb (Carl Hanser Verlag, München 1948), S. 164/165.

Decklage (Splitt) 10 cm. *Materialkosten* frei Baustelle: Packlage 1 t 8,— DM. (ab Werk 4,— DM.), Schotter 1 t 10,— DM. (ab Werk 6,— DM.), Splitt 1 t 15,—DM., Steinsand 5,— DM./t, Sand 10,— DM./m³. *Löhne* 1 St. = 1,50 DM. Mittlerer Stundenlohn = 1,60 DM.

	Material DM.	Löhne DM.	Gerätekosten DM.
a) *Einebnen* der Auf- und Abträge 0,3 St. · 1,60 DM.		0,48	
b) *Packlage* 22/25 Ankauf und Transport zur Baustelle 0,4 t zu 8,— DM.	3,20		
Steinsand zum Dichten 0,07 t zu 5,— DM.	0,35		
c) *Packlage* setzen, Lohn nach S. 182 1,0 St. zu 1,60 DM.		1,60	
Walzen der Packlage			0,33
d) *Schotter* 40/70 und 20/40, 0,14 t zu 10,— DM.	1,40		
Splitt 10/20, 0,02 t zu 15,— DM.	0,30		
Sand 0/7, 0,02 m³ zu 10,— DM.	0,20		
e) Schotter, Splitt usw. einbauen an Lohn nach S. 182 0,3 St. zu 1,60 DM.		0,48	
f) *Walzkosten* für Abwalzen, Nässen und Absanden je 1 m²			0,40
g) Sozialaufwand, Geschäftskosten und Gewinn: 10% vom Material	0,55		0,07
60% der Löhne		1,54	
Für *1 m² Steinschlagbahn*	*6,—* +	*4,10* +	*0,80*

Angebotspreis 10,90 DM. je 1 m².

4. *Aufreißen und Ausbessern von Schotterstraßen.*

Schotterbahn aufreißen, die Materialien bis zu 20 m Entfernung befördern für 1 m³ . . . 3,5 St.

Desgleichen mit dem Aufreißer, einschließlich Gerätekosten für 1 m³ . . . 2,8 St.

Schotterbahn (Chaussierung) mit Packlage aufreißen, die Materialien seitlich in meßbare Haufen getrennt aufsetzen oder aufladen, kostet bis 25 cm Stärke und für 1 m² . . . 1,0 St.

Desgleichen mit dem Aufreißer, einschließlich Gerätekosten für 1 m² . . . 0,8 St.

Das *Ausbessern einer Schotterstraße* (Löcher aufhacken, Annässen, Abdecken und Stampfen) für 1 m² . . . 0,4 St.

Desgleichen bei Verwendung von Teer als Bindemittel für 1 m² . . . 0,5 St.

Bemerkung: Die Anschaffungskosten für einen angebauten *Straßenaufreißer* zur 8 t bis 16 t Dieselwalze betrugen Frühjahr 1954 *1600,— bis 3000,— DM.*

Materialpreise für Steinschlagbahnen.

Die *Materialpreise* von Packlage, Schotter, Splitt usw. werden frei nächstem Bahnhof (Fracht nach Frachtsatzzeiger S. 55 Tarif AT 3 B 2) ermittelt. Für *Entladen aus den Eisenbahnwagen, Anfuhr zur Verwendungsstelle* und *Abkippen frei Umschlagstelle* kann man als mittlere

Preise[1] etwa rechnen je 1 t Packlage, Schotter, Sand oder Splitt nach S. 176 mit St. = 1,80 DM.:

2	4	6	8	10	15 *km*
2,90	3,20	3,60	3,80	4,00	4,60 DM./t.

5. *Pflaster.*

Ausschließlich Unterbau (Packlage oder Betondecke).

a) Polygonpflaster (Uferschutz u. dgl.).

Polygonpflaster in Sandbettung nach Schablone herstellen, abrammen einschließlich Nacharbeiten und Aussuchen der Steine zu den einzelnen Reihen für 1 m² 20 cm stark . . . . 1,0 Stpf. + 0,8 St.
„ 1 m² 15 cm „ . . . . 0,8 Stpf. + 0,6 St.

Steinbedarf:	Porphyr, Quarzporphyr, Granit u. dgl.	Basalt
für *Polygonpflaster* 20 cm stark	0,50 t/m²	0,55 t/m²
„ „ 15 cm „	0,35 t/m²	0,40 t/m²

b) Ziegelpflaster.

Ziegelbedarf und Lohnaufwand je 1 m².

	Flachpflaster in Mörtel verlegt und gefugt	Ziegelhochkantpflaster in Mörtel verlegt und gefugt
Normalziegel 25/12/6,5 cm	32 Stück Ziegel, 30 l Mörtel 1,2 Stm. + 0,6 St.	56 Stück Steine, 35 l Mörtel 1,5 Stm. + 0,7 St.
Klinkerziegel 21/10,5/5,5 cm	45 Stück Ziegel, 35 l Mörtel 1,4 Stm. + 0,5 St.	85 Stück Steine, 40 l Mörtel 1,8 Stm. + 0,8 St.

Ziegelpflaster siehe auch S. 268f.

c) Reihenpflaster (Großpflaster).

Abmessungen und Gewichte von Großpflaster[2].

Abmessungen in cm	10 t = m² Pflasterfläche			
	Basalt	Granit und Syenit	Grauwacke, Porphyr und Quarzporphyr	$\gamma = 2,6$ Mansfelder Cu-Schlacke
12/18 16 cm hoch, I. Sorte . .	26	27	28	—
16/16 16 cm hoch, I. Sorte . .	26	27	28	28
12/16 16 cm hoch, II. Sorte . .	27	28	29	—
10/16 16 cm hoch, I. Sorte . .	27	28	29	—
16/16 12 cm hoch	—	—	—	35
14/20 15 cm hoch, I. Sorte . .	26	27	28	—
13/20 15 cm hoch	27	28	29	—
12/16 14 cm hoch	—	—	34	—
13/20 13 cm hoch	30	31	33	—
Kopfsteine, polygonal, 16—18 cm hoch	27	28	29	—

[1] Stand Frühjahr 1954.
[2] Lieferbedingungen für Großpflaster siehe DIN 4300.

Die Preise für *Großpflaster*[1] bewegten sich je nach Gesteinsart, Abmessungen und Sortierung (I. bis III. Sorte) Frühjahr 1954 etwa zwischen 450 und 620 DM./10 t ab Werk, d. h. 16,80 bis 23,— DM./1 m².

Großpflaster verlegen.

Reihenpflaster I. Sorte 12/18, 14/20, 16/16 in Sandbettung nach Schablone mit engen Fugen (4 mm) versetzen, mit Ramme mehrmals gehörig abrammen, einschlämmen und einsanden, einschließlich einbringen des Pflastersandes[2] (etwa 10 cm), sowie einschließlich Heranschaffen (Nahtransport bis 30 m) und Aussuchen der Pflastersteine kostet ohne Liefern der Baustoffe
an *Lohnaufwand je 1 m²* . . . . *0,7 Stpf. + 0,5 St.*

Desgleichen wie vor Reihenpflaster 10/16 versetzen
je 1 m² . . . . *0,8 Stpf. + 0,5 St.*

Desgleichen wie vor Mansfelderpflaster 16/16 cm 12 cm stark
je 1 m² . . . . *0,7 Stpf. + 0,5 St.*

Desgleichen wie vor Mansfelderpflaster 16/16 cm 16 cm stark
je 1 m² . . . . *0,8 Stpf. + 0,6 St.*

Großpflaster aufbrechen.

Reihenpflaster aufbrechen und Steine seitlich aufstapeln bzw. nach brauchbaren und unbrauchbaren sortieren für 1 m² . . . . 0,25 St.

Desgleichen wie vor mit Förderung bis auf 1000 m Entfernung abfahren einschließlich Auf- und Abladen je 1 m² . . . . . . 0,5 St.

Reihenpflaster 13/20 aufbrechen, Steine reinigen, Kiesbett einebnen, Pflaster wiederherstellen, einschlämmen und rammen
je 1 m² . . . . 0,7 Stpf. + 0,8 St.

Desgleichen wie vor in der Gleiszone während des Straßenbahnbetriebes herstellen je 1 m² . . . . 0,85 Stpf. + 0,9 St.

Beispiel 21. Kosten einer Pflasterbahn aus Reihenpflastersteinen 15/18 cm, Stpf. = 2,20 DM., St. = 1,70 DM.

	Materialkosten DM.	Arbeitslohn DM.
a) *Einebnen* der Auf- und Abträge für 1 m² = 0,3 St. = 0,3 · 1,70		0,51
b) *Reihenpflastersteine*, Ankauf und Transport für 1 m² frei Verwendungsstelle.	25,—	
c) *Sand*[3], Ankauf und Transport für 1 m³ = 12,— DM. Bei i. M. 12 cm Sand für 1 m² = 0,12 m³ · 12,— = 1,44 DM. .	1,44	
d) *Sand einbringen* für 1 m² 0,1 St. = 0,1 · 1,70 DM. . . .		0,17
e) *Reihenpflaster* herstellen und abrammen (siehe oben) für 1 m² = 0,7 Stpf. + 0,5 St. = 0,7 · 2,2 + 0,5 · 1,70. . .		2,39
f) Zuschläge (ohne Gewinn) 60% vom Lohn		1,83
+ 10% vom Material	2,66	
Insgesamt	29,10 +	4,90

[1] *Großpflaster in Granit* I. Kl., blau, hatte in Bayern Frühjahr 1954 einen Preis von *610,— DM. je 10 t ab Werk.*

[2] Am besten $^2/_3$ Brechsand, $^1/_3$ Grubensand.

[3] Vorwiegend Brechsand.

Selbstkosten je 1 m² = 34,— DM.
Angebotspreis je 1 m² (+ 6% Gewinn und Wagnis) *36,— DM.*
Mit *Packlageunterbau*[1] nach S. 183, Beispiel 20.
9,— + 36,— = *45,— DM./1 m².*

Bemerkung: Man wird es in diesem Falle vorziehen, eine Betonunterlage (siehe d) unten) 18 bis 20 cm stark mit 200 kg Zement/1 m³ fertigen Beton als Unterbau auszuführen (fugenlos oder nur mit Preßfugen).

Verguß von Großpflaster mit Traß-Zementmörtel oder Asphalt.

Zementverguß herstellen, Mörtel bereiten, eingießen, nachgießen einschließlich aller Nebenarbeiten kostet je 1 m²
an Löhnen . . . . 0,35 Stpf. + 0,3 St.
an Material . . . . 5 l Mörtel

Asphaltkittverguß für Fugen herstellen, die Fugen reinigen (ausblasen mit Kompressor), Pflastersteine nachrichten ohne Kiesausfüllung für 1 m²
an Lohn . . . . 0,40 Stpf. + 0,40 St.
an Material . . . . 8 bis 10 kg Vergußmasse

Desgleichen mit Kiesausfüllung[2] für 1 m²
an Lohn . . . . 0,45 Stpf. + 0,45 St.
an Material . . . . 5 kg Vergußmasse

Asphaltfugenverguß für Großpflaster kostet[3] mit 1 Stas. = 1,80 DM.
für 1 m² . . . . *4,— bis 4,80 DM.*

Holzpflaster.

Holzpflaster für Fahrbahn fachgemäß herstellen kostet an Lohn je 1 m² . . . . 0,8 Stpf. + 0,4 St.

Betonunterlage für Holzpflaster in etwa 20 cm Stärke mit Fertigern herstellen und einbringen ohne Lieferung der Baustoffe und ohne Gerätekosten erfordert an Löhnen je 1 m² . . . . 0,5 St_{masch} + 1,0 St.

d) Pflasterunterbau (für Groß- und Kleinpflaster).

1. Packlage mit Steinschlagbahn siehe S. 182f.
2. Betonunterlage siehe Betondecken S. 193f.

Betonunterlage mit 200 kg Zement P. Z. 225 je 1 m³ fertigem Beton einschichtig ohne Eisenbewehrung mit Verteilerwagen oder von Hand einbringen und mit Rüttelflaschen oder Rüttelbohlen verdichten, einschließlich Anlage von Längsfugen (Preßfugen oder Scheinfugen) und Querfugen (Raumfugen alle 8 bis 10 m). Der *Lohnaufwand* ohne Einrichtungskosten und Gerätekosten (und ohne Lieferung der Baustoffe) beträgt bei 20 cm Stärke je 1 m² . . . . . . 0,5 St_{masch} + 1,2 St.

---

[1] Ohne Grobschotterlage, nur mit Feinschotter- und Splittausgleich.
[2] Besser Feinsplitt und Brechsand.
[3] Frühjahr 1954.

e) Kleinpflaster (und Mosaikpflaster).

Abmessungen und Gewichte von Kleinpflaster.

Abmessungen in cm	10 t = m² Pflaster			
	Basalt	Granit, Syenit	Porphyr, Quarzporphyr, Grauwacke, Kalkstein	Mansfelder Kupferschlacke
9/11 cm I. Kl.	44	45	46	—
9/11 cm II. Kl. (polygonal)	46	47	48	—
9,5/9,5/9	—	—	—	48
8/10 cm.	45	46	48	—
7/9 I. und II. Kl.. . . .	—	53	55	—
5/7 I. und II. Kl.. . . .	75	77	80	—
Mosaik 4/6 I. und II. Kl.	80	82	85	—
Mosaik 3/5 I. und II. Kl.	90	92	95	—

Mittlerer Stundenlohn bei Pflasterarbeiten.

Man kann folgendes Verhältnis annehmen:
Für Groß- und Kleinpflaster 2 Pflasterer, 1 Rammer, 1 Tiefbauarbeiter.
Für Mosaikpflaster . . . . 4 Pflasterer, 1 Rammer, 2 Tiefbauarbeiter.

Kleinpflasterpreise. Die Preise[1] für Kleinpflaster 9/11 bis 7/9 cm ab Werk bewegen sich je nach Gesteinsart, Abmessungen und Sortierung (I. und II. Sorte) *zwischen 400,— und 510,— DM. je 10 t* ab Werk, d. h. *9,— bis 11,50 DM. je 1 m²*.

Mosaikpflaster 5/7 cm kostet 10 t (= 75 m²) ab Werk etwa 560,—DM.
Mosaikpflaster 3/5 cm kostet 10 t (= 100 m²) ab Werk etwa 630,—DM.

Kleinpflaster setzen.

Kleinpflaster aus Naturstein 8/10 (9/11) cm oder Mansfelder Schlackensteine 9,5/9,5/9 cm auf vorhandenem Unterbau (Packlage oder Beton) nach Schablone in einer mindestens 3 cm starken Sand- oder Steinsandbettung als *Reihenpflaster* fachgemäß in engen Fugen versetzen, einfegen bzw. einschlemmen, absanden und abrammen einschließlich Nahtransporte der Pflastersteine (bis 30 m) kostet an *Lohnaufwand* (einschließlich einbringen des Pflastersandes) ohne Baustofflieferung
je 1 m² . . . . 0,7 Stpf. + 0,4 St.
Desgleichen in Bogenreihen je 1 m² . . . . . . 0,8 Stpf. + 0,3 St.
Sandbedarf (²/₃ Brechsand + ¹/₃ Grubensand): 0,08 m³.

Gehwegkleinpflaster 4/6 cm sonst wie vor herstellen, Materialien heranschaffen, Unterbettung herrichten, einschlämmen und abrammen an *Löhnen je 1 m²* . . . . 0,8 Stpf. + 0,6 St.

Gehwegkleinpflaster 3/5 cm, sonst wie vor je 1 m². 1,0 Stpf. + 0,8 St.

Sandbedarf: 0,05 m³.

---

[1] Frühjahr 1954 in Süddeutschland. *Kleinsteinpflaster I. Kl. blau,* Autobahnformat 9/11 cm, kostete in Bayern 10 t (= 45 m²) 510,— DM. ab Werk.

Kleinpflaster aufbrechen.

Altes Kleinpflaster aufbrechen und Material beiseite setzen für 1 m² . . . . 0,15 St.

Altes Kleinpflaster aufbrechen, sortieren nach brauchbaren und unbrauchbaren Steinen und auf Fahrzeuge laden für 1 m² . . . . 0,15 Stpf. + 0,2 St.

Beispiel 22. Der Einheitspreis für eine Kleinpflasterdecke auf einer Brückenfahrbahn für 2500 m² Pflasterfläche ist zu ermitteln (Segmentpflasterung). Die Steine sind rechts und links der 300 m langen Brücke gelagert. Den Sand hat der Unternehmer zu beschaffen. 1 Stpf. = 2,20 DM. 1 St. = 1,65 DM. (ohne Auslösungen).

Lohnaufwand je 1 m²:

Pflastern und Rammen = 0,52 + 0,16 = 0,68 ≈ 0,7 Stpf.;
Steine aufladen und transportieren 0,07 + 0,20 . . . . . . 0,27 St.
Sand einbringen und übersanden 0,08 m³ × 2,8 . . . . . . 0,23 St.
0,50 St.

Auslösungen und Fahrkosten für 5 Mann insgesamt 1000,— DM. oder 1000/2500 = 0,40 DM. + 10% = rd. 0,44 DM.

Zusammenstellung.

Löhne:	0,7 Stpf. × 2,20	1,54 DM.
	0,5 St. × 1,70	0,85 ,,
	Auslösung usw.	0,44 ,,
Material:	0,08 m³ Sand zu 10,— DM.	0,80 ,,
Geschäftskosten und Gewinn:		
	10% von 0,80 DM.	0,08 ,,
	60% von 2,39 DM.	1,44 ,,
Angebotspreis je 1 m²	. . . .	*5,15 DM.*

Verguß von Kleinpflaster mit Asphalt.

Fugenverguß von Kleinpflaster 10/10 cm kostet an

a) Material . . . . *9 bis 10 kg/1 m²* Vergußmasse
b) Löhne (einschließlich Gerätekosten) . . . . *1 St/1 m²*

Die Lohnkosten erfassen folgende Leistungen: Ausblasen der Fugen mit dem Kompressor und Vergießen von Hand. Einschließlich aller Zuschläge und Gewinn kann man bei St_{mi} = 1,80 DM. mit einem Preis für b) von *2,90 DM. bis 3,10 DM./1 m²* rechnen.

Fugenverguß von Kleinpflaster mit Asphaltvergußmasse kostet[1] bei 1 Stas = 2,10 DM., 1 St. = 1,65 DM. einschließlich Material, Lohn und Geräte *je 1 m²* . . . . *5,50 bis 6,— DM.*

Kosten von Pflasterstraßen mit Beton- oder Packlageunterbau[1].

Großpflaster mit Traßzementmörtelverguß kostet für 1 m² . . . . *45,— bis 48,— DM.*

Großpflaster mit Asphaltverguß kostet für 1 m² *47,— bis 50,— DM.*

[1] Frühjahr 1954 in Süddeutschland mit den vorstehend genannten Materialpreisen und folgenden Löhnen: 1 Stpf. = 2,10 DM., 1 St. = 1,65 DM. Betonunterbau 15 cm bis 20 cm stark, 200 kg Zement/1 m³ Beton.

Kleinpflaster in Hartgestein für 1 m² ohne Verguß 28,— bis 30,— DM.
mit Traßzementmörtelverguß . . . . 30,— bis 35,— DM.
mit Asphaltverguß . . . . 33,— bis 38,— DM.

6. Randsteine (Bordsteine) und Rinnenpflaster.

Randsteine (Hochbordsteine) ohne Untermauerung aufnehmen und seitwärts aussetzen für 1 lfd. m . . . . 0,20 Stpf.

Desgleichen wie vorher. Dazu aufladen der Bordsteine auf Fahrzeuge . . . . 0,20 Stpf. + 0,10 St.

Randsteine (Hochbordsteine) auf Beton abbrechen und seitwärts setzen für 1 lfd. m . . . . 0,3 Stpf.

Randsteine (Hochbordsteine) bis auf 100 m zur Verwendungsstelle zu schaffen, auf Kiesunterlage zu versetzen, zu unterstopfen einschließlich Kieseinbringen (jedoch ohne Nacharbeiten von Stoßfugen) für 1 lfd. m

a) bei kleinen Steinabmessungen (etwa 12/25 cm) 0,30 Stpf. + 0,30 St.
b) ,, mittelgroßen ,, ... 0,40 Stpf. + 0,30 St.
c) ,, großen ,, (etwa 30/40 cm) 0,60 Stpf. + 0,50 St.

Randsteine[1] (Hochbordsteine) auf Betonunterlage, sonst wie vorher je nach den Abmessungen der Steine
für 1 lfd. m . . . . 0,4 Stpf. + 0,3 St. bis 0,6 Stpf. + 0,5 St.

Betonunterlage für Bordsteine etwa 30 bis 40 cm Breite und 20 bis 25 cm Höhe erfordert:

Für 1 lfd. m = 0,10 m³ Betonmischung 1 : 3 : 5 oder
Zement . . . . 30 kg
Sand 0/7 . . . . 0,08 m³
Kies oder Klarschlag 7/30 . . . . 0,07 m³
Arbeitslohn je lfd. m . . . . 0,6 Stm. + 0,5 St.

Untermauerung der Bordsteine mit Ziegelmauerwerk in Zementmörtel aus 3 (bis 4) Schichten 1½ Stein stark für den lfd. m

Ziegel . . . . 36 Stück
Zementmörtel . . . . 25 l
Arbeitslohn . . . . 0,7 Stm. + 0,7 St.

Randsteine (Hochbordsteine 12/25 cm) umsetzen, d. h. aufheben, beiseite setzen und später wieder versetzen

bei Kiesunterlage für 1 lfd. m . . . . 0,45 Stpf. + 0,40 St.
bei Betonunterlage für 1 lfd. m . . . . 0,50 Stpf. + 0,50 St.

Randsteinfugen ausgießen, die Fugen mit Wasser ausspülen, Zementmörtel herstellen und eingießen für 1 lfd. m . 0,15 Stpf. + 0,15 St.

Tiefbordsteine 12/30 cm aufnehmen und seitlich aussetzen
für 1 lfd. m . . . . 0,10 Stpf.

---

[1] Etwa *15/17/30 cm gestockt* (Längen ab 0,8 m) 10 t = 80 lfd. m kosten Frühjahr 1954 ab Werk blau 15,50 DM./1 lfd. m.

Tiefbordsteine 12/30 cm in Splitt setzen, mit Steinschlag und Splitt hinterfüllen, feststampfen und einschlämmen für 1 lfd. m . . 0,50 Stpf.

Desgl. in 15 cm starkem Betonbett versetzen für 1 lfd. m . . 1,0 Stpf.

Herstellen[1] und Verlegen von *Bordsteinen aus Beton* M. V. 1 : 2 : 3 15/20/60 cm einschließlich aller Nebenarbeiten für 1 lfd. m
1,0 Stm. + 1,5 St.

7. *Befestigung von Fußwegen, Bürgersteigen und Radfahrwegen.*

a) Kieswege.

Vorarbeiten für einen *Bürgersteig, Radfahrweg* oder *Fußweg*: Bis zu 5 cm Abtrag, annässen und abwalzen oder abstampfen und 2 cm stark mit Sand abdecken kostet an Löhnen für 1 m² . . . . . . 0,2 St.

Desgleichen wie vorher, jedoch bis 8 cm Abtrag für 1 m² . . 0,25 St.

Auf *Fußwegen* Gras entfernen, harken und neu besanden kostet an Lohn je 1 m² . . . . 0,15 St.

Kiesfußwege oder *Radfahrwege* etwa 5 cm tief aufrauhen, Unkraut entfernen, einebnen und eine Deckschicht von 3 cm aus Lehm und gesiebter Kesselasche aufbringen, einschlämmen, festwalzen und die Flächen absanden kostet
an *Lohn* je 1 m² . . . . 0,35 St.
an *Baustoffen* z. B. je 1 m² . . . . 0,04 m³ (Lehm + Kesselasche).

Kiesfußwege aufbrechen (bis 15 cm Stärke), Materialien in meßbare Haufen setzen oder aufladen für 1 m³ . . . . 2,00 St.

Fußwegflächen mit Sand überdecken und mit Handwalzen walzen für 1 m² . . . . 0,10 St.

Pflasterkante aufbrechen, Materialien seitwärts aufsetzen oder aufladen für 1 lfd. m . . . . 0,10 St.

Pflasterkante fertig versetzen einschließlich Erdarbeiten für 1 lfd. m . . . . 0,14 Stpf. + 0,14 St.

b) Fußwegpflaster (Bürgersteige).

Gehwegkleinpflaster 7/9 cm siehe unter „Kleinpflaster“ S. 188. Verlegen in Anlehnung an S. 188.

Gehwegkleinpflaster 4/6 und 3/5 cm (Mosaikpflaster) siehe S. 188. Mosaikartig verlegen siehe S. 192.

Fußwegpflaster oder Mosaikpflaster aufbrechen, die Steine seitwärts aufsetzen für 1 m² . . . . 0,2 St.

---

[1] Am besten auf dem Rütteltisch.

Fußwegpflaster 7/9 cm umlegen, d. h. Pflaster aufbrechen, Bettung herrichten, Neupflastern und Abrammen für 1 m² . 0,8 Stpf. + 0,6 St.

Mosaikpflaster (einfarbig) aus 4 bis 5 cm großen Steinen herstellen, Materialien heranschaffen, Unterbettung herrichten, Einschlemmen und Rammen für 1 m² . . . . 1,0 Stpf. + 0,8 St.

Mosaikpflaster aus 4 bis 5 cm großen Steinen umlegen für 1 m² . . . . 1,0 Stpf. + 0,8 St.

c) Plattenbeläge von Bürgersteigen.

Plattenbelag von Bürgersteigen (Betonplatten, Kunststeinplatten, Basaltin- oder Zechitplatten u. dgl.) *12/12 cm,* 3 bis 4 cm stark in Sand verlegen einschließlich Nahtransporte bis 50 m und Einbringen der Sandbettung von 10 cm kostet an Löhnen je 1 m² . 0,6 Stm. + 0,5 St.

Plattenbelag wie vorher *10/10 cm* . . . . . . 0,7 Stm. + 0,5 St.

Plattenbelag von Bürgersteigen mit Kunststeinplatten oder Granitplatten 30/30 bis 40/40 cm, 4 bis 6 cm stark in schwachem Kalkmörtel 1 : 6 auf feste Unterlage (Kies- oder Aschebett, Betonunterlage) rechtwinklig oder diagonal verlegen und mit schwachem Kalkmörtel 1 : 6 ausfugen (desgleichen über Kabelkanälen auf Brücken verlegen) kostet

an *Lohn für 1 m²* . . . . 1,0 Stm. + 0,5 St.
an *Material,* z. B. Platten 1,1 m² frei Baustelle[1] je 1 m² . . . DM.
30 l Kalkmörtel 1 : 6

Plattenbelag mit Solenhofer Platten 4 bis 8 cm stark in Kalkmörtel verlegen und verfugen kostet

an *Lohn für 1 m²* . . . . 1,5 Stpf. + 1,0 St.
an *Material* 1,1 m² Platten + 50 l Kalkmörtel 1 : 6 (oder Kalk-Zementmörtel).

d) Gußasphaltbeläge von Bürgersteigen.

Gußasphaltbelag auf Bürgersteigen (oder als Randstreifen für Betonfahrbahnen) auf Betonunterlage *2 cm stark* in einer Lage herstellen mit Rührwerken (leistungsfähige Aufbereitungsanlage) und motorisierten Asphaltwagen (große Massen!) kostet je 1 m²

an *Löhnen* . . . . 0,3 Stas. + 0,3 St.

an *Baustoffen* . . 8 kg Kalkmehl 0 bis 0,06 mm
16 kg Sand 0,3 mm
12 kg Hartsteinedelsplitt 5/8 mm
3,5 kg Bitumen

an *Betriebsstoffen* . 1,5 kg Kohle + 0,5 kg Treiböl

an *Gerätekosten* (Nachweis) 0,30 bis 0,50 DM./1 m².

---

[1] Jeweils gültige Materialpreise sind einzusetzen.

Gußasphaltbelag wie vorher *3 cm stark* an *Lohn* je 1 m² . . . . 0,4 Stas. + 0,3 St.

Baustoffe, Betriebsstoffe und Gerätekosten wie vor × 1,5.

Der *mittlere Stundenlohn* für Gußasphaltarbeiten läßt sich etwa aus folgender Zusammensetzung der Belegschaft ermitteln. Bei Errechnung sind die Kosten für die Auslösungen der Facharbeiter (Stammarbeiter), Schmutzzulage, Überstunden, Sonntagsstunden usw. zu berücksichtigen:

Aufbereitungsanlage:	1	Maschinist,
	2	Facharbeiter (Kocher),
	4	Tiefbauarbeiter,
Transport:	2	Fahrer (Masch. II. Kl.),
Einbaustelle:	1	Polier,
(und allgemeine Arbeiten)	4	Asphaltfacharbeiter,
	8	Tiefbauarbeiter,
	22	Mann.

Leistung in 10 h: etwa 300 m² 3 cm st. = 9 m³ = 22 t.

Gußasphaltbelag wie vor 2 cm stark in einer Lage mit Stehöfen herstellen (kleine Massen) *an Lohn je 1 m²* . . . . 0,8 Stas. + 0,6 St.

Desgleichen wie vorher 3 cm stark *an Lohn je 1 m²* 1,0 Stas. + 0,8 St.

Asphaltbelag 3 bis 5 cm stark aufbrechen *an Lohn für 1 m²* 0,3 St.

e) Betonunterlage für Bürgersteigbefestigung.

(Plattenbelag oder Gußasphalt.)

Betonunterlage für Bürgersteige 1 : 8 in 10 cm Stärke herstellen einschließlich aller Nebenarbeiten (ohne Baustelleneinrichtung) kostet

an *Lohn je 1 m²* . . . . 0,4 Stm. + 0,6 St.

an *Baustoffen* . . 27 kg Zement, 0,06 m³ Sand 0/7, 0,07 m³ Kies 7/30,

an *Betriebsstoffen* . . . . 1 × 0,10 = 0,1 kW/1 m²
(s. Verbrauch von Betonmaschinen S. 46),

an *Gerätekosten* etwa . . . . 0,20 DM./m² (2,— DM./m³).

Neuzeitliche Straßenbefestigungen.

I. Betondecken. Allgemeines.

Es ist im folgenden vorwiegend mit der Herstellung großer Fahrbahndeckenlose von 5 bis 15 km Länge gerechnet (Autostraßen mit 2 Richtungsfahrbahnen von je 7,5 m Breite, Bundesstraßen und Zubringerstraßen von 7 bis 10 m Breite). Die Herstellung soll von einem leistungsfähigen Umschlagbahnhof oder einer Umschlagstelle aus und unter Berücksichtigung der neuesten Erfahrungen mit Flaschenrüttelaggregaten und Hochfrequenzfertigern bei sorgfältigster Nachbehandlung (Sonnendächer, Sprengwagen usw.) und Fugenherstellung (Querfugen alle 10 bis 15 m) erfolgen.

Die *Kalkulation* muß an Hand eines *graphischen Betriebsprogramms* in Anlehnung an den *Grundplan der Selbstkostenrechnung* durchgeführt werden und gliedert sich wie folgt:

A. Gerätekosten. Abschreibung + Verzinsung + Materialkosten der Geräteunterhaltung[1]:

In Tabellenform nach dem *Neuwert der Geräte* ermittelt. Je nach dem Umfang des Auftrags und der Aussicht auf öftere Verwendung der Geräte kann man diese Kosten überschlägig mit

0,80 bis 1,20 DM./1 m^2

ansetzen.

In nachstehender Zusammenstellung sind Angaben gemacht über *Geräte für den Betonstraßenbau*:

Geräte	Straßen-breite	Motor PS	Gewicht kg	Preis 1954 etwa DM.
Planumsfertiger mit Abgleich- und Stampfbohle (Dingler u. a.)	7,50 m	10	6500	22000,—
Rüttelflaschenaggregat mit 14 Flaschen	7,50 m	30	5000	*
Hochfrequenzschwingungsverdichter „Betonstraße" Vögele, Mannheim	7,50 m	22	7600	43000,—
Betonfahrbahnfertiger „Junior" (3000 bis 4500 Schwingungen/min)	3,75 m	8	1800	13300,—
Brückenmischer „Sonthofen" 1500-l-Zwangsmischer mit eingebautem Verteiler	7,50 m	60	22600*	*
Verteilerwagen 7,50 m Breite, 2000 bis 3000 l je nach Größe und Fabrikat	7,50 m	15 bis 25	8000 bis 10500	32000,— bis 47000,—
Arbeitszelte, fahrbar (Rohrkonstruktion) 20 m lang	7,50	—	4500	15000,—
Sonnenschutzdächer (Rohrdachbinder) 4 m lang	7,50	—	500	1500,—
Schalungsschienen (Krupp) 1 m	—	—	75	75,—

B. Kosten der Baustelleneinrichtung (und Abräumung, *einmalige* Kosten):

a) Kosten für *Hin- und Rücktransport* (vor allem *Fracht*) *der Geräte.*

b) Herstellung eines *Umschlagbahnhofs* bzw. einer *Umschlagstelle* zum Umschlagen von Zuschlagstoffen.

c) Herstellung einer *leistungsfähigen Förderbahn* (bzw. Herrichten einer Fahrstraße und Bereitstellung von LKWs) und einer *Wasserversorgung.*

d) Aufstellen der *Maschinen*[2]: Fertiger, Betonmischapparate, Verteiler, Greifer (Umschlagstelle).

---

[1] Die Lohnkosten der Geräteunterhaltung (etwa 0,1 St_{masch}/1 m^2) werden beim Lohnaufwand der Deckenbetonierung miterfaßt.

* Von der Lieferfirma zu erfragen. Gewicht des Mischers mit Kippmuldenaufzug, mit Lorenaufzug 20200 kg.

[2] Ohne die Kosten für Herstellung eines *Umschlagbahnhofes* (für Zuschlagstoffe) bzw. einer *Umschlagstelle* (bei LKW-Transport der Zuschlagstoffe) und ohne die Kosten für *Arbeiterunterkünfte.* Preis- und Lohnverhältnisse Frühjahr 1954.

e) Aufstellen der erforderlichen Baubüros, Untertreträume, Magazine, Lagerschuppen (Zementschuppen für 10000 bis 15000 Sack), Tiefbunker, Zementsilo, Hochbunker, Stromanschluß für Licht und Kraft (desgleichen Wiederabbrechen).

f) Wenn erforderlich, besondere *Arbeiterunterkünfte* (s. S. 37).

Mangels besonderer Ermittlungen, die sich aber bei der Kalkulation stets empfehlen (Entfernung des Gleisanschlusses von Losmitte usw.), kann man die *Einrichtungskosten E* (in DM.)[1] von Fahrbahndeckenlosen für F m^2 Fahrbahndecken überschlägig, wie folgt, ermitteln:

Mit 1 Facharbeiterstunde = 2,10 DM., 1 Tiefbauarbeiterstunde = 1,80 DM. 1 St_{mi} = 2,— DM. (ohne Zuschläge)

I. Bundesstraßen und einbahnige Autobahnen 7,0 bis 9,0 m Breite
mit Gleisbetrieb E = 30000 + 0,5 F (DM.)
mit LKW-Betrieb E = 20000 + 0,3 F (DM.)

II. Autobahnen (Richtungsfahrbahnen 2×7,50 m + Bankette)
mit Gleisbetrieb E = 40000 + F (DM.)
mit LKW-Betrieb E = 30000 + 0,6 F (DM.)

Die Kosten der *Baustelleneinrichtung* sind jedoch zweckmäßig für jeden einzelnen Fall nach den örtlichen Verhältnissen und nach dem beabsichtigten *Geräteeinsatz* an Hand des *Baustelleneinrichtungsplans* zu ermitteln.

Einzelarbeiten der Baustelleneinrichtung bei Betondeckenlosen (Aufstellen und Abbrechen).

1. Aufstellen und Abbrechen von Zementschuppen in Holz, Baubuden, Werkstätten und dgl. . . . . 5 Stz/1 m^2 Grundfläche.

2. Gleislegen und Wiederabbrechen 60 cm Spur (2,5×Loslänge) . . . . 1,2 St_{mi}/1 lfd. m.

3. Wasserleitung legen und wiederaufnehmen . . . 0,5 St_{mi}/1 lfd. m.

4. Baumaschinen (Greifer, Fertiger, Betonmischaggregate, Arbeitsbühnen, Zelte, Silos für Zuschlagstoffe und Zement), Abladen und Aufstellen (bzw. später Abbrechen und Verladen) . . . . . 40 St_{masch}/1 t

5. Anlage eines leistungsfähigen *Umschlagebahnhofs* mit Tiefbunkern für die Zuschlagstoffe (je nach örtlichen Verhältnissen zu veranschlagen) bzw.

6. Anlage eines betonierten *Umschlag- und Lagerplatzes für Zuschlagstoffe* (teils evtl. auch Bohlenbelag) mit Trennwänden 3000 bis 6000 m^2. Anlegen und Wiederabbrechen (ohne evtl. Mutterbodenarbeiten) je 1 m^2 . . . . etwa 7,— DM.[2]

C. Bauausführungslöhne: Herstellung der Fahrbahndecken mit Abladen der Baustoffe aus den Eisenbahnwagen bzw. Lagern und Umschlagen an einer Umschlagstelle in Hochsilos) einschließlich evtl. Vorratslagerung und „allgemeine Arbeiten", aber ausschließlich der Einrichtungslöhne.

---

[1] Siehe Fußnote 2, S. 194.

[2] Bei einem mittleren Stundenlohn St_{mi} = 2,— DM.

Vorbemerkung.

Entscheidend für den *Lohnaufwand und Betriebsstoffverbrauch von Betondeckenarbeiten* ist nicht nur der Umfang der Arbeiten — längere zusammenhängende Betondeckenlose, für welche sich eine leistungsfähige Baustelleneinrichtung mit maschinellem Umschlag der Bindemittel und Zuschlagstoffe, sowie auch der Einsatz leistungsfähiger Mischmaschinen, Verteilergeräte und Fertiger lohnt — und die durch die Linienführung bedingten Schwierigkeiten, wie starke *Krümmungen und Steigungen*, sondern auch die *Art der Deckenherstellung*. Diese hat sich in den vergangenen Jahren gewandelt. Verzichtet man auf Raumfugen alter oder neuer Bauart (einschl. Wielandfugen) mit all ihren technischen Nachteilen und schneidet man die Fugen mit *Fugenschneidmaschinen* (siehe Abb. 52) vermittels Karborundscheiben von

Abb. 52. Fugenschneidmaschine.

300 mm ∅ in den fertigen Beton ein, so kann man mit den Betonfertigern über die Fugen weg betonieren und damit eine Steigerung der täglichen Fertigerleistungen erzielen. Wesentlich günstiger wird der Arbeitsfortschritt, die Güte der Betondecke und die Wirtschaftlichkeit des Geräteeinsatzes, wenn man bei der *Herstellung der zweischichtigen Betondecken* (Oberbeton mit Hartgestein und Baustahlgewebeeinlage zwischen Ober- und Unterbeton) *Rüttelflaschenaggregate* auf Arbeitsbühnen montiert (siehe Abb. 53) zum Einsatz bringt, welche auch im sonstigen Stahlbetonbau Anwendung finden können. In Abb. 54 ist eine solche Rüttelflasche ∅ 75 mm mit eingebautem Erregermotor von 9000 Schwingungen/Min der Maschinenfabrik Wacker, Ingolstadt-München, dargestellt.

Im allgemeinen wird es vorteilhafter sein, die *Fahrbahndecke vorauszumachen* in ganzer Breite (also 7,50 m Breite bei Autobahnen und Fernstraßen oder halbseitig bei Bundesstraßen bzw. kleineren Deckenlosen) und die *Bankette* erst *hernach*. Die *halbseitige Herstellung von Betondecken* mit kleineren Fertigern oder nur mit Rüttelgeräten bringt wohl eine Ersparnis an Geräteeinsatz, aber auch einen *erhöhten Lohnaufwand*, besonders dann, wenn *statt der maschinellen Verteilung des Betons* (welcher hier meist „Transportbeton" sein wird) *mit Verteilerwagen die Betonverteilung von Hand* erfolgt. Scharfe Krümmungen erfordern z. B. außer den Schalungsschienen eine zusätzliche Holzschalung. Auch das Arbeiten mit den Fertigern in starken Krümmungen und Steigungen gestaltet sich wesentlich schwieriger.

Abb. 53. Rüttelflaschenaggregat (Wacker-Flaschen).

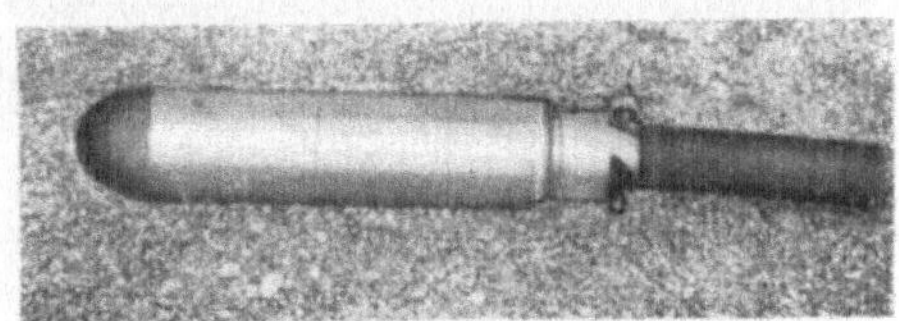

Abb. 54. Rüttelflasche 75 mm.

Bei kleineren Straßenbreiten, halbseitigem Arbeiten (wegen Aufrechterhaltung des Verkehrs), kleineren Betondeckenausbesserungen und bei Bankettbeton wird man heute zweckmäßig mit 2 bis 4 Rüttelflaschen (je

Abb. 55. Bankettbetonierung mit Rüttelflaschen ∅ 75 mm (Wacker K.G., Ingolstadt) und Rüttelplatten.

nach dem erwünschten Arbeitsfortschritt), bei Fahrbahndecken in der Querrichtung (Querabstand der Flaschen 50 bis 60 cm) oder bei Längsbanketten in der Längsrichtung, verdichten (siehe Abb. 55, wo die Bankettbetonierung mit Rüttelflaschen und Vibratorplatte dargestellt ist).

Abb. 56. 7,50-m-ABG-Fertiger (mit Abstreifwalzen, Mittelfrequenzbohle und Glättbohle, 5,5 t Gewicht).

Abb. 57. Zwischensilos mit automatischen Waagen.

Man kann bei Autobahn- und Bundesstraßenneubauten im *ganzseitigen Einbau*, beim Einsatz von 1500 l Betonmischaggregaten mit Betonverteiler, Rüttelflaschenaggregat für den Unterbeton auf ganze Breite und 7,50-m-Fertiger für Oberbeton (siehe Abb. 56), für ein komplettes Aggregat mit Stundenleistungen von 100 bis 120 m², d. h. also i. M. 110 m² Betondecke/Stunde rechnen, bei einer Durchschnittsbelegschaft von etwa 100 Mann.

Bei *halbseitigem Einbau* mit kleinen Fertigern (3,0 bis 4,0 m Breite) und Handverteilung wird man mit 50 bis 60 m², also i. M. 55 m² Betondecke/Stunde bei einer Belegschaft von etwa 70 Mann rechnen können.

Bei kleineren Breiten (Bankettbeton u. dgl.) *ohne Fertigereinsatz*, bei Verwendung von Flaschenrüttlern, Plattenrüttlern und Schienen zum Abziehen des von Hand verteilten Betons, wird man mit Leistungen von i. M. 20 bis 25 m²/Stunde bei einer Belegschaft von etwa 40 Mann rechnen können.

Abb. 58. Zementsilo.

Zur Erzielung guter Leistungen sind *leistungsfähige Umschlagplätze* notwendig (Autoumschlag oder Gleisumschlag über Umschlagbahnhof, was heute seltener vorkommt), über welche die Zuschlagstoffe mit Raupenbaggern in *Zwischensilos mit automatischen Waagen* geladen und über Förderbänder in die Übergabesilos transportiert werden (siehe Abb. 57 und Abb. 58). Auch der *Transport des Zementes in Kesselwagen* gegenüber Sackzement wird sich im allgemeinen günstig auswirken, besonders wenn dadurch die Aufstellung großer Zementschuppen vermieden werden kann. Ob Gleisförderung oder Lastwagentransport günstiger ist, muß in jedem Einzelfall untersucht werden. Beim Wagentransport und bei Transportbeton, d. h. bei Beförderung des fertigen Betons in Lastkraftwagen, sollten keine Betonmischmaschinen unter 1000 l für Unterbeton und unter 750 l für Oberbeton bzw. Bankette verwendet werden.

Angaben über Lohnaufwand für Teilleistungen des Betonfahrbahndeckenbaues.

(Lose nicht unter 50000 m².)

Planum herstellen im Anschluß an die Erdarbeiten mit Ausgleich von Höhenunterschieden bis ± 5 cm, nach Angabe überschüssigen Boden bis 2 km wegschaffen und fehlende Sandmassen aus einer Entfernung bis 2 km heranholen. Das Planum ist zu bewässern, vorzuverdichten (mit Frosch oder Walze) und mit *Planumsfertiger* auf die planmäßige Höhe zu verdichten

je 1 m² . . . . 0,20 St.
wie vor, jedoch ± 10 cm Höhenunterschied je 1 m² . . . . 0,40 St.
wie vor, jedoch ± 2 cm Höhenunterschied je 1 m² . . . . 0,08 St.

Dazu kommen die *Kosten des Sandes* frei Verwendungsstelle, während die Betriebsstoffkosten (0,01 bis 0,02 DM./1 m²) am besten beim Betriebsstoffverbrauch für die Betondecke miterfaßt werden. Abb. 59 zeigt einen *Planumsfertiger* (Fabr. Dingler) bei der Arbeit. Bei kleineren Arbeiten und Verwendung von Plattenrüttlern muß man je 1 m² rechnen: 0,2 St. an Lohn und 0,1 kg Dieselöl.

Abb. 59. Planumsfertiger.

Zähes Unterlagspapier von mindestens 150 g/m² Gewicht und einem Berstdruck von min 0,2 at feucht und 0,5 at trocken auf das abgeglichene, verdichtete Planum 5 cm überlappt in der Längsrichtung verlegen je 1 m²

an *Lohn* . . . . 0,01 St.
an *Baustoff* (1,2 m²) . . . . 0,18 bis 0,20 DM.

Baustahlgewebematten als Bewehrung zwischen Unter- und Oberbeton (2,05 kg/m²) abladen, lagern, zur Einbaustelle beifahren, zuschneiden und verlegen *je 1 m² an Lohn* . . . . $0{,}06\ St_{mi}$
an Material (einschl. Flechtdraht) mit Überdeckung . . . . 1,1 m²

Betondeckenherstellung.

Betondecke 22 cm stark 2schichtig einbringen (5 bis 7 cm Oberbeton) einschließlich Seitenschalung und Verlegen der Schienenträger für die Laufschienen der Betonmischanlagen und Fertiger, bei Verwendung von 3 verschiedenen Körnungen der Zuschlagstoffe 0/7, 7/15, 15/40 mm, einschließlich Abladen der Zuschlagstoffe (aus Eisenbahnwagen in Bunker), Wiegen, Transport zur Baustelle, Mischen des Betons in 1000 bis 1500 l-Maschinen, mechanisch verteilen und verdichten mit Hochfrequenz oder Mittelfrequenzfertigern, Nachbehandlung des Betons

(180 m Sonnendächer und Sprengwagen) einschließlich aller Neben- und Nacharbeiten und allgemeinen Arbeiten (Magazin, Wächter, Reparatur usw.) aber *ohne* Fugenherstellung und Fugen vergießen *je 1 m²* an *Lohn* . . . . *0,6 St_{masch} + 0,9 St.*

Desgleichen wie vorher *Betondecke 25 cm stark* kostet an *Lohn je 1 m²* . . . . *0,7 St_{masch} + 1,0 St.*

Um nun den verschiedenen *Herstellungsarten* (s. Vorbemerkung), der halbseitigen Deckenbetonierung und der Bankettbetonierung Rechnung zu tragen, folgt eine Übersicht über den *Lohnaufwand* bei Deckenbetonierungen.

Abb. 60. Autobahndeckenbetonierung (7,50 m Breite). Von links nach rechts: Zelt, Fertiger für Oberbeton, 1500-l-Betonmischaggregat mit Verteiler für Oberbeton, Flaschenrüttelaggregat für Unterbeton.

1. Ganzseitiges Betonieren in 7,50 m Fahrbahnbreite.

a) Mit Gleisbetrieb für Zuschlagstoffe, Deckenfertiger für Unterbeton und Oberbeton, mechanische Verteilung des Betons, Raumfugen von Hand

je nach Loslänge und Lage des Umschlagbahnhofs

*je 1 m² an Lohn**. . . . . 0,6 St_{masch} + 0,9 St. bis 0,7 St_{masch} + 1,0 St.

b) Mit Gleisbetrieb für Zuschlagstoffe, Flaschenrüttleraggregat für Unterbeton und Deckenfertiger für Oberbeton, mechanische Verteilung des Betons, in den Fertigerbeton eingeschnittene Fugen (siehe Abb. 60)

je nach Lage der Umschlagstelle und Loslänge

*je 1 m² an Lohn** . . . . 0,5 St_{masch} + 0,8 St. bis 0,6 St_{masch} + 1,0 St.

* Nicht enthalten in den obigen Lohnsätzen ist der Sandausgleich zum Herstellen des Planums, Papierverlegen und das Baustahlgewebeverlegen (siehe die vorhergehenden Ordnungszahlen). Ebenso sind *nicht* enthalten die *Einrichtungslöhne*, das Beifahren von Zuschlagstoffen und Bindemitteln zur Umschlagstelle (soweit erforderlich), *die Fugenherstellung* und die *Verdübelung*. Dagegen sind enthalten die Lohnaufwendungen für das Aufladen, Fördern der Zuschlagstoffe und Bindemittel von der Umschlagstelle zur Einbaustelle, welche je nach Entfernung und Transportart für Betondecken von 22 cm Stärke einen Lohnaufwand von *0,3 bis 0,5 St_{masch}* erfordern.

Bei kurzen Transportweiten (bis 3 km) von der Umschlagstelle zur Einbaustelle und guter Fahrstraße mit Ausweichmöglichkeiten, ebenso bei großen breiten Abmessungen (z. B. Startbahnen von Flugplätzen) kommt als Variante in Frage:

c) Wie vor, jedoch mit Transport der Zuschlagstoffe und Bindemittel mittels LKW zum Mischaggregat.

Je nach Loslänge und Beschaffenheit der Fahrstraße

*je 1 m² an Lohn** . . . . 0,5 St_{masch} + 0,7 St. bis 0,6 St_{masch} + 0,8 St.

dazu kommen zusätzlich 0,08 bis 0,12 LKW-Stunden (ohne Lohnanteil).

2. Halbseitiges Betonieren für 3,0 m bis 4,0 m Betonstreifen. Auch hier muß eine gut mechanisierte Baustelle vorausgesetzt werden:

Vorratslagerung an Zuschlagstoffen (5000 bis 8000 m³), Silos mit automatischen Wagen für 4 Sortierungen und Zement, mechanische Förderung auf Förderbänder zu Aufgabesilos und genügend große Betonmischmaschinen (1000 l bis 1500 l Inhalt). Man kann mit folgendem *Lohnaufwand* rechnen:

a) Bei Gleisbetrieb für Zuschlagstoffe, je 1 Fertiger für Unterbeton und 1 Fertiger für Oberbeton, mechanische Verteilung des Betons, Raumfugen und Scheinfugen von Hand hergestellt

je nach Lage der Umschlagstelle und Loslänge

je 1 m² an Lohn . . . . 0,7 St_{masch} + 1,1 St. bis 0,8 St_{masch} + 1,2 St.

b) Bei Gleisbetrieb für Zuschlagstoffe, Rüttelflaschen für Unterbeton, Fertiger für Oberbeton, mechanische Betonverteilung, eingeschnittene Fugen im fertigen Beton

je nach Lage der Umschlagstelle

je 1 m² an Lohn . . . . 0,6 St_{masch} + 1,0 St. bis 0,75 St_{masch} + 1,1 St.

c) Ohne Fertiger mit Rüttelflaschen für Unterbeton, Plattenrüttler für Oberbeton und Abziehen von Hand mit Schienen, bei Handverteilung und geschnittenen Fugen je nach Lage der Umschlagstelle und Umfang der Arbeiten

je 1 *m² an Lohn* . . . . 0,8 St_{masch} + 1,0 St. bis 0,9 St_{masch} + 1,3 St.

Dazu kommen für den Transport des Betons zur Einbaustelle 0,1 bis 0,2 LKW-Stunden.

1. **Bemerkung zu 2. a) und b):** Bei *Handverteilung des Betons* (was bei kleineren Aufträgen wirtschaftlicher sein kann) *erhöhen sich die oben angegebenen Werte* um 0,1 St_{masch} + 0,1 St.

Sofern *keine zusammenhängenden Betonierabschnitte* vorliegen und daher ein mehrfaches Umstellen der Geräte erforderlich ist, sind die obigen Werte entsprechend zu erhöhen.

2. **Bemerkung zu 2. a) und b):** Bei kurzen Transportweiten und guten Fahrstraßen mit Ausweichmöglichkeiten kann *LKW-Transport für Beton* („Transportbeton") in Frage kommen. In diesem Falle ermäßigen sich bei maschineller Verteilung des Betons an der Einbaustelle die obigen Sätze um 0,1 St_{masch} + 0,1 St., während sie bei Handverteilung günstigenfalls gleich bleiben. In beiden Fällen kommen je nach Transportentfernung *zusätzliche Transportkosten* von 0,08 bis 0,2 LKW-Stunden je 1 m² (ohne Lohnanteil) in Frage.

Abb. 61 zeigt einen 3,75-m-Fertiger (Fabrikat Dingler) beim Betonieren (Transportbeton und Handverteilung).

3. Betonbankette von 1,0 bis 2,25 m Breite. Voraussetzung für eine wirtschaftliche Herstellung der Bankette ist die Verwendung genügend großer Betonmaschinen (am besten Zwangsmischer) von mindestens 750 l, besser aber 1000 l Fassungsvermögen. Erfolgt die Herstellung mit Flaschenrüttlern für den Unterbeton, Plattenrüttler für den Oberbeton und durch Abziehen mit Schienen von Hand (siehe Abb. 55) und wird der Beton als *Transportbeton* eingebracht, so ergibt sich

---

* Siehe Fußnote *, Seite 201.

ohne Fugenherstellung (alle 5—6 m einfache Raumfugen mit 12 mm Bretteinlage, wobei 4 cm im erhärteten Beton später ausgestemmt und ausgegossen werden. Diese Leistungen sind in den folgenden Sätzen *nicht* enthalten),

folgender *Lohnaufwand:*

a) Beim Arbeiten mit der Decke voraus (im allgemeinen zweckmäßig), d. h. man fährt den Transportbeton auf der vorausbetonierten Fahrbahnhälfte

je 1 m² an Lohn . . . . 1,8 bis 2,0 St_{mi},
je nach Transportentfernung . . . . + 0,1 bis 0,15 LKW-Stunden.

b) Mit Banketten voraus betoniert (d. h. man fährt auf dem Planum, was einen entsprechenden Untergrund voraussetzt)

je 1 m² an Lohn . . . . 2,0 bis 2,2 St_{mi},
je nach Transportentfernung . . . . + 0,1 bis 0,2 LKW-Stunden.

Abb. 61. Halbseitiger (3,75 m) Dingler-Fertiger.

Bemerkung zu 1. bis 3.:

Die obigen Werte gelten nur für *größere zusammenhängende Betonstraßenabschnitte.* Für Deckenausbesserungen in kürzeren Bauabschnitten (z. B. Ersatz für stark beschädigte Platten), wo zweckmäßig auch ohne Fertiger nach 2 c) und 3 b) gearbeitet wird (also halbseitig mit Längsfuge als Preßfuge und mit Handverteilung des Betons), muß man vor allem auf Betriebsfahrbahnen mit wesentlich höheren Werten rechnen, und zwar:

Für Fahrbahnbeton an Lohn je 1 m² 2,8 bis 3,0 St_{mi} + 0,1 bis 0,2 LKW-Stunden.
Für Bankettbeton (einschl. Fugenherstellung)
3,0 bis 3,5 St_{mi}/m^2 + 0,1 bis 0,2 LKW-Stunden.

Dieser Wert gilt auch bei Deckenlosen für *schmale Bankette* von nur 0,40 m bis 1,00 m Breite.

In den vorstehenden Angaben über den *Lohnaufwand bei Deckenbetonierungen von Betonstraßen* sind außer den Löhnen für *allgemeine*

Arbeiten (ca. 0,15 $St_{mi}/1\ m^2$) nun *folgende Leistungen mitenthalten*, welche aber je nach den örtlichen Verhältnissen im Angebot bzw. Leistungsverzeichnis auch getrennt erfaßt werden können, und zwar:

a) Zement (einschl. Zusatzmitteln, Farbzusätzen u. dgl.), Abladen, Beifahren und Beigeben — bei Annahme von 330 kg/m^3 Zementzugabe —
an Lohn je 1 m² . . . . 0,08 bis 0,10 St_{mi}.

b) Zuschlagstoffe (1,4 m^3/m^3 Beton, Sand $^0/_3$, $^3/_7$, Kies $^7/_{15}$, $^{15}/_{30}$, Edelsplitt $^{15}/_{35}$ für Oberbeton) an der Umschlagstelle (oder Umschlagbahnhof) entladen, in Silos mit automatischen Wiegeeinrichtungen einlagern, entnehmen und verfahren (je nach Lage der Umschlagstelle, d. h. je nach Transportlänge)
an Lohn je 1 m² . . . . 0,3 bis 0,5 St_{mi},
oder bei LKW-Transport der Zuschlagstoffe bzw. des fertigen Betons
an Lohn je 1 m² . . . . 0,15 bis 0,30 St_{mi} + 0,10 bis 0,20 LKW-Stunden.

C. Baustoffe und Betriebsstoffe.

1. Baustoffe. Je 1 m³ fertigen Beton kann man rechnen:

Bindemittel: 320 bis 350 kg Portlandzement
0,400 m³ Sand 0/3 mm
0,310 m³ Sand 3/7 mm
0,285 m³ Kies 7/15 mm
0,420 m³ Edelsplitt 15/45 mm (im Unterbeton meist ersetzt durch Kies 15/50 mm)

1,415 m³ Zuschlagstoffe.

Ferner je 1 m² Decke:

Unterlagspapier 150 g/m² : 1,2 m².
Für Längsfugen: 0,030 m² Weichholzbretter 14 mm stark.
Für Querfugen: 0,020 m² Weichholzbretter 20 mm stark.

2. Betriebsstoffe.

a) Für *Laden und Fördern*[1]
je 1 m² (0,22 bis 0,25 m stark)
3,5 bis 4,5 kg Kohle (oder 0,4 bis 0,5 kg Dieselöl)
+ 0,04 bis 0,05 kg Öle und Schmiermittel
+ 0,10 m³ Wasser.

Für *Werkstatt, Lagerplatz, Silos* usw. *je 1 m²* . . . *0,5 KW* Strom.

---

[1] Man kann bei 5 bis 15 km langen Deckenlosen beim *Entladen mit Dampfgreifern* bzw. Dieselgreifern und *Transport mit Dampfloks* bzw. Dielselloks rechnen *je 1 m³ fertigen Beton*

a) für Entladen . . . . 4 kg Kohle (oder 0,5 kg Dieselöl) + 0,05 kg Öle u. dgl. + 0,05 m³ Wasser,

b) für Transport (60 cm Spur) { 10 bis 18 kg Kohle, (oder 1,2 bis 2 kg Dieselöl), + 0,12 bis 0,20 kg Öle und Putzmittel, + 0,3 m³ Wasser.

b) Für Deckenbetonierung[1] (Betonmischanlagen, Verteiler, Fertiger einschl. Planumsfertiger)

*je 1 m*² (0,22 bis 0,25 m stark)
0,25 kg Dieselöl,
0,02 kg Maschinenöl,
0,5 m³ Wasser (einschl. Nachbehandlung).

Auch bei *elektrischem Betrieb* unter Verwendung eines *Stromerzeugungsaggregats* (fahrbar) 150 PS kann man mit einem *Verbrauch an Dieselöl* (Annahme 120 m²/h) von $\frac{150 \times 0{,}2}{120} = 0{,}25$ kg/1 m² rechnen.

c) Sonstige *Verbrauchsstoffe:* Verbrauch je 1 m² Decke:

Strohmatten zum Abdecken . . . . 0,15 m²
(6- bis 7malige Verwendung, Preis Frühjahr 1954 . 0,90 DM./1 m²)

Sand zum Abdecken und Feuchthalten . . . . 0,02 m³

Fugenherstellung und Fugenunterhaltung von Betondecken.

a) Fugen im frischen Beton.

Längsfugen 14 mm stark als *Raumfugen* herstellen für 22 cm starke Betondecke und 2schichtige Bauweise, die Kanten brechen, unter Einlage von astfreien, scharfkantigen Weichholzplatten im Unterbeton und Fugen mit Fugeneisen im Oberbeton, einschließlich Sauberhalten der Fugen und Nacharbeiten, *je 1 lfd. m*

an *Lohn* . . . . 0,5 Stm.

an *Material* . . . . . 0,20 m² Holzbretter 14 mm,
0,08 kg Kleineisenzeug (Reiter und Rundeisen)

Desgl. als *Scheinfugen* 10 mm stark, herstellen *je 1 lfd. m*

an *Lohn* . . . . 0,4 Stm.
an *Material* (Trapezholzleiste 5 cm hoch) . . . 0,003 m³ Weichholz

Desgl. als *Preßfugen* 1,5 bis 2 mm st. herstellen *je 1 lfd. m*

an *Lohn* . . . . 0,2 St.
an *Material* . . . . 0,3 kg Bitumen.

Querfugen 18 bis 20 mm stark als *Raumfugen* herstellen für 22 cm starke Betondecke und 2schichtige Bauweise, die Kanten brechen unter Einlage einer Holzfaserplatte (Kapag u. dgl.) in Unterbeton und Herstellen einer Fuge im Oberbeton mit Fugeneisen *je 1 lfd. m*

an *Lohn* . . . . 0,6 Stm.

an *Material* . . . . . 0,20 m² Holzfaserplatte 20 mm,
0,1 kg Kleineisenzeug (Reiter und Rundeisen).

[1] Vorwiegend an der Einbaustelle. Bei „Transportbeton" fällt der Betriebsstoffverbrauch an der zentralen Mischanlage an.

Desgl. als *Scheinfugen*, 10 mm stark, herstellen *je 1 lfd. m*

an *Lohn* . . . . 0,4 Stm.
an *Material* (Trapezholzleiste 5 cm hoch) . . . 0,003 m³ Weichholz.

Die technischen Nachteile der Herstellung der Fugen in den frischen Beton haben dazu geführt, daß heute schon in großem Umfange die *Raumfugen und Scheinfugen, in den fertigen Beton eingeschnitten werden.*

b) Fugen in den fertigen Beton geschnitten[1].

Die Scheinfugen werden mit 6-mm-Scheiben, die Raumfugen mit 20-mm-Karborundscheiben eingeschnitten. Eine Fugenschneidmaschine mit 25-PS-Motor kostete Frühjahr 1954 etwa 8000,— DM. (siehe Abb. 52).

Preisentwicklung für 1 lfd. m geschnittene 6-mm-Scheinfuge (50 mm tief).

		Löhne/DM.	Material/DM.
Gerätekosten (Abschreibung, Verzinsung, Unterhaltung)		—	0,80
Karborundscheiben-Belag erneuern alle 12 m: 0,08 × 11,—		—	0,90
Lohnaufwand 0,2 St_{mi} zu 2,— DM.		0,40	
Betriebsstoffe: 25 PS × 0,15 = 3,8 l			
Dieselöl/h: 3,8 × 0,2 × 0,40 DM.	= 0,30 DM.		
Öle usw.	= 0,05 DM.		
	0,35 DM.	—	0,35
Wasser			0,20
Zuschläge + 10% von M		—	0,25
+ 75% von L		0,30	
Einheitspreis		0,70 +	2,50
je 1 lfd. m		*3,20 DM.*	

Der Preis für geschnittene Raumfugen 20 mm wird bei sonst gleichen Annahmen etwa 80% höher sein.

c) Fugen vergießen.

Querfugen 20 mm stark (von Hand im frischen Beton hergestellt) *mit Vergußmasse vergießen* (nach vorherigem Voranstrich mit Spritzmaschine), Nachfüllen und Abkratzen der überstehenden Asphaltmasse *je 1 lfd. m*

an *Lohn* . . . . 0,10 St_{asph}
an *Material:* Vergußmasse . . . . 1,2 kg

[1] Siehe BAUMEISTER: „Fortschritte der Fugenherstellung und Fugenunterhaltung von Betonstraßen", Aufsatz in der Zeitschrift „Die Bauwirtschaft" 1954, Nr. 15, S. 370—372.

Desgl. bei *Längsfugen* 14 mm (von Hand hergestellt) *je 1 lfd. m*

an *Lohn* . . . . 0,10 St_{asph}

an *Material:* Vergußmasse . . . . 0,9 kg

Desgl. bei *Scheinfugen 10 mm* (von Hand hergestellt) *je 1 lfd. m*

an *Lohn* . . . . 0,08 St_{asph}

an *Material:* Vergußmasse . . . . 0,6 kg

Beim *Schneiden der Fugen in den erhärteten Beton* ermäßigt sich der *Verbrauch an Vergußmasse* (Wegfall der Abrundungen) und beträgt

bei der 20-mm-Raumfuge . . . . 1,0 kg/1 lfd. m

„ „ 6-mm-Scheinfuge . . . . 0,3 kg/1 lfd. m

Die *Fugenerneuerung* bei der *Fugenunterhaltung* umfaßt die gleichen Arbeiten wie zuvor. Dazu kommt noch die Entfernung der alten Fugenvergußmasse (am besten maschinell mit Bungartz-Fräsen).

Kostenermittlung für Erneuern von 1 lfd. m Raumfuge 20 mm.

	L/DM.	M/DM.
Löhne 0,15 St_{mi} × 2,—	0,30	
Vergußmasse 1,2 kg zu 0,38 DM.[1] . .		0,46
Voranstrich (0,03 kg)		0,02
Transporte 0,025 LKW-Std. zu 6,— .		0,15
Gerätekosten		0,06
Zuschläge 10% auf M, 70% auf L	0,20	0,06
	0,50 +	0,75 = *1,25 DM./1 lfd. m*

Verdübelung von Querfugen.

Verdübelung je 1 lfd. m Querfuge:

Material: 8,0 kg Rundeisen für Dübel + 4 kg Baustahlgewebekorb; Metall- oder Papphülsen und 1 kg Bitumen (Kosten etwa 0,40 DM.).

Löhne: 0,7 St.

Beispiel 23. Ein 12 km langes Fahrbahndeckenlos mit je 2 Fahrbahnen zu 7,5 m und 25 cm Deckenstärke, also insgesamt 180000 m², soll mit insgesamt je 4 Mischaggregaten und Fertigern eingebaut werden. Der Preis für Kies und Sand betrage 12,— DM./m³ frei Baustelle, für Splitt 25,— DM./m³, für Zement 7,50 DM./100 kg frei Umschlagbahnhof. Die mittleren Stundenlöhne sollen betragen 1 St_{masch} = 2,20 DM., 1 St. = 1,80 DM. Der Angebotspreis je 1 m² ist zu ermitteln (ohne Fugenherstellung, Fugen vergießen, Bewehrung mit Baustahlgewebe 2 kg/m² und Verdübelung), ebenso überschlägig die Baustelleneinrichtung.

[1] Einschließlich Fracht und Heizstoffe (0,045 + 0,015 = 0,06 DM.).

Lösung. Es kostet die Herstellung je 1 m² Decke (ohne Armierung, Fugenherstellung, Verdübelung)

Zuschlagstoffe:	L = Lohn DM.	M = Material DM.
0,25 × 0,08 = 0,02 m³ Splitt zu 25,— DM. . .		0,50
0,25 × 1,32 = 0,33 m³ Sand und Kies zu 12,— DM.		3,96
Bindemittel 80 kg Zement zu 7,50/100 kg		6,—
Betriebsstoffe		0,80
Für Strohmatten und Sandabdecken		0,24
Gerätekosten (auch Unterhaltung)	0,16	1,—
Lohnkosten 0,7 St_{masch} zu 2,20 = 1,54 + 1,0 St. zu 1,80 = 1,80	3,34	
	3,50	12,50
Zuschläge für Gemeinkosten[1], Geschäftskosten, allgemeine Baukosten 10% von M		1,25
50% von L	1,75	
Selbstkosten	5,25 +	13,75 = 19,— DM.
+ 10% für Gewinn, Wagnis, Umsatzsteuer .		1,90 ,,
Angebotspreis		*20,90 DM.*

Überschlägige Ermittlung der Baustelleneinrichtung.

Nach S. 195 ist $E = 40000 + 1{,}0 \cdot 180000 = 220000$,— DM.

$$\text{oder } \frac{220000}{180000} = 1{,}20 \text{ DM je } 1 \text{ m}^2.$$

Überschlägige Ermittlung der *Gerätekosten* (Gerätemietdauer 6 Monate).

	Neuwert DM.	Abschreibung, Verzinsung und Materialkosten der Geräteunterhaltung (M)[2] DM.
1. *Gleisanlage*, Schwellengleis 60 cm Spur, 22 km	330000,—	30000,—
2. *Fördergeräte*, 7 Dieselloks 75 PS, 1 Diesellok 15 PS, 50 Muldenkipper 1 m³, 50 Muldenkipper ³/₄ m³ usw..	330000,—	33000,—
3. *Wasserversorgung*, 4 Kreiselpumpen, 5 PS, 5000 m Flanschenrohre 80 mm l. W., 1000 m Muffenrohre 100 mm l. W., 500 m Rohre 50 mm l. W., 3 Schachtbrunnen 10 bis 15 m tief, Hochbehälter usw.	90000,—	12000,—
4. *Telephon*		2000,—
5. 4000 m² Baubuden, Zementschuppen, Lagerplatz und Siloanlagen	200000,—	20000,—
6. 2000 m Fertigerschienen, 2 Rüttelflaschenaggregate, 2 Fertiger, 4 Betonmischanlagen mit Betonverteiler, 400 m Sonnendächer, 2 Arbeitszelte, 1 Drehvorrichtung, zusammen	600000,—	60000,—
7. Sonstiges Geräte (einschl. Kleingeräte und Werkzeuge).		18000,—
Insgesamt Gerätekosten	1550000,—	175000,—

$$\text{oder je } 1 \text{ m}^2 \text{ Decke } \frac{175000}{180000} = 1,\text{— DM}.$$

[1] Einschließlich Sozialaufwand (23% der Löhne).

[2] Reparaturmaterialien und Ersatzteile, Kleingeräte, Werkzeuge usw. ca. 0,50 DM./m².

II. Schwarzdecken[1].

1. *Asphaltbetondecke (und Sandasphaltdecke).*

Als *Unterbau* kommt 20 cm Packlage mit Schotterausgleichschicht oder 18 bis 22 cm Beton (250 kg Zement/m³ Beton) in Frage. Fahrbahndecke aus *Asphaltbeton 6 cm stark* (3 cm Binderschicht, 3 cm Deckschicht) auf Beton- oder Steinschlagdecke fachgemäß herstellen (Verdichten mit Fertigern und Nachwalzen mit 12-t-Walze, Aufbereitungsanlagen sind vorausgesetzt) unter Verwendung von Steinsplitt (Edelsplitt für die Verschleißschicht) und unter Einpressen von 12 kg asphaltiertem Edelsplitt 8/12 mm Korngröße in die heiße Deckschicht, kostet bei Löhnen von 1 St_{masch} = 2,10 DM., 1 Stas. = 2,— DM., 1 St. = 1,75 DM., bei mindestens 100000 m² Fahrbahndecke

je 1 m² Decke in fertiger Arbeit etwa . . . . 8,— DM.*
für + 1 cm mehr an Deckenstärke . . . . 1,20 DM.

Materialbedarf und Lohnaufwand für 1 m² 6 cm starke Asphaltbetondecke:

Materialbedarf je 1 m² Decke:

	Steinsplitt						Sand	Füller Kalkmehl	Bitumen
mm	18/25	12/18	5/8	3/5	1/3	8/12	0/3	0—0,06	D 35
kg	35	30	23	11	9	12	16	9	12

Lohnaufwand für Herstellen von je 1 m² Decke

bei *Durchschnitts*leistungen von

2400 m² Binderschicht/8 h-Schicht
2400 m² Deckschicht/8 h-Schicht.

1. Für Entladen der Zuschlagstoffe und Baustoffe am Entladebahnhof (Umschlagstelle) einschließlich Fördern bis auf 500 m zum Mischplatz und zu den Siloanlagen kann man rechnen

an Löhnen je 1 t . . . . 0,10 St_{masch} + 0,3 St.
oder . . . . 0,45 St.
oder je 1 m² fertiger Decke 6 cm stark . . . . 0,07 St.
„ 1 m² „ „ 7 cm „ . . . . 0,08 St.

2. Der Lohnaufwand an Mischanlage, Fahrbetrieb (mit Lastautos) und an den Einbaustellen für Binder- und Deckschicht betragen

je 1 m² fertiger Decke 7 cm stark . . . . *0,1* St_{masch} + *0,4 St.*

Dazu + *0,05 Lastautostunden*
+ *0,01 Walzstunden* (ohne Löhne).

[1] Als Spezialliteratur für Teer- und Asphaltstraßenbau sei besonders empfohlen: Dr. J. Oberbach: Teer- und Asphaltstraßenbau (Straßenbau, Chemie und Technik Verlagsgesellschaft m. b. H., Heidelberg).

* Preisbasis Frühjahr 1954 Süddeutschland und Güteansprüche von Fernstraßen (Autobahnen u. dgl.).

Der *mittlere Stundenlohn* kann unter Berücksichtigung von Über-, Nacht- und Sonntagsstunden, Auslösungen usw. an Hand folgender Belegschaft ermittelt werden: 5 Aufseher, 1 Maschinenmeister, 22 Maschinisten, 22 Facharbeiter, 110 Tiefbauarbeiter, d. h. etwa $\frac{1}{3}$ der Belegschaft sind Aufseher, Maschinisten und Facharbeiter.

Der *Lohnaufwand je 1 m² fertiger Decke, 7 cm stark*, gliedert sich wie folgt:

a) Mischanlage und Silos (1 Aufseher, 2 Maschinisten, 6 Facharbeiter, 20 Arbeiter)	0,10 St_{mi}
b) Fahrbetrieb (12 Maschinisten)	0,04 St_{masch}
c) Einbau und Nacharbeiten (4 Aufseher, 6 Maschinisten, 12 Facharbeiter, 80 Tiefbauarbeiter)	0,34 St_{mi}
Je 1 m² Decke 7 cm stark	0,48 St_{mi}

Lohnaufwand aus 1. und 2. . . . . 0,1 St_{masch} + 0,5 St_{mi}
oder . . . . *0,6* St_{mi}

Beispiel 24. Der Angebotspreis für 1 m² *Asphaltbetondecke 7 cm stark* (4 cm Binder, 3 cm Decklage) ist zu ermitteln bei einem Gesamtauftrag von etwa 200000 m² und einer durchschnittlichen Entfernung von 6 km zwischen Lagerplatz (mit Silo und Mischanlage) und Einbaustellen. Es sind folgende *Materialpreise* frei Baustelle anzunehmen (jedoch mit Miete für Fässer und Rückfracht der leeren Fässer). Steinsplitt 8,— DM./t, Edelsplitt 12,— DM./t, Sand 6,— DM./t, Kalkmehl 0 bis 0,06: 4,— DM./100 kg, Bitumen 22,— DM./t. Als *Löhne* sind anzunehmen (einschl. Zuschläge für Überstunden, Nacht-Sonntagsstunden, Auslösungen für Stammarbeiter usw.): 1 Aufseherstunde = 2,80 DM., 1 St_{masch} 1. Kl. = 2,10 DM., 1 St_{masch} 2. Kl. = 2,— DM., 1 Facharbeiterstunde = 2,— DM., 1 Tiefbauarbeiterstunde = 1,80 DM. Das Entladen der Zuschlagstoffe und Baustoffe sowie Befördern derselben vom Umschlagsbahnhof zu den 400 m entfernten Mischanlagen und Silos ist zu berücksichtigen. Die Stundenleistung soll 300 m² fertig eingebaute Decke betragen.

Die *Einrichtungskosten* werden mit 150000,— DM. (s. auch S. 194) besonders vergütet. Die *Gerätekosten* seien an Hand der Geräteliste (einschl. Materialkosten der Geräteunterhaltung) zu 0,60 DM./1 m² Fahrbahndecke ermittelt worden. Welcher Angebotspreis ist zu fordern?

Lösung. A. Materialkosten je 1 m² Decke.

140 kg Edelsplitt zu 10,— DM.	1,40 DM.
10 kg Kalkmehl 0—0,06 zu 4,— DM./00 kg . .	0,40 ,,
20 kg Sand zu 6,— DM./t	0,12 ,,
12 kg Bitumen zu 22,— DM./00 kg	2,60 ,,
Für Material je 1 m².	4,52 DM.

B. Lohnkosten. Ermittlung des mittleren Stundenlohns St_{mi} für die Deckenherstellung:

5 Aufseher zu	2,80 DM.	14,— DM.
20 Maschinisten zu	2,05 ,,	41,— ,,
18 Facharbeiter zu	2,— ,,	36,— ,,
100 Tiefbauarbeiter zu	1,80 ,,	180,— ,,
143 Mann		271,— DM.

1 St_{mi} *= 2,— DM.*

Lohnkosten je 1 m² Deckenherstellung:

1. Entladen 0,08 St. zu 1,80 DM.	0,14 DM.
2. Deckenherstellung 0,5 St_{mi} zu 2,— DM.	1,— „
Reine Löhne	1,14 DM.

Zusammenstellung von Selbstkosten und Angebotspreis je 1 m².

	L = Löhne DM.	M = Material DM.	
Baubetriebslöhne	1,14		
Baustoffe		4,52	
Bauhilfsstoffe		0,20	
Betriebsstoffe (Kohlen, Öle, Strom usw.)		0,50	
Gerätekosten	0,15	0,45	
Autoförderkosten (ohne Fahrer, welche in Lohnkosten enthalten sind) 0,05 Autostd. zu 5,—DM.		0,25	
Walzkosten (ohne Walzenführer [L]): 0,01 h zu 8,— DM.		0,08	
Reine Löhne + Materialkosten	1,29	6,–	
Zuschläge für Sozialaufwand, Geschäftskosten usw. 10% von M.		0,60	
50% von L[1]	0,65		
Selbstkosten	1,94 +	6,60 =	8,54 DM.
Wagnis, Gewinn und Umsatzsteuer 8% von 8,54 DM.			0,68 „
Angebotspreis je 1 m²			*9,22 DM.*

2. Asphalt- und Teermakadamdecken.

a) Asphalteingußdecke.

Beispiel 25. Es seien *20000 m²* Fahrbahndecke als *Eingußdecke 7 cm stark* herzustellen auf vorhandenem Unterbau (20 cm Packlage + 4 cm Schotter gewalzt). Die Decke besteht aus einer 7 cm starken Steinschlagschicht, Körnung 40/60 mm. Der gleichmäßig verteilte Schotter ist mit einer Asphaltmastixmasse von 40 kg/m² zu vergießen und mit einer 11-t-Walze abzuwalzen. Auf diese Fläche ist zum Ausgleich ein durchschnittlich *1,5 cm starker Teppich aus Asphaltfeinbeton* aufzuwalzen. An Geräten stehen zur Verfügung: 3 Aufbereitungsmaschinen mit Elektromotor, 4 Asphaltausfuhrwagen, 2 Zugmaschinen, 1 Trockentrommel mit Motor, 2 Advancewalzen 11 t.

Der *Angebotspreis je 1 m² (ohne Einrichtungskosten)* ist bei folgenden Löhnen und Materialpreisen frei Mischanlage zu ermitteln:

Löhne/1 h		Materialpreise (frei Mischanlage)	
Maschinisten 1. Kl.	1,99 DM.	Schotter 40/60	14,— DM./t
Maschinisten 2. Kl.	1,75 „	Kalkmehl 0—0,06	4,60 DM./00 kg
Asphaltarbeiter	1,75 „	Splitt 3/8 und 0,3 mm	12,— DM./t
Träger	1,62 „	Bitumen	25,— DM./00 kg
Tiefbauarbeiter	1,62 „		

[1] Bei Verträgen *ohne* Materiallieferung 60% von L.

Lösung. Materialbedarf für 1 m² Decke:

	Für Eingußdecke t	Für Teppich t	Insgesamt t
Schotter 40/60	0,12	—	0,120
Steinsplitt 3/8, 0/3 . . .	—	0,022	0,022
Asphaltmehl	0,03	0,010	0,040
Bitumen	0,01	0,003	0,013
Sand 0/3	—	0,005	0,005

Materialkosten/1 m²

0,12 t Schotter 40/60 zu 14,— DM.	1,68 DM.
0,022 t Steinsplitt zu 12,— DM.	0,25 ,,
0,04 t Asphaltmehl zu 40,— DM./t	1,60 ,,
13 kg Bitumen zu 25,— DM./00 kg	3,25 ,,
5 kg Sand 0/3 zu 8,— DM./t	0,04 ,,
Insgesamt für Material .	*6,82 DM.*

Lohnkosten/1 m²

Mittlerer Stundenlohn

1/3 Maschinisten zu 1,80 DM.		0,60 DM.
2/3 Tiefbauarbeiter zu 1,62 DM.		1,08 ,,
Mittlerer Lohn		1,68 DM.
Für Nacht-, Sonntags- usw. Zuschläge, Prämien, Auslösungen u. Aufsicht + 20% . . .		0,32 ,,
1 St_{mi}		2,— DM.
Eingußdecke .	0,40 St_{mi}	
Asphaltteppich .	0,25 St_{mi}	
Zusammen	0,65 St_{mi}	
0,65 St_{mi} zu 2,— DM. . . .		*1,30 DM.*

Zusammenstellung des Angebotspreises je 1 m² Decke.

	L = Löhne DM.	M = Material DM.	
Baubetriebslöhne	1,30		
Baustoffe		6,82	
Bauhilfstoffe und Kleingeräte		0,20	
Betriebsstoffe (Kohlen, Öle, Strom, Wasser usw.)		0,33	
Gerätekosten (mit Unterhaltung)	0,15	0,30	
Transportkosten (ohne Fahrer, der unter L erfaßt, mit Betriebsstoffen)		0,25	
	1,45	7,90	
Zuschläge (ohne Gewinn)			
10% von M		0,80	
50% von L	0,75		
Selbstkosten.	2,20 +	8,70 =	10,90 DM.
Wagnis, Gewinn und Umsatzsteuer 10% von 10,90 DM.			1,05 ,,
Angebotspreis je 1 m²			*11,95 DM.*

b) Einstreumakadamdecke (als Teerdecke).

Beispiel 26. Auf einer Bundesstraße sind ca. 20000 m² Straßenoberfläche zu erneuern. Auf den bereits fertiggestellten Unterbau (Packlage + 8 cm Walzschotterdecke) ist eine *Einstreumakadamdecke* aufzubringen: 110 kg/m² Schotter 40/60 mm sind gleichmäßig auszubreiten und leicht anzuwalzen. Die trockene Schotterlage ist mit 1 kg/m² Straßenteer T 20/35 mit 110° C anzuspritzen. 40 kg/m² Mischgut aus Steinsplitt der Körnung 5/12, welcher mit 5% Bitumen BT 80/125 umhüllt ist, ist gleichmäßig einzustreuen und einzuwalzen. Zum Abschluß ist die Decke mit einer ca. 1,8 cm starken Asphaltfeinbetonschicht als Verschleißschicht abzugleichen und abzuwalzen.

Der *Angebotspreis je 1 m²* ist zu ermitteln bei folgenden Löhnen und Materialpreisen[1]:

Löhne/Stunde[1]

	Auslösung	DM.	Insgesamt
1 Polier	2,70 + 0,30 =	3,—	3,— DM.
1 Masch. I. Kl.	2,20 + 0,30 =	2,50	2,50 „
1 Mischer	1,85 + 0,30 =	2,15	2,15 „
1 Teerkocher	1,85 + 0,30 =	2,15	2,15 „
3 Planierer	1,85 + 0,30 =	2,15	6,45 „
2 Helfer	1,80 + — =	1,80	3,60 „
10 Hilfsarbeiter	1,70 + — =	1,70	17,— „
19 Mann			36,85 DM.
Mittl. Stundenlohn (einschl. Auslösungen)			1,94 DM.

Materialpreise (frei Mischanlage)

Bindemittel

100 kg T 20/35 . . . 23,— DM.
100 kg BT 80/125 . . 25,— „
100 kg Kalksteinmehl 40,— „

Zuschlagstoffe

Schotter 40/60 . . . 10,—DM./t
Edelsplitt 8/12 . . . 12,— „
Edelsplitt 3/5 . . . 12,— „
Sand 0/3 . . . . . 8,— „

Lösung: *Materialbedarf für 1 m² Decke.*

Baustoff	Für Einstreudecke	Für Asphaltfeinbeton	Insgesamt
Schotter 40/60	110 kg	—	110 kg
Edelsplitt 8/12	34 kg	—	34 kg
Edelsplitt 5/8	—	22 kg	22 kg
Sand 0/3	4 kg	14 kg	18 kg
T 20/35	1,8 kg	—	1,8 kg
BT 80/125	—	2,5 kg	2,5 kg
Kalkmehl	—	1,5 kg	1,5 kg

Materialkosten/1 m²

0,11 t Schotter 40/60 zu 15,— DM. .	1,65 DM.
34 kg Splitt 8/12 zu 12,— DM./t . . .	0,40 „
22 kg Splitt 5/8 zu 12,— DM./t . . .	0,26 „
18 kg Sand 0/3 zu 8,— DM./t	0,14 „
1,8 kg T 20/35 zu 0,22 DM.	0,40 „
2,5 kg BT 80/125 zu 0,25 DM.	0,62 „
1,5 kg Kalkmehl zu 0,40 DM.	0,60 „
	4,07 DM.

Lohnkosten/1 m²

Einstreudecke	0,30 St_{mi}
Asphaltfeinbeton . .	0,22 „
Insgesamt	0,52 St_{mi}

Zusammenstellung des Angebotspreises je 1 m² Decke.

	L/DM.	M/DM.
Betriebslöhne 0,52 St_{mi} zu 1,94 DM.	1,—	
Baustoffe		4,07
Bauhilfsstoffe und Kleingerüste		0,10
Betriebsstoffe (Kohle, Öle, Strom usw.)		0,35
Gerätekosten		0,20
Transportkosten 80 kg × 3,10 DM./t (ohne Fahrerlöhne) .		0,25
	1,—	4,97
Zuschläge 10% von M		0,50
50% von L	0,50	
	1,50 + 5,47 =	6,97 DM.
Wagnis, Gewinn und Umsatzsteuer 8% von 6,97 DM. . .		0,53 „
Angebotspreis je 1 m²		*7,50 DM.*

[1] Einschließlich Überstunden = Sonntags- und Erschwerniszulagen.

3. Kaltasphaltsplittdecke und Weichasphaltsplittdecke für Radfahrwege, Bürgersteige usw.

Beispiel 27. Für etwa 10000 m² Fuß- und Radfahrwege ist ein *Emulsionsteppich* mit 60 kg/m² Hartsteinedelsplitt 3/8 mm mit 6 kg/m² Kaltasphaltemulsion vorschriftsmäßig zu mischen auf Mischblechen und etwa *4 cm stark* zwischen Bordsteinen und einer Randlatte profilgemäß einzubauen und mit Richtlatte gleichmäßig abzuziehen. Es ist mit einer 6-t-Walze abzuwalzen. Der Oberflächenabschluß ist in etwa 3 mm Stärke durch Mischen, Verteilen und Aufwalzen von Brechsand 1/3 mm mit Kaltasphalt vorzunehmen. Der Angebotspreis für 1 m² Decke in fertiger Arbeit ist einschließlich Vorhalten der Geräte und Einrichtungskosten zu ermitteln. Als Löhne und Materialpreise sind anzunehmen:

1 Facharbeiterstunde . . .	2,20 DM.	Edelsplitt . . .	12,— DM./t frei Bau
1 Hilfsarbeiterstunde . . .	1,80 „	Brechsand . . .	8,— DM./t „ „
		Kaltasphalt . .	0,15 DM./kg „ „

Lösung. *Material* je 1 m² Decke:

6 + 0,6 = 6,6 kg Kaltasphalt zu 0,15 DM.	0,990 DM.
60 kg Edelsplitt 3/8 zu 12,— DM./t	0,720 „
6 kg Brechsand 1/3 zu 8,— DM./t	0,048 „
Material	1,758 DM.

Löhne je 1 m² Decke:

$0{,}25 + 0{,}05 = 0{,}30\ \mathrm{St_{mi}}$ zu $\frac{2{,}20 + 1{,}80}{2}$	0,60 DM.
+ 10% für Aufsicht, Überstunden, Prämien u. dgl. .	0,06 „
Reine Löhne	0,66 *DM.*

Zusammenstellung des Angebotspreises je 1 m² Decke:

	L = Löhne DM.		M = Material DM.		
Baubetriebslöhne	0,66				
Baustoffe			1,758		
Kleingeräte und Einrichtung $\frac{1000,\text{— DM.}}{10000}$ = .	0,03		0,070		
Absperrung und Beleuchtung 200,— DM. . . .			0,020		
Walzkosten (ohne Lohn) 0,015 h zu 4,— DM. .			0,060		
	0,69		1,908		
Zuschläge für Geschäftskosten usw.					
10% von M.			0,192		
50% von L[1]	0,35				
Selbstkosten	1,04	+	2,100	=	3,14 DM.
Gewinn, Wagnis, Umsatzsteuer 10%					0,31 „
Angebotspreis je 1 m²					*3,45 DM.*

Beispiel 28. 5000 m² vorbereitete Flächen (abgestampft oder eingeebnet und gewalzt) von Radfahr- und Fußgängerwegen sind in 2 Schichten mit 60 kg/m² *Weichasphaltsplitt 5/15 mm* zu überziehen, einzuplanieren und abzuwalzen. Auf diese Decke ist zum Porenverschluß *Weichasphaltgrus 1/3 mm,* und zwar 10 kg/m², aufzubringen, einzuplanieren und wiederum abzuwalzen einschließlich Stellen der Walzen und Geräte. Der Angebotspreis je 1 m² ist zu ermitteln.

Löhne wie vorher. *Materialpreis* frei Verwendungsstelle: Weichasphaltsplitt 35,— DM./t, Weichasphaltgrus 38,— DM./t.

---

[1] Bei Verträgen *ohne* Baustofflieferung 65% von L.

Lösung. *Materialkosten* je 1 m²:

60 kg Weichasphaltsplitt zu 35,— DM./t	2,10 DM.
10 kg Weichasphaltgrus zu 38,— DM./t	0,38 „
Material	2,48 DM.

Löhne je 1 m²:

0,3 St_{mi} zu $\frac{2{,}20 + 1{,}80}{2}$	0,60 DM.
+ 10% für Aufsicht, Leistungszulagen, Schmutzzulagen usw.	0,06 „
Reine Löhne	0,66 DM.

Zusammenstellung des Angebotspreises je 1 m².

	L = Lohn DM.	M = Material DM.	
Baubetriebslöhne	0,66		
Material		2,48	
Kleingeräte, Absperrung und Beleuchtung 1100,— DM./5000		0,22	
Walzkosten (ohne L) 0,02 h zu 5,— DM. .		0,10	
L + M	0,66	2,80	
Zuschläge: 10% von M . .		0,28	
50% von L . .	0,34		
Selbstkosten	1,— +	3,08 =	4,08 DM.
+ 10% Nachbessern, Wagnis, Gewinn und Umsatzsteuer . . .			0,42 „
Angebotspreis			*4,50 DM./1 m²*

4. Oberflächenbehandlung.

a) Kaltasphaltbehandlung.

Beispiel 29. Auf etwa 10000 m² vorhandener Schotterdecke einer Landstraße ist *Kaltasphaltoberflächenbehandlung* unter Verwendung von *1,5 kg/m² Emulsion* und 10 kg/m² Hartsteinedelsplitt herzustellen, dazu die vorhandene Schotterdecke sorgfältig vom Deckenmaterial bis auf das Steingerüst zu reinigen, der Kaltasphalt aufzuspritzen, mit Edelsplitt zu decken und mit einer leichten Walze aufzuwalzen. Der Angebotspreis je 1 m² ist zu ermitteln mit folgenden Löhnen und Materialpreisen (frei Verwendungsstelle): Facharbeiterstunde 2,20 DM., Hilfsarbeiterstunde 1,80 DM. Kaltasphalt 1 kg = 0,20 DM., Hartstein-Edelsplitt 1 kg = 0,015 DM.

Lösung. Die Tagesleistung bei 3 Facharbeitern und 9 Hilfsarbeitern beträgt etwa 800 m²/8-Stundentag.

Material

1,5 kg Kaltasphalt zu 0,20 DM.	0,30 DM.
10 kg Edelsplitt zu 15,– DM./t	0,15 „
	0,45 DM.

Löhne

Decke vorbereiten 0,15 St. zu 1,80 DM.	0,270 DM.
Kaltasphaltbehandlung 0,03 Stas. zu 2,20 DM. .	0,066 „
+ 0,10 St. zu 1,80 DM. .	0,180 „
	0,516 DM.
+ 8% Aufsicht, Prämien usw.	0,044 „
	0,560 DM.

Zusammenstellung des Angebotspreises je 1 m².

	L DM.	M DM.	
Reine Löhne	0,56		
Material (Baustoffe)		0,45	
Kleingeräte, Einrichtung, Absperrung und Beleuchtung 600,— DM./10000		0,06	
Walzkosten ohne Löhne 0,01 h zu 5,50 DM.		0,06	
L + M	0,56	0,57	
Zuschläge (ohne Gewinn) 10% von M		0,06	
50% von L	0,28		
Selbstkosten	0,84 +	0,63 =	1,47 DM.
+ 8% für Nachbessern, Wagnis, Gewinn, Umsatzsteuer			0,13 „
Angebotspreis			*1,60 DM./1 m²*

b) Heißteertränkung.

Beispiel 30. 10000 m² Fahrbahnen und Bürgersteige in einer Stadt (8000 m² Makadamfahrbahn und 2000 m² Bürgersteige) sollen nach gründlicher Reinigung der Flächen geteert und mit Splitt bzw. Sand abgedeckt werden. Beaufsichtigung, Absperrung und Beleuchtung der Baustelle nach den Vorschriften der Verkehrspolizei ist Sache des Unternehmers. Tagesleistung mindest 1000 m². Das Abdeckmaterial kann bis 100 m an die Baustelle herangeschafft und dort gelagert werden. Der abgekehrte Schlamm ist zu entfernen (Kehrmaschine und Nachfegen mit Handbesen). Zur Teerung sollen fahrbare Teerkessel (Teermaschinen) und armierte Schlauchrohre verwendet werden. Der heißflüssige Teer (120 bis 130° C) ist kräftig einzubürsten. Die Kosten je 1 m² sind zu ermitteln. Materialpreise frei Bau: 1 kg Teer 0,23 DM., Splitt 2/8 mm 15,—DM./t. 1 Aufseherstunde 2,50 DM., 1 Facharbeiterstunde 2,20 DM., 1 Hilfsarbeiterstunde 1,70 DM.

Lösung. *Berechnung des mittleren Stundenlohnes:*

1 Aufseher zu 2,50 DM.	2,50 DM.
3 Facharbeiter zu 2,20 DM.	6,60 „
7 Hilfsarbeiter zu 1,70 DM.	11,90 „
	21,— DM.
Für Überstunden-, Sonntags- und Nachtzuschläge, Prämien, Auslösungen + 10%	2,10 „
	23,10 DM. : 11 = 2,10

1 St_{mi} = *2,10 DM.* Tägliche Leistung *2200 m²* (8 h).

Material. 1,2 kg (1. Teerung) + 1,0 kg (2. Teerung) = 2,2 kg Teer zu 0,23 DM.	0,506 DM.
12 kg Splitt 2/8 + 10 kg Splitt 2/8 = 22 kg Splitt zu 0,015 DM.	0,330 „
Für Material	0,836 DM.
Löhne. Für Reinigen und Schlamm abziehen 0,02 St_{mi} zu 2,10 DM.	0,042 „
Für zweimal Teeren und Absplitten 0,08 St_{mi} zu 2,10 DM.	0,168 „
Löhne	0,210 DM.

Zusammenstellung der Kosten für zweimaliges Teeren je 1 m².

	L DM.	M DM.
Baubetriebslöhne	0,21	
Baustoffe		0,84
Einrichtung, Absperrung, Beleuchtung, Gerätekosten 2000,— DM./10000		0,20
L + M	0,21	1,04

Übertrag:

		L DM.	M DM.	
	L + M	0,21	1,04	
Zuschläge (ohne Gewinn)	10% von M		0,10	
	50% von L	0,10		
	Selbstkosten	0,31 +	1,14 =	1,45 DM.
+ 10% Wagnis, Gewinn, Umsatzsteuer				0,15 „
	Angebotspreis je 1 m². . . .			*1,60 DM.*

Bemerkung: Bei größeren Aufträgen können die Kosten durch Verwendung von selbstfahrenden Tankwagen mit Spritzvorrichtung gesenkt werden.

5. *Gußasphaltbeläge von Stadtstraßen, Bürgersteigen, Banketten usw.*

Beispiel 31. Für eine Stadtstraße von 10 m Breite seien *10000 m² Gußasphalt in 3 cm Stärke* in einer Schicht auf Betonunterlage (20 cm stark) aufzubringen, und zwar halbseitig während des Verkehrs unter Verwendung von *leistungsfähigen Rührwerken.* Der mittlere Stundenlohn sei (einschl. Auslösungen, Schmutzzulagen, Überstundenzuschlägen usw.) *zu 2,10 DM.* ermittelt. Die Materialpreise frei Verwendungsstelle sollen betragen: Für Edelsplitt 5/8 mm 15,— DM./t, für Sand 0/3 mm 8,—DM./t, Kalkmehl 4,— DM./100 kg, Bitumen 25,— DM./100 kg.

Lösung.

Material je 1 m² Decke		*Lohn* je 1 m² Decke	
18 kg Splitt zu 15,— DM./t . .	0,270 DM.	0,7 St_{mi} zu 2,10 DM. .	1,47 DM.
24 kg Sand 0/3 zu 8,— DM./t.	0,192 „	Aufsicht 5%	0,08 „
12 kg Kalkmehl zu 4,—DM./00 kg	0,480 „	Reine Löhne	*1,55 DM.*
5,3 kg Bitumen zu 25,– DM./00 kg	1,320 „		
Material insgesamt	2,262 DM.		

Für Gerätevorhaltung, Geräteunterhaltung (Materialkosten) *und Baustelleneinrichtung* (Anlage einer Umschlagstelle, Aufbereitungsanlagen, Lagerschuppen aufstellen, Untertreträume, Baubüros usw., Wasserversorgung, Hin- und Rücktransport der Geräte, Geräteabschreibung usw.) 6000,— DM.

oder 6000/10000 = *0,60 DM.*

Zusammenstellung des Angebotspreises je 1 m².

	L DM.	M DM.	
Baustoffe		2,26	
Baubetriebslöhne.	1,55		
Gerätekosten und Einrichtung		0,60	
Betriebsstoffe (Erfahrungswert)		0,50	
Fahrkosten (ohne Löhne) 0,08 Zugmaschinenstunden zu 3,50 DM.		0,28	
Absperrung, Beleuchtung 400,— DM.		0,04	
L + M	1,55	3,68	
10% von M.		0,37	
50% von L	0,77		
Selbstkosten.	2,32 +	4,05 =	6,37 DM.
+ 10% für Nachbessern, Gewinn, Wagnis und Umsatzsteuer . . .			0,63 „
Angebotspreis je 1 m²			*7,— DM.*

XIV. Rammarbeiten.

Allgemeines.

Es gibt eine große Anzahl von Rammformeln, welche aber meist nur auf bestimmte Fälle anwendbar sind. Diese gestatten dem Ingenieur, aus der Beobachtung der Eindringungstiefe beim letzten Schlag auf die Tragfähigkeit von Rammpfählen zu schließen. Die früher allgemein verwandte Formel von BRIX lautet:

$$y = \frac{0{,}90 \cdot h}{\sigma \cdot P} \cdot \frac{Q^2 \cdot G}{(Q + G)^2}.$$

Hierin bedeuten:

y = Eindringungstiefe beim letzten Schlag in mm
h = Fallhöhe des Bärs in mm
Q = Bärgewicht in kg
G = Gewicht des Pfahls in kg
P = Pfahlbelastung
σ = Sicherheitskoeffizient (für Holzpfähle zweckmäßig = 2 gesetzt).

Eine andere Formel wird von EYTELWEIN gegeben. Bei den gleichen Bezeichnungen wie zuvor erhält man den *Widerstand W des Erdreichs gegen Einsinken*

$$W = P \cdot \sigma = \frac{Q^2}{Q + G} \cdot \frac{h}{y}.$$

Diese Formel liegt den bewährten Rammbedingungen der Baudeputation Hamburg zugrunde, welche beispielsweise vorschreiben, daß bei einem Rammbär von 1500 kg und 3,50 m Fallhöhe Kaimauerpfähle

von 50 cm Ø nicht mehr als 7 mm von 40 cm Ø nicht mehr als 16 mm
„ 45 cm Ø „ „ „ 11 mm „ 35 cm Ø „ „ „ 24 mm

auf den letzten Schlag ziehen dürfen.

Man kann dann mit 25 bis 30 kg/cm^2 als zulässige Belastung des Pfahlquerschnitts rechnen, was einem Sicherheitskoeffizient in der Formel von EYTELWEIN von $\sigma = 3{,}5$ bis 5,0 entspricht.

Es ergibt sich eine *Tragfähigkeit der Pfähle* wie folgt:

Pfahldurchmesser cm . .	50	45	40	35	30	25
Tragfähigkeit t	50—70	40—55	30—45	25—35	18—25	12—17

Bei ganz eingerammten Pfählen setzt man dann entsprechend dem elastischen Verhalten des Erdreichs $\sigma = 7$, womit man Ergebnisse erhält, welche der Wirklichkeit näher kommen als die Brixsche Formel (s. Veröffentlichung von H. WILL, Hamburg, in Beton und Eisen 1917, Heft 2/3).

Bei schweren *Stahlrohrpfählen* ∅ 30 cm bis 40 cm (90 bis 110 kg/m) verwendet man zweckmäßig die Formel:

$$W = \frac{Q \cdot l}{Q + G} \cdot \frac{h}{y + c}.$$

c bedeutet die elastische Federung in mm, l die Pfahllänge in cm. Wird z. B. c zu 3 mm festgestellt und $y = 0{,}5$ mm (5 mm Eindringungstiefe bei der letzten Hitze zu 10 Schlägen), so ergibt sich bei einem Stahlrohrpfahl ∅ 40 cm bei $l = 1300$ cm, $Q = 1200$ kg, $G = 1400$ kg, $h = 1500$ mm,

$$W = 260000 \text{ kg} = \mathit{260\ t}.$$

Praktisch gesprochen hört man auf zu rammen, wenn die Pfähle, wie der Praktiker sagt, „feststehen" oder nicht mehr „nachziehen". Es möge im voraus bemerkt werden, daß es im ganzen Tiefbau wohl keine Arbeit gibt, deren Kosten so schwer zu bestimmen sind wie die von Rammarbeiten. Einen einwandfreien Maßstab zum Vergleich gibt es kaum, da fast jede Arbeit von einer anderen verschieden ist und die Kosten von den Bodenverhältnissen, Pfahllänge, Pfahlquerschnitt, Umfang der Arbeiten usw. abhängig sind. Es können daher nur Anhaltspunkte gegeben werden, in welcher Richtung der Ingenieur bei Rammarbeiten seine Beobachtungen zu machen und Erfahrungen zu sammeln hat. Es sind im folgenden eine ganze Reihe von Beispielen vorgeführt, aus denen dann ersichtlich ist, wie die Kostenberechnung

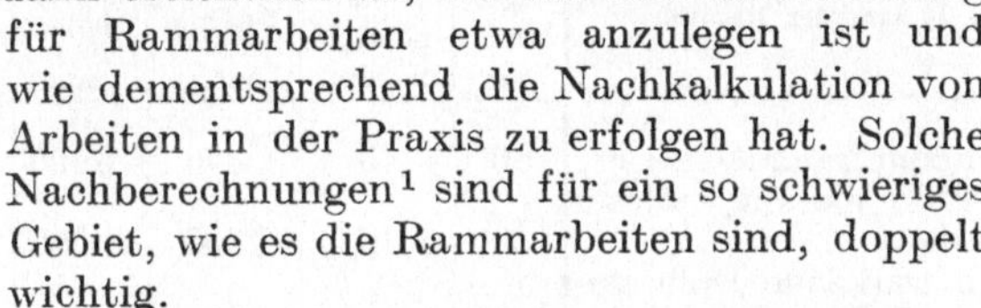

für Rammarbeiten etwa anzulegen ist und wie dementsprechend die Nachkalkulation von Arbeiten in der Praxis zu erfolgen hat. Solche Nachberechnungen[1] sind für ein so schwieriges Gebiet, wie es die Rammarbeiten sind, doppelt wichtig.

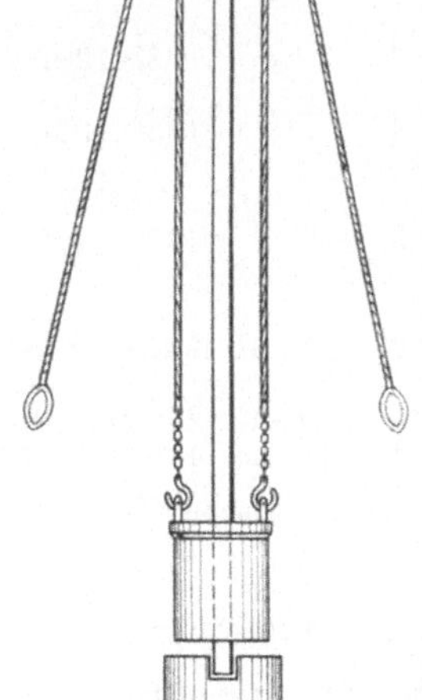

Abb. 62. Pionierramme.

Es sind zunächst *Geräte für Rammarbeiten* unter besonderer Berücksichtigung der neueren Konstruktionen von Dampframmen und Dieselrammen in tabellarischen Übersichten zusammengestellt.

A. Handzugramme und Viermännerramme.

Das Einrammen der Pfähle von etwa 15 bis 20 cm Ø mit der Handramme (Viermännerramme) kostet einschließlich aller Nebenarbeiten und einschließlich Aufsicht für kleine Tiefen in gewöhnlichem Boden je 1 m eingerammter Länge . . . . 2 bis 3 St.

Handzugrammen mit 250 kg und 500 kg Bärgewicht mit Tauwerk und 16 bzw. 32 Zug-

[1] Siehe Anhang, Nachkalkulation der Löhne, Abschnitt C.

leinen werden nicht mehr verwendet. Dagegen wird für Pfahlrammungen von Hilfsgerüsten und ähnliche untergeordnete Zwecke die *Pionierramme* mit 50 kg Bärgewicht auch heute noch mit Vorteil auf Baustellen verwendet. Abb. 62 zeigt eine Pionierramme, welche von 2 Mann bedient wird.

Beispiel mit Handzugramme (oder Pionierramme).

Beispiel 32. Für das Lehrgerüst einer Brücke waren 52 Pfähle ∅ 20 cm, etwa 5 m lang, bei einem Wasserstand von 3 m etwa $1\frac{1}{2}$ m tief in Kies einzurammen. Es waren vier Pfahlreihen je 13 Pfähle in Abständen von 2 m bis 2,50 m zu rammen.

Das Rammen erfolgte mit einer *Handzugramme*, welche auf zwei Pontons montiert war.

Einschließlich der Einrichtungsarbeiten fielen an Lohnstunden 950 St_{mi} an.

Es betrug demnach der Lohnaufwand für

das Einrammen von *einem Pfahl* 950/52 = *18,3* St_{mi} oder

für 1 m gerammter Pfahllänge $\frac{950}{52 \cdot 1,5} = 12,2$ St_{mi}.

Zu diesen Kosten kommen die Kosten für das Wiederentfernen der Pfähle.

B. Dampframmen und Dieselrammen.

a) Zusammenstellung von älteren Dampframmen.

Bauart der Ramme	Bärgewicht kg	Anzahl der Schläge je min	Schlagleistung mkg	Nutzhöhe mm	Bedienung Mann	Maschinenleistung PS	Gesamtgewicht kg	Neuwert[1] etwa DM.
Kleindampframme	500	45	475	6000	2	6	3950	10000,–
Reihenramme mit endloser Kette	800	12	1200	10000	3	6	9800	20000,–
Direkt wirkende Drehramme mit Dampfbär . . .	1000	30—40	1250	10000	4	10	12500	35000,–
Reihenrammen mit rücklaufendem Seil und Nachlaufkatze	1500	6—8	2250 —3750	12000	3	4	13000	40000,–
Direkt wirkende Drehramme mit Dampfbär . . .	2000	30	3360	16000	4	5—10	24750	50000,–
Direkt wirkende Universal-Betonpfahlramme . . .	2500	30—40	3380	12000	4	10—12	26000	55000,–
Desgleichen	4000	30—40	5400	18000	4	16—18	42500	80000,–

Die Fallhöhen des Bärs betragen für die einzelnen Typen zwischen 950 mm und 2000 mm.

b) Zusammenstellung neuerer Dampf- und Dieselrammen.

Bei den Dampframmen beziehen sich die Werte auf *Rammbären mit halbautomatischer Steuerung*. Die Rammen können aber auch mit MENCK-*Schnellschlagbären* (Bärgewichte mit Rammplatten von 1100 bis 5400 kg) ausgestattet werden.

---

[1] Die Neuwerte sind, da es sich um ältere Geräte handelt, auf der Basis Frühjahr 1954 geschätzte Werte.

Modell	Bär-Fall-gewicht kg	Schlagzahl je min	Schlag-leistung je Schlag bei 1250 mm Fallhöhe mkg	Nutz-höhe m	Bedie-nungs-leute	Leistung der Antriebs-maschine PS	Gewicht der Ramme[1] mit Rammbär etwa kg	Preis[2] Frühjahr 1954 etwa DM.
1. Dampframmen mit Menck-Dampframmbären mit *halbautomatischer Steuerung* (Rohrgerüstrammen)								
MR 8	900	37	1125	12,5	3	16	11050	68000,—
MR 12	1300	36	1685	15	3	20	16000	80000,—
MR 18	2000	36	2500	17,5	4	30	24475	100000,—
MR 27	3000	35	3750	20,5	4	30	35100	125000,—
MR 40	4500	35	5625	24	4	50	50500	165000,—
MR 60	6750	34	8430	28	4	75	76000	220000,—
2. Dieselrammen mit Menck-Dieselbären, System Prof. Seidl (Rohrgerüstrammen)								
RG 5	600	50	625 bis 750	7,5	3	Hand-winde	3125[3] 3250[4]	17500,— 19500,—
LR 12	1200	50	1800 bis 2000	12,5	3	10	7800	40000,—
MR 8	600	50	625 bis 750	13	3	22	8700	64000,—
MR 12	1200	50	1800 bis 2000	15	3	24	13800	79000,—
MR 18	2000	50	3000	17,5	4	45	21275	97000,—
MR 27	3700	50	4640	22	4	70	29150	110000,—
MR 40	5400	50	6750	25,7	4	90	42300	143000,—

Abb. 63 zeigt eine „*MR 18*“ mit halbautomatischem Menckbär. Beim *Menckbär* dient der Zylinder als Schlagkörper, während Kolben und Kolbenstange stillstehen, sich mittels der Bärschiene auf den Pfahl stützen und mit ihm niedersinken.

Menckbären mit passenden Führungen werden für Fallgewichte von 1350 bis 10000 kg (Totalgewichte 1900 bis 14000 kg) hergestellt.

Montagekosten (mit Baustellentransport) der MR-Dieselrammen

	MR 8	MR 12	MR 18	MR 27	MR 40	
1. Aufbau der Ramme . .	160	250	450	500	700	St_{masch}
2. Abbau der Ramme . .	120	200	300	350	450	St_{masch}

c) **Schnellschlagbären** (für Dampf und Preßluft).

Häufig werden heute mit Vorteil *Schnellschlagbären* verwendet, entweder im Zusammenhang mit einer Rohrgerüstramme oder freihängend an dem Seil eines Kranes, Baggerauslegers oder Turmdrehkrans. Im letzteren Falle bedürfen die Pfähle, Spundbohlen u. dgl. einer Führung

[1] Konstruktionsgewicht. Beim Rammen nach vorn mit Neigungen > 1 : 8 und bei Verwendung als Kran und Pfahlzieher müssen noch *Gegengewichte* vorgesehen werden: MR 8: 1000 kg, MR 12: 1500 kg, MR 18: 2200 kg, MR 27: 3300 kg, MR 40: 6000 kg.

[2] Preis für vollständige betriebsfertige Ramme *ohne* Gegengewicht und Einrichtung zur Verwendung als Kran, Auslegerramme und Pfahlzieher.

[3] Mit Handwinde.

[4] Mit Benzinmotorwinde.

(Winkeleisen u. dgl.). Man kann damit oft schwierige Rammgerüste vermeiden. Abb. 64 zeigt die Schnellschlagbären SB 27 (3625 kg) und SB 12 (1650 kg) von MENCK & HAMBROCK. Abb. 65 gibt die Hauptabmessungen und Bärgewichte. Beispiel 36 behandelt eine solche Rammung. Etwa erforderliche *Transportgerüste* für den Kran sind besonders

Abb. 63. „MR 18" mit ausgefahrener Schiebebühne und halbautomatischem Menckbär.

Hauptabmessungen.

Modell	SB 80	SB 120	SB 180	SB 270	SB 400	SB 600
H	1670	1835	2040	2270	2565	2800
B	320	375	445	505	580	670
C	330	375	445	505	580	660
D	590	650	780	850	980	1200
G	1200	1800	2700	3800	5600	8200
Neuwert* DM.	6500,—	7500,—	10000,—	13400,—	16000,—	21000,—

G = Bärgewicht in kg (Totalgewicht).

* Anschaffungskosten Frühjahr 1954.

zu ermitteln. Für Rammleistungen in leichten Böden kann man rechnen Totalgewicht = Pfahlgewicht.

Bei *Preßluftbetrieb* beträgt die *angesaugte Luftmenge* m^3/min

bei Type	SB 80	SB 120	SB 180	SB 270	SB 400	SB 600
m^3/min	5,0	6,5	8,0	11,0	16,0	21,0

Abb. 64. Schnellschlagbär SB 27 und SB 12 von Menck und Hambrock.

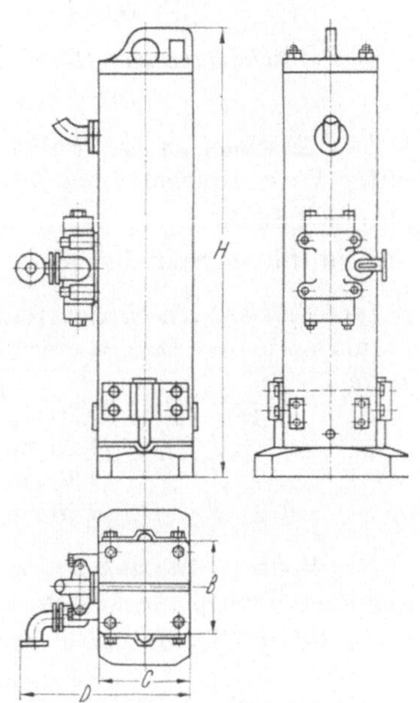

Abb. 65. Hauptabmessungen und Bärgewichte von Schnellschlagbären (Menck).

C. *Vorbereiten der Pfähle für die Rammung.*

Rundholzpfähle und Kantholzpfähle (Leitpfähle).

Das *Spitzen eines Rund- bzw. Spundpfahls* kostet, wenn d = Durchmesser des Rund- bzw. Spundpfahls in cm bedeutet, F = Querschnittsfläche:

Bei Kiefern- oder Fichtenpfählen $0{,}001 \cdot F \cdot$ Stz. = $0{,}0008\, d^2$ Stz.

Das *Anspitzen* (für Beschuhen) von *1 lfd. m Spundwand* von a cm Stärke kostet . . . . 0,08 a Stz.

Das Anschuhen eines Spund- oder Rundpfahls kostet, wenn U = Umfang des Pfahls in cm bedeutet, d = Durchmesser des Pfahls in cm

$$0{,}002\, U \text{ Stz.} = 0{,}006\, d \text{ Stz.}$$

Das *Anschuhen von 1 lfd. m Spundwand* 10 bis 20 cm st. kostet 0,2 Stz.

Das Anlegen eines Ringes am Rund- oder Spundpfahl kostet, wenn U = Umfang des Pfahls in cm bedeutet,

$$0{,}002\, U \text{ Stz.} = 0{,}006\, d \text{ Stz.}$$

Das Anschneiden eines Zapfens kostet, wenn F = Pfahlquerschnitt in cm² bedeutet,

$$0{,}0008\,F \text{ Stz.}$$

Das Abschneiden der Pfähle über Wasser von Hand kostet, wenn F = Pfahlquerschnitt in cm² bedeutet,

$$0{,}001\,F \text{ Stz.} = 0{,}0008\,d^2 \text{ Stz.}$$

Das Abschneiden von Hand für 1 lfd. m Spundwand a cm stark kostet

über Wasser . . . *0,1 a* Stz.

Das Abschneiden der Pfähle unter Wasser kostet bei 75 bis 150 cm unter Wasserspiegel *3mal soviel*

also je 1 Pfahl . . . . $0{,}0025\,d^2$ Stz.

und je lfd. m Spundwand *a* cm stark . . . . *0,2 a* bis *0,3 a* Stz.

Das Spitzen, Anschuhen und *Abschneiden* eines Rund- oder Spundpfahls sowie das *Anlegen* eines Ringes kostet *einschließlich kurzer Transporte*

je 1 Pfahl	Ø 20 cm (18/18)	1,0 Stz.
,, *1* ,,	Ø 25 cm (22/22)	1,5 Stz.
,, *1* ,,	Ø 30 cm (26/26)	2,5 Stz.
,, *1* ,,	Ø 40 cm (35/35)	4,0 Stz.

Das Spitzen, Anschuhen und Abschneiden („Zurichten") einschließlich kleinerer Transporte kostet

für *1 lfd. m Spundwand a* cm stark (Leitpfahl alle 2 m) *0,2 a* Stz.

a =	8 cm	10 cm	12 cm	14 cm
Stz./1 lfd. m	*1,6*	*2,0*	*2,4*	*2,8*

D. Materialverbrauch.

An *Pfahlsorten* sind zu nennen:

1. Rundholz- und Leitpfähle.
2. Hölzerne Spundwände.
3. Stahlspundwände (Larssenwände, System Rote Erde, Dortmunder Union, Klöckner, Stahlbau Rheinhausen usw.).
4. Stahlbetonpfähle für Pfahlgründungen.

1. Rundholz- und Leitpfähle.

Liste über Pfahl- und Spunddielenschuhe.

Glockenpfahlschuhe mit eingeschweißtem Kern (Abb. 66a)

				Preis[1] etwa DM.
120 mm weit	200 mm hoch	Stück	1,5 bis 2,0 kg	5,50 bis 8,—
165 mm ,,	270 mm ,,	,,	3,7 ,, 4,0 kg	10,50 ,, 12,—
200 mm ,,	310 mm ,,	,,	5,0 ,, 7,5 kg	13,— ,, 20,—
250 mm ,,	360 mm ,,	,,	7,0 ,, 10,0 kg	16,— ,, 25,—

[1] Frühjahr 1954.

Vierlappige Pfahlschuhe mit eingeschweißtem Kern (Abb. 66b)

				Preis[1] etwa DM.
140 mm weit	250 mm hoch	Stück 2,8 bis 3,0 kg		8,— bis 9,—
200 mm ,,	370 mm ,,	,, 5,0 ,, 6,0 kg		13,— ,, 15,—
240 mm ,,	400 mm ,,	,, 8,0 ,, 8,5 kg		18,— ,, 20,—

Abb. 66a

66b

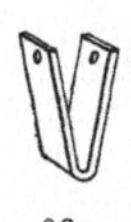
66c

66d

Versenkt geschmiedete Nägel zu allen Schuhen, 50 bis 70 mm lang.

1 Pfahlring für 25 cm Ø, 6 cm breit, 2,5 cm st., 12 kg.

1 Bolzen zum Verschrauben von Pfählen und Zangen, Ø 18 mm, 40 cm lang, 1 kg . . . . 1,— bis 1,30 DM.

Man kann *auf 10 bis 12 Pfähle 1 Pfahlring* als verbraucht rechnen.

2. Hölzerne Spundwände.

Spunddielenschuhe ohne Kern (Abb. 66c)

				Preis[1] etwa DM.
120 mm hoch,	4 mm Blechstärke,	15 bis 20 cm breit, Stück 1,5 bis 2,0 kg,		2,— bis 2,50
120 mm ,,	5 mm ,,	15 bis 20 cm breit, Stück 2,0 bis 2,5 kg,		2,50 bis 3,50

Spunddielenschuhe mit eingeschweißtem Kern (Abb. 66d)

150 mm hoch,	4 mm Blechstärke,	15 bis 20 cm breit, Stück 2,0 bis 2,5 kg,	5,20 bis 6,50
180 mm ,,	5 mm ,,	15 bis 20 cm breit, Stück 2,5 bis 3,0 kg,	6,50 bis 8,—
200 mm ,,	5 bis 6 mm ,,	15 bis 20 cm breit, Stück 4,0 bis 5,0 kg,	10,50 bis 13,—

Beispiel 33. Rammen von *hölzernen Spundwänden.*

Bei kurzen Längen bestehen hölzerne Spundwände aus den Spundbohlen und Zangen, bei größerer Länge zumeist aus Leitpfählen, Spundbohlen und Zangen.

a) Leitpfähle. Ist l = Länge des Spundpfahls (in m), s = Stärke des Spundpfahls (in cm), so kann man setzen $s = 24 + (l - 4) \cdot 1{,}5$.

Für $l = 5$ m wird z. B. $s = 25$ cm.

b) Spundbohlen. l = Länge der Bohlen (in m), s = Stärke der Bohlen (in cm). $s = 7 + (l - 2) \cdot 1{,}5$.

Für $l = 4$ m ist die Stärke z. B. $s = 7 + (4 - 2)\,1{,}5 = 10$ cm.

Für *Leitpfähle* 25/25 von 5 m Länge beträgt die Entfernung der Pfähle voneinander im allgemeinen zwischen 2 und 3 m. Zangen 14/16 cm.

Beispiel 34. *Spundbohlen* von 4 m Länge, etwa 35 cm Breite und 12 cm Stärke, mit Schweinsrückenspundung (dreieckig im Gegensatz zur quadratischen Spundung).

---

[1] Frühjahr 1954.

Auf 1 m gerammte Pfahllänge entfallen laut Nachberechnung, wenn Stz. den Stundenlohn eines Zimmermanns bedeutet, für

Einrichtung und Aufstellen der Rammen	0,20 Stz.
Rammarbeiten	4,11 „
Nebenarbeiten (Aufbringen der Ringe, Nachschneiden der Hölzer usw.)	0,78 „
Abbruch der Rammen und Abtransport	0,16 „
Für 1 stgd. m Pfahl insgesamt	*5,25 Stz.*

3. Stahlspundwände.

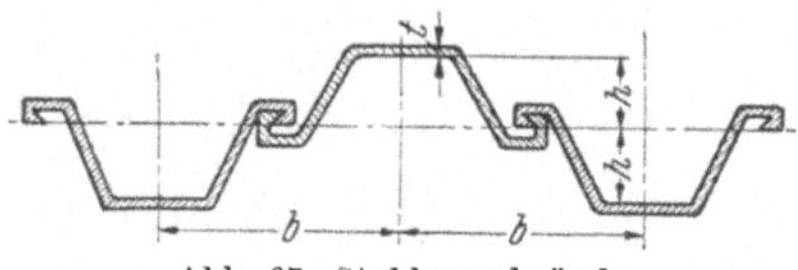

Abb. 67. Stahlspundwände.

Zunächst seien die heute üblichen Abmessungen für *Larssenspundwände* in Tabellenform gegeben, da diese bei der Kalkulation von stählernen Spundwänden stets gebraucht werden. In der nachstehenden Tabelle werden folgende Bezeichnungen gewählt (s. Abb. 67):

b = Breite der Bohle in mm
t = Stärke der Bohle in mm
h = Profilhöhe über Wandachse in mm
g = Gewicht einer Bohle je lfd. m in kg
G = Gewicht je 1 m² Wand
W = Widerstandsmoment je lfd. m Wand in cm³.

Larssenwände.

Profil	b mm	t mm	h mm	g kg/m	G kg/m²	W cm³
1	400	8	75	38	96	500
2	400	10,5	100	49	122	849
3	400	14,5	123,5	62	155	1363
4	400	15,5	155	75	187	2037
5	420	22	172	100	238	2962

Ein Verzeichnis verschiedener Profile neuzeitlicher *Stahlspundbohlen*, welche in *Längen bis etwa 20 m* geliefert werden, zeigt das nachstehende Verzeichnis mit den Abb. 68 bis 70.

Stahlspundbohlen (System Klöckner).

Wulst-Klauen-Profile.

Profil Nr.	Höhe h mm	Breite b mm	Flansch t mm	Steg d mm	Umfang lfd. m Wand cm	Querschnittfläche cm²/Bohle	Gewicht in kg lfd. m Bohle	Gewicht in kg 1 m² Wand	Widerstandsmoment des Stabes cm³	Widerstandsmoment lfd. m Wand cm³	Güteverhältnis $W:G$
Ia	150	333,3	6,5	6	315	37,83	29,7	89	200	600	6,8
IIa	200	400	8,5	8	325	59,11	46,4	116	400	1000	8,6
II	200	400	9,5	8,5	328	62,20	48,8	122	440	1100	9,0
IIIa	230	400	10	8	345	71,84	56,4	141	560	1400	9,9
III	231	400	11	9	345	79,00	62,0	155	640	1600	10,3
IVa	270	375	11,5	9	375	82,16	64,5	172	750	2000	11,6
IV	270	375	12,5	9,5	376	88,37	69,4	185	810	2160	11,7
X	100	400	9,5	9,5	260	52,00	40,8	102	154	385	3,8
XII	130	400	12	12	265	65,22	51,2	128	240	600	4,7

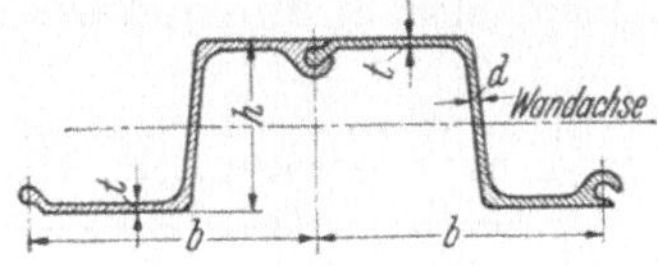

Abb. 68. Profile Ia bis IV.

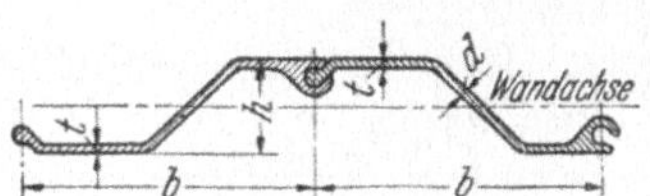

Abb. 69. Profile X und XII.

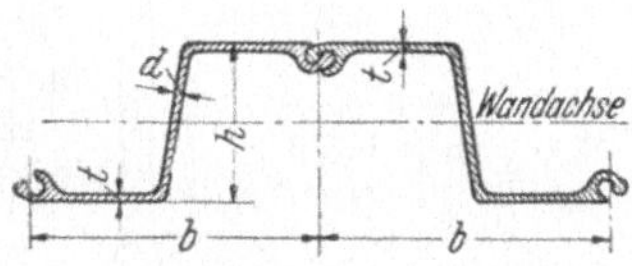

Abb. 70. Profile 1 D bis 5 D.

Doppelklauen-Profile.

Profil Nr.	Höhe *h* mm	Breite *b* mm	Flansch *t* mm	Steg *d* mm	Umfang lfd. m. Wand cm	Quer-schnitt-fläche cm^2/Bohle	Gewicht in kg lfd. m Bohle	Gewicht in kg 1 m^2 Wand	Widerstands-moment des Stabes cm^3	Widerstands-moment lfd. m Wand cm^3	Güte-ver-hältnis *W*:*G*
1 D	130	400	8	8	300	50,93	40,0	100	231	580	5,8
2 D	175	400	9	8	326	62,20	48,8	122	400	1000	8,2
3 D	220	400	11	9,5	345	79,00	62,0	155	600	1500	9,7
4 D	250	400	12	10,5	365	94,17	74,0	185	800	2000	10,8
5 D	300	375	14	11	400	113,76	89,3	238	1125	3000	12,6

An *Spezialprofilen*[1] sind noch zu nennen *Unionkastenbohlen* Profile I und II 460×276 mm bzw. 460×369 mm mit *337,8 kg* und *380,4 kg je 1 m² Wand* (einschließlich Schloßeisen) und $W_x = 3200$ cm³ bzw. 4890 cm³.

Die *Larssenstahlpfähle* (LP 1, LP 2, LP 3, LP 4 und UP 2) haben Abmessungen von 434×260 mm bis 446×369 mm und *Gewichte von 71,2 bis 155 kg/1 stgd. m.*

E. Ermittlung des Lohnaufwandes und des Betriebsstoffverbrauchs für Rammarbeiten.

Die folgenden Angaben über *Lohnaufwand* enthalten nicht die Einrichtungslöhne (Auf- und Abbau der Ramme, Erstellen von Rammgerüsten usw.). Erfaßt sind jedoch die Arbeiten für das *Vorbereiten* der Pfähle, Spundwände usw., die erforderlichen *Nahtransporte* nebst Zwischenlagerung auf der Baustelle und die „*allgemeinen Arbeiten*“. Als *Untergrund* ist *Sand*, sandiger Kies oder weicher Ton angenommen. Vorausgesetzt sind Pfahlgeräte, welche den jeweiligen Pfahlsorten entsprechen.

[1] Siehe „Stahl im Hochbau“ Verlag Stahleisen m. b. H. Düsseldorf, Springer Berlin.

I. Rammen von Rundholzpfählen, Stahlbetonpfählen, Stahlrohrpfählen.

1. Rammen an Land

für *Gründungen*, wo etwa Pfahllänge = stgd. m eingerammtem Pfahl.

Pfahlart	Lohnaufwand in St_{mi} je 1 stgd. m Pfahl	Bemerkung
Holz ∅ 25 cm	4,0 (2,5)	Die Klammerwerte gelten für Gerüstpfähle, wo nur etwa $^1/_3$ des Pfahls in den Untergrund eingerammt wird.
„ ∅ 30 cm	5,0 (2,8)	
„ ∅ 40 cm	6,0 (4,0)	
Stahlbeton 25/25 cm .	3,0 } ohne Köpfen	
„ 30/30 cm .	4,0 } (1,5 St_{mi}/Pfahl)	
Stahlrohr ∅ 42 cm 1 t/stgd. m.	12,0 (8,0)	

2. Rammen im Wasser (Flußrammung)

von *Pfählen für Fördergerüste, Montagegerüste und Lehrgerüste.*

Die Rammung erfolgt von einem Rammpodium aus (eigens zu kalkulieren nach der Örtlichkeit) oder mit Schwimmramme oder mit Schnellschlaghammer. Die stgd. m Pfahl werden = der tatsächlichen Pfahllänge gesetzt, während nur $^1/_3$ (bis max $^1/_2$) des Pfahls in den Untergrund eingerammt wird. Auch der Auf- und Abbau der Ramme ist bei den Einrichtungskosten zu veranschlagen. Der Lohnaufwand hängt hier natürlich weitgehend vom Wasserstand und der Strömung im Fluß ab. Die folgenden Werte können daher nur als Richtwerte für mittlere Verhältnisse angesprochen werden. Es sind Pfahllängen von i. M. 8 bis 13 m angenommen.

Pfahlart	Lohnaufwand	
	für Rammen St_{mi} je 1 stgd. m Pfahl	für Ziehen der Pfähle St_{mi}/1 stgd. m
Holz ∅ 25 cm	3,0 bis 4,0	1,0 bis 1,5
„ ∅ 30 cm	4,0 bis 5,5	1,2 bis 2,0
„ ∅ 40 cm	6,0 bis 7,0	1,5 bis 2,5
Stahlrohr ∅ 40 cm . . (420 mm äußerer ∅, Gewicht 0,1 t/1 stgd. m) i. M. 12 m lang	10,0 (davon entfallen 1,0 St_{mi}/stgd. m = 10 St_{mi}/t auf Abladen, Lagern, Vorbereiten der Pfähle, Nahtransport zur Verwendungsstelle und allgemeine Arbeiten)	3,5

Soweit der *Betriebsstoffverbrauch* nicht nach dem eingesetzten Geräte ermittelt wird, kann man bei *Dampframmen* für das Rammen einen Betriebsstoffverbrauch von max *15 kg Kohle/1 stgd. m bei Landrammungen* und max *10 kg Kohle/1 stgd. m bei Gerüstrammungen und Flußrammungen* annehmen (bei Dieselrammen entsprechend etwa 2,5 kg Dieselöl/1 stgd. m Pfahl). Dazu kommen 15% Zuschlag für Öle und sonstige Schmierstoffe.

Die folgenden Beispiele von Pfahlrammungen sollen zeigen, wie verschieden geartet Rammarbeiten sein können.

Rammen von Rundholz- und Leitpfählen.

Beispiel 35. Gründungsarbeiten mit einer älteren Dampframme an einem Brückenbau in Österreich: Bärgewicht 1000 kg. Fallhöhe des Bärs 1,5 m. Totalgewicht der Ramme mit Zubehör 5400 kg. Anzahl der Schläge in der Minute 10. Neuwert der Ramme etwa 15000,— DM. Untergrund 3,5 m Triebsand, darunter fester Sand. Länge und Anzahl der Pfähle etwa 760 Pfähle, Ø 30 i. M., 5,0 m lang. Leistung im Tag 10,5 Pfähle zu 5,0 m. Dauer der Arbeit etwa 80 Tage. Bedienung der Ramme 1 Maschinist, 1 Zimmermann, 3 Arbeiter.

Aus dieser Besetzung läßt sich der mittlere Stundenlohn für die Rammarbeiten St_{mi} ermitteln.

Kostenermittlung (an Hand der Nachkalkulation).

a) Gerätekosten. Gerätemietdauer für die Ramme 4 Monate (250 h/Monat).

Abschreibung + Verzinsung	1,5% je Monat
Geräteunterhaltung (Lohn + Material)	1,0% ,, ,,
Gerätekosten	2,5% je Monat

4 Monate zu 2,5% = 10% von 15000,— DM. = 1500,— DM.

oder $\frac{1500}{760}$ = *2,— DM./1 Pfahl* oder 2,—/5 = *0,40 DM./1 stgd. m Pfahl.*

b) Löhne für 1 Pfahl: Anspitzen der Pfähle, Transport usw. 1890/760 = 2,5 Stz.

Einrammen der Pfähle (einschließlich Aufsicht) 5300/760 . . .	7,0 St_{mi}
Einrichtungsarbeiten, Montage, usw. 1700/760	2,25 ,,
Insgesamt Arbeitslöhne für *1 Pfahl*	2,5 Stz. + 9,25 ,,
oder für *1 stgd. m eingerammter Pfahllänge*	*0,5 Stz. + 1,85* ,,

c) Betriebsstoffe. Der Kohlenverbrauch betrug etwa 19000 kg oder für 1 Pfahl 19000/760 = 25 kg oder für 1 m eingerammter Pfahllänge 5 kg/1 stgd. m.

Dazu kommen noch die Kosten für Öle, Fette, Schmiermaterial, Wasser usw., welche etwa zu 30% der Kohlekosten angesetzt werden können.

d) Verbrauch an Pfahlringen. Der Verbrauch an Pfahlringen kann nach S. 225 angesetzt werden, womit sich ein Verbrauch von insgesamt 760/11 · 15 kg = 1040 kg ergibt.

Mit diesen Angaben können die *Selbstkosten* aus Lohn und Material mit den entsprechenden Zuschlägen für Gemeinkosten (mit Sozialaufwand), Geschäftskosten und Allgemeine Baukosten gebildet werden. Dazu kommen die *Einrichtungskosten* (Auf- und Abbau, Hin- und Rückfracht, Verladen usw.) und die Kosten für eventuell notwendige *Rammgerüste* (s. S. 235 bzw. Abschnitt XVIII Zimmerarbeiten). Auf diese Kosten erfolgt dann ein *Zuschlag für Wagnis, Gewinn und Umsatzsteuer.*

Beispiel 36. Nachkalkulation einer Pfahlrammung von *60 Pfählen Ø 40 cm und 9,0 m lg.* für das Untergerüst eines Lehrgerüsts in einem Fluß, mit dem Schnellschlaghammer SB 12, welcher von einem Turmdrehkran aus auf den Pfahl aufgesetzt wurde (mit Führungsschiene). An Geräten waren erforderlich:

1 Turmdrehkran Wolff 45, 1 Dampflokomotive (zur Speisung des Dampfhammers), 1 Schnellschlaghammer 1,7 t, 1 Ponton.

Beim Rammen beteiligt waren:

1 Rammeister, 1 Maschinist (Lok), 1 Kranmaschinist, 3 Zimmerleute (auf Ponton), 3 Hilfsarbeiter (Pfahltransport), 1 Mann Windenbedienung, 1 Mann Werkstatt.

Leistung i. M. *2 Pfähle*/Arb.-Tag (11 h),

somit Lohnaufwand $\frac{11 \times 11}{2}$ = *60 St_{mi} /1 Pfahl,*

dazu Vorrichten (Beschuhen) *5 Stz./1 Pfahl.*

Die Betriebsstoffkosten lassen sich aus obigem Geräteeinsatz leicht ermitteln, ebenso alle übrigen Kosten.

Etwa erforderliche *Arbeitsgerüste* müssen von Fall zu Fall besonders veranschlagt werden.

Das Anbringen der Längs- und Querverbände (45 m^3 Kantholz) hat im obigen Beispiel 18,5 Stz./1 m^3 gekostet.

Rammen von Stahlbetonpfählen.

Beispiel 37. Eine Stahlbeton-Pfahlgründung für eine Eisenbahnbrücke über einen kleinen Fluß von etwa 20 m Breite und 2 m Tiefe sei zu kalkulieren. Der Untergrund bestehe aus Moor und lockerem Kies. Es seien etwa 150 Stahlbetonpfähle. 25/25, 6 m lang, auf etwa 4,5 m Tiefe für zwei Widerlager und einen Mittelpfeiler in den Untergrund einzurammen. Zur Verfügung stehe eine Dampfkunstramme mit einem Bär von 750 kg Gewicht. Die Belegschaft soll angenommen werden zu 1 Maschinist, 1 Klappenzieher und 5 Mann für Transport und Hochziehen der Pfähle. Die tägliche Leistung in 9 h betrage 4 bis 5 Pfähle. Lohnaufwand und Betriebsstoffverbrauch sollen ermittelt werden.

Lösung. Die gesamte Pfahllänge beträgt 150 · 6,0 = 900 stgd. m.

a) Lohnaufwand: Einrichtungsarbeiten (Aufstellen und zweimal Versetzen einschließlich Wiederabbrechen der Ramme) 500 St_{mi} 500/900 . . . . 0,6 St_{mi}

Für Herstellung eines Rammgerüstes (Mittelpfeiler) und Gleisarbeiten 900 St_{mi} = 900/900 . . . . 1,0 St_{mi}

Rammarbeiten $\frac{7 \cdot 9}{4{,}5 \cdot 6{,}0} = 2{,}35\ St_{mi}$ . . . . 2,35 St_{mi}

Lohnkosten für 1 stgd. m Pfahl rd. . . . . *4,0* St_{mi}

oder für 1 Pfahl 4,0 · 6,0 = *24* St_{mi}.

Dazu kommt noch das *Köpfen der Pfähle,* das man, sofern es nicht mit Druckluft geschehen kann, mit *1* St_{mi} *für 1 Pfahl* ansetzen kann.

b) Betriebsstoffe: Kohlenverbrauch etwa 360 kg = 360/27 = *13,3 kg/1 stgd. m Pfahl* oder 13,3 · 6 = *80 kg für 1 Pfahl.* Ölverbrauch täglich: 0,8 kg Maschinenöl, 0,8 kg Zylinderöl, 0,8 kg konsistentes Fett, 0,2 kg Putzwolle.

Über *Materialkosten* (Holzverbrauch) des Rammgerüstes siehe die Bemerkung am Ende des Abschnitts.

Spezialausführungen von Betonpfählen.

Neben „Fertigpfählen“ gibt es zahllose Spezialpfahlausführungen (Wolfsholz, Franki usw.). Bei großen Lasten ist auch das in Österreich viel verwendete *Ortpfahlverfahren*[1] wirtschaftlich und stahlsparend (bei Durchmesser = 50 cm P = 60 bis 90 t).

II. Rammen von Holzspundwänden.

Abmessungen der Holzspundwände	*Lohnaufwand*[2] $St_{mi}/1\ m^2$ a) Rammung im Trocknen für Baugrubenumschließungen, Spundwandlängen (etwa = gerammter Tiefe)	b) Flußrammungen für Baugrubenumschließungen, Fangedämme usw. (eingerammt höchstens $^1/_2$ der Spundwandlänge)
10 cm stark	3,5 St_{mi}/m^2	4,0 St_{mi}/m^2
12 cm „	4,0 „	5,0 „
14 cm „	5,0 „	7,0 „

[1] Patente für „Expreßpfähle“ der Wiener Pfahlbaugesellschaft m. b. H. (Sternpfahl). [2] Bezogen auf *1* m^2 *tatsächlich eingebauter Wandfläche.*

Bemerkung: Bei Verwendung von *Leitpfählen* sind für diese getrennt *5 St_{mi}/ 1 stgd. m* zu rechnen. Für das *Ziehen* (oder Abschneiden) kann man etwa die Hälfte der obigen Werte annehmen. Beim *Drehen der Ramme* an den Ecken (von Baugrubenumschließungen) sind je 50 St_{mi} zuzuschlagen. Ebenso muß bei *großen Wassertiefen und starker Strömung* ein Zuschlag erfolgen (besser Stahlspundwände).

Rammen von hölzernen Spundwänden.

Beispiel 38. Für ein Bauwerk (Dükerbau), welches in schlechten Baugrund zu liegen kam, wurde Aushub zwischen Spundwänden vorgesehen. Da im Untergrund, der aus Moor und Fließsand bestand, Baumstücke u. dgl. sich vorfanden, wurden Spunddielen mit eisernen Schuhen gewählt. Es waren zu rammen etwa 200 lfd. m Wand, und zwar je 100 lfd. m in einem Abstand von etwa 3 m. Die Spundwände waren 12 cm stark und hatten entsprechend einer Rammtiefe von 5 bis 6 m eine Länge von 5,50 bis 6,50 m. Die Spundwände wurden ohne Leitpfähle gerammt mit einer Drehramme von etwa 1000 kg Bärgewicht.

Die durchschnittliche Rammleistung betrug 30 m² im Tag (12 h).

Die *Lohnkosten* dieser Arbeit mit etwa 1050 m² Gesamtleistung können etwa wie folgt ermittelt werden:

a) *Einrichtungsarbeiten:*	Aufstellen und Abtransport der Ramme .	660 St_{mi}.
	Abbau der Ramme	330 St_{mi}.
		990 St_{mi}.
Dazu Zurichten der Pfähle		200 St_{mi}.
Erstes Gleislegen		120 St_{mi}.
Einrichtungsarbeiten insgesamt		1310 St_{mi}.

oder je 1 m² 1310/1050 = 1,25 St_{mi}.

b) *Schlagen der Spundwände* (einschl. Versetzen der Ramme usw.):
Durchschnittliche Belegschaft: 1 Rammeister, 3 Facharbeiter, 5 Hilfsarbeiter. Bei 12stündiger Arbeitszeit ergibt sich somit ein Lohnstundenverbrauch

$$\text{von } \frac{9 \cdot 12}{30} = 3{,}6\ St_{mi} + 0{,}4\ St_{mi} \text{ für allgemeine Arbeiten} = 4{,}0\ St_{mi}.$$

Der gesamte *Lohnstundenaufwand je 1 m² gerammter Fläche* beträgt demnach

$$1{,}25 + 4{,}00 = 5{,}25\ St_{mi}.$$

Die Kostenberechnung ist zu ergänzen durch Berechnung des Betriebsstoffverbrauchs und Baustoffverbrauchs einschließlich Eisenverbrauch für die Spunddielenschuhe.

Beispiel 39. Etwa 40 lfd. m hölzerne Spundwand, 12 cm stark, 4 m lang, für ein Kraftwerk in Bayern wurde mit einer Dampfdrehramme, mit einem Bärgewicht von 1600 kg, in Kies eingerammt, in dem alle 2 m Leitpfähle 20/20, 4,5 m lang, vorgerammt wurden.

Die *Lohnkosten der reinen Rammarbeiten* ohne Einrichtungsarbeiten (Montage, Gleislegen, Abschneiden der Pfähle, Spunddielen usw.) und allgemeine Arbeiten (Werkstatt, Magazin usw.) ergaben sich etwa wie folgt:

etwa 100 stgd. m Leitpfähle, 20/20 *für 1 stgd. m* . . . . *5 St_{mi}*
etwa 150 stgd. m² Spunddielen, 12 cm *für 1 stgd. m²* . . . . . *4 St_{mi}.*

III. Rammen von Stahlspundwänden.

Es mag fast unmöglich erscheinen, einheitliche für die Praxis brauchbare Kalkulationsnormen für Stahlwandspundrammungen zu geben. Von dem Unterschied zwischen einer Landrammung für eine Baugrubenumschließung gegenüber einer Flußrammung für eine Pfeilergründung oder gegenüber einer Stahlspundwandrammung für Molen- und Uferwände (wo meist nur ein Bruchteil der Wand eingerammt wird) soll zunächst abgesehen werden. Die Schwierigkeit beginnt meist damit, daß sich weder der Bauherr noch der Unternehmer durch ausreichende *Bohrungen* und gegebenenfalls *Proberammungen* ein genaues Bild über die voraussichtliche „*Rammtiefe*" gemacht haben. Spundwandlänge, gewähltes Rammgeräte (zu leichte Rammgeräte verteuern den Lohnaufwand je 1 m², wenn sie auch die Einrichtung verbilligen) und nicht zuletzt die *Beschaffenheit des Untergrunds* spielen eine entscheidende Rolle. Wesentliche Änderungen gegenüber den Annahmen bei der Kalkulation über diese, trotz Bodenaufschlüssen, meist ungenügend bekannte Größe, mahnen zur Vorsicht. Müssen die Wände z. B. in feste Flinz- oder Tonmergelschichten eingebunden werden, so kann es vorkommen, daß die Bohlen aus den Schlössern springen. Auch die Wahl der falschen Bohlenart und Bohlenlänge kann Mehrkosten bedingen. Das Wagnis, mit denen Flußrammungen — besonders in Flüssen mit starker Strömung, wo unter Umständen Abweisbohlen, bei Brückenpfeilern als Eisbrecher, gerammt werden müssen — belastet sind, kann in Kalkulationssätze nicht hereingenommen werden. Erfahrenes Rammpersonal ist Voraussetzung. Es kommt weniger darauf an, Spundwände auf die planmäßige Tiefe zu rammen, als daß sie im Untergrund festsitzen (sonst Einsturzgefahr der Baugrube!). Wenn man bei Landrammungen entsprechend Bodenart und Grundwasserstand, die *richtige Bohlenlänge* und bei Flußrammungen oder Fangedämmen entsprechend dem Untergrund die voraussichtliche Rammtiefe sowie dann die Bohlenlänge geschätzt hat, kann das Profil gewählt werden. Man kann dann alle *Kalkulationswerte*, unabhängig davon, wieviel qm Wand tatsächlich in den Untergrund eingerammt ist, ohne irgendwelche Reduzierungen (nach dem Verhältnis der eingerammten Länge zur tatsächlichen Länge) *auf die m² tatsächlich eingebaute* (nicht eingerammte) *Wandfläche beziehen*. Man muß allerdings bei Flußrammungen die jeweiligen Schwierigkeiten des Einbringens und Verzangens der Bohlen schätzen mit einem Zuschlag. Wie leicht einzusehen, ist bei den ganzen Rammoperationen von Stahlspundwänden *der Stundenaufwand direkt proportional den eingesetzten m² Wandfläche* (bzw. den entsprechenden Gewichten in t). Auch das Einsetzen und Verzangen wird schwieriger, je länger und schwerer die Spundbohlen sind. Demnach kann man die ganzen *Vorbereitungsarbeiten* für die Rammung nach dem Gewicht in t kalkulieren. Es ist daher für *Vorbereitung und Transport* mit folgendem *Lohnstundenaufwand je 1 t Spundbohlen* gerechnet (Antransport ausgeschlossen):

Für Abladen und Lagern auf der Baustelle	2,0 bis 3,0 $St_{mi}/1$ t
Für Vorbereiten der Rammung, Nahtransport zur Verwendungsstelle und Übernahme dort . .	2,5 bis 4,5 $St_{mi}/1$ t
Für Nebenarbeiten (Werkstatt, Lagerplatz)	2,0 bis 2,5 $St_{mi}/1$ t
Für Vorbereitungsarbeiten, Nahtransport und allgemeine Arbeiten, Lohnaufwand	*6,5 bis 10,0* $St_{mi}/1$ *t*

Bei *Stahlspundwänden* (System Larssen, Krupp u. dgl.) erfordert *Vorbereiten und Transport:*

Für Profil	Nr. 1	2	3	4	5
Gewicht t/m²	0,10	0,12	0,16	0,20	0,25
St_{mi}/1 m²	0,9	1,0	1,5	1,8	2,0

Gewiß lassen sich diese Werte für schwere und lange Profile durch Einsatz von Spezialkranen ermäßigen, deren Gerätekosten aber dann besonders zu berücksichtigen sind. In dem in der folgenden Übersicht gegebenen *Lohnaufwand je 1 m² Wandfläche* sind diese *Teilleistungen* der Rammarbeiten, welche direkt proportional dem Gewicht angenommen werden können, mit den vorgenannten Ansätzen *mitberücksichtigt*.

Für mittlere Verhältnisse kann man die *Kalkulationsrichtwerte* der nachstehenden Übersicht zugrunde legen (Tabelle 33).

Die sich anschließenden Beispiele aus der Praxis sollen dann dem Leser die Vielfalt dieser Arbeiten näherbringen.

Tabelle 33. *Übersicht des Lohnaufwandes und Betriebsstoffverbrauches beim Rammen von Stahlspundwänden.*

Profil Nr. (Larssen od. dgl.)	Länge der Stahlspundwände m	Rammbär kg	*Lohnaufwand* für Rammen in St_{mi}/1 m²* und *Schichtleistung* (in Klammer)			Betriebsstoffverbrauch Kohle (kg/m²) [Dieselöl in Klammer]
			in leichtem Boden	mittelschwer. Boden	schwerem Boden	
1/2 (nur bei leichten Böden)	4—6	500—800	*4,0* (15 m²)	*5,0* (12 m²)	*7,0* (8 m²)	18 bis 30 kg [1,2 bis 1,8 kg]
2/3	6—12	800—1200	*3,5* (20 m²)	*4,5* (16 m²)	*6,0* (12 m²)	20 bis 35 kg [1,5 bis 2,0 kg]
3/4	12—16	1200—2500	*3,0* (28 m²)	*4,5* (22 m²)	*5,8* (16 m²)	25 bis 35 kg [1,8 bis 2,5 kg]
4/5	16—20	2500—4000	*2,8* (35 m²)	*4,0* (28 m²)	*5,5* (20 m²)	30 bis 40 kg [2,5 bis 3,0 kg]

Bei *Flußrammungen* + *0,5 bis 1,5* St_{mi}/*1 m²* Zuschlag zu obigen Werten.
Für *Drehen der Ramme an den Ecken von Baugruben* + *50 bis 70* St_{mi}.
Rammgerüste, Auf- und Abbau der Ramme sind gesondert zu ermitteln.
Einbau der Verankerungen in die Baugrubenumschließung: *40* St_{mi}/*1 t*.

Rammen von Stahlspundwänden.

Beispiel 40. Mit einer Kleindampframme von 500 kg Bärgewicht sollen etwa 600 m² eiserne Larssenspundwände Nr. 1 auf 4,5 m Tiefe gerammt werden in einem Untergrund, der aus Fließ und Ton besteht. Die Wand soll fortlaufend gerammt werden können, so daß also das Drehen der Ramme entfällt. Bei Annahme einer täglichen Leistung von 20 m² sollen Lohnaufwand und Betriebsstoffverbrauch je 1 m² ermittelt werden, bei viermaligem Umstellen der Ramme.

* Es wird die *ganze Länge der verwendeten Spundbohlen* gerechnet (bei Landrammungen im allgemeinen Spundwandlänge = Rammtiefe, bei Fangedämmen und Flußrammungen 2- bis 3fache Rammtiefe).

Lösung.

a) Lohnaufwand: Einrichtungsarbeiten und allgemeine Arbeiten 600 $St_{mi} = 600/600$ . . . . 1,00 St_{mi} je 1 m²

Rammarbeiten $\frac{6 \cdot 10}{20} = 3{,}0\ St_{mi}$ . . . . 3,00 St_{mi} je 1 m²

Lohnkosten insgesamt . . . . *4,00 St_{mi} je 1 m²*

b) Betriebsstoffe: Kohlenverbrauch täglich etwa 340 kg = 340/20 = *17 kg/1 m²*
Ölverbrauch etwa 2 kg Maschinenöl im Tag.

Beispiel 41. Bei dem Pfeilerbau einer Flußbrücke war das Pfeilerfundament mit Stahlspundwänden Nr. 3, 12 m lang, zu umschließen. Die Stahlbohlen wurden 5 bis 6 m tief unter Flußsohle gerammt (Kies und Tonmergel). Die Selbstkosten sind nachkalkuliert für *750 m² Rammleistung* (Anfahren, unter die Ramme bringen, Rammen der Spundbohlen). *Nicht berücksichtigt* sind die *Einrichtungskosten* (An- und Abtransport, Auf- und Abbau der Ramme). Die Kosten der Spundwände selbst trägt der Bauherr:

	Gesamt DM.	DM./m²
Gerätemiete und -unterhaltung (besonderer Nachweis)	3000,—	4,—
Aufstellen und Abbrechen des Rammgerüsts (einschließlich Holzabschreibung)	3000,—	4,—
Anfuhr der Bohlen Bahnhof—Baustelle 0,155 t × 8,—		1,25
Lohnkosten der Rammarbeiten 5,5 St_{mi} zu 2,— DM.		11,—
Betriebsstoffe 25 kg Kohle zu 0,10 DM.		2,50
Öle und Schmiermittel		0,60
Sozialaufwand und allgemeine örtliche Baukosten 50% von L		5,50
Besonderes Wagnis der Wasserarbeit u. Hochwasserrisiko		3,15
Selbstkosten je 1 m²		32,—
Für Geschäftskosten, Wagnis, Gewinn und Umsatzsteuer 15% von 32,— DM.		4,80
Angemessener Preis je 1 m² (ohne Spundwandlieferung und Einrichtungskosten).		*36,80*

Ziehen von Stahlspundwänden und Abschneiden unter Wasser.

Die Leistung beim *Ziehen von Spundbohlen mit Pfahlziehern* (Demag IV und V) ist im voraus schwer zu schätzen. In einfachen Fällen und bei geringen Rammtiefen kann man beim Ziehen nahezu mit den gleichen Leistungen rechnen wie beim Schlagen der Spundbohlen. Bei langen in größere Tiefen und in festen Untergrund eingerammten Pfählen können die Leistungen jedoch bis 10 m²/10 Std.-Tag herabgehen. Man kann demnach bei einer Belegschaft von 1 Rammeister, 1 Maschinisten und 7 bis 10 Mann (für Transport, Stapeln usw.) mit *10 m² bis 22 m² durchschnittlichen Tagesleistungen* (10 Stunden) rechnen (Kalkulation sonst wie beim Schlagen). *Arbeiten im Strom* sind, wie auch beim Rammen selbst, mit einem ziemlichen *Wagnis* verbunden, das ebensowenig übersehen werden darf wie die Behinderung durch *Hochwässer* usw. Das *Richten der Spundbohlen* zur Wiederverwendung ist besonders zu veranschlagen.

Das *Abschneiden von Spundbohlen unter Wasser* erfolgt durch den *Taucher.* Außer dem *waagerechten* Schnitt sind *senkrechte* Schnitte zu führen und die Bohlen der geschnittenen Platten auseinanderzuziehen. Je nach dem Umfang der Arbeiten, Stromverhältnissen, Baustellenlage usw. kann man für rohe Überschläge *je 1 lfd. m waagerechten Schnitt* (senkrechte Schnitte, soweit erforderlich, einbezogen) *100,—* bis *150,— DM.* rechnen.

F. Rammgerüste.

Es sei besonders noch darauf hingewiesen, daß, wo „*Rammgerüste*" beim Rammen erforderlich werden, diese getrennt für sich kalkuliert werden müssen, zumal ihre Kosten oft recht beträchtlich sind (man vgl. den Abschnitt XVIII, Zimmerarbeiten). Annäherungsweise kann man für Rammgerüste rechnen (ohne Rammpfähle):

je 1 m² Ansichtsfläche des Gerüsts

Materialbedarf: *0,15 m³ Holz* (½ Rundholz, ½ Kantholz).

Lohnkosten: *5,0 Stz.* (Auf- und Abbau).

Schlußbemerkung. Aus den angeführten Beispielen ist die Verschiedenartigkeit von Rammarbeiten hinsichtlich des Umfangs der Arbeiten, der Untergrundverhältnisse, der Art der zur Verfügung stehenden Ramme, der Notwendigkeit von umfangreichen Rammgerüsten oder Fortfall solcher, Tiefe der Rammung usw. zu ersehen. Es bestätigt sich die schon eingangs gemachte Bemerkung, daß sich allgemeine Regeln für die Kostenberechnung von Rammarbeiten nicht aufstellen lassen. Indessen wird es auf Grund der gegebenen Beispiele, welche in Anlehnung an die Praxis aufgestellt wurden, möglich sein, eine Kostenberechnung für Rammarbeiten aufzustellen, sofern eine gewisse Erfahrung vorhanden ist, mit welchen Leistungen man unter gegebenen Verhältnissen und mit den zur Verfügung stehenden Maschinen rechnen kann.

Es sei noch erwähnt, daß als besonderes Hilfsmittel für Rammarbeiten bei großen Tiefen in festem Sand oder Kies die *Wasserspülung mit Druckwasser von 3 bis 6 at Druck* zur Verwendung kommen kann. Bei kleineren Drücken kann der Anschluß an eine Wasserleitung genügen, bei größeren Drücken ist eine maschinelle Anlage mit Kompressor erforderlich. Man kann in diesem Fall mit Leistungen von 15 bis 30 lfd. m gerammter Pfähle oder 15 bis 20 m² gerammter Spundwände je Tag rechnen (8 h).

XV. Maurerarbeiten[1]

(einschließlich Massivdeckenbau und sonstigen Arbeiten des Hochbaus).

A. Baustoffbedarf.

I. Baustoffbedarf bei Ziegelbauarbeiten
(einschließlich Leichtbetonsteine).

Vorbemerkung: Es werden nur die Steinformate behandelt, die in die Pflichtnormen des Bundesministers für Wohnungsbau, 3. Zusammenstellung Februar 1953, aufgenommen sind.

1. Normalformat nach DIN 105.

Steinmasse 24×11,5×7,1 cm (1960 cm³), mit Fugen 25×12,5×8,3 cm (2595 cm³), Raum für Mörtel also 2595 — 1960 = 635 cm³ = rd. 25%. Gewicht max. 3,7 kg je Stein, *je cbm Mauerwerk rd. 380—400 Steine; 250—270 l Mörtel.*

Ziegelmauerwerk für Umfassungswände.

Gegenstand	Ziegel Stück	Mörtel l
1 m³ volles Ziegelmauerwerk erfordert Stärke > 50 cm	390	260
Desgl. Stärke < 50 cm	400	270
1 m² ½ Stein st. Ziegelmauer ohne Öffnungen erfordert	50	35
1 m² 1 Stein st. Ziegelmauer ohne Öffnungen erfordert	100	70
1 m² 1½ Stein st. Ziegelmauer ohne Öffnungen erfordert	150	105
1 m² 2 Stein st. Ziegelmauer ohne Öffnungen erfordert	200	135
1 m² ½ Stein st. Fachwerkswand auszumauern	35—40	25—28
1 m² ½ Stein st. Fachwerkswand zu verblenden und auszumauern	85	62
1 m³ Ziegelhohlmauerwerk 1½ Stein st. mit 6 bis 7 cm Luftisolierung	340	240

Schornsteinmauerwerk in Ziegelsteinen.

Gegenstand	Ziegel Stück	Mörtel l
1 m freistehender Schornsteinkasten mit russischen Röhren (14/20 cm) und ½ Stein starken Wandungen		
bei 1 Rohr.	65	50
bei 2 Röhren.	100	75
bei 3 Röhren.	140	100
1 m freistehender Schornsteinkasten mit einem russischen Rohr bei 1 Stein st. Wandungen	170	120
1 m freistehender Schornstein 25/25 cm i. L.		
bei 1 Rohr.	80	65
bei 2 Röhren.	130	100
bei 3 Röhren.	185	140

[1] Für Maurerarbeiten und alle sonstigen Hochbauarbeiten empfiehlt sich die Benützung der im Auftrage des Bundesministers für Wohnungsbau herausgegebenen Veröffentlichung von Dr.-Ing. FROMMHOLD und Dr.-Ing. HASENJÄGER: „*Wohnungs-Bau-Normen*", 3. Aufl., 1954 im Werner-Verlag G.m.b.H., Düsseldorf.

Zwischenwände (Ziegel).

Gegenstand	Ziegel Stück	Mörtel l
1 m² ¼ Stein st. Ziegelsteinwand	30	18
1 m² ½ Stein st. Ziegelsteinwand	50	30
1 m² 1 Stein st. Ziegelsteinwand	100	70
1 m² ½ Stein st. Fachwerkswand mit Ziegelausmauerung	36—40	25—30
1 m² ½ Stein st. eiserne Fachwerkswand	50	30
1 m² ½ Stein st. Fachwerkswand mit ½ Stein st. Verblendung.	85	60

Die gleichen Werte gelten auch für *Kalksandsteine nach DIN 106* und für *Hüttensteine nach DIN 398.*

2. Hochlochziegel nach DIN 105.

Steinmasse 24×11,5×11,3 cm (3120 cm³), mit Fugen 25×12,5×12,5 cm (3910 cm³), Raum für Mörtel also 3910 — 3120 = 790 cm³ = rd. 20%, Gewicht max. 5,5 kg je Stein, *je cbm Mauerwerk 260—265 Steine*; *200—240 l Mörtel* (der Mörtelbedarf wechselt je nach der Steife und dem Eindringen in die Hochlöcher).

Ziegelmauerwerk für Umfassungswände mit Hochlochziegeln.

Gegenstand	Ziegel Stück	Mörtel l
1 cbm volles Ziegelmauerwerk	260	220
1 qm 1/2-st. starkes Mauerwerk	33	25
1 qm 1-st. starkes Mauerwerk	65	50
1 qm 1,5-st. starkes Mauerwerk	98	80
1 qm 2-st. starkes Mauerwerk	130	110

3. Hohlblocksteine aus Leichtbeton[1] *nach DIN 18151.*

Steinmasse 49×24×23,8 cm (28000 cm³), mit Fugen 50×25×25 cm (31250 cm³), Raum für Mörtel also 3250 cm³ = rd. 10%, Gewicht max. 24 kg je Stein, *je cbm Mauerwerk 32 Steine* und *100 bis 130 l Mörtel.* Der Mörtelbedarf wechselt je nach der Breite der Mörtelstreifen bei Lager- und Stoßfugen.

[1] In der Zeitschrift „Bauwelt“ 1954, Nr. 22, berichtet SCHWEDLER über „*Arbeitsverfahren und Arbeitszeiten beim Dreikammer-Hohlblockmauerwerk*“ (Abschlußbericht des Instituts für Bauforschung e. V., Hannover). Es wird bei Dreikammerhohlblocksteinen aus Ziegelsplittbeton das „*Reihenverlegen*“ und „*Einzelverlegen*“ gegenübergestellt. Dem Mehrverbrauch an Mörtel (140 l Mörtel beim Reihenverlegen gegenüber 110 l Mörtel beim Einzelnverlegen) stehen wesentliche Ersparnisse an Lohnaufwand (ca. 0,5 St_{mi}/1 m³) gegenüber.

Für das Herstellen des Hohlblockmauerwerks in Westdeutschland wurden vom Institut für Bauforschung e. V. Hannover, ein Arbeitsaufwand von *4 bis 4,5* St_{mi}/m^3 ermittelt (Stundenlohnarbeit, Mittelwert vom Erdgeschoß bis 4. Obergeschoß).

Bei Leistungslohn und sehr guter Mechanisierung der Baustelle (Turmdrehkrane, Rollenbänder, Förderbänder, Sonderkarren für 12 Steine, Hubkarren, Mörtelschlitten usw.) ermäßigt sich der Lohnaufwand bis 3,5 St_{mi}/m^3.

Diese Steine sind auch bei der Angabe des Lohnaufwands in Abschn. B. II, 5, Seite 260 angenommen.

4. *Vollsteine aus Leichtbeton nach DIN 18152.*

Steinmasse 24×11,5×11,5 cm (3175 cm³) mit Fugen 25×12,5×12,5 (3910 cm³), Raum für Mörtel also 735 cm³ = rd. 19%, Gewicht max. 5,1 kg je Stein; *je cbm Mauerwerk 260—265 Steine* und *190 bis 200 l Mörtel.*

Zwischenwände mit Vollsteinen aus Leichtbeton.

Gegenstand	Steine Stück	Mörtel l
1 qm Leichtsteinwand 11,5 cm	32	25
1 qm Leichtstein-Fachwerkwand 11,5 cm	24	20
1 qm Leichtsteinwand 24 cm	65	50

Die Gewichte von Mauerwerk nach 1—4 wechseln je nach dem *Raumgewicht* der verwendeten Steine. Dieses Raumgewicht darf z. B. für Normalformat nach DIN 105 von 1,2 bis 1,8 kg je Liter wechseln.

Die Behandlung weiterer in den Normen vorgesehener Formate und von Sonderformaten mit eigener Zulassung, wie sie örtlich noch in Gebrauch sind, muß unterbleiben.

Neben den Hohlblocksteinen aus Leichtbeton, mit leichten, porigen Zuschlägen, haben sich in neuerer Zeit auch *Großformate aus schwereren Zuschlägen* entwickelt (mit Haufwerksporosität). Mit ihnen lassen sich ohne Schwierigkeiten höhere Mauerwerksfestigkeiten erreichen als mit Leichtbetonsteinen. Sie sind daher und wegen ihrer erhöhten Frostbeständigkeit als *Kellermauerwerk* zugelassen.

II. Der Mörtel und die Bindemittel.

Raumgewichte der Bindemittel je 1 m³ = 1000 l in kg.

Traß	Portlandzement	Thurament	Stuckgips	Estrichgips
1000	1150 bis 1400 i. M. 1300	1000	850	1100 kg

Dichtigkeit und Ausbeute der Mörtel.

Dichtigkeit. Guter Mörtelsand, in dem alle Korngrößen vertreten sind, hat 0,38 bis 0,40 des Maßes an Hohlräumen. Diese Hohlräume sind mit Kittmasse zu füllen, wenn ein dichter Mörtel entstehen soll.

Das Verhältnis $D = \frac{\text{Kittmasse}}{\text{Hohlräume}}$ gibt den Grad der Dichtigkeit eines Mörtels an: ist D gleich oder größer als 1, so ist der Mörtel dicht; ist D kleiner als 1, so ist er nicht dicht.

Ausbeute eines Stoffes im Mörtel ist das Maß, in dem der Stoff zur Raumvergrößerung beiträgt. Man rechnet bei 40% Hohlräumen im Sande (also 60% Masse) die Ausbeute wie folgt:

Ausbeute der einzelnen Mörtelbestandteile.

Einzelbestandteile des Mörtels	Feste Masse	Hohlräume	Wasser-zusatz	Einzel-ausbeute
Sand mit 40% Hohlräumen	0,60	0,40	0,05	0,65
Schlackensand	0,45	0,55	0,10	0,55
Portlandzement und Wasser	0,47	0,43	0,43	0,90
Traß und Wasser	0,47	0,43	0,22	0,69
Hydraulischer Kalk	0,30	—	0,50	0,80
Wasser	—	—	—	1,00

Es lassen sich mit Hilfe dieser Tabelle für jede Mörtelmischung Ausbeute und Dichtigkeit berechnen.

Beispiel 42. Für eine Mörtelmischung 1 Z. : 2 S. : 0,6 W. sollen Ausbeute und Dichtigkeit bestimmt werden.

Lösung. Die Ausbeute beträgt . . . . . $0,47 + 2 \cdot 0,60 + 0,60 = \mathit{2,27}$

Kittmasse . . . . $0,47 + 0,60 = 1,07$

Hohlräume . . . . $2 \cdot 0,40 = 0,80$

Dichtigkeit . . . . $D = \frac{1,07}{0,8} = \mathit{1,34}.$

Kosten der Mörtelherstellung von Hand.

1 m³ Mörtel zu Mauerwerk oder Putz *von Hand* bereiten, einschließlich Geräte und Nebenkosten erfordert (ohne Unkostenzuschläge) . . . . *3,5 St.*

1 m³ Mörtel vom Herstellungsplatz zum Mauerwerk zu *befördern* erfordert im Durchschnitt für Keller und Erdgeschoß . . . 3,0 St.

Bemerkung. Bei umfangreichen Arbeiten wird heute der Mörtel nur durch *Mörtelmaschinen* hergestellt.

Als *Antriebskraft* empfiehlt sich, besonders wenn die Maschine nicht ständig voll ausgenützt ist, der Elektromotor oder kompressorlose Dieselmotor.

Mörtelbereitung mittels Maschinen.

Mörtelmaschine mit Kraftbetrieb. Für eine *Mörtelmischmaschine 150 l Inhalt mit 4 PS-Elektromotor* (Anschaffungspreis Frühjahr 1954 etwa 3500,— DM., Gewicht etwa 1200 kg) sind die *Selbstkosten je 1 m³ Mörtelherstellung* bei 600, 1200, 1800 und 2400 m³ Jahresleistung zu ermitteln, desgleichen die *Wirtschaftlichkeitsgrenze* gegenüber Handmischung.

Annahmen: 1 St_{masch} (einschließlich 50% Zuschlägen) = 3,— DM.
1 St. („ 50% „) = 2,30 „
1 kW = 0,25 DM., 1 kg Schmieröl . . . = 1,20 „

Kostenanteil	Jahresleistung			
	600 m³ DM.	1200 m³ DM.	1800 m³ DM.	2400 m³ DM.
Stromzuleitung, Aufstellen und Abbrechen	400,—	400,—	400,—	400,—
Gerätean- und -rücktransport	200,—	200,—	200,—	200,—
Geräteabschreibung und Verzinsung	200,—	200,—	250,—	250,—
Gerätereparatur	80,—	100,—	125,—	150,—
Strom 1 kW/1 m³	150,—[1]	300,—	450,—	600,—
Schmiermittel in DM.	48,—[2]	96,—	144,—	192,—
Löhne für Bedienung der Maschine und Einschaufeln	3180,—[3]	5160,—[4]	7140,—[5]	9120,—[6]
Kosten/Jahr in DM.	4258,—	6456,—	8709,—	10912,—
Kosten je 1 m³ Mörtel DM.	*7,10*	*5,38*	*4,84*	*4,55*

Das *Mischen von Hand* würde kosten 3,5 St. zu 2,30 DM. = *8,05 DM.* Die *Wirtschaftlichkeitsgrenze* würde also noch unter *600 m³ Jahresleistung* liegen.

Materialbedarf für Mörtel.

Im folgenden sind *Materialbedarfstabellen* gegeben für Kalkmörtel, reine Zementmörtel, verlängerte Zementmörtel, wasserdichte Zement-Kalkmörtel, Traß-Kalkmörtel und Traß-Zementmörtel. Gleichzeitig ist für die einzelnen Mörtelmischungen die Dichtigkeit (*D*) und Ausbeute (*A*) angegeben.

Materialbedarf für Kalkmörtel.

Mischung	Kalkteig l	Sand l	Wasser l	*D*	*A*
1 : 2,5	370	920	185	1,50	3,00
* 1 : 3	330	1000	200	1,33	3,40
1 : 3,5	290	1020	210	1,21	3,80
1 : 4	250	1030	220	1,20	4,30

Materialbedarf für reine Zementmörtel.

Das spezifische Gewicht von Zement ist mit $\gamma = 1{,}30$ angenommen, die Hohlräume im Sand mit 40%.

Mischung	Zement		Sand	Wasser	*D*	*A*
	l	kg	l	l		
1 : 2	510	650	1000	320	1,38	2,30
1 : 3	383	498	1150	290	1,02	3,03
1 : 3,5	328	427	1150	280	0,94	3,42
* 1 : 4	288	375	1150	260	0,85	3,77

[1] 600 kW. [2] 40 kg. [3] 600 St_{masch} + 600 St. [4] 800 St_{masch} + 1200 St. [5] 1000 St_{masch} + 1800 St. [6] 1200 St_{masch} + 2400 St.

Die mit * bezeichneten Mörtel entsprechen den Mörtelgruppen I, II und III nach *DIN 1053*, Tafel 3.

Materialbedarf für Kalk-Zementmörtel.

Mischung	Zement		Kalkteig	Sand	Wasser	D	A
	l	kg	l	l	l		
1 Z. : ½ K. : 5 S.	200	260	100	1020	220	1,03	5,07
1 : 1 : 6	170	222	170	1000	200	1,10	5,23
* 1 : 1 : 7	150	195	150	1030	180	0,96	6,87
1 : 2 : 10	105	137	210	1060	180	1,07	10,27

Materialbedarf für wasserdichten Zement-Kalkmörtel.

Mischung	Zement		Kalkteig	Sand	Wasser	D	A
	l	kg	l	l	l		
1 : ½ : 2	370	480	185	740	260	2,10	2,87
1 : 1 : 3	260	338	260	780	220	1,90	4,07
1 : 1,5 : 5	170	221	260	860	190	1,53	6,07
1 : 2 : 6	140	182	280	840	175	1,56	7,35

Die mit * bezeichneten Mörtel entsprechen den Mörtelgruppen I, II und III nach *DIN 1053,* Tafel 3.

Ermittlung der Gesamtkosten von Mörteln.

Der Kostenberechnung von Mörtelmischungen vorauszugehen hat eine genaue Kostenermittlung der einzelnen *Materialien „frei Verwendungsstelle“*. In dem Einheitspreis müssen alle Verladearbeiten, Anschlußgebühren, Frachten usw. entsprechend den örtlichen Verhältnissen je Einheit des Materials enthalten sein, wie dies in den Beispielen S. 53 gezeigt wurde.

Die nachfolgenden Beispiele sind nur als solche zu bewerten. Es sind in die freien Spalten die *Ortspreise* von Fall zu Fall einzusetzen. Es wurde mit folgenden Annahmen gerechnet:

1 m³ Sand	frei Baustelle . . .	9,— DM.
100 kg Zement	„ „ . . .	7,— „
1 m³ Wasser	„ „ . . .	0,50 „
1000 l Weißkalkteig	„ „ . . .	35,— „

Löhne. Einschließlich 60% für Gemeinkosten-, Geschäftskosten- und Gewinnzuschläge *1 St. = 2,50 DM.*

Mörtelmischen (nach S. 239f.) mit Maschine rd. 600 m³ Jahresleistung oder von Hand:

3 St. zu 2,50 DM. = 7,50 DM.

Bemerkung: Maurermörtel und *Putzmörtel* kann heute in größeren Städten meist *fertig* von einem *Mörtelwerk* bezogen werden.

Kostenberechnungen von Mörtelmischungen.

1 m^3	Sand	DM.	Zement (Bindemittel)	DM.	Wasser DM.	Mischen DM.	1000 l kosten[2] DM.
Zementmörtel 1:2	1,0 m^3 zu 9,— DM.	9,—	650 kg zu 70,— DM./t	45,50	0,20	7,20	*61,90*
	1						
Zementmörtel 1:4	1,15 m^3 zu 9,— DM.	10,35	375 kg zu 70,— DM./t	26,30	0,20	7,20	*44,05*
	1						
Weißkalkmörtel 1:3	1,0 m^3 zu 9,— DM.	9,—	Kalkteig 0,33 m^3 zu 35,— DM./m^3	11,50	0,20	7,20	*27,90*
	1						
Kalk-Zementmörtel 1:1:6	1,0 m^3 zu 9,— DM.	9,—	Kalkteig und Zement 0,17 m^3 zu 35,— DM./m^3 und 222 kg zu 70,— DM./t	21,50	0,20	7,20	*37,90*
	1						
Kalk-Zementmörtel 1:2:10	1,06 m^3 zu 9,— DM.	9,54	Kalkteig und Zement 0,21 m^3 zu 35,— DM./m^3 und 137 kg Z. zu 70,— DM./t	16,94	0,20	7,20	*33,90*
	1						
Mörtel[2] 1:			Bindemittel				

[1] Zur Berechnung anderer Mörtelmischungen. Ortspreise einsetzen.
[2] Materialpreise und Mörtelpreise einschließlich Zuschlägen für Gemeinkosten, Allgemeine Geschäftskosten und Gewinn.

III. Baustoffbedarf für Massivdecken im Hochbau[1].

Die ungewöhnliche Steigerung des Wohnungsbaus hat in ständig zunehmendem Maße zur Verwendung von *Massivdecken* auf diesem Gebiet des Hochbaus geführt. Der Vergleich der Kosten für solche Deckenbauweisen ist daher erwünscht. Er muß sich wegen der kaum noch übersehbaren Zahl von Deckenkonstruktionen auf die *genormten Bauweisen* beschränken, die alle Eigenschaften in sich vereinigen, die von Massivdecken im Hochbau verlangt werden können. In Frage kommen:

1. Stahlbeton-Volldecken.
2. Stahlsteindecken.
3. Stahlbetonrippendecken.
4. Decken aus Stahlbetonfertigbalken mit Füllkörpern.

1. Stahlbeton-Volldecken

nach DIN 1045, siehe Kapitel XVII, *Beton- und Stahlbetonarbeiten.*

2. Stahlsteindecken

nach DIN 1046 mit Lochziegeln nach DIN 41591.

Die Lochziegel werden auf Schalung verlegt und nach Einbringen der Bewehrung vergossen. Das Vermauern der Steine vor dem Einbringen der Bewehrung wird heute wegen der Mehrkosten kaum noch ausgeführt. Es werden daher nur noch die Lochziegel zum Vergießen verwendet.

Lochziegel: Masse unten (auf Schalung) 25×25 cm, 16 Stück je qm, Höhe 10,5 bis 28 cm je nach Stützweite und Nutzlast.

Baustoffe: Betonstahl (I oder II), Zement Z 225, Zuschläge 0/7 mm, bei 30% Auflockerung der Zuschläge, Güte des Vergußmörtels B 160, Zementgehalt 350 kg je m³ fertigen Mörtel. Baustoffbedarf nachstehend:

Tabelle 34.

Stützweite m	Nutzlast kg/m²	Steinhöhe cm	Betonstahl kg/m²	Zement kg/m²	Zuschläge l/m²
3,50	150	14	3,3 II	15,0	55
	350	16	3,9 II	16,5	60
	500	18	4,6 II	18,0	65
4,50	150	18	4,6 II	18,0	65
	350	20	5,3 II	20,0	70
	500	22	6,2 II	23,5	80
6,00	150	25	6,7 II	27,0	100
	350	28	7,7 II	33,5	120

[1] Als Literatur empfohlen die Aufsätze „Vergleichende Zusammenstellung von Decken und Wänden“ von Prof. Dipl.-Ing. R. v. HALASZ, T. Univ. Berlin, in der Zeitschrift „*Bauwelt*“ 1954.

Es ist im allgemeinen wirtschaftlicher, die Stahlsteindecken ohne Druckschicht auszuführen und bei Bedarf höhere Steine zu wählen. Nur in Ausnahmefällen, wenn etwa geeignete Steine fehlen, wird man eine Druckschicht anordnen. Deren Materialbedarf beträgt dann 3,6 kg Zement und 13 l Zuschläge je cm Stärke und je qm Deckenfläche.

Der Zementbedarf ist mit 3% Streuverlust, der Stahlbedarf mit 10% Zuschlag für Haken, Verschnitt und Aufbiegungen ermittelt.

Der *Schalungsverlust* beträgt etwa 0,15 bis 0,20 m² je 1 m² Deckenfläche.

3. *Stahlbeton-Rippendecke* nach DIN 1045 mit Deckenhohlkörpern nach DIN 4158.

Die Deckenhohlkörper werden auf Schalung (evtl. Streifen) verlegt und nach Einbringen der Bewehrung vergossen; der hier stets erforderliche Aufbeton (mind. 5 cm) ist zugleich mit dem Verguß aufzubringen.

Tabelle 35.

Stützweite m	Nutzlast kg/m²	Steinhöhe cm	Betonstahl III kg/m²	Zement kg/m²	Zuschläge l/m²
3,50	150	12	4,0	23,0	95
	350	12	5,2	23,0	95
	500	12	7,0	23,0	95
4,50	150	12	6,5	23,0	95
	350	12	7,5	23,0	95
	500	12	9,2	24,0	100
6,00	150	14	9,2	26,0	110
	350	16	11,2	28,0	115
	500	18	12,5	29,0	120

Tabelle 36.

Stützweite m	Nutzlast kg/m²	Steinhöhe cm	Betonstahl II kg/m²	Zement kg/m²	Zuschläge l/m²
3,50	150	12	4,0	21,0	95
	350	12	5,2	21,0	95
	500	12	7,0	21,0	95
4,50	150	12	7,0	21,0	95
	350	14	8,0	22,0	100
	500	16	9,6	25,0	115
6,00	150	18	9,6	26,0	120
	350	20	11,5	27,0	125
	500	22	12,5	29,0	130

Deckenhohlkörper 25×50 cm, 8 Stück je 1 m², Höhe 12 bis 32 cm je nach Stützweite und Nutzlast.

Bedarf an Betonstahl, Zement und Zuschlägen (einschl. Aufbeton und Querrippe, soweit eine solche erforderlich ist).

Tabelle 35 mit Verguß und Aufbeton B 225, 300 kg Zement Z 225 je cbm fertigen Beton, Betonstahl III.

Tabelle 36 mit Verguß und Aufbeton B 160, 270 kg Zement Z 225 je cbm fertigen Beton, Betonstahl II.

4. *Balken- und Rippendecke aus Stahlbeton-Fertigbalken mit Füllkörpern* nach DIN 4233 und 4225 (siehe Abb. 71).

Die Fertigbalken werden auf den tragenden Wänden verlegt und, soweit erforderlich, durch Montagejoche (Kanthölzer und Steifen o. ä.) unterstützt, die Deckenfüllkörper eingelegt und die Vergußfugen und -rillen mit Zementmörtel B 160 oder B 225 vergossen.

Deckenfüllkörper 6,4 Stück je qm.

Fertigbalken 1,6 lfd. m je qm Deckenfläche.

Abb. 71. Decke aus Fertigbalken mit Füllkörpern.

a) Decke DIN F 20.

Baustellenbeton 16,8 l feste Masse nach DIN 4233; mit Rücksicht auf die Abgleichschicht der Rohdecke $^1/_2$ bis 1 cm, Streuverlust, Querrippe, Auswechselungen usw., muß mit etwa *20 bis 23 l* (feste Masse) *Baustellenbeton* insgesamt *je 1 m²* gerechnet werden.

Zementbedarf also 7 bis 7,5 kg/m² Deckenfläche bei B 225 mit 300 kg Zement Z 225 je 1 m³ fertigen Beton.

Zuschläge 26 bis 30 l je 1 m² (0 bis 7 mm). Betonstahl für Querbewehrung oder Querrippe, Anker usw. 0,6 bis 1,0 kg je 1 m² Deckenfläche.

Es empfiehlt sich, eine Querrippe auch dann anzuordnen (bei Stützweiten von mehr als 3,00 m), wenn eine solche nach *DIN 4225*, Tafel II, nicht vorgesehen ist, weil alle Fertigteildecken gegen Setzungen, Erschütterungen und örtliche Durchbiegungen empfindlicher sind als die unter 1 bis 3 behandelten Decken.

b) Decke DIN F 24.

Baustellenbeton 20,7 l feste Masse je 1 m², *Zement* und *Zuschläge* etwa 25% mehr als bei *a*); *Betonstahl* für Querbewehrung oder Querrippe 0,5 bis 0,8 kg je m² Deckenfläche.

Baustellenbeton B 300 wird im allgemeinen nur durch Zugabe höherer Zementmengen zu erzielen sein (350 kg je m³ oder mehr). Auch die Wahl der Zuschläge ist dann besonders wichtig.

Die mit den beiden Typen zu erzielenden Stützweiten und erreichbaren Belastungen sind in *DIN 4233* angegeben. Eine wesentliche Steigerung der Gesamtbelastung ist durch Aufbeton von 3 cm (oder mehr) Stärke zu erzielen.

Der *Baustoffbedarf für die Herstellung der Fertigteile*, die wohl meist durch ein Betonwerk erfolgen wird, beträgt etwa

für DIN F 20 — 25 bis 28 kg Zement je m²,
120 bis 140 l Zuschläge je m²,
3,0 bis 7,0 kg Betonstahl II/III je m².

Schlußbemerkung:

Alle Massivdecken erfordern besondere Maßnahmen zur Gewährleistung von Wärme- und Schalldämmung nach DIN 4108 und 4109. Solche Maßnahmen sind ebenso zahlreich wie die Deckenbauarten und können daher im einzelnen nicht behandelt werden. Am wirksamsten sind weiche Beläge zwischen Rohdecke und Fußbodenbelag, Zwischenlagen unter dem Auflager zur Schalltrennung von den tragenden Wänden und untergehängte oder geklebte Beläge.

B. Lohnkosten von Maurerarbeiten[1] des Tief- und Hochbaus sowie aller Hochbauarbeiten.

I. Maurerarbeiten im Tiefbau und Brückenbau.

1. Trockenmauern.

Trockenmauerwerk aus Bruchsteinen (Böschungsmauer) herstellen, die Steine auf etwa 50 m Entfernung befördern, von unten auf die Mauer schaffen, erfordert bei großen Querschnittsabmessungen der Mauer und einer Ansichtsfläche

bei Mauerhöhe von $H = 2$ m für 1 m³ . . . . . 2 Stm. + 3,0 St.
für je *1 m Mehrhöhe* ein Zuschlag von . . . . *0,5 Stm.*

[1] Vorausgesetzt sind *mittlere* Leistungen *geübter* Maurer.

Trockenmauerwerk aus Bruchsteinen für Einfriedigungs- und Schutzmauern an Wegen, also mit beiderseitiger und einer oberen Ansichtsfläche und geringen Querschnittsabmessungen herstellen, erfordert für 1 m³ . . . . 4 Stm. + 4 St.

Abbrechen von Trocken- oder Moosmauerwerk bis zu 4 m über dem Erdboden oder 2 m unter dem Erdboden erfordert
für 1 m³ . . . . 1,6 Stm. + 2 St.

Für jede 4 m Mehrhöhe oder jede 2 m Mehrtiefe kommt ein Zuschlag je 1 m³ von . . . . 0,8 Stm. + 0,8 St.

2. Ziegel-, Bruchstein- und Quadermörtelmauerwerk.

Fundamentmörtelmauerwerk herstellen in der Tiefe bis zu 2 m unter der Erdoberfläche erfordert für 1 m³

bei *Ziegelmauerwerk* in Kalkmörtel . . . . 4,5 Stm. + 2,0 St.
bei *Ziegelmauerwerk* in Zementmörtel . . . . . . 4,5 Stm. + 2,2 St.

Für jede folgende Metertiefe mehr ist der Zuschlag je 1 m³

a) bei Anwendung von Kalkmörtel . . . . 0,6 St.
b) bei Anwendung von Zementmörtel . . . . 0,8 St.

bei *Bruchsteinmauerwerk*[1] in Kalkmörtel . . . . 5,0 Stm. + 2,5 St.
bei *Bruchsteinmauerwerk*[1] in Zementmörtel . . . 5,0 Stm. + 3,0 St.

Baustoffbedarf für *Bruchsteinmauerwerk* siehe S. 253.

Für jede folgende Metertiefe mehr ist der Zuschlag je 1 m³.

a) bei Anwendung von Kalkmörtel . . . . 0,8 St.
b) bei Anwendung von Zementmörtel . . . . 1,0 St.

bei *Quadermauerwerk*[2] in Kalkmörtel . . . . . . 5,0 Stm. + 6,0 St.
bei *Quadermauerwerk*[2] in Zementmörtel . . . . . 5,0 Stm. + 6,5 St.

Für jede folgende Metertiefe mehr ist der Zuschlag
je 1 m³ Mauerwerk . . . . 0,3 Stm. + 0,3 St.

Einhäuptiges Mörtelmauerwerk in Ziegeln herstellen, einschließlich Transport bis auf 50 m Weite, Geräte, Werkzeuge, Aufstellung der Gerüste und Nebenarbeiten, kostet für 1 m³ Ziegelmauerwerk und *2 m Mauerhöhe* an *Löhnen*

bei 0,25 m Mauerstärke . . . . 5,5 Stm. + 3,0 St.
bei 0,38 m Mauerstärke . . . . 5,0 Stm. + 3,0 St.
bei 0,51 m Mauerstärke . . . . 4,5 Stm. + 3,0 St.
bei 0,64 bis 0,90 m Mauerstärke . . . . 4,2 Stm. + 3,0 St.

Bei größeren Mauerhöhen als 2 m für jede Meterhöhe mehr je 1 m³ ein Zuschlag von . . . . 0,25 St.

---

[1] Ohne steinmetzmäßige Bearbeitung der Steine, jedoch einschließlich kleinerer Nacharbeiten an den Steinen.

[2] Ohne Transport sowie ohne Abladen und Lagern der Quadersteine. Für Abladen und Lagern von schweren Quadersteinen kann man rechnen 5 bis 6 St/1 m³, sofern Krane (Portalkran oder Drehkran) zur Verfügung stehen, sonst 7 bis 8 St/1 m³.

Einhäuptiges Mauerwerk aus Bruchsteinen erfordert bei weichen und mittelharten Steinen etwa 1 Stm. mehr als Ziegelmauerwerk, bei harten Steinen . . . . + 2 Stm.

Doppelhäuptiges Mauerwerk. Die entsprechenden Sätze für einhäuptiges Mauerwerk werden um 0,8 Stm. vergrößert.

Quadermauerwerk[1] oder Quaderverkleidung herstellen[2], erfordert für 1 m³ bei einer Mauerhöhe von 1 m . . . . . 8,0 Stm. + 4,0 St.

Für je 2 m Mehrhöhe je 1 m³ ein Zuschlag von 0,3 Stm. + 0,3 St. bzw. sind die *Kosten der Hebezeuge* (Krane usw.) und *Gerüste* besonders zu ermitteln.

Bemerkung. Bei Verwendung *besonders großer Steine*, d. h. von 0,3 m³ aufwärts, kommen *Zuschläge je 1 m³ bis zu 3 Stm.* in Frage bzw. sind für die Hochförderung *Sondergeräte (Turmdrehkrane* u. dgl.) vorzusehen und die *Gerätekosten* hierfür zu kalkulieren. Ohne Kran u. dgl. maschinelle Hilfsmittel erfordert das Versetzen und Vergießen von 1 m³ *Quadermauerwerk bis zu 25 Stunden.*

Zyklopenmauerwerk mit schon bearbeiteten Steinen in Kalkmörtel herstellen, erfordert je 1 m³ . . . . 6,5 Stm. + 5,0 St.

Für größere Höhen als 3 m für jede folgende Meterhöhe mehr je 1 m³ ein Zuschlag von . . . . 0,3 Stm. + 0,5 St.

3. Brunnenmauerwerk.

Brunnenmauerwerk aus Ziegeln in Mörtel bis zu 2 m Tiefe herstellen, erfordert für je 1 m³ . . . . 6 Stm. + 4 St.

Für je 1 m Mehrtiefe ein Zuschlag je 1 m³ von . . . . 0,5 Stm.

Brunnenmauerwerk aus Bruchsteinen in Mörtel bis zu 2 m Tiefe herstellen, erfordert je 1 m³ . . . . 10 Stm. + 6 St.

Für jedes weitere Tiefenmeter
je 1 m³ ein Zuschlag von . . . . 0,3 Stm. + 1 St.

4. Brückengewölbemauerwerk.

Brückengewölbemauerwerk aus Ziegeln herstellen *ausschließlich Geräte und Lehrbögen*, erfordert, wenn die Höhe des Gewölbes 1 m über oder unter dem Materiallagerplatz beträgt, je 1 m³ Gewölbemauerwerk bei Anwendung von keilförmigen Ziegeln . . . . . . 6,0 Stm. + 3,5 St.

Bei Anwendung von gewöhnlichen Ziegeln, die nicht zugehauen werden müssen,

a) bei Lichtweiten bis zu 5 m . . . . 6,5 Stm. + 3,5 St.
b) bei größeren Lichtweiten . . . . 6,0 Stm. + 3,0 St.

---

[1] Ohne Transport sowie ohne Abladen und Lagern der Quadersteine. Für Abladen und Lagern von schweren Quadersteinen kann man rechnen 5 bis 6 St/1m³, sofern Krane (Portalkran oder Drehkran) zur Verfügung stehen, sonst 7 bis 8 St/m³.

[2] Einfache Hebezeuge wie Flaschenzüge u. dgl. stets vorausgesetzt. Bei großen Höhen und Steinen > 0,3 m³ empfehlen sich Turmdrehkrane u. dgl.

Bei Anwendung von Ziegeln, die kreisförmig zugehauen werden sollen,

a) bei Lichtweiten bis zu 5 m . . . . 7,0 Stm. + 3,5 St.

b) bei größeren Lichtweiten . . . . 6,0 Stm. + 3,5 St.

Ist die Höhe des Gewölbes mehr als 1 m über oder unter dem Materiallagerplatz, so kommt für jedes Meter Mehrhöhe je 1 m³ Gewölbemauerwerk ein Zuschlag von 0,3 St.

Brückengewölbemauerwerk aus Bruchsteinen[1] herstellen, sonst wie vorher erfordert je 1 m³ Gewölbemauerwerk . . . . 8 Stm. + 4 St.

Ist die Höhe des Gewölbes mehr als 1 m über oder unter dem Materiallagerplatz, je 1 m Mehrhöhe und je 1 m³ ein Zuschlag von . 0,3 St.

Gewölbemauerwerk aus Quadern[1] herstellen (sonst wie vor), erfordert bei weichen Sandsteinen, je 1 m³. . . . . 10 Stm. + 4 St.

Ist die Höhe des Gewölbes mehr als 1 m über oder unter dem Materiallagerplatz, je 1 m Mehrhöhe und je 1 m³ ein Zuschlag von . . 0,5 St.

Werden größere Stücke als 0,3 m³ verwendet, so kommt zu den obigen Sätzen je 1 m³ noch ein Zuschlag von . . . . . . 1,5 Stm. + 2 St.

Gewölbemauerwerk aus Quadern[1] herstellen (sonst wie vor), erfordert bei mittelharten Sandsteinen, die noch durch Steinmetzen bearbeitet werden müssen, je 1 m³ Gewölbemauerwerk . 1,8 Stst. + 8 Stm. + 4 St.

Ist die Höhe des Gewölbes mehr als 1 m über oder unter dem Materiallagerplatz, auf 1 m Mehrhöhe je 1 m³ Mauerwerk ein Zuschlag von 0,5 St.

Zuschlag bei Verwendung von Quadersteinen, die größer sind als 0,3 m³, je 1 m³ Mauerwerk . . . . 1,5 Stm. + 2 St.

Bemerkung. Die *Geräte- und Gerüstkosten*[2] sind hier noch zuzuschlagen, wobei für die letzteren die in dem Abschnitt XVIII Zimmerarbeiten unter „Lehrgerüste" gegebenen Richtlinien maßgebend sind.

Zementmörtelüberzug über Brückengewölbe herstellen einschließlich Mörtelanmachen, erfordert je 1 m²

a) bei reinem Zementmörtel bis 1 cm Dicke . 0,6 Stm. + 0,4 St.

b) bei Zementmörtel 1 : 2 und 4 bis 5 cm Dicke 2,0 Stm. + 1,5 St.

Deckplatten 8 bis 12 cm stark verlegen (auf Stirnen und Flügeln von Brücken und Durchlässen) erfordert je 1 m² . . 4,5 Stm. + 4,5 St.

Deckplatten auslösen erfordert je 1 m² . . . . 2,5 Stm. + 2,5 St.

Kanaldeckplatten von Stein versetzen erfordert einschließlich Geräte und Aufsicht je 1 m²

bei Platten ohne Falz . . . . 4 Stm. + 4 St.

bei Platten mit Falz . . . . 5 Stm. + 5 St.

---

[1] Ohne Transport, Abladen und Lagern der Quadersteine. Besondere Transporte vom Lagerplatz zur Verwendungsstelle sind also zu beachten.

[2] Zweckmäßig verwendet man für das Hochfördern der Steine *Turmdrehkrane*, welche auf Untergerüsten laufen. Es entfallen dann die Zuschläge für Steine > 0,3 m³ und ermäßigen sich noch die oben gegebenen Sätze für Lohnaufwand. *Gerätekosten* sind besonders zu ermitteln.

Beispiele.

Beispiel 43. Die Kosten einer 51 cm starken Ziegelmauer von 7 m Höhe sollen ermittelt werden.

Bei einer Höhe von 2 m betragen die Kosten nach S. 247

4,5 Stm. + 3,0 St.

Für die 5 m Mehrhöhe kommt nach S. 247 ein Zuschlag von

5 (0,25 St.) = 1,25 St.

Bei 7 m Mauerhöhe betragen die Kosten je 1 m^3 Mauerwerk

4,5 Stm. + 3,0 St. + 1,25 St. = *4,5 Stm. + 4,25 St.*

Beispiel 44. Für eine Mauerhöhe von 5 m und 0,5 m^3 großen Steinen wird man den Preis von 1 m^3 Quadermauerwerk wie folgt berechnen (sofern nicht Sondergeräte wie Turmdrehkrane für das Hochheben der Steine zur Verfügung stehen):

Preis für 1 m Mauerhöhe

5 Stm. + 6 St.

Zuschlag für die 4 m Mehrhöhe

2 (0,3 Stm. + 0,3 St.) = 0,6 Stm. + 0,6 St.

Zuschlag nach S. 248

3 Stm.

Der Stundenaufwand je 1 m^3 in 5 m Höhe beträgt demnach

(5 + 0,6 + 3) Stm. + (6 + 0,6) St. = *8,6 Stm. + 6,6 St.*

5. *Abbrucharbeiten von Mörtelmauerwerk.*

Kalkmörtelmauerwerk (Ziegel- und Bruchsteinmauerwerk) abbrechen, die Steine von Mörtel reinigen, erfordert bei Mauern bis zu 64 cm Stärke je 1 m^3 . . . . 2,5 Stm. + 2,5 St.

Das Abbrechen von Mörtelmauerwerk über oder unter dem Erdgeschoß erhält für je 4 m Höhe oder Tiefe einen Zuschlag je 1 m^3 und Geschoß von . . . . 0,5 Stm. + 0,5 St.

Quadermauerwerk abbrechen und die Steine von Mörtel reinigen erfordert je 1 m^3 . . . . 5 Stm. + 4 St.

Stein- oder Ziegelmauerwerk in Kalkmörtel *durchbrechen* erfordert bei einer Mauerstärke bis 64 cm im Erdgeschoß
je 1 m^3 . . . . 8,0 Stm. + 3,0 St.

Für jedes höhere Geschoß ist der Zuschlag
für 1 m^3 und Geschoß . . . . 1 St.

Ausstemmen von Mörtelmauerwerk, Ausbrechen (behufs Auswechselns) der fehlerhaften Verblendziegel, erfordert je 1 m^2

a) bei einer Ausstemmungstiefe von ½ Stein . . 3 Stm. + 2 St.
b) bei einer Ausstemmungstiefe von 1 Stein . . . 4 Stm. + 2 St.
c) bei einer Ausstemmungstiefe von 2 Stein . . . 5 Stm. + 3 St.

Für jedes höhere Geschoß, wenn auf Gerüsten oder Leitern gearbeitet werden muß, kommt auf 1 m^2 ein Zuschlag von

bei a) . . . . 0,4 Stm. + 0,4 St.
bei b) . . . . 0,6 Stm. + 0,5 St.
bei c) . . . . 0,8 Stm. + 0,6 St.

Durchspitzen von Öffnungen in Kalkmörtelmauerwerk erfordert bis 0,5 m² lichter Öffnung und 64 cm starker Mauer je 1 m³ 8,0 Stm. + 3 St.

Quadersteinmauerwerk ausstemmen, für Öffnungen bis zu 0,5 m² Querschnitt erfordert
je 1 m³ bei Mauerstärken bis zu 50 cm . . . . . . 11 Stm. + 4 St.

Abbruch- und Durchbruchsarbeiten von Zementmörtelmauerwerk erfordern, wenn die Steine gereinigt und wieder verwendet werden sollen, einen Zuschlag je 1 m³ von . . . . *1,0 Stm.*

6. Mauerwerksputz, Fugen und Verblendung.

Mauerflächen anwerfen (mit rauhem Putz überziehen), erfordert je 1 m² . . . . 0,4 Stm. + 0,4 St.

Das Ausfugen einer Mauerfläche mit Zementmörtel, die Fugen vorher 1 cm tief auskratzen, Mörtel anmachen, erfordert je 1 m²
auf Ziegelmauerwerk . . . . 0,8 Stm. + 0,4 St.
auf Bruchsteinmauerwerk . . . . 0,6 Stm. + 0,4 St.
auf Quadermauerwerk . . . . 0,5 Stm. + 0,3 St.

Bemerkung. Über Verblendungsmauerwerk siehe S. 266. Über Putzgerüste siehe Abschnitt „Zimmerarbeiten“ S. 340.

Isolierungsarbeiten.

Asphaltüberzug auf fertiggestellter Unterlage herstellen, erfordert je 1 m², einschließlich Geräte und Aufsicht, bei einer Stärke von 7,5 mm (einmal aufgetragen) . . . . 0,4 Stas. + 0,8 St.

An Material sind erforderlich:

11 kg Asphaltmastix,
0,005 m³ Quarzsand,
0,013 rm weiches Holz.

Asphaltüberzug an lotrechten oder stark geneigten Mauern erfordert etwa 50% mehr als vorher.

Korkplatten verlegen (für Schallisolierung) erfordert an Lohnaufwand
je 1 m² . . . . 0,6 Stm.

Isolieranstrich mit Kaltbitumen an Außenmauern bei geputzten bzw. ungeputzten Flächen herstellen *zweimalig* . . . . 0,15 bis 0,25 St.

Waagerechte Isolierung mit *2 Lagen Dachpappe* . . . . . . 0,6 Std.

Stemmarbeiten.

Das Bohren von Löchern, um Bolzen und Steinschrauben zu versenken, erfordert einschließlich Aufsicht und Geräte je 1 lfd. m *bei Handbohrung*

a) für 3 bis 5 cm Ø bei Ziegelmauerwerk . . . . 3,8 Stm.
„ Sandstein . . . . 5,8 Stm.
„ Granit . . . . 9,5 Stm.

b) für 8 cm Ø bei Ziegelmauerwerk . . . . 7,0 Stm.
„ Sandstein . . . . 9,5 Stm.
„ Granit . . . . 14,5 Stm.

Kanaldeckel oder Verschlüsse einschließlich Stock versetzen, erfordert einschließlich Geräte und Aufsicht je 100 kg . . 2,8 Stm. + 1,7 St.

Kanaldeckel oder Verschlüsse herausbrechen, erfordert für 1 Stück
bis 45 cm Lichtweite . . . . 3,5 Stm. + 3,5 St.
über 45 cm Lichtweite . . . . 4,5 Stm. + 4,5 St.

Geländereisen, Schrauben, Klammern, Anker oder Bolzen zur Verbindung von Stahlkonstruktionen, Träger oder Säulen in einer Höhe bis zu 3 m versetzen, erfordert je 100 kg . . . . 6 Stm. + 4 St.

Geländereisen, Schrauben, Klammern, Anker oder Bolzen ausbrechen, erfordert je 100 kg . . . . 3 Stm. + 4 St.

II. Maurerarbeiten bei Hochbauten, Massivdeckenbau und sonstige Hochbauarbeiten.

Allgemeines.

Fundamentbeton und Bruchsteinmauerwerk.

Die Mörtelbereitung von Hand erfordert für 1 m³ . . . . 3,5 St.

Über die Kosten der Mörtelherstellung siehe auch S. 238 bis 242.

Das Abtragen des fertigen Mörtels für Keller und Erdgeschoß erfordert für 1 m³ . . . . 1,6 St.

Das Abtragen des fertigen Mörtels in den 1. Stock 2 St.

Das Abtragen des fertigen Mörtels in den 2. Stock 2,5 St.

Das Abtragen des fertigen Mörtels in den 3. Stock 3 St.[1].

Für größere Bauarbeiten werden, wie bereits unter A, III erwähnt, „*Mörtelaufzüge*" verwendet, durch welche gegenüber dem Abtransport durch Mörtelträger ganz wesentliche Ersparnisse erzielt werden. Man kann in diesem Fall den Wert, der für das *Abtragen von Hand in den 1. Stock* angegeben ist, *auch für alle höheren Stockwerke* beibehalten.

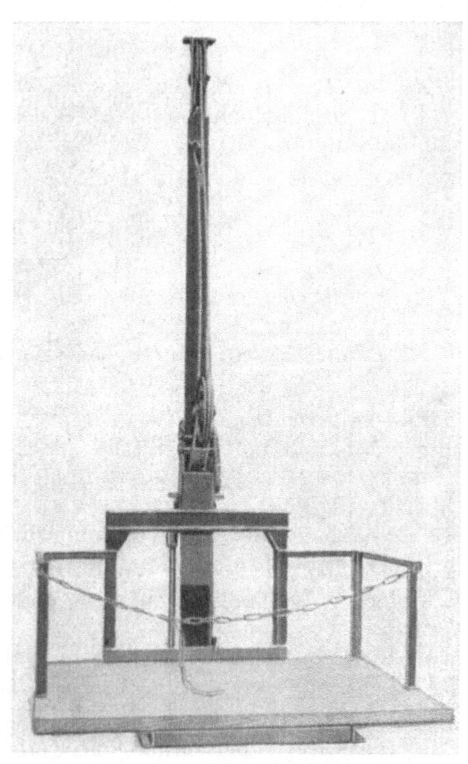

Abb. 72. Schnellbauaufzug 600 kg Tragkraft der Maschinenfabrik G. Baader & Co., Stuttgart-Feuerbach.

[1] Nur bei Abtragen von Hand.

Für das Hochfördern von Mörtel, Steinen usw. in die oberen Stockwerke empfiehlt es sich, sofern keine fahrbaren Krane eingesetzt werden, *Schnellbauaufzüge* zu verwenden.

Abb. 72 zeigt einen solchen Aufzug für 600 kg Tragkraft mit Masten aus doppelten [-eisen und Fahrbühne 1,20 × 1,40 m (für 2 Schubkarren oder 1 Japaner), mit Hubgeschwindigkeit $v = 0,5$ m/sec. Erforderlich sind:

		Preise (Frühjahr 1954)
1 kompl. Aufzug	640 kg Gewicht	1120,— DM.
1 Winde, 800 kg Zugkraft .	450 kg Gewicht	1010,— ,,
1 Dieselmotor, 8—10 PS . .	330 kg Gewicht	1600,— ,,
oder 1 Elektromotor 10 PS .	200 kg Gewicht	1100,— ,,

Fundamentbeton für Grundmauern und Bruchsteinmauerwerk.

Stampfbeton für Grundmauern (ausschließlich Schalung, Geräte, Werkzeuge und Unkosten) herstellen erfordert an Löhnen für 1 m³ (s. Herstellungskosten von Beton) . . . 2,0 Stm. + 4 St.

Gründungsbeton mit Eiseneinlage erfordert für 1 m³ Beton:

für Mischen (Maschine) . . . . 2,0 St.
für Fördern . . . . 2,0 St.
für Stampfen bzw. Rütteln . . . . 2,5 Stm.
für je 100 kg Eisen etwa . . . . 6 bis 7 Ste.

Einschalung von Betonmauern, *einseitig* für 1 m²:

Materialverbrauch { $1/3$ Wert der Schalung und Steifen mindestens von 1 m² Schalung und von 2,5 m Steifen, 0,15 kg Nägel,

1,00 Stm. für *Arbeitslohn* (dazu 0,3 Stm. für *Ausschalen*).

Abladen der Bruchsteine an der Baustelle für 1 m³ . . . 0,8 St.

1 m³ *Fundamentgemäuer* (Bruchsteinmauer) erfordert 1,25 m³ ungerichtete oder 1,1 m³ gerichtete Steine und 320 bis 350 l Mörtel bzw. 280 bis 320 l Mörtel bei Stärken über 60 cm.

1 m³ Bruchsteine zu Fundamentgemäuer richten erfordert 1,5 bis 2 Stm.

1 m³ Bruchsteine zu Fundamentgemäuer vermauern erfordert 5,0 Stm. + 2,0 St.

Beförderung der Steine bei einer Entfernung bis 50 m in das Keller- und Erdgeschoß für 1 m³ . . . . 1,5 bis 2 St.

Zuschlag für 1 m³ je 1 Stockwerk . . . . 1,2 St.

Das Mauern und Versetzen der Steine[1] kostet *für 1 m³ einhäuptiges Bruchsteinmauerwerk* . . . . 6 Stm. + 2,5 St.

Das Mauern und Versetzen der Steine[1] kostet *für 1 m³ zweihäuptiges Bruchsteinmauerwerk* . . . . 7 Stm. + 2,5 St.

---

[1] Einschließlich erforderlicher Nahtransporte bis 50 m horizontal.

Die Herstellung von 1 m^3 einhäuptigem, etwa 60 cm starkem *Bruchsteinmauerwerk mit Hintermauerung* (ohne Hinterbetonierung) erfordert . . . . 6 Stm. + 3 St.

1 m^2 häuptige Werksteine in Kalkstein richten
für 1 m^2 Gesichtsfläche . . . . 1,5 bis 2 Stm.

Doppelhäuptiges Gemäuer aus mit Hammer und Zweispitz gerichteten Steinen in horizontalen Schichten gemauert und mit winkelrechten Stoßfugen versehen, erfordert je 1 m^3 Mauerwerk bei einer Stärke von:

0,4	bis	0,5 m	etwa	1,2 m^3	Steine und	160	bis	180 l	Mörtel
0,5	„	0,6 m	„	1,1 m^3	„ „	170	„	190 l	„
0,6	„	0,8 m	„	1,05 m^3	„ „	180	„	200 l	„
0,8	„	2,0 m	„	0,95 m^3	„ „	190	„	220 l	„

Über Lohnkosten für Herstellung von Quadermauerwerk siehe S. 248.

Beispiel 45. Die Kosten eines einhäuptigen Bruchsteinmauerwerks, an Erdreich anliegend, sind zu berechnen. Angenommen werden folgende Preise und Löhne:

1 m^3 Bruchstein frei Baustelle	28,— DM.
1 m^3 Mörtel	40,— „
1 Stm.	1,90 „
1 St.	1,60 „

a) Material: 1,25 m^3 Bruchsteine je 28,— DM.	35,— „
0,30 m^3 Mörtel je 40,— DM.	12,— „
Zuschlag für Geschäftskosten 10% von M	4,70 „
Summe:	51,70 DM.
b) Arbeitslöhne:	
Bruchsteinmauer herstellen = 6 Stm. = 6 · 1,90 DM. . . .	11,40 DM.
Mörtel befördern = 0,5 St. = 0,5 · 1,60 DM.	0,80 „
Beförderung der Steine 2 St. = 2 · 1,60 DM.	3,20 „
Summe:	15,40 DM.
Gemein- und Geschäftskosten = 50% von 15,40 DM. . .	7,70 „
Summe:	23,10 DM.
Hierzu Material (mit Zuschlag)	51,70 „
Selbstkosten	74,80 DM.
+ 10% für Wagnis, Gewinn und Umsatzsteuer	7,50 „
Angebotspreis für 1 m^3 Bruchsteinmauer	*82,30 DM.*

Kostenermittlung für die Rohbauarbeiten von Hochbauten, im besonderen Maurerarbeiten.

Die nachstehenden Ausführungen sollen den *Material- und Lohnaufwand* behandeln für sämtliche im Hochbau (d. h. vorwiegend Rohbau) vorkommenden Bauarbeiten, im besonderen *Maurerarbeiten* — ausgenommen *Putzarbeiten,* welche in einem eigenen Abschnitt III. gesondert besprochen werden —. Dabei sind neben den alten Bauweisen die *neuzeitlichen Wandbauweisen* mit Leichtbetonhohlblocksteinen und Hochlochziegeln und die neuzeitlichen *Massivdeckenbauweisen,* auch mit Betonfertigteilen, berücksichtigt.

Der Stoff wurde wie folgt gegliedert:

a) Ziegelmauerwerk für Umfassungswände.
b) Mauerwerk aus künstlichen Steinen für Außen- und Innenwände.
c) Gewölbe.
d) Massivdecken (Stahlbetonvolldecken, Stahlsteindecken, Stahlbetonrippendecken, Fertigbalkendecken).
e) Sonstige Maurer- und Spezialarbeiten des Hochbaues (Verblendungsmauerwerk, Trittstufen, Stahlarbeiten, Isolierarbeiten, Pflasterungen).

a) Ziegelmauerwerk für Umfassungswände (Normalformat).

Materialbedarf für Ziegelmauerwerk siehe unter A, I und II.

Ziegelsteine abtragen (für Keller und Erdgeschoß) erfordert für 1000 Stück (nach DIN 105) . . . . 5,2 St.

Ziegelsteine abtragen (für Keller und Erdgeschoß) für 390 Stück (1 m³ Mauerwerk) . . . . 2,0 St.

Ziegelsteine abtragen für 390 Stück für jedes höhere Stockwerk ein Zuschlag von . . . . 0,8 St.

Ziegelsteine vermauern in starken Mauern erfordert für 100 Stück . . . . 1,2 Stm.

Ziegelsteine vermauern in starken Mauern erfordert für 390 Stück (1 m³ Mauerwerk) . . . . 4,7 Stm.

Ziegelmauerwerk ohne Verputz in Kalkmörtel im Keller oder Erdgeschoß herstellen, erfordert an Löhnen für 1 m³ . . 4,7 Stm. + 2,2 St.

Für jedes höhere Geschoß für 1 m³ ein Zuschlag von . . . . 0,25 Stm. + 0,9 St.[1]

Ziegelmauerwerk im Erdgeschoß (Fugenbau) herstellen für 1 m³ . . . . 5,5 Stm. + 2,2 St.

Ziegelmauerwerk mit gebogenen oder dosierten Flächen herstellen für 1 m³ . . . . 7,0 Stm. + 3,0 St.

Ziegelmauerwerk von ausgesuchten *harten* Ziegeln herstellen erfordert für 1 m³ . . . . 5,5 Stm. + 3,0 St.

Beispiel 46. Wieviel kostet 1 m³ Ziegelmauerwerk im Erdgeschoß für Putzbau, wenn man für 1000 Stück Ziegel frei Bau 75,— DM., für 1 l Mörtel 4 Dpf., für 1 Stm. 1,90 DM. und für 1 St. 1,60 DM. bezahlen muß?

Lösung.

400 Stück Mauerziegel je 0,075 DM.	30,— DM.
270 l Mörtel je 0,04 DM.	10,80 „
Material	40,80 DM.
Zuschlag 10% von M	4,10 „
Materialkosten	44,90 DM.
Arbeitslohn:	
4,7 Stm. + 2,2 St. = 4,7 · 1,90 + 2,2 · 1,60	12,45 „
Geschäftskosten und Gewinn 60% von 12,45 DM.	7,50 „
Angebotspreis für 1 m³ Ziegelmauerwerk	*64,85 DM.*

[1] Beim Abtragen von Mörtel und Steinen von Hand.

b) Mauerwerk aus künstlichen Steinen für Außen- und Innenwände.

Die Lohnkosten für Mauerwerk aus künstlichen Steinen bei Hochbauten hängen von folgenden Bedingungen ab:

α) Wandstärke, β) Förderhöhe, γ) Steinformat.

Allgemein gilt:

Zu α) stärkere Wände erfordern je 1 m³ Mauerwerk einen geringeren Lohnaufwand als schwächere.

Zu β) die Förderhöhe steigert bei der heute meist üblichen maschinellen Förderung (Aufzüge o. ä.) den Lohnaufwand nur geringfügig. Die Werte, die für das 1. Obergeschoß angegeben sind, können für alle folgenden Geschosse angewandt werden.

Zu γ) größere Formate erfordern geringeren Lohnaufwand als kleinere (siehe b 5 und 6).

Die im folgenden angegebenen Sätze für Lohnaufwand sind so ermittelt, daß die *Lohnkosten für das Abladen der Baustoffe am Bau, das Herstellen des Mörtels* und *das Auf- und Abbauen von Gerüsten*[1] eingerechnet sind.

Der Lohnaufwand wird für die gleichen genormten Steine ermittelt, für die auf Seite 236ff. der Materialbedarf angegeben ist.

1. Ziegelmauerwerk für Außen- und Innenwände in Normalformat.

(nach DIN 105, 106 und 398).

3 Stein starkes Ziegelmauerwerk für Putzbau und Innenmauern in Keller und Erdgeschoß erfordert für 1 m³ . . . 4,5 Stm. + 2,1 St.

3 Stein starkes Ziegelmauerwerk für Putzbau und Innenmauern im 1. Obergeschoß für 1 m³ . . . . 4,5 Stm. + 3,0 St.[2]

Für weitere Geschosse Zuschlag für Mehrtransport
je Geschoß bei maschinellem Transport 0,2 St., von Hand . 0,9 St.

2½ Stein starkes Ziegelmauerwerk für Putzbau und Innenmauerwerk in Keller und Erdgeschoß erfordert je 1 m³ . . . 4,8 Stm. + 2,1 St.

2½ Stein starkes Ziegelmauerwerk für Putzbau und Innenmauerwerk im 1. Obergeschoß für 1 m³ . . . . 4,8 Stm. + 3 St.[2]

Für weitere Geschosse Zuschlag für Mehrtransport
je Geschoß bei maschinellem Transport 0,2 St., von Hand . 0,9 St.

2 Stein starkes Ziegelmauerwerk für Putzbau und Innenmauern in Keller und Erdgeschoß erfordert für 1 m³ . . . 5,1 Stm. + 2,1 St.

2 Stein starkes Ziegelmauerwerk für Putzbau und Innenmauern im 1. Obergeschoß für 1 m³ . . . . 5,1 Stm. + 3 St.[2]

---

[1] Die Einzelkosten des Lohnaufwands für *Gerüstarbeiten* sind, ebenso wie der *Materialverbrauch*, in dem Kap. XVIII. Zimmerarbeiten, unter „*Gerüste für Maurer- und Putzarbeiten*“ Seite 340 angegeben.

[2] Beim Abtragen von Mörtel und Steinen von Hand.

Für weitere Geschosse Zuschlag für Mehrtransport je Geschoß bei maschinellem Transport 0,2 St., von Hand . 0,9 St.

1½ Stein starkes Ziegelmauerwerk für Putzbau und Innenmauern in Keller und Erdgeschoß erfordert für 1 m³ . . . 5,5 Stm. + 2,1 St.

1½ Stein starkes Ziegelmauerwerk für Putzbau und Innenmauern im 1. Obergeschoß für 1 m³ . . . . 5,5 Stm. + 3,0 St.[1]

Für weitere Geschosse Zuschlag für Mehrtransport je Geschoß bei maschinellem Transport 0,2 St., von Hand . 0,9 St.

1 Stein starkes Ziegelmauerwerk für Putzbau und Innenmauern in Keller und Erdgeschoß erfordert für 1 m³ . . . 6,0 Stm. + 2,1 St.

1 Stein starkes Ziegelmauerwerk für Putzbau und Innenmauern im 1. Obergeschoß für 1 m³ . . . . 6,0 Stm. + 3,0 St.[1]

Für weitere Geschosse Zuschlag für Mehrtransport je Geschoß bei maschinellem Transport 0,2 St., von Hand . 0,9 St.

½ Stein starkes Ziegelmauerwerk in Keller und Erdgeschoß für Putzbau und Innenmauern erfordert für 1 m³ . . . . 7,0 Stm. + 2,2 St.

½ Stein starkes Ziegelmauerwerk im 1. Obergeschoß für Putzbau und Innenmauern erfordert für 1 m³ . . . . 7,0 Stm. + 3,0 St.[1]

Für weitere Geschosse Zuschlag für Mehrtransport je Geschoß bei maschinellem Transport 0,2 St., von Hand . 0,9 St.

1. Bemerkung. *Für Fugenbau* ist ein *Zuschlag von 0,6 Stm. je m² Mauerfläche* zu rechnen.

2. Bemerkung. *Bei Ziegelhohlsteinmauerwerk* mit 6 bis 7 cm Luftisolierung für die Wetterseite von Gebäuden, ebenso bei Stallungsmauerwerk, welches mit Entlüftungskanälen durchzogen ist, erhöht sich (bei Mitrechnung des Luftraums als Mauerwerk) der Stundenaufwand für die Maurerarbeit um etwa 10%.

3. Bemerkung. Werden Öffnungen im Mauerwerk abgezogen, so ist in den Kostenanschlägen ein entsprechender Zuschlag üblich, welcher in Arbeitslöhnen angegeben wird. Man kann in diesem Falle *für 1 m² abgezogene Öffnungen* rechnen:

bei einer Mauerstärke von 3 Steinen . . . . . . 3,0 Stm. + 1,0 St.
„ „ „ „ 2 Steinen . . . . . . 2,0 Stm. + 1,0 St.
„ „ „ „ 1 Stein . . . . 1,5 Stm. + 0,8 St.

Pfeilermauerwerk (freistehend) in Ziegelsteinen und verlängertem oder reinem Zementmörtel herstellen, erfordert

für 1 m³ . . . . 6 Stm. + 2,5 St.
bis 7 Stm. + 3 St.

Für jedes höhere Geschoß kommt für je 1 m³ ein Zuschlag von 0,9 St.[1]

2. Schornsteinmauerwerk in Ziegelsteinen, Normalformat.

Schornsteinmauerwerk, freistehend, *einschließlich innerem Putz,* erfordert für 1 m³:

Ziegelsteine . . . . rund 400 Stück
Mörtel . . . . 300 l
Arbeitslohn . . . . 8,5 Stm. + 3,0 St.

---

[1] Beim Abtragen von Steinen und Mörtel von Hand.

Einröhriges Schornsteinrohr, freistehend, 14 : 20 cm i. L. ½ Stein starke Wand *einschließlich innerem Verputz*, erfordert für 1 stgd. m:

an Ziegeln . . . . 65 Stück
an Mörtel . . . . 48 l
an Arbeitslohn . . . . 1,6 Stm. + 0,7 St.

Umfang = 1,72 m; Inhalt = 0,185 m³.

1 zweiröhriges Schornsteinrohr, sonst wie vor, erfordert für 1 stgd. m:

an Ziegeln . . . . 100 Stück
an Mörtel . . . . 80 l
an Arbeitslohn . . . . 2,6 Stm. + 1,1 St.

Umfang = 2,4 m; Inhalt = 0,32 m³.

1 dreiröhriges Schornsteinrohr, sonst wie vor, erfordert für 1 stgd. m:

an Ziegeln . . . . 140 Stück
an Mörtel . . . . 110 l
an Arbeitslohn . . . . 3,8 Stm. + 1,4 St.

Umfang = 3 m; Inhalt = 0,45 m³.

1 vierröhriges Schornsteinrohr, sonst wie vor, erfordert für 1 stgd. m:

an Ziegeln . . . . 180 Stück
an Mörtel . . . . 160 l
an Arbeitslohn . . . . 5,5 Stm. + 2,0 St.

Umfang = 3,7 m; Inhalt = 0,66 m³.

1 einröhriges Schornsteinrohr, 25/25 cm i. L. einschließlich innerem Putz erfordert für 1 stgd. m:

an Ziegeln . . . . 90 Stück
an Mörtel . . . . 60 l
an Arbeitslohn . . . . 2,1 Stm. + 0,8 St.

Umfang = 2 m, Inhalt = 0,25 m³.

1 zweiröhriges Schornsteinrohr, sonst wie vor, erfordert für 1 stgd. m:

an Ziegeln . . . . 130 Stück
an Mörtel . . . . 90 l
an Arbeitslohn . . . . 3,8 Stm. + 1,3 St.

Umfang = 2,80 m, Inhalt = 0,45 m³.

1 dreiröhriges Schornsteinrohr, sonst wie vor, erfordert für 1 stgd. m:

an Ziegeln . . . . 184 Stück
an Mörtel . . . . 130 l
an Arbeitslohn . . . . 5,5 Stm. + 2,0 St.

Umfang = 3,60 m, Inhalt = 0,65 m³.

1 vierröhriges Schornsteinrohr, sonst wie vor, erfordert für 1 stgd. m:

an Ziegeln . . . . 235 Stück
an Mörtel . . . . 165 l
an Arbeitslohn . . . . 7,2 Stm. + 2,5 St.

Umfang = 4,30 m, Inhalt = 0,84 m³.

Für Mauern des *Schornsteinkopfes* ist ein Zuschlag von etwa *3 Stm.* zu machen.

Beispiel 47. Was kostet 1 stgd. m einröhriges Schornsteinrohr von 25/25 cm i. L., wenn 1000 Stück Ziegel frei Bau 75,— DM., 1 l Mörtel frei Bau 4,5 Dpf. kosten und wenn die Arbeitslöhne 1 Stm. 1,90 DM., 1 St. 1,60 DM. betragen?

Lösung.

a) Material: 90 Stück Ziegel je 0,075 DM.	6,75 DM.
60 l Mörtel je 0,045 DM.	2,70 „
Summe:	9,45 DM.
Zuschläge auf Material 8%	0,75 „
Materialkosten	10,20 DM.
b) Arbeitslöhne: Mauerwerk herstellen	
2,1 Stm. + 0,8 St. = 2,1 · 1,90 + 0,8 · 1,60	5,25 DM.
Geschäftskosten = 50% von 5,25 DM.	2,60 „
Summe:	7,85 DM.
Dazu Material	10,20 „
Summe:	18,05 DM.
Wagnis, Gewinn und Umsatzsteuer = 8% von 18,05 DM. .	1,45 „
Kosten von 1 stgd. m Rohr	*19,50 DM.*

Bei *Schornsteinmauerwerk* für höhere Geschosse als Erdgeschoß ist je Stockwerk für Transport von Steinen und Mörtel zuzuschlagen je 1 m³ Mauerwerk . . . . 1,0 St.

Für Schornstein- oder Luftschächte, welche in der Mauer liegen, hat man für das Mauerwerk einen *Zuschlag* zu rechnen, und zwar bei einer Öffnung von

12/12	0,25 Stm. + 0,48 m²	Innenputz
14/20	0,35 Stm. + 0,68 m²	„
12/25	0,40 Stm. + 0,75 m²	„
25/25	0,50 Stm. + 1,00 m²	„

Bei Schornsteinen, die teils in der Mauer, teils außer der Mauer liegen, ist es zweckmäßig, die m²-Wandfläche in der gewählten Stärke (meist ½ Stein) in Ziegelmauerwerk zu rechnen und die Kosten für den Innenputz zuzuschlagen.

Bemerkung. *Außenputz oder Fugen der Außenseite von Kaminen* ist gesondert zu rechnen und gegebenenfalls den oben aufgeführten Kosten zuzuschlagen.

3. *Zwischenwände (gemauert, Normalformat).*

Ziegelsteinwand, hochseitig, 7 cm stark herstellen, erfordert für 1 m² etwa 30 Ziegelsteine, 18 l Mörtel und an Arbeitslohn 0,7 Stm. + 0,2 St.

Ziegelsteinwand wie vorher je ein Geschoß höher herstellen als Zuschlag . . . . 0,1 St.

Ziegelsteinwand, flachseitig, 11,5 cm stark herstellen, erfordert für 1 m² etwa 50 Ziegelsteine, 30 l Mörtel und an Arbeitslohn . . . . 0,8 Stm. + 0,2 St.

Ziegelsteinfachwerkswand, hochseitig, 7 cm stark herstellen, erfordert für 1 m^2 etwa 26 Ziegelsteine, 20 l Mörtel und an Arbeitslohn . . . . 0,8 Stm. + 0,25 St.

Ziegelsteinfachwerkswand, flachseitig, 12 cm stark herstellen, erfordert für 1 m^2 36 Ziegelsteine, 27 l Mörtel und an Arbeitslohn . . . . 1,1 Stm. + 0,4 St.

4. Mauerwerk mit Hochlochziegeln
(nach DIN 105).

1 Stein starkes Mauerwerk für Erdgeschoß erfordert für 1 m^3 . . . . 4,5 Stm. + 1,8 St.

1 Stein starkes Mauerwerk für 1. Obergeschoß erfordert für 1 m^3 . . . . 4,5 Stm. + 2,6 St.

$^1/_2$ Stein starkes Mauerwerk für Keller und Erdgeschoß erfordert für 1 m^3 . . . . 5,5 Stm. + 1,8 St.

$1^1/_2$ Stein starkes Mauerwerk für Erdgeschoß erfordert für 1 m^3 . . . . 4,0 Stm. + 1,8 St.

Für weitere Geschosse (1. Obergeschoß usw.) Zuschlag für Mehrförderung je Geschoß maschinell 0,2 St., von Hand 0,8 St.

5. Mauerwerk mit Hohlblocksteinen aus Leichtbeton[1]
(nach DIN 18151, Format 49×24×23,8 cm).

1 Stein starkes Mauerwerk für Erdgeschoß erfordert für 1 m^3 . . . . 2,8 Stm. + 1,2 St.

Für weitere Geschosse (1. Obergeschoß usw.) Zuschlag für Mehrförderung maschinell 0,15 St., von Hand 0,6 St.

6. Mauerwerk mit Vollsteinen aus Leichtbeton
(nach DIN 18152).

$^1/_2$ Stein starkes Mauerwerk im Erdgeschoß erfordert für 1 m^3 . . . . 4,5 Stm. + 1,8 St.

1 Stein starkes Mauerwerk kommt kaum in Frage; dafür werden Hohlblocksteine nach Ziffer 5 verwandt.

Zuschlag für Mehrförderung (vgl. oben) maschinell 0,2 St., von Hand 0,8 St.

7. Gipsdielenwände und Leichtbauplatten (Heraklitwände u. dgl.).

Gipsdielenwand[2], 5 bis 7 cm stark herstellen im Erdgeschoß für 1 m^2:

1,05 m^2 Gipsdiele
6 l Mörtel
0,1 kg verzinkte Nägel
Arbeitslohn . . . . 0,5 Stm. + 0,2 St.

---

[1] Es gibt *verschiedene Formate*, welche den Normen entsprechen (siehe FROMMHOLD-HASENJÄGER, Wohnungsbaunormen, Seite 157). Hier wurde, wie in Abschn. A. I., 3, Seite 237 mit dem meist verwendeten Stein gerechnet.

[2] Siehe Fußnote 1, S. 261.

Zementdielenwand[1], 5 bis 8 cm stark herstellen im Erdgeschoß erfordert für 1 m²:

1,10 m² Zementdiele
8 l Mörtel
Arbeitslohn . . . . 0,6 Stm. + 0,3 St.

Dieselben Wände wie vorher, jedoch ein Geschoß höher, als Zuschlag für 1 m² . . . . 0,20 St.

Leichtbauplatten 5 bis 7 cm stark als Wärmeschutz an den Innenwandflächen aufnageln und in Gips- oder Kalkmörtelbett verlegen, erfordert 1,1 m² Platten (auch Zellenbetonplatten u. dgl.), 15 bis 18 l Mörtel, 0,1 bis 0,2 kg Kleineisenzeug, und einen Lohnaufwand von *0,6 bis 0,8 Stm.*

8. *Rabitzwände*[2].

5 cm stark ohne Putz einschließlich der erforderlichen Rundstähle herstellen für 1 m² erfordert:

Material: 1,1 m² Ziegeldraht oder Rabitzgewebe
1 kg Rundstahl
6 Stück Krampen
0,3 kg Draht und Nägel
70 l Mörtel (Zementmörtel 1 : 2)
Arbeitslohn . . . . 3,0 Stm. + 1,0 St.

Rabitzwand in Gipsmörtel herstellen, sonst wie vor, für 1 m²:

1,1 m² Rabitzgewebe
1 kg Eisen
6 Stück Krampen
0,3 kg Kleineisen (Nägel und Draht)
70 l Gipsmörtel
Arbeitslohn 3,0 Stm. + 0,8 St.

c) Gewölbe (gemauert, Normalformat).

Kappengewölbe, ¼ Stein stark, in Kalkmörtel herstellen, erfordert für 1 m² (= 180 kg):

Ziegelsteine . . . . 34 Stück
Mörtel . . . . 17 l
Arbeitslohn . . . . 1,4 Stm. + 0,5 St.

Kappengewölbe, ¼ Stein stark, in Kalkmörtel herstellen mit Ausmauerung der Gewölbezwickel erfordert für 1 m²:

Ziegelsteine . . . . 40 Stück
Mörtel . . . . 25 l
Arbeitslohn . . . . 2,0 Stm. + 0,7 St.

---

[1] Oder Bimsdielenwand (100/33). Preis Frühjahr 1954 für gipsgebundene Leichtbauplatten 3,50 DM./m².
[2] Gerüstkosten bei schwieriger Einrüstung sind besonders zu berechnen.

Kappengewölbe, ½ Stein stark, in Kalkmörtel herstellen einschließlich Schalung erfordert für 1 m² (= 360 kg):

Ziegelsteine . . . . 65 Stück
Mörtel . . . . 45 l
Arbeitslohn . . . . 3,0 Stm. + 0,8 St.

Kappengewölbe, ½ Stein stark, in Kalkmörtel herstellen, einschließlich Schalung mit Ausmauerung der Gewölbezwickel, erfordert für 1 m² (= 400 kg):

Ziegelsteine . . . . 75 Stück
Mörtel . . . . 60 l
Arbeitslohn . . . . 3,5 Stm. + 1,0 St.

Kappengewölbe, 1 Stein stark, in Kalkmörtel herstellen einschließlich Schalung, erfordert für 1 m² (= 700 kg):

Ziegelsteine . . . . 130 Stück
Mörtel . . . . 105 l
Arbeitslohn . . . . 5,0 Stm. + 1,2 St.

Kappengewölbe, 1 Stein stark, in Kalkmörtel herstellen, einschließlich Schalung mit Ausmauerung der Gewölbezwickel, erfordert für 1 m² (= 800 kg):

Ziegelsteine . . . . 160 Stück
Mörtel . . . . 125 l
Arbeitslohn . . . . 6,0 Stm. + 1,5 St.

Flache Ziegelgewölbe zwischen I-Träger, ½ Stein stark, herstellen erfordert für 1 m² (= 280 kg):

Ziegelsteine . . . . 60 Stück
Mörtel . . . . 40 l
Arbeitslohn . . . . 2,0 Stm. + 1,0 St.

Tonnengewölbe, ½ Stein stark (in der Abwicklung gemessen), ohne Hintermauerung herstellen erfordert für 1 m² (= 250 kg):

Ziegelsteine . . . . 52 Stück
Mörtel . . . . 38 l
Arbeitslohn . . . . 3,2 Stm. + 1,0 St.

Tonnengewölbe, 1 Stein stark, ohne Hintermauerung für 1 m² (= 520 kg):

Ziegelsteine . . . . 100 Stück
Mörtel . . . . 90 l
Arbeitslohn . . . . 4,5 Stm. + 1,5 St.

Tonnengewölbe, mit Verstärkungsrippen, 1 Stein stark (bis 7 m Spannweite), für 1 m² (= 550 kg):

Ziegelsteine . . . . 115 Stück
Mörtel . . . . 95 l
Arbeitslohn . . . . 5,5 Stm. + 2,0 St.

Kreuzgewölbe, ½ Stein stark (in der Abwicklung gemessen), herstellen erfordert für 1 m² (= 260 kg):

Ziegelsteine . . . . 52 Stück
Mörtel . . . . 38 l
Arbeitslohn . . . . 4,0 Stm. + 1,0 St.

d) Massivdecken[1].

Der *Lohnaufwand für Stahlstein-, Stahlbetonrippen- und Fertigteil-Decken* ist für die reine Baustellenarbeit ermittelt, also für Abladen der Deckenteile und -baustoffe vom Fahrzeug, deren Verlegen, Bewehren und Vergießen, nicht aber der Lohnaufwand für deren Herstellung. Die *werksmäßige Verfertigung und Anfuhr von Deckensteinen und Fertigbalken* erfordert örtlich unterschiedliche Kosten, die nur von Fall zu Fall ermittelt werden können (siehe Rechenbeispiele).

Der „mittlere Stundenlohn" (St_{mi}) ist als Mittel aus 1 Stz., 1 Stm., 1 Ste. und 4 St. zu errechnen.

1. *Stahlbeton-Volldecken* nach DIN 1045, siehe Kapitel XVII. Beton- und Stahlbeton-Arbeiten.

2. *Stahlsteindecken* nach DIN 1046 (vgl. Tabelle 34 Seite 243).

Lohnaufwand für Stahlsteindecken.

Stützweite m	Nutzlast kg/m²	St_{mi} je m²
3,50	150	2,1
	350	2,3
	500	2,5
4,50	150	2,3
	350	2,7
	500	2,9
6,00	150	3,0
	350	3,2

Beispiel 48. Was kostet 1 qm Stahlsteindecke mit 150 kg/m² Nutzlast und 4,50 m Stützweite? Es soll mit folgenden Materialpreisen (frei Bau) und Löhnen gerechnet werden:

1000 Deckensteine	400,—	DM.
1 t Betonstahl II	650,—	„
1 t Zement Z 225	80,—	„
1 cbm Zuschlagstoffe	10,—	„
1 Lohnstunde St_{mi}	1,70	„

[1] Als Literatur werden empfohlen die in der Zeitschrift „*Bauwelt*" 1954 in vielen Folgen erschienenen Aufsätze von Prof. Dipl.-Ing. R. v. Halasz: „Vergleichende Zusammenstellung von Decken und Wänden." Hier sind neben den genormten Deckenbauweisen noch zahlreiche *Spezialdecken* aufgeführt.

a) *Material:*	16 Steine zu 0,40 DM.	=	6,40 DM.
	4,6 kg Betonstahl zu 0,65 DM.	=	2,99 „
	18,0 kg Zement zu 0,08 DM.	=	1,44 „
	65 l Zuschläge zu 0,01 DM.	=	0,65 „
	Materialkosten		11,48 DM.
	Zuschlag + 10%	=	1,17 „
	Insgesamt für Material . . .		12,65 DM.
b) *Lohn:*	2,3 St_{mi} zu 1,70 DM.	=	3,90 DM.
	+ 50% Zuschlag	=	1,95 „
	Insgesamt für Lohn		5,85 DM.
	dazu Material		12,65 „
	Selbstkosten		18,50 DM.
	Wagnis, Gewinn, Umsatzsteuer 10% von 18,50 DM.	=	1,90 „
	Angebotspreis		*20,40 DM.* je m² Decke.

3. *Stahlbeton-Rippendecken* nach DIN 1045 (vgl. Tabellen Seite 244).

Lohnaufwand für Stahlbeton-Rippendecken.

Stützweite m	Nutzlast kg/m²	St_{mi} je m²
3,50	150	2,5
	350	2,7
	500	2,9
4,50	150	2,7
	350	2,9
	500	3,4
6,00	150	3,4
	350	3,9
	500	4,2

Beispiel 49. Was kostet 1 qm Stahlbeton-Rippendecke mit 150 kg/m² Nutzlast und 4,50 m Stützweite, bei folgenden Materialpreisen und Löhnen?

1000 Deckenfüllkörper	600,— DM.
1 t Betonstahl II	650,— „
1 t Zement Z 225	80,— „
1 cbm Zuschlagstoffe	10,— „
1 Lohnstunde St_{mi}	1,70 „

a) *Material:*	8 Füllkörper zu 0,60 DM.	=	4,80 DM.
	7,0 kg Stahl zu 0,65 DM.	=	4,55 „
	21,0 kg Zement zu 0,08 DM.	=	1,68 „
	95 l Zuschlagstoffe zu 0,01 DM.	=	0,95 „
	Materialkosten		11,98 DM.
	+ 10% Zuschlag	=	1,17 „
	Material insgesamt		13,15 DM.

b) *Lohn:*	2,7 St_{mi} zu 1,70 DM.	= 4,59 DM.
	+ 50% Zuschläge	= 2,31 „
	Insgesamt für Lohn	6,90 DM.
	dazu Material	13,15 „
	Selbstkosten	20,05 DM.
	Wagnis, Gewinn, Umsatzsteuer 10% von 20,05 DM. . . .	= 2,— „
	Angebotspreis	*22,05 DM.* je m² Decke.

4. *Balken- und Rippendecke aus Fertigbalken mit Füllkörpern* nach DIN 4233 (vgl. Seite 245 und Abb. 71).

Der *Lohnaufwand* ist bei allen *Decken F 20* bzw. *F 24* nahezu gleich. *Er beträgt bei allen mit F 20 und F 24 möglichen Stützweiten und Nutzlasten:*

Für Decke F 20: $1{,}2\ St_{mi}/m^2$.

Für Decke F 24: $1{,}4\ St_{mi}/m^2$.

Er erhöht sich, wenn in Ausnahmefällen mit Aufbeton gearbeitet wird. *Für Aufbeton von 3 cm Stärke rechnet man etwa* $1{,}2\ St_{mi}$ *je* $1\ m^2$. Das Verlegen und Vergießen von F-Decken kann auch mit Hilfsarbeitern allein erfolgen, da weder Schalung noch Stahlbiege- und -verlegearbeiten erforderlich sind.

Beispiel 50. Was kostet 1 qm Decke DIN F-20 mit 150 kg/qm Nutzlast und 4,50 m Stützweite bei folgenden Preisen frei Bau?

1 qm Fertigteile (Balken, Deckensteine und Ortbeton-Zusatzbewehrung)	12,— DM.
1 t Zement Z 225	80,— „
1 cbm Zuschlagstoffe	10,— „
1 Lohnstunde St_{mi}	1,70 „

a) *Material:*	1 qm Fertigteile zu 12,— DM.	= 12,— DM.
	7,5 kg Zement zu 0,08 DM. .	= 0,60 „
	30 l Zuschlagstoffe zu 0,01 DM.	= 0,30 „
	Materialkosten	12,90 DM.
	+ 10% Zuschlag	= 1,30 „
	Material insgesamt	14,20 DM.
b) *Lohn:*	1,2 St_{mi} zu 1,70	2,04 DM.
	+ 50% Zuschläge	1,01 „
	Insgesamt für Lohn	3,05 DM.
	dazu Material	14,20 „
	Selbstkosten	17,25 DM.
	Wagnis, Gewinn, Umsatzsteuer 10% von 17,25 DM. . . .	= 1,75 „
	Angebotspreis	*19,— DM. je qm Decke.*

Bemerkung zu d) 1 bis 4: Bei allen *Massivdecken* ist *für jedes Geschoß oberhalb des Erdgeschosses ein Zuschlag von 15% zum Lohnaufwand für Mehrförderung anzusetzen.*

e) Sonstige Maurer- und Spezialarbeiten des Hochbaues.

1. Verblendungsmauerwerk, Gesimse und Fugen.

Verblendungsmauerwerk. Die Verblendung der Mauerflächen geschieht in Ziegeln und zwar *gleichzeitig mit dem Mauerwerk.* Die Herstellung kostet für 1 m² Ansichtsfläche bei Ausführung mit ganzen Steinen 25 × 12 × 6,5 als Zuschlag . . . . 0,8 Stm.

4/4 und 1/2 Steinen (26 + 52 Steine, 52 l Mörtel) . 1,4 Stm. + 0,2 St.

2/4 und 1/4 Steinen (34 + 70 Steine, 60 l Mörtel) . . 2,0 Stm. + 0,5 St.

Wird die Verblendung *nach der Herstellung der Mauer* vorgenommen, so betragen die Kosten an Arbeitslohn je 1 m² und bei Anwendung von
4/4 und 1/2 Steinen . . . . 2 Stm.
2/4 und 1/4 Steinen . . . . 4 Stm.

Ziegelverblendung von ausgesuchten harten Ziegeln herstellen, *als Zuschlag für 1 m³:*
Mehrpreis für Ziegelsteine . . . . 78 Stück
Mörtel . . . . 5 l
Arbeitslohn . . . . 0,8 Stm.

Ziegelfachwerkwand, ½ Stein stark, mit ½ Stein starker Verblendung herstellen, erfordert für 1 m²:
Ziegelsteine . . . . 64 Stück
Mörtel . . . . 43 l
Arbeitslohn . . . . 2,0 Stm. + 0,9 St.

Verblendung mit *Bockhorner Klinkern,* Format 21/10,5/5,2 kostet je *1 m³ Verblendungsmauerwerk:*
Steine . . . . 600 Stück
Mörtel . . . . 350 l
Arbeitslohn . . . . 12 Stm. + 4 St.

Gesimse auslegen erfordert an *Zuschlag* je 1 m² . 8 Stm. + 6 St.
Höhenzuschlag je Stockwerk . . . . 0,8 Stm. + 0,8 St.

Fugenarbeit.

Bruchsteinmauerwerk ausfugen erfordert an Material und Lohn
für 1 m² 15 l Mörtel.
Lohn . . . . 0,8 Stm. + 0,2 St.

Werksteinmauerwerk ausfugen erfordert
für 1 m² 10 l Mörtel.
Lohn . . . . 0,5 Stm. + 0,2 St.

Fachwerkausmauerung ausfugen erfordert
für 1 m² 4 l Mörtel.
Lohn . . . . 0,6 Stm. + 0,2 St.

Flachseitiges Ziegelsteinpflaster ausfugen erfordert
für 1 m² 3 l Mörtel.
Lohn . . . . 0,6 Stm. + 0,3 St.

Das Ausfugen von gewöhnlichem *Ziegelmauerwerk*, wobei die Fugen vorher ausgeräumt und die Mauerfläche gereinigt wird, erfordert für 1 m²:

a) verlängerten Zementmörtel 5 l
Arbeitslohn . . . . 0,8 Stm. + 0,25 St.

b) reinen Zementmörtel 5 l
Arbeitslohn . . . . 0,9 Stm. + 0,25 St.

Das Ausfugen von *Verblendungsmauerwerk*, Fläche vorher reinigen, Fugen ausräumen, erfordert für 1 m²:

Mörtel 5 l
Arbeitslohn . . . . 1,0 Stm. + 0,3 St.

Das Ausfugen von Mauerflächen von Ziegel- oder Schwemmsteinen gleich beim Aufmauern erfordert für 1 m²:

Zementkalkmörtel 3 l
Arbeitslohn . . . . 0,35 Stm. + 0,2 St.

2. *Ziegelrollschicht, Trittstufen, Podeste, Fensterbänke.*

Rollschicht, 25 cm stark herstellen erfordert für 1 lfd. m (= 60 kg).
Material: 13 Ziegel + 10 l Mörtel. *Lohn* . . . . 0,7 Stm. + 0,2 St.

Rollschicht wie vor, jedoch 38 cm stark, erfordert für 1 lfd. m
Material: 22 Ziegel + 15 l Mörtel. *Lohn* . . . . 0,9 Stm. + 0,3 St.

Rollschicht, wie vor, jedoch 51 cm stark, erfordert für 1 lfd. m
Material: 26 Ziegel + 20 l Mörtel. *Lohn* . . . 1,2 Stm. + 0,4 St.

Ziegel-, Flach- und Rollschicht für Kellertreppen einschließlich Fugen je 1 lfd. m: *Lohn* . . . . 1,6 Stm. + 0,8 St.

Trittstufen aus Stein in neue Mauern versetzen, erfordert im Erdgeschoß für 1 lfd. m:

a) bei beiderseits eingemauerten Stufen (8 l Mörtel) 1,2 Stm. + 1,2 St.
b) bei freitragenden Stufen (6 l Mörtel) . . . . 2,0 Stm. + 2,0 St.

Trittstufen, Treppenstufen in Kunststein, Verlegen in Keller und Erdgeschoß für 1 lfd. m . . . . 1,2 Stm. + 0,5 St.

Podeste in Kunststein verlegen je 1 m²
Material: 22 l Mörtel. *Lohn* . . . . 5 Stm. + 3 St.

Fensterbänke 15/20 cm aus Kunststein versetzen, erfordert für 1 lfd. m . . . . 2 Stm.

Fensterstürze in Stahlbeton erfordern je 1 lfd. m. 0,08 bis 0,10 m³ Stahlbeton (30 kg RE/1 m³). Lohnaufwand je 1 lfd. m 2,5 bis 3,5 Stm.

3. *Stahlarbeiten.*

Stahl-I-Träger als Unterzüge verlegen und sachgemäß verankern erfordert (Voraussetzung ist die Verwendung von Kranen oder Aufzügen bei Obergeschossen) je 1 t I-Träger . . . . . 15 bis 25 St_{sl}.

4. Isolierungsarbeiten.

Goudronanstrich für äußeres Mauerwerk zur Isolierung erfordert für 1 m² etwa . . . . 0,4 St.
An Material etwa 1,0 kg Goudron.

Goudronanstrich zweimalig auf vorbereiteter Wand herstellen, erfordert für 1 m²:
Goudron . . . . 1,5 kg
Arbeitslohn . . . . 0,6 St.

Mauerwerk mit *Dachpappe einlagig zu isolieren* einschließlich einmaligem Anstrich erfordert für 1 m²:
Dachpappe . . . . 1,1 m²
Klebemasse . . . . 0,5 kg
Arbeitslohn . . . . 0,2 Stm. + 0,1 St.

Mauerwerk mit *Isolierplatten* zu isolieren erfordert für 1 m²:
Klebemasse . . . . 0,2 kg
Isolierplatten . . . . 1,05 m²
Arbeitslöhne . . . . 0,30 St.

Asphaltisolierung 2 cm stark herstellen erfordert für 1 m² etwa
Asphaltmasse . . . . 13 kg
Arbeitslohn . . . . 0,4 Stas. + 0,4 St.

Asphaltisolierung wie zuvor, 3 cm stark, je 1 m²:
Asphaltmasse . . . . 15 kg
Arbeitslohn . . . . 0,5 Stas. + 0,5 St.

5. Pflasterungen und Steinfußböden bei Hochbauten.

a) Aufbrechen von Pflaster.

Flaches Ziegel- oder Klinkerpflaster aufbrechen, die Materialien seitwärts aufsetzen, erfordert einschließlich Geräte und Aufsicht im Erdgeschoß für 1 m² . . . . 0,25 Stm. + 0,60 St.

Zuschlag für jede weitere Geschoßhöhe bzw. Tiefe für 1 m² 0,25 St.

Hochkantiges Ziegel- oder Klinkerpflaster aufbrechen, sonst wie vorher, im Erdgeschoß für 1 m² . . . . 0,35 Stm. + 0,90 St.

Zuschlag für jede weitere Geschoßhöhe bzw. Tiefe für 1 m² 0,35 St.

Zementplattenpflaster, 30/30/4, oder *Natursteinplatten*, mit Sorgfalt aufbrechen, Materialien seitwärts aufsetzen, erfordert einschließlich Aufsicht und Geräte, im Erdgeschoß für 1 m² . . 0,45 Stm. + 0,50 St.

Zuschlag für jede weitere Geschoßhöhe bzw. Tiefe
für 1 m² . . . . 0,10 Stm. + 0,20 St.

Asphaltbelag aufbrechen erfordert für 1 m² . . . . 0,26 St.

b) Herstellen von Pflaster (mit Baustoffbedarf).

Ziegelflachpflaster aus gewöhnlichen Ziegeln herstellen in 12 mm Mörtelbettung, erfordert im Erdgeschoß für 1 m² . 1,0 Stm. + 0,5 St.
Erforderlich 25 l Mörtel, 32 Ziegel. 1 m² = 150 kg.

Ziegelflachpflaster mit vergossenen Fugen
in Sandbettung herstellen erfordert . . . . . . 1,2 Stm. + 0,6 St.
Erforderlich 12 l Mörtel, 70 l Sand, 32 Ziegel. 1 m² = 135 kg.

Zuschlag für jedes höhere Geschoß für 1 m² . . . . 0,2 St.

Ziegelhochkantpflaster mit 6 mm starken Stoßfugen in Mörtelbettung herstellen, erfordert im Erdgeschoß für 1 m² . . . 1,3 Stm. + 0,7 St.
Erforderlich 30 l Mörtel, 56 Steine. 1 m² = 250 kg.

Ziegelhochkantpflaster auf Sandbettung mit vergossenen Fugen herstellen, erfordert für 1 m² (= 250 kg) . . . . . 1,5 Stpf. + 0,75 St.
Erforderlich 56 Steine, 15 l Mörtel, 70 l Sand.

Zuschlag für jedes höhere Geschoß für 1 m² (bei Handtransport) 0,3 St.

Ziegelflachpflaster mit Mörtel fugen, als Zuschlag zu b), Zeile 1, erfordert für 1 m² . . . . + 5 l Mörtel und + 0,8 Stm.

Ziegelhochkantpflaster mit Mörtel fugen, als Zuschlag zu oben, erfordert für 1 m² . . . . + 8 l Mörtel und + 1,2 Stm.

Pflaster aus natürlichen oder künstlichen *Platten* (Zement- oder Steinzeugplatten) verlegen erfordert für 1 m² . . . . 1,5 Stm. + 1,0 St.
Erforderlich 30 l Mörtel.

Asphaltfußboden von 8 mm Stärke herstellen erfordert
für 1 m² . . . . 0,8 Stas.
Erforderlich 11 kg Asphaltmastix, 5 l Sand und 0,015 rm Brennholz.

c) Herstellen von Steinholzfußböden.

Steinholzfußböden[1] auf vorgerichteter Betonunterlage, 1 cm Unterschicht, 0,5 cm Feinschicht mit Wandanschlüssen herstellen erfordert an Löhnen je 1 m² . . . . 1,5 Stm. + 1,0 St.

Betonunterlage 1 : 6, 8 bis 10 cm stark herstellen, für Steinholzfußböden oder keramischen Belag erfordert an Lohnaufwand
je 1 m² . . . . 0,4 Stm. + 0,5 St.

III. Putzarbeiten, Baustoffbedarf und Lohnaufwand[2].

1. Wandputz (Innenwandputz).

Rapputz herstellen im Keller und Erdgeschoß erfordert an Arbeitslöhnen für 1 m² (= 22 kg):
in Kalkmörtel (15 l Mörtel 1 : 3) . . . . 0,3 Stm. + 0,15 St.
in verlängertem Zementmörtel 1 : 1 : 6 . . . . 0,4 Stm. + 0,15 St.
in reinem Zementmörtel 1 : 3 . . . . 0,5 Stm. + 0,20 St.

Für jedes Geschoß höher ein Zuschlag für Mehrtransport
je 1 m² von . . . . 0,10 St.

---

[1] *Steinholzfußböden* in fertiger Arbeit kosteten Frühjahr 1954 etwa 16,— DM. je 1 m².
[2] Zugrunde gelegt sind normale Leistungen von geübten Putzmaurern.

Gefilzter Wandputz, 1,5 cm stark herstellen im Keller und Erdgeschoß erfordert an Arbeitslöhnen für 1 m² (= 32 kg):

in Kalkmörtel (15 l Mörtel und 2 l Feinmörtel) . 0,60 Stm. + 0,15 St.
in verlängertem Zementmörtel 1 : 1 : 6 . . . . 0,65 Stm. + 0,18 St.
in reinem Zementmörtel 1 : 3 . . . . 0,70 Stm. + 0,20 St.

Für jedes Geschoß höher ein Zuschlag für Mehrtransport je 1 m² von . . . . 0,10 St.

Glatter Wandputz (innen) im Erdgeschoß etwa 2 cm stark herstellen erfordert an Arbeitslöhnen je 1 m² (= 40 kg):

in Kalkmörtel 1:3 (18 l Grobmörtel und 5 l Feinmörtel) 0,70 Stm. + 0,20 St.
in verlängertem Zementmörtel . . . . 0,75 Stm. + 0,20 St.
in reinem Zementmörtel . . . . 0,80 Stm. + 0,20 St.

Für jedes Geschoß höher ein Zuschlag für Mehrtransport je 1 m² von . . . . 0,10 St.

Wandkehlen in Kalk- oder Zementmörtel 1 : 3 erfordern an Material und Arbeitslohn für 1 lfd. m:

bis 5 cm Halbmesser 5 l Mörtel . . . . 0,15 Stm.
,, 10 cm ,, 8 l ,, ... 0,20 Stm.
,, 15 cm ,, 10 l ,, ... 0,25 Stm.
,, 20 cm ,, 16 l ,, ... 0,35 Stm.

Zementfußleisten, etwa 10 cm hoch und 2,5 cm stark, in Zementmörtel 1 : 2 herstellen, erfordert für 1 lfd. m:

Zement . . . . 1,5 kg
Sand . . . . 2,3 l
Arbeitslohn . . . . 0,7 Stm. + 0,35 St.

Für jede weitere 5 cm Mehrhöhe kommt für 1 lfd. m ein Zuschlag von 0,8 kg Zement, 1,1 l Sand und an Arbeitslohn . 0,2 Stm. + 0,10 St.

Zementfußleisten an Treppenläufen, etwa 10 cm hoch und 20 bis 25 mm stark, in Zementmörtel herstellen, erfordert für 1 lfd. m etwa 1,6 kg Zement, 2,3 l Sand und an Arbeitslohn . . . . 1,25 Stm. + 0,6 St.

2. *Fassadenputz (äußerer Wandputz).*

Spritzwurf 12 bis 15 mm stark herstellen erfordert für 1 m²:

in Kalkmörtel (16 l Mörtel) . . . . 0,70 Stm. + 0,20 St.
in Zement-Kalkmörtel (16 l Mörtel) . . . . . . 0,80 Stm. + 0,25 St.

Für Gerüste[1] ist noch ein Zuschlag zu machen je 1 m² von . . . . 0,3 bis 0,6 Stm.

---

[1] Siehe das Kapitel XVIII Zimmerarbeiten: „Gerüste für Maurer- und Putzarbeiten" S. 340. *Putzgerüste* werden heute fast ausschließlich als *Leitergerüste* (einfach mit Konsolrüstung oder zweireihige verbandartige Leiterrüstung), Rohrstahlgerüste u. dgl. ausgeführt an Stelle der früher verwendeten *Stangengerüste*. Bei Verwendung der letzteren muß man als *Holzabschreibung* rechnen etwa 0,03 m³ Schnittholz + 0,03 m³ Rundholz je 1 m² Ansichtsfläche (mit Preisen Frühjahr 1954 etwa 0,85 DM. je 1 m²).

Äußerer Wandputz glatt in 2 cm Stärke ohne Verzierungen erfordert für 1 m²:
an Material: 18 l Grobmörtel
3 l Feinmörtel
an Arbeitslöhnen (Fenster durchgemessen)
in Kalkmörtel 1 : 3 . . . . 0,75 Stm. + 0,20 St.
in verlängertem Zementmörtel 1 : 1 : 6 . . . . 0,75 Stm. + 0,20 St.
in reinem Zementmörtel 1 : 3 . . . . 0,80 Stm. + 0,20 St.

Für *Gerüste*[1] rechnet man einen Zuschlag je 1 m² (einschl. Materialverbrauch) von . . . . 0,3 bis 0,6 Stm.

Für Kratzen oder Graupeln ebenfalls ein Zuschlag je 1 m² von . . . . 0,3 bis 0,4 Stm.

Fassadenputz an Hauptfronten, 3 cm stark, ohne Verzierungen erfordert für 1 m²:
an Material: 28 l Rauhmörtel
5 l Feinmörtel
an Arbeitslöhnen (Fenster durchgemessen)
in Zementmörtel 1 : 3 . . . . 1,2 Stm. + 0,3 St.

Für *Gerüste*[1] rechnet man einen Zuschlag je 1 m² (einschl. Materialverbrauch) von . . . . 0,3 bis 0,6 Stm.

Edelputz mit Unterputz in verlängertem Zementmörtel (Terranova-, Ceresitputz u. dgl.) erfordert an Material für 1 m² Edelputz (= 65 kg) 20 l Mörtel, 20 kg Terranova:
an Arbeitslöhnen:
je 1 m² einen Zuschlag von . . . . 1,0 Stm.
je 1 m² einen Zuschlag für Gerüste von . . . . 0,4 Stm.

Mauerverputz in ganzen Flächen *abschlagen* und die Fugen auskratzen erfordert im Erdgeschoß für 1 m² (einschl. Gerüste)
bei Kalkmörtel . . . . 0,7 Stm. + 0,1 St.
bei Zementmörtel . . . . 1,1 Stm. + 0,2 St.

Für jedes höhere Geschoß und 1 m²: Zuschlag von 10%.

3. *Deckenputz von Massivdecken.*

Einfacher *Pinselputz* auf Gewölben oder Massivdecken in Keller- oder Erdgeschoß erfordert für 1 m²:
an Material: 10 l Kalkmörtel 1 : 3
an Arbeitslöhnen . . . . 0,22 Stm. + 0,15 St.

Für jedes weitere Geschoß Zuschlag für Mehrtransport je 1 m² . . . . 0,10 St.

Rapputz auf Massivdecken in Kalkmörtel 1 : 2,5 erfordert in Keller- oder Erdgeschoß für 1 m² (= 26 kg):
an Material: 12 l Kalkmörtel
3 l feinen Zementmörtel
an Arbeitslöhnen . . . . 0,5 Stm. + 0,15 St.

[1] Siehe die Fußnote S. 270.

Glatter Deckenputz auf Massivdecke, 1½ cm stark, in Kalkmörtel 1 : 2,5 in Keller oder Erdgeschoß erfordert für 1 m² (= 28 kg):

an Material: 15 l Kalkmörtel
3 l feinen Zementmörtel

an Arbeitslöhnen . . . . 0,80 Stm. + 0,15 St.

Glatter Deckenputz auf Massivdecke, 1½ cm stark, in Zementmörtel 1 : 3 in Keller oder Erdgeschoß erfordert für 1 m² (= 28 kg):

an Material: 15 l Zementmörtel
4 l feinen Zementmörtel

an Arbeitslöhnen . . . . 0,90 Stm. + 0,25 St.

Zuschlag für jedes höhere Geschoß je 1 m² . . . . 0,10 St.
Zuschlag für gefilzten Deckenputz je 1 m² . . . . . . 0,10 Stm.

Glatter Deckenputz auf Massivdecke, 1½ cm stark, in verlängertem Zementmörtel 1 : 1 : 6 in Keller oder Erdgeschoß erfordert für 1 m² (= 28 kg):

an Material: 14 l Rauhmörtel
3 l feinen Zementmörtel

an Arbeitslöhnen . . . . 0,80 Stm. + 0,25 St.

Zuschlag für jedes höhere Geschoß je 1 m² . . . . 0,10 St.
Zuschlag für gefilzten Deckenputz je 1 m² . . . . . . 0,10 Stm.

Glatter Gewölbeputz, gefilzt, 2 cm stark in Kalkmörtel 1 : 2,5 in Keller oder Erdgeschoß erfordert für 1 m² (= 36 kg):

an Material: 25 l Kalkmörtel
4 l feinen Zementmörtel

an Arbeitslöhnen . . . . 1,0 Stm. + 0,25 St.

Zuschlag für jedes höhere Geschoß je 1 m² . . . . 0,10 St.

Zementestrich, 2 cm stark, auf Massivdecken aufbringen (glatt oder geriffelt) erfordert für 1 m²

an Material: 24 l Zementmörtel 1 : 2

an Arbeitslohn . . . . 0,8 Stm. + 0,2 St.

4. Spalier- und Rohrdeckenputz.

Spalierdeckenputz glatt in Kalkmörtel 1 : 2,5 in Keller und Erdgeschoß erfordert für 1 m² (= 75 kg):

an Material: 30 l Heukalkmörtel
5 l Feinmörtel (Zementmörtel)
30 m Spalierlatten 13 : 25 mm (oder 1,1 m² Holzstabgewebe)
60 Spaliernägel 45 mm lang = 0,15 kg
0,5 kg Heu und 0,10 kg Haare

an Arbeitslöhnen . . . . 0,80 Stm. + 0,25 St.

Zuschlag für jedes höhere Geschoß je 1 m² . . . . 0,10 St.

Glatter Rohrdeckenputz einfach auf Schalung in Kalkmörtel 1 : 2,5 oder verlängertem Zementmörtel 1 : 1 : 6 in Keller und Erdgeschoß erfordert für 1 m² (= 36 kg):

an Material: 1,1 m² Rohrgewebe
20 l Kalkmörtel grob, 5 l Feinmörtel
3 l Gips
85 Rohrnägel einfach = 0,10 kg

an Arbeitslöhnen . . . . 0,9 Stm. + 0,3 St.

Zuschlag für jedes höhere Geschoß je 1 m² . . . . 0,10 St.
Zuschlag für gefilzten Deckenputz je 1 m² . . . . 0,20 Stm.
Zuschlag bei Verwendung von Zementmörtel 1 : 3 . . . 0,1 Stm.

Glatter Rohrdeckenputz doppelt in Kalkmörtel 1 : 2,5 oder verlängertem Zementmörtel 1 : 1 : 6 in Keller und Erdgeschoß erfordert für 1 m²:

an Material: 2,2 m² Rohrgewebe
30 l Kalkmörtel grob, 10 l Feinmörtel
3 l Gips
85 einfache und 85 doppelte Rohrnägel = 0,30 kg

an Arbeitslöhnen . . . . 1,1 Stm. + 0,3 St.

Zuschlag für jedes höhere Geschoß je 1 m² . . . . 0,1 St.
Zuschlag für gefilzten Deckenputz je 1 m² . . . . 0,2 Stm.
Zuschlag bei Verwendung von Zementmörtel 1 : 3 . . . 0,2 Stm.

Hohlkehlputz bis 20 cm Ausladung herstellen erfordert
für 1 lfd. m . . . . 1,0 Stm. + 0,25 St.
Über 20 cm Ausladung für 1 lfd. m . . . . . 1,5 Stm. + 0,30 St.

Deckenkehle verputzen erfordert für 1 lfd. m:
Rohrstengel . . . . 140 Stück
Draht . . . . 40 m
Gips . . . . 8 l
Nägel, große und kleine . . . . 20 Stück
Mörtel . . . . 18 l
Arbeitslohn . . . . 0,6 Stm. + 0,30 St.

I-*Trägeruntersicht* mit Draht umspannen, bis 40 cm breit,
je 1 lfd. m . . . . 0,30 Stm. + 0,15 St.

Das Ummanteln und Putzen der Unterzüge bis zu 70 cm Umfang erfordert
für 1 lfd. m . . . . 1,5 Stm. + 0,5 St.
Für jede weitere 10 cm Umfang . . . . 0,2 Stm. + 0,1 St.

5. *Drahtputzdecken, Rabitzdecken, Gipsdielendecken.*

Drahtputzdecken unter Holzbalken in Kalkmörtel 1 : 3 herstellen erfordert für 1 m²:

an Material: Drahtgeflecht . . . . 1,2 m²
Kalkmörtel 1 : 3 . . . . 50 l
Gips als Mörtelzusatz . . . . 5 l

an Arbeitslohn . . . . 1,4 Stm. + 0,5 St.

Drahtputzdecken unter Betondecken herstellen erfordert an *Arbeitslohn etwa 20% mehr.*

Rabitzdecke, gewölbt oder eben, 3 cm stark, in Zementmörtel 1 : 2 herstellen ohne Putz erfordert je 1 m²:

an Material: 45 l Zementmörtel
3 l Feinmörtel
1,5 kg Eisen
6 Stück Krampen
0,3 kg Kleineisenzeug

an Arbeitslohn . . . . 3,0 Stm. + 0,6 St.

Werden schwierige *Gerüstbauten* erforderlich, so sind diese getrennt zu veranschlagen (siehe Zimmerarbeiten Seite 340f.).

Rabitzdecke, gewölbt oder eben, 3 cm stark, in Gipsmörtel herstellen, ohne Verputz erfordert je 1 m²:

an Material: 25 l Sand
48 l Gips
1,5 kg Eisen
6 Stück Krampen
0,3 kg Kleineisenzeug

an Arbeitslohn . . . . 2,8 Stm. + 0,6 St.

Gipsdeckenputz auf Rabitz oder Drahtziegelgewebe erfordert für 1 m²:

an Material: Drahtgewebe . . . . 1,1 m²
Mörtel . . . . 15 l
Gips . . . . 7 l

an Arbeitslohn . . . . 1,6 Stm. + 0,6 St.

Gipsdielendecke, 3 cm stark bzw. 5 cm stark, erfordert für 1 m²

3 cm stark an Material: Gipsdielen . . . . 1,10 m²
Gipsmörtel . . . . . . 4 l

an Arbeitslohn . . . . 1,0 Stm. + 0,3 St.

5 cm stark an Material: Gipsdielen . . . . . 1,10 m²
Gipsmörtel . . . . . . 5 l

an Arbeitslohn . . . . 1,20 Stm. + 0,3 St.

6. Weißen von Decken und Wänden.

Das *Weißen* von frisch geputzten Wandflächen im Innern der Gebäude mit Kalkmilch erfordert je 1 m²:

M = Material, L = Löhne	M		L
Weißkalk für einmaliges Weißen	0,5 l	. . .	0,05 Stm. + 0,03 St.
für zweimaliges Weißen	1,0 l	. . .	0,10 Stm. + 0,05 St.

Wandfläche schlämmen erfordert für 1 m²:

an Material: Weißkalk . . . . . 0,75 l

an Arbeitslohn . . . . 0,08 Stm. + 0,03 St.

Wandfläche schlämmen und weißen erfordert für 1 m²:
an Material: Weißkalk . . . . . 1,25 l
an Arbeitslohn . . . . 0,15 Stm. + 0,08 St.
Zuschlag in Räumen über 4 m Höhe für *Gerüste* + *50%*.

Das Weißen von gefugten Wandflächen im Innern von Gebäuden mit Kalkmilch erfordert für 1 m²:

	Material	Arbeitslohn
einmaliges Weißen	0,3 l Kalk	0,08 Stm. + 0,03 St.
zweimaliges „	0,5 l „	0,12 Stm. + 0,06 St.
dreimaliges „	0,75 l „	0,15 Stm. + 0,08 St.

Das Weißen von geputzten Decken mit Kalkmilch erfordert an Arbeitslohn für 1 m²:
für einmaliges Weißen . . . . 0,08 Stm. + 0,04 St.
für zweimaliges „ . . . . 0,10 Stm. + 0,05 St.
für dreimaliges „ . . . . 0,15 Stm. + 0,08 St.

Das Weißen von rauhen Massivdecken mit Kalkmilch erfordert an Arbeitslohn für 1 m²:
für einmaliges Weißen . . . . 0,10 Stm. + 0,05 St.
für zweimaliges „ . . . . 0,13 Stm. + 0,06 St.
für dreimaliges „ . . . . 0,16 Stm. + 0,07 St.

7. Einputzen von Fenstern und Türen.

Ein Fenster 1,0/2,0 m i. L. *einputzen* erfordert für 1 Stück:
an Material: 25 l Kalkrauhmörtel
5 l Feinmörtel
an Arbeitslohn . . . . 2,5 Stm. + 0,3 St.

Ein Fenster 1,5/2,0 m i. L. *einputzen* erfordert für 1 Stück:
an Material: 40 l Kalkrauhmörtel
7 l Feinmörtel
an Arbeitslohn . . . . 3,0 Stm. + 0,5 St.

Ein Kastenfenster 1,0/2,0 m i. L. *einputzen* erfordert für 1 Stück:
an Material: 36 l Kalkrauhmörtel
6 l Feinmörtel
an Arbeitslohn . . . . 4,0 Stm. + 0,2 St.

Eine einflüglige Tür 1,0/2,0 m i. L. beidseits *einputzen* erfordert für 1 Stück:
an Material: 25 l Kalkrauhmörtel
5 l Feinmörtel
an Arbeitslohn . . . . 3,0 Stm. + 0,3 St.

Eine zweiflüglige Tür 1,30/2,50 m i. L. beidseits *einputzen* erfordert für 1 Stück:
an Material: 40 l Kalkrauhmörtel
8 l Feinmörtel
an Arbeitslohn . . . . 4,0 Stm. + 0,5 St.

Ein Vorlegefenster (2 Fenster mit doppeltem Anschlag) *verputzen* erfordert für 1 lfd. m:

an Material: 8 l Mörtel
0,5 l Haarkalk

an Arbeitslohn . . . . 1,0 Stm. + 0,25 St.

Türverkleidung einseitig *einputzen* erfordert für 1 lfd. m:

an Material: 2 l Mörtel

an Arbeitslohn . . . . 0,3 Stm. + 0,05 St.

Blendrahmen einputzen erfordert für 1 lfd. m:

an Material: 3 l Mörtel
0,25 l Haarkalk

an Arbeitslohn . . . . 0,36 Stm. + 0,15 St.

Fußboden einputzen erfordert für 1 lfd. m:

an Material: 1 l Mörtel

an Arbeitslohn . . . . 0,1 Stm. + 0,05 St.

XVI. Gesamtbaukosten von Hochbauten.

Für rohe Überschläge der Kosten von Hochbauten kann man, wenn die ungefähren Abmessungen des Baues bekannt sind, die Kosten des Bauwerkes für einen ersten Voranschlag genügend genau ermitteln, indem man

1. die *Kosten für 1 m² überbauter Grundfläche* bzw.
2. die *Kosten für 1 m³ umbauten Raum*[1]

entsprechend den Erfahrungen bei ähnlichen Bauausführungen annimmt.

Zu 1.: Bei Berechnung der *Grundfläche* sind die Abmessungen des *Erdgeschosses* zugrunde zu legen (Grundriß in der äußeren Umgrenzung).

Zu 2.: Die Berechnung des *umbauten Raumes* erfolgt durch Multiplikation der ermittelten „Grundfläche" mit der Höhe des Gebäudes von Unterkante Fundament bis Oberkante der obersten Decke. Bei geneigten Dachflächen ist der *Dachraum* noch zuzufügen. Hierbei ist zu beachten:

a) Bei *unterkellerten* Gebäuden ist die Höhe von der Unterkante der umfassenden Grundmauern an, bei *nichtunterkellerten* von der mittleren Höhe zwischen der Oberfläche des untersten Geschoßfußbodens und der Grundfläche unter den Umfassungsgrundmauern zu rechnen.

b) Voll anzurechnen ist der *ausgebaute Dachraum.* Zur Hälfte anzurechnen ist der nicht ausgebaute Dachraum.

---

[1] Siehe KRAMER: „Hochbaukosten und umbauter Raum" DIN Nr. 276 und 277, Neufassung, Bauwelt-Verlag Berlin.

c) Besondere Tiefführung von Fundamenten und künstliche Gründungen sind besonders zu berechnen.

Die „*Baukosten*" umfassen die *reinen Bauarbeiten,* nicht aber etwa Grundstückskosten, Inneneinrichtung, Kosten für Straßenbau u. dgl. Auch die *Kosten für Entwurf und Bauleitung* (Architektenhonorar) sind in den nachstehend angegebenen Baukosten *nicht* enthalten.

Die *Kosten der Inneneinrichtung* spielen z. B. eine besondere Rolle bei Krankenhausbauten. Es kosten z. B. Krankenhäuser mit Inneneinrichtung in DM./m^3 umbauten Raum: 50 bis 60 Stm. oder mit Stm. = 2,— DM. 100,— bis 120,— DM/m^3.

A. Reiner Hochbau und Wohnungsbau.

Es folgt eine Zusammenstellung der Kosten verschiedener Gebäudearten (auf der Preisgrundlage[1] von Frühjahr 1954 Stm. = ca. 2,— DM.):

	Baukosten DM./m^3 umb. Raum
1. Öffentliche Gebäude und Geschäftshäuser: z. B.	
a) Badeanstalten, Büchereien, Gasthöfe (Hotels), Geschäfts- und Warenhäuser	30 bis 35 Stm.
b) Volksschulen	28 bis 35 Stm.
c) Bankgebäude, Behördenhäuser, Hochschulen, Krankenhäuser, Theater	40 bis 45 Stm.
2. Bahnhofsgebäude:	
a) Empfangsgebäude	28 bis 35 Stm.
b) Güterschuppen, Lokomotivschuppen, Magazine, Werkstattgebäude	14 bis 18 Stm.
3. Landwirtschaftliche Gebäude: z. B. Stallungen, Scheunen (mit Fachwerkswänden, nicht offen)	20 bis 24 Stm.
4. Wohnhäuser[2]: einfach	24 bis 30 Stm.
besser	30 bis 35 Stm.
vornehm	35 bis 45 Stm.
sehr vornehm	45 bis 50 Stm.

---

[1] Vorausgesetzt sind die Leistungen *deutscher* Fach- und Bauhilfsarbeiter. *Nicht* inbegriffen sind die Kosten für *Arbeiterunterbringung* und für *besondere soziale Maßnahmen* (Trennungsentschädigung, Wegegelder usw.). Um örtlichen und zeitlichen Lohnschwankungen Rechnung zu tragen, sind die *Baukosten als ein Vielfaches des Maurerstundenlohns* (reine Löhne ohne Zuschläge) angegeben. Aufschließungskosten, Grundwert, Verwaltungskosten u. dgl. sind *nicht* inbegriffen.

[2] Mit Innenausbau.

Wohnsiedlungen.

Baukosten und Baustoffbedarf (Frühjahr 1954). Es sind einfache *Reihenhäuser* angenommen *mit Ofenheizung*. Inbegriffen sind auch die *Aufschließungskosten*[1] (Straßen, Kanalisation, Wasserversorgung usw.).

	Eisen t	Holz m^3	Zement t	Ziegel 1000 St.	Zuschlagstoffe m^3	Baukosten DM.
3-Zimmer-Wohnung	1,10	7,5	8	20	50	11000 Stm.
5-Zimmer-Wohnung	1,30	10	8	22	60	15000 Stm.

Bemerkung. Die Verwendung von *Zentralheizungen* bedingt einen *Mehrverbrauch an Eisen von etwa 90%*.

B. Gesamtbaukosten von Industriebauten je 1 m³ umbauten Raum[2].

Die für rohe *Kostenüberschläge* bestimmten Angaben über die *Gesamtbaukosten von Industriebauten je 1 m^3 umbauten Raum* machen keinen Unterschied zwischen den verschiedenen Bauweisen (Massivbau, Stahlskelettbau, Stahlbetonskelettbau), für deren Wahl volkswirtschaftliche oder wirtschaftliche Belange maßgebend sein können.

Die Kosten umfassen:

a) den *Rohbau* mit Gründungen (*normale* Gründungen vorausgesetzt!),

b) den gesamten *Innenausbau* (Zimmer-, Tischler-, Klempner-, Glaser-, Dachdecker-, Schlosserarbeiten, Heizungen, Lüftung und Elektroinstallation), jedoch keine größeren maschinellen Anlagen.

Bemerkung. Besondere örtliche Verhältnisse und mehr oder weniger großer Aufwand für den Innenausbau sind bei der Kostenschätzung zu berücksichtigen.

Kosten je 1 m^3 umbauten Raum in DM.[3] (ausgedrückt in Stm.[4]):

a) *Einfache Montage- und Lagerhallen, Werkstätten* u. dgl. *ohne Kranbahnen* oder mit leichten Kranen (< 5 t), *ohne Einbauten* von Büros u. dgl. mit Spannweiten bis 15 m.

5 bis 8 m hoch (über Fußboden[5]) . . . 30 bis 22 Stm./1 m^3
10 bis 15 m hoch (über Fußboden[5]) . . . 24 bis 18 Stm./1 m^3

---

[1] Sie betragen etwa 4000 bzw. 5000 Stm. je Wohnung.

[2] Die Rechnung des *m^3 umbauten Raumes* wurde durchgeführt nach den Bestimmungen 1941, wonach die Höhe der Gebäude ab Unterkante Fundament (in normaler Gründungstiefe) gerechnet wurde. *Nicht inbegriffen* sind die Kosten für *Arbeiterunterbringung* und für *besondere soziale Maßnahmen*, Grunderwerb, Verwaltungskosten des Bauherrn u. dgl.

[3] Preisbasis Frühjahr 1954 (Stm. = ca. 2,— DM.).

[4] Die *Baukosten* sind zur Berücksichtigung von örtlichen und zeitlichen Lohnschwankungen *in Stm.* (reine Löhne ohne Zulagen und Zuschläge) ausgedrückt. Man kann dann leichter diese Kostenangaben auf geänderte Verhältnisse anwenden.

[5] Die großen Werte gelten für die kleinen Bauhöhen.

b) *Montage- und Lagerhalle mit Kranbahnen bis 10 t und Spannweiten bis 15 m.*

	Ohne Einbauten (Büros u. dgl.) *Gesamtkosten in* DM/m³	Mit 25 v. H. Einbauten DM/m³
7 bis 10 m hoch	20 bis 18 Stm.	25 bis 22 Stm.
10 bis 20 m hoch	18 bis 15 Stm.	22 bis 18 Stm.

c) *Montage- und Werkstatthallen mit Kranlasten von 10 bis 30 t und Spannweiten der Einzelhallen > 15 m.*

7 bis 10 m hoch	22 bis 20 Stm.	27 bis 25 Stm.
10 bis 20 m hoch	20 bis 18 Stm.	25 bis 21 Stm.

d) *Ausstellungshallen, Flugzeughallen u. dgl. ohne Kranbahnen, ohne Einbauten mit großen Spannweiten (> 25 m) und Höhen von 12 bis 20* m . . . . 18 bis 12 Stm.[1] DM./1 m³.

e) *Geschoßbauten in Stahlbeton oder Stahlskelettbau für Fabriken, Lagerhäuser, Speicher, Umspannwerke u. dgl.*
Für Deckenlasten von 1500 kg/m² bis 3000 kg/m² *30 bis 35 Stm./m³.*

Bemerkung. Besondere Gründungen, Wasserhaltungsarbeiten, besonderer Aufwand beim Innenausbau u. dgl. sind besonders zu berechnen. Das gleiche gilt von den Kosten der Arbeiterunterbringung und der besonderen sozialen Maßnahmen (Trennungsentschädigung, Wochenendheimfahrten usw.).

f) *Kesselhäuser, Maschinenhäuser, Stahlwerke u. dgl.* in Stahlbeton- oder Stahlskelettbau (ohne Maschinenfundamente) mit schweren Kranbahnlasten

20 bis 25 Stm. DM./m³.

C. Stahlhochbauten.

Die Kosten von Stahlhochbauten sind nach denselben Gesichtspunkten zu ermitteln wie die Kosten von Stahlbrücken (s. Abschn. XXIV).

Kostenüberschläge von Stahlbauten (Rohskelettbau).

a) *Überdachung mit stählernen Dachstuhlkonstruktionen*[2]. Der Stahlverbrauch schwankt je nach Spannweite und Konstruktionsart zwischen 18 kg/m² und 40 kg/m² (Spannweite $l = 10$ bis 26 m).

b) *Montage-, Lager- und Maschinenhallen in Stahlskelettbauweise.* Der Stahlverbrauch beträgt etwa 10 bis 14 kg/m³ umb. Raum.

c) *Kesselhäuser, Stahlwerke u. dgl. in Stahlskelettbauweise.* Der Stahlverbrauch beträgt etwa 14 bis 16 kg/m³ umb. Raum.

d) *Geschoßbauten in Stahlskelettbauweise* (für Lagerhäuser, Fabriken u. dgl.). Der Stahlverbrauch beträgt 20 bis 24 kg/m³ umb. Raum.

---

[1] Siehe Fußnote 4, S. 278.
[2] Siehe „Stahl im Hochbau", Düsseldorf: Verlag Stahleisen.

XVII. Beton- und Stahlbetonarbeiten[1].

Allgemeines über Zusammensetzung des Betons:

Die Grundsätze der Zusammensetzung eines guten Betons sind heute allgemein bekannt und in behördlichen Vorschriften (z. B. AMB., d. h. Anweisung für Mörtel und Beton der Deutschen Bundesbahn oder ABB., d. h. Anweisung für den Bau von Betonstraßen) niedergelegt:

Die *Bindemittel* (Portlandzement, Hochofenzement, Erzzement) ebenso wie *Dichtungsmittel* (Traß, Betonplast, Sika usw.) werden in *kg je 1 m³ fertigen Beton* angegeben. Die Zusätze an plastifizierenden oder Luftporen bildenden Mitteln (Plastiment, Plastokret u. dgl.) werden in *g* bzw. %, bezogen auf den Zementgehalt angegeben.

Die *Zuschlagstoffe* (Kies, Sand, Schotter) werden zweckmäßig nach einzelnen Körnungen entsprechend der „*Sieblinie*" zusammengesetzt entweder nach *Raumteilen* oder besser *Gewichtsteilen* (erfordert automatische Waagen an den Kiesbunkern).

Zusammensetzung des Betons nach Körnungen.

	2 Körnungen	3 Körnungen	4 Körnungen
Unbewehrter Beton . .	Sand 0/7 mm, Kies 7/70 mm	0/3, 3/7, 7/70	0/3, 3/7, 7/30, 30/70
Stahlbeton .	Sand 0/7 mm, Kies 7/30 mm	0/3, 3/7, 7/30	0/3, 3/7, 7/15, 15/30

Die Grenzen eines gut zusammengesetzten Betons gehen aus Abb. 73 hervor, welche die Grenzsiebkurven darstellt. Die untere Grenze gilt mehr für Stampf- und Straßenbeton, die obere mehr für Stahlbeton (plastisch).

Beispiel 51. Für eine 1250 l Betonmaschine soll das Mischungsverhältnis bei Körnungen 0/7, 7/15 und 15/30 (Splitt) bestimmt werden für Beton von 350 kg Zement je 1 m³ fertigen Beton (Straßenbeton). Für eine Mischung 250 kg Portlandzement:

508 l Sand 0/7 = 50%,
203 l Kies 7/15 = 20%,
304 l Splitt 15/30 = 30%,

d. h. auf eine Mischung 5 Sack Zement + 1015 l lose Zuschlagstoffe. Der Siebversuch ergab (s. Abb. 73):

Durchgang durch Sieb mit Lochdurchmesser (Maschenweite)

0,2	1	3	7	15	30 mm
16	21,1	36,6	50,3	69,2	100%

[1] Zugrunde gelegt sind die in der VOB., DIN 1967 festgelegten Ausführungsbedingungen für Beton- und Stahlbetonarbeiten und vor allem DIN 1045 (Bestimmungen für die Ausführung von Bauwerken aus Stahlbeton).

I. Materialbedarf für Beton.

In der praktischen Kostenermittlung von Betonarbeiten ist es erforderlich, genau die Massen der Füllstoffe und des Zements zu kennen, welche für eine bestimmte Mischung je 1 m³ fertigen Beton erforderlich sind. Es herrschte früher auf diesem Gebiet im allgemeinen eine große Unklarheit, welche davon herrührte, daß die Mischung zumeist in Raumteilen angegeben war, z. B. 1 R. T. Z.: 4 R. T. K.: 2 R. T. S.

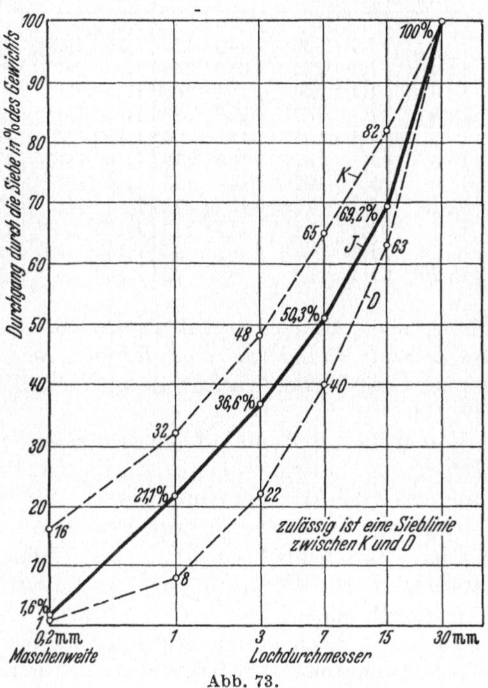

Abb. 73.

Es ist aber ein großer Unterschied, ob Kiessand oder Sand und Kies getrennt verwendet werden. Ferner wird die Bestimmung des wichtigsten Bestandteils, des Zements — sofern keine besonderen Raumbestimmungen der verwendeten Füllstoffe und des Zements vorgenommen werden, was in der Praxis in den seltensten Fällen geschieht — doch davon abhängen, wieviel m³ lose Masse Kies + Sand oder Kiessand der Kalkulator für erforderlich hält und mit welchem spezifischen Gewicht für lose eingefüllten Zement (1,2 bis 1,4 kg) für 1 l derselbe rechnet. Welchen Unterschied die gemachten Annahmen ausmachen, möge aus der nachstehenden *Bedarfstabelle für Kiesbeton* ersehen werden, welche einem Aufsatz von Schroeter in der Zeitschrift „Beton und Eisen" 1926, Heft 16 entnommen ist. (Diese Tabelle kann auch verwendet werden, wenn Sand und Kies getrennt zur Verwendung kommen, wobei man im allgemeinen 0,75 m³ Kies + 0,60 m³ Sand = 1,35 m³ lose Gesamtmasse oder bei Schotterbeton 0,8 m³ Schotter + 0,6 m³ Splitt und Sand, d. h. insgesamt 1,4 m³ lose Gesamtmasse annehmen kann.) Man ersieht auch aus der Tabelle 37, daß bei Annahme von hohen Werten für die Kiessandmassen von 1,3 bis 1,4 m³, wie sie beispielsweise Schotterbeton entsprechen, die Zementmenge wesentlich höher ist als z. B. für Kiessandbeton von Stahlbetonbauten, wo man etwa 1,15 bis 1,2 m³ Kiessandmassen annehmen darf. Es ist also bei Angabe des Mischungsverhältnisses weit zweckmäßiger, das Verhältnis zwischen Kies und Sand mit entsprechender Kornzusammensetzung zwecks Erreichung höchster

Bedarfstabelle

Tabelle 37. *Kiessand und Zement-*

Mischungsverhältnis R. T. Zement : Kies	Baumäßige Herstellungsart											
	Kiessand in m³	Zement eingefüllt			Kiessand in m³	Zement eingefüllt			Kiessand in m³	Zement eingefüllt		
		l	kg			l	kg			l	kg	
			$\gamma =$ 1,2	$\gamma =$ 1,3			$\gamma =$ 1,2	$\gamma =$ 1,3			$\gamma =$ 1,2	$\gamma =$ 1,3
1 : 3	1,1	$366^2/_3$	440	477	1,15	$383^1/_3$	460	498	1,2	400	480	520
1 : 4	1,1	275	330	358	1,15	$287^1/_2$	345	374	1,2	300	360	390
1 : 5	1,1	220	264	286	1,15	230	276	299	1,2	240	288	312
1 : 6	1,1	$183^1/_3$	220	238	1,15	$191^2/_3$	230	249	1,2	200	240	260
1 : 7	1,1	$157^1/_7$	188	204	1,15	$164^2/_7$	197	213	1,2	$171^3/_7$	206	223
1 : 8	1,1	$137^1/_2$	165	179	1,15	$143^3/_4$	173	187	1,2	150	180	195
1 : 9	1,1	$122^2/_9$	147	159	1,15	$127^7/_9$	153	166	1,2	$133^1/_3$	160	173
1 : 10	1,1	110	132	143	1,15	115	138	150	1,2	120	144	156
1 : 12	1,1	$91^2/_3$	110	119	1,15	$95^5/_6$	115	125	1,2	100	120	130
1 : 15	1,1	$73^1/_3$	88	95	1,15	$76^2/_3$	92	100	1,2	80	96	104
1 : 20	1,1	55	66	72	1,15	$57^1/_2$	69	75	1,2	60	72	78

Festigkeit (s. GRAF, Der Aufbau des Mörtels, Berlin 1923) und das *Gewicht des Zements in kg für 1 m³ fertigen Beton* vorzuschreiben. So ist die ganze Unsicherheit behoben und auch eine leichtere Baukontrolle möglich.

Von großem Einfluß auf den *Materialbedarf* ist auch die Art der *Betonverfestigung*, besonders bei Stampfbeton. Bei Verwendung von Preßlufthämmern, Elektrovibratoren (z. B. Vibromax, d. h. Vibratorplatte), Fertigern, Oberflächenrüttlern und Innenrüttlern (Stabrüttler, Tauchrüttler, Flaschenrüttler ∅ 50 bis 75 mm mit eingebauten Erregermotoren z. B. Wackerrüttler) muß man mit einem *Einstampffaktor* von *1,38* rechnen.

Es folgen noch einige *Materialbedarfstabellen*, wie sie *in der Praxis* vielfach gebraucht werden, und zwar für Schotterbeton und Kiesbeton, für letzteren bei Verwendung von Kiessand bzw. getrennt nach Kies und Sand 0/7 mm.

Materialbedarf für Schotterbeton ($\gamma = 1{,}3$ kg für Zement).

Mischung in Raumteilen	Zement kg	Sand m³	Schotter und Grus (Splitt) m³	Wasserbedarf (einschließlich Nachbehandlung) l
1 : 2 : 3	395	0,60	0,90	320
1 : 2½ : $3^3/_4$	327	0,60	0,90	300
1 : 3 : 4½	280	0,60	0,90	290
1 : 3½ : $5^1/_4$	243	0,60	0,90	280
1 : 4 : 6	215	0,60	0,90	270
1 : $4^1/_2$: $6^3/_4$	189	0,60	0,90	270
1 : 5 : $7^1/_2$	168	0,60	0,90	260
1 : 6 : 8	140	0,60	0,90	250

für Kiesbeton.

bedarf für 1 m³ fertigen Beton.

Normenmäßige Herstellungsart															
Kiessand in m³	Zement eingefüllt			Kiessand in m³	Zement eingefüllt			Kiessand in m³	Zement eingefüllt			Kiessand in m³	Zement eingefüllt		
	l	kg			l	kg			l	kg			l	kg	
		$\gamma=$ 1,2	$\gamma=$ 1,3			$\gamma=$ 1,2	$\gamma=$ 1,3			$\gamma=$ 1,2	$\gamma=$ 1,3			$\gamma=$ 1,2	$\gamma=$ 1,3
1,25	$416^{2}/_{3}$	500	542	1,3	$433^{1}/_{3}$	520	563	1,35	450	540	585	1,40	467	562	618
1,25	$312^{1}/_{2}$	375	406	1,3	325	390	423	1,35	338	406	440	1,40	350	420	455
1,25	250	300	325	1,3	260	312	338	1,35	270	324	351	1,40	280	336	364
1,25	$208^{1}/_{2}$	250	271	1,3	$216^{2}/_{3}$	260	282	1,35	225	270	293	1,40	233	281	304
1,25	$178^{4}/_{7}$	214	232	1,3	$185^{5}/_{7}$	223	241	1,35	193	232	252	1,40	200	240	260
1,25	$156^{1}/_{4}$	188	204	1,3	$162^{1}/_{2}$	195	211	1,35	169	203	220	1,40	175	210	228
1,25	$138^{8}/_{9}$	167	181	1,3	$144^{4}/_{9}$	173	188	1,35	150	180	195	1,40	156	187	203
1,25	125	150	173	1,3	130	156	169	1,35	135	162	151	1,40	140	168	182
1,25	$104^{1}/_{6}$	125	135	1,3	$108^{1}/_{3}$	130	141	1,35	112	134	125	1,40	117	141	153
1,25	$83^{1}/_{3}$	100	108	1,3	$86^{2}/_{3}$	104	113	1,35	90	108	117	1,40	93	111	120
1,25	$62^{1}/_{2}$	75	81	1,3	65	78	85	1,35	68	82	89	1,40	70	84	91

Materialbedarf für Kiesbeton (Kiessand).

Mischung Zement : Kies	Zement (γ = 1,3) kg	Kiessand m³	Wasserbedarf (einschließlich Nachbehandlung) l
1 : 3	450	1,15	320
1 : 4	355	1,15	300
1 : 5	295	1,20	290
1 : 6	250	1,20	280
1 : 7	220	1,20	270
1 : 8	190	1,20	260
1 : 9	169	1,25	250
1 : 10	151	1,25	240
1 : 12	125	1,25	230
1 : 20	84	1,25	220

Materialbedarf für Kiesbeton[1] (Sand und Kies getrennt).

Mischung nach Raumteilen	Zement kg	Sand m³	Kies m³	Wasserbedarf (einschließlich Nachbehandlung)[2] l
1 : 2 : 4	318	0,40	0,90	320
1 : 2½ : 5	253	0,45	0,90	300
1 : 3 : 6	210	0,45	0,90	290
1 : 3½ : 7	180	0,45	0,90	280
1 : 4 : 8	158	0,45	0,90	270
1 : 4½ : 9	140	0,45	0,90	260
1 : 5 : 10	125	0,45	0,90	250

[1] Bei Straßenbeton und wichtigen Stahlbetonkonstruktionen wird der Beton heute ausschließlich nach der Sieblinie zusammengesetzt (siehe S. 281) und die einzelnen Körnungen mit automatischen Waagen zugewogen.

[2] Bei *Straßenbeton* erfordert allein die Nachbehandlung das 2—3fache dieses Bedarfs. Auch bei Stahlbetondecken ist der Wasserbedarf wesentlich größer.

II. Kosten der Betonbereitung. Gegenüberstellung von Hand- und Maschinenarbeit.

1. *Handarbeit.*

Wird *Handarbeit* vorausgesetzt, so ist der Vorgang der Betonbereitung folgender:

Auf einer Bretterbühne wird zuerst das Mischgut ausgebreitet und darüber der Zement geschüttet. Ist dies geschehen, so mischt man diese beiden Materialien *trocken* und gleichmäßig mit der Schaufel gut durch. Dann wird die Mischung mit Wasser benetzt, gut umgeschaufelt, und gehörig durchgearbeitet. Unter Annahme, daß 1 m³ Beton etwa 1,3 m³ Füllstoff (Mischgut) erfordert, kommen bei der Preisermittlung (je 1 m³ Beton) allgemein folgende Teilleistungen in Betracht:

a)	Einschaufeln des Füllmaterials in Schubkarren für 1 m³ = 0,6 St., für 1,3 m³	0,78 Stb.
b)	Füllmaterial mittels Schubkarren auf die Bretterbühne (höchstens 30 m) zu befördern für 1 m³ = 0,6 St., für 1,3 m³	0,78 Stb.
c)	Die Füllstoffe dreimal trocken mischen (umschaufeln) für 1 m³ = 0,40 St., für 1,3 m³ = 0,50 St. dreimal werfen = 3 · 0,50 St.	1,50 Stb.
d)	Füllmaterial mit Wasser begießen	0,50 Stb.
e)	Füllmaterial dreimal naß mischen	1,50 Stb.
	Zusammen:	5,06 Stb.
	+ 60% für Sozialaufwand, Geschäftskosten und Gewinn	3,04 Stb.
	1 m³ fertiger Beton	8,10 Stb.

Bemerkung. Handarbeit soll wegen der *ungenügenden Durchmischung* nur *ausnahmsweise* verwendet werden. Selbst bei verhältnismäßig kleinen Mengen (z. B. im Hochbau) ist auch *aus wirtschaftlichen Gründen Maschinenmischung zu empfehlen.*

2. *Maschinenarbeit.*

Betonmischmaschine mit Kraftbetrieb. Betonmischmaschine mit Motor 12 PS. Tagesleistung 50 bis 60 m³ in 8 h. Trommelfüllung = 500 l. Zur Bedienung der Maschine und zum Heranschaffen von Zement und Zuschlagstoffen sind 10 Mann notwendig.

Beispiel 52. Die Kosten des Mischens von 1 m³ Beton sollen für eine 500-l-Maschine ermittelt werden bei einem Lohn von 1 St_{masch} = 2,— DM. und 1 Stb. = 1,75 DM., 1 St. = 1,60 DM., 1 kWh = 0,30 DM.

Für 1 PS sind 0,88 kW in der Stunde nötig, für 10 PS also 10 · 0,88 · 0,7 = 6,16 kW (s. auch S. 286f.). Der Unternehmer habe im Jahr etwa 3000 m³ Beton zu mischen.

Die Berechnung soll nur die *reinen Betriebskosten* (ohne allgemeine Einrichtungskosten der Baustelle, aber mit Aufstellen der Maschine usw.) umfassen. Die Belegschaft setzt sich wie folgt zusammen:

Bedienung der Maschine	1 Mann (Maschinist)
Zementbeigabe und am Aufzug	1 Mann (Betonarbeiter)
Beifahren von Zuschlagstoffen	2 Mann (Tiefbauarbeiter)
Laden von Zuschlagstoffen und Bindemittel.	5 Mann (Tiefbauarbeiter)
Allgemeine Arbeiten (Wasserversorgung usw.)	1 Mann (Tiefbauarbeiter)

Lösung. Zum Mischen des Betons sind bei einer Tagesleistung von 60 m^3 etwa 3000 : 60 = 50 Tage zu je 8 h oder 400 h nötig. Der Preis der Betonmaschine einschließlich Motor sei 10000,— DM. 1 St_{mi} = 1,90 DM. (mit Aufsicht). Die Gerätevorhaltung soll für *3 Monate* gerechnet werden.

a) Verzinsung des Anlagekapitals mit 5/2 = 2,5%/Jahr .	60,— DM.
b) Abschreibung der Maschine = 20%/Jahr	500,— „
c) Reparaturen = 6% von 10000,— DM./Jahr	150,— „
d) Schmier- und Putzmittel, 100 kg zu 1,80 DM.	180,— „
e) Montage, Zu- und Abfuhr zum Bauplatz	700,— „
f) Bedienung 400 · 10 h : 4000 St_{mi} zu 1,90 DM.	7600,— „
g) Kraftverbrauch 400 h je 6,16 kW = 2464 kW rd. 2500 kWh zu 0,30 DM.	750,— „
	9940,— DM.
Für Sozialaufwand und Geschäftskosten = 50% von L .	4000,— „
10% von M .	200,— „
Selbstkosten	14140,— DM.
+ Unternehmergewinn 10% (mit Wagnis und Umsatzsteuer)	1410,— „
Zusammen:	15550,— DM.

1 m^3 Beton zu mischen kostet 15550,—/3000 = *5,20 DM.*,
das sind rund *3,0* St_b (gegen 8,10 St_b bei Handmischen).

Betonmischmaschinen mit Antriebsmaschinen.

Zusammenstellung der wichtigsten Typen von Betonmaschinen[1].

Füllung l	Leistung bis m^3/h[2]	Kraftbedarf PS	Gewicht[3] etwa kg	Preis etwa[4] DM.	Tagespreise[5] DM.
250	4,5 (3)	5	2600	8000,—	
300	6 (4,5)	6	3500	10000,—	
500	9 (7,5)	12	4000	12500,—	
750	12 (9)	15	5000	15000,—	
1000	20 (15)	20	7000	18000,—	
1200	25 (18)	25	8000	22000,—	
1500	30 (22)	40	9000	25000,—	

[1] Nach DIN 459 werden noch gebaut folgende Systeme: 1. Freifallmischer, 2. Zwangsmischer, 3. Kontinuierlicher Mischer (Regulus). Als Größen sind noch zugelassen 75, 150, 250, 500, 1000, 1500 und 3000 l.

[2] Durchschnittsleistung in Klammern.

[3] Ohne Motor.

[4] Frühjahr 1954.

[5] Tagespreise sind einzusetzen.

Nachstehend sind für je 1 Freifallmischer und 1 Zwangsmischer die wichtigsten Daten gegeben:

1. Freifallmischer der Maschinenfabrik Otto Kaiser, KG., St. Ingbert-Oberlahnstein.

Trommelfüllung	Liter	250	375	500	750	1000
Mögliche Leistung pro Std. bei 30 Füllungen	m^3 Beton	6,0	9,0	12,0	18,0	24
(Praktische Leistung 15 bis 20 Füllungen)	(m^3)	(3,0)	(4,5)	(7,0)	(9,0)	(15,0)
Zugkraft der Hochbauwinde	kg	800	800	1200	—	—
Hubgeschwindigkeit der Hochbauwinde	m/Min	30	30	30	—	—
Kraftbedarf ohne Hochbauwinde	PS	6	8	12	17	20
Kraftbedarf mit Hochbauwinde	PS	10	12	17	—	—
Gewicht der Maschine ohne Hochbauwinde, ohne Motor	kg	2000	2300	3200	4700	6100
Gewicht der Maschine mit Hochbauwinde, ohne Motor	kg	2200	2500	3500	—	—
Preise in DM.[1]						
ohne Motore, mit Hochbauwinde						
„ „ ohne „						

2. Zwangsmischer Hüttenwerk Sonthofen.

Beton- und Mörtelmischer (ohne Motor!).

Füllung	Liter	150	250	500	1000	1500	Ohne Hochbauwinde stationär
Kraftbedarf	PS	4	5,5	13	22	40	
Gewicht	kg	1300	1700	2600	6200	8400	
Gewicht	kg	1750	2300	3700		ohne Hochbauwinde fahrbar	
Kraftbedarf	PS	7	10	22		mit Hochbauwinde fahrbar	
Gewicht	kg	1840	2550	3900			

Weitere Angaben, z. B. Angaben über kontinuierliche Mischer, finden sich in der Literatur[2].

Angaben über Antriebsmaschinen von Betonmischmaschinen.

a) *Elektromotore.*

Man kann bei Elektromotorenantrieb mit einem *tatsächlichen Stromverbrauch von 0,6 kWh für 1 PS Motorstärke* und 1 h rechnen. Es entspricht zwar 1 PS = 0,88 kW. Indessen verbraucht der Elektromotor nur Strom entsprechend der tatsächlichen Belastung, so daß mit einem Ausnützungsfaktor von $\eta = 0{,}7$ zu multiplizieren ist, also

$$1\,PS = 0{,}88 \cdot 0{,}7 = 0{,}6\,kW.$$

[1] Tagespreise sind einzusetzen.

[2] z. B. GARBOTZ: Baumaschinen und Baubetrieb. Carl Hanser Verlag, München 1948.

Ölverbrauch für 1 PS und Stunde = etwa 0,005 kg.

Stromverbrauch für eine 1000-l-Maschine demnach:

$$20 \cdot 0{,}6 = 12\,\text{kW} \quad \text{oder}$$

bei 15 m^3/h Durchschnittsleistung . . . 12 kW : 15 = *0,8 kW/1 m³*.

b) Rohöl- und Dieselkleinmotore.

Man kann nach den Angaben der Fabriken rechnen:

für 1 PS und 1 h . . . . 0,20 kg Rohöl od. Dieselöl.

Über *Kosten für Aufbau und Abbau von Betonmaschinen* und *Antriebsmotoren* siehe Abschnitt II, § 3, S. 27 und 30.

Über Höhe des *Betriebsstoffverbrauchs von Betonaggregaten* siehe Abschnitt II, § 5, S. 46.

III. Kosten von Betonarbeiten mit unbewehrtem Beton.

Die Kosten von *Betonarbeiten* sind außerordentlich verschieden je nach dem Umfang der Betonarbeiten, Art derselben (Wehrbau, Brücken, Krafthäuser usw.), Vorhandensein oder Fehlen von Wasserhaltungen, Vorhandensein von billigem Strom für die Antriebsmaschinen, Notwendigkeit oder Wegfall umfangreicher Gerüstbauten und komplizierter Schalungen usw.

Man kann die Kosten von Betonarbeiten wie folgt aufgliedern:

Kosten von Betonarbeiten.

1. Materialkosten:
   a) Baustoffe und Bauhilfsstoffe (Schalung, Kleineisenzeug usw.).
   b) Betriebsstoffe.
2. Gerätekosten.
3. *Löhne.*
4. Gemeinkosten (mit Sozialaufwand), allgemeine Baukosten, Geschäftskosten.
5. Wagnis, Gewinn und Umsatzsteuer.

Nähere Erklärungen über die einzelnen Kostenfaktoren siehe Abschnitt I und II.

Die wichtigste Rolle spielen ohne Zweifel die *Löhne*. Diese erstrecken sich bei *großen Betonbauten* auf folgende *Einzelarbeiten*, welche zum Teil allerdings in Wegfall kommen können:

1. Einrichtungs- und Aufräumungsarbeiten: a) Gleislegen, Bauhütten aufstellen, Betonmaschinen aufstellen, Aufstellen von Turmdrehkranen, Betonpumpen u. dgl., Anlage von Silos für die Zuschlagstoffe, Einrichten der Wasserversorgung usw., b) Abladen und Transportieren von Geräten und Bauhilfsstoffen.

2. Betonieren einschließlich der üblichen Rüstarbeiten (Betonpritschen, Hosenrohre, Betongleislegen, Pumprohre verlegen usw.) und Werkstätte (Magazin, Lagerplatz usw.).

3. *Transportgerüste* und Lehrgerüste herstellen, sonstige Zimmererarbeiten.

4. *Schalarbeiten* (Ein- und Ausschalen, Entnageln, Stapeln).

5. *Wasserhaltung.*

Zu 1. a) Einrichtungs- und Aufräumungsarbeiten.

Darunter zählen der Aufbau und Abbau von

a) Baubaracken wie Büro, Werkstätte, Magazin, Untertreträume, Arbeiterunterkünfte, Zementschuppen usw.

b) Betonmaschinen, Krananlagen, Aufbereitungsanlagen, Bunkeranlagen usw., Elektroinstallation[1] (Transformatoren usw.) oder Einrichtung einer eigenen *Kraftzentrale.*

c) Maschinen für Wasserversorgung und Wasserhaltungen.

Nachstehend seien einige Angaben über Einrichtungskosten, nämlich die Kosten für *Aufstellen* und *Abbrechen von Betonmaschinen* verschiedener Größe gemacht, wobei St_{mi} einen mittleren Stundenlohn bezeichnet, welchen man als Mittel aus dem Maschinisten- und Tiefbauarbeiterlohn einsetzen kann.

Einmaliger Aufbau und Abbau kostet gemäß § 3, 2, S. 27 für

1	Betonmaschine	250 l	Füllung	140 $St_{mi.}$
1	„	500 l	„	280 $St_{mi.}$
1	„	750 l	„	320 $St_{mi.}$
1	„	1000 l	„	480 $St_{mi.}$

Die Lohnkosten für Einrichtungsarbeiten belaufen sich für große Betonarbeiten auf etwa 0,8 bis 1,2 $St_{mi.}/1\ m^3$ Beton, können jedoch ganz wesentlich höher zu stehen kommen (z. B. für komplizierte maschinelle Förderanlagen wie Kabelkrane u. dgl.) und sind jeweils an Hand eines genauen *Bauprogramms* zu ermitteln. (Siehe Musterbeispiel S. 319).

Zu 1 b) Abladen und Transportieren von Geräten und Material.

Die erforderlichen Angaben sind in Abschnitt I, (§ 6) und X gemacht. Wenn für die schweren Teile ein *Entladekran* vorhanden ist, so kann man, sofern keine besonderen Erschwernisse, wie *Zwischenlagerung* vorliegen, sich der folgenden Sätze bedienen (Verladelöhne auf dem Lagerplatz der Zentrale inbegriffen):

a) Bauhilfsstoffe und Geräte, welche größtenteils wieder zurücktransportiert werden müssen (4 mal in die Hand nehmen) für 1 t 6,0 St.

b) Baumaterialien für den Einbau und Betriebsstoffe für 1 t 2,0 St.

Zu 2. Betonieren und Reparaturwerkstätte.

Die *Lohnkosten für Betonarbeiten* sind von einer sehr großen Anzahl von Faktoren abhängig und müssen für jede Arbeit besonders, auf Grund der örtlichen Verhältnisse und an Hand eines sorgfältig aufgestellten *Bauprogramms,* kalkuliert werden. (Man beachte hierzu das *Muster-*

---

[1] Hierbei sind auch die teils nicht geringen *Materialkosten* nicht zu übersehen. Bei *Betongroßbaustellen* müssen für *Elektroinstallation* große Beträge (bis 25000 DM.) aufgewandt werden. Daher eventuell *eigene Dieselzentrale.*

beispiel S. 319ff.). Die Ausführungskosten hängen wesentlich, wie bei allen Bauarbeiten, von einer günstigen Arbeitsdisposition und richtigen Auswahl der Maschinen und des Gerätes ab. Von Einfluß auf die Kosten sind unter anderem die Länge der Transportwege des Betontransports, Möglichkeit von Rundbetrieb ohne Aufenthalt, Möglichkeit der Benützung von Maschinen für Transport und Einbau (Preßluftstampfer, Rüttelgeräte) und Beschaffenheit der Einbaustelle nach Breite, Länge und Tiefe, zweckmäßige Materialzuführung usw. Jedenfalls ist für die Folge stets angenommen, daß nur *mit Maschinen gemischter Beton* zur Verwendung kommt, zumal schon bei verhältnismäßig kleinen Arbeiten dieser wirtschaftlicher ist und eine *bessere Durchmischung des Materials* gewährleistet.

Die *Lohnkosten für Betonieren* lassen sich dann zerlegen in

a) Herstellungskosten des Betons mit der Mischmaschine einschließlich Beifahren der Zuschlagstoffe und Bindemittel zur Mischmaschine.

b) Transport des Betons und vorbereitende Arbeiten (Anlage von Rutschen, Gleislegen usw. einschließlich Höhentransport mit Aufzügen, Kranen usw.).

c) Einbau des Betons (Stampfen bzw. besser Einrütteln).

Vorausgesetzt wird bei den nachstehend angegebenen Sätzen, daß die *Zuschlagstoffe und Bindemittel frei Verwendungsstelle* (Umschlagstelle) *angeliefert* werden (Kiesbunker). Entladekosten für Entladen aus Eisenbahnwagen, Lastautos usw., ebenso wie die Kosten des Antransports zur Baustelle sind besonders zu berechnen. Wo die *Zuschlagstoffe selbst gewonnen* werden, sind die *Kosten der Aufbereitung und Gewinnung*[1] gesondert zu kalkulieren.

Die *Lohnkosten* der *reinen Betonierarbeiten* können je nach dem Umfang der Arbeit, Art des Objekts, Leistungsfähigkeit der zur Verfügung stehenden maschinellen Hilfsmittel, Arbeitsverfahren (Stampfbeton oder Pumpbeton) schwanken zwischen 3 und 10 Stb. Es können z. B. angesetzt werden für

Fundamentbeton großer Brückenfundamente, Schleusenfundamente u. dgl.	3,5 bis 4,0 Stb.
aufgehender Beton von Brückenpfeilern, Stützmauern, Ufermauern, Schleusenmauern usw.	4,0 bis 5,5 Stb.
große Maschinenfundamente	5,0 Stb.
große Einzelfundamente für Stahlbetonstützen	5,0 Stb.
kleine Einzelfundamente für Stahlbetonstützen	6,5 Stb.
Fundamente von Hochbauten	6,0 Stb.
Kellerfußböden und Kellerwände	6,8 Stb.

[1] Die Kosten für Sortierkies und -sand in 3 oder 4 Körnungen (0/3, 3/7, 7/15, 15/30) ab Werk betrugen Frühjahr 1954 etwa 6,50 DM./1 m³. Für das Aufstellen und Abbrechen einer Kiessortieranlage von 80 m³ Leistung im Tag (8 Std.) kann man etwa 8000 Lohnstunden rechnen.

Für *Kiesgewinnung und Aufbereiten* kann man im allgemeinen (bei Gewinnung mit Baggern) mit einem Lohnaufwand von 1,2 bis 1,8 St_{mi} je 1 m³ Kies bzw. Sand rechnen. Dazu kommen noch Betriebsstoffe, Gerätekosten, allgemeine Baukosten usw. Dabei kommt es natürlich sehr auf den Grad der Ausnutzung der Anlage an.

Von den „*Allgemeinen Arbeiten*" beim Betonieren (s. auch Anhang I, 1) fallen am meisten ins Gewicht: *Die Lohnkosten der Reparaturwerkstätte* (einschl. Magazin, Bürobedienung usw.). Sie sind den Lohnkosten des Betonierens noch zuzuschlagen. Die Materialkosten der Geräteunterhaltung (Reparaturmaterialien und Ersatzteile) sind bei den „Gerätekosten" unter dem Titel „Geräteunterhaltung" einzurechnen und nur die reinen Löhne unter „Reparaturwerkstätte".

Man kann als *Belegschaft der Werkstätte* bei großen Betonarbeiten etwa annehmen: 1 Maschinenmeister, 1 Schmied, 1 Zuschläger, 1 bis 2 Schlosser, 1 Dreher, 1 Magazingehilfe und 1 Elektriker.

Für sonstige allgemeine Arbeiten: 1 Schlosser für Wasserversorgung, 2 Mann auf dem Lagerplatz (Untertreträume und Wohnräume unterhalten, Kaffeekochen usw.), 1 Mann als Wache.

Zu 3. Zimmerarbeiten. Die *Herstellung der Betonfahrgerüste und Lehrgerüste* wie Herstellung von Lehrbögen für Turbinenschläuche, Schleusenumläufe u. dgl. tragen oft in ganz erheblichem Maße zu den Herstellungskosten des Betons bei. Die Transportgerüste und Betonfahrgerüste sind nach den in dem Abschnitt Zimmerarbeiten „Fördergerüste" aufgestellten Richtlinien zu kalkulieren. Es ist also auch hier unbedingt erforderlich, daß sich der Kalkulator zuvor genaue Rechenschaft gibt über den Arbeitsvorgang auf der Baustelle und so über das ungefähre Ausmaß der beim Bau anfallenden Zimmerarbeiten ein Bild bekommt. Es können dann die in Abschnitt XVIII angegebenen überschlägigen Werte je 1 m² Ansichtsfläche des Fahrgerüstes für die Kalkulation benützt werden.

Für ganz rohe Überschläge der Zimmerarbeiten bei großen Betonbauten (reine Löhne) kann man setzen:

a) wenn wenig Gerüstarbeiten erforderlich	0,3 bis 0,6	Stz.	je 1 m³	Beton,
b) wo größere „ „	0,8 „ 1,0	„	„ 1 m³	„
c) bei umfangreichen Gerüstarbeiten	1,0 „ 2,5	„	„ 1 m³	„

Aus den gewaltigen Schwankungen ersieht man die Notwendigkeit einer *genauen Kalkulation der Gerüstarbeiten* bei Betonbauten. Hierher gehört beispielsweise auch das Abbinden von *Holztürmen für Betonaufzüge* zum Befördern des Betons auf große Höhen (etwa 0,25 m³ Holz/1 stgd. m, Lohnaufwand 10 bis 12 Stz./1 stgd. m) und für Fahrgerüste von Turmdrehkranen (beim Betonieren mit Krankübeln).

Sehr beträchtlich werden, um ein Beispiel anzuführen, auch die Kosten der Zimmerarbeiten für Fahrgerüste beim Betonieren der Brückenpfeiler von Viadukten über tiefe Täler. Man kann hier als Fahrgerüstfläche den Talquerschnitt bis Oberkante Pfeiler der Kostenberechnung zugrunde legen (s. Beispiel 53, S. 293).

Zu 4. Schalarbeiten. Zur Beurteilung der Schalungskosten von Betonbauten ist ebenfalls Erfahrung notwendig. Die Lohnkosten für Schalungsarbeiten hängen ab von dem Umfang der Arbeit, von der Größe und Beschaffenheit der zu schalenden Flächen, Höhenlage, Möglichkeit der Wiederverwendung, Benützung von Schaltafeln, maschinellen Hilfsmitteln zum Versetzen von Schalungen (Derickkrane, Turmdrehkrane usw.). Wichtig ist auch (zur Erleichterung des Ausschalens) die Verwendung von *Schalöl*. Die Verwendung von *Schaltafeln* (u. U. 30malige Verwendung!) und *Schalungsplänen*, nach welchen geschalt wird, spart Löhne und Holzverschnitt. 30-mm-Schalung ist im Tiefbau im allgemeinen wirtschaftlicher als 24-mm-Schalung (Ausschalen!). Zum Versetzen von Schaltafeln und Schalungskästen empfehlen sich Kräne auf Großbaustellen. Die Schalungsarbeiten selbst zerfallen wieder in

a) Einschalen (Vorbereiten der Schaltafeln und Aufstellung der Schalung).

b) Ausschalen und Ausnageln.

Bei der Kalkulation selbst wird zweckmäßig nicht getrennt nach a) und b), während bei der Nachberechnung zur Betriebskontrolle diese Trennung zweckmäßig durchgeführt wird. Als Anhaltspunkte für die Kostenberechnung der *Lohnkosten von Schalarbeiten* mögen folgende Angaben dienen:

Erforderlicher Lohnaufwand je 1 m² Schalung.

Ein- und Ausschalen großer ebener Flächen . . . 1,2 bis 1,5 Stz.
bei Höhen über 4 m . . . . 1,5 „ 2,5 Stz.[1]

Ein- und Ausschalen von teilweise gekrümmten Flächen oder Flächen mit mehrfacher Brechung . . . . 1,5 bis 2,0 Stz.
bei Höhen über 4 m . . . . 2,0 „ 3,5 Stz.[1]

Ein- und Ausschalen von Brückenfahrbahnen, Stahlbetonbindern von Bogenbrücken, Hallen u. dgl. einschließlich Einrüsten
bei Höhen von 4 bis 10 m . . . . 3,5 bis 5,0 Stz.

Einschalen und Ausschalen von komplizierten Schalungen mit kreisförmig oder elliptisch-gekrümmten Flächen wie Saugschläuche von Turbinen, Umläufe von Schleusen u. dgl. (mit Lehren herstellen) . . . . 4,5 bis 5,5 Stz.

Materialkosten für Schalarbeiten (Bedarf und Verbrauch an Bauhilfsstoffen). Noch schwieriger ist es, bei Betonarbeiten den tatsächlichen *Holzbedarf und Holzverbrauch* nebst Bewertung des rückgewonnenen Holzes zu schätzen. Auf diesem Gebiete herrscht auch oft in der Praxis, trotz der anzuerkennenden Schwierigkeit der Frage überhaupt, noch eine große Unklarheit. Wesentlich ist eine genaue Schätzung des Holzbedarfs, mit welchem die Baustelle zu versehen ist, sowie die Feststellung der voraussichtlich zurückgewonnenen Holzmengen. Es genügt dann nicht, den Holzverbrauch allein in Rechnung zu setzen, da das rückgewonnene Holz nicht mehr den Neuwert besitzt. *An- und Rücktransport, Abladen und Aufladen des Holzes dürfen nicht vernachlässigt werden.* Desgleichen ist ein Zuschlag für Verbrauch von Drahtstiften, Schalungsdraht usw. zu machen, wofür im folgenden noch

[1] Bei Verwendung von Turmdrehkranen zum Hochfördern der Schalkästen und Schaltafeln treten Lohnersparnisse ein. Die zusätzlichen Gerätekosten sind zu berücksichtigen.

Anhaltspunkte gegeben werden. Die Größe des „*Holzverbrauchs*“, d. h. des beim Bau verlorengegangenen Holzes, hängt allein von der Art der Schalarbeit ab. Bei komplizierten Schalungen, wie bei der Schalung von Brückenfahrbahnen, Turbinensaugschläuchen u. dgl. kann man damit rechnen, daß nach Beendigung der Arbeit nur noch „*Brennholz*“ vorhanden ist, wenigstens soweit es das Schalholz betrifft. Es hängt auch viel davon ab, ob auf der Baustelle Gelegenheit zur mehrfachen Verwendung des Holzes gegeben ist, oder sofort nach Beendigung des Baues für das frei gewordene Schalholz an einem anderen Bau Verwendung vorhanden ist. Denn, wenn dieses lange lagern muß, wird es durch die Nässe usw., der es auf der Baustelle ausgesetzt ist, bald unbrauchbar werden.

Die Stärke der Schalbretter ist meist 25 bis 30 mm[1], in Ausnahmefällen stärker, und schwächer nur bei Schalung von gekrümmten Flächen, wo zweckmäßig ganz dünne 10 mm starke Schalung zur Verwendung kommt. Man kann rechnen, daß für *1 m² Schalfläche* benötigt werden (senkrechte Schalung für Pfeiler, Stützmauern u. dgl.):

1,1 m² Schalung 25 bis 40 mm stark,

1,5 lfd. m Kantholz 8/10 oder 10/10 oder 7/14 (Türstockholz),

etwa 2 lfd. m Rundholz Ø 14 bis 20 cm (Steifen),

etwa 0,15 bis 0,20 kg *Schaldraht* Nr. 28 bis 31 zum Verspannen der Schalungen (Rödeldraht) oder *Rundeisenanker* Ø 10 bis 18 mm (0,5 bis 1,0 kg),

etwa 0,20 bis 0,30 kg *Drahtstifte.*

Schaldraht und Drahtstifte sind natürlich als verbraucht zu rechnen, da sie nur zum kleinsten Teil wieder gewonnen werden können.

An *maschinellen Einrichtungen* für die Schalarbeiten auf größeren Betonbaustellen genügt im allgemeinen eine *Kreissäge*, eventuell noch eine Bandsäge und Bretterreinigungsmaschine zum Reinigen und Entnageln der Schalungsbretter.

Zu 5. Wasserhaltung. Die Kosten der Wasserhaltungsarbeiten sind nach Abschnitt VII zu berechnen. Die Übernahme erfolgt zweckmäßig je Betriebstag oder je Betriebsstunde und je Pumpenaggregat von bestimmtem Saugrohrdurchmesser, da das Wagnis einer Pauschalübernahme dem Unternehmer nicht zugemutet werden kann.

Früher wurde bei Betonbauten für die Außenflächen *Vorsatzbeton*[2] verwendet, welcher hinter Vorsatzblechen beim Hochbetonieren eingebracht wurde und nach Erhärtung eine Bearbeitung erfuhr:

Vorsatzbeton in 5 bis 8 cm Stärke an der Außenseite des Betons bei aufgehendem Beton anzubringen, erfordert einen

Zuschlag für 1 m² geschalter Fläche von . . . . *0,5 St.*

[1] 30-mm-Schalbretter sind wirtschaftlicher als 25-mm-Bretter, da sie beim Ausschalen nicht so leicht beschädigt werden. *Schaltafeln* lohnen sich, wo sie bei großen Flächen verwendbar sind.

[2] Nach heutiger Auffassung schalt man besser glatt (evtl. Verwendung von gehobelter und gespundeter Schalung sowie von gutem Schalöl) und läßt den ausgeschalten Beton *unbearbeitet*.

Nachkalkulationsbeispiele von großen Betonarbeiten aus der Praxis.

Beispiel 53. Betonarbeiten für Pfeiler und Widerlager eines *Bahnviaduktes* mit eisernem Überbau (s. Skizzen Abb. 74).

a) 1100 m³ Fundamentbeton 1 : 12.
b) 700 m³ Häuptiger Beton 1 : 10.

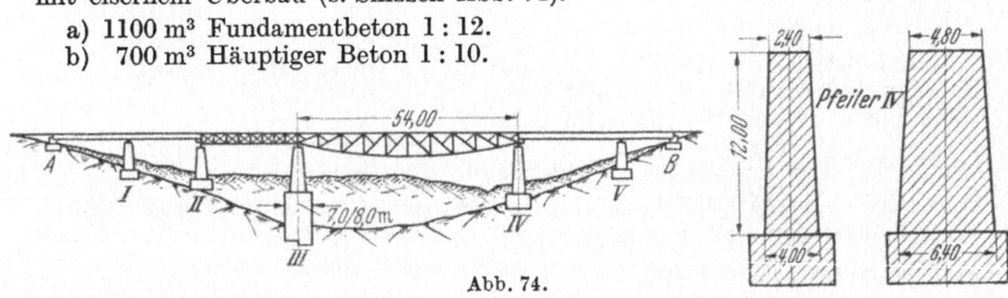

Abb. 74.

Nachkalkulation der Betonarbeiten

ohne Beifuhr der Zuschlagstoffe zu den Bunkern.

Einrichtungskosten. Löhne:

Aufstellen der Betonmischanlage und der Kiesbunker . . . 800 Stz.
Wiederabbrechen derselben . . . . 400 Stz.
Aufstellen und Wiederabbrechen von Aufenthaltsräumen, Magazin, Schmiede, Zementschuppen usw., 400 m² Grundfläche zu 5 Stz. . . . . 2000 Stz.
Erstes Gleislegen insgesamt 350 m 60 cm Spur, verlegen und wiederabbrechen zu 0,8 St. . . . . 280 St.
Einrichtung der Wasserversorgung . . . . 800 $St_{masch.}$
Verladen und Zurücktransportieren von Geräten und
Bauhilfsstoffen: Betonmaschine . . . . 6 t
Bauhilfsstoffe 30 m³ Holz zu 0,7 t . . . . 21 t
Gerüstholz 300 m³ zu 0,7 t . . . . 210 t
Sonstige Geräte . . . . 13 t
250 t
Lohnkosten 250 t zu 6 St. . . . . 1500 St.

Einrichtungslöhne . . . . . . 800 St_{masch} + 3200 Stz. + 1780 St.
Dazu *Frachtkosten* nach Frachtsatzzeiger S. 55.

a) Betonieren von 1100 m³ Fundamentbeton

(Transporte bis 200 m, 500-l-Sonthofenmaschine).

Einschließlich „allgemeiner Arbeiten" sind etwa 30 Mann beschäftigt.

Leistung durchschnittlich 5 m³/h. Daher Lohnaufwand:

Für *Betonieren* allein 30/5 . . . . *6,0 Stb.*
(einschl. Unterbrechungen durch vorbereitende Arbeiten).

Für *Hilfsgerüste* 160 m² Ansichtsfläche der Gerüste zu 2,5 Stz. = 400 Stz.
oder 400/1100 = *0,37 Stz.* je 1 m³ Beton.

Für *Zement* abladen 0,15 t zu 2 St./t = *0,3 Stb./1 m³*

Also je *1 m³ Beton* . . . . *6,3 Stb.* + *0,4 Stz.*

Es entfallen z. B. auf Widerlager A, B und Pfeiler I und V . . . 10 Stb./m³
auf Pfeiler II und IV (je 80 m³) . . . . 8 Stb./m³
auf Pfeiler III (1000 m³) . . . . 5 Stb./m³

b) Betonieren von 700 m³ häuptigem (aufgehendem) Beton.

Löhne: Für *Betonfahrgerüste* nach den Pfeilern i. M. 6,0 m hoch	
440 m² Gerüstansichtsfläche zu 2,5 Stz. . . . . . 1100 Stz.	
oder je 1 m³ Beton . . . . *1,6 Stz.*	
Betonierbetrieb 200 m Gleis legen und abbrechen zu 0,75 St.	
= 150/700	0,20 Stb.
Je 1 m³ Beton: Zement abladen 150 kg zu 0,2 Stb./100 kg .	0,30 Stb.
Reines Betonieren (einschl. 0,5 Stb./m³ für Vorsatzbeton) .	7,00 Stb.
Dabei entfallen auf A, B, IV und V . . . . . 8 Stb./m³	
auf Pfeiler II und III (120 m³ und 200 m³) . 6,5 Stb./m³	
Lohnaufwand je 1 m³ reiner Betonierbetrieb.	7,50 Stb.

Schalarbeit (einschl. Beifahren des Schalholzes) für *bis 12 m hohe Pfeiler* (1 m² Schalfläche je 1 m³ Beton).

Je 1 m² Schalfläche 2,8 Stz.

Somit *Lohnaufwand je 1 m³ Pfeilerbeton: 4,4 Stz. + 7,5 Stb.*

Verbrauch an Bauhilfsstoffen.

	Holzbedarf je 1 m² Schalung m³	Holzverbrauch m³
Dielen 30 mm	0,04	0,013
Türstockholz 7/14 cm.	0,018	0,006
Sprießholz Ø 15—18 cm . . .	0,045	0,015

Verbrauch an Kleineisenzeug und Schaldraht je 1 m² Schalfläche:

Nägel. . . . . etwa 0,20 kg je 1 m²
Rödel-Draht. . . . . . . etwa 0,25 kg je 1 m².

Beispiel 54. Für die *Beton- und Stahlbetonarbeiten eines Krafthausbaues* wurden die Selbstkosten an Löhnen, Bauhilfsstoffen und Betriebsstoffen durch *Nachkalkulation* wie folgt festgestellt:

a) 6600 m³ vorwiegend *unbewehrter Beton*

für Fundamente, Sohlen, Flügel- und Stützmauern, Widerlager, Pfeiler, Übereich und Leerschuß, einschließlich Saugschlauchdecke (mit komplizierten Schal- und Gerüstarbeiten).

Lohnstundenverbrauch.

Art der Arbeit	Im ganzen	Je 1 m³ Beton
Einrichtungs- und Aufräumungsarbeiten	4000 Stz.	0,6 Stz.
Allgemeine Arbeiten (Werkstatt- und Lagerplatzunterhaltung, Wasserversorgung, Zementtransport vom Bahnanschluß zum Schuppen u. dgl.) . .	10000 Stsl.	1,5 Stsl.
Reine Betonierarbeiten (Betonkiesgewinnung an Ort und Stelle nicht inbegriffen)	46000 Stb.	7,0 Stb.
Gerüste und Lehrgerüste (Aufstellen und Abbrechen einschließlich Lehren für etwa 700 m² Saugschlauchdecke zu 3,0 Stz. = 2100 Stz.)	17000 Stz.	2,5 Stz.
Reine Schalarbeiten (Ein- und Ausschalen), Schalfläche etwa 0,9 m² je 1 m³ Beton.	16000 Stz.	2,4 Stz.
Insgesamt Lohnstunden	93000 St_{mi}	14,0 St_{mi}

Angaben aus der *Nachkalkulation einzelner Bauteile in Stampfbeton.*

Übereich Krafthaus (Abb. 75). 800 m³ Stampfbeton mit 1,1 m² Schalfläche je 1 m³ Beton.

Lohnaufwand für reine Betonierarbeit 5,8 Stb. je 1 m³ Beton (ohne Gerüste).

Lohnaufwand für Schalarbeit 2,8 Stz. je 1 m² = 3,1 Stz./1 m³ Beton.

Lohnaufwand für Betonieren und Schalen je 1 m³ Beton 5,8 Stb. + 3,1 Stz.

Flügelmauer (Abb. 76). 1000 m³ Stampfbeton mit 0,8 m² Schalfläche je 1 m³ Beton.

Lohnaufwand für *reine Betonierarbeit* 5,5 Stb. je 1 m³.

Lohnaufwand für *Gerüste:* etwa 800 m² Gerüstansichtsfläche zu 2,5 Stz. = 2000 Stz. oder 2 Stz./1 m³ Beton.

Lohnaufwand für *Schalarbeit*[1] *3,5 Stz. je 1 m² Schalfläche* oder 2,8 Stz./ 1 m³ Beton.

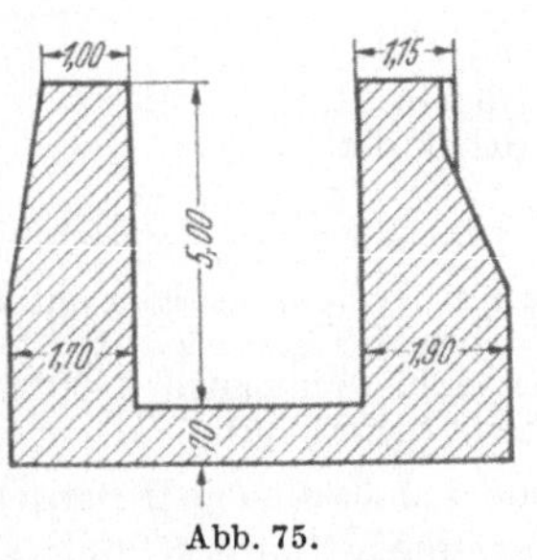

Abb. 75.

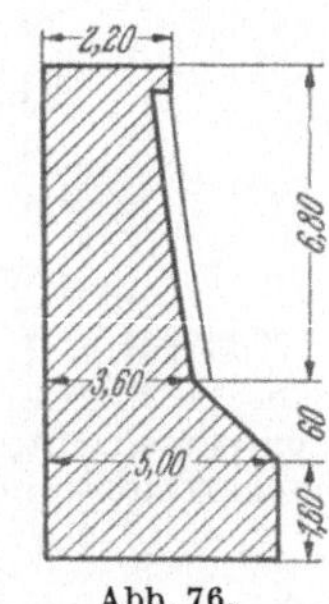

Abb. 76.

b) 600 m³ Stahlbetonarbeiten

für Stahlbetonwände der Turbinenkammer, Rechenkonstruktion, Kranbahnträger, Unterfangungsträger, Decken über Generatorenraum sowie Unter- und Obergeschoß, Tür- und Fensterstürze, Gesimse usw. *Schalfläche* durchschnittlich *4,5 m² je 1 m³ Stahlbeton.*

Lohnstundenverbrauch für Betonieren.

Art der Arbeit	Lohnstundenverbrauch	
	im ganzen	je 1 m³
Einrichtungs- und Aufräumungsarbeiten	1200 Stz.	2,0 Stz.
Allgemeine Arbeiten (Werkstatt-Lagerplatzunterhaltung, Wasserversorgung, Zementtransport) .	1200 Stsl.	2,0 Stsl.
Betonierarbeiten (einschl. Rüsten, Gerüsten und Fahrstuhlbedienung)	6000 Stb.	10,0 Stb.
Schalarbeiten etwa 2700 m² . . . . oder je 1 m² Schalung 4,5 Stz.[2] (teils komplizierte Turbinenkammerschalungen mit 5,0 Stz. je 1 m², hohe Deckenschalungen 3,0 Stz. je 1 m²)	12000 Stz.	20,0 Stz.
Insgesamt Lohnstunden	20400 St_{mi}	*34,0* St_{mi} je 1 m³ Beton

Lohnaufwand für Stahlbewehrung.

Für *Stahlbewehrung je 1000 kg* betrug der *Lohnaufwand* bei Verwendung einfacher Biegebänke . . . . 80 Ste.

Verbrauch an *Bindedraht* etwa 5,0 kg je 1 t Bewehrung.

---

[1] Mit „Schaltafeln“ hätten sich die Schalkosten wesentlich senken lassen bei Verwendung von Kranen.

[2] Das Schalen war ganz den Zimmerleuten überlassen. Es fehlte eine genaue Planung und Überwachung der Schalarbeiten. Die Arbeit stammt aus der Inflationszeit 1922/23.

Bauhilfsstoffverbrauch für a) + b) etwa 8700 m² Schalfläche.

Bedarf an Schalholz 30 mm, 24 mm, 20 mm und 15 mm je 1 m² . . 0,026 m³
Bedarf an Rüstholz (10% Gerüstdielen 45 mm, 40% Kantholz, 50% Rundholz) je 1 m² . . . . 0,044 m³

Verbrauch an Bauhilfsstoffen je 1 m² Schalfläche

an Schalholz . . . . 0,018 m³
an Rüstholz . . . . 0,022 m³ (50% Rundholz)

Insgesamt an Holz . . . . 0,040 m³
an Nägeln . . . . 0,25 kg
an Schaldraht 28 mm . . . . . 0,15 kg

c) Wasserhaltung mit 2 Pumpen Ø 250 mm.

Lohnkosten. 1. Einmalige Kosten für Einrichten und Abbrechen der Anlage (einschl. Transformator) einschließlich Elektroinstallation und Niedertreiben des Pumpenschachtes sowie Sohlendränagen 4500 Lohnstunden (Mittellohn von Facharbeiter- und Tiefbauarbeiterlohn).

2. Dauernde Lohnkosten je 1 Betriebsstunde für 2 Pumpen:
1,0 St_{masch} + 0,8 St. (für Reinhalten des Pumpensumpfes, Gräbenziehen usw.).

Betriebsstoffe. Stromverbrauch für 104 Tage . . . . 90530 kWh,
d. h. je 1 Pumpenbetriebsstunde . . . . *18 kWh* (25 PS · 0,7)
Motorenöl je 1 Betriebsstunde . . . . 0,005 kg.

Beispiel 55. Für den Bau einer *Hafenmauer* von etwa nebenstehendem Querschnitt sind die beiden Hauptpositionen, und zwar a) Rammen von 3000 m² Stahlspundwänden Larssen Profil III (ohne Materiallieferung), b) 6500 m³ Beton 1 : 6 der Ufermauer (mit Materiallieferung) zu kalkulieren bei folgenden Löhnen und Materialpreisen:

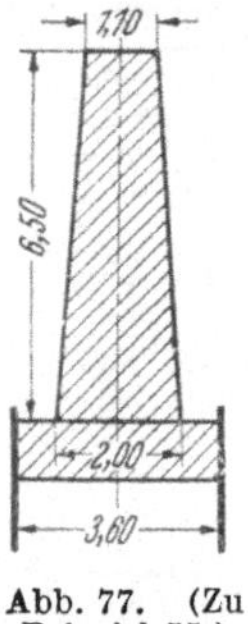

Abb. 77. (Zu Beispiel 55.)

Stundenlöhne.

Schachtmeister	3,— DM.
Zimmerer	2,10 „
Maurer	2,10 „
Hilfsarbeiter	1,75 „
Facharbeiter	2,10 „
Erdarbeiter	1,75 „

Material frei Verwendungsstelle.

Beton-Kies 1 m³	11,— DM.
Zement 100 kg	8,— „
Kohle 1 t	100,— „
Rundholz 1 m³	110,— „
Kantholz und Schnittholz 1 m³	190,— „
1 kWh	0,30 „
Wasser 1 m³	0,80 „

a) Rammen von 3000 m² Stahlspundwänden Profil III.

Einrichtungslöhne: 1500 h = 0,5 h/1 m².

Sonstige Einrichtungskosten (Hin- und Rücktransport der Ramme, Rammgerüst usw.) 4500,— DM. = 1,50 DM./1 m²

Arbeitslohn für Rammen $\frac{2,10 + 1,75}{2}$ . . . . 1,92 DM.

+ 15% für Aufsicht, Nacht- und Sonntagszuschläge, Prämien, Auslösungen usw. . . . . 0,28 „

St_{mi} 2,20 DM.

Lohnkosten (einschl. Einrichtungslöhne) 5,0 St_{mi} zu 2,20 DM.	11,— DM./m²
Einrichtung (Frachten und sonstige Stoffkosten)[1]	0,80 DM./m²
Betriebsstoffe 20 kg Kohle zu 100,— DM./t	2,— DM./m²
Öle	0,20 DM./m²
Gerätekosten (Abschreibung, Verzinsung, Unterhaltung nach besonderer Aufstellung) 4500,— DM.	1,50 DM./m²
Zuschläge: 55% von L	6,— DM./m²
10% von M.	0,50 DM./m²
	22,— DM./m²
+ 10% für Wagnis, Gewinn und Umsatzsteuer	2,20 DM./m²
Angebotspreis	*24,20 DM./m²*

b) 6500 m³ Beton 1 : 6 der Ufermauer.

Materialkosten für 1 m³ Beton:

1,3 m³ Betonkies zu 11,— DM.	14,30 DM.
250 kg Zement zu 8,00 DM./100 kg	20,— „
0,35 m³ Wasser zu 0,80 DM.	0,30 „
0,8 kW Strom zu 0,30 DM.	0,24 „
Öle	0,06 „
Materialkosten je 1 m³ Beton	34,90 DM.

Mittlerer Stundenlohn für Betonieren: $\frac{1{,}75 + 2{,}10}{2}$ . . . 1,92 DM.

+ 15% für Aufsicht, Zuschläge usw. . . . . . 0,28 „

St_{mi} = 2,20 DM.

Kalkulation für 1 m³ Beton.

Angabe der Leistung	Material DM.	Löhne DM.
1 m³ Beton 1 : 6	34,90	
Einrichtungslöhne 3200/6500 = 0,5 Stz. (einschl. Montieren des Aufzugsturms)		1,10
Sonstige Einrichtungskosten 6500,— DM. (Frachten, Elektroinstallation usw.)	1,—	
Betonieren 5,0 St_{mi} zu 2,20 DM.		11,—
Betonfahrgerüst (2gleisig) 500 · 6,5 = 3200 m² Gerüstansichtsfläche		
Lohnaufwand zu 2,2 Stz. = 7040 Stz. oder je 1 m³ Beton 1,1 Stz. zu 2,20 DM.		2,42
Holzverbrauch geschätzt zu 3250 m² · 0,05 = 162 m³ zu i. M. 150,— DM. = 24300,— DM.	3,75	
Kleineisenzeug, 3000 kg zu 1,20 DM.	0,50	
Schalarbeiten 1 m² geschalte Fläche je 1 m³ Beton 2,2 Stz. zu 2,20 DM. (einschl. Aufsicht)		4,84
Holzverbrauch für Schalarbeiten 0,03 m³ zu 150,— DM. . . .	4,50	
Gerätekosten[2] (geschätzt)	3,35	
	48,—	19,36

[1] Angenommen wurde, daß eine besondere Berechnung dieser Kosten 2400,— DM. ergeben habe.

[2] Sind jeweils genau zu ermitteln wie beim Musterbeispiel S. 319ff.

Material	48,— DM.
+ 10% Zuschläge auf M	4,80 „
Löhne	19,36 „
+ 55% Zuschläge auf L	10,64 „
Selbstkosten je 1 m³ Beton	82,80 DM.
+ 10% für Gewinn, Wagnis, Umsatzsteuer	8,20 „
Angebotspreis	*90,— DM.*

je 1 m³ Beton der Ufermauer.

IV. Kosten von Stahlbetonarbeiten.

Man kann die *Gesamtkosten von Stahlbetonarbeiten* wieder wie bei Stampfbetonarbeiten unterteilen in:

a) Materialkosten, d. i. Baustoffe und Bauhilfsstoffe frei Verwendungsstelle[1] und Betriebsstoffe.

b) Gerätekosten.

c) Löhne.

d) Gemeinkosten (mit Sozialaufwand), Geschäftskosten usw.

e) Wagnis, Gewinn und Umsatzsteuer.

Hauptfaktor sind auch hier *die Löhne.* Die Arbeitsleistungen für Stahlbetonarbeiten können nun wie folgt eingeteilt werden:

1. Einrichtungs- und Aufräumungsarbeiten (einschl. Kosten für Montage und Demontage von Geräten, Abladen und Transport von Geräten und Bauhilfsstoffen, auch Frachten).
2. Betonieren einschließlich den Vorbereitungsarbeiten hierzu (Gleislegen, Anlagen von Betonpritschen usw.).
3. Zimmerarbeiten (Fahrgerüste u. dgl. s. Abschn. XVIII, S. 342ff.).
4. Schalarbeiten.
5. Stahlarbeiten.

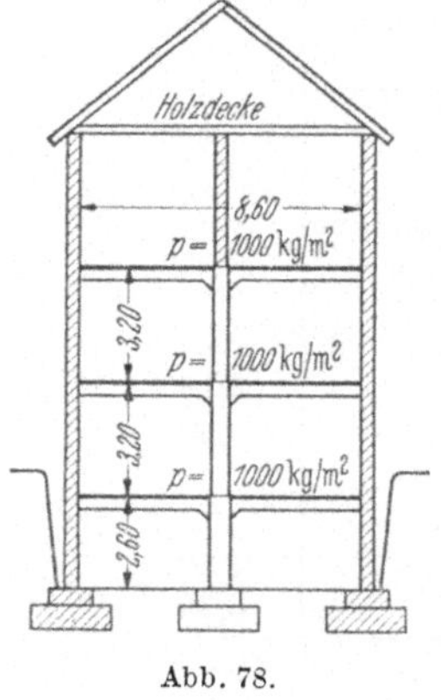

Abb. 78.

Man faßt nun bei der Kalkulation von Stahlbetonarbeiten im Hochbau meist die Löhne der Position 1, 2 + 3 unter dem Sammelbegriff „Betonieren" zusammen. Die Kosten für das Betonieren von Stahlbetonbauten schwanken ganz erheblich u. können für kleine komplizierte Stahlbetonbauwerke, oder dünne komplizierte Einzelkonstruktionen bis zu 20 Stb. je 1 m³ Beton betragen.

Für gewöhnliche *Stahlbetonhochbauten* (dazu Abb. 78), Geschäftshäuser, Krankenhäuser, Lagerhäuser, Fabrikbauten usw., mit Deckenkonstruktionen mittlerer und größerer Abmessungen mag etwa mit folgenden Sätzen gerechnet werden:

[1] Abladen und Transport von *Baustoffen* frei Verwendungsstelle ist in den Materialpreis frei Verwendungsstelle einzukalkulieren, desgleichen Abladen und Transport von *Bauhilfsstoffen.*

Für 1 m³ Stahlbeton betonieren an Löhnen:

	Betonieren von		
	Decken Stb.	Balken Stb.	Säulen Stb.
Im Kellergeschoß	7,0	7,5	9,0
Im Erdgeschoß	8,0	8,8	10,0
Im 1. Stock und für höhere Stockwerke	8,5	10,0	11,0
Hohlsteindecken	10,0		

Bemerkung. Die angegebenen Werte können je nach den besonderen örtlichen Verhältnissen, der maschinellen Ausrüstung der Baustelle, Arbeitsverfahren (z. B. Pumpbeton!) erheblich nach unten abweichen. Die Kosten hängen neben der maschinellen Einrichtung von einer zweckmäßigen Arbeitsdisposition ab.

Die obigen Stundensätze setzen als Arbeitsweise Aufzüge und Verfahren des Betons auf der Decke mit Loren oder Schubkarren (z. B. Japaner) voraus. Die Gerätekosten sind hier gering.

Bei Verwendung von Turmdrehkranen und Betonpumpen zu großen Hoch- und Tiefbauten kann der *Lohnaufwand für 1 m³ Stahlbeton bis auf 4,0 Stb.* und noch weiter herabgehen. Allerdings müssen die höheren Einrichtungskosten (für 1 Turmdrehkran etwa 500 + 300 = 800 Facharbeiterstunden und für 1 Betonpumpanlage 800 Facharbeiterstunden) und die höheren Gerätekosten bei der Kalkulation berücksichtigt werden. Bei Verwendung einfacher Aufzüge kann man die *Gerätekosten* je nach dem Umfang der Arbeiten *überschlägig mit 1,20 DM. bis 2,— DM./1 m³* Beton ansetzen.

Lohnaufwand für Betonieren von Beton- und Stahlbetonbauten des Tief- und Hochbaues.

1. *Für Wehre, Kanaleinlaufbauwerke, Eisenbetonstützmauern, Brückenpfeiler, Widerlager* und dergleichen Konstruktionen (ohne komplizierte Lehr- und Fahrgerüste, welche jeweils besonders zu veranschlagen sind):

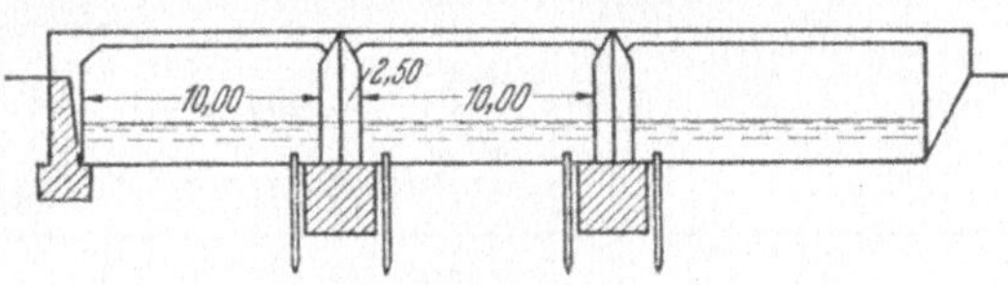

Abb. 79.

Art des Betons	Lohnstundenaufwand für		
	reine Betonarbeiten Stb.	Einrichtungslöhne und allgemeine Arbeiten[1] Stb.	Insgesamt Stb.
Sohlen- und Fundamentbeton 1 : 10 (500 bis 2000 m³)	4,0	1,8	5,8
Einhäuptiger Beton 1 : 8 (500 bis 1500 m³)	4,5	2,0	6,5
Mehrhäuptiger Beton 1 : 8 (500 bis 1500 m³)	4,8	2,2	7,0
Feine Stahlbetonkonstruktionen wie Bedienungsstege, Rechenkonstruktionen, Turbinenumläufe u. dgl.	8,0—10,0	3,0	12,0

[1] Die Einrichtungslöhne und Lohnkosten für Allgemeine Arbeiten sind bei größeren Stahlbetonarbeiten jeweils gesondert entsprechend der tatsächlichen Baustelleneinrichtung zu ermitteln. Obige Zahlenwerte geben daher nur Durchschnittswerte.

2. *Stahlbetonhallenkonstruktionen* für Lagerhallen, Sägewerke, Ausstellungshallen usw. (Rahmenbinder, Sheddächer in Stahlbeton u. dgl.).

Art des Betons	Lohnstundenaufwand für		
	reine Betonarbeiten Stb./m³	Einrichtungslöhne und allgemeine Arbeiten Stb./m³	Insgesamt Stb./m³
Fundamente . .	4,5	1,5	6,0
Rahmenbinder .	8,5	1,5	10,0
Stahlbetondachkonstruktion .	10,0	2,0	12,0

Abb. 80.

Die *Gerätekosten* (welche von Fall zu Fall ermittelt werden müssen) schwanken etwa *zwischen 2,— DM. und 4,— DM./1 m³ Beton.*

3. *Wasserbehälter, Absitzbecken u. dgl. in Stahlbeton.*

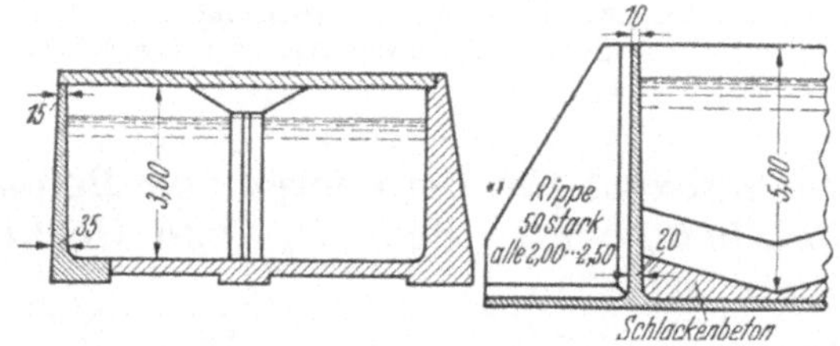

Abb. 81.

Lohnstundenaufwand für Betonieren[1].

Art des Betons	Betonieren allein Stb./m³	Einrichtungslöhne und allgemeine Arbeiten Stb./m³	Insgesamt Stb./m³
Fundament- und Sohlenbeton, unbewehrt. .	5,0	1,0	6,0
Fundament- und Sohlenbeton, bewehrt . . .	6,0	1,0	7,0
Massive Betonwände (Stampfbeton 1 : 8) . .	5,8	2,0	7,8
Stahlbetonstützmauer bzw. Monierwand			
a) nicht aufgelöst	7,0	2,0	9,0
b) aufgelöst (dünne Monierwände und Rippen).	9,0	2,0	11,0
Stahlbetondecke	7,5	1,5	9,0
Säulen			
a) stark	7,0	1,0	8,0
b) schwach	8,0	1,5	9,5

4. *Einfache Brücken für Eisenbahn- und Straßenüber- bzw. -unterführungen* (s. auch Brückenbau).

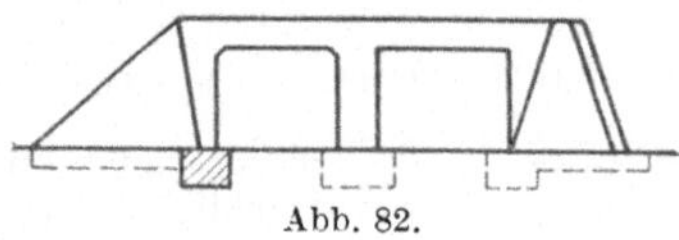

Abb. 82.

[1] Ohne etwa erforderliche Gerüste!

Lohnstundenaufwand für Betonieren.

Art des Betons	Betonieren allein Stb./m³	Einrichtungslöhne und allgemeine Arbeiten Stb./m³	Insgesamt Stb./m³
Fundamentbeton (300 m³ und mehr)	4,5	1,5	6,0
Aufgehender Beton für Pfeiler, Flügel und Widerlager (500 m³ und mehr)	5,0	1,5	6,5
Deckenbeton zwischen I-Trägern .	6,0	1,5	7,5
Stahlbetondecken	7,0	2,0	9,0
Gewölbebeton für Unterführungen ausschließlich Lehrgerüst[1] . . .	6,0	2,0	8,0
Zuschlag für Vorsatzbeton je 1 m²	0,5 Stb.	0,1 Stb.	0,6 Stb.

5. Stahlbetonwände von Silobauten u. dgl.

Lohnstundenaufwand für Betonieren von dünnen Zellen- und Trichterwänden je 1 m³ Beton . . . . *12,5 Stb.*

Für Fundamente, Säulen usw. von Silobauten können die bei anderen ähnlichen Konstruktionen gegebenen Sätze zugrunde gelegt werden. *Gerüste und Aufzüge sind besonders zu veranschlagen.*

Schalarbeiten bei Stahlbetonbauten.

Allgemeines über Berechnung der Schalung bei *Stahlbetonhochbauten:*

(Die folgenden Annahmen sind auch bei den angegebenen Kalkulationssätzen gemacht.)

Die *Deckenschalung* wird meistens durchgerechnet ohne Rücksicht auf die Unterzüge. Bei der *Trägerschalung* wird der sichtbare Umfang abgewickelt und mit der Trägerlänge multipliziert. Da die Kosten der Schalung von der jeweiligen Arbeit abhängig sind, ist es zweckmäßig, dieselben von Fall zu Fall besonders zu rechnen (siehe auch Abschnitt „Zimmerarbeiten", S. 338).

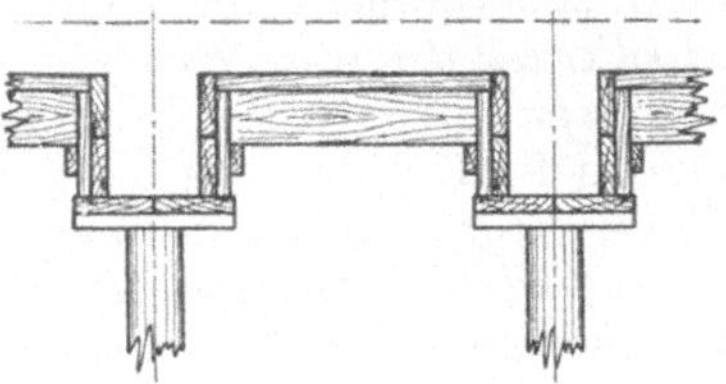

Abb. 83. Deckenschalung.

Zum Einschalen werden ungehobelte oder nur einseitig gehobelte[2] Bretter von 25 bis 35 mm Stärke verwendet. Für Säulen nimmt man 30 bis 35 mm, für hohe Träger 30 mm und für Trägerboden etwa 30 bis 40 mm an.

Als Unterbau nimmt man gewöhnlich Kanthölzer 10/10 bis 12/12 oder hochkant gestellte Bretter, die durch Rund- oder Kantholzsprießen von etwa 12 cm Ø bzw. 10/10 bis 12/12 cm Stärke unterstützt sind.

Skizze einer Deckenschalung für Hochbauten zeigt Abb. 83.

[1] Das *Lehrgerüst* ist jeweils besonders zu veranschlagen (siehe S. 348ff.).

[2] Für Brückenbauten wird von einzelnen Bauherren *gehobelte und gespundete* Schalung vorgeschrieben.

a) Materialbedarf an Bauhilfsstoffen.

Holzbedarf für *Deckenschalung je 1 m² Decke* (ohne Vouten).

1,1 m² Schalbretter 25 mm	0,028 m³
1,5 Stützen 10/10 3,5 m lang	0,052 m³
1,5 Holme 10/12 1 m lang	0,018 m³
Für Verschwertung usw.	0,012 m³
	0,110 m³

Holzverbrauch für *Deckenschalung je 1 m² Decke* (ohne Vouten).

0,028/4 + 0,082/6 = 0,020 m³ können als verbraucht gerechnet werden oder ausgedrückt in m² Schalbretter 25 mm:

0,8 m² Schalbretter 25 mm stark

(einschl. Verbrauch an Nägeln usw. mit 0,15 kg/1 m²).

Holzbedarf für *Balken und Unterzüge je 1 m² Schalfläche* (Unterzüge zweckmäßig an Hand von Schalskizzen besonders berechnen!).

1,1 m² Schalbretter 30 mm	0,030 m³
1 Holm 10/12 0,5 m lang	0,006 m³
2 m Laschen 4/10 cm	0,008 m³
1 Stütze Ø 12 bis 14 cm 3 m lang	0,040 m³
Für Verschwertung	0,011 m³
	0,095 m³

Holzverbrauch für *Trägerschalung je 1 m² Schalfläche.*

Man kann mit 3maliger Verwendung der Schalbretter und 6maliger Verwendung des Rüstholzes (Kantholz und Rundholz) rechnen.

Daher Verbrauch: 0,030/3 + 0,065/6 = 0,020 m³ oder ausgedrückt in m² Schalbretter 30 mm:

0,7 m² Schalbretter 30 mm.

Der Verbrauch an *Kleineisenzeug* (Nägel usw.) ist etwa *0,15 bis 0,20 kg/1 m²* Schalung.

Einflüsse auf die Schalkosten. Die Höhe der Lohnkosten und des Materialverbrauchs für die Schalarbeiten hängt wesentlich von der *Möglichkeit der Wiederverwendung des Holzes bei ein und demselben Bau* ab. Dann ermäßigen sich Lohn- und Materialkosten. Hierauf hat auch bereits der Konstrukteur bei der *Wahl der Abmessungen der Decken und Träger* Rücksicht zu nehmen. *Der Antransport des benötigten Schalholzes und Rücktransport des zurückgewonnenen Holzes darf bei der Kalkulation nicht übersehen werden*[1].

[1] Das Problem ist sehr gründlich behandelt in der Veröffentlichung von Prof. LÖSER (Dresden): „Die Behandlung des Transportaufwands für Schalholz in der Preisermittlung“ in der Zeitschrift „Die Bauindustrie“, Nr. 6, 1942. Leider weiß der Kalkulator zum Zeitpunkt der Kalkulation meist nicht, wieviel m³ Holz für den Fall der späteren Auftragserteilung die Geschäftsleitung an Ort und Stelle bzw. in der Nähe der Baustelle neu kaufen wird. Er kann auch nicht wissen, ob es nach Beendigung der Bauarbeiten möglich sein wird, das zurückgewonnene Holz unmittelbar auf eine andere Baustelle zu schicken und dadurch den Rücktransport zum Lagerplatz zu ersparen. Der Verfasser empfiehlt daher, in Auswertung der Untersuchungen von Prof. LÖSER, bei der Kalkulation *Hin- und Rücktransport* (einschließlich Hin- und Rückfracht) vom Lagerplatz zur Baustelle *zu 75% bis 80%*

b) Lohnaufwand.

Man kann im *Stahlbetonhochbau* etwa mit folgenden Sätzen rechnen:

1 m² *Deckenschalung zwischen eisernen Trägern* (auch Plandecken und Bimsbetonhohlkörperdecken):

Einschalen	0,8 Stz.
Ausschalen	0,2 Stz.
Entnageln und Stapeln des zurückgewonnenen Holzes	0,2 Stz.
	1,2 Stz.

1 m² *Deckenschalung zwischen Stahlbetonbalken* (ohne Vouten):

	Zwischendecken Stz.	Dachschalung Stz.
Einschalen	0,90	1,40
Ausschalen, Entnageln, Reinigen und Stapeln	0,30	0,30
Insgesamt für Schalarbeiten	1,20	1,70

Zuschlag für zweiseitigen *Voutenanschluß* . . . . + 0,2 Stz.
Zuschlag für allseitigen Voutenanschluß . . . . + 0,3 Stz.
Zuschlag bei Deckenhöhen über 3,50 m: je 1 m Mehrhöhe + 0,3 Stz.

1 m² *Balkenschalung* (ohne Vouten):

	Zwischendecken Stz.	Dachbinder Stz.
Einschalen	1,4	2,0
Ausschalen	0,2	0,25
Entnageln u. Stapeln des zurückgewonnenen Holzes	0,2	0,25
Insgesamt für Schalarbeiten	1,8	2,5

Zuschlag bei starken *Unterzügen* und bei nur einmaliger Ausführung der Balkenart . . . . + 0,2 Stz.
Zuschlag für Voutenanschluß . . . . + 0,2 Stz.
Zuschlag bei Deckenhöhen über 3,50 m: je 1 m Mehrhöhe + 0,2 Stz.

1 m² *Stützenschalung* ▧:

	Starke Säulen 40/40 Stz.	Säulen 30/30 Stz.	Säulen 20/20 Stz.
Einschalen	1,2	1,6	1,8
Ausschalen	0,3	0,3	0,4
Entnageln	0,3	0,3	0,3
Insgesamt für Schalarbeiten	1,8	2,2	2,5

Zuschlag für Säulen ⊘ . . . . + 1,0 Stz.
Zuschlag für Säulen ⊘ . . . . + 2,0 Stz.
Zuschlag bei Stützenhöhen > 3,5 m: je 1 m Mehrhöhe + 0,2 Stz.

---

des gesamten Holzbedarfs zu veranschlagen. Bei dieser Annahme kann der Unternehmer in besonders günstig gelagerten Fällen die Ersparnis des Rücktransportes zum Lagerplatz als Gewinn verbuchen bzw. ein neues Objekt günstiger anbieten.

Lohnaufwand für Schalarbeiten bei verschiedenen Stahlbetonbauarbeiten des Hoch- und Tiefbaues.

1. Aufgehender Beton für Wehre, Schleusen, Stahlbetonstützmauern, Brückenpfeiler und -widerlager u. dgl.

	Lohnaufwand für Einrüsten und Schalarbeiten		
	Höhen bis 4 m Stz.	Höhen bis 8 m[1] Stz.	Höhen bis 12 m und mehr[1] Stz.
a) Bei großen, ebenen Flächen und massiver Bauweise, mit Möglichkeit mehrfacher Verwendung an *einer und derselben* Baustelle	1,5	2,5	3,0
b) Bei mehrfach gebrochenen Flächen und aufgelöster Bauweise mit Möglichkeit der Wiederverwendung an *einer und derselben* Baustelle . . .	2,0	2,8	3,2
c) Desgl. wie b) bei nur *einmaliger* Verwendung	2,5	3,5	3,8
d) Schwierige gekurvte Schalungen für Saugschläuche u. dgl.	4,0 bis 5,5		

je 1 m² geschalter Fläche.

2. *Stahlbetonhallenkonstruktionen* für Lagerhallen, Sägewerke, Ausstellungshallen usw. einschließlich „Einrüsten" der Halle (man vgl. Abschnitt XVIII, Zimmererarbeiten, S. 340).

Art der Konstruktion	Lohnaufwand für Einrüsten und Schalen[1]	
	bei Möglichkeit der Wiederverwendung am gleichen Bau Stz./m²	bei nur einmaliger Verwendung am Bau Stz./m²
a) *Rahmenbinder mit ebenen Rahmenstielen und -riegeln*		
Höhen bis 10 m	bis 3,3	bis 4,0
Höhen 10 bis 15 m	3,3—3,8	4,0—4,5
Höhen bis 20 m	3,8—4,8	4,5—5,2
b) *Gewölbte Rahmenbinder*		
Höhen bis 10 m	3,6	4,5
Höhen 10 bis 15 m	3,6—4,0	4,5—5,0
Höhen 15 bis 20 m	4,0—5,0	5,0—5,5
c) *Stahlbetondachkonstruktion* (Pfetten und Dachhaut), gewölbt oder eben		
Höhen bis 10 m	3,0	3,5
Höhen 10 bis 15 m	3,0—4,0	3,5—5,0
Höhen 15 bis 20 m	4,0—5,0	5,0—6,0

je 1 m² geschalter Fläche.

[1] Ohne besondere maschinelle Hilfsmittel, wie Turmdrehkrane und ohne Verwendung von auswechselbaren Schaltafeln oder Gleitschalung.

3. Wasserbehälter, Absitzbecken u. dgl. in Stahlbeton (mehrfache Verwendung der Schalung möglich).

	Lohnaufwand für Schalarbeiten[1] in Höhen		
	bis 4 m Stz.	bis 6 m Stz.	bis 8 m Stz.
Massive Betonwände	1,6	2,2	2,8
Stahlbetonwände			
a) nicht aufgelöst	1,8	2,3	3,0
b) aufgelöst in dünne Monierwände und Rippen	2,5	2,8	3,5
Stahlbetonsäulen			
stark (> 40/40)	2,0	2,8	3,2
stark (Pilzdecken)	2,5	3,0	3,5
schwach (< 40/40)	2,5	3,0	3,5
Stahlbetondecke (mit Einrüsten der Decke)			
a) ebene Untersicht	1,4	2,0	3,0
b) aufgelöst in Balken und Decke (*ohne* Vouten)	1,8[2]	2,5[2]	3,3[2]

je 1 m² geschalter Fläche.

4. Stahlbetonwände von Silobauten u. dgl.

Lohnaufwand für Schalarbeiten je 1 m² geschalte Fläche

a) Senkrechte Wände der Silozellen . . . . 3,5 Stz.
b) Schräge Wände der Auslauftrichter in Höhenlagen bis 4 m . . 4,0 Stz.
„ „ „ 6 m . . 4,8 Stz.
„ „ „ 8 m . . 5,0 Stz.

Eisenarbeiten bei Stahlbetonbauten.

Die Kosten für die Herstellung der Rundstahleinlagen im *Stahlbetonbau* zerfallen in

a) Materialbedarf.
b) Löhne.

a) Materialbedarf (einschl. 5 bis 15% Verschnitt).

Stahlbedarf[3]. Ist der Querschnitt der Platte oder des Plattenbalkens und der Eiseneinlage bekannt, so kann man mit genügender Annäherung den Stahlbedarf bestimmen: Bei einer beiderseits frei aufliegenden Platte mit einer Stahleinlage von f_e cm² für 1 m Plattenbreite kann man mit einem Stahlgewicht rechnen von 0,9 bis 1,0 f_e kg für 1 m².

Bei den Mittelfeldern durchgehender Platten (gleiche Spannweiten der Felder) mit einem Querschnitt von f_e cm² (für 1 m Plattenbreite) kann man mit einem Stahlgewicht von 1,0 bis 1,1 f_e rechnen für 1 m².

Bei den Endfeldern durchgehender Platten (gleiche Spannweiten) kann man mit einem Gewicht rechnen von 1,1 bis 1,2 f_e kg für 1 m².

Frei aufliegende Balken mit einem Eisenquerschnitt von f_e cm² erfordern ein Stahlgewicht (einschl. Bügel) von 1,0 bis 1,1 f_e kg für 1 lfd. m Balken (f_e = untere und obere Armierung).

Die Mittelfelder durchgehender Balken erfordern ein Stahlgewicht (einschl. Bügel) von 1,1 bis 1,25 f_e kg für 1 lfd. m Balken (f_e = untere und obere Armierung).

[1] Ohne besondere Hilfsmittel wie Turmdrehkrane u. dgl.
[2] *Mit* Vouten + 0,3 Stz. [3] Vorausgesetzt Stahl St 37.

Die Endfelder der durchgehenden Balken erfordern ein Stahlgewicht (einschl. Bügel) von etwa 1,0 bis $1{,}15 f_e$ kg für 1 lfd. m Balken (f_e = untere und obere Armierung).

Die *Stahlpreise* liegen fest. Überpreise werden nur bei besonders starken oder besonders schwachen Eisen bezahlt.

Die Einheitskosten setzen sich zusammen: aus dem Ankaufspreise, aus den Transportkosten auf der Bahn und mit dem Fuhrwerk zur Baustelle, aus den Kosten des Aufladens, Umladens und Abladens.

Außer Trag- und Verteilungseisen wird noch Bindedraht gebraucht (1,1 mm geglüht), und zwar auf 1 t Rundeisen *3 bis 5 kg Bindedraht*.

Zur Berechnung des Rundstahlpreises frei Verwendungsstelle vergleiche man Abschnitt II, S. 49ff.

Preise und Kaufbedingungen für Monierrundstahl.

Die Abrechnung der Aufträge mit dem Käufer erfolgt gemäß den Richtlinien des BDE. (Bund der Deutschen Eisenhändler).

Preise für Rundstahl (für Normallängen 3 bis 15 m)
bei Großabnahme von Werk Oberhausen/Rhld.

Frühjahr 1954	*Baustahl I*	*Baustahl II*
Ab Werk Oberhausen je 1 t .	389,— DM. (Grundpreis)	442,— DM. (Güteaufpreis 53,— DM./t)

Güteaufpreis für Baustahl IIIa und b 70,— DM./t.

Güteaufpreis für Betonrippenstahl	I	II	IIIa, b	IVa
DM./t	25,—	75,—	95,—	134,—

Dimensionsaufpreise:

∅ 6 mm bis unter 7 mm	62,50 DM./t
∅ 8 mm bis unter 9 mm	39,— DM./t
∅ 10 mm bis unter 12 mm	24,50 DM./t
∅ 12 mm bis unter 14 mm	13,— DM./t
∅ 14 mm bis unter 16 mm	10,50 DM./t
∅ 16 mm bis unter 20 mm	5,— DM./t
∅ 20 mm bis unter 30 mm	—
∅ 30 mm bis unter 70 mm	7,— DM./t

Verbraucherrabatte (entsprechend dem Jahresbezug und nach Einstufung durch die Süddeutsche Eisenhandelsvereinigung e. V., Frankfurt) gibt es auf den *Grundpreis* (389,— DM./t) von 1,25% bis 4%.

Gewichtsbestimmung von Rundeisen bzw. *Rundstahl nach DIN 488* (spez. Gew. $\gamma = 7{,}85$).

d in mm	5	6	7	8	10	12	14	16	18	20	22
Gewicht in kg/m	0,154	0,222	0,302	0,395	0,617	0,888	1,208	1,578	1,998	2,466	2,984

d in mm	24	26	28	30	32	34	36	38	40	45	50
Gewicht in kg/m	3,551	4,168	4,834	5,549	6,313	7,127	7,990	8,903	9,865	12,480	15,450

Die *Frachtenberechnung für Rundstahllieferungen* erfolgt nach D 15 bis zu einer Entfernung von 220 km ab Station Oberhausen/Rhld. *Alle Verbraucher, die über 220 km von Oberhausen entfernt liegen* (z. B. München, Stuttgart, Frankfurt, Berlin, Hannover, Hamburg) *zahlen nur 27,20 DM./t* Fracht. Dazu kommen noch Abgaben für die Ausgleichskasse in Höhe von 3,75 DM./t.

b) Löhne.

Vorbemerkung. Die *Armierungsarbeiten* setzen sich zusammen aus Sortieren, Schneiden, Biegen und Verlegen. Das Schneiden und Biegen wird heute fast ausschließlich durch Spezialmaschinen am Lagerplatz oder auf der Baustelle vorgenommen. Es gelten die gesamten Angaben unter der Voraussetzung, daß neuzeitliche Maschinen zur Verwendung kommen. Bei kleineren Arbeiten, wo mit einer gewöhnlichen Stanze abgelängt und mit einer einfachen *Biegebank* gebogen wird, muß ein *Zuschlag für Schneiden und Biegen von Hand* von

0,03 bis 0,04 Ste. je 1 kg Bewehrung

zu den nachstehend angegebenen Werten gemacht werden.

Rundstahl schneiden und Biegen mit Maschinen.

Das Abschneiden der Rundeisen auf bestimmte Längen geschieht jetzt mit Maschinen, sogenannten Eisenschneidern, die leicht fortbewegt und mit der Hand betrieben werden können.

Vorteilhaft sind solche, bei denen die Rundeisen an beliebiger Stelle unmittelbar in die Messer eingelegt werden können. Zu erwähnen wäre hier z. B. der Betoneisenschneider „Greif" DRP. (s. Abb. 84), welcher von der Spezialmaschinenfabrik Futura in Elberfeld in drei Größen hergestellt wird und Rundstahl bis 35 mm schneidet.

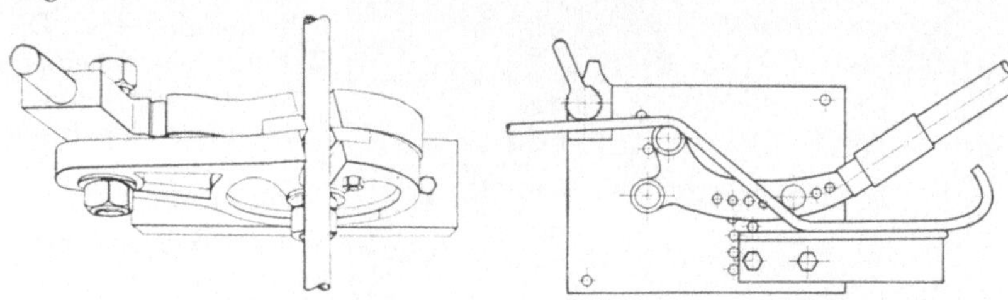

Abb. 84. Eisenschneider „Greif". Abb. 85. Eisenbieger.

Es gibt auch Werkzeuge, welche es ermöglichen, Stahlstäbe bis zu 40 mm Durchmesser auf kaltem Wege ohne viele Mühe zu biegen. Die Abb. 85 ist von der Maschinenfabrik „Futura" A. Wagenbach & Co., Elberfeld. — Mit dem Eisenbieger (Abb. 85) können mit einem Hebezug beide Aufbiegungen gebogen werden.

Für umfangreiche Armierungsarbeiten stellt die Maschinenfabrik Futura die Schneidemaschine „Romryk-Dubbel", Modell 1936 und die Biegemaschine „Rekord-Dubbel" her. Erstere arbeitet nach dem System Greif. Die erforderliche Antriebskraft ist 5,5 PS. Die für die Biege-

Flächeninhalte in Quadratzentimeter von 1 bis 20 Stück

d	Anzahl der								
	1	2	3	4	5	6	7	8	9
5	0,20	0,39	0,59	0,78	0,98	1,18	1,38	1,57	1,77
6	0,28	0,56	0,85	1,13	1,41	1,70	1,98	2,26	2,54
7	0,38	0,77	1,15	1,54	1,92	2,31	2,69	3,08	3,46
8	0,50	1,00	1,51	2,01	2,51	3,01	3,51	4,02	4,52
10	0,79	1,57	2,36	3,14	3,93	4,71	5,50	6,28	7,07
12	1,13	2,26	3,39	4,52	5,65	6,79	7,92	9,05	10,18
14	1,54	3,08	4,62	6,16	7,70	9,24	10,78	12,32	13,86
16	2,01	4,02	6,03	8,04	10,05	12,06	14,07	16,08	18,09
18	2,54	5,09	7,63	10,18	12,72	15,26	17,80	20,36	22,90
20	3,14	6,28	9,42	12,57	15,71	18,84	21,98	25,14	28,28
22	3,80	7,60	11,40	15,21	19,01	22,81	26,61	30,41	34,21
24	4,52	9,05	13,57	18,10	22,62	27,14	31,66	36,19	40,71
26	5,31	10,62	15,93	21,24	26,55	31,86	37,17	42,47	47,78
28	6,16	12,31	18,47	24,63	30,79	36,94	43,10	49,26	55,42
30	7,07	14,14	21,21	28,27	35,34	42,41	49,78	56,55	63,62
32	8,04	16,08	24,13	32,17	40,21	48,26	56,30	64,34	72,38
34	9,08	18,16	27,24	36,32	45,40	54,48	63,56	72,63	81,71
36	10,18	20,36	30,54	40,72	50,90	61,07	71,25	81,43	91,61
38	11,34	22,68	34,02	45,39	56,70	68,04	79,38	90,73	102,1
40	12,56	25,13	37,70	50,26	62,83	75,40	87,96	100,5	113,1
45	15,90	31,8	47,7	63,6	79,5	95,4	111	127	143
50	19,63	39,3	58,9	78,5	98,2	118	138	157	176

maschine „Rekord" erforderliche Antriebskraft beträgt 5,5 PS. Das Nettogewicht mit Motor beträgt bei der ersteren 760 kg, bei der letzteren 1350 kg. Das Biegen bis zu 60 mm starker Rundeisen erfolgt mit drei Geschwindigkeiten. Die **Z**-Form ist in einem Arbeitsgang ohne Schwenken der Eisen herzustellen.

Abb. 86. Schneidemaschine „Romryk-Dubbel".

Die Leistungsfähigkeit der Biegemaschine kann man nach Angaben aus der Praxis *bis 15 t täglich* (8 h) annehmen. Die erforderliche Bedienung für Schneide- und Biegemaschinen ist 1 Biegemeister und 3 Eisenarbeiter. Bei vorwiegend dünnem Rundstahl mit vielen Haken und Aufbiegungen, z. B. Bügeln, geht die Schichtleistung bis auf 2 t und weniger zurück. An Stromverbrauch kann man rund *1 kWh für 1 t* rechnen. Die jährlichen „*Gerätekosten*" sind zu berücksichtigen, wenn sie auch bei großen Leistungen nicht zu sehr ins Gewicht fallen.

Rundstahl von $d = 5$ bis 50 mm, d = Durchmesser in Millimeter.

Rundeisen									
10	11	12	13	14	15	16	17	18	20
1,96	2,16	2,35	2,55	2,74	2,94	3,14	3,33	3,53	3,92
2,82	3,11	3,40	3,68	3,96	4,25	4,53	4,81	5,09	5,66
3,84	4,24	4,62	5,00	5,39	5,78	6,16	6,55	6,93	7,70
5,02	5,53	6,04	6,54	7,04	7,55	8,05	8,55	9,05	10,06
7,85	8,64	9,42	10,21	10,99	11,78	12,56	13,35	14,13	15,70
11,31	12,43	13,56	14,69	15,82	16,95	18,08	19,21	20,34	22,60
15,39	16,9	18,5	20,0	21,6	23,1	24,6	26,2	27,7	30,8
20,11	22,1	24,1	26,1	28,1	30,2	32,2	34,2	36,2	40,2
25,45	27,9	30,5	33,0	35,6	38,1	40,6	43,2	45,7	50,8
31,42	34,5	37,7	40,8	44,0	47,1	50,2	53,4	56,5	62,8
38,01	41,8	45,6	49,4	53,2	57,0	60,8	64,6	68,4	76,0
45,24	49,7	54,2	58,8	63,3	67,8	72,3	76,8	81,4	90,4
53,10	58,4	63,7	69,0	74,3	79,7	85,0	90,3	95,6	106
61,58	67,8	73,9	80,1	86,2	92,4	98,6	105	111	123
70,68	77,7	84,8	91,9	99	106	113	120	127	141
80,42	88,4	96,5	105	113	121	129	137	145	161
90,79	99,9	109	118	127	136	145	154	163	182
101,8	112	122	133	143	153	163	173	183	204
113,4	124	136	147	158	170	181	192	203	226
125,7	138	151	163	176	189	201	214	226	251
159,0	175	191	207	222	238	254	270	286	318
196,3	216	235	255	274	294	314	333	353	392

Abb. 86 zeigt die Schneidemaschine „Romryk-Dubbel"[1]. Abb. 87 zeigt die Biegemaschine „Standard-Record-Dubbel"[2] der Maschinenfabrik Futura Wuppertal-Elberfeld.

Kosten für *Schneiden und Biegen* mit Spezialmaschinen (einschl. Sortieren und Bündeln):

Löhne: je 1 t Bewehrung i. M. 8 bis 10 Ste. (bei sehr vielen Haken und Aufbiegungen und vorwiegend dünnem Eisen, z. B. Bügeln, bis 15 Ste.).

Gerätekosten: sind besonders zu ermitteln. Überschlägig kann man rechnen

je 1 t Bewehrung

Abb. 87. Biegemaschine „Standard-Record-Dubbel" für 50 mm Rundeisen.

[1] Preis (Frühjahr 1954) und Nettogewicht der 50-mm-Schere mit Motor 5,5 PS 760 kg, 7830,— DM.
[2] Preis (Frühjahr 1954) und Nettogewicht der 50-mm-Biegemaschine mit Motor 5,5 PS 1350 kg, 11800,— DM.

bei 500 t Jahresleistung und weniger . . . 6,— DM./t
„ 1000 t „ „ mehr . . . . 4,— DM./t

Die Hauptarbeit liegt also heute beim *Verlegen der Rundstähle.*

Lohnaufwand für Verlegen von Rundstahlbewehrungen.

Je nach der Art der Arbeit, Stärke der Eisen, Übung der Eisenflechter usw. schwankt der *Lohnaufwand je 1 t Bewehrung* von *40 bis 60 Ste.*

Lohnaufwand für die gesamten Armierungsarbeiten (Schneiden, Biegen und Verlegen) für verschiedene Stahlbetonarbeiten des Hoch- und Tiefbaues.

In den nachstehenden Sätzen sind auch die Kosten für „allgemeine Arbeiten", die Abschreibung der Maschinen auf Lagerplatz und Baustelle mitenthalten. Der Verbrauch an Flechtdraht (Bindedraht) beträgt *5 bis 8 kg je 1 t Bewehrung.*

1. Stahlbetonhochbauten

(Geschäftshäuser, Krankenhäuser, Lagerhäuser, Fabrikbauten usw.).

Lohnaufwand je 1000 kg Bewehrung[1].

Bauteil	Decken[2] Ste.	Balken Ste.	Säulen Ste.
Kellergeschoß . .	65	60	65
Erdgeschoß . . .	70	65	70
1., 2. Stockwerk .	70	65	80
Dachgeschoß . . .	85	70	90

Bauteil	Lohnstundenaufwand		
	Armierung allein (einschl. Aufsicht) Ste.	Einrichtungslöhne und allgemeine Arbeiten Ste.	Insgesamt[3] Ste.
2. Stahlbetonarbeiten bei Krafthäusern, Wehren, Kanaleinlaufbauwerken, Schleusen, Brückenpfeilern und Widerlagern.			
Armierte Schleusenböden	25	10	35
Armierter Sohlenbeton für Krafthäuser, Einlaufbauwerke u. dgl.	40	10	50
Bedienungsstege, Kellerdecken, Rechenkonstruktionen, Turbinenumläufe, armierte Pfeiler für Brücken und Dampfturbinenfundamente, aufgelöste Konstruktionen für Brückenwiderlager usw.	60	10	70
Stahlbetontreppen	90	10	100
Dünne Stahlbetonwände für Silos u. dgl.	90	20	110
3. Stahlbetonhallenkonstruktionen.			
Armierte Fundamente	50	10	60
Rahmenbinder	70	10	80
Stahlbetondachkonstruktion	80	10	90

[1] Tatsächliche Bewehrung nach den Eisenlisten *ohne* Verschnitt (5 bis 10%).
[2] Hohlsteindecken (Bimsbetonhohlkörper u. dgl.) + 10 Ste.
[3] Transport vom Lagerplatz zur Baustelle ist *nicht* enthalten.

Bauteil	Lohnstundenaufwand		
	Armierung allein (einschl. Aufsicht) Ste.	Einrichtungslöhne und allgemeine Arbeiten Ste.	Insgesamt[1] Ste.
4. Wasserbehälter. Klärbecken u. dgl. in Stahlbeton.			
Sohlenbeton bewehrt	40	10	50
Stahlbetonstützmauer			
a) nicht aufgelöst	60	10	70
b) aufgelöst in Rippen und dünne Monierwände	70	10	80
Stahlbetondecke	60	10	70
Säulen			
a) stark (40/40)	55	10	65
b) schwach	80	10	90
5. Brücken in Stahlbeton.			
Aufgelöste Widerlager, armierte Pfeiler, Stahlbetonfundamente	60	10	70
Stahlbetontragkonstruktion für Balken- u. Rahmenbrücken	70	10	80
für Bogenbrücken	75	10	85

Anleitung zur praktischen Kostenermittlung von Beton- und Stahlbetonarbeiten.

Es erfolgt zunächst die Ermittlung der *Materialpreise* frei Baustelle für Betonkies, Monierkies, Sand, Zement, Kalk usw., wie dies im Abschnitt II, § 6 an Hand von Beispielen gezeigt wurde. Man kann sich für diesen Zweck *Vordrucke*[2] anfertigen lassen, in denen dann nur noch die Zahlen einzusetzen sind. Diese Werte benützt man zur Berechnung der *Beton- und Mörtelmischungen.* Während Beispiele für die Kostenermittlung von Mörtelmischungen in Abschnitt XV, Maurerarbeiten (III. Mörtel) gegeben sind, sei ein geeignetes Schema einer Kostenberechnung für *Stahlbetonbalkendecken* nachstehend angegeben:

Beispiel 56. Die Kosten für 1 m² Stahlbetonbalkendecke sind zu ermitteln. Angenommen wurden folgende

Materialpreise frei Verwendungsstelle		*Löhne*[3] (reine) je 1 h	
Zement	8,— DM./100 kg	Polier	3,— DM.
Stahlbetonkies	12,— DM./1 m³	Facharbeiter	2,10 DM.
Sand	10,— DM./1 m³	Hilfsarbeiter	1,75 DM.
Rundstahl	510,— DM./1 t (einschließlich 6% Verschnitt).		
Rundholz	110,— DM./1 m³		
Schnittholz	190,— DM./1 m³		
Kantholz	190,— DM./1 m³		
Wasser 1 m³	0,80 DM.		
Strom 1 kWh	0,30 DM.		

[1] Transport vom Lagerplatz zur Baustelle ist *nicht* enthalten.
[2] Z. B. Preisermittlungsblätter der Wibau, bearbeitet von Dipl.-Ing. F. RIEDEL.
[3] Löhne ohne Auslösungen, Überstundenzuschläge, Nacht- und Sonntagszuschläge.

Beton M.V. 1:5 (300 kg/m³)				*Materialkosten je 1 m³*
0,8 m³ Kies	zu	12,— DM.	=	9,60 DM.
0,5 m³ Sand	,,	10,— ,,	=	5,— ,,
300 kg Zement	,,	8,— ,,	=	24,— ,,
1000 l Wasser (mit Nachbehandlung)	,,	— ,,	=	0,80 ,,
0,8 kWh Strom	,,	0,30 ,,	=	0,24 ,,
Sonstige Betriebsstoffe (Öle usw.)	,,	0,06 ,,	=	0,06 ,,
Materialkosten für *1 m³ Beton 1 : 5*				*39,70 DM.*

Kosten von 1 m² Stahlbetonbalkendecke M. V. 1 : 5.

1. Baustoffe und Bauhilfsstoffe:

0,16 m³ Beton M. V. 1 : 5 zu 39,70 DM.	6,35 DM.
1,0 m² Deckenschalung: 0,02 m³ zu 190,— DM.	3,80 ,,
0,6 m² Trägerschalung: 0,6 · 0,02 = 0,012 m³ zu 190,— DM.	2,30 ,,
15 kg Rundstahl zu 0,510 DM.[1]	7,65 ,,
Summe Baustoffe	20,10 DM.

2. *Arbeitslöhne* (reine Löhne):

Betonieren 0,16 m³ zu 8,0 Stb. = 1,3 Stb. = $1{,}3 \cdot \frac{2{,}10 + 1{,}75}{2}$ =	2,50 DM.
1 m² Deckenschalen 1,5 Stz. zu 2,40 DM.[2]	3,60 ,,
0,6 m² Trägerschalen zu 1,8 Stz. = 1,1 Stz. zu 2,40 DM.	2,65 ,,
15 kg Bewehrung zu 0,06 Ste. = 0,9 Ste. zu 2,— DM.	1,80 ,,
Summe Arbeitslohn	10,55 DM.

Gesamtkosten je 1 m² Stahlbetonbalkendecke.

Gerätekosten 0,16 m³ Beton zu 3,10 DM.	0,50 DM.
Baustoffe und Bauhilfsstoffe	20,10 ,,
Baubetriebslöhne	10,55 ,,
Zuschläge für Gemeinkosten, Geschäftskosten usw.	
60% von L	6,35 ,,
10% von M	2,10 ,,
Selbstkosten	39,60 DM.
+ 10% für Gewinn, Wagnis und Umsatzsteuer	4,— ,,
Angebotspreis	*43,60 DM./m²*

Bemerkung. Die ganze Kalkulation läßt sich natürlich auch unter Verwendung entsprechender Vordrucke in Tabellenform anlegen.

Beispiel 57. *Beispiel eines Kostenanschlags für Beton- und Stahlbetonarbeiten bei Hochbauten.*

[1] Preis frei Baustelle für Baustahl II einschließlich Verschnitt (ca. 6%).
[2] Einschließlich Auslösung und Stammarbeiterzulage.

Kostenanschlag der Erd-, Maurer-, Stahlbeton- und Zimmerarbeiten einer Montagehalle mit Anbauten (s. Skizze Abb. 88) *von 120 m Länge.*

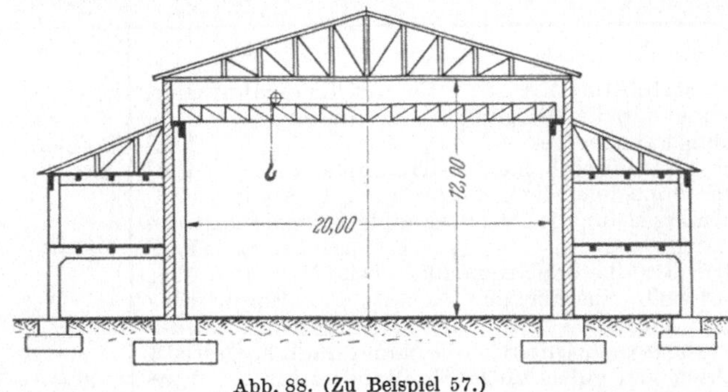

Abb. 88. (Zu Beispiel 57.)

Pos.	Mengen und Bezeichnung der Arbeit	Einzelpreis DM.	Gesamtkosten DM.
	I. Grabarbeiten.		
1	Etwa 2500 m³ Erdaushub für Untergeschoß und Fundamente der Pfeiler und Wände bis zu einer Tiefe von 2 m, einschließlich seitlichem Lagern des Materials im Hallenteil; etwaiger Schwerboden oder Fels begründet besonderen Zuschlag nach Vereinbarung . . . 1 m³	6,—	15000,—
	II. Beton- und Maurerarbeiten.		
2	250 m³ Fundamentbeton M.V. 1 : 12 für Pfeiler und Umfassungswände, gegen Grund ohne Schalung eingebracht . . . . 1 m³	40,—	10000,—
3	350 m³ einhäuptiger Beton M.V. 1 : 10 für die aufgehenden Wände des Untergeschosses schalungsrauh hergestellt . . . . 1 m³	60,—	21000,—
4	400 m³ doppelhäuptiger Beton M.V. 1 : 10 der Umfassungswände und Pfeilerfundamente schalungsrauh hergestellt . . . . 1 m³	70,—	28000,—
5	2500 m² Betonboden M.V. 1 : 12 der Halle 12 cm stark, einschließlich Liefern, Einbringen und Walzen der zugehörigen Packlage . . . . 1 m²	8,—	20000,—
6	50 m³ Backsteinmauerwerk in Schwarzkalkmörtel M.V. 1 : 4 für die Giebelwände . . . . 1 m³	90,—	4500,—
7	2400 m² Zwischenwände 10 cm stark aus rheinischen Schwemmsteinen in Schwarzkalkmörtel 1 : 4 . 1 m²	10,—	24000,—
8	400 m³ Backsteinmauerwerk für die Umfassungswände 1 Stein stark in Kalkmörtel 1 : 3 . . . . 1 m³	90,—	36000,—
		Summe II:	143500,—
	III. Stahlbetonarbeiten.		
9	60 m³ Stahlbeton M.V. 1 : 8 der Pfeilerfüße für die Hallen- und Giebelwandpfeiler schalungsrauh hergestellt . . . . 1 m³	100,—	6000,—
10	200 m³ Stahlbeton M.V. 1 : 5 für die Hallen- und Giebelwandpfeiler, berechnet für die Belastungen durch zwei 15-t-Krane und die anfallenden Windlasten, schalungsrauh hergestellt . . . . 1 m³	250,—	50000,—
		Übertrag:	56000,—

Pos.	Mengen und Bezeichnung der Arbeit	Einzelpreis DM.	Gesamtkosten DM.
	Übertrag:		56000,—
11	70 m^3 Stahlbeton M.V. 1 : 5 für den Kranbahnträger, berechnet für die Belastungen durch zwei 15-t-Krane, schalungsrauh hergestellt . . . . 1 m^3	200,—	14000,—
11a	25 m^3 Versteifungsbalken in Traufhöhe . . . . 1 m^3	200,—	5000,—
12	200 m^3 doppelhäuptiger Beton M.V. 1 : 8 mit Rundeiseneinlagen für die Außenwandpfeiler schalungsrauh hergestellt . . . . 1 m^3	140,—	28000,—
13	1400 m^2 Stahlbetonplattenbalkendecke M.V. 1 : 5 über Erdgeschoß, einschließlich Neben- und Hauptträger berechnet für 1000 kg/m^2 Nutzlast, Oberfläche mit der Latte abgezogen, Untersicht schalungsrauh hergestellt, gemessen von außen zu außen Randträger . . 1 m^2	50,—	70000,—
14	1500 m^2 Stahlbetonplattenbalkendecke M.V. 1 : 5 über Obergeschoß einschließlich Deckenträgern, berechnet für die anfallenden Dachlasten, Oberfläche mit der Latte abgezogen, Untersicht schalungsrauh hergestellt, gemessen von außen zu außen Randträger . . . 1 m^2	40,—	60000,—
15	90 m^2 Stahlbetonplattenbalkendecke M.V. 1 : 5 über dem Erdgeschoß an der Giebelwand einschließlich Decken und Hauptträgern, berechnet für 800 kg/m^2 Nutzlast, Oberfläche mit der Latte abgezogen, Untersicht schalungsrauh hergestellt, gemessen von außen zu außen Randträger . . . . 1 m^2	40,—	3600,—
		Summe III:	236600,—

IV. Zimmerarbeiten.

Pos.	Mengen und Bezeichnung der Arbeit	Einzelpreis DM.	Gesamtkosten DM.
16	130 m^3 Kantholz der Dachbinder über Haupt- und Seitenhallen, einschließlich Pfetten und Sparren, abgebunden und aufgestellt . . . . 1 m^3	300,—	39000,—
17	3200 m^2 Dachverschalung aus 23 mm starken rauhen Brettern . . . . 1 m^2	7,—	22400,—
18	650 m^2 Fachwerkwand, 12 cm stark, zum seitlichen Abschluß der Halle über dem Kranbahnträger mit Schlackensteinen in Schwarzkalkmörtel M.V. 1 : 5 ausgeriegelt . . . . 1 m^2	15,—	9750,—
19	70 m^3 Kantholz für das Gebälk der Decke über Untergeschoß, einschließlich Unterzüge und Pfosten, berechnet für 1000 kg/m^2 Nutzlast . . . . 1 m^3	300,—	21000,—
20	60 m^3 Dielenbelag auf vorstehendem Gebälk aus 48 mm starken rauhen Dielen . . . . 1 m^3	200,—	12000,—
		Summe IV:	104150,—

Zusammenstellung.

Summe	I. Grabarbeiten	15000,— DM.
,,	II. Beton- und Maurerarbeiten	143500,— ,,
,,	III. Stahlbetonarbeiten	236600,— ,,
,,	IV. Zimmerarbeiten	104150,— ,,
Gesamtkosten des Rohbaues	. . . .	499250,— DM.

oder bei 3800 m^2 Grundfläche des Baues (120 m lang)

je 1 m^2 *Grundfläche* 499250/3800 = *130,— DM.*

oder *je 1 m^3 umbauten Raum* 499250/38800 = *13,— DM.*

Überschlägige Kostenberechnung von Stahlbetonbauten.

Wo keine genaue statische Berechnung vorliegt, kann man auf Grund einer überschlägigen Massenermittlung (nach früheren Erfahrungen) eine überschlägige Kostenberechnung durchführen. Das folgende Beispiel zeigt, wie solche Massenauszüge aufzustellen sind.

Beispiel einer *Massenzusammenstellung* (nach früheren Erfahrungen) für *Stahlbetondeckenkonstruktionen von Industriebauten u. dgl.* Unter Annahme von Säulenabständen von 5 bis 6 m kann man folgende Massen einem *Kostenüberschlag* zugrunde legen.

Material für 1 m² Decke (nach Abb. 89).

Nutzlast kg/m²	m³ Beton von Decke, Haupt- und Nebenträger	Armierung kg R. E.	Schalung m²		
			Decke	Haupt- und Nebenträger	Zusammen
2000	0,35	35	1,0	0,8	1,8
1000	0,21	20	1,0	0,7	1,7
500	0,17	16	1,0	0,6	1,6
400	0,16	15	1,0	0,55	1,55
300	0,15	13	1,0	0,5	1,5

Es ist dann noch durch überschlägige Rechnung die *durchschnittliche Stärke der Säulen* zu ermitteln und festzustellen, wieviel lfd. m Säulen auf 1 m² Decke entfallen (etwa 0,02 m³ Beton mit 150 kg/m³ Armierung).

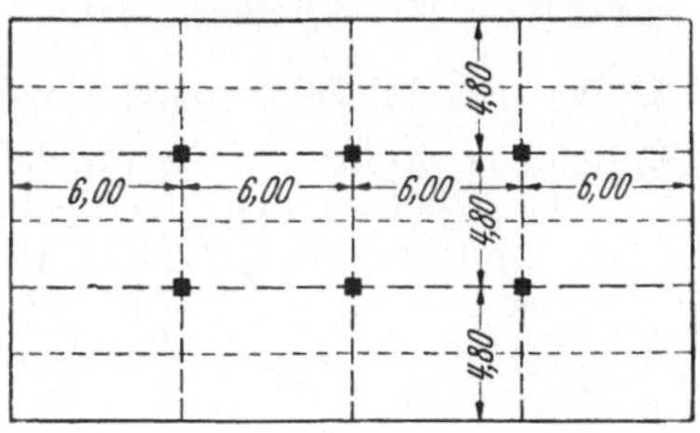

Abb. 89. Grundriß einer Stahlbetondecke.

Die *Kosten für 1 m² Decke* einschließlich Balken und Säulen lassen sich hiernach leicht ermitteln.

Beispiel 58. Kosten von *1 m² Decke p = 1000 kg/m²* (einschl. Balken u. Säulen).

Kosten von 1 m³ bewehrtem Beton in fertiger Herstellung (Löhne: Facharbeiter 2,25 DM., Hilfsarbeiter 1,80 DM., Schnittholz 200,— DM., Rundstahl 510,— DM./t.).

Nach S. 312 Beton 1 : 5 1 m³	39,70 DM.
Betonieren 8 Stb. zu 2,— DM.	16,— „
9 m² Schalung Lohn 4,— DM./m²	36,— „
Material 5,— DM./m²	45,— „
110 kg Bewehrung zu 0,51 DM.[1]	56,10 „
Gerätekosten	3,20 „
Selbstkosten	196,— DM.
+ 25% Geschäftskosten, Gewinn usw.[2]	49,— „
Angebotspreis	*245,— DM./1 m³*

Somit *Kosten je 1 m² Decke p* = 1000 kg/m²: 0,23 m³ zu 245,— DM. = *56,35 DM./m²* (mit Säulen, ohne Säulen *51,— DM.*).

[1] Preis für *Baustahl II frei Baustelle* einschließlich ca. 6% Verschnitt.

[2] Einschließlich Gemeinkosten (mit Sozialaufwand), aber ohne Kosten der besonderen sozialen Maßnahmen (Trennungsentschädigung usw.).

Kostenüberschläge für Stahlbetonbauten nach m² überbauter Fläche und m³ umbautem Raum.

An Hand der Nachberechnungen von ausgeführten Bauten lassen sich leicht die *Kosten je 1 m³ umbauten Raum* oder je 1 m² überbauter Fläche ermitteln. Die nachstehenden Kostenangaben betreffen nur den *Rohbau* (nicht aber Innenausbau[1], wie Putz, Fenster, Türen, Dachdeckung, Klempnerarbeiten, Installation usw.) und setzen *normale Fundamente* voraus. Besondere Gründungen sind also gesondert zu veranschlagen, ebenso Erschwernisse durch Wasserhaltung, Sprengfelsen usw. Preisbasis etwa *Frühjahr 1954* bzw. die in den vorausgegangenen Beispielen angenommenen Preise und Löhne[2].

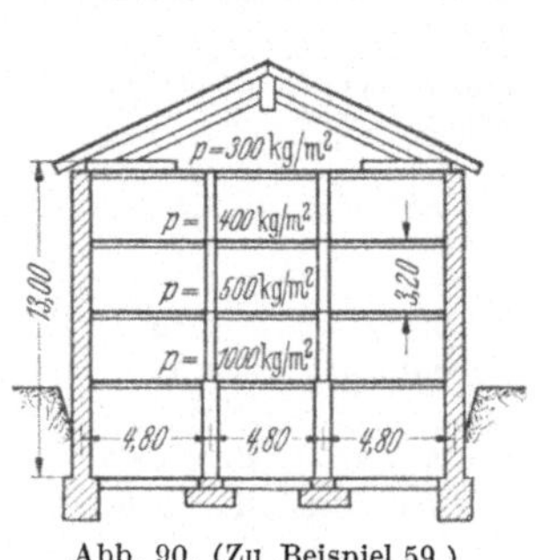

Abb. 90. (Zu Beispiel 59.)

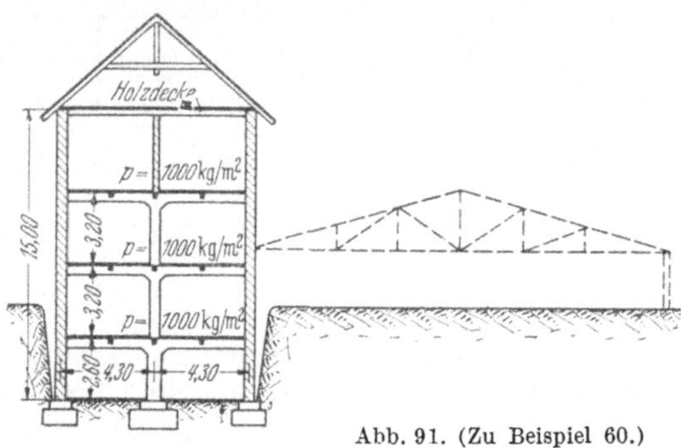

Abb. 91. (Zu Beispiel 60.)

1. Fabrikhochbauten in Stahlbeton:

Beispiel 59. *Kosten des Rohbaus*[1] nach Abb. 90 für Erdarbeiten, Beton- und Stahlbeton-, Maurer- und Zimmerarbeiten etwa *195000,— DM*[3].

Stahlbetondeckenfläche 3 · 14,4 · 30	1300 m²
Umbauter Raum 13 · 16 · 30	6240 m³
Kosten je 1 m² Stahlbetondecke	150,— DM.
Kosten je 1 m³ umbauten Raum	*31,— DM.*

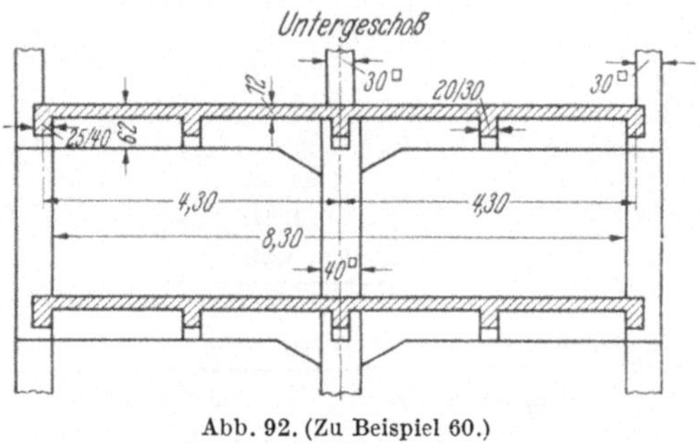

Abb. 92. (Zu Beispiel 60.)

Beispiel 60. *Kosten des Rohbaus*[1] (ohne Innenausbau) nach Abb. 91 für Erd-, Maurer-, Beton-, Stahlbeton- und Zimmerarbeiten etwa *330000,— DM.*[3]

Stahlbetondeckenfläche 1800 m²

Umbauter Raum 15 · 9 · 70 = 9450 m³

Kosten je 1 m² Stahlbetondecke . . . . . *183,— DM.*

Kosten je 1 m³ umbauten Raum . . . . . . 35,— DM.

---

[1] Für rohe Überschläge kann man annehmen, daß die *Kosten des Innenausbaus* etwa *70 bis 80% der Rohbaukosten* betragen.

[2] Ohne besondere soziale Maßnahmen, welche besonders nachgewiesen werden müssen.

[3] Mit Löhnen und Baustoffpreisen Frühjahr 1954.

Entwicklung des Preises (s. dazu die Detailskizze Abb. 92):

Für Decken (einschl. Säulen und Wandsäulen sowie Fensterstürze) je 1 m² Decke 0,24 m³ Beton 1 : 5 mit 120 kg/m³ R.E. zu 250,— DM. = 60,— DM.

Stahlbetonkonstruktion je 1 m³ umbauten Raum 60,00 : 3,0 = 20,— „

Umfassungswände je 1 m³ umbauten Raum $\frac{2 \cdot 0{,}40 \cdot 112{,}0}{9{,}0}$ = 10,— „

Zuschlag für Fundamente und Kellerfußboden 250 m³ zu 75,— = 19000/9450 . . . . = 2,— „

Zuschlag für Dachstuhl 600 m² zu 47,— DM. = 28000/9450 = 3,— „

Je 1 m³ umbauten Raum . . . . *35,— DM.*[1]

(Die Mehrkosten durch die Erdarbeiten etwa 3000 m³ zu 6,— DM. = 18000,— DM. werden wieder ausgeglichen durch die Ersparnisse infolge der billigen Holzdecke im obersten Geschoß von 600 m² · 25,— DM. = 15000,— DM.)

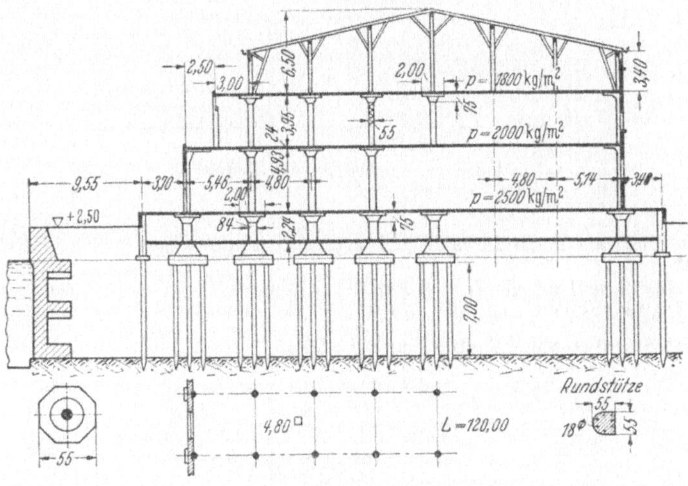

Abb. 93. (Zu Beispiel 61.)

2. Große Lagerhäuser in Stahlbeton (Nutzlasten $p = 1800$ bis 2500 kg/m²).

Beispiel 61. Kosten des *Rohbaus*[2] für ein *Lagerhaus mit Pilzdecken* nach Abb. 93 *ohne besondere Gründungsarbeiten,* welche gesondert zu veranschlagen sind.

Für Erd-, Maurer-, Beton-, Stahlbeton- und Zimmerarbeiten (Rohbau) . . . . *2200000,— DM.*

Lagerfläche 18000 m². *Je 1 m² Lagerfläche* . . . . *120,—* „

Umbauter Raum 65000 m³. *Je 1 m³ umbauter Raum* . . *34,—* „

3. Lager- und Montagehallen in Stahlbeton.

a) Mit gewölbtem Stahlbetondach.

Beispiel 62. Kosten des *Rohbaus* für eine Lagerhalle mit Stahlbetondach (Zugband und Kämpferbalken) nach Abb. 94.

Für Erd-, Maurer-, Beton- und Stahlbetonarbeiten etwa *112000,— DM.*

Überbaute Fläche 624 m².

---

[1] Die *Gesamtkosten je 1 m³ umbauten Raum* einschließlich Innenausbau würden demnach *60,— bis 63,— DM.* betragen.

[2] Preisbasis Frühjahr 1954 in Süddeutschland. Den Innenausbau kann man hier, wo es sich um Lagerhallen handelt, etwa zu 55 bis 60% des Rohbaus annehmen.

Umbauter Raum $8{,}5 \cdot 40{,}5 \cdot 15{,}4 = 5300\ m^3$.

Kosten je 1 m² überbaute Fläche . . . . 180,— DM.
Kosten je 1 m³ umbauten Raum . . . . 21,20 ,,
(dazu für Oberlichter $7 \cdot 2 = 14\ m^2$ zu 90,— DM. = . . . 1260,— DM.)

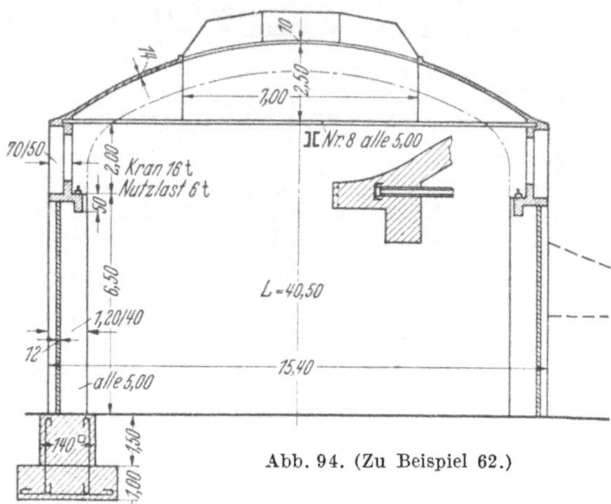

Abb. 94. (Zu Beispiel 62.)

b) Mit hölzernem Binderdach (und größeren Abmessungen!) Siehe Beispiel 57, S. 312ff.

Kosten je 1 m² überbauter Fläche . . . . 130,— DM.
Kosten je 1 m³ umbauten Raum . . . . 13,— ,,

c) Mit Stahlbetonsheddach, siehe Beispiel 63.

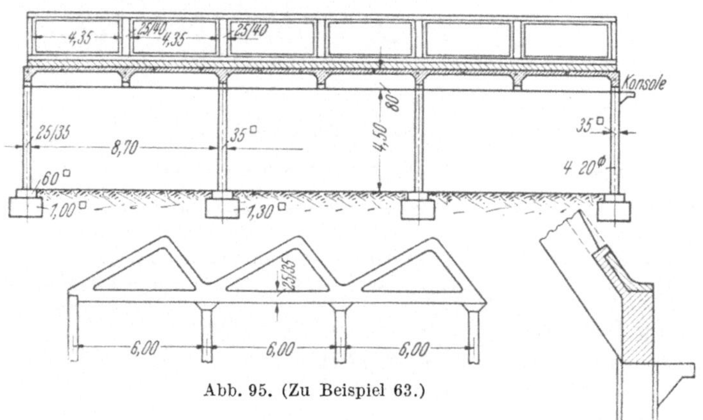

Abb. 95. (Zu Beispiel 63.)

Beispiel 63. Kosten des *Rohbaus* für eine Lagerhalle nach Abb. 95. Für Erd-, Maurer-, Beton- und Stahlbetonarbeiten:

je 1 m² überbauter Fläche . . . . 110,— DM.
je 1 m³ umbauten Raum . . . . 20,— ,,
(i. M. 6 m hoch).

Reine Stahlbetonkonstruktion: Je *1 m²* Dachfläche (Horizontalprojektion), 0,22 m³ Stahlbeton mit 90 kg/m³ Bewehrung und 8 m² Schalung/1 m³ Beton zu 250,— DM. = *55,— DM.*

Als Musterbeispiel einer zweckmäßig angelegten Kalkulation und als Erläuterung zu den vorausgegangenen Ausführungen wird die Kalkulation einer Ufermauer in Stahlbeton gegeben.

Über *Gesamtkosten von Industriebauten in Stahlbetonbauweise* siehe Seite 278.

Musterbeispiel einer zweckmäßig angelegten Kalkulation.

Beispiel 64.

Kalkulation einer Ufermauer in Stahlbeton.

Zu kalkulieren sind die *Selbstkosten* für die Herstellung einer Ufermauer in Stahlbeton von nebenstehendem Querschnitt (Abb. 96) und 600 m Länge. Nach dem Leistungsverzeichnis umfaßt die Bauausführung folgende Arbeiten:

Position 1. 2400 m² Spundwände 5 cm stark, 2 m tief zu rammen.
Position 2. 1920 m³ Erdaushub (Sand) einschließlich Quertransport bis 10 m Weite.
Position 3. 3300 m³ Beton, und zwar 1200 m³ Fundamentbeton 1:8 2100 m³ Stahlbeton 1 : 5.
Position 4. 264 t Rundstahlbewehrung für den Beton.
Position 5. 10 000 m² Goudronanstrich.
Position 6. 49 Stück Dehnungsfugen (alle 12 m).

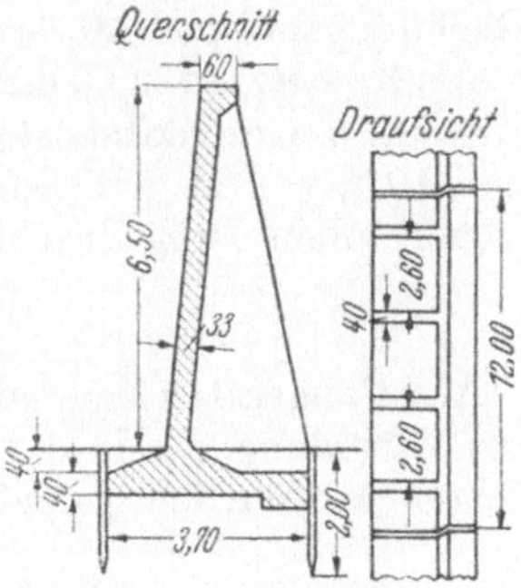

Abb. 96. Ufermauer.

Die Bauarbeiten sollen spätestens am 1. April begonnen und bis zum 15. September restlos beendet sein.

Für die Kalkulation sind folgende Lohnsätze und Baustoffpreise angenommen:

Tariflöhne.

Poliere	3,— DM.	je 1 h
Maschinisten	2,25 „	„ 1 h
Eisenarbeiter	1,90 „	„ 1 h
Zimmerleute	2,25 „	„ 1 h
Betonfacharbeiter	1,80 „	„ 1 h
Tiefbauarbeiter	1,70 „	„ 1 h
Facharbeiter	2,25 „	„ 1 h

Materialpreise.

Portlandzement	8,— DM./100 kg	frei	Baustelle
Kies für Stahlbeton	10,— DM./1 m³	„	„
Sand „ „	12,— DM./1 m³	„	„
Rundstahl 8 bis 24 mm[1]	0,48 DM./1 kg	„	„
Bindedraht	1,50 DM./1 kg	„	„

[1] St 37 einschließlich 8% Verschnitt.

Nägel	1,50 DM./1 kg	frei Baustelle
Schaldraht	1,— DM./1 kg	,, ,,
Schalholz und Kantholz	190,— DM./1 m³	,, ,,
Rüstholz (Rundholz)	110,— DM./1 m³	,, ,,
Spundbohlen 5 cm stark	11,— DM./1 m²	,, ,,
Goudron	1,50 DM./1 kg	,, ,,
Steinkohle	90,— DM./1 t	,, ,,
Maschinenöl	120,— DM./100 kg	,, ,,
Rollwagenöl	80,— DM./100 kg	,, ,,
Wasser	0,80 DM./1 m³	,, ,,
Strom 1 kWh	0,30 DM.	

Für die Kosten des *Gerätetransports* (Verladekosten, Fracht- und Fuhrkosten), welche jeweils besonders zu ermitteln sind, können in dem Rechnungsbeispiel 40,— DM. je 1 t gerechnet werden.

Als *Zuschläge* für Gemeinkosten (einschließlich 25% von L als Sozialaufwand), Geschäftskosten und Bauleitungskosten sollen 60% von L und 10% von M gerechnet werden. Für Gewinn, Wagnis und Umsatzsteuer sollen 10% Zuschlag auf die Selbstkosten in Ansatz kommen.

Baugeräte.

An Baugeräten stehen für die Bauausführung diejenigen Geräte zur Verfügung, die in der tabellarischen Zusammenstellung der Gerätekosten ausführlich aufgeführt sind.

Berechnung der Selbstkosten.

Da der Kostenberechnung stets die Aufstellung eines genauen *Betriebsplans* vorausgehen muß, aus welchem die Aufeinanderfolge der einzelnen Arbeiten (auch die Arbeiterzahl und Fertigstellungstermine) ersichtlich

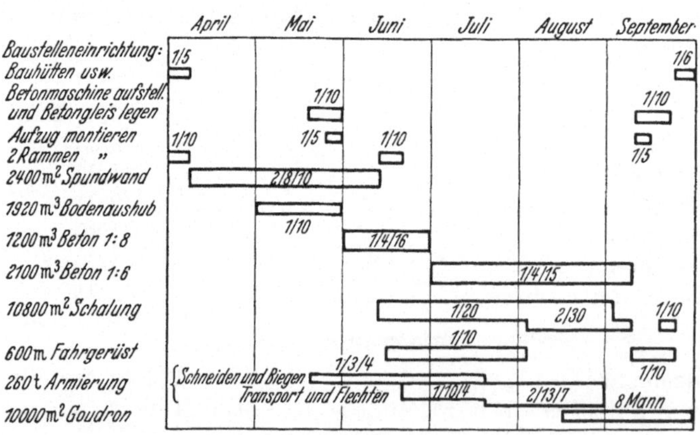

Abb. 97. Terminplan.

sind, ist in Abb. 97 ein solcher Betriebsplan gezeigt. Die Höhe der eingezeichneten Rechtecke entspricht der Arbeiterzahl. Die eingetragenen Zahlen bedeuten die Anzahl der Poliere, Facharbeiter und Arbeiter.

Die Berechnung der *Selbstkosten* erfolgt getrennt nach Kostenarten:

1. Gerätekosten.

Die Berechnung der Gerätekosten erfolgt an Hand des Betriebsprogramms nach den früher gegebenen Richtlinien, und zwar zweckmäßig in tabellarischer Zusammenstellung nach Tabelle 38, S. 322. Die *Gerätekosten* verteilen sich demnach wie folgt auf die einzelnen Titel des Leistungsverzeichnisses:

Verteilung der Gerätekosten.

Position 1. Rammarbeiten 2300,— DM. oder 2300/2400 = 1,— DM. je 1 m^2.

Position 3. Betonarbeiten 11091,— DM. oder 11091/3300 = 3,35 DM. je 1 m^3.

Wasserhaltung 850,— DM. oder 850/60 = 14,20 DM./1 Tag.

Position 4. Bewehrung 1550,— DM. oder 1550/264 = 5,90 DM./1 t.

2. Materialkosten.

Position 1. Rammarbeiten. Bei Annahme einer Tagesleistung der Kleindampframme von 25 m^2 in 8 h und eines Kohlenverbrauchs von 600 kg für diese Leistung, ergeben sich die Materialkosten je 1 m^2 für die Rammarbeiten wie folgt:

1,1 m^2 Spundbohlen zu 11,— DM.	12,10 DM.
24 kg Steinkohle zu 0,09 DM.	2,16 ,,
0,12 kg Maschinenöl zu 1,20 DM.	0,14 ,,
	14,40 DM.

Position 2. Erdarbeiten. An Betriebsstoffen sind erforderlich je 1 m^3 Bodenbewegung:

0,03 kg Rollwagenöl zu 0,80 DM. = 0,02 DM.

Position 3. Betonarbeiten:

a) Baustoffe und Betriebsstoffe.

Die Materialkosten aus dem Baustoff- und Betriebsstoffverbrauch für die verschiedenen Betonmischungen ergeben sich wie folgt:

1 m^3 Beton 1 : 6:

0,9 m^3 Kies zu 10,— DM.	9,— DM.
0,4 m^3 Sand zu 12,— DM.	4,80 ,,
300 kg Zement zu 8,— DM.	24,— ,,
0,36 m^3 Wasser zu 0,80 DM.	0,30 ,,
0,9 kWh zu 0,30 DM.	0,27 ,,
Öle usw.	0,03 ,,
	38,40 DM.

Tabelle 38. *Tabellarische Zusammen-*

Lfd. Nr.	Menge	Geräteart	Neuwert DM.	Miet-dauer (Monate)	Abschreibung und Verzinsung[1] je 1 Monat %	je 1 Monat DM.	im ganzen DM.
1	2 Stück	Kleindampframme mit Kessel	20000,—	4	1,0	200,—	800,—
2	1 Stück	Kreiselpumpe 150 mm mit Diesel- oder Elektroantrieb	2500,—	4	1,0	25,—	100,—
3	1 Stück	Betonmischmaschine 500 l Aufzug	11000,—	6	1,5	160,—	960,—
	1 Stück	Antriebsmotor 10 PS mit Anlasser und Schienen .	1000,—	6	1,0	10,—	60,—
4	1 Stück	Muldenaufzug 500 l. . .	1000,—	5	1,3	13,—	65,—
	1 Stück	Winde für $v = 0{,}5$ m/s .	1200,—	5	1,5	18,—	90,—
	1 Stück	12-PS-Motor	1440,—	5	1,1	15,—	75,—
5	8 Stück	Muldenkipper	850,—	5	2,1	20,—	100,—
6	1000 m	Transportgleis 600 mm Spur, 70 mm Schienen .	2500,—	6	1,5	40,—	240,—
		Schwellen und Kleineisenzeug	2300,—	6	3,9	90,—	540,—
7	3 Stück	Zungenweichen	} 635,—	6	3,2	20,—	120,—
	3 Stück	Überwurfdrehscheiben. .	}				
8	1 Stück	Rundeisenschere „Romryk"	} 13000,—	6	1,2	150,—	900,—
	1 Stück	Biegemaschine „Rekord"	}				
9	1 Stück	Werkstattbaracke 30 m².	1300,—	7	1,2	20,—	140,—
	1 Stück	Werkstatteinrichtung:					
		Maschinen	2600,—	7	1,7	44,—	308,—
		Werkzeuge	548,—	7	2,0	11,—	77,—
10	1 Stück	Band- und Kreissäge . .	2300,—	7	1,7	40,—	280,—
		Überdachung 80 m². . .	1600,—	7	1,5	24,—	168,—
11	etwa 220 m²	Bauhütten: Zementschuppen 90 m², Baubüro, Unterkunftsbaracken, Polierbuden, Aborte	8000,—	6	1,5	120,—	720,—
12	1	Wasseranschluß mit 600 m 1½"	2400,—	7	1,0	24,—	168,—
			76173,—				5911,—

1 m³ Beton 1 : 8:

0,9 m³ Kies zu 10,— DM.	9,— DM.
0,4 m³ Sand zu 12,— DM.	4,80 „
220 kg Zement zu 8,— DM./100 kg	17,60 „
0,35 m³ Wasser zu 0,80 DM.	0,28 „
0,9 kWh zu 0,30 DM.	0,27 „
Öle usw.	0,05 „
	32,— DM.

[1] Es ist eine Betriebszeit von 200 h/Monat zugrunde gelegt, ausgenommen den

stellung der Gerätekosten.

Geräteunterhaltung (Materialkosten)			Gewicht	Kosten für An- und Rücktransport und Hin- und Rückfracht	Montage und Demontage		Gerätekosten insgesamt	Zu verteilen auf Pos. Nr.
im Jahr		im ganzen			Facharbeiter	Löhne und Zuschläge		
%	DM.	DM.	kg	DM.	Stunden	DM.	DM.	
					und 1 mal versetzen			
6	1200,—	400,—	4000	200,—	300	900,—	2300,—	1
6	150,—	50,—	5000	250,—	150	450,—	850,—	2
8	800,—	400,—	4800	240,—	360	1080,—	2680,—	3
5	50,—	25,—	360	18,—	40	120,—	223,—	3
8	80,—	40,—	400	20,—	30	90,—	215,—	3
8	90,—	30,—	1000	50,—	80	240,—	410,—	3
5	72,—	24,—	400	20,—	70	140,—	259,—	3
10	80,—	30,—	2400	120,—	—	—	250,—	3
5	250,—	100,—	22000	1100,—	s. Einrichtungslöhne		1440,—	3
—	—	—	14000	700,—	s. Einrichtungslöhne		1240,—	3
10	130,—	50,—	1860	93,—	—	—	263,—	3
4	500,—	250,—	4000	200,—	100	200,—	1550,—	4
6	70,—	40,—	3600	180,—	s. Einrichtungslöhne		360,—	3
8	240,—	140,—	600	30,—	50	100,—	578,—	3
—	—	—	300	15,—	—	—	92,—	3
8	180,—	105,—	1000	50,—	50	100,—	535,—	3
12	85,—	50,—	3600	180,—	s. Einrichtungslöhne		398,—	3
—	—	210,—	25000	1250,—	s. Einrichtungslöhne		2180,—	3
5	120,—	60,—	3000	150,—			378,—	3
		2004,—	97320	4866,—		3420,—	16201,—	

1200 m³ Beton 1 : 8 zu 32,— DM. . . . . . 38400,— DM.
2100 m³ Beton 1 : 6 zu 38,40 DM. . . . . . 80640,— „

119040,— DM.

Durchschnittskosten 119040/3300 = 36,— DM. für Baustoffe und Betriebsstoffe und 35,40 DM. für Baustoffe ohne Betriebsstoffe (je 1 m³ Beton).

Betonierbetrieb, für welchen 250 h/Monat angenommen sind.

b) *Bauhilfsstoffe.*

Schalung und Rüstung. Schalfläche im ganzen 10800 m² oder 10800/3300 = 3,3 m²/1 m³ Beton.

Holzverbrauch. Bei Berechnung des verbrauchten und daher zur Abschreibung kommenden Bauholzes wurde angenommen, daß das Schalholz 4mal, Kantholz 6mal und Rundholz (Sprießholz) 10mal Verwendung finden kann. Dann ergibt sich der Holzverbrauch je 1 m³ Beton wie folgt:

Verbrauch an *Schalbrettern* 30 mm:
$\frac{3,3 \cdot 0,03}{4} = 0,025$ m³ zu 200,— DM. . . . . 5,— DM.

Verbrauch an *Kantholz* 10/12 cm:
$\frac{3,3 \cdot 1,5 \cdot 0,012}{6} = 0,01$ m³ zu 190,— DM. . . . . 1,90 „

Verbrauch an *Rundholz* (Sprießholz) Ø 16 cm:
3,0 lfd. m/1 m² Schalfläche oder je 1 m³ Beton
$\frac{3,3 \cdot 3,0 \cdot 0,02}{10} = 0,02$ m³ zu 110,— DM. . . . . 2,20 „

Verbrauch an *Nägeln* 0,25 kg/1 m² oder
je 1 m³ Beton 0,25 · 3,3 = 0,8 kg zu 1,50 DM. . . . . . 1,20 „

Verbrauch an *Schaldraht* 0,20 kg/1 m² oder
je 1 m³ Beton 0,20 · 3,3 = 0,7 kg zu 1,— DM. . . . . . 0,70 „

Gesamtkosten für Schalung und Rüstung je 1 m³ Beton . . 11,— DM.

Bemerkung. Der tatsächliche *Holzbedarf* der Baustelle an Schalholz und Rüstholz kann gleich dem errechneten Holzverbrauch gesetzt werden, da es auf Grund der Schalfristen möglich ist, das Holz auf der Baustelle so oft zu verwenden, als in der Berechnung angenommen wurde. Der Holzbedarf ist daher

Schalholz	0,025 · 3300 = 82,5 m³
Kantholz	0,010 · 3300 = 33,0 m³
Rundholz	0,020 · 3300 = 66,0 m³
	181,5 m³.

Kosten für *An- und Rücktransport der Bauhilfsstoffe:*

181,5 · 0,6 · 2 · 40,— = 8720,— DM. oder
je 1 m³ Beton 8720,—/3300 = *2,60 DM.*

Betonfahrgerüst 6,5 m hoch. Erforderlich ist ein *Holzbedarf* für etwa 400 lfd. m Gerüst oder 6,5 × 400 = 2600 m² Gerüstfläche. Der Holzbedarf errechnet sich nach Gerüstskizzen zu 0,042 m³ je 1 m² Ansichtsfläche des Gerüstes, der Gesamtbedarf demnach zu 2600 × 0,042 = = 110 m³ Gerüstholz, und zwar:

80 m³ Stangenholz Ø 12 bis 14 cm,
20 m³ Kantholz 10/14 cm,
10 m³ Belagdielen 30 bis 40 mm,

dazu

900 kg Kleineisenzeug (Schrauben und Nägel).

Holzverbrauch. Der zu kalkulierende tatsächliche Holzverbrauch, welcher vom Holzwert abzuschreiben ist, richtet sich in diesem Fall, wo nur mit einer durchschnittlich einmaligen Verwendung des Holzes auf der Baustelle gerechnet werden kann, in erster Linie danach, ob in absehbarer Zeit mit einer Wiederverwendung des Holzes bei anderen Arbeiten zu rechnen ist. Der Unternehmer wird daher bei Kalkulation des Holzverbrauches vorsichtigerweise die Hälfte vom Neuwert des Gerüstholzes bei dieser Arbeit abschreiben, und zwar:

Für Rundholz 0,5 × 80 = 40 m³ zu 110,— DM.	4400,— DM.
Für Kantholz 0,5 × 20 = 10 m³ zu 190,— DM.	1900,— ,,
Für Belagdielen 0,5 × 10 = 5 m³ zu 190,— DM.	950,— ,,
Für Kleineisenzeug 1/3 × 900 = 300 kg zu 1,50 DM. . .	450,— ,,
Für Holzverbrauch insgesamt	7700,— DM.
Dazu kommen noch für Rücktransport des Holzes zum Lagerplatz der Unternehmung 110 × 0,6 = 66 t zu 40,— DM.	2640,— ,,
Materialkosten für das Fahrgerüst	10340,— DM.

oder je 1 m³ Beton 10340/3300 = 3,13 DM.

Kosten insgesamt für *Bauhilfsstoffe*

je 1 m³ Beton 11,— + 2,60 + 3,13 = *16,73 DM*. oder 16,73/3,3 = 5,— DM. je 1 m² Schalfläche.

Zu Position 2 und 3. Wasserhaltung. Die für die Zeit des Erdaushubs und Herstellung des Fundamentbetons erforderliche Wasserhaltung dauert nach dem Betriebsprogramm *60 Tage*. Für den Antrieb der nach der Geräteliste vorgesehenen 150-mm-Kreiselpumpe ist ein 12-PS-Dieselmotor als Antriebsmaschine gewählt. Die *Materialkosten je 1 Tag* errechnen sich dann wie folgt:

Betriebsstoffe:

60 kg Dieselöl zu 0,53 DM.	31,80 DM.
0,5 kg Maschinenöl zu 1,20 DM.	0,60 ,,
6 kg Motorenöl zu 1,80 DM.	10,80 ,,
0,20 kg Putzwolle zu 1,50 DM.	0,30 ,,
0,20 kg Putzöl zu 0,80 DM.	0,16 ,,
Sonstiges	0,34 ,,
Materialkosten insgesamt	44,— DM. je 1 Tag

Position 4. Rundstahlbewehrung. Die Materialkosten berechnen sich wie folgt:

1 t Rundstahl frei Baustelle	480,— DM.
8% Verschnitt	40,— ,,
4 kg Bindedraht zu 1,50 DM.	6,— ,,
Strom 4 kW zu 0,30 = 1,20 DM. und zur Abrundung	4,— ,,
Materialkosten je 1 t	530,— DM.

Position 5. Goudronanstrich. Erforderlich sind 1,0 kg/m² zu 1,50 DM. = 1,50 DM.

Position 6. Dehnungsfugen. Für 1 Dehnungsfuge ergeben sich folgende Materialkosten:

4 kg Goudron zu 1,50 DM.	6,— DM.
5 m² Dachpappe zu 1,30 DM.	6,50 ,,
25 kg Kupferblech zu 2,— DM.	50,— ,,
	62,50 DM.

3. Lohnkosten.

Vorweg sei bemerkt, daß die für die Einrichtung der Baustelle und für allgemeine Arbeiten kalkulierten Lohnkosten zweckmäßig auf den Haupttitel, d. h. die Betonarbeiten, verteilt werden.

a) Lohnkosten für Baustelleneinrichtung.

250 m² Bauhütten aus Holz aufstellen und wieder abbrechen zu 5 Stz. je 1 m² . . . . 1250 Stz.

80 m² Überdachung aus Holz aufstellen und wieder abbrechen zu 4 Stz. je 1 m² . . . . 320 Stz.

1 Wasseranschluß 600 m Rohre 1½″ zu 0,5 Stsl. . . . 300 Stsl.

1000 lfd. m Gleis 600 mm 2mal verlegen und wiederaufnehmen 2 × 1000 × 0,7 . . . . 1400 St.

Zusammenstellung der Lohnkosten für Baustelleneinrichtung:

1570 Zimmererstunden zu 2,25 DM. (einschl. Aufsicht) .	3532,— DM.
300 Schlosserstunden zu 2,20 DM. (,, ,,) .	660,— ,,
1400 Tiefbauarbeiterstd. zu 1,80 DM. (,, ,,) .	2520,— ,,
	6712,— DM.

oder je 1 m³ Beton 6712/3300 = *2,03 DM.*

b) Lohnkosten für allgemeine Arbeiten.

Die allgemeinen Arbeiten beschränken sich auf die Unterhaltung einer kleinen Reparaturwerkstätte. Als Besetzung der Schmiede werden angenommen:

1 Schmied mit	2,25 DM.	Stundenlohn
1 Helfer mit	1,80 ,,	,,
1 Schlosser mit.	2,25 ,,	,,
Lohnkosten der Schmiede	6,30 DM.	je 1 Betriebsstunde.

In 6 Monaten zu je 24 Arbeitstagen ergeben sich als gesamte Lohnkosten

6 × 24 × 8 = 1152 Betriebsstunden zu 6,30 DM. = 7258,— DM.

oder je 1 m³ Beton 7258/3300 = *2,20 DM.*

c) Lohnkosten für die Bauausführung im engeren Sinne.

Position 1. 2400 m² Spundwände schlagen. Leistung einer Kleindampframme unter den vorliegenden Verhältnissen 25 m² in 8 h. Durchschnittliche Besatzung: 1 Rammeister, 1 Maschinist, 3 Zimmerleute, 6 Tiefbauarbeiter, d. h. insgesamt 11 Mann mit einem Durchschnittslohn von 2,— DM. oder je 1 m² Spundwand ein Lohnaufwand von

3,6 Lohnstunden zu 2,— DM. = *7,20 DM.*

Position 2. 1920 m³ Erdaushub. Bei einer Belegschaft von 1 Vorarbeiter und 9 Tiefbauarbeitern ist mit einer durchschnittlichen Tagesleistung von 40 m³ in 8 h (2maliges Werfen) zu rechnen. Bei einem mittleren Stundenlohn von 2,— DM. (einschl. Aufsicht) entstehen folgende *Lohnkosten je 1 m³* Erdbewegung:

2,0 Lohnstd. zu 2,— DM. = 4,— DM. für Baugrubenaushub
1,5 „ „ 2,— „ = 3,— „ „ Wiederauffüllen der Baugrube
7,— DM.

Position 3. 3300 m³ Beton.

a) Betonieren. Nach den im Betriebsprogramm angenommenen Leistungen und Belegschaften ergibt sich je 1 m³ Beton ein Lohnaufwand von 4,5 Lohnstunden zu durchschnittlich 2,— DM. = *9,— DM.*

b) Betonfahrgerüst. Für Aufstellen und Wiederabbrechen von 600 lfd. m Fahrgerüst 6,5 m hoch mit 4000 m² Ansichtsfläche ist ein Lohnaufwand zu rechnen von

4000 × 1,2 = 4800 Zimmererstunden zu 2,25 DM. = 10800,— DM.
oder je 1 m³ Beton 10800/3300 = *3,30 DM.*

c) Schalarbeiten. Der Lohnaufwand[1] für Ein- und Ausschalen von 10800 m² Schalfläche ergibt sich zu

1,2 × 10800 = 12960 Zimmererstunden zu 2,25 DM. = 29160,— DM.
oder je 1 m³ Beton 29160/3300 = *8,80 DM.*

Zu Position 2 und 3. Wasserhaltung. Die Lohnkosten für 1 Tag Wasserhaltung errechnen sich zu

24 Maschinistenstunden zu 2,25 DM. . . . . 54,— DM.
8 Tiefbauarbeiterstunden zu 1,80 DM. . . . 14,40 „
68,40 DM.

Position 4. 264 t Rundstahlbewehrung.

Ermittlung der Lohnkosten je 1 t.

a) Sortieren, Schneiden und Biegen der Rundeisen mit neuzeitlichen Maschinen (Romryk und Rekord): Durchschnittliche Stundenleistung 0,5 t. Belegschaft: 1 Meister, 3 Facharbeiter, 4 Hilfsarbeiter. Durchschnittslohn 2,— DM. + 0,20 DM. Prämienzuschlag = 2,20 DM.

Lohnaufwand für Schneiden und Biegen 16 St_{mi} zu 2,20 DM. = 35,20 DM.

b) Transportieren und Flechten. Belegschaft: 1 Vorarbeiter, 10 Eisenflechter, 4 Tiefbauarbeiter. Durchschnittslohn zuzüglich Prämien 2,20 DM. Der Lohnaufwand je 1 t Bewehrung ist dann

45 Lohnstunden zu 2,20 DM. . . . 99,— DM.
Lohnaufwand aus a) und b) . . . *134,20 DM. je 1 t.*

Position 5. Goudronanstrich. Für 2maligen Anstrich kann man rechnen je 1 m² Fläche

0,3 Tiefbauarbeiterstunden zu 2,— DM. . . 0,60 DM.

[1] Angenommen ist, daß *Schaltafeln* verwendet werden und einfache Krane zum Versetzen der Schaltafeln zur Verfügung stehen.

Zusammenstellung der Einheitspreise

Pos. Nr.	Benennung	Gerätekosten G DM.	Löhne L DM.	Material M Baustoffe DM.	Bauhilfsstoffe DM.	Betriebsstoffe DM.	Insgesamt DM.
1.	1 m² Spundwand .	1,—	7,20	12,10	0,20	2,30	14,60
2.	1 m³ Aushub. . .	—	7,—	—	—	0,05	0,05
3.	1 m³ Beton . . .	3,35	21,10	35,40	16,40	0,60	52,40
	1 Tag Wasserhaltung	14,20	68,40	—	5,—	44,—	49,—
4.	1 t Armierung . .	5,90	169,40	520,—	6,—	4,—	530,—
5.	1 m² Goudronanstrich	—	0,60	1,50	—	—	1,50
6.	1 Dehnungsfuge .	—	8,80	62,50	—	—	62,50

Position 6. Dehnungsfugen. Lohnaufwand für 1 Dehnungsfuge:

4 m² Goudronanstrich zu 0,3 St. . . . 1,2 St. zu 2,— DM. = 2,40 DM.
4 m² Dachpappe aufkleben zu 0,35 St. . 1,4 St. ,, 2,— ,, = 2,80 ,,
25 kg Kupferblech schneiden und montieren . . . . 1,6 St. ,, 2,25 ,, = 3,60 ,,

8,80 DM.

Zusammenstellung der Kosten für 600 lfd. m Ufermauer.

Position 1. 2400 m² Spundwandrammung zu 31,50 DM. 75600,— DM.
,, *2.* 1920 m³ Fundamentaushub zu 12,40 DM. . 23808,— ,,
,, *3.* 3300 m³ Beton zu 104,60 DM. . . . . . . 345180,— ,,
60 Tage Wasserhaltung zu 197,— DM. . . 11820,— ,,
,, *4.* 264 t Rundstahlbewehrung zu 946,50 DM. 249876,— ,,
,, *5.* 10000 m² Goudronanstrich zu 2,85 DM. . 28500,— ,,
,, *6.* 49 Dehnungsfugen zu 91,10 DM. . . . . . 4464,— ,,

Angebotssumme 739248,— DM.

oder je lfd. m Ufermauer 739248/600 = *1232,10 DM.*
oder je 1 m³ Stahlbeton 739248/3300 = *224,— DM.*

Pumpbeton[1].

Bei Stahlbetonarbeiten an Wehren, Krafthäusern usw. mit großen Betonmassen bietet der *Pumpbeton*[2], der im allgemeinen den Gußbeton[3] abgelöst hat, große wirtschaftliche Vorteile (niedere Förderkosten!).

Der Verfasser hat beim Bau einer großen *Wehr- und Wasserkraftanlage* in Österreich *mit etwa 75000 m³ Beton- und Stahlbetonmassen* den *Lohnstundenaufwand je 1 m³ Beton* für die reinen Betonierungsarbeiten beim Pumpen des Betons ermittelt. Nicht inbegriffen sind die Lohnkosten für die Kiesgewinnung und Aufbereitung, welche auf der Baustelle selbst vorgenommen werden konnte (1,5 St_{mi} je 1 m³ Beton).

[1] Literatur: *Dr.-Ing.* Otto Kaiser: Das Pumpen von Beton, Dissertation Stuttgart 1938.

[2] Wertvolle Hinweise und Angaben erhielt der Verfasser von der Bauunternehmung Philipp Holzmann A.G. in Frankfurt a. M. und deren Zweigstelle Mannheim.

[3] Baumeister: Ist Gußbeton wirtschaftlich? Berlin: Springer 1927.

(Selbstkosten- und Angebotspreise).

Zuschläge		Selbstkosten S	Gewinn, Wagnis, Umsatzsteuer + 10% von S	Angebotspreis
+10 % von (M + G)	+ 60% von L			
DM.	DM.	DM.	DM.	DM.
1,56	4,32	28,68	2,82	31,50
—	4,20	11,25	1,15	12,40[1]
5,58	12,67	95,10	9,50	104,60
6,40	41,—	179,—	18,—	197,—/Tag
53,60	101,60	860,50	86,—	946,50
0,15	0,35	2,60	0,25	2,85
6,25	5,30	82,85	8,25	91,10

In dem nachstehend angegebenen Lohnaufwand sind auch *nicht* enthalten die *Einrichtungslöhne.* Die Baustelle selbst war maschinell sehr gut eingerichtet und hatte unter anderem allein 2 Turmdrehkrane.

Die Betonierungsanlage bestand aus 2 Betonmischmaschinen 1000 l und *2 Betonpumpen System Torkret* (L 7 1939) 4500 kg Gewicht, 35 kW Kraftbedarf. Es war in der Regel nur 1 Aggregat im Betrieb, während das zweite Aggregat gereinigt und betriebsfertig gemacht wurde (auswechseln von Manschetten und Schiebern). Die Leistung betrug *im Mittel* 16 Mischungen zu 0,75 m³ fertigem Beton = *12 m³ je Stunde.* Die Höchstleistung, d. h. der höchste Stundendurchschnitt in der 12-Stundenschicht betrug: 20 Mischungen = *15 m³ Beton.* Die *Pumpleitung hatte 180 mm ∅* (35 kg/lfd. m) bei einer maximalen theoretischen Förderlänge von $L = 240$ m. Starke Krümmungen in den Rohrleitungen wurden vermieden. Es empfiehlt sich reichlich Zement und 30 bis 50 kg Steinmehl oder Feinsand 0—0,5 mm (als Schmiermittel) beizugeben und den Sandanteil mindestens zu 50% zu wählen. Die Zuleitung zu den jeweiligen Einbaustellen erfolgte über Rinnen und Hosenrohre.

Es ergab sich folgender

Lohnstundenaufwand für Betonieren von 70000 m³ Massenbeton je 1 m³ Stahlbeton (ohne Schalen):

Betonieren mit Betonpumpe . . . . 3,3 St_{mi}
Gerüsten, Vorbereiten und Zementtransport (Nebenarbeiten). . . . . 1,7 St_{mi}

Reine Betonarbeiten 5,0 St_{mi}

Allgemeine Arbeiten (Werkstätte, Magazin, Wache, Lagerplatz, Wasser und Stromversorgung) . 0,6 St_{mi}

Insgesamt *5,6 St_{mi}* je 1m³ Beton

[1] Bei Verwendung eines kleinen Baggers (z. B. Greifbagger) kann ein großer Teil der Handarbeit gespart und ein wesentlich günstigerer Preis angeboten werden (weniger als die Hälfte!). Es empfiehlt sich die genaue Berechnung nach den Ausführungen des Abschn. VIII. Baggerarbeiten.

Tabelle 39. *Übersicht der Betonpumpen „System Kaiser" der Maschinenfabrik Otto Kaiser K.G., St.-Ingbert-Oberlahnstein a. Rh.*

Type	Zylinderdurchmesser in mm	Kolbenhub in mm	Maximale Leistung in m³/St.	Kraftbedarf in PS	Gewicht mit Motor kg	Rohrleitungs-Ø in mm	Mischmaschinen Liter-Füllung	Preis[1] in DM. für BP ohne Motor und Rohrleitung
BP I	142	240	10	25	3100	150	375	
BP II	172	300	15	35	4600	180	500	

Abb. 98. Betonpumpe „System Kaiser".

Dieser Stundensatz galt für die Hauptmassen des Betons (ca. 70000 m³), während für ca. 5000 m³ Stahlbeton des Krafthaushochbaues mit 8 bis 9 St_{mi}/m^3 gerechnet werden mußte.

Für die *Schalarbeiten* (zirka 90000 m² Schalfläche) wurden je 1 m² Schalfläche 1,5 Stz. bis 5,5 Stz. aufgewendet (5,5 Stz./1 m² für die Saugschlauchschalungen), im Mittel 3,0 Stz. je 1 m².

Für die *Bewehrung* (ca. 1500 t) wurden etwa 65 Ste. je 1 t aufgewendet. Abb. 98 zeigt die *Betonpumpe* „System Kaiser" der Maschinenfabrik Otto Kaiser KG., St. Ingbert-Oberlahnstein a. Rh., im Betrieb.

Abb. 99 zeigt die Verwendung der Betonpumpe „System Kaiser" bei einem Stahlbetonhochbau.

Die gebräuchlichen Betonpumpen fördern den breiigen Beton in eine Höhe bis 35 m oder auf eine Länge bis 250 m.

Abb. 99. Pumpbeton bei einem Stahlbetonhochbau.

Rüttelbeton.

Für *Stahlbetonfertigkonstruktionen* verwendet man zweckmäßig beim Einbau des Betons in die Schalungen Rütteltische. Abb. 100 zeigt einen solchen Rütteltisch.

[1] Tagespreis kann eingesetzt werden.

Nachstehend ist die Kalkulation für eine Stahlbetonfertigkonstruktion mit 20 m² Schalung je 1 m³ Beton und 60 kg Rundstahl je 1 m³ Beton aufgestellt. Mit den in dem Beispiel angenommenen Löhnen und Materialpreisen (welche etwa den Verhältnissen Frühjahr 1954 entsprechen) ergibt sich folgende

Abb. 100. Rütteltisch der Maschinenfabrik Carl Ningelgen, Bad Cannstatt b. Stuttgart. 2600 + 800 mm, Gewicht ca. 1000 kg., Motor 4 PS.

Kalkulation von 1 m³ Rüttelbeton für Stahlbetonfertigkonstruktionen[1].

A) Material:

0,7 m³ Kies 7—45 mm	zu 11,15 DM.	= 7,80 DM.
0,65 m³ Sand 0—7 mm	zu 11,— DM.	= 7,15 ,,
330 kg Zement	zu 75,— DM. je 1 t	= 24,75 ,,
60 kg Rundstahl (fertig gebogen)	zu 0,60 DM.	= 36,— ,,
Holzverbrauch für 20 m² Schalung bei zehnmaliger Verwendung	zu 1,— DM.	= 20,— ,,
Kleineisenzeug 20 × 0,1 = 2,0 kg	zu 1,— DM. . . .	= 2,— ,,
Schalungsöl		= 2,— ,,
Strom und sonstige Betriebsstoffe		= 1,— ,,
	Material insgesamt	100,70 DM.
+ 10% Geschäftskosten usw.		= 10,10 ,,
	Summe A) Material	110,80 DM.

B) Löhne:

Betonieren 14 St_{mi}	zu 2,— DM.	= 28,— DM.
Schalen (Ein- und Ausschalen) 20 m² zu 0,8 Stz. =	16 Stz. × 2,10	= 33,60 ,,
	Reine Löhne	61,60 DM.
+ 60% Geschäftskosten, Gewinn usw.		36,96 ,,
	Summe B) Löhne	98,56 DM.

C) Gerätekosten:

Abschreibung, Verzinsung und Geräteunterhaltung, Betonmaschine und sonstige Geräte: Je 1 Monat

2,5% von 5000 (Rütteltisch) + 4000,— DM. (Betonmaschine, Motor usw. . . . . = 225,— DM.

Bei Herstellung von 18 m³ Fertigkonstruktion monatlich ergeben sich Gerätekosten von etwa 12,50 DM. je 1 m³.

[1] In diesem Fall Bordsteine $^{12}/_{20}$ cm für eine Brücke.

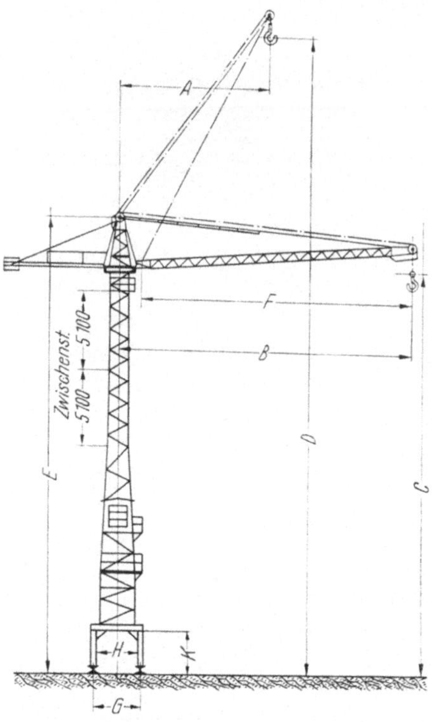

Abb. 101. Turmdrehkran der Maschinenfabrik Jul. Wolff und Co., Heilbronn a. N.

Zusammenstellung.

A) Material	110,80 DM.
B) Löhne	98,56 ,,
C) Gerätekosten . .	12,50 ,,
Je 1 m³ Fertigkonstruktion	*221,86 DM.*

Verwendung von Turmdrehkranen bei Betonarbeiten.

Zum Hochfördern und Einbringen von Beton werden heute oft mit Vorteil *Turmdrehkrane mit Klappkübeln* verwendet (siehe Abb. 101). Es sind daher die Hauptdaten von Turmdrehkranen der Maschinenfabrik Jul. Wolff und Co., Heilbronn a. N., nebenstehend aufgeführt:

Beim Betonieren, d. h. Hochfördern des Betons mit Turmdrehkran kann man je nach der Art der Arbeit und den örtlichen Verhältnissen mit einer *Leistung von 15 bis 20 Spielen/Stunde* rechnen und demnach mit einem *Stromverbrauch von 1,2 kWh/m³*.

Turmdrehkrane der Maschinenfabrik Jul. Wolff & Co., Heilbronn a. N.

Type	Wolff 30	Wolff 45	Wolff 60	Wolff 90	
					Ausladung a
T_{min} in t: a_{max} (B) in m	0,9 : 16,0	2,0 : 20,0	2,0 : 25,0	2,0 : 30,0	$a_{min} = A$ $a_{max} = B$
					Tragkraft T
T_{max} in t: a_{min} (A) in m	3,0 : 6,0	4,0 : 10,0	6,0 : 10,0	6,0 : 10,0	T_{max} bei a_{min}
C in mm . . .	21700	27000	33100	44340	T_{min} bei a_{max}
D in mm . . .	33000	41900	49300	63740	*Hakenhöhe h*
Turmhöhe E in mm	22000	31000	34000	45000	$h_{min} = C$
Spurweite G in mm	2800	3800	3800	5000	$h_{max} = D$
Radstand mm .	3600	3870	3800	5000	*Portalprofil*
H mm : K mm .	2310 : 2510	3300 : 3000	3300 : 3000	4210 : 3550	Breite H mm
2 Turmzwischenstücke	7000 mm	10200 mm	10200 mm	10200 mm	Höhe K mm

Type	Wolff 30	Wolff 45	Wolff 60	Wolff 90
Antriebsmotore für Heben . .	13,5 PS	29 PS	34 PS	45 PS
,, Schwenken	0,6 PS	2,85 PS	6 PS	13,3 PS
,, Fahren . .	7,5 PS	13 PS	18 PS	2 × 12 = 24 PS
Stromverbrauch je 1 m³ Beton .	*1,2 kWh*	*1,2 kWh*	*1,2 kWh*	*1,2 kWh*
Konstr.-Gewicht	10000 kg	22000 kg	31000 kg	44000 kg
Gegengewicht Turm	12850 kg	20000 kg	38000 kg	48000 kg
Ausleger . . .	1800 kg	2750 kg	3650 kg	7740 kg
Preis etwa DM. Frühjahr 1954	45000,—	60000.—	80000,—	120000,—

XVIII. Zimmererarbeiten[1].

Klassierung von Rundholz.

Die Holzvermessungsvorschriften (Holzmaßanweisung „Homa") sind durch Verordnung vom 1. 4. 1936 einheitlich festgelegt (Deutscher Reichsanzeiger Nr. 89, 1936). Neuerdings wurde wie folgt klassiert:

I. Nadelstammholz.

a) Langholz.

Fichte, Tanne	Mindestlänge	Mindestzopf Ø (ohne Rinde)
Klasse 1	6 m	8 cm
,, 2	10 m	10 cm
,, 3	14 m	14 cm
,, 4	16 m	17 cm
,, 5	18 m	30 cm

Für Kiefer und Lärche sind für Mindestlängen von 6 m die Klassen 1, 1b, 2a, 2b, 3a, 3b, 4, 5 und 6 für Mitteldurchmesser von $<$ 15 cm bis $>$ 60 cm unterschieden.

Bei Langholz in größeren Längen als in den betreffenden Klassen angegeben, soll die Zopfstärke der nächstniederen Klasse nicht unterschritten werden.

b) Abschnitte (Blochholz).

Dies sind Stammteile, welche trotz ihrer stärkeren Abmessungen sich nicht in die Stammholzklassen einreihen lassen. Klasseneinteilung wie bei Laubholz.

Abschnitte (Laub- und Nadelholz) werden nach 3 Güteklassen sortiert:
Güteklasse A = gesund, gerade, fast astrein, fehlerfrei;
Güteklasse B = gesund, unerhebliche Fehler;
Güteklasse C = erhebliche Fehler (z. B. krank, drehwüchsig usw.).

[1] Zugrunde gelegt sind die in der VOB, Ausgabe 1947, DIN 1969 festgelegten Ausführungsbedingungen für Zimmerarbeiten.

II. Laubstammholz.

Messung und Massenermittlung nach Länge und Mittendurchmesser ohne Rinde. Keine Mindeststammlänge; im allgemeinen Länge nicht unter 3 m, Wertholz 2 m, Fournierstücke auch 1,60 m.

Klasse	Durchmesser o. R.	Unterklasse	Durchmesser o. R.
1	unter 20 cm		
2	20—29 cm	2a	20—24 cm
		2b	25—29 cm
3	30—39 cm	3a	30—34 cm
		3b	35—39 cm
4	40—49 cm	4a	40—44 cm
		4b	45—49 cm
5	50—59 cm	5a	50—54 cm
		5b	55—59 cm
6	60—69 cm	6a	60—64 cm
		6b	65—69 cm

III. Stangenholz.

Nadelderbstangen 11—14 cm Ø (mit Rinde).

Klasse 3a	....	9—12 m lang
,, 3b	....	12—15 m ,,
,, 3c	....	15—18 m ,,
,, 3d	....	18 m ,,

Gerüststangen.

Nicht abgezopfte schwache Stämme über 16 m Länge und mit 14 bis 17 cm Ø 1 m über dem Abhieb mit Rinde.

Landesgrundpreise

der süddeutschen Staatsforstverwaltungen.

(Meßziffern für Holzpreis loko Wald, Berichterstattung und Verkaufsverhandlungen.)

Stammholz.

Fichten-Tannen-Langholz (Heilbronner Sortierung).

Klasse	6	5	4	3	2	1
DM.	50	46	40	36	32	29

Fichten-Tannen-Blochholz (Güteklasse B).

Klasse	6	5	4	3b	3a	2b	2a	1b
DM.	55	52	50	45	40	35	30	25

Kiefern-Lang- und Blochholz (Güteklasse B).

Klasse	6	5	4	3b	3a	2b	2a	1b
DM.	85	75	65	55	47	40	32	24

Buchenstammholz.

Klasse	6	5	4	3	2	1
DM.	70	60	50	40	30	25

Derbstangen (1 Stück).

Klasse	1a	1b	2a	2b	3a	3b	3c	3d
DM.	0,70	0,90	1,10	1,40	1,60	2,—	2,30	3,50

Gerüststangen 5,—

1. Balken verlegen

für Holzbalkendecken von Wohnhäusern u. dgl. Die Arbeit umfaßt das Abschneiden der Balkenenden, Hochfördern der Balken und sachgemäßes waagerechtes Verlegen der Balken. Die Angaben beziehen sich auf *Weichholz* (Tanne).

Balken verlegen für Holzbalkendecken von Wohnhäusern in üblichen Abmessungen (etwa 12/24 cm alle 0,90 m) erfordert bei Weichholz für

1 lfd. m . . . . *0,25 Stz.*

Balken verlegen für Decken von Hochbauten u. dgl. in anderen Abmessungen, mit Balkenquerschnitten von F cm², erfordert bei Weichholz für *1 lfd. m*

bei $F = 160$ cm² (z. B. 8/20) . . . . . 0,20 Stz.
„ $F = 400$ cm² (z. B. 14/30) . . . . . 0,30 Stz.
„ $F = 600$ cm² (z. B. 18/34) . . . . . 0,45 Stz.
„ $F = 800$ cm² (z. B. 20/40) . . . . . 0,55 Stz.

Balkenenden mit *Karbolineum* streichen kostet für

1 Balkenende . . . . 0,1 Stz.
Karbolineumverbrauch . . . . 2,5 Dpf.

2. Abhobeln von Schnittholz (Weichholz).

Abhobeln von Balken (Pfettenköpfe oder Sparrenköpfe) *von Hand* erfordert *für 1 m²*

bei Abmessungen bis 20/20 cm . . . . 0,6 Stz.
„ „ > 20/20 cm . . . . 0,5 Stz.

Hobeln und Profilieren von Balkenköpfen erfordert *je 1 Stück*

für Pfettenköpfe . . . . 0,9 Stz.
„ Sparrenköpfe . . . . 0,7 Stz.

Abhobeln von Balken u. dgl. in größerem Umfange *mit Maschinen* kostet *je 1 m²*

an Löhnen . . . . 0,15 Stz.
Gerätekosten . . . . ca. 0,45 DM.

Bemerkung. Die obigen Sätze sind für *Rundhölzer um 25% zu erhöhen.* Bei *Harthölzern* erfolgt ein *Zuschlag von 50%.*

B. Zimmerkonstruktionen ohne Verband

d. h. Konstruktionen, bei denen keine Zapfen- oder Schlitzverbindungen vorkommen, also nur mit Verstrebungen und Verdübelungen, wie Brückenhölzer, einfache Rüstungen und Unterstützungen von Stahlbetonkonstruktionen usw.

Es handelt sich also mehr um *vorübergehende* Konstruktionen, für welche auch nur *Weichholz*[1] in Frage kommt. Der *Lohnaufwand je 1 lfd. m bzw. je 1 m³ verzimmertem Holz* ist für

Aufstellen und Wiederabbrechen der Konstruktion
(einschl. Entnageln und Stapeln der wiedergewonnenen Hölzer)

Querschnitt F = cm²	Rundholz d = cm	Kantholz cm/cm	Zimmererstunden (Stz.)	
			je 1 lfd. m	je 1 m³
60	9	8/8	0,23	36
120	13	10/12	0,40	33
200	*16*	*14/14*	*0,50*	*25*
300	20	18/18	0,60	20
600	27	24/24	0,90	16
900	34	30/30	1,30	15

Bei Errechnung des *Holzbedarfs* sind, wenn man Holz *vom Lager* verwendet und nicht in *festen Längen* vom Sägewerk bezieht, *10% für Verschnitt* zum reinen Kubikinhalt zuzuschlagen.

C. Holzkonstruktionen mit Verband.

Hier handelt es sich um Konstruktionen zum *dauernden Einbau* in Bauwerke, also z. B. *Dachkonstruktionen* von Hochbauten.

a) Die vierkantig rein gearbeiteten *Weichhölzer*[1] werden zu Konstruktionen mit Verband angearbeitet. Man muß also die *Hölzer abbinden*, auf den Bau bringen *und aufstellen* einschließlich aller Nebenarbeiten, aber ausschließlich Hobeln. Es sind also Konstruktionen, bei denen Zapfen- und Schlitzverbindungen vorkommen, wie Holzbinder, Spreng- und Hängewerke usw.

b) Das Hobeln des Holzes ist besonders nach S. 335 zu ermitteln.

Der Lohnaufwand je lfd. m bzw. je 1 m³ verzimmertes Holz ist für

Abbinden und Aufstellen der Zimmerkonstruktion
(vor allem Dachstühle u. dgl.)

Querschnitt F = cm²	Kantholz cm/cm	Zimmererstunden (Stz.)	
		je 1 lfd. m	je 1 m³
60	8/8	0,20	32
120	10/12	0,35	30
200	14/14	0,40	28
300	18/18	0,60	20
600	24/24	1,20	20
900	30/30	1,60	18

Bemerkung. Hierunter fallen auch *abgebundene* Gerüstkonstruktionen, wie Lehrgerüste und Fördergerüste für Lokomotivtransporte.

---

[1] Abbund von *Harthölzern* macht eine Zulage von 50 v.H. erforderlich. Verwickelte Dachverbände sind besonders zu berücksichtigen.

D. Blindböden und Böden für Zwischendecken.

Bretter (gesäumt, rauh) horizontal und eben in höchstens 1 cm Abstand verlegen (also einen *ungenagelten Blindboden* oder *Fußboden ohne Lagerhölzer herstellen*) erfordert einschließlich Geräte *für 1 m²*

bei 3 cm starken Brettern . . . . . . 0,40 Stz.
„ 4 cm „ „ . . . . . . 0,45 Stz.

Zwischendecke (Windelboden) mit Lattenlagerung (Balken mitgemessen):

Materialbedarf: für 1 m² 0,90 m² Bretter 30 bis 40 mm.

Bei einem Balkenabstand von	0,50	0,60	0,70	0,80	0,90	1,00	m
Verbrauch an Latten 4/6	4,6	3,8	3,3	3,0	2,6	2,3	lfd. m
Verbrauch an Drahtstiften	0,05	0,04	0,035	0,030	0,028	0,025	kg.

Lohnaufwand je 1 m² . . . . 0,30 Stz.

Stülpdecke, mit 3 cm Überstülpung, als *Windelboden*
Breite der Bretter 14 bis 24 cm. i. M. 18 cm,
Überstülpung 28 „ 14% „ „ 20%,
Herstellen der Stülpdecke *Lohnaufwand je 1 m²* . . . . . 0,40 Stz.

E. Fußböden.

Fußboden aus genagelten, rauhen und gespundeten Brettern (Rauhspundfußboden) oder Pfosten herstellen, erfordert für 1 m²:

bei 2,5 cm starken Brettern . . . . 0,35 Stz.
bei 3,0 cm „ „ . . . . 0,40 Stz.
bei 4,0 cm „ „ . . . . 0,45 Stz.

Fußboden, gehobelt und gefedert, 25 bis 40 mm stark,
Breite der Bretter 10 bis 20 cm, i. M. 14 cm,
Abgang für Nut und Feder 5 bis 10%, i. M. 7%.

Verbrauch an *Drahtstiften* je nach Balkenabstand
für 1 m² . . . . 0,2 bis 0,3 kg
Herstellen des Fußbodens . . . . 0,35 bis 0,45 Stz.

Fußbodenlager legen erfordert bei einem

Lagerabstand von	0,50	0,60	0,70	0,80	0,90	1,0 m
Lagerhölzer etwa	2,35	2,00	1,75	1,60	1,50	1,35 m/1 m²

Legen der Lagerhölzer für 1 lfd. m . . . . 0,25 Stz.

Parkettfußboden auf vorhandenem Blindboden (s. D.) 1 m²
Herstellen (verdeckt vernageln) Stäbe 40/12 . . . . 1,0 bis 1,2 Stz.
Verbrauch an Drahtstiften 60 mm . . . . 0,45 kg.

Bei sämtlichen Fußböden (Ausnahme Parkett) ist mit einem *Holzverschnitt* von *10* bis *15%* zu rechnen.

F. Dachschalung.

Dachschalung in Nut und Feder, 20 bis 25 mm stark,
Breite der Bretter 10 bis 20 cm, i. M. 14 cm,
Abgang für Nut und Feder 5 bis 10%, i. M. 8%,
Verbrauch an Drahtstiften 0,06 bis 0,08 kg für 1 m²,
Verschalen mit Dielen in Nut und Feder je 1 m² . . . . 0,35 Stz.

Dachschalung mit 4 bis 5 cm Überstülpung.
Breite der Bretter 14 bis 22 cm, i. M. 18 cm,
Überstülpung 20 bis 50%, i. M. 30%.
Das Verschalen erfordert je 1 m² . . . . 0,35 Stz. + 0,05 St.

Dachfläche mit Strecklatten (2½ × 10 cm stark) *versehen:*
Bei einem Sparrenabstand von 0,70 bis 1,00 m ist der Verbrauch an Strecklatten 1,65 bis 1,20 m für 1 m² und
der Lohnaufwand für 1 m² . . . . 0,10 Stz.

Dachfläche mit *Dachlatten versehen:*
Bei 3,5 lfd. m Latten für 1 m². . . . . 0,15 Stz.

Kosten von 1 m² Dachschalung umfassend *Schalung, Streck-, Dach- und Bundlatten:*

a) Materialverbrauch. Einschließlich 10% Verschnitt:
1,10 m² Schalung
1,60 m Strecklatten 2½ × 10 cm
3,5 m Dachlatten 3/5 cm
0,20 m Bundlatten
0,07 bis 0,10 kg Drahtstifte

b) Lohnaufwand . . . . 0,60 Stz.

G. Deckenschalung.

Deckenschalung für Rohrdeckenputz 2 cm stark erfordert je 1 m²:
an *Material:* 1,10 m² Schalung
0,5 lfd. m Latten 2,5 × 5 cm
0,05 bis 0,08 kg Drahtstifte
an *Löhnen* . . . . 0,35 Stz.

Deckenlattung für doppelt gerohrten Putz, 2½ × 5 cm stark, erfordert
an *Material:* 5,5 lfd. m Latten 2,5 × 5 cm
0,06 kg Drahtstifte
an *Löhnung* je 1 m². . . . . 0,40 Stz.

H. Wandverschalung und Bauzäune.

Wandschalung in Nut und Feder:
Bei einer Breite der Bretter von 12 bis 18 cm, i. M. 15 cm.

Abgang für Nut und Feder 5,5 bis 8,5, i. M. 7%
Holzverschnitt 10%
Verbrauch an Drahtstiften 0,06 bis 0,08 kg/m²
Aufwand an *Löhnen* je 1 m² . . . . 0,50 Stz. + 0,10 St.

Wandschalung mit Fugendeckleisten:

Bei einer Breite der Bretter von 16 bis 24 cm sind erforderlich je 1 m²:

an *Material:* 7,0 bis 4,5 lfd. m, i. M. 5,5 lfd. m Fugendeckleisten
0,07 bis 0,05 kg i. M. . . . . 0,06 kg Drahtstifte
an *Löhnen* . . . . 0,45 Stz. + 0,10 St.

Wandschalung als Stülpschalung mit 4 cm Überstülpung.

Bei einer Breite der Bretter von 16 bis 24 cm, i. M. 20 cm ist die Überstülpung 33 bis 20, i. M. 25%

Lohnaufwand je 1 m² . . . . 0,50 Stz.

Bauzaun, geschlossen (für Stadtbauten) aus Brettern 25 mm aufstellen und wieder abbrechen erfordert

an Löhnen je *1 m²* . . . . 1,6 Stz.
Materialbedarf: Kantholz (Pfosten und Riegel) 0,02 m³.
Bretter 1,1 m².
Nägel 0,2 kg.

Beispiele von Zimmererarbeiten im Hochbau.

Beispiel 65. Für einen *hölzernen Dachstuhl* sind die Kosten für das „Anarbeiten" des Dachstuhls samt Eindeckung zu ermitteln für 1 Binderfeld, bei einer Binderentfernung von 5,0 m (s. Abb. 102).

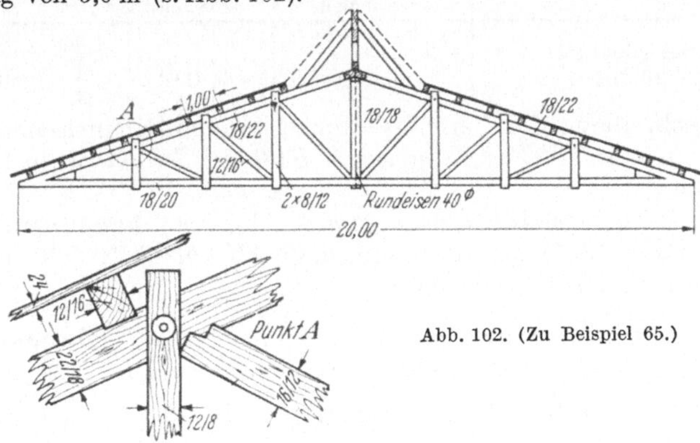

Abb. 102. (Zu Beispiel 65.)

Lösung. Die Berechnung ergibt folgenden *Kubikinhalt* der Hölzer einschließlich Laterne des Oberlichtes für 1 Binderfeld:

2,70 m³ Kantholz für Binder
1,90 m³ Pfetten
2,00 m³ Dachschalung 24 mm

6,60 m³ Schnittholz.

Materialbedarf. 6,60 + 15% Verschnitt = 7,60 m³ Schnittholz. 80 kg Kleineisenzeug (Schrauben, Rundstahl usw.). 10 kg Nägel.

Lohnkosten. Sie betragen

	20 lfd. m 18/20 zu 0,75 Stz. . .	15,0 Stz.
	21 „ „ 18/22 „ 0,85 Stz. . .	17,6 Stz.
	15 „ „ 18/18 „ 0,70 Stz. . .	10,5 Stz.
	10 „ „ 12/16 „ 0,40 Stz. . .	4,0 Stz.
	25 „ „ 8/12 „ 0,30 Stz. . .	7,5 Stz.
1.	Binder 91 lfd. m zu durchschnittlich 0,6 Stz.	54,6 Stz.
2.	Pfetten 100 lfd. m 12/16 zu 0,30 Stz. . .	30,0 Stz.
3.	Dachschalung 83 m² zu 0,35 Stz.	29,0 Stz.
		113,6 Stz.

oder 113,6/6,6 = 17,3 Stz. je *1 m³* Holzkonstruktion
oder 113,6/100 = *1,14 Stz. je 1 m²* Horizontalprojektion des Binders.

Mit Hilfe der vorangegangenen Ausführungen können Zimmererarbeiten im Hochbau (Herstellen von Dachstühlen, Fußböden, Decken-, Dach- und Wandschalungen) kalkuliert werden. Die angegebenen Lohnstundenwerte sind natürlich, wo schwierige Dachkonstruktionen mit vielen Kehlen und Graten vorliegen, noch entsprechend zu erhöhen.

Gerüste für Maurer- und Putzarbeiten.

Der Arbeitslohn für die Gerüstung bei Maurerarbeiten im Hochbau wird zumeist in die Maurerstunden mit einbezogen (s. Abschnitt XV, S. 246ff.).

Bei getrennter Berechnung kann man rechnen:

Für Aufstellen und Abbrechen von je 1 m² Ansichtsfläche von Maurer- und Putzgerüsten:

Art des Gerüsts	Materialbedarf		Lohnaufwand
	m³ Rundholz	m³ Schnittholz	
Stangengerüst (doppelt) bis 12 m Gerüsthöhe . . .	0,018	0,012	0,55 Stm.

Für Abschreibung des Gerüstes (Holzverbrauch, Kleineisenzeug, Gerüststricke usw.): *0,003 m³ Rundholz + 0,003 m³ Schnittholz* je 1 m² Ansichtsfläche.

Die *Vorhaltekosten für Stangengerüste* (doppelt) kann man (Preisbasis Frühjahr 1954) demnach mit *0,80 DM. bis 1,10 DM.* ansetzen (einschl. An- und Rücktransport).

Abgebundene Maurergerüste, Krangerüste, Einrüstungen für Rabitzdecken, Stahlbetonhallenbauten u. dgl.

Hier empfiehlt sich Materialberechnung an Hand von Skizzen. Überschlägig kann man rechnen:

je 1 m³ umbauten Gerüstraum:

Materialbedarf		Lohnaufwand	Materialverbrauch (Abschreibung) DM.
Kantholz und Schnittholz m³	Kleineisenzeug kg/1 m³ Holz		
0,03 bis 0,045	12	1,0 bis 1,2 Stz.	von Fall zu Fall, je nach Möglichkeit der Wiederverwendung

Bemerkung: Neuerdings werden auch mit Erfolg, besonders für *Putzarbeiten, Leitergerüste*[1] bei Höhen bis 20 m und mehr verwendet (auch mit Konsolrüstung).

Die *Vorhaltekosten* für *einfache Leitergerüste* kann man mit 1,— DM./m², für *doppelte Leitergerüste* mit *1,50 DM./1 m² ansetzen* (bis 15 m Gerüsthöhe).

Auch *Stahlrohrgerüste* können für die Einrüstung von Hallen, Kirchen, Türmen usw. mit wirtschaftlichem Erfolg Verwendung finden.

Sie sind besonders *bei großen Höhen* (über 20 m) wirtschaftlich. Die *Lohnkosten für Aufstellen und Abbrechen von Stahlrohrgerüsten* sind ein Bruchteil derjenigen von abgebundenen Holzgerüsten. Die *Vorhaltekosten* (Frühjahr 1954) kann man etwa zu *2,— DM. je 1 m³ verbauten Gerüstraum* annehmen. Dazu kommt der *Verbrauch an Gerüstdielen.*

Beispiele von Zimmererarbeiten im Ingenieurbau.

1. Zimmererarbeiten bei der Einrichtung von Tiefbaustellen.

Als Beispiele mögen einige Kalkulationen von Zimmererarbeiten dienen, wie sie bei *der Einrichtung großer Tiefbaustellen* anfallen beim Aufstellen von provisorischen Büros, Magazin-, Werkstattgebäuden u. dgl. An Hand der gemachten Angaben über Materialverbrauch, welche zur Übung nachkontrolliert werden mögen, sollen die *Selbstkosten an Zimmererlöhnen* festgestellt werden.

Beispiel 66. Es sollen die reinen Lohnkosten für die Zimmererarbeiten ermittelt werden für ein *Baubüro* von 8 · 10 m Grundrißfläche, welches in Holzfachwerk mit Ausmauerung hergestellt wird und es soll dann der Anteil der Zimmererlöhne an den Kosten je 1 m² Grundrißfläche bestimmt werden.

Lösung. Verzimmertes Holz:

a) 660 lfd. m Hölzer 12/12 cm (einschl. Sparren und Lagerhölzer),
b) 73 m² Fußboden 7/8″.

Die *Lohnkosten* für das Abbinden und Aufstellen des Baubüros können dann wie folgt veranschlagt werden:

a) 660 lfd. m Holz verzimmern zu 0,4 Stz. . . .	264 Stz.
b) 73 m² Fußboden legen zu 0,5 Stz.	36,5 Stz.
Insgesamt:	300,5 Stz.

Somit je 1 m² Grundrißfläche $\frac{300,5}{8 \cdot 10} = 3,75$ *Stz.*

Beispiel 67. Eine *Kantine* für eine Tiefbaustelle 8 · 25 m = 200 m² Grundrißfläche und 3 m Höhe mit Deckenschalung, ist in Fachwerk zu verzimmern und mit Fußboden zu versehen. Es ist nach dem angegebenen Holzbedarf der Lohnkostenaufwand für die Zimmererarbeiten (Abbinden und Aufstellen) zu bestimmen und der Kostenanteil dieser Arbeit je 1 m² Grundrißfläche zu ermitteln (s. Abb. 103).

Lösung. An *Material* ist erforderlich:

730 lfd. m Pfosten, Schwellen usw. 15/15
220 lfd. m Sparren 8/10
104 lfd. m Lagerhölzer 15/15
300 lfd. m Lagerhölzer 12/12
190 m² Fußboden 7/8″
190 m² Deckenschalung 10 mm in Nut und Feder.

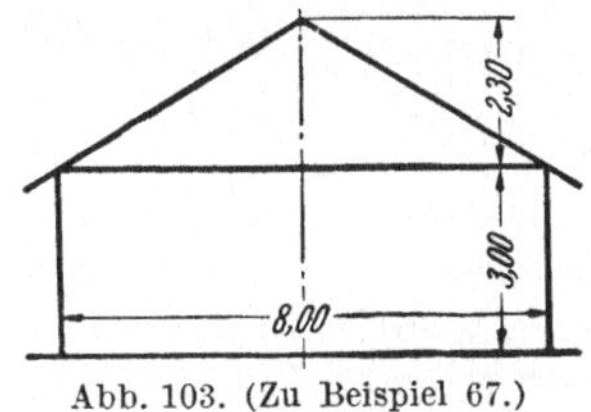

Abb. 103. (Zu Beispiel 67.)

[1] Siehe Zeitschrift „Neue Bauwelt" 1948, Heft 37ff. „Leistungsrichtsätze für den Leitergerüstbau".

Die *Lohnkosten für die Zimmerarbeiten* (Abbinden und Aufstellen) betragen demnach:

730 lfd. m Holz verzimmern zu 0,4 Stz. .	292 Stz.
220 lfd. m Sparren 8/10 zu 0,3 Stz. . . .	66 Stz.
104 lfd. m Lagerhölzer 15/15 zu 0,3 Stz. .	31 Stz.
300 lfd. m Lagerhölzer 12/12 zu 0,3 Stz. .	90 Stz.
190 m² Fußboden 7/8″ zu 0,35 Stz. . . .	67 Stz.
190 m² Deckenschalung 10 mm 0,35 Stz. .	67 Stz.
Insgesamt:	613 Stz.

Somit je 1 m² Grundrißfläche 613/200 = *3,07 Stz.*

Beispiel 68. Für *1 Zementschuppen* 12 · 60 m, welcher in Holzfachwerkswänden mit Stülpschalung der Wände, Dachverschalung (zwecks Ruberoidabdeckung) und Fußboden zu versehen ist, sind die reinen Lohnkosten für Abbinden und Aufstellen der Holzkonstruktion auf Grund des angegebenen Holzbedarfs festzustellen und ihr Anteil je 1 m² Grundrißteil zu ermitteln (s. Abb. 104).

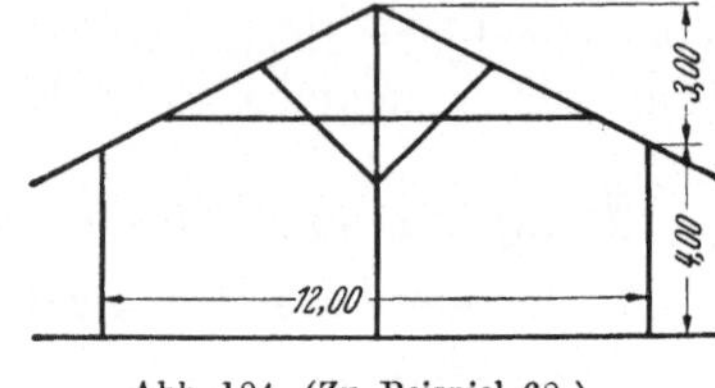

Abb. 104. (Zu Beispiel 68.)

Lösung. An *Material* ist erforderlich:

a) 300 lfd. m Pfetten 12/18 cm
b) 990 lfd. m Pfosten, Schwellen u. dgl. 12/12 cm
c) 1495 lfd. m Zangen und Sparren 10/10 cm
d) 1080 lfd. m Lagerhölzer 12/12 cm
e) 360 lfd. m Lagerhölzer 15/15 cm
f) 720 m² Fußboden 25 mm
g) 500 m² Stülpschalung für Wände
h) 850 m² Dachschalung.

Die *Lohnkosten für die Zimmererarbeiten* betragen demnach für *Aufstellen*

a) 300 lfd. m Holz verzimmern zu 0,50 Stz. . . .	150 Stz.
b) 990 lfd. m Holz verzimmern zu 0,40 Stz. . . .	396 Stz.
c) 1495 lfd. m Holz verzimmern zu 0,35 Stz. . .	523 Stz.
d) 1080 lfd. m. Holz verzimmern zu 0,30 Stz. . .	324 Stz.
e) 360 lfd. m Holz verzimmern zu 0,35 Stz. . . .	126 Stz.
f) 720 m² Fußboden zu 0,40 Stz.	288 Stz.
g) 500 m² Stülpschalung zu 0,50 Stz.	250 Stz.
h) 850 m² Dachschalung zu 0,40 Stz.	340 Stz.
Insgesamt:	2397 Stz.

Somit je 1 m² Grundrißfläche 2397/720 = *3,35 Stz.*

Für *Abbau* der Konstruktion kann man rechnen 2397/3 = 800 Stz. oder je 1 m² 800/720 = *1,12 Stz.*

Bemerkung. Will man die Kostenermittlung vervollständigen, so kommen zu den Zimmererarbeiten noch etwa 45 m³ Betonfundamente und 850 m² Dachdeckung mit Ruberoid, Ziegeldach od. dgl.

2. Fördergerüste.

Allgemeines. Bei Tiefbauarbeiten kommt es sehr oft vor, daß Transportbrücken für Betonförderung oder für Materialförderung mit Lokomotivbetrieb (Überbrückung von Tälern) verzimmert werden müssen. Um Anhaltspunkte zu geben, wie solche Arbeiten rasch und sicher zu kalkulieren sind, seien im folgenden Beispiele nebst Ermittlung des Holzverbrauchs und Stundenaufwandes durchgerechnet, so daß es möglich sein wird, an Hand der dabei gewonnenen Werte die Kosten für Transportgerüste rasch überschlägig zu ermitteln, wenn man die mittlere Höhe und Länge des Gerüstes, d. i. *den Flächeninhalt der Gerüstansicht in* m^2 kennt. Für Betontransporte sind bis zu Höhen von 10 m leichte Stangengerüste üblich, die bei kurzen Betontransporten und verhältnismäßig geringen Massen eingleisig gebaut und nur mit Kipploren von 0,75 m^3 Inhalt befahren werden. Bei Höhen über 10 m wird man verzimmerte Gerüste verwenden und diese, wo größere Förderweiten und größere Massen vorliegen, zweigleisig ausbilden. Es ist auch darauf Rücksicht zu nehmen, ob das Gerüst mit leichten 10/20-PS-Lokomotiven befahren wird. Wesentlich schwerer fallen die Gerüste aus, welche man in großen Erdbetrieben mit schweren Lokomotiven (bis 200 PS) bei der Kreuzung von Flüssen oder Tälern zu verwenden hat. Diese sind *sorgfältig für die betreffenden Lasten* zu berechnen.

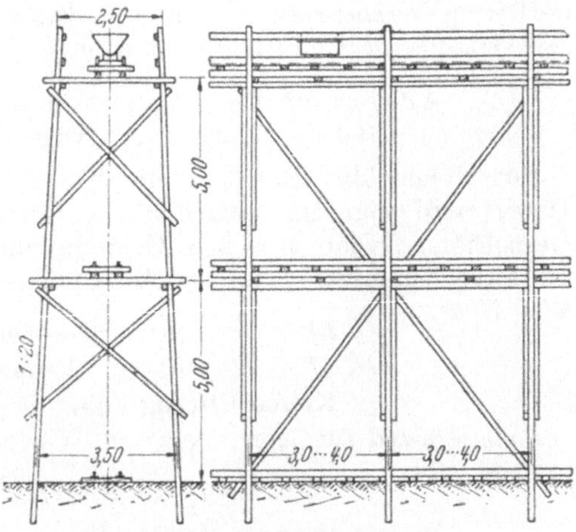

Abb. 105. (Zu Beispiel 69.)

Betonfördergerüste für ¾ m^3-Loren 60 cm Spur. Stangengerüste bis 10 m Höhe.

Beispiel 69. Für ein Stangengerüst von 10 m Höhe (s. Abb. 105), das als Betonfahrgerüst zum Betonieren einer 10 m hohen Brücke dienen soll, ist der Holzbedarf und Lohnaufwand für 1 lfd. m Gerüst bzw. 1 m^2 Gerüstansichtsfläche zu ermitteln.

Lösung. *a*) *Materialbedarf* für 10 lfd. m Gerüst (ohne Gleisschwellen):

	Stangen = Rundholz		Kantholz und Schnittholz
	lfd. m	m^3	m^3
6 Stangen 12,50 m lang $d = 14$ cm . .	75,0	1,155	
2 Streben 12,50 m lang $d = 12$ cm . .	25,0	0,283	
8 Streichstangen 10,00 m lang $d = 12$ cm	80,0	0,905	
6 Streben 5,0 m lang $d = 10$ cm . . .	30,0	0,234	
6 Streben 4,6 m lang $d = 10$ cm . . .	27,6	0,216	
6 Langschwellen 4,0 m lang 10/14 . . .	24,0		0,336
6 Langschwellen 3,2 m lang 10/14 . .	19,2		0,269
Belagdielen 4 cm st. 16 m^2.			0,640
	280,8	2,793	1,245
+ 10% Verschnitt	28,1	0,279	0,125
	308,9	3,072	1,370

Somit *Holzbedarf* je ldf. m Gerüst 10 m hoch: *0,3 m³* Stangenholz + *0,14 m³* Kant- und Schnittholz. Je 1 m² Gerüstansichtsfläche: *0,03 m³* Rundholz + *0,014 m³* Schnittholz, d. i. *1,5% des umbauten Gerüstraumes*. Drahtstifte 10 kg je 1 m³ Holz.

b) Lohnaufwand. Man kann nach S. 336 für Aufstellen und Wiederabbrechen des Gerüstes rechnen für 1 lfd. m Holz 0,4 Stz. Somit für 1 lfd. m Gerüst 10 m hoch 12,5 Stz. oder für *1 m² Gerüstansichtsfläche 1,25 Stz.*

Abgebundene eingleisige Betonfahrgerüste.
(60 cm Spur, 3/4 m³-Wagen, Handbetrieb.)

Für Höhen über 10 m und überhaupt für Bauarbeiten von längerer Dauer wird man nur abgebundene Gerüste verwenden. Wenn h die Gerüsthöhe (Höhe zwischen Gelände und Unterkante Gleisschwelle) in Meter bedeutet, so ist der *Materialbedarf je lfd. m Fahrgerüst von h m Höhe:*

$(0{,}40 + 0{,}002\,h)$ m³ Kantholz und Schnittholz
$+ h\,(0{,}04 + 0{,}0015\,h)$ m³ Rund- und Halbrundholz.
Kleineisenzeug 15 kg je 1 m³ Holz.

Lohnaufwand für Aufstellen und Wiederabbrechen je *1 m³ Holz* . . . . *33 Stz.*

Abgebundene zweigleisige Betonfahrgerüste.
(60 cm Spur, 3/4 m³-Wagen, Handbetrieb.)

Die Abb. 106 zeigt ein solches Gerüst.

Der *Materialbedarf je lfd. m Fahrgerüst von h m Höhe* beträgt:

$(0{,}90 + 0{,}003\,h)$ m³ Kantholz und Belagbohlen
$+ h\,(0{,}05 + 0{,}0013\,h)$ m³ Rund- und Halbrundholz.
Kleineisenzeug *15 kg* je 1 m³ Holz

Lohnaufwand für Aufstellen und Wiederabbrechen je *1 m³ Holz* . *33 Stz.*

Beispiel 70. Für ein in abgebundener Konstruktion verzimmertes 15 m hohes zweigleisiges (60 cm Spur, 3/4-m³-Wagen von Hand) Betonfahrgerüst (s. Abb. 106) ist der Materialbedarf und Lohnaufwand (für Abbinden, Aufstellen und Wiederabbrechen) je lfd. m Gerüst bzw. je 1 m² Gerüstansichtsfläche bzw. je 1 m³ umbauten Gerüstraum zu ermitteln.

Lösung. *a) Materialbedarf für 10 lfd. m Gerüst* (Jochentfernung 3,30 m).

	Kantholz und Schnittholz m³	Rundholz und Halbrundholz m³
3 Schwellen 20/24, 5,40 m lang	0,778	
3 Querholme 20/20, 5,40 m lang	0,650	
4 Längsholme 20/20, 11,0 m lang	1,760	
Belagdielen 50 m², 4,5 cm st.	2,250	
15 Stück Schwellen 15/18, 6,20 m lang	2,510	
Geländer etwa	1,000	
6 Pfosten $d = 25$ cm, 14,70 m lang		4,410
12/2 = 6 Zangen $d = 18$ cm, 4,50 m lang		0,675
18/2 = 9 Querstreben $d = 18$ cm, 6,20 m lang . .		1,395
12/2 = 6 Längsstreben $d = 20$ cm (10,40 + 10,40/2)		3,120
Insgesamt	8,948	9,600
+ 10% Verschnitt	0,895	0,960
	9,843	10,560

Somit *Holzbedarf* für *1 lfd. m Gerüst* 15 m hoch 0,98 m³ Kantholz + 1,06 m³ Rundholz; für *1 m² Gerüstansichtsfläche* 0,065 m³ Kantholz + 0,07 m³ Rundholz; für *1 m³ umbauten Gerüstraum* 0,0164 m³ Kantholz + 0,0176 m³ Rundholz, das ist *3,4% des umbauten Gerüstraums.*

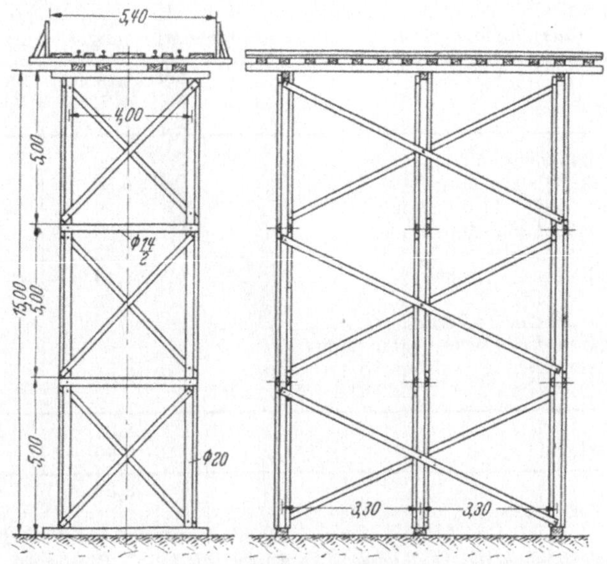

Abb. 106. (Zu Beispiel 70.)

Kleineisenzeug für 1 lfd. m Gerüst 15 kg · 2,04 = 30,6 kg; für 1 m² Gerüstansichtsfläche 2 kg; für 1 m³ umbauten Gerüstraum 0,5 kg.

b) Lohnaufwand. Für Aufstellen und Wiederabbrechen je 1 m³ Holzkonstruktion 33 Stz. Somit für 1 lfd. m Gerüst *61,0 Stz.* Für *1 m² Gerüstansichtsfläche 4,0 Stz.* Für 1 m³ umbauten Gerüstraum *1,0 Stz.*

Abgebundene eingleisige Fördergerüste für 60 cm-Spur-Lokomotiven (bis 60 PS).

Abb. 107 zeigt die Querschnittsskizze eines solchen Gerüstes (Jochentfernung 3,3 m).

Der *Materialbedarf für 1 lfd. m Fahrgerüst von h m Höhe* beträgt:

(0,90 + 0,002 h) m³ Kantholz und Belagdielen

+ *h (0,10 + 0,0018 h)* m³ Rundholz und Halbrundholz.

Kleineisenzeug 15 kg je 1 m³ Holz.

Lohnaufwand für Aufstellen und Wiederabbrechen

je *1 m³ Holzkonstruktion* . . . . *33 Stz.*

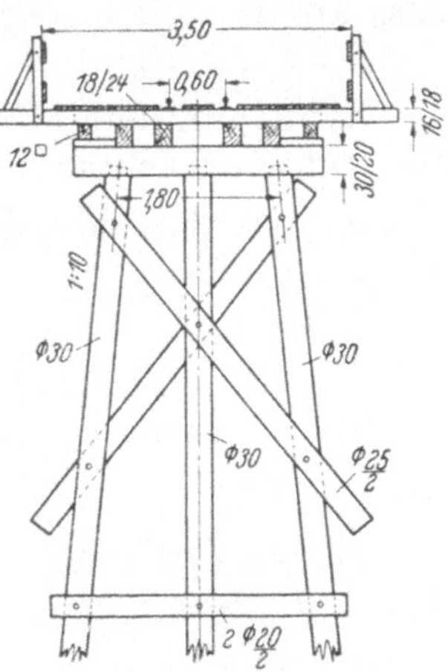

Abb. 107. (Zu Beispiel 71.)

Beispiel 71. Für ein 15 m hohes eingleisig mit 60-PS-Lokomotiven 60-cm-Spur befahrenes Fördergerüst ist der Materialbedarf und Lohnaufwand (für Aufstellen und Wiederabbrechen) je ldf. m Gerüst, je 1 m² Gerüstansichtsfläche und je 1 m³ umbauten Gerüstraum zu ermitteln.

Lösung. *a) Materialbedarf für 10 lfd. m Gerüst* (Jochentfernung 3,30 m) h = 15 m.

	Kantholz und Schnittholz m³	Rundholz und Halbrundholz m³
3 Schwellen 20/30 cm, 5,50 m lang	1,00	
3 Holme 20/30, 2,80 m lang	0,50	
4 Längsholme 18/24, 11,0 m lang	1,90	
2 Längsholme 12/12, 11,0 m lang	0,33	
60 lfd. m Gleisschwellen 16/18	1,75	
32 m² Belagdielen 4,5 cm st.	1,44	
Geländer	1,10	
9 Pfosten $d = 30$ cm, 14,70 m lang		9,30
12/2 = 6 Zangen $d = 20$ cm, 4,0 m lang		0,75
18/2 = 9 Querstreben $d = 25$ cm, 5,0 m lang		2,25
12/2 = 6 Längsstreben $d = 25$ cm (10,4 + 5,2) m lang		4,70
Insgesamt	8,02	17,—
+ 10% Verschnitt	0,80	1,70
	8,82	18,70

Somit *Holzbedarf* für *1 lfd. m Gerüst 0,9 m³* Kantholz + *1,9 m³* Rundholz; für *1 m² Gerüstansichtsfläche 0,06 m³* Kantholz + *0,13 m³* Rundholz; für *1 m³ umbauten Gerüstraum 0,017 m³* Kantholz + *0,036 m³* Rundholz, das ist *5,3% des umbauten Gerüstraums.*

Kleineisenzeug für 1 lfd. m Gerüst 15 kg · 2,44 = *36,6 kg,* für 1 m² Gerüstansichtsfläche *2,4 kg,* für 1 m³ umbauten Gerüstraum *0,7 kg.*

b) Lohnaufwand (reine Löhne ohne Zuschläge!). Für Aufstellen und Abbrechen von 1 m³ Holzkonstruktion *33 Stz.* Somit für 1 lfd. m Gerüst 15 m hoch *82,5 Stz.*, für 1 m² Gerüstansichtsfläche *5,5 Stz.*, für 1 m³ umbauten Gerüstraum *1,6 Stz.*

Abgebundene eingleisige Fördergerüste für 90-cm-Spur-Lokomotiven (bis 200 PS).

Abb. 108 zeigt die Querschnittsskizze eines solchen Gerüstes (Jochentfernung 3,3 m).

Der *Materialbedarf für 1 lfd. m Fahrgerüst von h m Höhe* beträgt:

$(1{,}1 + 0{,}005\,h)$ m³ Kant- und Schnittholz

$+ h\,(0{,}125 + 0{,}0018\,h)$ m³ Rund- und Halbrundholz.

Kleineisenzeug 15 kg je 1 m³ Holz.

Lohnaufwand für Aufstellen und Abbrechen
je 1 m³ Holzkonstruktion . . . . *33 Stz.*

Bemerkung. Bei Verwendung von Differdinger T-Trägern als Längsträger (nach Abb. 109) beträgt der Materialbedarf für 1 lfd. m Gerüst von h m Höhe

(0,95 + 0,005 h) m³ Kant- und Schnittholz + *h* *(0,12 + 0,0016 h)* m³ Rundholz + *2,2 lfd. m Diff.* I *Nr. 20* = 0,121 t = 121 kg.

Kleineisenzeug 20 kg je 1 m³ Holz.

Beispiel 72. Für ein 15 m hohes eingleisig mit 200-PS-Lokomotiven 90 cm-Spur befahrenes Fördergerüst (Abb. 109) ist der Materialbedarf und Lohnaufwand (für Aufstellen und Wiederabbrechen) je lfd. m Gerüst, je 1 m² Gerüstansichtsfläche und je 1 m³ umbauten Gerüstraum zu ermitteln.

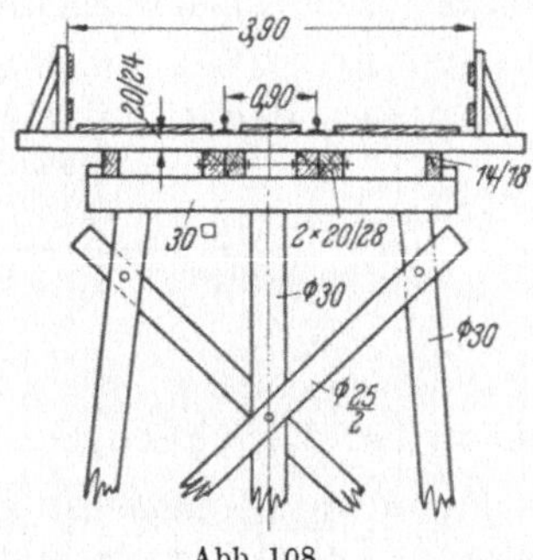

Abb. 108.

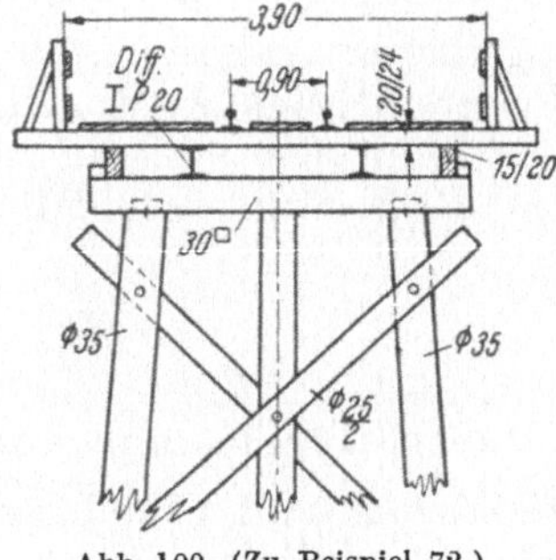

Abb. 109. (Zu Beispiel 72.)

Lösung. *a) Materialbedarf für 10 lfd. m Gerüst* (Jochentfernung 3,30 m).

	Kantholz und Schnittholz m³	Rundholz und Halbrundholz m³
3 Schwellen 20/30, 6,50 m lang	1,18	
3 Holme 30/30, 3,50 m lang	0,95	
2 Längsholme 15/20, 11,0 m lang	0,66	
75 m Gleisschwellen 24/20	3,60	
40 m² Belagdielen, 4,5 cm stark	1,80	
Geländer	1,10	
9 Pfosten $d = 35$ cm, 14,70 m lang		12,70
12/2 = 6 Zangen $d = 25/2$ cm, 4,50 m lang		0,90
18/2 = 9 Querstreben $d = 25/2$ cm, 6,20 m lang . .		2,80
12/2 = 6 Längsstreben $d = 25/2$ (10,4 + 5,2) m lang.		4,70
Insgesamt	9,29	21,10
+ 10% Verschnitt	0,93	2,11
	10,22 +	23,21

dazu 22 lfd. m Differdinger I-Träger Nr. 20.

Somit *Materialbedarf* für *1 lfd. m Gerüst* 15 m hoch *1,0 m³* Kantholz + *2,3 m³* Rundholz + *0,12* t Diff.-I-Träger. Für *1 m² Gerüstansichtsfläche 0,07 m³* Kantholz + *0,15 m³* Rundholz + *0,008* t Diff.-I-Träger. Für *1 m³ umbauten Gerüstraum 0,016 m³* Kantholz + *0,036 m³* Rundholz + *0,0018* t Diff.-I-Träger, das ist *5,2% des umbauten Gerüstraumes.*

Kleineisenzeug 15 kg je 1 m³ Holz.

b) Lohnaufwand (reine Löhne ohne Zuschläge).

Für Aufstellen und Abbrechen von 1 m³ Holzkonstruktion	33 Stz.
Für Aufstellen und Abbrechen von 1 t Formeisen	18 Stz.
Somit für 1 lfd. m Gerüst 15 m hoch	*102,5 Stz.*
Für 1 m² *Gerüstansichtsfläche*	*6,8 Stz.*
Für 1 m³ umbauten Gerüstraum	*1,5 Stz.*

3. Lehrgerüste.

Zimmererkonstruktionen, welche der Ingenieur oft zu kalkulieren hat, sind Lehrgerüste zum Einrüsten der Bögen von Beton- und Stahlbetonbogenbrücken. Für das Abbinden des Gerüstes ist es wichtig, daß zunächst ein sehr sorgfältig verlegter „Reißboden" hergestellt wird.

1 m^2 Reißboden verlegen und abbrechen. Entsprechend den früher gemachten Angaben kann man rechnen für 1 m^2 (ohne Planierarbeiten):

Lagerhölzer verlegen 1,4 lfd. m zu 0,40 Stz.	0,56 Stz.
Wiederentfernen der Lagerhölzer 1,4 lfd. m zu 0,10 Stz.	0,14 Stz.
1 m^2 Reißboden verlegen zu 0,40 Stz..	0,40 Stz.
1 m^2 Reißboden wiederentfernen zu 0,14 Stz.	0,14 Stz.
Insgesamt:	1,24 Stz.

oder rund 1,25 Stz./m^2.

Materialverbrauch und Lohnkosten für Lehrgerüste.

Allgemeines. Auf Grund des Lehrgerüstentwurfes ist zunächst eine „Holzliste" aufzustellen, aus der Stückzahl, Länge, Querschnittsabmessung und Bezeichnung der Hölzer hervorgeht. Diese Liste kann dann auch dem mit der Anlieferung des Holzes beauftragten Sägewerk als Unterlage dienen. Die Vorlage einer solchen Holzliste ist in Beispiel 73, S. 349ff. gegeben.

Der *Materialbedarf* wird festgestellt in m^3 Rundholz, Halbrundholz, Kantholz und Belagdielen. Desgleichen sind die erforderlichen Eisenschrauben, Laschen und Dübel nach Stückzahl, Länge und Durchmesser festzustellen und das Gewicht in kg zu ermitteln. Für die Kalkulation ist es meist üblich, das Kleineisenzeug in kg für 1 m^3 Holz schätzungsweise anzunehmen.

Der *Holzbedarf* wird auch angegeben bezogen auf *1 m^3 umbauten Raum*, wobei unter dem „umbauten Raum" das Produkt aus Gerüstfläche und mittlerer Gerüsttiefe (meist gleich Bogenbreite) verstanden wird. Der Holzbedarf wird dann in Prozent der m^3-Zahl des umbauten Raumes angegeben und schwankt, wie die folgenden Beispiele zeigen werden, zwischen 2,5 und 6% je nach den Verhältnissen. Die bei Konstruktion verschiedener Lehrgerüste gesammelten Erfahrungen ermöglichen es dem Praktiker, wo keine Zeit zum Entwurf des Lehrgerüstes vorhanden ist, dennoch bei der Kalkulation den Holzbedarf in Prozenten des umbauten Raumes rasch zu schätzen.

Dieses Verfahren reicht für die Kalkulationspraxis vollkommen aus, zumal die Ansichten über die Bewertung des nach dem Abbruch wiedergewonnenen Holzes bzw. des Holzverbrauchs, d. h. des „Abschreibungswertes" des Holzes meist sehr viel weiter auseinandergehen als die Abweichung des geschätzten vom errechneten Holzbedarf.

Der Lohnaufwand für das Abbinden, Aufstellen und Wiederabbrechen des Lehrgerüstes hängt außer von der Tüchtigkeit der Zimmerleute — was sehr wesentlich ist, denn nicht jeder Zimmermann hat Übung im Abbinden und Aufstellen von Lehrgerüsten — ab von dem Umfang der

Arbeiten, von der durchschnittlichen Stärkeabmessung der Hölzer, von der Möglichkeit, Gerüste mehrfach zu verwenden oder mehrere gleiche Gerüste nacheinander abzubinden, von der Höhe des Gerüstes und der Möglichkeit des maschinellen Antransportes der Hölzer bei hohen Gerüsten (Kabelbahnen, Turmdrehkrane usw.). Die Verwendung von Abbundmaschinen (Zapfenschneiden usw.) und von elektrischen Handkreissägen und Handbohrmaschinen ermöglicht eine Senkung des Lohnaufwandes. So ist es, wie meist in der Kalkulationspraxis, nicht möglich ein Rezept anzugeben, nach dem die Kosten von Lehrgerüsten von Anfängern richtig kalkuliert werden können. Man kann wohl Mittelwerte angeben, welche der Praxis entstammen, muß es aber in jedem einzelnen Falle dem Kalkulator überlassen, die Schwierigkeiten der Arbeit selbst richtig einzuschätzen und auf Grund eigener Erfahrung die Mittelwerte, welche im folgenden angegeben sind, seinem besonderen Fall entsprechend abzuändern.

Der Lohnaufwand setzt sich zusammen aus Zimmerpolierstunden, Zimmermannsstunden und Hilfsarbeiterstunden, wobei allerdings die Hilfsarbeiterstunden nur etwa 20% der Gesamtstundenzahl ausmachen. Mit Rücksicht auf den höheren Lohnsatz des Zimmerpoliers rechnet man zweckmäßig die Löhne für Lehrgerüstarbeiten nur als Zimmererlöhne, womit dann die Aufsicht des Zimmerpoliers mit eingeschlossen ist.

Man kann für mittlere Verhältnisse rechnen für das Abbinden, Aufstellen und Wiederabbrechen von Lehrgerüsten

Abbinden	12	bis	16 Stz.
Aufstellen und Transport	10	„	15 Stz.
Abbrechen und Rücktransport	8	„	14 Stz.
je 1 m³ Holz	*30*	*bis*	*45 Stz.*

Bei *sehr hohen Gerüstkonstruktionen* (Brücken über tiefe Täler), ebenso bei Brücken über Flüsse, wo die Schwierigkeiten des Aufstellens ebenfalls größer sind, können sich diese Werte noch erhöhen. Bei den Flußbrücken sind auch die Kosten der Transportbrücke über den Fluß und das Rammen der Untergerüste nicht zu übersehen. Bei Viadukten, welche die Verwendung von besonderen Transportanlagen wie Turmdrehkrane, Kabelbahnen u. dgl. erforderlich machen, sind die Kosten der Transportanlage anteilig auf das Lehrgerüst zu verteilen. Die untere Grenze des Lohnaufwandes kann bei entsprechenden maschinellen Hilfsmitteln, besonders beim Aufstellen und Abbrechen, noch unterschritten werden. Es sind in diesem Falle aber die Gerätekosten zu berücksichtigen.

Sofern der Holzabbund zentral am Lagerplatz des Bauunternehmens erfolgt, wo Abbundmaschinen zur Verfügung stehen, müssen die Transportkosten (einschl. Fracht) zur Baustelle besonders ermittelt werden.

Beispiele für Kostenberechnung von Lehrgerüsten.

Beispiel 73. Der Holzbedarf des Lehrgerüstes der zweiten Bogenöffnung einer Stahlbetonbrücke (Abb. 110) sei bekannt (s. Holzliste), und es sollen die Selbstkosten des Lehrgerüstes (ohne Umsatzsteuer, Wagnis und Gewinn) ermittelt werden bei einem Holzpreis frei Baustelle von 110,— DM. für 1 m³ Rundholz, 200,— DM. für 1 m³ scharfkantig geschnittenes Kantholz (mit Bodenbelag) und 1,50 DM. je kg Kleineisenzeug. Der Stundenlohn für Zimmerleute sei Stz. = 2,10 DM. Der Wert des zurückgewonnenen Holzes werde bei der Materialkostenberechnung zu 50% angenommen.

Lösung. 1. Materialkosten. Der Materialkostenberechnung werde die nachstehende Holzliste zugrunde gelegt:

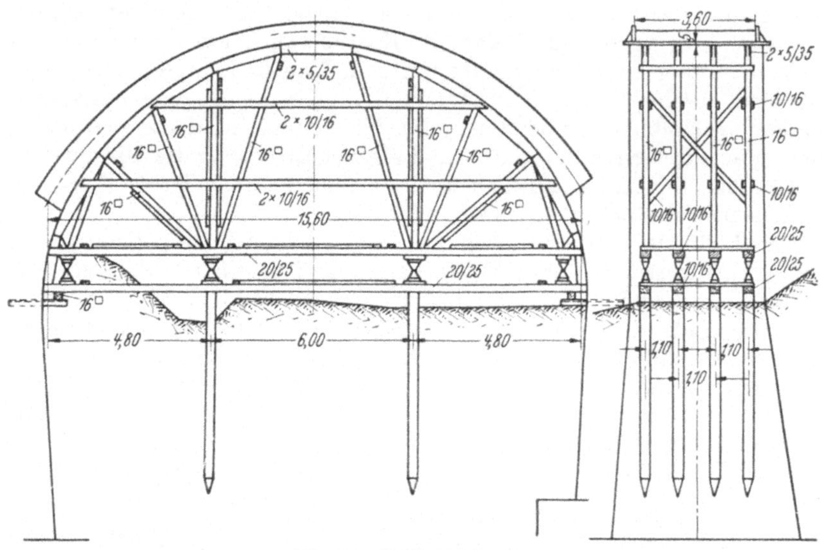

Abb. 110. (Zu Beispiel 73.)

Holzliste.

Zweiter Bogen.

16 Schwellen 20/25, 7,90 m lang	6,51 m³
2 Schwellen 16/16, 3,70 m lang	
8 Säulen 16/16, 6,20 m lang	4,79 m³
8 Säulen 16/16, 5,40 m lang	
8 Säulen 16/16, 4,60 m lang	
8 Säulen 16/16, 4,20 m lang	
8 Säulen 16/16, 3,00 m lang	
4 Zangen 10/16, 4,60 m lang	5,14 m³
4 Zangen 10/16, 4,30 m lang	
20 Zangen 10/16, 3,70 m lang	
8 Zangen 10/16, 9,50 m lang	
16 Zangen 10/16, 5,00 m lang	
8 Zangen 10/16, 7,00 m lang	
16 Kranzhölzer 5/35, 1,40 m lang	3,31 m³
24 Kranzhölzer 5/35, 2,15 m lang	
16 Kranzhölzer 5/35, 2,25 m lang	
16 Kranzhölzer 5/35, 2,40 m lang	
16 Kranzhölzer 5/35, 2,55 m lang	
Dielen 4,50 m lang, 5 cm stark, 24 · 4,50 · 0,05	5,40 m³
Summe:	25,15 m³

Kleineisenzeug (Schrauben usw.) 660 kg.

Kosten des *Materialbedarfs:*

25,15 m³ Kantholz und Belagdielen zu 200,— DM. .	5030,— DM.
660 kg Kleineisenzeug zu 1,50 DM.	990,— „
	6020,— DM.
+ 10% für Geschäftskosten	602,— „
Gesamtkosten für Material	6622,— DM.
ab für zurückgewonnenes Holz und Eisen 6020/2 =	3010,— „
Materialkosten des Lehrgerüstes	3612,— DM.

2. Lohnaufwand.

a) Aufstellen des Reißbodens etwa 300 m² zu 1,1 Stz. = 330 Stz., davon entfallen etwa 4/10 auf den mittleren Bogen der 2. Öffnung, somit 0,4 · 330 = 132 Stz. somit für 1 m³ Holz 132/25,15	5,2 Stz.
b) Abbinden der Hölzer für 1 m³	15,0 Stz.
c) Aufstellen und Transport	13,0 Stz.
d) Wiederabbrechen und Stapeln	9,0 Stz.
Insgesamt:	42,2 Stz.

Somit gesamter Lohnaufwand 25,15 · 42,2 = 1061 Stz.
oder 1061 · 2,10 = 2228,10 DM. + 60% Zuschläge = 3565,— DM.

Die gesamten *Selbstkosten* betragen demnach

an Material	3612,— DM.
an Löhnen	3565,— „
Insgesamt:	*7177,— DM.*

Beispiel 74[1]**.** Abb. 111 zeigt die Skizze des Lehrgerüstes einer Stahlbetonbrücke mit aufgehängter Fahrbahn von 64 m Spannweite und 26 m Höhe des Bogenscheitels über Flußsohle. Die Brücke hat 2 Bogenrippen von 1 m Stärke, welche 5,50 m voneinander entfernt liegen. Für die Einrüstung des Bogens sind unter jedem Bogen 3 Binder zur Abstützung gewählt. Nach den unter a) Materialverbrauch gemachten Angaben sind die reinen Lohnkosten bei einem Zimmermannslohn von Stz. = 2,10 DM. zu ermitteln (Aufstellen und Wiederabbrechen).

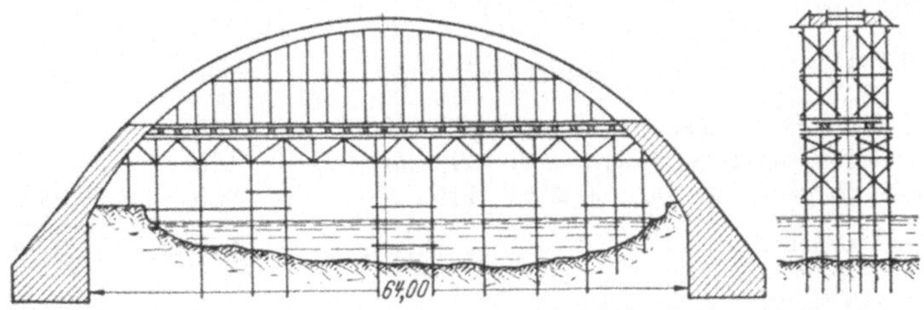

Abb. 111. (Zu Beispiel 74.)

[1] Die Angaben über Materialverbrauch der Brücke Abb. 111 sind einem Aufsatz von MUY über Lehrgerüste in der Zeitschrift „Armierter Beton 1918“ entnommen.

Lösung. a) Materialverbrauch:

Der Holzbedarf beträgt für das Untergerüst

50 m^3	Rundholz
140 m^3	Kantholz
19 m^3	Halbrundholz
209 m^3	Holz, das ist etwa 3,6% *des umbauten Raumes.*

Der Holzbedarf beträgt für das *Obergerüst* (ohne Belagbohlen)

35 m^3	Rundholz
19 m^3	Halbrundholz
55 m^3	Kantholz
109 m^3	Holz, das ist etwa 3,3% *des umbauten Raumes.*

Der Bedarf an Kleineisenzeug kann, da das Untergerüst durch die Schiffahrtsöffnung einen Fachwerksträger mit eisernen Zugstangen erforderlich macht, auf 30 bis 40 kg geschätzt werden.

b) Lohnaufwand für das Lehrgerüst (ohne Aufbringen der Wölbdielen)

Herstellen eines Reißbodens etwa 2000 m^2 zu 1,1 Stz. . . .	2200 Stz.
318 m^3 Gerüstholz verzimmern und wiederabbrechen zu 45 Stz.[1].	14310 Stz.
	16510 Stz.

Somit reine Lohnkosten 16510 Stz. zu 2,10 DM. = *34671,— DM.*

Beispiel 75. Für eine Stahlbetonbogenbrücke (Straßenbrücke) über ein Tal von 130 m Spannweite, 7 m Bogenbreite und 50 m Höhe des Bogenscheitels über Talsohle liegen Lehrgerüstskizzen vor[2].

Das *Obergerüst* (in Kantholz) mit etwa 96 m Spannweite und 12 m Pfeilhöhe besteht aus einem Fächergerüst und hat einen umbauten Raum von $(96\times 12 \times 2/3\times 7 =)$ 5400 m^3. Das *Untergerüst* (vorwiegend Rundholz) besteht im wesentlichen aus Einzeltürmen von 6 m Breite und 38 m max. Höhe und hat einen umbauten Raum von 38000 m^3. Die abgewickelte Bogenlänge sei 160 m. Der Holzbedarf des Lehrgerüstes und die Kosten des Lehrgerüstes (ohne Betonfundamente) sind zu schätzen unter folgenden Annahmen: Der Preis von Kantholz frei Baustelle sei 200,— DM./m^3, von Rundholz 110,— DM./m^3 frei Baustelle und Kleineisenzeug 1500,— DM./t. Die Kosten für den Holzrücktransport nach Baubeendigung zum Lagerplatz der Unternehmung (Fracht + Verladekosten + Anschlußgebühren) sollen zu 25,— DM./t angenommen werden. Der mittlere Stundenlohn eines Zimmerers betrage (einschließlich aller tariflichen Zuschläge und Zulagen) 2,10 DM. Als Zuschläge für Geschäftskosten, allgemeine Baukosten und Gewinn soll 10% auf die Materialkosten und 60% auf die Löhne angenommen werden.

Lösung.

A. Holzbedarf:	Kantholz m^3	Rundholz m^3
Für das *Obergerüst* geschätzt zu 5400 $m^3 \times 0{,}036$ . . .	200	—
Für die Bogenschalung (Belaghölzer) $160 \times 9{,}0 \times 0{,}010$	150	—
Für das *Untergerüst* $38000 \times 0{,}033 = 1250$ m^3, davon	250	1000
Insgesamt Holzbedarf	600 m^3	1000 m^3

[1] Der Lohnstundenaufwand läßt sich heute bei Verwendung von Abbundmaschinen, Turmdrehkranen und ähnlichen Hebezeugen beim Aufstellen wesentlich ermäßigen. Dagegen müssen die Gerätekosten und Betriebsstoffkosten dieser maschinellen Hilfsmittel berücksichtigt werden.

[2] Man vergleiche als derartiges Bauwerk die Teufelstalbrücke. Gerüstskizzen des von Prof. MÖRSCH begutachteten Gerüstentwurfs finden sich in der Veröffentlichung von Dr.-Ing. O. JÜNGLING in der Zeitschrift „Beton und Eisen 1938“, H. 11.

B. Kostenberechnung.

a) Materialkosten. *Materialverbrauch:*

Kantholz 50% von 600 m³ = 300 m³ × 200,— DM. (frei Baustelle)	60000,— DM.
Rundholz 50% von 1000 m³ = 500 m³ × 110,—DM. (frei Baustelle)	55000,— „
Kleineisenzeug 40% von 35 t = 14 t × 1500,— DM.	21000,— „
	136000,— DM.
Materialkosten für Lehrboden etwa 8000 m² × 0,06 m³ = 480 m³ × 50% = rd. 240 m³ × 200,— DM.	48000,— „
	184000,— DM.
Materialrücktransport 550 t × 25,— DM.	14000,— „
Materialkosten	198000,— DM.

b) Lohnkosten (mit Zuschlägen).

1600 m³ Holzkonstruktion des Lehrgerüstes abbinden, aufstellen und wieder abbrechen erfordert 1600 × 45 Stz. = 72000 Stz. zu 2,10 DM.	151200,— DM.
Zuschläge für Geschäftskosten, allgemeine Baukosten und Gewinn	
10% von 198000,— DM.	20000,— „
60% „ 151200,— DM.	90720,— „
Gesamtkosten	459920,— DM.

oder abgerundet 460000,— DM.

Abb. 112 und Abb. 113 zeigen die Ansicht eines Lehrgerüstes und Einzelheiten des Übergangs vom Obergerüst zum Untergerüst für eine Bogenbrücke von 85 m Spannweite. Die 10 m hohen Fächer des Obergerüstes wurden mit Hilfe des auf dem Bild ersichtlichen Turmdrehkrans aufgestellt.

Neuerdings sind auch *Stahlrohrgerüste* im Lehrgerüstbau verwendet worden (z. B. bei der Wiederherstellung der Isarbrücke bei Grünwald).

Abb. 112. Ansicht eines Lehrgerüsts für eine Stahlbetonbogenbrücke $l = 85$ m.

1. Bemerkung. Für die Kostenermittlung von Lehrgerüsten für weit gespannte Bogenbrücken mit flachem Pfeil über Flüsse, wo die Aufstellung des Untergerüstes fast ausschließlich in der Rammung der Rundholzpfähle besteht, empfiehlt es sich bei einer genauen Kostenermittlung, die Kosten des Untergerüstes getrennt für sich als „Rammarbeiten“ zu kalkulieren. Die besonderen Verhältnisse wie vermutliche Rammtiefe (Proberammungen), Beschaffenheit des Untergrundes, Wasserverhältnisse usw. sind dabei natürlich zu berücksichtigen. Bei felsigem Untergrund in der Flußsohle sind Betonfundamente vorzusehen, die beträchtliche Kosten verursachen.

Man kann den *Holzbedarf* ohne Belagdielen etwa wie folgt annehmen:

Spannweiten bis 30 m { Straßenbrücken 4 bis 5% des umbauten Raumes
Eisenbahnbrücken 5 bis 6% des umbauten Raumes

Spannweiten über 30 m { Straßenbrücken 3,5 bis 4% des umbauten Raumes
Eisenbahnbrücken 4 bis 4,5% des umbauten Raumes.

Bei *Straßenbrücken mit 90 bis 120 m Spannweite* in Stahlbeton über hohe Täler kann man als *Holzbedarf* rechnen

a) für das *Untergerüst* . . . . *2,5* bis *3,0%*

b) für das *Obergerüst* (ohne Belagbohlen) . . . . *3,3* bis *3,5%*

des „verbauten Raumes“.

Abb. 113. Einzelheiten des Lehrgerüsts Abb. 112.

2. Bemerkung. Über Montage-(Aufstell-)Gerüste für Stahlbrücken siehe Abschnitt XXIV, Stahlbrücken.

3. Bemerkung. Prof. Dr. R. SCHÖNHÖFER macht in seinem Werk „Die Haupt-, Neben- und Hilfsgeräte im Brückenbau“ folgende Angaben über Kosten von Lehrgerüsten:

Bei Lehrgerüsten mit einer genügenden Anzahl von Stützpunkten kommen auf 1 m^3 Gewölbemauerwerk 0,3 bis 0,5 m^3 Holz, oder auf 1 m^2 verbauter Fläche bei einer Gewölbebreite von 5 m je nach Taltiefe 0,2 bis 0,5 m^3 Holz (dies entspricht 4 bis 10% des umbauten Raumes).

Bei Lehrgerüsten mit nur wenig festen Stützpunkten oder freitragenden Gerüsten für 1 m^3 Gewölbemauerwerk 0,2 bis 0,3 m^3 Holz (entspricht 2,7 bis 6% des umbauten Raumes).

Die Menge des in Form von Klammern, Schrauben, Bolzen, Bändern usw. gebrauchten Eisens kann man mit 15 bis 35 kg für 1 m^3 Holz veranschlagen. Bei reichlicher Verwendung von Stahl zu Knotenpunktsverbindungen, Schuhen usw. können auf 1 m^3 Holz jedoch ein Mehrfaches hiervon gebraucht werden.

Die Arbeitsleistungen der Zimmerleute für die Herrichtung und Aufstellung des Gerüstes rechnet SCHÖNHÖFER mit etwa *50 Arbeitsstunden für 1 m^3 Holz des fertigen Gerüstes.* Dieser Satz wird allerdings heute bei Anwendung entsprechender maschineller Hilfsmittel ganz wesentlich unterschritten.

Abschreibung von Holz und Kleineisenzeug bei Baugerüsten (Fahrgerüste und Lehrgerüste).

Der zu kalkulierende tatsächliche Holzverbrauch, welcher vom Holzneuwert abzuschreiben ist, kann nicht einfach, wie dies in der

Literatur teils geschehen, zu $1/_3$ des Holzbedarfs angenommen werden. Man darf nicht vergessen, daß die Aufstellung solcher Transport- und Lehrgerüste meist etwas *einmaliges* ist. Die „*Abschreibung*" hängt daher in erster Linie von der *Dauer der Benützung* des Gerüstes ab. Wo z. B. ein Fahrgerüst auf einer Großbaustelle mehrere Jahre zu stehen hat, muß es zweckmäßig bis zu 80% abgeschrieben werden, da es zuletzt nur noch beschränkt verwendungsfähig ist (z. B. durch Verschieben des Gerüstes).

Sofern die Wiederverwendung von Gerüstholz auf derselben Baustelle nicht möglich ist und das Holz „aufs Lager" der Unternehmung kommt, darf man die *Kosten des Rücktransports* (Fracht, Fuhrlöhne, Verladelöhne) nicht übersehen (häufiger Kalkulationsfehler!). Wenn also dann in absehbarer Zeit keine Wiederverwendung des Holzes zu Transport- oder Lehrgerüsten möglich ist, kann es z. B. für Steifen von Schachtungen, Dachstühle u. dgl. benützt werden. Vielfach wird für Lehrgerüste auch vom Bauherrn *neues Holz* gefordert.

Bei nur *einmaliger* Verwendung von Fahr- oder Lehrgerüsten auf *einer* Baustelle wird man selbst bei kurzer Verwendungsdauer vorsichtigerweise *mindestens 40% des Neuwertes* abschreiben müssen.

Auch vom *Kleineisenzeug* wird man als Verlust und Abschreibung je nach Dauer der Inanspruchnahme, Umfang und Art des Gerüstes *30% des Neuwertes* bei nur *einmaliger* Verwendung auf *einer* Baustelle abschreiben müssen.

Bemerkung. Bei schweren Gerüsten bzw. schlechtem Untergrund müssen zur Unterstützung der Gerüste *Betonfundamente* oder *Pfahlrammungen* des Untergerüstes vorgesehen werden, welche besonders zu veranschlagen sind (s. die Abschnitte „Betonarbeiten" und „Rammarbeiten").

Maschinelle Hilfsmittel bei Zimmererarbeiten.

Die Methoden des Holzabbundes haben sich in den vergangenen 30 Jahren wesentlich gewandelt. Weitgehend stehen heute für die Zimmererarbeiten *maschinelle Hilfsmittel* zur Verfügung. Auf jeder größeren *Baustelle* mit Zimmererarbeiten, also z. B. bei Brückenbauten mit umfangreichen Schalungen und Lehrgerüsten, müssen in der Zimmerei mindestens *1 Kreissäge* (1,3 PS, Gewicht 29 + 11 = 40 kg, Neuwert ca. 850,— DM.) und *1 Bandsäge* (1,5—3 PS, Gewicht 70 bis 110 kg, Neuwert ca. 1200,— DM.) zur Verfügung stehen.

Auf stationären Lager- und Zimmerplätzen lohnt sich der Einsatz von *Abbundmaschinen*[1] für Nuten, Bohren usw. Beim Abbund auf Baustellen werden zweckmäßig *Elektrokleingeräte*[1] verwendet, z. B. *Elektrobohrmaschinen*[2] (0,33 PS, 14 + 6 = 20 kg Gewicht, Neuwert ca. 690,— DM.), *Elektrohandkreissägen* ($^3/_4$ PS, 18 + 6 = 24 kg Gewicht, Neuwert ca. 600,— DM.; 1,5 PS, 28 + 12 = 40 kg Gewicht, Neuwert

[1] Als Hersteller von *Holzbearbeitungsmaschinen* kommen in Frage Maschinenfabrik Karl M. *Reich*, Nürtingen/Württ., Maschinenfabrik *Mafell*, Oberndorf-Aistaig/Neckar, Festo-Maschinenfabrik *G. Stoll*, Eßlingen a. N. u. a. m.

[2] Auch zum Bohren von Ringdübelnuten.

ca. 750,— DM.), *Elektrobalkenhobel* (1 PS, 24 kg bis 40 kg Gewicht, Neuwert ca. 900,— DM.), *Elektrohandbandsäge* (1 PS, 23 + 12 = 35 kg Gewicht), *Elektrostemmaschinen* (z. B. für Zapfenlöcher 1,5 bis 2,2 PS, 31 + 12 = 43 kg Gewicht). Abb. 114 zeigt eine Elektrohandkreissäge, ¾ PS, der Fa. Reich, Nürtingen.

Abb. 114. Elektrohandkreissäge ¾ PS der Fa. Reich, Nürtingen.

Beim *Transport und Aufstellen* wie auch beim Abbau *von großen Zimmererkonstruktionen*, wie Lehrgerüsten u. dgl., sind *Turmdrehkrane* von großem Wert und verbilligen die Arbeit (s. Seite 332f.).

XIX. Dachdeckerarbeiten[1].

Std. = Dachdeckerstunde (Gesellenstunde).
Stz. = Zimmermannstunde.
St. = Handlangerstunde.

Dacheinlattung.

Lattenweite von Mitte zu Mitte cm	Für 1 m² Dachfläche sind erforderlich			Bemerkungen
	Latten 3/5 oder 4/6 lfd. m	Nägel Stück	Arbeitslohn Stz.	
10	10,50	12	0,45	
15	7,00	8	0,30	
20	5,30	6	0,25	
25	4,20	5	0,20	
30	3,50	4	0,15	
35	3,10	4	0,13	
40	2,70	4	0,12	

Das Gewicht von *Drahtstiften je 100 Stück* beträgt für

2″ = 50 mm	2½″ = 60 mm	*3″ = 75 mm*	*3½″ = 90 mm*	4″ = 100 mm	8″ = 200 mm
0,3 kg	0,4 kg	*0,5 kg*	*0,9 kg*	1,2 kg	7 kg

Dachdeckung.

Strohdächer. Für eine gewöhnliche Eindeckung (Schaubendeckung) flach gedeckt in etwa 30 cm Stärke einschließlich Latten, sind für 1 m² Dachfläche erforderlich:

Langstroh . . . . etwa 0,35 m³
Latten . . . . 3,80 m

[1] Zugrunde gelegt sind die in der VOB, Ausgabe 1947, DIN festgelegten Ausführungsbedingungen für Dachdeckerarbeiten.

Bindeweiden oder Strohseile . . . . 4,50 m
Arbeitslohn . . . . . . 0,15 Stz. + 0,3 Std. + 0,3 St.

1 Bund Langstroh = etwa 0,125 m^3.
1 m^3 ,, = 65 bis 75 kg.

Rohrdächer. Für eine gewöhnliche Flachdeckung von etwa 35 cm Stärke sind für 1 m^2 Dachfläche erforderlich:

Rohr . . . . 0,38 m^3
Latten . . . . 1,50 m
Bindeweiden . . . . 3,50 m
Arbeitslohn . . . . . 0,10 Stz. + 0,4 Std. + 0,4 St.

1 Bund Rohr = etwa 450 Stengel von durchschnittlich 1,80 m Länge.

Bretterdach (Notdächer). Für 1 m^2 Dachfläche sind erforderlich:

Bretter . . . . 1,20 m^2
Nägel. . . . . 10 Stück = 0,04 kg
Arbeitslohn . . . . 0,5 Stz.

Schindeldächer. Übliche Schindelgrößen:

Länge 23 bis 60 cm
Breite 8 bis 13 cm
Stärke etwa 15 bis 20 mm, an einem Ende abgeschwächt (3 bis 10 mm).

Materialbedarf für 1 m^2 Schindeldach:

Art	Deckung	Lattenweite Mitte zu Mitte cm	Für 1 m^2 Dachfläche sind erforderlich		
			Schindeln Stück	Schindelnägel Stück	Arbeitslohn Stz.
Spaltschindeln ohne Nut etwa 40 cm lang etwa 10 cm breit	einfach	30	46	70	0,7
	doppelt	20	92	95	1,2
Zugschindeln ohne Nut mit behobelten Rändern etwa 50 cm lang etwa 8 cm breit	einfach	35	46	70	0,6
	doppelt	20	92	90	1,25
Nutschindeln etwa 8 cm breit 40 cm lang	einfach	30	49	76	1,0
	doppelt	20	98	100	1,8
50 cm lang	einfach	35	39	60	0,9
	doppelt	20	78	80	1,6
50 cm lang	einfach	40	35	54	0,8
	doppelt	25	69	70	1,4

Ziegeldächer.

a) Deckung mit Biberschwänzen,
b) ,, ,, Hohlziegeln,
c) ,, ,, Pfannen,
d) ,, ,, Krempziegeln,
e) ,, ,, Falzziegeln.

a) Deckung mit Biberschwänzen.

I. Spließdach, II. Doppeldach, III. Kronen- oder Ritterdach.

Normalformat (DIN 453)		süddeutsches Format
Länge	365 mm	380 mm
Breite	155 mm	180 mm
Mindeststärke	10 mm	10 mm
Gewicht . . . . etwa	1,50 kg	1,8 kg

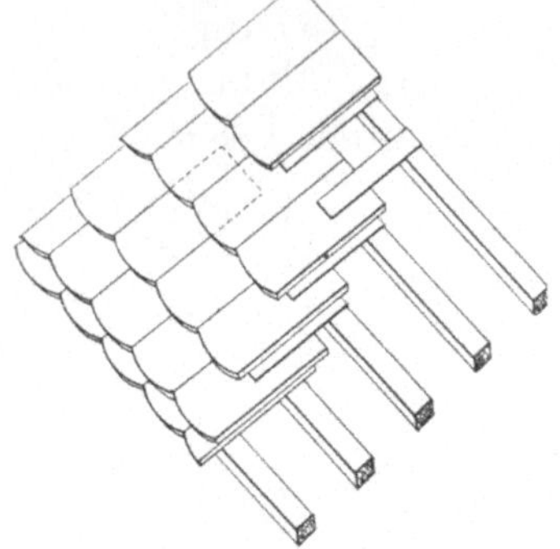

Abb. 115. Spließdach.

Gratsteine (DIN 453)

Länge	365 mm
große Breite	200 mm
kleine Breite	150 mm
Gewicht . . . etwa	2,00 kg

I. Spließdach. Spließe aus Tannenholz, Zinkblech oder Dachpappe unter jeder Längsfuge.

Lattenstärke = 3/5 bis 4/6 cm.

Lattenweite (gebräuchlich) 20 cm von Mitte zu Mitte.

Geringste Dachneigung = 1 : 3.

Eigengewicht der Dachhaut (einschl. Sparren und Latten) = etwa 75 kg/m² schräge Dachfläche,

bei voller Mörtelbettung (böhmische Deckung) = 10 kg Zuschlag.

Materialbedarf für 1 m² Spließdach bei eingeschossigen Gebäuden:

Latten	Nägel	Ziegel	Spließe	Mörtel	Arbeitslohn (Lattung und Deckung)		
m	Stück	Stück	Stück	l	Stz.	Std.	St.
5,20	6	35 (24)[1]	35 (24)[1]	2,7	0,25	0,60	0,30

Für jedes weitere Geschoß = 0,2 St. Zuschlag.
Zuschläge für Bruch, Verschnitt und Verlust = 5%.

II. Doppeldach. Eine Reihe Ziegel auf jeder Latte im Verband mit den Ziegeln der vorhergehenden Reihe.

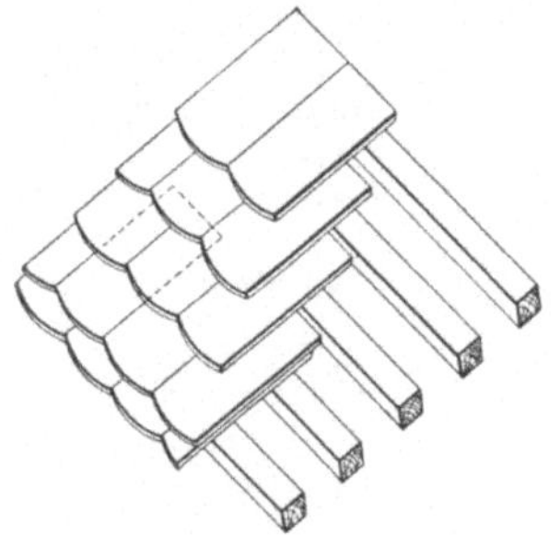

Abb. 116. Doppeldach.

Lattenstärke 3/5 bis 4/6 cm.

Lattenweite (gebräuchlich) 15 cm von Mitte zu Mitte.

Geringste Dachneigung = 1 : 4.

Überdeckung der Steine (bei 15 cm Lattenweite) = 21,5 cm.

Eigengewicht der Dachhaut (einschl. Sparren und Latten) = etwa 95 kg/m² schräge Dachfläche,

bei voller Mörtelbettung = 20 kg Zuschlag.

[1] Die Klammerwerte gelten für das süddeutsche Format.

Materialbedarf für 1 m² Doppeldach bei eingeschossigen Gebäuden:

Latten	Nägel	Ziegel	Mörtel	Arbeitslohn für Lattung und Deckung		
m	Stück	Stück	l	Stz.	Std.	St.
7,30	8	50 (36)[1]	4	0,30	0,50	0,30

Für jedes weitere Geschoß = 0,2 St. Zuschlag[2].

Weitere Zuschläge für Bruch, Verschnitt und Verlust = 5%.

III. Kronen- oder Ritterdach. Zwei Reihen Ziegel auf jeder Latte (Lager- und Deckschicht) im regelrechten Verbande.

Lattenstärke 4/6 cm und stärker.

Lattenweite (gebräuchlich) 25 cm von Mitte zu Mitte.

Geringste Dachneigung = 1 : 4.

Eigengewicht der Dachhaut (einschl. Sparren und Latten) = etwa 105 kg/m² schräge Dachfläche,

bei voller Mörtelbettung = 25 kg Zuschlag.

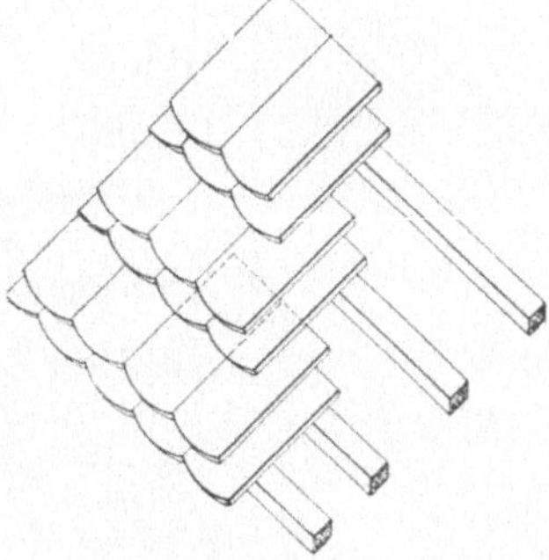

Abb. 117. Kronendach.

Materialbedarf für 1 m² Kronen- oder Ritterdach bei eingeschossigen Gebäuden:

Latten	Nägel	Ziegel	Mörtel	Arbeitslohn für Lattung und Deckung		
m	Stück	Stück	l	Stz.	Std.	St.
4,00	5	55	4,5	0,20	0,80	0,30

Für jedes weitere Geschoß = 0,2 St. Zuschlag[2].

Zuschläge für Bruch, Verschnitt und Verlust = 5%.

Bei komplizierten Dachformen und schwierigen Eindeckungen sind die Zuschläge für Bruch, Verschnitt und Verlust entsprechend zu erhöhen.

Für 1 lfd. m *First- oder Grateindeckung bei Biberschwanzdächern* sind erforderlich:

3 Gratsteine, 4 l Mörtel . . . . 0,4 Std. + 0,2 St.

Für 1 lfd. m Kehleneindeckung

bei Biberschwanzdächern = Zuschlag . . . . 2,0 Std. + 0,8 St.

Abtragen von Biberschwanzdächern (Abtragen, Ziegel reinigen und aufschichten, Schutt beseitigen usw.):

Deckungsart	Spließdach je m² Dachfläche	Doppeldach und Kronendach je m² Dachfläche
Trocken verlegt (eingeschossig) . .	0,2 Std. + 0,5 St.	0,35 Std. + 0,8 St.
Zuschlag jedes weitere Geschoß[2] .	0,2 St.	0,3 St.
In Mörtel verlegt (eingeschossig) . .	0,35 Std. + 0,5 St.	0,5 Std. + 0,8 St.
Zuschlag jedes weitere Geschoß[2] .	0,35 St.	0,4 St.

[1] Die Klammerwerte gelten für das süddeutsche Format.

[2] Der Zuschlag gilt nur bei Abtragen von Hand, wenn also keine geeigneten Förderaufzüge u. dgl. zur Verfügung stehen.

b) Deckung mit Hohlziegeln. First- und Gratsteine sind in sehr verschiedenen Größen im Handel:

	Längen	24 bis 48 cm
	Breiten (große)	16 ,, 25 cm
	(kleine)	12 ,, 16 cm
DIN 453:	Länge	365 mm
	Breite (große)	200 mm
	(kleine)	150 mm
	Mindeststärke	12 mm
DIN 454:	Länge	400 mm
	Breite (große)	214 mm
	(kleine)	173 mm
	Mindeststärke	12 mm

Abb. 148. Mönch- und Nonnendach.

Mönch- und Nonnendach.

Lattenstärke 4/6 bis 5/8 cm.
Geringste Dachneigung 1 : 3.
Überdeckung 8 bis 10 cm.

Eigengewicht der Dachhaut (einschließl. Sparren und Latten) = 90 bis 115 kg/m² schräge Dachfläche (je nach Überdeckung und Ziegelgröße), bei voller Mörtelbettung (böhmische Deckung) = 15 kg/m² Zuschlag.

Materialbedarf/m² Dachfläche (ausschl. Lattung):

Ziegelformat Länge in cm	Latten-weite M/M cm	Steine Mönche Stück	Steine Nonnen Stück	Mörtel l	Arbeitslohn Std.	Arbeitslohn St.
Mönche 43	} 32,5	16	16	8—10	1,2	0,6
Nonnen 41						
Mönch-Nonnen aus einem Stück Länge 42	32,5	15		2—3	0,7	0,5
Desgl. Länge 40	30—32	18		2—3	0,8	0,6

Zuschläge für jedes weitere Geschoß[1] = 0,2 St./m²,
,, Spezialsteine (Gratanschlußsteine u. a.),
,, Bruch und Verlust = 5 bis 8%.

Abtragen von Hohlziegeldächern (Abtragen, Ziegel reinigen und aufschichten, Schutt beseitigen):

Deckungsart	je m² Dachfläche
Trocken verlegt bei eingeschossigen Gebäuden	0,4 Std. + 0,2 St.
Zuschlag für jedes weitere Geschoß[1]	0,3 St.
In Mörtel verlegt bei eingeschossigen Gebäuden	0,6 Std. + 0,3 St.
Zuschlag für jedes weitere Geschoß[1]	0,4 St.

[1] Beim Transportieren der Ziegel von Hand (ohne Aufzüge).

c) Das Pfannendach. Dachpfannenabmessungen:

Längen	24 bis 48 cm
Breiten	19 „ 30 cm
Stärken	1,2 „ 2 cm

Normalformat (DIN 454) 360/230/12 mm.

Pfannendeckung. Rechts- und Linkspfannen.
Überdeckungsfugen abgekehrt der Hauptwindrichtung.
Lattenstärke 4/6 cm.
Geringste Dachneigung 1 : 3.
Längsüberdeckung 8 bis 12 cm.
Seitliche Überdeckung 4 bis 5 cm.
Eigengewicht der Dachhaut (einschließlich Sparren und Latten):
kleine Pfannen = 80 kg/m² schräge Dachfläche,
große Pfannen = 85 kg/m² schräge Dachfläche.
Desgl. auf Stülpschalung = 100 kg/m² schräge Dachfläche.

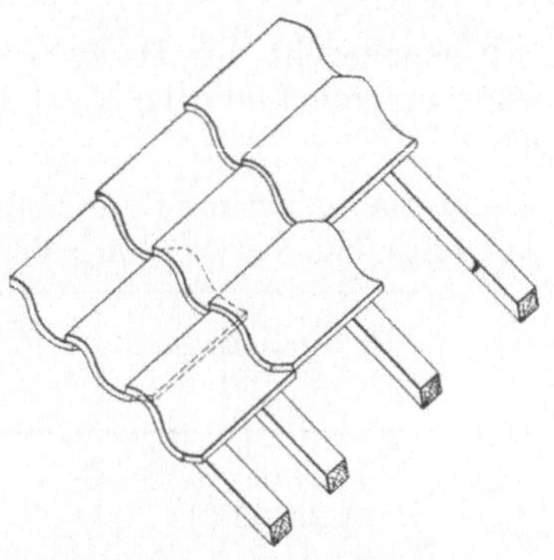

Abb. 119. Pfannendach.

Materialbedarf/m² Dachfläche (ausschl. Lattung):

Pfannenformat	Lattenweite M/M	Pfannen	Mörtel	Arbeitslohn	
cm	cm	Stück	l	Std.	St.
36/23/1,2 (DIN)	24—28	18	7	0,6	0,2
34/24/1,5	22—26	20	8	0,7	0,2
40/24/1,5	28—32	16	7	0,5	0,2

Zuschläge[1] für jedes weitere Geschoß = etwa 0,2 St./m²,
„ Bruch und Verlust bis 5%.

d) Deckung mit Krempziegeln.
Steingrößen: 34/20 u. 32,5/25 cm, Stärke etwa 1,3 cm.
Längsüberdeckung 8 bis 10 cm.
Seitliche Überdeckung 3 cm.

Abb. 120. Krempziegel.

Materialbedarf/m² Dachfläche bei eingeschossigen Gebäuden (ausschließlich Lattung):

Steingröße	Lattenweite M/M	Steine	Mörtel	Arbeitslohn	
cm	cm	Stück	l	Std.	St.
34/20	24—26	25	12	0,7	0,5
32,5/25	22,5—24,5	20	10	0,7	0,4

[1] Bei Handtransport.

e) Deckung mit Falzziegeln.

Falzziegeldächer. Verbindung aller Steine untereinander durch Fälze.
Steingrößen und Ausbildung der Fälze sehr verschieden.
Eindeckung in senkrechten Reihen oder im Verband.

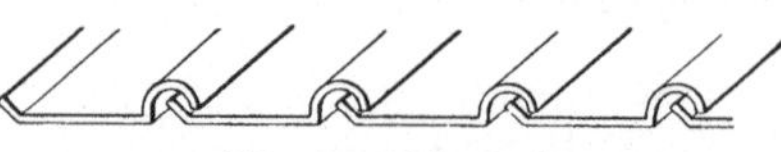

Abb. 121. Falzziegel.

Dachhaut leicht, dicht, luftdurchlässig.
Mörtelverstrich überflüssig.
Geringste Dachneigung bis 1 : 6.
Lattenstärke 3/5 bis 4/6 cm.

Eigengewicht der Dachhaut (einschl. Sparren und Latten) bei Verwendung von Ludowici-Flachdachfalzziegeln = 65 kg/m² schräge Dachfläche.

Materialbedarf/m² Dachfläche bei eingeschossigen Gebäuden (ausschl. Lattung) bei Verwendung von Ludowici-Falzziegeln[1]:

Steingröße a) Gesamtfläche b) Deckfläche cm	Lattenweite *M/M* cm	Steine Stück	Arbeitslohn Std.	Arbeitslohn St.
a) 41,0/22,5 b) 33,7/20,0	33,5	15	0,3	0,3

Allgemeines über Ziegeldächer. Die Wahl der Ziegelform und der Verlegungsart erfolgt in den meisten Fällen nach architektonischen Gesichtspunkten.

Die Überdeckung der Steine hängt ab von der Dachneigung, damit ändert sich aber auch Materialbedarf und Eigengewicht der Dachhaut.

Die in vorstehenden Aufstellungen angegebenen Werte sind Mittelwerte.

Die Verwendung von Mörtel (ohne Mörtel, Mörtelverstrich, Längs- und Querschlag, böhmische Deckung) ist in den verschiedenen Gegenden Deutschlands sehr unterschiedlich.

Die Eindeckung von Kehlen, Ochsenaugen, stark gekrümmten Dachflächen u. dgl. ist zweckmäßig nur in Biberschwanzdächern vorzunehmen.

Hohlziegel und Pfannen sind einwandfrei nur auf einfachen und ebenen Dachflächen zu verlegen.

Sonderleistungen.

Bei komplizierten Dachformen und schwierigen Deckungen erhöhen sich die Sätze für Bruch, Verschnitt, Verlust und für Arbeitslohn.

Firste und Grate eindecken	= Material	+ 0,4 Std.	+ 0,2 St./lfd. m
Kehlen massiv ,,	= ,,	+ 2,0 Std.	+ 0,6 St./lfd. m
Dachhaube, klein, ,,	= ,,	+ 6,0 Std.	+ 3,0 St./Stück
,, mittel, ,,	= ,,	+ 8,0 Std.	+ 4,0 St./Stück
,, groß, ,,	= ,,	+ 10,0 Std.	+ 5,0 St./Stück

[1] Preis für 1000 Stück Doppelfalzziegel Ia (Bayern, Mai 1954) 208,— DM.

Eiserne Dachfenster, klein, eindecken . =	0,5 Std. + 0,5 St.	Zuschlag
Desgl. für Hohlziegel- und Pfannendach =	1,0 Std. + 1,0 St.	,,
Eiserne Dachfenster, mittel, eindecken . =	0,6 Std. + 0,6 St.	,,
Desgl. für Hohlziegel- und Pfannendach =	1,1 Std. + 1,1 St.	,,
Eiserne Dachfenster, groß, eindecken . =	0,8 Std. + 0,8 St.	,,
Desgl. für Hohlziegel- und Pfannendach =	1,2 Std. + 1,2 St.	,,
Kalkleisten an Giebeln usw. anfertigen . =	0,2 Std. + 0,2 St./lfd. m	
Schneefanggitter eindecken . . . . . . =	0,3 Std. + 0,3 St./lfd. m	
Latten aufnageln . . . . =	0,5 Std./lfd. m	

Beispiel 76. Beispiel einer Kostenberechnung.

Gegeben: Doppeldach von 500 m² Dachfläche und 40 lfd. m First, mit 4 kleinen Dachhauben, 5 mittleren, liegenden, eisernen Dachfenstern und 20 lfd. m Schneefanggitter. Deckung mit süddeutschem Format 380×180 mm.

Preise: Std. = 2,10 DM., Stz. = 2,— DM., St. = 1,70 DM., 1000 Stück Biberschwänze 140,— DM., 1 Firstziegel 1,20 DM., 1 lfd. m Latte 0,25 DM., 1 Paket Nägel 3,— DM. (etwa 500 Stück), 1 m³ Sand 10,— DM., 1 m³ Kalk 35,— DM., 1 m³ Wasser 0,80 DM.

a) Materialbedarf:	Dachsteine = 500 · 36	18000 Stück
	Bruch 5%	900 ,,
	Zusammen:	18900 Stück
	Firstziegel = 40 · 3	120 Stück
	Bruch 5%	6 ,,
	Zusammen:	126 Stück
	Latten = 500 · 7,3	3650 lfd. m
	Verschnitt 5% . . . . rund	183 ,, m
	Zusammen:	3833 lfd. m
	Nägel = 500 · 8	4000 Stück
	Verlust 5%	200 ,,
	Zusammen:	4200 Stück
	Mörtel = 500 · 4 = 2000 l (Dachfläche) . . . . 40 · 4 = 160 l (First)	} *2160 l*
	Sand = 1 m³/m³ Mörtel	2,16 m³
	Kalk = 0,33 m³/m³ Mörtel	0,71 m³
	Wasser = 0,15 m³/m³ Mörtel.	0,35 m³
b) Materialkosten:	Dachsteine = 18,900 · 140,— DM.	2646,— DM.
	Firstziegel = 126 · 1,20 DM.	151,— ,,
	Latten = 3833 · 0,25 DM.	958,25 ,,
	Nägel = (4200 : 500) · 3,— DM.	25,20 ,,
	Sand = 2,16 · 10,— DM.	21,60 ,,
	Kalk = 0,71 · 35,— DM.	24,85 ,,
	Wasser = 0,35 · 0,80 DM..	0,28 ,,
	Dachfenster = 5 · 12,— DM.	60,— ,,
	Schneefanggitter = 20 · 2,— DM.	40,— ,,
		3927,18 DM.
	+ 10% für Geschäftskosten	392,72 ,,
		4319,90 DM.

c) *Arbeitslöhne:* Decken = Dachfläche

500 (0,50 · 2,10 + 0,30 · 2,— + 0,30 · 1,70) DM. . .	1080,— DM.
First = 40 (0,40 · 2,10 + 0,20 · 1,70) DM.	47,20 „
Dachhauben = 4 (6,0 · 2,10 + 3,0 · 1,70) DM. . . .	70,80 „
Dachfenster = 5 (0,60 · 2,10 + 0,60 · 1,70) DM. . .	11,40 „
Schneefanggitter = 20 (0,30 · 2,10 + 0,30 · 1,70) DM.	22,80 „
Reine Lohnkosten	1232,20 DM.
Geschäftskosten 50% von 1232,20 DM.	616,10 „
Materialkosten (mit Zuschlägen)	4319,90 „
Selbstkosten	6168,20 DM.
+ 6% für Wagnis, Gewinn und Umsatzsteuer . . .	370,10 „
Angebotssumme	6538,30 DM.
Kosten je 1 m² Dachfläche = 6538,30/500 . . . . =	*13,05 DM.*

Deckung mit Naturschiefer.

Deutsches Schieferdach (Reichsschuppenschablone). Abmessungen der Deck-, Ort-, First-, Kehl- und Gratsteine: Länge = rund 300 mm, Breite = rund 200 mm, Stärke = 5 bis 6 mm, Überdekkung = 3 bis 7 cm.

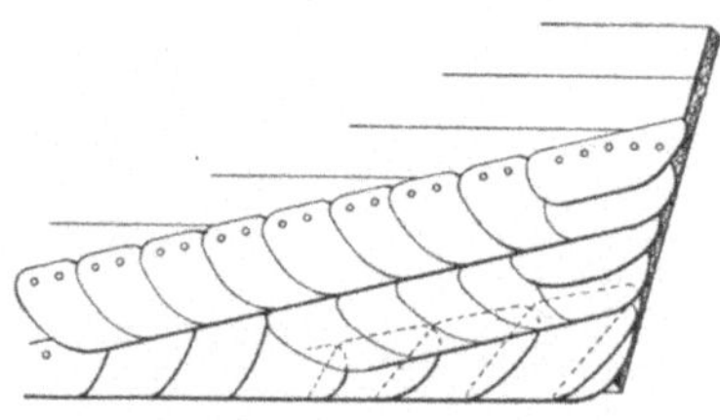

Abb. 122. Deutsches Schieferdach.

Verlegung auf Schalung (25 mm stark) und Dachpappe, min verzinkten oder kupfernen Nägeln (40 bis 50 mm lang) befestigt.

Geringste Dachneigung = 1 : 3.

Materialbedarf und Arbeitslohn für 1 m² Dachfläche bei eingeschossigen Gebäuden (ausschl. Schalung, einschl. Bruch und Verlust):

Dachpappe	Pappnägel	Schiefer	Schiefernägel	Arbeitslohn für Papplage und Schieferdeckung	
m²	Stück	kg	Stück	Std.	St.
1,15	25	25—32	75	1,25	0,65

Eigengewicht der Dachhaut (einschl. Sparren, Schalung, Pappe) = 60 bis 65 kg/m² schräge Dachfläche.

Zuschläge zum Arbeitslohn bei jedem weiteren Stockwerk[1] = 0,2 St./m².

Desgl. bei komplizierten Dachformen, Kehlen, Dachhauben, Dachfenstern u. a.

Abtragungsarbeiten: Schiefer vorsichtig entfernen, reinigen, aufsetzen bei eingeschossigen Gebäuden . . . . 0,35 Std. + 0,5 St./m²
für jedes weitere Stockwerk[1] . . . . 0,2 St./m²

[1] Bei Transport von Hand (ohne Aufzüge).

Englisches Schieferdach:

Schieferplatten:	Länge		250 bis 600 mm
	Breite		150 „ 400 mm
	Stärke	etwa	4 mm.

Auf Latten = 4/6 cm (selten auf Schalung).

Lattenentfernung = halbe Schieferlänge — 8 cm (Doppeldach).

Überdeckung: Platten überall doppelt, auf 8 cm dreifach.

Befestigung: je Platte 2 Nägel auf mittlere Latte.

Geringste Dachneigung = 1 : 5 (bei kleineren Platten steiler).

Eigengewicht der Dachhaut (einschließlich Sparren und Latten) = 45 kg/m² schräge Dachfläche,

Desgl. jedoch auf Schalung = 55 kg/m² schräge Dachfläche.

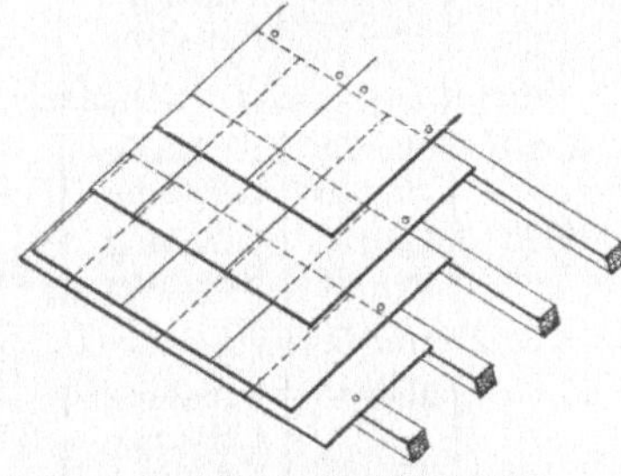

Abb. 123. Englisches Schieferdach.

Materialbedarf und Arbeitslohn für 1 m² Dachfläche bei eingeschossigen Gebäuden:

Latten, Nägel, Schieferplatten	Schiefer	Arbeitslohn für Aufbringung der Schieferdeckung	
	kg	Std.	St.
Verschieden, je nach Plattengröße und Lattenweite	etwa 25	1,2	0,6

Zuschläge zum Arbeitslohn bei jedem weiteren Stockwerk[1] = 0,2 St./m².

Desgl. bei komplizierten Dachformen, Kehlen, Dachhauben, Dachfenstern u. a.

Abtragungsarbeiten: Schiefer vorsichtig entfernen, reinigen, aufsetzen

bei eingeschossigen Gebäuden . . . . 0,35 Std. + 0,35 St./m²

für jedes weitere Stockwerk[1] . . . . + 0,2 St./m²

Deckung mit Zementasbestplatten (Eternit).

Deckungsarten: A. Eternit-Plattendeckung. B. Deckung mit Welleternit.

A. Eternit-Plattendeckung. Materialbedarf steigt infolge der notwendigen Plattenüberdeckung mit Abnahme der Dachneigung.

[1] Bei Transport von Hand (ohne Aufzüge).

Tabelle 40.

Deckungsart und Plattengröße cm	Dachneigung	Unterlage	Lattenweite M/M cm	Plattenüberdeckung vertikal, horizontal cm		Platten je m² Dachfläche ausschl. Schalung, Lattung, Formstücke, Befestigungsmaterial		
						Stück	Gewicht kg	Preis[1] DM./m²
Eternit-Deckmuster 1 (waagerechte Deckung, Abb. 124)								
30/60	über 35°	Schalung	—	8	10	9,09	13,18	
		Lattung	21	9	11	9,72	14,09	
	25—35°	Schalung	—	10	12	10,42	15,11	
		Lattung	18	12	12	11,57	16,78	
	20—25°	Schalung	—	12	12			
Eternit-Deckmuster 2 (Deutsche Deckung) nur auf Schalung (Abb. 125)								
40/40	über 35°	Schalung	—	7		10,10	12,63	
	20—35°	Schalung	—	10		11,11	13,89	
30/30	über 35°	Schalung	—	7		19,76	13,83	
	20—35°	Schalung	—	9		21,64	15,15	
Eternit-Deckmuster 3 (Doppeldeckung, Abb. 126)								
40/60	über 45°	Schalung	—	8		9,62	18,28	
		Lattung	25,5	9		9,81	18,64	
	35—45°	Schalung	—	9				
		Lattung	25	10		10,00	19,00	
	25—35°	Schalung	—	11		10,20	19,38	
		Lattung	24	12		10,42	19,80	
	20—25°	Schalung	—	12				
40/40	über 45°	Schalung	—	8		15,63	19,54	
		Lattung	15,5	9		16,13	20,16	
	35—45°	Schalung	—	9				
		Lattung	15	10		16,67	20,84	
	25—35°	Schalung	—	11		17,07	21,38	
		Lattung	14	12		17,86	22,33	
	20—25°	Schalung	—	12				
20/40	über 45°	Schalung	—	8		31,25	19,53	
		Lattung	15,5	9		32,26	20,16	
	35—45°	Schalung	—	9				
		Lattung	15	10		33,33	20,83	
	25—35°	Schalung	—	11		34,50	21,56	
		Lattung	14	12		35,71	22,32	
	20—25°	Schalung	—	12				
15/30	über 45°	(nur auf Schalung)	—	8		60,60	21,21	
Eternit-Deckmuster 4 (Schablonendeckung, Abb. 127)								
40/40	über 35°	Schalung	—	7		8,19	11,48	
		Lattung	21,9	9		10,41	13,01	
	20—35°	Schalung	—	10		11,11	13,89	
	25—35°	Lattung	20,5	11		11,90	14,88	
	20—25°	Lattung	19,8	12		12,75	15,94	
30/30	über 35°	Schalung	—	7		18,90	13,23	
		Lattung	14,9	9		22,68	15,88	
	20—35°	Schalung	—	9				
	25—35°	Lattung	13,6	10		25,00	17,50	
	20—25°	Lattung	13,3	11		27,70	19,39	

[1] In die Preisspalte können die jeweils gültigen Ortspreise eingesetzt werden.

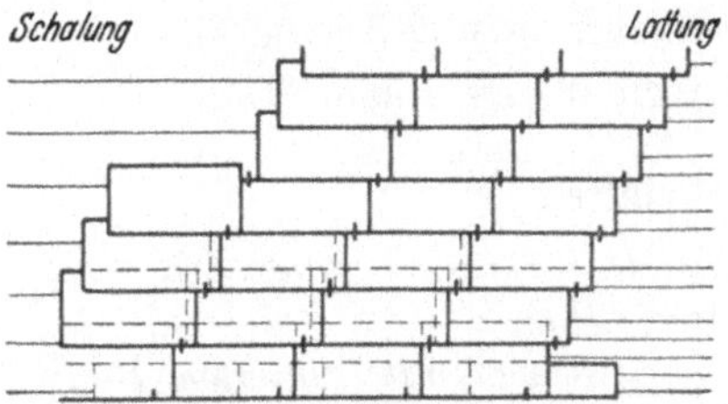

Abb. 124. *Waagerechte Reihendeckung.* a) auf Schalung und Pappe, b) auf Lattung.

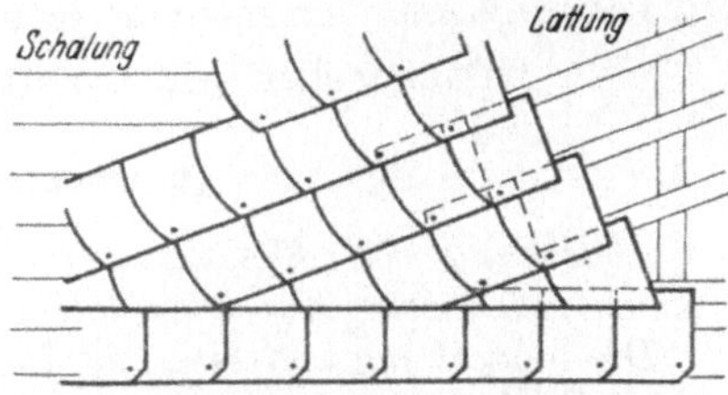

Abb. 125. *Deutsche Deckung* (vgl. Schieferdach). a) auf Schalung und Pappe, b) auf Lattung.

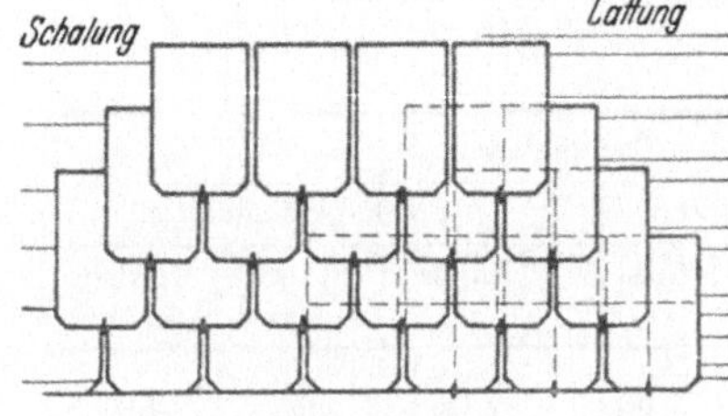

Abb. 126. *Doppeldeckung* (vgl. englisches Schieferdach). a) auf Schalung und Pappe, b) auf Lattung.

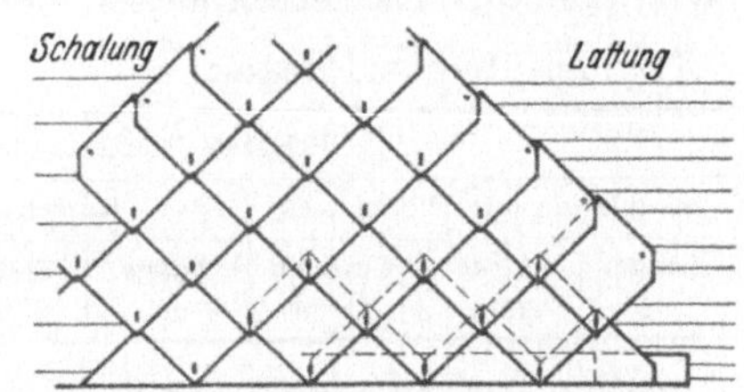

Abb. 127. *Schablonendeckung* (Rautendach). a) auf Schalung und Pappe, b) auf Lattung.

Formstücke für First, Traufe, Maueranschluß, Befestigungsmaterial (Spezialnägel, Sturmhaken u. dgl.) je nach Bedarf.

Lohnaufwand verschieden, je nach Dachform und Dachgröße

1 Dachdecker + 2 Arbeiter decken bis zu 150 m^2/Tag.

B. Deckung mit Well-Eternit. Verlegung auf Pfetten.

Tabelle 41.

Plattengröße	Nutzbare Plattenbreite (Deckbreite) = 873 mm					
	2500/915/6 mm		1600/915/6 mm		1250/915/6 mm	
Gewicht/Platte	32 kg		21 kg		16 kg	
Preis/Platte[1]						
Dachneigung	bis 17°	über 17°	bis 17°	über 17°	bis 17°	über 17°
Längsüberdeckung in mm.	200	150	200	150	200	150
Pfettenabstand in mm . .	1150	1175	1400	1450	1050	1100
Deckfläche/Platte in m^2 .	2,00	2,05	1,22	1,265	0,916	0,96
Preis/m^2 Dachfläche[1] in DM. (ausschl. Formstücke, Befestigungsmaterial, Verlegen)						

Weitere (größte) Well-Eternitplatte = 3300/915/6 mm,

Gewicht = 43 kg Preis[1] =

Formstücke für First, Traufe, Maueranschluß . . . . . } je nach
Befestigungsmaterial (Spezialnägel, Sturmhaken u. dgl. . } Bedarf.

[1] Der Benützer des Buches kann die Preise in DM. nach eigenen Erfahrungen einsetzen.

Lohnaufwand verschieden, je nach Dachform und Dachgröße
1 Dachdecker + 2 Arbeiter decken bis zu 160 m²/Tag.

Bimsbeton-Dachplatten.

Abdeckung von Kesselhäusern, Industriegebäuden u. dgl. mit Stegzementdielen oder Kassettenplatten in Bimsbeton.

Die Abdeckung von eisernen Dachkonstruktionen mit armierten Bimsbeton-Dachplatten hat besonders in Westdeutschland Verbreitung gefunden. Diese Platten werden als Stegzementdielen mit glatter Untersicht oder als Kassettenplatten hergestellt.

Handelsübliche Platten:

Belastete, armierte Bimsbeton-Dachplatten								
Stegplatten oder Vollplatten			Kassettenplatten			Stegkassettenplatten		
Länge m	Stärke mm	Gewicht kg/m²	Länge m	Stärke mm	Gewicht kg/m²	Länge m	Stärke mm	Gewicht kg/m²
1,30	50	55	1,70	70	62	2,00	75	69
1,65	60	64	2,10	75	65	2,30	80	72
2,00	70	71	2,20	80	68	2,45	85	77
2,20	75	75	2,50	85	73	2,60	90	81
2,40	80	78	2,60	90	77	3,00	100	89
2,55	85	80	3,00	100	85	3,00	110	95
2,70	90	83				3,00	120	98
3,00	100	91						
3,00	110	100						
3,00	120	107						

Breite aller Platten = 50 cm.

Das *Abdecken von Industriehallen mit Bimsbetonstegdielen* kostete im *Jahre 1954 in Westdeutschland* (auf Stahlpfetten) *je 1 m²*:

	Material		Löhne		Insgesamt DM./m²	Heutiger Preis[1] DM./m²
Bimsbetonstegdielen, 7 cm stark . .	8,—	+	2,50	=	10,50	
Bimsbetonstegdielen, 8 cm stark . .	8,80	+	2,50	=	11,30	

Besondere Schutzmaßnahmen: Schutzanstrich, speziell starke Armierung dort, wo die Dachplatten großer Hitze, Säuren, Rauchgasen usw. ausgesetzt sind (Gießereien, Beizereien, vor Hochöfen u. ä.).

Leichtstein-Dachdecken. Sehr gut bewährt für Dächer von Industriebauten mit Stahlpfetten hat sich die *Leichtstein-Dachdeckung* (System Zomak u. dgl.) mit Hohlsteinen von 60 bis 100 mm, 3 bis 4 cm Betondeckung und Stegarmierung mit RE 6 bis 8 mm (2 bis 3 kg/m²). Gewicht 55 bis 80 kg/m².

Kosten 1954 je 1 qm Decke etwa 21,— DM. Heutiger Preis[1] . . . DM./m².

Pappdächer. *Normenpappen*, deren Gehalt an Tränk- und Deckmasse, deren Wasserdurchlässigkeit, Biegsamkeit, Dehnung, Bruchlast,

[1] Tagespreise nach eigenen Erfahrungen können hier eingesetzt werden.

Wärme- und Kältebeständigkeit genau festgelegt ist, bezeichnet man allgemein wie folgt:

625er Pappe[1] = die Pappe mit einem Gewicht von 0,625 kg/m²,
500er „ = „ „ „ „ „ „ 0,500 kg/m²,
333er „ = „ „ „ „ „ „ 0,333 kg/m²,
(DIN, DVM 2121) beiderseits besandete Teerpappe,
(DIN, DVM 2125) einseitig besandete Teerpappe,
(DIN, DVM 2128) teerfreie (Asphaltbitumenpappe),
(DIN, DVM 2129) desgl. nur getränkt, ohne Deckmasse.

Außer diesen Normenpappen sind noch viele andere Teerpappen und teerfreie Dachpappen im Handel, die hier nicht einzeln aufgeführt werden.

Einfaches Teerpappdach, einlagig auf etwa 25 mm starker Holzschalung (möglichst gespundet).

Nagelung der Pappe in Abständen von 4 bis 6 cm.

Überdeckung der Bahnen etwa 10 cm, geklebt und genagelt je m² Dachfläche:

Dachpappe	1,10 m²
Pappnägel	60 Stück
Asphalt + Teer	0,2 kg + 0,6 l
Arbeitslohn	0,1 Std. + 0,1 St.

Gewicht (einschl. Sparren und Schalung) etwa 34 kg.

Leistenpappdach, einlagig. Bahnen senkrecht zur Traufe zwischen Dreikantleisten.

Bahnkante an Leiste hochgezogen, mit Pappstreifen überklebt und genagelt

je m² Dachfläche:

Leisten	1,05 m
Leistennägel	8 Stück
Pappe	1,15 m²
Pappnägel	60 Stück
Asphalt + Teer	0,3 kg + 0,7 l
Arbeitslohn	0,2 Std. + 0,2 St.

Gewicht (einschl. Sparren, Schalung und Leisten) = etwa 36 kg.

Pappdächer mit starker Oberflächenbesandung je 1 m² Dachfläche: Sandverbrauch 6 bis 9 kg, Mehrlohn + 0,1 bis 0,2 St.

Klebepappdach, doppellagig. Nagelung nur an der oberen Bahnkante (Ausnahme Anfangskante). Obere Lage auf untere aufgeklebt je m² Dachfläche:

Pappe	2,20 m²
Pappnägel	60 Stück
Klebmasse	1,75 kg
Asphaltdachlack	0,60 kg

---

[1] Preis für Dachpappe Frühjahr 1954 333 g . . . 0,83 DM./1 m²
500 g . . . 1,— DM./1 m².

Arbeitslohn . . . . 0,3 Std. + 0,3 St.
Gewicht (einschl. Sparren und Schalung) etwa 42 kg.

Leistenpappdach, doppellagig. Obere Lage parallel zur Traufe, quer über untere Bahnen und Leisten

je m² Dachfläche:

Leisten . . . . 1,05 m
Leistennägel . . . . 8 Stück
Pappe . . . . 2,45 m²
Pappnägel . . . . 100 Stück
Klebmasse . . . . 1,75 kg (nur bei Ausführung als Klebedach)
Asphaltdachlack . . . . 0,60 kg
Arbeitslohn . . . . 0,3 Std. + 0,3 St.
Gewicht (einschl. Sparren, Schalung und Leisten) etwa 45 kg.

Klebedach, doppellagig auf Massivunterlage. Grundanstrich der Massivfläche nach gründlicher Reinigung und Trocknung mit Asphaltlack.

Aufkleben der ersten und der weiteren Lagen mit Klebmasse

je m² Dachfläche:

Pappe . . . . 2,40 m²
Klebmasse . . . . 3,50 kg
Asphaltlack . . . . 0,60 kg
Arbeitslohn . . . . 0,3 Std. + 0,3 St.

Holzzementpappdach. Mehrlagiges Pappdach (mindestens 3 Lagen) durch eine (mindestens 7 cm starke) Aufschüttung von Sand und Kies vor dem Ausdörren geschützt.

Erhöhung der Wärmehaltung und der Feuersicherheit.

Nachteil: Gewichtsvermehrung.

Je 1 m² Dachfläche bei 3 Papplagen und 10 cm Sand-Kiesaufschüttung:

Pappe . . . . 3,48 m²
Pappnägel . . . . 40 Stück
Holzzement . . . . 6 bis 8 kg (oder heißer Asphaltkitt)
Sand + Kies . . . . 170 kg (trocken)
Arbeitslohn . . . . 0,6 Std. + 0,7 St.
Gewicht (einschl. Sparren und Schalung) 220 bis 240 kg.

XX. Eisenbahnbauarbeiten.

Bettungsmaterial.

Gleisbausteinschlag	30/70 mm I. Klasse	1 m³ = 1,4 t bis 1,5 t (Basalt, Quarzporphyr u. dgl.)
Steinschlag . . .	20/35 mm II. ,,	1 m³ = 1,4 t bis 1,5 t
Kies	30/70 mm (Grubenkies)	1 m³ = 1,5 ,, 1,7 t
Kies	15/30 mm	1 m³ = 1,5 ,, 1,7 t.

a) Materialbedarf.

Der *Bedarf an Kies oder Schotter für 1 lfd. m Gleis* ist nach Abzug des Raumes für die Schwellen:

Bei *Hauptbahnen* mit normaler Spurweite:

eingleisig etwa 1,8 bis 2,5 m³ im Mittel . . . . 2,00 m³
zweigleisig etwa 3,0 bis 4,0 m³ im Mittel . . . . 3,50 m³

Bei *Nebenbahnen* mit normaler Spurweite:

Bettungstiefe etwa 40 cm in der Mitte, 50 cm an den beiden Seiten, Kronenbreite 3,50 m, Böschung 1½fach;
eingleisig (Schwellenraum = 0,1 m³). . . . . 1,85 m³

Bei *Kleinbahnen* mit normaler Spurweite:

Bettungstiefe etwa 30 cm in der Mitte, 40 cm an den beiden Seiten, Böschung 1½fach, Kronenbreite 3,5 m:
eingleisig (Schwellenraum 0,09 m³) . . . . 1,38 m³

Desgl. mit 1000 mm Spurweite:

Bettungstiefe etwa 24 cm in der Mitte, 34 cm an beiden Seiten, Kronenbreite 3,00 m, Böschung 1¼fach; eingleisig (Schwellenraum 0,08 m³) 0,8 bis 1,0 m³ im Mittel . . . . 0,90 m³

Bei Kleinbahnen mit 750 mm Spurweite:

Bettungstiefe 22 cm in der Mitte, 30 cm an beiden Seiten, Kronenbreite 2,7 m, Böschung 1¼fach;
eingleisig (Schwellenraum 0,07 m³) . . . . 0,70 m³

Desgl. mit 600 mm Spurweite:

Bettungstiefe 20 cm in der Mitte, 26 cm an den beiden Seiten, Kronenbreite 2,5 m, Böschung 1¼fach;
eingleisig (Schwellenraum 0,06 m³) . . . . 0,60 m³

Bettungsmaterial bei Holzschwellen für eine

a) einfache Weiche, Normalspur . . . . 45 bis 50 m³
b) Doppelweiche . . . . 55 „ 60 m³
c) Kreuzungsweiche . . . . 60 „ 70 m³

Bettungsmaterial bei Eisenschwellen für eine

a) einfache Weiche . . . . 50 „ 55 m³
b) Doppelweiche . . . . 55 „ 60 m³
c) Kreuzungsweiche . . . . 65 „ 70 m³

b) Lohnaufwand.

Steinschlag (Kies) abladen[1] vom Eisenbahnwagen für 1 m³ *0,8 Sto.* (0,6 Sto.)[2]
„ „ *aufladen*[1] auf „ je 1 m³ *1,6 Sto.* (1,4 Sto.)
„ „ *einbauen* und *einebnen* im Gleis für 1 m³ . . *0,8 Sto.*

[1] Von Hand mit geübten Tiefbauarbeitern.
[2] Klammerwert für Kies.

Oberbau.

a) Materialbedarf.

Materialbedarf für 1 km Gleis.

Oberbau mit Schienen Nr. 6e auf Holzschwellen.

Nr.	Benennung	Gewicht für 1 Stück	18 Schwellen				15 Schwellen			
			12 m Gleis		1 km Gleis		10 m Gleis		1 km Gleis	
		kg	Stück	Gewicht kg	Stück	Gewicht t	Stück	Gewicht kg	Stück	Gewicht t
					rund				rund	
1	Holzschwellen, 2,7 m lang . .	—	18	—	1500	—	15	—	1500	—
2	Schienen, 12 m lang	400,43	2	800,86	$166^2/_3$	66,74	—	—	—	—
3	Schienen, 10 m lang	333,63	—	—	—	—	2	667,26	200	66,73
4	Außenlaschen. .	15,23	2	30,46	167	2,54	2	30,46	200	3,05
5	Innenlaschen . .	15,43	2	30,86	167	2,58	2	30,86	200	3,09
6	Laschenschraub.	0,77	12	9,24	1000	0,77	12	9,24	1200	0,92
7	Hakenplatten. .	6,63	36	238,68	3000	19,89	30	198,90	3000	19,89
8	Klemmplatten .	0,514	36	18,50	3000	1,54	30	15,42	3000	1,54
9	Schwellenschrauben, 150 mm lg.	0,469	108	50,65	9000	4,22	90	42,21	9000	4,22
10	Klemmen gegen das Wandern der Schienen .	—	8	—	667	—	6	—	600	—

Gewicht für 1 m Gleis = 98,28 kg Stahl bei 18 Schwellen,
99,44 kg ,, ,, 15 ,,

Oberbau mit Schienen Nr. 6e auf Stahl-Querschwellen.

Nr.	Benennung	Gewicht für 1 Stück	18 Schwellen				15 Schwellen			
			12 m Gleis		1 km Gleis		10 m Gleis		1 km Gleis	
		kg	Stück	Gewicht kg	Stück	Gewicht t	Stück	Gewicht kg	Stück	Gewicht t
					rund				rund	
1	Stahl-Querschwellen, Form 51a . .	58,30	18	1049,40	1500	87,45	15	874,50	1500	87,45
2	Schienen, 12 m lang	400,43	2	800,86	$166^2/_3$	66,74	—	—	—	—
3	Schienen, 10 m lang	333,63	—	—	—	—	2	667,26	200	66,73
4	Außenlaschen. .	15,23	2	30,46	167	2,54	2	30,46	200	3,05
5	Innenlaschen . .	15,43	2	30,86	167	2,58	2	30,86	200	3,09
6	Laschenschraub.	0,77	12	9,24	1000	0,77	12	9,24	1200	0,92
7	Hakenplatten. .	1,845	36	66,42	3000	5,54	30	55,35	3000	5,54
8	Klemmplatten .	0,41	36	14,76	3000	1,23	30	12,30	3000	1,23
9	Hakenschrauben	0,37	36	13,32	3000	1,11	30	11,10	3000	1,10
10	Klemmen gegen das Wandern der Schienen .	—	8	—	667	—	6	—	600	—

Gewicht für 1 m Gleis = 167,96 kg bei 18 Schwellen (12 m = Gleis),
(Stahl) 169,11 kg ,, 15 ,, (10 m = Gleis).

Oberbau mit Schienen Nr. 8b auf Holzschwellen.

Nr.	Benennung	Gewicht für 1 Stück kg	24 Schwellen				20 Schwellen			
			15 m Gleis		1 km Gleis		12 m Gleis		1 km Gleis	
			Stück	Gewicht kg	Stück	Gewicht t	Stück	Gewicht kg	Stück	Gewicht t
					rund				rund	
1	Holzschwellen, 2,7 m lang . .	—	24	—	1600	—	20	—	1667	—
2	Schienen, 15 m lang	614,534	2	1229,07	$133^1/_3$	81,94	—	—	—	—
3	Schienen, 12 m lang	491,534	—	—	—	—	2	983,07	$166^2/_3$	81,92
4	Außenlaschen . .	20,68	2	41,36	133	2,75	2	41,36	167	3,45
5	Innenlaschen . .	20,92	2	41,84	133	2,78	2	41,84	167	3,49
6	Laschenschraub.	0,80	12	9,60	798	0,64	12	9,60	1000	0,80
7	Hakenplatten . .	6,63	48	318,24	3200	21,22	40	265,20	3334	22,18
8	Klemmplatten .	0,576	48	27,65	3200	1,84	40	23,04	3334	1,92
9	Schwellenschrauben, 150 mm lg.	0,469	144	67,54	9600	4,50	120	56,28	10002	4,69
10	Klemmen gegen das Wandern der Schienen .	—	10	—	667	—	8	—	667	—

Gewicht für 1 m Gleis = 115,67 kg Stahl bei 24 Schwellen,
118,37 kg „ „ 20 „

Oberbau mit Schienen Nr. 8b auf Stahl-Querschwellen.

Nr.	Benennung	Gewicht für 1 Stück kg	24 Schwellen				20 Schwellen			
			15 m Gleis		1 km Gleis		12 m Gleis		1 km Gleis	
			Stück	Gewicht kg	Stück	Gewicht t	Stück	Gewicht kg	Stück	Gewicht t
					rund				rund	
1	Stahl-Querschwellen, Form 51e . .	58,30	24	1399,20	1600	93,28	20	1166,00	1667	97,19
2	Schienen, 15 m lang	614,534	2	1229,07	$133^1/_3$	81,94	—	—	—	—
3	Schienen, 12 m lang	491,534	—	—	—	—	2	983,07	$166^2/_3$	81,92
4	Außenlaschen . .	20,68	2	41,36	133	2,75	2	41,36	167	3,45
5	Innenlaschen . .	20,92	2	41,84	133	2,78	2	41,84	167	3,49
6	Laschenschraub.	0,80	12	9,60	798	0,64	12	9,60	1000	0,80
7	Hakenplatten . .	1,975	48	94,80	3200	6,32	40	79,00	3334	6,58
8	Klemmplatten .	0,68	48	32,64	3200	2,18	40	27,20	3334	2,27
9	Hakenschrauben	0,64	48	30,72	3200	2,05	40	25,60	3334	2,13
10	Klemmen gegen das Wandern der Schienen .	—	10	—	667	—	8	—	667	—

Gewicht für 1 m Gleis = 191,94 kg bei 24 Schwellen,
(Stahl) 197,83 kg „ 20 „

Oberbau mit Schienen Nr. 15c auf Holzschwellen.

Nr.	Benennung	Gewicht für 1 Stück kg	24 Mittelschwellen				19 Mittelschwellen			
			15 m Gleis		1 km Gleis		12 m Gleis		1 km Gleis	
			Stück	Gewicht kg	Stück	Gewicht t	Stück	Gewicht kg	Stück	Gewicht t
					rund				rund	
1	Holzbreitschwellen	—	1	—	67	—	1	—	83	—
2	Holzschwellen .	—	24	—	1600	—	19	—	1583	—
3	Schienen, 15 m lang	675,454	2	1350,91	$133^1/_3$	90,06	—	—	—	—
4	Schienen, 12 m lang	540,301	—	—	—	—	2	1080,60	$166^2/_3$	90,05
5	Laschen	9,429	4	37,72	267	2,52	4	37,72	333	3,14
6	Laschenschraub.	0,830	8	6,64	534	0,44	8	6,64	666	0,55
7	Hakenplatten. .	7,364	52	382,93	3468	25,54	42	309,29	3498	25,76
8	Klemmplatten .	1,329	52	69,11	3468	4,61	42	55,82	3498	4,65
9	Schwellenschrauben, 180 mm lang	0,552	52	28,70	3468	1,91	42	23,18	3498	1,93
10	Schwellenschrauben, 150 mm lang	0,469	104	48,78	6936	3,25	84	39,40	6996	3,28
11	Doppelte Federringe	0,115	104	11,96	6936	0,80	84	9,66	6996	0,80
12	Federplatten . .	0,170	60	10,20	4002	0,68	50	8,50	4164	0,71
13	Klemmen gegen das Wandern der Schienen .	—	12	—	798	—	10	—	830	—

Gewicht für 1 m Gleis = 129,80 kg Stahl bei 24 Mittelschwellen,
130,90 kg „ „ 19 „

Oberbau mit Schienen Nr. 15c auf Stahl-Querschwellen.

Nr.	Benennung	Gewicht für 1 Stück kg	24 Mittelschwellen				19 Mittelschwellen			
			15 m Gleis		1 km Gleis		12 m Gleis		1 km Gleis	
			Stück	Gewicht kg	Stück	Gewicht t	Stück	Gewicht kg	Stück	Gewicht t
					rund				rund	
1	Stahl-Querschwellen, Form 66b . .	128,02	1	128,02	67	8,58	1	128,02	83	10,63
2	Stahl-Querschwellen, Form 71d . .	62,39	24	1497,36	1600	99,82	19	1185,41	1583	98,76
3	Schiene, 15 m lang	675,454	2	1350,91	$133^1/_3$	90,06	—	—	—	—
4	Schiene, 12 m lang	540,301	—	—	—	—	2	1080,60	$166^2/_3$	90,05
5	Laschen	9,429	4	37,72	267	2,52	4	37,72	333	3,14
6	Laschenschraub.	0,830	8	6,64	534	0,44	8	6,64	666	0,55
7	Hakenzapfenplatten	3,182	52	165,46	3468	11,04	42	133,64	3498	11,13
8	Klemmplatten .	1,329	52	69,11	3468	4,61	42	55,82	3498	4,65
9	Hakenschrauben	0,688	52	35,78	3468	2,39	42	28,90	3498	2,41
10	Federplatten . .	0,170	60	10,20	4002	0,68	50	8,50	4164	0,71
11	Klemmen gegen das Wandern der Schienen .	—	12	—	798	—	10	—	830	—

Gewicht für 1 m Gleis = 220,08 kg bei 24 Mittelschwellen,
(Stahl) 222,10 kg „ 19 „

Bundesbahnoberbau K mit Schienen S 49 auf Holzschwellen.

Nr.	Stoffe	Bezeichnung	Beschaff-zeichnung	Gewicht für 1 Stück	22 Mittelschwellen				45 Mittelschwellen			
					15 m Gleis		1 km Gleis		30 m Gleis		1 km Gleis	
				kg	Stück	Gewicht kg	Stück	Gewicht t	Stück	Gewicht kg	Stück	Gewicht t
							rund				rund	
1	Schienen, 15 m lang	S 49a	Lots R 3320a	735,44	2	1470,88	$133^1/_3$	98,06	—	—	—	—
2	Schienen, 30 m lang	S 49a	Lots R 3320a	1471,12	—	—	—	—	2	2942,24	$66^2/_3$	98,07
3	Doppelschwellen	—	R 3423	—	1	—	67	—	1	—	33	—
4	Mittelschwellen	—	R 3423	—	22	—	1467	—	45	—	1500	—
5	Laschen	Fl 16a	Lotkl 3	9,20	4	36,80	267	2,46	4	36,80	133	1,22
6	Laschenschrauben	Lst 130	R 83	0,891	8	7,13	534	0,48	8	7,13	266	0,24
7	Stoßplatten	Spo 5	R 946	23,05	2	46,10	134	3,09	2	46,10	66	1,52
8	Rippenplatten	Rpo 5	R 945	9,54	44	419,76	2934	27,99	90	858,60	3000	28,62
9	Klemmplatten	Kpo 5	R 553	0,748	96	71,81	6404	4,79	188	140,62	6264	4,69
10	Hakenschrauben	Hs 16—65	R 956	0,548	96	52,61	6404	3,51	188	103,02	6264	3,43
11	Schwellenschrauben	Ss 5	R 393	0,538	192	103,30	12808	6,89	376	202,29	12528	6,74
12	Kuppelschrauben	Kls 2—500	R 789	2,87	2	5,74	134	0,38	2	5,74	66	0,19
13	Unterlagen	Ul 1	N 675	0,658	4	2,63	268	0,18	4	2,63	132	0,09
14	Doppelte Federringe	Fe 6	R 604a	0,090	104	9,36	6938	0,62	196	17,64	6530	0,59
15	Holzzwischenlagen	Zw 8	R 560a	—	48	—	3202	—	94	—	3132	—
					Gewicht für 1 m Gleis 148,45 kg				Gewicht für 1 m Gleis 145,40 kg			

Bundesbahnoberbau K mit Schienen S 49 auf Stahlschwellen.

Nr.	Stoffe	Bezeichnung	Beschaff-zeichnung	Gewicht für 1 Stück	22 Mittelschwellen				45 Mittelschwellen			
					15 m Gleis		1 km Gleis		30 m Gleis		1 km Gleis	
				kg	Stück	Gewicht kg	Stück	Gewicht t	Stück	Gewicht kg	Stück	Gewicht t
							rund				rund	
1	Schienen, 15 m lang	S 49a	Lots R 3320a	735,44	2	1470,88	$133^1/_3$	98,06	—	—	—	—
2	Schienen, 30 m lang	S 49a	Lots R 3320a	1471,12	—	—	—	—	2	2942,24	$66^2/_3$	98,07
3	Stahl-Breitschwellen	Sw 11a	R 1231	145,82	1	145,82	67	9,77	1	145,82	33	4,81
4	Stahl-Mittelschwellen	Sw 7a	R 791a	84,85	22	1866,70	1467	124,47	45	3818,25	1500	127,28
5	Laschen	Fl 16a	Lotkl 3	9,20	4	36,80	267	2,46	4	36,80	133	1,22
6	Laschenschrauben	Ls 1—130	R 83	0,891	8	7,13	534	0,48	8	7,13	266	0,24
7	Klemmplatten	Kpo 5	R 553	0,748	96	71,81	6404	4,79	188	140,62	6264	4,69
8	Hakenschrauben	Hs 16—55	R 956	0,548	96	52,61	6404	3,51	188	103,02	6264	3,43
9	Doppelte Federringe	Fe 6	R 604a	0,090	104	9,36	6938	0,62	196	17,64	6530	0,59
10	Holzzwischenlagen	Zw 9	R 650a	—	48	—	3202	—	94	—	3132	—
					Gewicht für 1 m Gleis 244,16 kg (Stahl)				Gewicht für 1 m Gleis 240,33 kg (Stahl)			

Weichengewichte einschließlich Stahlschwellen.

Form 6.

	1 : 7	1 : 9	1 : 10
Einfache Weiche	10 t	11 t	13 t
Kreuzung	13 t	16 t	17 t
Einfache Kreuzungsweiche	16 t	20 t	21 t
Doppelte Kreuzungsweiche	18 t	23 t	25 t
Doppelweiche	16 t	20 t	22 t

Form 8.

	1 : 9	1 : 10	1 : 14
Einfache Weiche	11 t	13 t	18 t
Kreuzung	15 t	17 t	
Einfache Kreuzungsweiche	19 t	21 t	
Doppelte Kreuzungsweiche	23 t	25 t	
Doppelweiche	21 t	23 t	

b) Lohnaufwand.

Normalspur.

Sto. = Stundenlohn eines Oberbauarbeiters.

Vorbemerkung. Bei den Oberbauarbeitern ist eine Arbeiterkolonne vorausgesetzt worden, die aus einem Schachtmeister, einem Vorarbeiter und 22 bis 25 Mann besteht, und zwar:

zum	Schwellenauslegen etwa	4 bis 5 Mann
,,	Schienenauslegen etwa	8 ,,
,,	Bohren etwa	1 ,, 2 ,,
,,	Laschenverteilen etwa	1 ,, 2 ,,
,,	Nageln oder Festschrauben etwa	8 ,,
	Zusammen	22 bis 25 Mann.

Die Schachtmeisterstunde ist mit 2,0 Sto. und die Vorarbeiterstunde mit 1,25 Sto. in Rechnung gesetzt worden.

a) *Gleis* mit normaler Spurweite vorstrecken, d. h. Schienen, Schwellen und Kleineisenzeug verteilen, Laschen anbringen und die Schienen befestigen, aber ohne Stopfen und Justieren, erfordert, wenn die Arbeit durch Unternehmer mit eingerichteten Leuten ausgeführt wird, für 1 lfd. m Gleis . . . . 1,5 Sto.

b) *Gleis* wie unter a), aber mit nichteingerichteten Leuten oder während des Betriebs ausgeführt, für 1 lfd. m . . . . . . 2,0 Sto.

c) *Gleis* justieren und unterstopfen erfordert, wenn die Arbeit durch Unternehmer mit eingerichteten Leuten ausgeführt wird, für 1 lfd. m Gleis (Normalspur) . . . . 1,5 Sto.

d) *Gleis* wie unter c), mit nichteingerichteten Leuten oder während des Betriebs, für 1 lfd. m . . . . 1,8 Sto.

e) Schwellen (1 Stück = 90 kg) und Schienen aus Eisenbahnwaggons *abladen und* bis auf 200 m Länge *befördern zum Einbau* (bzw. Stapeln) je lfd. m Gleis (2,5 Sto. je 1 t Material) . . . . *0,5 Sto.*

Durch Zusammenfassung von a), c) und e) ergibt sich

f) *Vollständige Herstellung eines Gleises in der geraden Linie für 1 lfd. m*

a) mit geübten Kolonnen . . . . *3,5 Sto.*

b) mit nichtgeübten Kolonnen und im Betrieb . . . . *4,5 Sto.*

Eine einfache Weiche Form 6b, komplett *auslegen, nageln, richten und stopfen* erfordert, wenn die Arbeit durch Unternehmer mit eingerichteten Leuten ausgeführt wird (für die ganze Weiche) . . . . . . *200 Sto.*

Eine Kreuzungsweiche, Form 6b, komplett auslegen, richten und stopfen erfordert, wenn die Arbeit durch Unternehmer

a) mit eingerichteten Leuten (1 Vorarbeiter + 8 bis 12 Arbeiter) ausgeführt wird, etwa . . . . 300 Sto.

b) mit nichteingerichteten Leuten oder während des Betriebs 400 Sto.

Eine doppelte Kreuzungsweiche, Form 6b, komplett auslegen, richten und stopfen

a) mit geübten Kolonnen . . . . 380 Sto.

b) mit nichtgeübten Kolonnen und im Betrieb . . . . . . 500 Sto.

Ein Herzstück, durch Unternehmer mit eingerichteten Leuten (1 Vorarbeiter + 8 Mann) verlegen, befestigen und stopfen . . . . 25 Sto.

Gleis abbrechen, Materialien sortieren, erfordert einschließlich Transport nach dem Lagerplatz für den lfd. m . . . . 0,6 Sto.

Eine einfache Weiche abbrechen, Materialien sortieren, erfordert einschließlich Transport nach dem Lagerplatz . . . . 85 Sto.

Alte einfache Weiche abbrechen, die danebenliegende *neue,* fix und fertig montierte *Weiche einschieben* und einbinden (ohne Unterstopfen) erfordert . . . . 220 Sto.

Altes Herzstück abbrechen, das *neue,* fix und fertig montierte, danebenliegende *Herzstück einschieben* und einbinden (ohne Unterstopfen) erfordert . . . . 30 Sto.

Ein Herzstück abbrechen, Materialien sortieren, erfordert einschließlich Transport nach dem Lagerplatz . . . . 15 Sto.

Nachheben von Gleisen, und zwar Ausräumen der Bettung, Heben und Richten des Gleises, Unterstopfen, Einebnen der aufgehobenen Bettung:

bei Setzungen bis 5 cm für 1 lfd. m Gleis . . . . 1,0 Sto.

bei Setzungen bis 10 cm für 1 lfd. m Gleis . . . . 1,5 Sto.

Unterstopfen der Schwellen mittels Gleisstopfmaschine.

Für Stahlschwellen in Steinschlag, bei normaler Hebung des Gleises und mittlerem Zugverkehr auf Hauptstrecken, betrug die tägliche Leistung einer Gleisstopfmaschine 45 m. Die Rotte mit 6 Maschinen bestand aus 1 Rottenführer, 1 Maschinenwärter, 12 Stopfern und 8 Mann für Nebenarbeiten, insgesamt also aus 22 Mann. Die Kosten des *Gleis-*

stopfens mittels Maschinen (ausschließlich der Unterhaltungskosten der Maschinen, Tilgung und Verzinsung der Anschaffungskosten) betragen demnach für 1 lfd. m etwa *0,7 Sto.*

Dieselbe Arbeit, Gleisstopfen mittels Handarbeit, kostet für 1 m Gleis etwa 1,2 Sto. (mit geübten Oberbauarbeitern).

Umnageln eines Schienenstranges

a) bei Spurerweiterung ohne Nachdexeln der Schwellen für 1 lfd. m . . . . 0,4 Sto.

b) bei Spurerweiterung mit Nachdexeln der Schwellen für 1 lfd. m . . . . 0,6 Sto.

Maschinelle Hilfsmittel für Gleisbau.

Wirtschaftlicher gestalten sich die Oberbauarbeiten im Eisenbahnbau bei Verwendung von *Gleisbaumaschinen*, wie sie z. B. von der Gleisbau-

Abb. 128. Stromerzeugungsanlage und Elektrogeräte für Gleisbau der Maschinenfabrik Robel, München.

maschinenfabrik Robel u. Co. in München hergestellt werden. In Frage kommen außer einer transportablen *Stromerzeugungsanlage:*

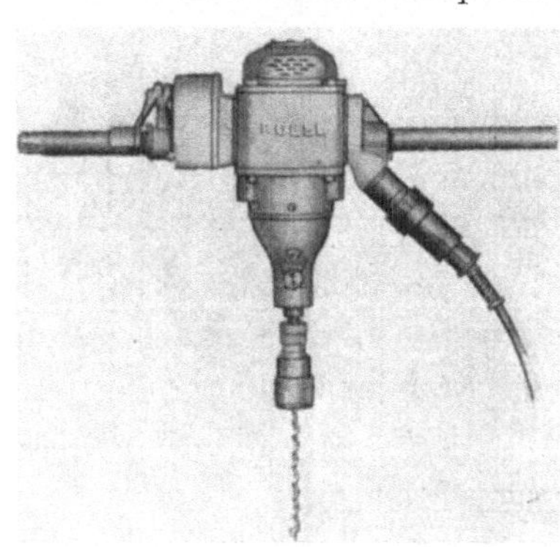

Abb. 129. Schwellenbohrmaschine „Robel 6" der Maschinenfabrik Robel, München.

1. Schwellenbohrmaschinen (0,5 kW, Gewicht 18 kg).
2. Schwellenschraubmaschinen (1,5 kW, Gewicht 45 kg).
3. Schienenbohrmaschinen (z. B. Robel 4, Gewicht 38 kg).
4. Schienensägemaschinen (z. B. Robel 2 mit Handantrieb, Gewicht 56 kg, Robel 31 mit Elektromotorantrieb 1,5 kW, Gewicht 130 kg.).
5. Gleishebewinden (z. B. Robel 4, *Hubkraft* 5000 kg, Gewicht 36 kg).
6. *Schienenbiegemaschinen* (z. B. Robel 1, Motorleistung 10 kW, Gewicht 5100 kg).

Abb. 128 zeigt die Anwendung von Robel-Maschinen beim Gleisbau.

Abb. 129 stellt eine *Schwellenbohrmaschine* dar (0,5 kW, Gewicht 18 kg).

Abb. 130 zeigt die fahrbare *Schienenbiegemaschine* der Gleisbaumaschinenfabrik Robel, München: Motorleistung 10 kW, Gewicht ortsfest 5100 kg, fahrbar 5300 kg. Sie ist für große Tiefbau- und Brückenbaustellen von großem Wert, da sie nicht nur Bahnschienen bis 50 kg/m in

Abb. 130. Fahrbare Stössel-Schienenbiegemaschine „Robel 1".

beiden Achsrichtungen geradebiegt, sondern auch Formstahlträger bis P 26. *Leistung:* Bei Bahnschienen Richten von 360 m Schienen mit Verbiegungen in beiden Achsrichtungen in 8 Stunden.

Beispiel 77. Kosten eines Gleisstranges aus 15 m langen Schienen für 1435 mm Spurweite mit Holzschwellen (20 Mittelschwellen von je 2,50 m Länge und 2 Stoßschwellen von je 2,60 m Länge) Form VI fertig verlegt mit 1 Sto. = 2,— DM. (mittl. Stundenlohn) 1 m³ Gleisschotter frei Verwendungsstelle 22,— DM. (8,50 DM./t ab Werk).

Materialkosten:

Getränkte Kiefer-Holzschwellen, 2,60 m lang, 2 Stück je 26,50 DM[1]	53,— DM.
Holzschwellen, 2,50 m lang, 20 Stück je 25,— DM.[1]	500,— DM.
Zusammen:	553,— DM.
Steinschlag, etwa 1,85 m³, für die Bettung nach S. 371 für 1 m Gleislänge je 22,— DM.[1] = 40,70 DM. × 15	610,— DM.
Schienen, 15 m lang, 2 Stück je 500,4 kg, 30 lfd. m je 14,— DM.	420,— „
Innere Laschen, je 15,35 kg, 2 Stück je 7,— DM.	14,— „
Winkellaschen, je 15,43 kg, 2 Stück je 7,— DM.	14,— „
Hakenplatten für Stoßschwellen, je 6,63 kg, 4 Stück je 3,20 DM..	12,80 „
Hakenplatten für Mittelschwellen, je 6,63 kg, 34 Stück je 3,20 DM	108,80 „
Schwellenschrauben, je 0,469 kg, 76 Stück je 0,35 DM.	26,60 „
Schwellenschrauben, je 0,469 kg, 4 Stück je 0,35 DM.	1,40 „
Laschenschrauben, je 0,71 kg, 12 Stück je 0,60 DM.	7,20 „
Federringe, je 0,029 kg, 12 Stück je 0,12 DM.	1,44 „
38 Klemmplatten, je 0,51 kg zu 0,50 DM.	19,— „
Stahlteile und Steinschlag	1235,24 DM.
Holzschwellen	553,— „
Materialkosten für 15 m Länge	1788,24 DM.
Materialkosten für 1 m Länge . . . . rd.	*120,— DM.*

[1] Preis frei Baustelle ist nach Einholung von Angeboten jeweils zu errechnen.

Arbeitslohn:

Für vollständige Herstellung eines Gleises nach S. 377 für 1 lfd. m 4,5 Sto. zu 2,— DM.	9,— DM.
Gleisschotter abladen und einbauen nach S. 371 für 1 lfd. m 1,85 m³ zu 1,6 Sto. = 3,00 Sto. zu 2,— DM.	6,— „
Summe Arbeitslohn	15,— DM.
Gemeinkosten, Geschäftskosten und Gewinn 60% von 15,— DM.	9,— „
	24,— DM.
Dazu Materialkosten	120,— „
Zuschlag auf M 10% von 120,— DM.	12,— „
Insgesamt für 1 lfd. m Gleis	*156,— DM.*[1]

Beispiel 78. Angebot auf Herstellung von 2 Aufstellgleisen auf Bahnhof X.

Nr.	Anzahl	Gegenstand	Geldbetrag im einzelnen DM.	Geldbetrag im ganzen DM.
1	220	m² Pflaster der Ladestraße aufnehmen und die Steine zur Wiederverwendung beiseite setzen für 1 m² .	0,80	176,—
2	100	m³ Boden, soweit das neue Gleis durch die gepflasterte Ladestraße geht, ausschachten und zur Auffüllung des Dammkörpers verwenden für 1 m³	7,50	750,—
3	500	m³ Boden für die Herstellung des neuen Planums ausschachten und zur Auffüllung des Dammkörpers verwenden für 1 m³	6,60	3300,—
4	170	lfd. m Gleis, Form 8, einschließlich der Schwellen und Kleineisen, v. Bahnwagen entladen, gegebenenfalls stapeln u. zur Verwendungsstelle schaffen für 1 lfd. m	1,50	255,—
5	2	einfache Weichen, Form 8, 1 : 9, vom Bahnwagen genau wie vor für 1 Stück	60,—	120,—
6	300	lfd. m Gleis, Form 8, einschließlich der Schwellen und Kleineisen, das bereits geliefert ist, vom Lagerplatz zur Verwendungsstelle schaffen für 1 lfd. m . . .	1,50	450,—
7	800	Stück Schwellen, Form 8, zur Aufnahme der Schwellenschrauben bohren und nach Bundesbahnvorschrift die Löcher mit Karbolineum tränken für 1 Stück (Pos. fällt gegebenenfalls fort)	0,90	720,—
8	850	m³ Bettungskies vom Bahnwagen entladen und zur Verwendungsstelle befördern für 1 m³ . . .	2,20	1870,—
9	470	lfd. m Gleis, Form 8, ordnungsgemäß nach Bundesbahnvorschrift verlegen einschließlich Einbringen der Bettung und zweimaligem Stopfen für 1 lfd. m	10,—	4700,—
10	2	Weichen, Form 8, 1:9, einbauen genau wie vor f. 1 Stck.	650,—	1300,—
11	1	Prellbock zum Abschluß des Stumpfgleises aus altbrauchbaren Schwellen herstellen und mit Erdmassen hinterfüllen einschließlich Lieferung der Schraubenbolzen, ohne Lieferung der Schwellen für		100,—
12	1	Lademaß über den Ladegleisen aufnehmen und an angegebener Stelle wieder aufstellen für 1 St. . .		110,—
13	220	m² Pflaster der Ladestraße nach Verlegen des Gleises wiederherstellen einschließlich Lieferung des etwa erforderlichen Sandes für 1 m²	5,50	1210,—
				15061,—

[1] In diesen Preis *nicht* inbegriffen sind vorausgegangene Erd- und Mutterbodenarbeiten, Planierarbeiten u. dgl., welche jeweils nach den örtlichen Verhältnissen zu berechnen sind.

Schmalspur.

Gleise vollständig fertig verlegen (einschl. Abladen des Materials, Verlegen, Richten und Stopfen) kostet bei *Schmalspurbahn* für *1 lfd. m*

bei 600 mm Spur . . . . 1,1 Sto.
„ 750 mm „ . . . . 1,5 Sto.
„ 1000 mm „ . . . . 2,0 Sto.

Eine einfache Weiche für *Schmalspurbahn* fertig verlegen, einschließlich Stopfen kostet

bei 600 mm Spur . . . . 50 Sto.
„ 750 mm „ . . . . 70 Sto.
„ 1000 mm „ . . . . 100 Sto.

Gleisunterhaltung.

Gleisunterhaltung. Die in einem Jahre erforderlichen Arbeitsstunden zur Gleisunterhaltung sind sehr verschieden. Im Durchschnitt kann man für 1 m Gleis rechnen:

für Hauptbahnen (Normalspur) etwa . . . . 1,6 Sto.
„ Nebenbahnen (Normalspur) etwa . . . . 1,6 Sto.
„ Schmalspurbahnen etwa . . . . 0,8 Sto.

Die als *unbrauchbar* ausgewechselten Schwellen betragen in Prozent:

bei Hauptbahnen (Normalspur) . . . . 4% bis 5%
„ Nebenbahnen (Normalspur) . . . . 3,5% bis 4%
„ Schmalspurbahnen . . . . 2,5% bis 3%

Kostenüberschläge für Bahnbauten[1].

Man kann für rohe Kostenüberschläge, welche einer ersten näherungsweisen Ermittlung der Kosten von Bahnbauten dienen, ohne daß Projektarbeiten vorliegen, welche eine genauere Kalkulation ermöglichen, mit folgenden Kosten rechnen:

Lohnbasis: 1 Sto.[2] = 1,80 DM. *Preisbasis:* 1 t Schienen 420,— DM.

Kosten der reinen Bauarbeiten (ohne Grunderwerb u. dgl.)	Kosten für 1 km Bahnstrecke in DM.[3]			
	Hauptbahnen		Vollspurige Nebenbahnen 1 gleisig	Schmalspur 1 gleisig, 1 m
	2 gleisig DM.	1 gleisig DM.	DM.	DM.
1 km Bahnstrecke in *ebenem Gelände* einschließlich Kunstbauten und bis 10 m³/lfd. m Erdbewegung	650000 bis 750000	450000 bis 600000	330000 bis 450000	230000 bis 300000

[1] Als Literatur empfohlen: Handbibliothek für Bauingenieure, II. Teil, 2. Band. Linienführung von GIESE, BLUM und RISCH, vor allem IX. Bau- und Betriebskosten von Prof. Dr.-Ing. K. RISCH, S. 327ff. Dort findet sich auch (S. 113) die Angabe, daß sich die *Baukosten* von Bahnen der Spurweiten von 1,435, 1,0, 0,75 und 0,60 verhalten wie 1 : 0,67 : 0,58 : 0,33.

[2] Der entsprechende „*Mittellohn*" St_{mi}, mit dem zu kalkulieren ist, wäre St_{mi} = 2,— DM.

[3] Basis Frühjahr 1954 Süddeutschland bei den oben angegebenen Löhnen und Materialpreisen (s. Beispiel 77).

Lohnbasis: 1 Sto. = 1,80 DM. *Preisbasis:* 1 t Schienen 420,— DM.

(Fortsetzung von Tabelle S. 381).

Kosten der reinen Bauarbeiten (ohne Grunderwerb u. dgl.)	Kosten für 1 km Bahnstrecke in DM.[1]			
	Hauptbahnen		Vollspurige Nebenbahnen 1 gleisig	Schmalspur 1 gleisig, 1 m
	2 gleisig DM.	1 gleisig DM.	DM.	DM.
1 km Bahnstrecke in *hügeligem* Gelände einschließlich Kunstbauten und bis 20 m³/lfd. m Erdbewegung	800000 bis 900000	500000 bis 650000	450000 bis 500000	300000 bis 420000
1 km Bahnstrecke *im Gebirge* mit felsigen Formationen einschließlich Kunstbauten *ohne Tunnelbau*	1000000 bis 1300000	700000 bis 950000	600000 bis 800000	400000 bis 500000
1 km Bahnstrecke im *Hochgebirge* mit felsigen Formationen und mit *kürzeren Tunnelbauten*	1500000 bis 2000000	1000000 bis 1400000	800000 bis 1200000	650000 bis 800000
1 km Bahnstrecke im *Hochgebirge* mit zahlreichen *längeren Tunnelbauten* . . .	1800000 bis 3500000	1500000 bis 2300000	1200000 bis 1800000	750000 bis 1400000

Unterhaltung von Bahnlinien.

Man kann rechnen als *Gesamtkosten* der Unterhaltung (einschließlich Verwaltung, Unterhaltung der gesamten Anlagen z. B. Hochbauten, Signal-, Fernsprechanlagen usw.).

je 1 km Betriebsstrecke und Jahr . . . (8000 bis 10000 Sto.) DM[2].

XXI. Wasserbauten.

Fluß- und Kanalbauten.

Baustoff- und Arbeitsaufwand für Stromregulierungen mit Faschinenbauten, Uferschutzbauten, Buhnenbauten u. dgl.

Der Aufwand an Arbeit ist entsprechend den örtlichen Stromverhältnissen so verschieden, daß genaue Angaben sich nicht machen lassen. Auch hängt dieser sehr viel von der Ausführungsart und der Art der

[1] Basis Frühjahr 1954 Süddeutschland bei den oben angegebenen Löhnen und Materialpreisen (s. Beispiel 77).

[2] Basis *Frühjahr 1954* in Süddeutschland. Die Kosten sind in DM. angegeben, aber mit Rücksicht auf die *veränderlichen Löhne* für Oberbauarbeiten in Sto. ausgedrückt. Bei 1 Sto. = 1,80 DM. betragen die jährlichen Unterhaltungskosten also 15000 bis 18000 DM. je 1 km Strecke.

Zusammensetzung der einzelnen Stücke der Baukörper, von der Witterung und Strömung ab.

Zu unterscheiden ist die norddeutsche (Nd.), bayerische auch süddeutsche (Sd.) und die österreichische (Oe.) Bauweise, die bei manchen Arbeitsgattungen bedeutende Verschiedenheiten zeigt.

Stsch. = Stundenlohn eines Schiffsmanns oder Kahnfahrers,
St. = Stundenlohn eines Handlangers,
Stfa. = Stundenlohn eines Faschinenlegers.

Faschinenpfähle erzeugen aus Spaltholz, 2 bis 4 cm dick, 5 bis 8 cm breit und 100 bis 125 cm lang einschließlich Fällen, Sägen, Spalten der Holzstämme für 100 Stück:
Holz etwa 0,5 Festmeter: Arbeitslohn für Weichholz . . . . 4 St.

Faschinenpfähle aus Stammholz sägen, spalten, spitzen oder aus Weidenholz herstellen, rund oder nur in der Mitte gespalten, 4 bis 5 cm stark, 100 bis 125 cm lang, für 100 Stück:
Raumholz etwa 0,4 m³, Arbeitslohn . . . . 3,0 bis 3,5 St.

Fluggerüste.

Einen Rüstpfahl von 10 cm Stärke ohne Rammrüstung, mit der Handramme einschlagen, einschließlich Zurichten . . . . 0,8 St.

Einen Rüstpfahl, vom Boot aus zu rammen, einschließlich Bootsbesatzung . . . . 0,4 Stsch. + 0,8 St.

Ein Joch aus zwei Pfählen und einem Querholz bestehend, erfordert . . . . 2,0 St.

Gerüsteindecken für 1 lfd. m . . . . 0,35 St.

Fluggerüst, 100 Längenmeter erfordern:

a) auf trockenem Boden, wenn nur eine Reihe Pfähle in Rechnung gesetzt werden, da diejenigen, die auf trockenem Boden liegen, herausgezogen und anderweitig verwendet werden können:
Pfähle . . . . 41 Stück
Arbeitslohn . . . . 30 Stfa. + 30 St.

b) bei einer Wassertiefe von 0,6 m:
Pfähle . . . . 72 Stück
Arbeitslohn . . . . 30 Stsch. + 60 St.

c) bei 0,6 bis 1,8 m Wassertiefe:
Pfähle . . . . 123 Stück
Arbeitslohn . . . . 60 Stsch. + 120 St.

d) bei Bruchufern ohne Hinterpfähle:
Pfähle . . . . 62 Stück
Arbeitslohn . . . . 30 Stsch. + 90 St.

Faschinenlieferung.

Faschinen, Weidenfaschinen aus gut erhaltenen Weidenpflanzungen hauen und binden einschließlich Heranschaffen, für 1 m³ . . . 0,8 St.

Weidenfaschinen aus wilden Pflanzungen hauen und binden einschließlich Heranschaffen, für 1 m³ . . . . 1,2 bis 1,4 St.

Faschinenbeförderung. Ein zweispänniger Wagen ladet etwa 4 bis 5 m³ Faschinen, je nachdem sie frisch oder trocken, fester oder leichter gebunden sind. Ein 3—5-t-Lastkraftwagen ladet etwa 6 bis 9 m³ Faschinen auf.

Faschinen aus- oder einladen, einschließlich Aufkasten an Land oder meßbar aufsetzen im Baukahn, erfordert je 1 m³ . . . . . . 0,30 St.

Packwerk- und Faschinenbauten einschließlich Beförderung der Materialien bis auf 50 m Entfernung.

Teilarbeiten,

welche sich für *Stücklohnarbeit* (Prämienarbeit) eignen. Die Stundensätze sind als Mittelwerte aufzufassen und können sich nach den örtlichen Verhältnissen ändern. Besatzungen von Schleppbooten und Geräten sind *nicht* inbegriffen.

Wurst, 15 cm dick, 100 lfd. m herstellen, erfordert einschließlich aller Nebenarbeiten[1]:

Weidenfaschinen . . . . . . 5 m³
Bindeweiden . . . . 500 Stück oder 2 kg Draht 1 mm st.
Arbeitslohn zum Binden . . . 12 St.

Wurst, 30 cm dick, 100 lfd. m herstellen, erfordert einschließlich aller Nebenarbeiten[1]:

Weidenfaschinen . . . . . . 20 m³
Bindeweiden . . . . 1000 Stück oder 4 kg Draht 2 mm st.
Arbeitslohn zum Binden . . . 30 St.

Packwerk (im Buhnenbau) *herstellen* einschließlich aller Nebenarbeiten[2] erfordert je 1 m³ . . . . 0,4 Stfa. + 0,4 St.

Schüttsteine aus-, über- oder *einladen* einschließlich aller Nebenarbeiten[3] erfordert je 1 t . . . . 1,0 St.

(bei Verwendung von Schwimmgreifern für den Steinumsatz und -einbau ist der Stundenaufwand etwa 0,4 St./t; jedoch sind Gerätekosten des Greifers nebst Bedienungskosten zu berücksichtigen).

Sinkstücke (1 m stark) *herstellen* erfordert einschließlich aller Nebenarbeiten (ohne Herstellen der Sinkstückablaufbahn, jedoch Unterhaltung derselben, Herstellen der Luntpfähle, Ablaufen der Sinkstücke usw.) je 1 m³ . . . . 0,8 Stfa.

Sinkstücke versenken einschließlich aller Nebenarbeiten (Einschleppen und Kuppeln der Sinkstücke, Abbobern und Kenntlichmachung der

---

[1] Heranbringen der Faschinen vom Kahn oder Lagerplatz, Anfördern von Draht u. dgl.

[2] Einladen und Anfördern von Faschinenwürsten, Draht, Steinen zum Ablasten, Verholen der Faschinen- und Steinkähne.

[3] Verholen der Stein- und Baukähne, Bauen der Karrstege usw.

Versenkstelle, Einladen und Anbefördern der Steine zum Versenken) erfordert je 1 m³ . . . . 0,6 Stfa.

Nätherpfahlwände herstellen erfordert einschließlich aller Nebenarbeiten je 1 lfd. m Pfahlwand . . . . 1,0 St.

Buhnenbau[1] (Gesamtkosten).

1 m³ Packwerk erfordert insgesamt bei Vorstrecken des Packwerkkerns für Wassertiefen bis 2 m:

	Zum Buhnen-oberbau	Zu den Grund-schwellen
Faschinen	0,75 m³	0,85 m³
Buhnenpfähle, 1,25 m lang, 5 cm stark . . .	1,0 Stück	1,0 Stück
Erde (Sand)	0,38 m³	0,30 m³
Schüttsteine	—	0,20 m³
Würste	2,80 m	4,00 m
Arbeitslohn[2]	1,8 St.	2,0 St.

Die Kosten schwanken jedoch stark nach den örtlichen Verhältnissen und hängen davon ab, welche *Geräte zum Besanden der Buhnen* (Eimerkettenbagger, Spülbagger u. dgl.) und zum *Einbau der Schüttsteine* verwendet werden. Die Gerätekosten sind besonders zu ermitteln.

1 m³ Sinkstück erfordert insgesamt beim Buhnenbau (schwache Strömung):

Faschinen . . . . 0,8 m³
Buhnenpfähle 1,25 m lang, 5 cm stark . . . . 1,5—2 Stück
Luntleine . . . . 5 lfd. m
Draht . . . . 0,3 kg
Schüttsteine . . . . 0,20 m³
Arbeitslohn für Herstellen und Versenken[2] . . . . 2,5 St.

Rüstungen nach S. 383.

Dr.-Ing. Kurt Müller gibt für Buhnenbauten an der Elbe *Gesamtkosten je 1 m³ Buhneninhalt* an (ohne Kosten für das Abpflastern der Buhnenköpfe und Zwischenstücke).

Baukosten je 1 m³ Buhne[3]:	RM.
Löhne (einschließl. Trennungs-, Wege- und Übernachtungsgelder)	2,50
Gerätemieten	1,30
Betriebsstoffe	0,15
Einrichten und Räumen der Baustelle	0,20
A. Herstellungskosten	4,15
B. Baustoffe	3,35
C. Gesamtbaukosten je 1 m³. . . . . *RM.*	*7,50*

[1] Wertvolle Angaben über die Kosten von Buhnenbauten an der Elbe finden sich in der Veröffentlichung von Dr.-Ing. Kurt Müller: „Der Buhnenbau nach den Erfahrungen an der Elbe" in der Zeitschrift „Die Bautechnik" 1942, H. 23 u. 24. Die Angaben der Gesamtkosten sind diesem Aufsatz entnommen, ebenso die Stücklohnsätze der Teilarbeiten. Die Übertragung auf andere Flüsse ist nicht ohne weiteres möglich.

[2] Ohne Löhne für Herstellen der Faschinen und Faschinenwürste.

[3] Baujahr 1940/41 bei einer Lohnhöhe von 1 St. = 0,60 RM.

Lohnstundenaufwand und Baustoffverbrauch je 1 m³ Buhneninhalt (nach Dr.-Ing. KURT MÜLLER).

Lohnstunden[1]	t Steinbaustoffe	m³ Faschinen	Stück Pfähle	kg Draht
1,8 bis 3,1	0,3 bis 0,4	0,7 bis 0,85	1,0 bis 1,6	0,2 bis 0,3

Uferschutzbau.

1 m³ Senkfaschine erfordert:

Faschinen . . . . 1,20 m³
Schotter (Schüttsteine) . . . . 0,30 m³
Draht . . . . 0,50 kg
Arbeitslohn zum Binden . . . . 1,5 St.
Desgl. zum Versenken . . . . 1,0 bis 1,5 St.

Rüstungen nach S. 383.

1 Längenmeter Kiessenkfaschine (nach KREUTER) erfordert, wenn der Kies auf 20 m Entfernung beigeführt wird, bei $d = 0,80$ bis 1 m:

Faschinen, etwa 4 bis 5 Stück, Ø 40 cm . . . . . . 0,60 m³
Kies . . . . 0,3 bis 0,4 m³
Draht . . . . 0,5 bis 0,6 kg
Arbeitslohn für Herstellen und Versenken . . . . . 2,0 bis 2,5 St.

1 Längenmeter Steinsenkfaschine[2] erfordert (nach KREUTER) für Abmessungen wie vor:

Faschinen, 5 bis 6 Stück Ø 30—40 cm . . . . 0,60 m³
Bruchsteine . . . . 0,3 bis 0,4 m³
Draht . . . . 0,5 bis 0,7 kg
Arbeitslohn für Herstellen und Versenken . . . . . 2,8 bis 3 St.

1 m² Spreutlage oder Berauhwehrung erfordert:

Weidenfaschinen . . . . 0,20 m³
Spreutlagenpfähle (grüne) 1,0 m lang, 5 cm stark . . 5 Stück
Erde (Mutterboden) . . . . 0,18 m³
Würste, 15 cm dick . . . . 4 m
Arbeitslohn für fertiges Herstellen und Beerden . . . 1,0 St.

Faschinenlagen als Uferdeckung herstellen erfordert für einfache Lage und 1 m² Deckung:

Faschinen . . . . 0,40 m³
Pfähle, 1,0 m lang, 5 cm stark . . . . 3,3 Stück
Arbeitslohn für Herstellen einschließlich Befördern der Materialien . . . . 0,4 bis 0,5 St.

---

[1] Je nach den eingesetzten Geräten und je nachdem, ob Selbstkostenverträge oder Leistungsverträge vorlagen.

[2] Statt dessen können auch *Sinkwalzen*, Ø 60—80 cm, hergestellt werden *mit Drahtnetzen:*

Je 1 lfd. m Bruchsteine . . . . 0,3 bis 0,4 m³
Drahtnetze . . . . 2,5 bis 3 kg
Arbeitslohn für Herstellen und Versenken . . . 2,5 bis 3 St. (ohne Gerüste!)

Uferdeckung aus doppelten Faschinenlagen erfordert für 1 m²:

Faschinen . . . . 0,60 m³
Pfähle . . . . 15 Stück
Würste . . . . 1,20 m
Arbeitslohn . . . . 0,6 bis 0,7 St.

1 m³ Faschinenpackwerk auf Trockenem zur Uferdeckung erfordert:

Faschinen . . . . 1,10 m³
Erde . . . . 0,40 m³
Würste . . . . 3,2 lfd. m
Buhnenpfähle . . . . 2,6 Stück
Nägel . . . . 5,2 Stück
Arbeitslohn für Herstellen einschl. aller Nebenarbeiten 1,6 St.

Faschinenbauwerk als Uferschutz einlegen, mit Wippen überziehen, diese mit Pfählen befestigen und beschottern, einschließlich Nahttransporte (bis auf 100 m) der fertigen Faschinen, Wippen, Pfähle und des Schotters für 1 m³ (Baustoffbedarf nach Baurat W. Junk, Oe.):

Baustoff	Einbauen auf trockenem Boden	Einbauen in Wasser	Einbauen in starker Strömung	Einbauen in stärkster Strömung
Faschinen	13,6 lfd. m	13,9 lfd. m	6,7 Stück	8 Stück
Wippen, 25 bis 30 cm stark	2,8 lfd. m	2,8 lfd. m	2,8 lfd. m	3,5 lfd. m
Pfähle (Weidenpflöcke) . .	10 Stück	10 Stück	13 Stück	16 Stück
Schotter	0,5 m³	0,5 m³	0,52 m³	0,55 m³
Faschinenlegerstunden oder Buhnenmeisterstunden .	0,4 Stfa.	0,4 Stfa.	0,6 Stfa.	0,6 Stfa.
Erdarbeiterstunden . . .	2,0 St.	2,6 St.	3,5 St.	4,5 St.
Schiffsmannsstunden . . .	—	0,5 Stsch.	0,6 Stsch.	0,7 Stsch.

Faschinenpackwerk (Vorschußlagen, Grundlagen nach Kreuter) einschließlich Kieszufuhr bis auf 100 m Entfernung erfordert für 1 m³:

Baustoff	Bei einer Wassertiefe bis	
	1 m	2 bis 3 m
Faschinen	5 bis 6 Stück	6 bis 7 Stück
Wippen	5 m	7 bis 8 m
Pfähle	15 bis 20 Stück	15 bis 20 Stück
Kies	0,3 bis 0,4 m³	0,5 bis 0,6 m³
Arbeitslohn	3 bis 4 St.	4 bis 5 St.

Faschinenlagen (Aufholungslagen oder Abgleichlagen; Wedel- und Wachslagen; Spreit- oder Decklagen und Sturzlagen, nach Kreuter) für 1 m²:

Baustoff	Wedellage	Spreitlage	Oberste Sturzlage	Aufholungslage
Dicke	0,25 m	0,25 bis 0,3 m	0,30 m	0,40 m
Faschinen	1,44 Stück	1,4 bis 2 Stück	1,25 Stück	2,16 Stück
Wippen	1,44 m	2,5 bis 4 m	2,58 m	4,15 m
Pfähle	2,85 Stück	7 bis 9,6 Stück	4,60 Stück	7,50 Stück
Kies	0,12 m³	0,11 m³	0,12 m³	0,16 m³
Arbeitslohn	1,1 St.	1,4 bis 2,0 St.	1,3 St.	1,9 St.

Flechtzaun von 25 cm Höhe herstellen erfordert für 1 lfd. m:
Weidenfaschinen . . . . 0,11 m³
Grüne Pfähle 1,2 bis 1,5 m lang . . . . 3,4 Stück
Arbeitslohn . . . . 0,8 St.

Flechtzäune von 0,9 m Höhe anfertigen erfordert an Arbeitslohn für 1 Längenmeter . . . . 1,5 St.

Schuppendecken aus Weidenfaschinen in 10 cm dicken Lagen, die sich 90 cm breit überdecken, erfordern für 1 m² Faschinen . . 0,12 m³
Arbeitslohn, wenn Kies aus der Böschung gewonnen wird . 1,5 St.
oder wenn Kies auf 20 m Entfernung befördert wird . . 2,4 St.

Senkwellen (Sinkwalzen) herstellen erfordert für 1 m Länge:

Baustoff	Bei einer Stärke von			
	0,4 bis 0,5 m	0,6 m	0,8 m	1 m
Faschinen	0,42 m³	0,62 m³	0,70 m³	0,80 m³
Kies	0,12 m³	0,20 m³	0,25 m³	0,30 m³
Draht	0,45 kg	0,45 kg	0,52 kg	0,65 kg
Arbeitslohn für Herstellen und Verstürzen	1,5 St.	1,7 St.	2,0 St.	2,5 St.

Pflaster, molenartig, mit engen Fugen erfordert für 1 m²:
Pflastersteine . . . . 0,25 m³
Kiessand . . . . 0,25 m³
Pflasterpfähle, 0,8 bis 1,0 m lang, 10 bis 15 cm stark . . 5 Stück
Arbeitslohn für Herstellen des Pflasters . . . . . 1,5 Stpf. + 0,8 St.[1]

Pflaster, hochkantig, erfordert, wenn die Steine zuzurichten sind, für 1 m²:
Sprengsteine . . . . 0,30 m³
Kies . . . . 0,20 m³
Arbeitslohn . . . . 2,0 Stpf. + 1,0 St.[1]

Berme unter Wasser zu richten erfordert für 1 m² . 1,5 bis 2,0 St.

Bruchsteinpflaster auf Bermen und Böschungen, 25 bis 30 cm dick herstellen erfordert für 1 m² . . . . 2,5 Stm.[1]

Schleusenbau.

A. Erdarbeiten.

Bodenaushub und Hinterfüllung (50000 bis 80000 m³):

	Lohnstunden St_{mi}/m^3	Kohle kg/m³	Öle kg/m³
Leichter Boden	1,4	4,5	0,045
Mittelschwerer Boden	1,8	5,0	0,06
Schwerer Boden	2,5	6,5	0,07

[1] Einschließlich Nahtransporte bis 50 m.

Schutzbeton der Sohle 10 cm stark kostet an Lohn je 1 m² . 0,7 Stb.

Lehmdichtung in der Sohle und den Böschungen der Vorhäfen einschließlich Verstärkung im Anschluß an die Häupter vorschriftsmäßig einbringen, in Lagen von höchstens 20 cm Stärke feststampfen oder festwalzen, je 1 m³:
Lohn . . . . 3,5 St.

Zur Ermittlung des *Angebotspreises* sind die Betriebsstoffkosten, Gerätekosten, Gemeinkosten, Geschäftskosten und Gewinn zuzuschlagen.

B. Rammarbeiten.

Stahlspundwände Prof. II bzw. Prof. III für die Leitwerke der Vorhäfen 10 bis 13 m lang rammen kostet ohne Einrichtungskosten
an Lohn je 1 m² . . . . 3,0 bis 4,0 St_{mi},
an Betriebsstoffen je 1 m²: 15 bis 20 kg Kohle, 0,20 kg Öle,
an Gerätekosten je 1 m²: besonders zu ermitteln,
an Rammgerüsten: besonders zu ermitteln, je nach Örtlichkeit (bei Verwendung von Schnellschlagrammen und Kranen vielfach zu ersparen).

C. Beton- und Maurerarbeiten.

Beton des Schleusenbauwerks (40000 bis 80000 m³) teils mit Stahlbewehrung, im M.V. 1 T. Zement : 0,3 T. Traß : 3 T. Sand 0/7 mm : 4,5 T. Kies 7/70 mm, hinter gehobelter und gespundeter Schalung einbringen unter Verwendung von Aufbereitungsanlagen (Silos) mit automatischen Wagen, einschließlich aller Nacharbeiten am Beton, kostet (ohne Wasserhaltung und ohne Liefern der Baustoffe und Bindemittel) *je 1 m³*:

a) *Gerätekosten*
(besondere Ermittlung an Hand der Geräteliste) . . 2,0 bis 4,0 DM.

b) Löhne der *Baustelleneinrichtung* (nach besonderer Aufstellung) . . . . 0,5 bis 0,7 St.

c) Elektroinstallation[1] nach besonderer Aufstellung.

d) *Betriebsstoffe* (in erster Linie Strom) . . . . . 2,5 bis 3,5 kW

e) *Bauhilfsstoffe* (für Schalung und Rüstung z. B. etwa 0,40 m² Schalfläche je 1 m³ Beton): 0,08 m² Schalbretter 40 mm,
0,004 m³ Kantholz,
0,5 kg Stahlanker.

f) *Löhne* für Betonierbetrieb einschließlich Materialanfuhr und Werkstättenbetrieb . . . . 3,0 bis 4,0 Stb.

g) *Löhne* für Schalen und Rüsten (1,8 Stz. je 1 m² Schalfläche bei Verwendung von Turmdrehkranen und Schaltafeln) je 1 m³ Beton 0,6 Stz.

---

[1] Bei schwierigem Netzanschluß eigene Stromerzeugungsanlage mit Dieselaggregaten.

Bemerkung. Bei bauseitiger Lieferung der Zuschlagstoffe und Bindemittel und bei St. = 1,80 DM., Stz. = 2,10 DM. 1 St_{masch} = 2,10 DM. ergeben sich Preise[1] von *20,— bis 28,— DM. je 1 m³.*

Verblendmauerwerk in Klinkern als *Zulage* zum Betonpreis je 1 m³:
Löhne . . . . 5 Stm. + 3 St.
Gerüstanteil . . . . 3,— DM.
Rundstahl (Sohlenarmierung) und Profilstahl transportieren, biegen und verlegen je 1 t. . . . . 40 Ste.
Granitwerksteine versetzen[2], Lohn je 1 m³ . . . . . . 8 Stm. + 8 St.

D. Sohlen- und Uferbefestigung.

Sohlenbefestigung aus 30 bis 45 cm starken Basaltsäulen mit 25 cm Kiesunterlage herstellen:
Material . . . . DM./t ab Werk[3]
Lohn je 1 m² . . . . 5,0 Stb.

Desgl. mit 60 cm starken Betonsteinen auf 30 cm Kies (ohne Herstellen der Betonprismen) Lohn je 1 m² . . . . 6,0 Stb.

E. Ausladen von Bindemitteln.

Bauseitig gelieferten *Zement* ausladen und stapeln je 1 t:
a) Bahnbeförderung . . . . 1,2 St.
b) Schiffsbeförderung . . . . 2,0 St.

F. Wasserhaltung.

Die *Wasserhaltungskosten* sind besonders zu ermitteln (s. Abschn. VII, S. 112f.).

Herstellen von Sohlendrainagen.

a) Betonrohre 30 cm l. W. mit Kiesumhüllung verlegen, einschließlich Ausheben des Drainagegrabens, an *Lohn* je 1 lfd. m . . 3,0 St.

b) Tonrohre 12 bis 15 cm l. W. desgl. . . . . 0,8 St.

Bemerkung. Die genaue Kalkulation von Schleusenbauten ist natürlich an Hand eines genauen „Betriebsprogramms" aufzustellen und die ganze maschinelle Einrichtung der Baustelle zu beachten, ähnlich wie dies bei dem *Musterbeispiel* des Abschnittes „Beton- und Stahlbetonbauten", S. 319ff., geschehen ist.

Hafenbau.

Angaben über die Kosten der *Herstellung von hölzernen Dalben* (Kiefer) im Hamburger Hafen macht Oberbaurat Wedekind in der Zeitschrift „Der Bauingenieur" 1942, Heft 25/26 und 27/28 in dem Aufsatz „Dalben

[1] Kosten der besonderen sozialen Maßnahmen (Trennungsentschädigung, Wegegelder, Wochenendheimfahrten usw.) und der Arbeiterunterbringung sind hierin *nicht* enthalten.

[2] Kosten des *Hebekrans* und *Gerüstkosten* sind besonders zu veranschlagen. Kleinere Nacharbeiten an den Steinen und Verfugen der Ansichtsflächen sind mitenthalten.

[3] Ortspreise in DM. sind einzusetzen.

im Hamburger Hafen". Die folgenden Angaben sind in Anlehnung an diese Veröffentlichung erfolgt.

Nr.	Gegenstand	Pfähle, Länge, Ø, *Kiefer* m³ Beschaffungspreis DM.	Verbandholz m³ Beschaffungspreis DM.	Kleineisenzeug und Vertäuvorrichtung kg Beschaffungspreis DM.	Löhne + Rammmiete DM.	Preis je 1 Pfahl DM.
1	Doppelpfahl	2/16 m/45 cm Ø 5,0 m³ 800,—	0,1 m³ 20,—	14 kg 18,—	600,—	720,—
	Schutzdalben					
2	3 Pfahlschutzdalben mit Kopfverband	3/16 m/45 cm Ø 7,5 m³ 1200,—	0,50 m³ 100,—	18 kg 25,—	1000,—	770,—
3	6 Pfahlschutzdalben	6/18 m/45 cm Ø 16,4 m³ 2600,—	1,30 m³ 250,—	140 kg 200,—	2000,—	850,—
4	9 Pfahlschutzdalben	9/18 m/45 cm Ø 26,0 m³ 4200,—	3,80 m³ 750,—	400 kg 600,—	3400,—	1000,—
	Vertäudalben					
5	3 Pfahl-Vertäudalben	3/16 m/45 cm Ø 7,5 m³ 1200,—	1,20 m³ 240,—	240 kg 360,—	1050,—	950,—
6	6 Pfahl-Vertäudalben	6/18 m/45 cm Ø 16,4 m³ 2600,—	2,50 m³ 500,—	630 kg 950,—	2600,—	1100,—
7	12 Pfahl-Vertäudalben	12/18 m/50 cm Ø 42,5 m³ 6800,—	6,70 m³ 1350,—	1730 kg 2600,—	5200,—	1300,—

XXII. Kanalisationsarbeiten (und Betondurchlässe).

Allgemeines.

Bei der Herstellung der Kostenanschläge von Kanalisationsarbeiten kommt im allgemeinen folgende Reihenfolge der Titel vor:

a) Straßenbefestigungsarbeiten,

b) Erdarbeiten,

c) Absteifungsarbeiten,

d) Rohrlegungsarbeiten,

e) Zuschläge für die Herstellung der Anschlüsse bzw. das Versetzen von Einsteig- und Einlaufschächten nebst den zugehörigen Anschluß- und Nebenarbeiten.

Richtlinien für Bestandspläne für öffentliche Entwässerungsanlagen siehe DIN 4050.

Straßenbefestigungsarbeiten. Handelt es sich um die Entwässerung eines Grundstückes mit schon fertiggestellten Straßen, so muß man den Fußweg- bzw. Fahrbahnkörper der Straße aufreißen, die Materialien geordnet seitwärts lagern und dann die Bahn wieder herstellen. Diese Arbeiten können nach den unter „Wegebau- und Pflasterarbeiten" gemachten Angaben veranschlagt werden (s. S. 184).

Erdarbeiten. Die Ausschachtungsarbeiten (Bodenaushub), sowie das Wiedereinfüllen und Stampfen des Bodens werden nach S. 81f. berechnet.

Baugrubenbreite. Die Breite der Baugrube hängt von der Breite bzw. vom Durchmesser des Rohres ab. Um aber die Kosten der Erdarbeiten so gering wie möglich zu halten, wird die Baugrubenbreite so klein wie nur möglich gemacht. Ist R (in m) der äußere Durchmesser des Rohres, so nimmt man als Baugrubenbreite $R + 2 \cdot 0{,}30$ bis $R + 2 \cdot 0{,}45$ ($B = 1{,}0$ bis $2{,}0$ m).

Absteifungsarbeiten (Absprießen der Baugrube). Diese Arbeiten können nach S. 84f. berechnet werden. Will man diese Arbeiten besonders berechnen, so kann man den folgenden Rechnungsgang benützen:

Absteifen von Rohrgräben für Kanalisations- und Wasserleitungsarbeiten. *Auf 1 m Baugrubentiefe* wird angenommen bei $B = 1{,}50$ m an *Materialbedarf:*

1. Bretter (a), je 3 Stück für 1 Seite, also 6 Stück von 25 cm Breite und 4 cm Stärke (über 3 m Tiefe: 6 cm Stärke).

2. Brusthölzer (b), zwei Stück (je 1 Stück für 1 Seite) Bohlen von 15 cm Breite und 6 cm Stärke. Diese Bohlen sollen in einem Abstande von etwa 1,50 m gesetzt werden.

3. Steifhölzer (s). Auf 1 m Tiefe sollen je 2 Stück (2 Riegel Steifhölzer) von etwa 15 cm Durchmesser genommen werden. In waagerechter Richtung ist der Abstand der Steifhölzer gleich dem Abstand der Brusthölzer, also 1,50 m.

Auf *1 m Graben* ist dann an Material erforderlich (auf 1 m Tiefe):

	Bis 3 m Tiefe	Über 3 m Tiefe
Bretter (a) = 2,25/1,5 = 1,50 m² . . .	0,060 m³	0,090 m³
Bohlen (b) = 0,30/1,5 = 0,20 m² . . .	0,012 m³	0,012 m³
Steifhölzer (s) = 2,60/1,5 = 1,70 m . .	0,031 m³	0,031 m³
Zusammen	0,103 m³	0,133 m³
oder abgerundet	*0,1 m³ Holz*[1]	*0,13 m³ Holz*[2]

Materialverbrauch je 1 m Baugrubentiefe (umfassend Holzabschreibung, Holzverschnitt, Holzverlust, Kleineisenzeug usw.): $^1/_8$ bis $^1/_{10}$ des Holzbedarfs oder bei $B = 1{,}50$ m für *1 lfd. m Graben*

bis 3 m Tiefe: 0,010 m³ Holz, 0,4 kg Kleineisenzeug
über 3 m „ *0,012 m³* „ 0,5 kg „

[1] $^1/_3$ Rundholz, $^2/_3$ Schnittholz. [2] $^1/_4$ Rundholz, $^3/_4$ Schnittholz.

Arbeitslohn.

Absteifungskosten ohne An- und Abfuhr der Hölzer, Herstellung der Absteifung und Entfernung der Hölzer aus der Baugrube, betragen für 1 lfd. m Baugrube: $B = 1{,}5$ m

für den ersten Meter Tiefe . . . . 0,50 Stc.
für jeden weiteren Meter Tiefe . . Zuschlag + 0,25 Stc.

Es beträgt demnach der *Lohnaufwand für die Absteifungskosten und Materialverbrauch von 1 lfd. m Graben* (Gesamttiefe!):

	Löhne:	Materialverbrauch:	
bei 1 m tiefer Baugrube . . .	0,50 Stc.	0,010 m³ Holz,	0,4 kg Eisen
„ 2 m „ „ . . .	1,25 Stc.	0,020 m³ „	0,8 kg „
„ 3 m „ „ . . .	2,25 Stc.	0,030 m³ „	1,2 kg „
„ 4 m „ „ . . .	3,25 Stc.	0,045 m³ „	1,6 kg „
„ 5 m „ „ . . .	4,50 Stc.	0,060 m³ „	2,0 kg „
„ 6 m „ „ . . .	5,75 Stc.	0,070 m³ „	2,4 kg „

Bemerkung. Bei anderen Breiten kann man die Löhne *mit 0,6 B multiplizieren.*

Rohrlegungsarbeiten.

Beim Verlegen der Rohre hängt sehr viel davon ab, ob die Baugrube frei oder abgesteift ist, ob man im Nassen oder im Trockenen arbeiten muß, ob die Rohre tief oder weniger tief gelegt werden müssen und ob die letzteren bereits am Baugrubenrande liegen oder aus einer größeren Entfernung herangeschafft werden müssen. Die Verlegung der Rohre erfolgt vom Tal zum Berg, mit Muffe zum Berg zeigend.

Betonrohre. Beim Arbeiten im Trockenen und nicht zu großen Tiefen kann man für das Hochheben der Rohre mittels Bockwinde, das Hinunterlassen in die Baugrube, das Verlegen der Rohre in der Grube und das Dichten der Fugen die Lohn- und Materialkosten (Ortspreise für Rohre einsetzen!) je 1 lfd. m Kanal nach Tabelle 42 und 43 annehmen.

Für *Schleuderbetonrohre* (bewehrt und unbewehrt) sind die Angebote von Spezialfirmen einzuholen.

Mit *Betonbettungen* erhöht man die Widerstandsfähigkeit der Rohrleitungen gegen Scheiteldruck bis zum zweifachen. Es empfiehlt sich nach MARQUARDT[1] eine Betonsohlenstärke von $\frac{d}{4}$, eine Einbettungstiefe des Rohres über Rohrunterkante von $\frac{d}{3}$ (seitliches Umbetonieren) in der Breite der Baugrube.

Einsteigschächte.

Einsteigschächte. Diese werden in Entfernungen von etwa 50 bis 60 m bei nicht begehbaren Kanälen und 120 bis 150 m bei begehbaren Kanälen angeordnet. Bei größeren Tiefen (über 2 m) werden die Schächte aus Betontrommeln, d. i. zylindrische Schachtringe aus Beton, her-

[1] MARQUARDT Prof. Dr.-Ing. Erwin: Wasserversorgung und Entwässerung der Städte. Beitrag im „Taschenbuch für Bauingenieure“. Herausgeg. von F. SCHLEICHER, S. 1018. 2. Aufl. Berlin/Göttingen/Heidelberg: Springer 1955.

Tabelle **42**. *Betonrohre, runde Kanalisationsrohre d = 100 bis 1000 mm, DIN 1201.*

Innendurchmesser *d*	Baulänge	Sohlenbreite *s*	Bruchlast	Gewicht von 1 m Rohr (Baulänge)	Erdverdrängung je lfd. m	Materialkosten: 1 lfd. m = 1 Rohr kostet ab Werk[1]	Materialkosten: 1 lfd. m = 1 Rohr kostet frei Verwendungsstelle[1]	Zementmörtel 1 : 2 (für 1 Fuge)		Lohnaufwand (ohne Wasserhaltung) für Verlegen (mit Nahtransport) und Fugen je 1 lfd. m			Gerätekosten[2]
mm	m	mm	t/m	kg	m³	DM.	DM.	Liter	Dpf.	Stc.	DM.	und ... % Zuschläge DM.	DM.
100	1,0	80	2,0	24	0,018	......	......	0,1	.....	0,3	.....	......	0,10
125	1,0	100	2,0	30	0,025	......	......	0,12	.....	0,4	.....	......	0,10
150	1,0	120	2,0	38	0,030	......	......	0,2	.....	0,5	.....	......	0,15
200	1,0	160	2,0	60	0,058	......	......	0,25	.....	0,6	.....	......	0,20
300	1,0	240	2,5	120	0,124	......	......	0,5	.....	1,0	.....	......	0,25
400	1,0	320	2,8	200	0,210	......	......	0,9	.....	1,6	.....	......	0,30
500	1,0	400	3,0	280	0,310	......	......	1,3	.....	2,0	.....	......	0,30
600	1,0	450	3,0	390	0,440	......	......	1,8	.....	2,6	.....	......	0,40
700	1,0	500	3,0	460	0,586	......	......	2,5	.....	3,0	.....	......	0,40
800	1,0	550	3,0	600	0,752	......	......	3,0	.....	4,0	.....	......	0,50
900	1,0	600	3,0	750	0,961	......	......	3,5	.....	5,0	.....	......	0,50
1000	1,0	650	3,0	960	1,180	......	......	4,0	.....	6,0	.....	......	0,60

Tabelle 43. *Betonrohre, eiförmige Kanalisationsrohre 200/300 bis 1000/1500, DIN 1201.*

Innenweite *d · h*	Baulänge	Sohlenbreite *s*	Bruchlast	Gewicht von 1 m Rohr (Baulänge)	Erdverdrängung je 1 lfd. m	Materialkosten: 1 lfd. m = 1 Rohr kostet ab Werk[1]	Materialkosten: 1 lfd. m = 1 Rohr kostet frei Verwendungsstelle[1]	Zementmörtel 1 : 2 (für 1 Fuge)		Lohnaufwand (ohne Wasserhaltung) für Verlegen[3] (mit Nahtransport) und Fugen je 1 lfd. m			Gerätekosten[2]
mm	m	mm	t/m	kg	m³	DM.	DM.	Liter	Dpf.	Stc.	DM.	und ... % Zuschläge DM.	DM.
200 · 300	1,0	150	3,0	100	0,09	.....	......	0,5	.....	1,0	.....	......	0,30
300 · 450	1,0	210	3,0	190	0,18	.....	......	0,8	.....	1,2	.....	......	0,30
400 · 600	1,0	265	3,4	305	0,32	.....	......	1,5	.....	2,0	.....	......	0,40
600 · 900	1,0	375	3,8	625	0,68	.....	......	3,0	.....	3,8	.....	......	0,50
700 · 1050	1,0	430	3,8	780	0,92	.....	......	3,5	.....	5,0	.....	......	0,60
800 · 1200	1,0	490	4,2	1000	1,18	.....	......	4,5	.....	6,0	.....	......	0,60
900 · 1350	1,0	545	4,4	1200	1,45	.....	......	6,0	.....	8,0	.....	......	0,70
1000 · 1500	1,0	600	4,4	1450	1,78	.....	......	6,5	.....	10,0	.....	......	0,80

[1] Örtliche Preise und Transportkosten sind einzusetzen + 5% für Bruchverlust. [2] Näherungswerte, sofern die Gerätekosten nicht eigens ermittelt werden. [3] Ohne *Betonbettungen*, welche gesondert zu kalkulieren sind: Magerbeton 180 kg Zement/1 m³ Beton, Löhne 8 St_{mi}/1 m³ Beton (ohne Baustelleneinrichtung).

gestellt. Schachtsohle und Schachtfuß werden bis zum Scheitel der zu verbindenden Rohre entweder aus Klinkermauerwerk oder aus Stampfbeton hergestellt.

Auf dem *Schachtfuß* werden dann die *Betontrommeln* aufgesetzt.

Schachttrommeln (Brunnenringe aus Beton) nach DIN 1202, Baulänge 1 m, Paßstücke von 300, 400 und 500 mm.

Lichte Weite	Wandstärke	Gewicht für 1 lfd. m	Erdverdrängung für 1 lfd. m	Verlegen der Ringe (1 m) und Dichten der Fugen Lohnaufwand		Materialkosten		
				Stc.	und ... % Zuschläge	1 lfd. m ab Werk	1 m frei Bau	Mörtel für Fugen
mm	mm	kg	m^3		DM.	DM.[1]	DM.	l
600	65	380	0,419	1,5	....	....	....	2,0
700	70	440	0,554	1,7	....	....	....	2,5
800	80	520	0,724	1,8	....	....	....	3,0
900	90	695	0,916	2,0	....	....	....	3,5
1000	100	780	1,131	2,5	....	....	....	4,0
1200	120	912	1,629	3,0	....	....	....	5,0

Schachtfuß (Abb. 131a) verlegen kostet, wenn derselbe aus einem Betonring besteht, für 1 Stück $d = 1000$ mm (Bodenstück nach DIN 1202) . . . . . . 3 Stc.

Konus (Schachtkopf Abb. 131b) verlegen kostet für 1 Stück (1 Stück = 600 mm) *Verjüngungs-Ring* nach DIN 1202:

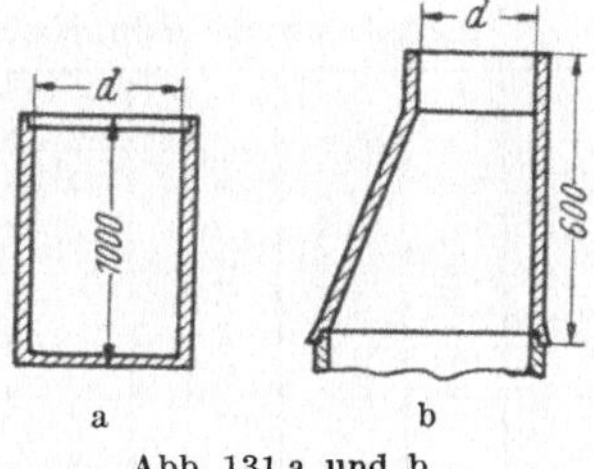

Abb. 131 a und b.

Lichte Weite		Wandstärke	Bauhöhe	Gewicht für 1 Stück	Erdverdrängung für 1 Stück	Lohnaufwand für Verlegen und Dichten von 1 Stück		Materialkosten		
obere d	untere d					Stc.	und ... % Zuschläge	1 Stück ab Werk[1]	1 Stück frei Bau[1]	Mörtel für Fugen
mm	mm	mm	mm	kg	m^3		DM.	DM.	DM.	l
560	800	80	600	320	0,300	1,2	......	.....	.....	2,5
560	900	90	600	325	0,395	1,5	......	.....	.....	2,8
560	1000	100	600	385	0,460	1,8	......	.....	.....	3,0
700	800	80	600	340	0,391	1,4	......	.....	.....	3,0
700	900	90	600	370	0,450	1,8	......	.....	.....	3,3
700	1000	100	600	410	0,523	2,5	......	.....	.....	3,5

Rohransätze für Seiteneinlässe (Anschlußstutzen) in Betonrohren befestigen und die Fugen eindichten kostet bei einer Lichtweite

von $d = 15$ cm je Stück . . . . 2,5 Stm.
„ $d = 20$ cm „ „ . . . . 3,0 Stm.

Sinkkästen (Einlaufschächte oder Schlammfänge) werden gewöhnlich in Abständen von etwa 40 bis 50 m gelegt.

[1] Örtliche Preise + 5% für Bruch.

Das Verlegen von Betonsinkkästen kostet *je 1 Stück:*

Bei rundem Querschnitt und bei einer *Baulänge des Kastens* von etwa 1 m:

für $d = 30$ cm . . . . 1,5 Stc.
,, $d = 35$ cm . . . . 2,0 Stc.
,, $d = 40$ cm . . . . 2,5 Stc.
,, $d = 45$ cm . . . . 3,0 Stc.
,, $d = 50$ cm . . . . 3,5 Stc.

Hofsinkkästen zu verlegen wie vorher.

Fettfänge von 20 bis 25 cm Weite und etwa 100 cm Länge verlegen kostet etwa . . . . 3 Stc.

Normen für Betonrohre DIN 1201 bis 1202.

„Besondere Bedingungen für die Lieferung von Betonrohren" DIN 1203 bis 1206.

Steinzeugrohre (gerade Rohre).

Tabelle 44. *Steinzeugrohre (innen und außen glasiert mit Muffen) gerade runde Kanalisationsrohre $d = 100$ bis 1000 mm, DIN 1203.*

Nennweite = Innendurchmesser d	Wandstärke s	Gewicht von 1 m Rohr (Baulänge)	Erdverdrängung je 1 lfd. m	Materialkosten: 1 lfd. m = 1 Rohr kostet: ab Werk[1]	frei Verwendungsstelle[1]	Dichtungsmaterial: Teerstrick[2]		Asphaltkitt[2]		Lohnaufwand für Verlegen (mit Nahtransport bis 50 m), Dichten, Anschlüsse usw.: Stc.	und ... % Zuschläge	Gerätekosten[3] je 1 m etwa
mm	mm	kg	m³	DM.	DM.	kg	DM.	kg	DM.		DM.	DM.
100	16	16	0,013	...	....	0,25	....	0,7	...	0,5	....	0,10
125	18	20	0,020	...	....	0,30	....	0,9	...	0,5	....	0,10
150	19	25	0,027	...	....	0,40	....	1,2	...	0,6	....	0,15
175	20	30	0,036	...	....	0,45	....	1,4	...	0,65	....	0,15
200	20	35	0,045	...	....	0,50	....	1,5	...	0,7	....	0,20
225	21	42	0,057	...	....	0,55	....	1,8	...	0,8	....	0,20
250	22	50	0,070	...	....	0,60	....	2,5	...	1,0	....	0,30
300	25	65	0,097	...	....	0,70	....	3,0	...	1,2	....	0,30
350	28	82	0,130	...	....	0,80	....	3,5	...	1,5	....	0,30
400	30	105	0,170	...	....	1,00	....	4,0	...	2,0	....	0,40
450	34	135	0,214	...	....	1,20	....	5,0	...	2,5	....	0,40
500	36	150	0,260	...	....	1,50	....	5,8	...	3,0	....	0,40
550	39	180	0,310	...	....	1,60	....	6,5	...	3,3	....	0,50
600	42	205	0,466	...	....	1,80	....	7,0	...	3,5	....	0,50
700	47	265	0,500	...	....	2,00	....	7,5	...	4,5	....	0,50
800	49	330	0,640	...	....	2,20	....	8,0	...	5,0	....	0,60
1000	52	420	0,960	...	....	2,50	....	10,0	...	6,0	....	0,60

[1] *Örtliche* Preise sind einzusetzen + 5% für Bruch.

[2] Tonrohrmuffenkitt . . . . . 100 kg ab Werk . . . .
Präparierter Ton . . . . . . 100 kg ab Werk . . . .
Teerstrick etwa 22 mm $\varnothing$ . . 100 kg ab Werk . . . .

Tagespreise sind einzusetzen.

(Fortsetzung S. 397.)

Steinzeugrohre: Bogen, Abzweige und Übergänge (Abb. 132).

Maße und Gewichte siehe DIN 1204.
,, ,, ,, ,, ,, 1205.
,, ,, ,, ,, ,, 1206.

Preise nach Preisliste (1,5facher bis 4,5facher Meterpreis!).

Eiförmige Steinzeugrohre, Baulänge 0,75 m.

Abmessungen in mm	200/300	250/375	300/450	350/525	400/600	500/750
Gewicht in kg . . .	60	85	108	130	185	240

Sonstige *Normen* für *Kanalisations-Steinzeugrohre:*

DIN 1230. Kanalisations-Steinzeugwaren, Entwurf Tonind.-Ztg. 1934, S. 781. Beiblatt. — Abmessungen, technische Lieferbedingungen. Entwurf Tonind.-Ztg. 1934, S. 781.

DIN 1231. Kanalisations-Steinzeugrohre, Prüfverfahren. Tonind.-Ztg. 1934, S. 873.

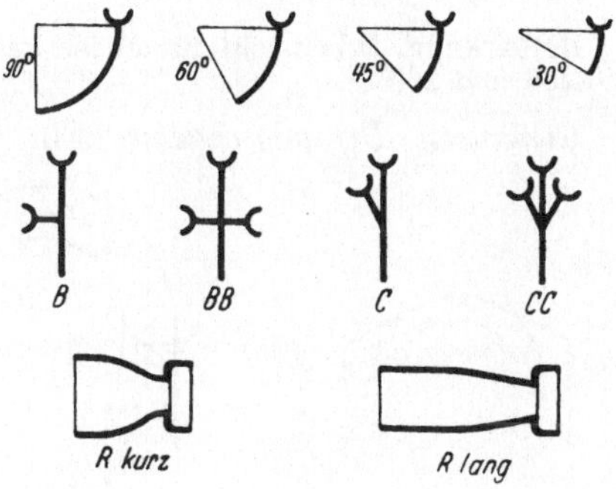

Abb. 132.

Gemauerte Kanäle und Einsteigschächte mit Kanalklinkern.

Gemauerte Kanäle. Diese werden aus Klinker-Formsteinen (Keilsteinen) hergestellt:

Kanalklinker:

Kanalkeilklinker A (Kopfgewölbe) nach . . . . . *DIN 4051.*
Kanalkeilklinker B (Sohlgewölbe) ,, ... ,, *4051.*
Kanalschachtklinker C nach . . . . ,, *4051.*
Normalklinker . . . . ,, *105.*

Innen werden die Kanäle sorgfältig gefugt und außen mit Rapputz von etwa 2 cm Stärke versehen. Mörtelmischung etwa 1 : 2 bis 1 : 3. Mörtel zum Fugen säurefest, also Erzzement bei stark aggressivem Wasser bzw. Beigabe von Dichtungsmitteln.

Teerstrick etwa 16 mm ∅ . 100 kg ab Werk . . . .
Weißstrick etwa 22 mm ∅ . 100 kg ab Werk . . . .
Weißstrick etwa 16 mm ∅ . 100 kg ab Werk . . . .

[3] Sofern man nicht eigens die Gerätekosten ermittelt, können diese Schätzwerte benutzt werden.

1 m³ Kanalmauerwerk erfordert:

a) an *Materialien* etwa:

400 Stück Klinker,
0,30 m³ Zementmörtel.

Massenberechnung (verdrängter Boden, Beton 1 : 6, Mauerwerk, Klinkerbedarf) für *gemauerte Eikanäle* nach *DIN 4051, Beiblatt S. 1—4* (Abb. 133 und 134).

1 m³ Kanalmauerwerk erfordert:

b) an *Arbeitslohn* bis zu einer Tiefe von 3 m

je 1 m³ . . . . 8 Stm. + 4 St.
Zuschlag für 1 m Mehrtiefe . . . . 0,5 Stm.

Bemerkung. Arbeitslohn für Fugen und Rapputz siehe unter „*Maurerarbeiten*", S. 266 und 269.

Gemauerte Einsteigschächte. Ein Schacht von 1 m Lichtweite und *1 m Höhe* erfordert an *Material:*

410 Stück Keilsteine (nach DIN 4051),

0,30 m³ Zementmörtel (s. Maurerarbeiten),

3 m² ausfugen (s. Maurerarbeiten),

4,50 m² Außenputz (s. Maurerarbeiten).

Abb. 133. Nach DIN 4051, Beiblatt S. 1.

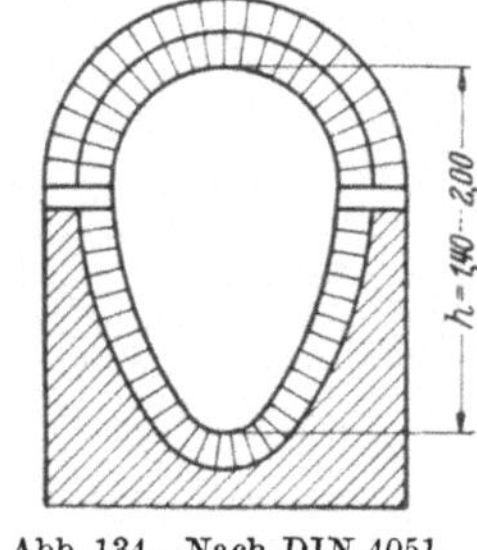

Abb. 134. Nach DIN 4051, Beiblatt S. 2—4.

Jede 4. Schicht erhält ein *Steigeisen* (nach *DIN 1211 und 1212*) von etwa 4,5 kg Gewicht.

1 m³ Mauerwerk erfordert an *Arbeitslohn:*

bis zu einer Tiefe von 3 m . . . . 8 Stm. + 4 St.
Zuschlag für 1 m Mehrtiefe . . . . 0,5 St.

Schachtabdeckungen (rund oder quadratisch) *für Fahrbahn 180 bis 300 kg* nach *DIN 1214 bis 1224*, z. B. quadratische Rahmen mit Asphaltfüllung J 600 DIN 1214 . . . . 300 kg

1 Schachtabdeckung für Fahrbahn versetzen kostet

an Lohn . . . . 2 Stm. + 2 St.
an Material 7 l Zementmörtel 1 : 3
20 bis 30 kg Asphalt.

Schachtabdeckungen für Gehbahn. Rahmen + Deckel = etwa 135 kg (ohne Füllung) *nach DIN 1225 bis 1227.*

1 Schachtabdeckung für Gehbahn versetzen kostet

an Lohn . . . . 1,5 Stm. + 1,5 St.
an Material . . . . . . 5 l Zementmörtel 1 : 3, etwa 20 kg Asphalt.

Betonkanäle.

Betonkanäle. Die Kanäle, die in der Baugrube betoniert werden, haben verschiedene Formen. Ein Gewölbe, welches sich möglichst dem Verlauf der Drucklinie anschließt, ist in Abb. 135 gezeigt. Da die *Sohle* eine schwache oder starke Krümmung erhalten und *mit Tonschalen oder Klinkern belegt* werden kann (Säureangriff!) und die Gründungssohle dem Untergrund angepaßt werden muß, wurde dieselbe bei der Berechnung der Massen ganz getrennt gehalten. Es ist angenommen worden (s. Dresdner Kanäle, Handbuch der Ingenieurwissenschaften Bd. 4):

Kanalweite $b = 140$ cm bis 300 cm.
Scheitelstärke $s_0 = 0{,}05b + 10$ (cm).
Widerlagsstärke $w = 0{,}2b + 11$ (cm).
Sohlenstärke $s_1 = 0{,}06b + 15$ (cm).
Widerlagshöhe $s_2 = 0{,}1b + 13$ (cm).
Widerlagsabsatz $e = AS = 10$ cm.

Konstruktion. Man trägt der Reihe nach folgende Größen auf: 1. Länge $HO = b$. 2. PL senkrecht auf die Mitte von HO, 3. Länge $a = \frac{1}{4} b = L\,1 = (1{,}5) = (5{,}6)$. 4. $LD = s_0$. 5. Durch den Mittelpunkt 1 zwei Geraden (EK 4 und CM 4) die mit der Lotrechten je einen Winkel von 30° einschließen. 6. Durch den Punkt 5 zwei Geraden unter je einem Winkel von 60° mit der Lotrechten. 7. Zieht Kreisbogen KLM mit dem Halbmesser 1 L. 8. Kreisbogen EDC mit dem Halbmesser 1 D. 9. KJ mit dem Halbmesser K 2. 10. Kreisbogen MN mit dem Halbmesser M 2. 11. Kreisbogen EF mit dem Halbmesser E $4 = b$. 12. Kreisbogen CB mit dem Halbmesser B $4 = b$. 13. Kreisbogen IH mit dem Halbmesser I 3. 14. Kreisbogen NO mit dem Halbmesser N 3. 15. Kreisbogen HPO mit dem Halbmesser H 1. 16. Länge $OA = GH = w$. 17. Von A bzw. G Tangenten an die Kreise CB bzw. EF. 18. Länge $AS = GZ = e = 10$ cm. 19. Länge $PT = s_1$. 20. Länge d. 21. $SR = WZ = s_2$.

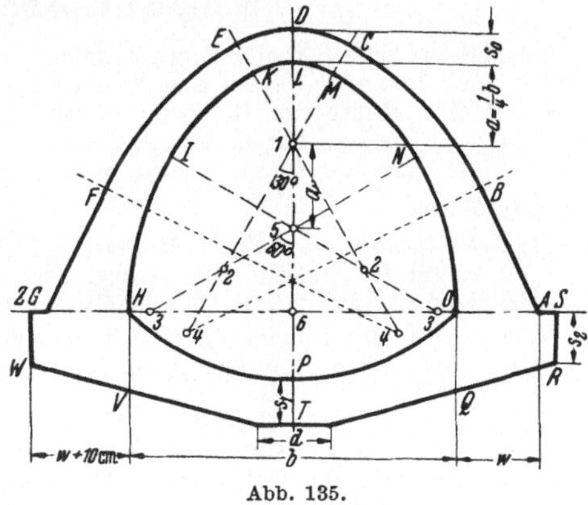

Abb. 135.

Bemerkung zu Tabelle 45 „*Lehrgerüst*": Den Bedarf an *Kleineisenzeug* kann man zu *15 bis 20 kg je 1 m³ Holz* annehmen. Der *Holzverbrauch* (Abschreibung, Verlust usw.) hängt in erster Linie von dem Umfang des Auftrags und dem verlangten Baufortschritt, d. h. von der Möglichkeit einer *mehrfachen Verwendung* des Gerüst- und Schalholzes ab. Bei größeren Aufträgen wird man *etwa ein Viertel des Holzbedarfs und Kleineisenzeugs* abschreiben können.

Tabelle 45. *1. Abmessungen und Massenauszug*

Profil	b	s_0	w	s_1	s_2	d	Je 1 m		
							Durchflußquerschnitt	Gewölbe	Widerlager
	cm	cm	cm	cm	cm	cm	m²	m³	m³
I	140	17	39	23	27	35	*1,39*	0,61	0,323
II	160	18	43	25	29	35	*1,82*	0,84	0,39
III	180	19	47	26	31	45	*2,31*	0,85	0,48
IV	200	20	51	27	33	45	*2,85*	1,15	0,50
V	220	21	55	28	35	56	*3,45*	1,38	0,57
VI	240	22	59	29	37	56	*4,11*	1,60	0,64
VII	260	23	63	31	39	73	*4,82*	1,80	0,72
VIII	280	24	67	32	41	73	*5,59*	2,05	0,79
IX	300	25	71	33	43	73	*6,42*	2,30	0,88

Tabelle 45. *2. Lohnaufwand für Betonarbeiten je 1 m³ Beton.*

Profil	Widerlager und Sohle	Gewölbe
I bis III	3,5 Stm. + 4,0 St.	3,5 Stm. + 5,5 St.
IV „ VI	3,0 Stm. + 3,5 St.	3,0 Stm. + 5,0 St.
VII „ IX	2,5 Stm. + 3,0 St.	3,0 Stm. + 4,5 St.

Tiefenzuschlag bei Baugruben über 3 m für je 1 m Mehrtiefe . . . . . 0,5 St.

Kalkulationsbeispiele.

Beispiel 79. Eine Kanalleitung erhält eiförmige Rohre von 400/600 mm Breite und kommt 2,50 m unter der Straßenoberfläche zu liegen. Die Bodenart ist nach Klasse 3. Die Breite der Baugrube ist 0,90 m. Die Straße ist gepflastert. Die verdrängte Erdmasse für ein Profil 40/60 cm ist (nach Tabelle 43) etwa 0,32 m³ für 1 lfd. m Kanal. Kosten je 1 lfd. m Rohrgraben

Erdarbeiten.

a) Bodenaushub[1] je 1 lfd. m Baugrube (2,5 · 0,9 · 1) = 2,25 m³ und Wiedereinfüllen. Für die Bodenklasse 3 (nach S. 82f.) für 1 m³ Bodenaushub = 2,5 St., für 2,25 m³ = 1 m Kanal 2,25 · 2,5 St. . 5,6 St.

b) Stampfen des Bodens 2,25—0,32 = 1,93 m³.
1,93 m³ Boden stampfen je 0,5 St. . . . . 1,0 St.

Summe Lohnaufwand: 6,6 St.

c) Abfahren der verdrängten 0,32 m³ Erdmasse (örtliche Verhältnisse!).

Straßenarbeiten. 0,9 · 1 = 0,9 m² Straßenfläche. Die Berechnung kann hier nach S. 186 geschehen (0,7 Stpf. + 0,8 St.) · 0,9 = 0,63 Stpf. + 0,72 St.

Absteifungsarbeiten. Sind solche Arbeiten nötig, so kann man diese nach S. 84 berechnen. Bei 2,50 m Baugrubentiefe kann man die Lohnkosten für 1 lfd. m Rohrgraben etwa mit 1 Stc. rechnen oder 0,45 Stc. je 1 m³ Aushub.

Rohrlegungsarbeiten. Nach S. 394 ist für ein Profil von 40/60 cm für 1 lfd. m Rohrlänge 2 Stc. zu setzen.

Bei mittleren Stundenlöhnen von St. = 1,80 DM., Stc. = 1,90 DM. und Stpf. = 2,10 DM. erhält man folgende Preise:

Erdarbeit (ausschließl. Abfahren des Bodens) = 6,6 St. = 6,6 · 1,80 = 11,90 DM.
Straßenarbeiten = 0,63 Stpf. + 0,72 St. = 0,63 · 2,10 + 0,72 · 1,80 = 2,62 „
Rohrlegungsarbeiten = 2 Stc. = 2 · 1,90 . . . . 3,80 „

Reine Löhne für 1 m Kanal ohne Absteifung (Handarbeit) . . . 18,32 DM.

[1] Von Hand; mit Greifbagger 0,3 m³: etwa 0,2 Baggerstd./1 m³.

von Betonkanälen (je 1 m Kanallänge).

Kanallänge					Lehrgerüst je 1 lfd. m Ein- und Ausbau des Lehrgerüsts für das Gewölbe	
Sohle m³	Verdrängte Erdmasse m³	Außenfläche m²	Innenfläche m²	Sohlenfläche m²	Holzbedarf[1] m³	Löhne Stz.
0,38	2,70	3,45	2,75	1,55	0,12 (Schnittholz)	6,0
0,46	3,50	3,90	3,11	1,78	0,14 (Schnittholz)	6,5
0,52	4,16	4,30	3,48	1,98	0,15 (Schnittholz)	7,0
0,65	5,17	4,76	3,88	2,22	0,18 (Schnittholz)	8,0
0,74	6,16	5,18	4,24	2,44	0,22 (Schnittholz)	8,8
0,87	7,25	5,64	4,66	2,66	0,25 (0,15 Schnittholz)	10,0
1,02	8,40	6,10	5,06	2,88	0,30 (0,20 Schnittholz)	11,5
1,12	9,56	6,54	5,46	3,10	0,33 (0,23 Schnittholz)	12,0
1,24	10,90	7,00	5,86	3,33	0,40 (0,30 Schnittholz)	13,5

Übertrag: 18,32 DM.

Absteifungsarbeiten = 1 Stc. = 1 · 1,90 . . . . 1,90 „

Reine Löhne für 1 m Kanal mit Absteifung . . . . 20,22 DM.

Materialkosten 0,020 m³ Holz zu 150,— DM/m³ . . . . 3,— „

1,0 kg Kleineisenzeug zu 1,38 DM./kg . . . . 1,38 „

Zuschläge mit Gewinn[2], 10% auf M und 65% auf L . . . . . 13,50 „

Gesamtkosten je 1 lfd. m Rohrgraben . . . . *38,10 DM.*

(ohne Rohrlieferung und Dichtungsmaterial).

Ist Wasser vorhanden, so müssen noch die nötigen Zuschläge gemacht werden bzw. die *Wasserhaltung* eigens berechnet werden (Handpumpe oder Motorpumpe).

Beispiel 80. Ein Einsteigschacht besteht aus dem Schachtfuß, drei Ringen von 1 m im Lichten und einem Konus von 100/60 cm. Es soll das Verlegen dieser Teile (ausschließlich Erdarbeit) berechnet werden.

Die Arbeitskosten für das Verlegen dieser Teile betragen

a) Schachtfuß (nach S. 395) . . . . 3,0 Stc.

b) 3 Ringe von d = 100 cm (nach S. 395) = 3 (2,5 Stc.). . . . . . 7,5 Stc.

c) Konus von 100/60 cm (nach S. 395) . . . . 1,8 Stc.

Reine Löhne für 1 Schacht . . . . *12,3 Stc.*

Bei dieser Berechnung ist angenommen, daß die Teile sich in der Nähe der Baugrube befinden und daß die Erdarbeit besonders in Rechnung gesetzt wird. Sind die Teile (Ringe, Konus usw.) weit von der Baugrube entfernt, so muß man noch die Transportkosten berücksichtigen.

Beispiel 81. Eine Kanalleitung nach Profil V (Betonkanäle S. 400) kommt in sandigen Lehm zu liegen. Die Sohle des Kanals liegt 4,32 m unterhalb der Straßenoberfläche. Die Straße ist beschottert. Die Stärke der Schotterbahn ist 25 cm.

Für das Profil V findet man auf S. 400 die Gesamthöhe H = 2,60 m, Gewölbestärke s_0 = 21 cm, Sohlenstärke s_1 = 0,28 m, Gesamtbreite B = 3,5 m, Bodenauffüllung über dem Gewölbe = Tiefe der Kanalsohle + Sohlenstärke s_1 — Gesamthöhe H.

Hier wird die Überschüttungshöhe 4,32 + 0,28 — 2,6 = 2 *m.* Zieht man von dieser Überschüttungshöhe (von 2 m) noch die Stärke der Schotterbahn (0,25 cm) ab, so bleibt als Erdauffüllung über dem Gewölbe eine Höhe von 2 — 0,25 = 1,75 m.

[1] Einschließlich Gewölbeschalung. Siehe auch Bemerkung S. 399.

[2] Die *Zuschläge* umfassen hier Gemeinkosten (einschließlich Sozialaufwand), allgemeine Bauleitungskosten, Geschäftskosten, Wagnis und Gewinn mit Umsatzsteuer.

Die Baugrube hat also eine Tiefe von 1,75 + Gesamthöhe des Kanals = 1,75 + 2,60 = *4,35 m*.

Der sandige Boden gehört zur Bodenklasse 3.

Zur Ermittlung des Einheitspreises (für 1 lfd. m Kanallänge) kommen folgende Berechnungen vor:

I. Straßenarbeiten. Straße aufreißen auf eine Kanalbreite (Straßenfläche) von $B = 3{,}50$ m (s. S. 184), Materialien seitlich getrennt aufsetzen und dann die Straße wieder herstellen und abwalzen:

a) Schotterbahn aufreißen für 1 m²	0,80 St.
b) Packlage herstellen für 1 m²	0,80 St.
c) Schotter einbringen für 1 m³ = 1,5 St., für 10 cm Stärke	0,15 St.
d) Splitt einbringen für 1 m³ = 1 St., für 5 cm Stärke	0,05 St.
e) Abwalzen der Straße für 1 m² = 0,1 St. + 0,3 St.	0,40 St.
Straßenarbeiten für 1 m²	2,20 St.

Für eine Straßenfläche von 3,5 m², also für 1 lfd. m Kanallänge, ist der Lohnaufwand 3,5 · 2,2 = *7,7 St.*

II. Erdarbeiten[1]. Für $B = 3{,}50$ m ist der Bodenaushub = 3,5 m³ für 1 m Tiefe.

a) Baugrubentiefe = 4,35 m. Bodenklasse 3. Nach S. 75 ist zu setzen bis zu 2 m Tiefe = 1,6 St. und bei 2 bis 4 m Tiefe 2,4 St.
Es kann angenommen werden, bei 3,50 m Grubenweite

bis 2 m Tiefe = 2 · 3,5 = 7 m³ je 1,6 St.	11,2 St.
bei 2 bis 4,35 m Tiefe = 2,35 · 3,5 = 8,23 m³ je 2,4 St.	20,0 St.
Zusammen je 7 + 8,23 = 15,23 m³ = 1 lfd. m Kanal	31,2 St.

b) Da die verdrängte Erdmasse 6,16 m³ beträgt, so ist eine Bodenmenge abzufahren von 6,16 m³ für 1 lfd. m Kanal (Preise nach örtlichen Verhältnissen siehe Abschnitt „Förderkosten“, S. 166f.).

c) Nach a) ist der Bodenaushub = 15,23 m³ und die verdrängte Erdmasse = 6,16 m³. Bodenmenge, die in die Baugrube einzuwerfen und zu stampfen ist, wird demnach sein (15,23—6,16) = 9,0 m³.

d) 9,0 m³ Boden einwerfen je 0,5 St.	4,5 St.
e) 9,0 m³ Boden stampfen je 0,5 St.	4,5 St.
Einwerfen und Stampfen für 1 m Kanal	9,0 St.

Ergebnis für Erdarbeiten (ausschließlich Bodenabfahren): Bodenaushub, Einwerfen und Stampfen für 1 m Kanallänge: 31,2 St. + 9,0 St. = 40,2 ∼ *rd. 40 St.*

Absteifungskosten je 1 lfd. m Kanal. Nach S. 393 ist der Lohnaufwand für Absteifen einer 3,5 m breiten und 4,35 m tiefen Baugrube

$$2{,}0 \cdot 3{,}5 = 7{,}0 \text{ Stz.}$$

Materialbedarf

4,35 · 0,12	= 0,52 m³	Bohlen 6 cm
4,35 · 0,105	= 0,44 m³	Rundholzsprieße
	0,96 m³.	

Materialverbrauch = $^1/_8$ angenommen (eingesetzten Preis durch Ortspreise ersetzen), *je 1 lfd. m* Kanal

0,07 m³ Schnittholz zu 190,— DM.	13,30 DM.
0,06 m³ Rundholz Ø 20 cm zu 110,— DM.	6,60 „
1,6 · 3,5 = 5,6 kg Kleineisenzeug zu 1,40 DM./kg	7,80 „
Materialverbrauch an Bauhilfsstoffen je 1 lfd. m Kanal	*27,70 DM.*

III. Betonarbeiten.

a) Gewölbe für das Profil V = 1,38 m³ für 1 lfd. m Kanal. Es wird für 1 m Kanallänge erforderlich sein:

290 · 1,38 m³ = 400 kg Hochofenzement, dazu 3 kg Plastiment.

[1] Die Erdarbeiten können durch Einsatz eines 0,4 m³-*Greifbaggers* noch wesentlich billiger ausgeführt werden!

$0{,}50 \cdot 1{,}38\ m^3 = 0{,}70\ m^3$ Sand
$0{,}80 \cdot 1{,}38\ m^3 = 1{,}10\ m^3$ Kies
$0{,}16 \cdot 1{,}38\ m^3 = 0{,}22\ m^3$ Wasser.

An Arbeitslohn 1,38 · (3,0 Stbm. + 5,5 St.) = *4,2 Stbm. + 7,6 St.*
Das Einbauen der Lehrgerüste (nach S. 401) = *8,8 Stz.*

b) Widerlager und Sohle. Für das Profil V sind erforderlich: 0,74 m^3 Sohle und 0,57 m^3 Widerlager, also 0,74 + 0,57 = 1,31 m^3 Beton. Es werden für 1 m Kanallänge erforderlich sein:

1,31 · 200 = 260 kg Hochofenzement
2 kg Plastiment
$1{,}31 \cdot 0{,}50 = 0{,}65\ m^3$ Sand
$1{,}31 \cdot 0{,}80 = 1{,}05\ m^3$ Kies
$1{,}31 \cdot 0{,}16 = 0{,}22\ m^3$ Wasser.

An Arbeitslohn 1,31 · (3,0 Stbm. + 4,0 St.) = *3,9 Stbm. + 5,2 St.*

Ergebnis für 1 m Kanallänge:

400 + 260 = 660 kg Hochofenzement
3 + 2 = 5 kg Plastiment
$0{,}70 + 0{,}65 = 1{,}35\ m^3$ Sand
$1{,}10 + 1{,}05 = 2{,}15\ m^3$ Kies
$0{,}22 + 0{,}22 = 0{,}44\ m^3$ Wasser.

Arbeitslohn aus a) und b) = 8,8 Stz. + *8,1 Stbm. + 12,8 St.*

IV. Putzarbeiten. Außenfläche 5,18 m^2, Innenfläche 4,24 m^2, Sohlenfläche 2,44 m^2.

Außenfläche: Rapputz.
Material 16 l/m^2 . . . . 5,18 · 16 = 83 l zu 0,055 DM. = *4,60 DM.*
Löhne . . . . 5,18 (0,8 Stm. + 0,2 St.) = *4,2 Stm. + 1,0 St.*

Innenfläche: Ceresitputz.
Material 20 l/m^2 . . . . 6,68 · 20 = 134 l zu 0,07 DM. = *9,40 DM.*
Löhne . . . . 6,68 (0,8 Stm. + 0,2 St.) = *5,4 Stm. + 1,3 St.*

V. Wasserarbeiten. Wenn Wasser in der Baugrube vorhanden ist, muß die *Wasserhaltung* nach Abschnitt VII, S. 112ff. berücksichtigt werden.

Zusammenstellung der Selbstkosten je 1 m Kanal.

Es werden folgende Löhne und Materialpreise frei Verwendungsstelle angenommen:

Materialpreise:		*Löhne:* reine Löhne	mittl. Stundenlohn
Hochofenzement	7,— DM./100 kg	1 St. = 1,75 DM.	1,90 DM.
Plastiment . .	1,— DM./1 kg	1 Stm. = 2,10 ,,	2,30 ,,
Sand 0/7 . . .	12,— DM./m^3	1 Stz. = 2,10 ,,	2,30 ,,
Kies 7/40 . . .	10,— DM./m^3	1 Stbm. = 1,80 ,,	2,— ,,
Wasser	0,50 DM/m^3		

1. Baustoffverbrauch (aus III.)	
660 kg Zement zu 7,— DM.	46,20 DM.
5 kg Plastiment zu 1,— DM.	5,— ,,
1,35 m^3 Sand 0/7 zu 12,— DM.	16,20 ,,
2,15 m^3 Kies 7/40 zu 10,— DM.	21,50 ,,
0,44 m^3 Wasser zu 0,50 DM.	0,20 ,,
	89,10 DM.
2. Bauhilfsstoffverbrauch (aus II.)	27,70 ,,
Material	116,80 DM.
+ 10% Zuschläge	11,70 ,,
1. + 2. Materialkosten	128,50 DM.
dazu Mörtelkosten (aus IV.) 14,— + 10% =	15,40 ,,
Materialkosten insgesamt . . . 143,90 = rd.	*144,— DM.*

3. Löhne

	St.	Stm.	Stz.	Stbm.
aus I. . . .	8,4			
aus II. . . .	42,9		7,0	
aus III. . . .	12,8		8,8	8,1
aus IV. . . .	2,3	9,6		
	66,4	9,6	15,8	8,1

66,4 St.	zu 1,90 DM.	126,16 DM.
9,6 Stm.	zu 2,30 DM.	22,08 ,,
15,8 Stz.	zu 2,30 DM.	36,34 ,,
8,1 Stbm.	zu 2,— DM.	16,20 ,,
Reine Lohnkosten		*200,78 DM.*
+ 60% Zuschläge		120,52 ,,
Löhne + Zuschläge		*321,30 DM.*

Selbstkosten (ohne Einrichtungs- und Gerätekosten) *je 1 lfd. m Kanal* Profil V

Material + Zuschläge . . .	144,— DM.
Löhne + Zuschläge	321,30 ,,
Selbstkosten	*465,30 DM./1 lfd. m Kanal.*

Kostenüberschläge von städtischen Kanalisationen.

Für rohe Überschläge kann man auf Grund der Erfahrungen bei ausgeführten Anlagen in größeren Städten Deutschlands die Gesamtkosten von Kanalisationen — ohne Reinigungsanlagen und private Hausanschlüsse — schätzen:

(Preise Frühjahr 1954)

1 lfd. m Kanal	250,— bis 500,— DM.
1 m² entwässerte Fläche	2,50 bis 4,50 ,,

Dabei gelten bei der ersten Angabe die niederen Werte für kleinere Städte und geringere Tiefe der Rohre, während die größeren Werte für größere Städte und tiefe Lage der Kanäle gelten. Bei der zweiten Angabe (je 1 m² entwässerter Fläche) gelten die kleineren Werte für kleine nicht eng bebaute Städte, die großen Werte für dicht bebaute große Städte.

Entwässerungsbedarfsartikel.

(Straßen- und Grundstücksentwässerung.)

Sinkkasten. Zur Einleitung des Wassers in die Straßenleitung werden die sog. Sinkkasten in Einlaufschächte (Regeneinläufe) eingebaut. Sie werden in etwa 40 bis 50 m Abstand möglichst einander gegenüber angeordnet. Die Zahl der Sinkkasten richtet sich nach der Größe der zu entwässernden Straßenfläche. *Jeder Straßensinkkasten soll etwa 300 bis 400 m² Straßenfläche* aufnehmen.

Man unterscheidet a) Sinkkasten mit Schlammfang, b) Sinkkasten ohne Schlammfang, jedoch mit Wasserverschluß, c) Sinkkasten ohne Schlammfang und ohne Wasserverschluß. Die Sinkkasten werden aus Beton, Steinzeug, Gußeisen und in Monierkonstruktion hergestellt.

0,50 · 1,38 m³ = 0,70 m³ Sand
0,80 · 1,38 m³ = 1,10 m³ Kies
0,16 · 1,38 m³ = 0,22 m³ Wasser.

An Arbeitslohn 1,38 · (3,0 Stbm. + 5,5 St.) = *4,2 Stbm.* + *7,6 St.*
Das Einbauen der Lehrgerüste (nach S. 401) = *8,8 Stz.*

b) Widerlager und Sohle. Für das Profil V sind erforderlich: 0,74 m³ Sohle und 0,57 m³ Widerlager, also 0,74 + 0,57 = 1,31 m³ Beton. Es werden für 1 m Kanallänge erforderlich sein:

1,31 · 200 = 260 kg Hochofenzement
2 kg Plastiment
1,31 · 0,50 = 0,65 m³ Sand
1,31 · 0,80 = 1,05 m³ Kies
1,31 · 0,16 = 0,22 m³ Wasser.

An Arbeitslohn 1,31 · (3,0 Stbm. + 4,0 St.) = *3,9 Stbm.* + *5,2 St.*

Ergebnis für 1 m Kanallänge:

400 + 260 = 660 kg Hochofenzement
3 + 2 = 5 kg Plastiment
0,70 + 0,65 = 1,35 m³ Sand
1,10 + 1,05 = 2,15 m³ Kies
0,22 + 0,22 = 0,44 m³ Wasser.

Arbeitslohn aus a) und b) = 8,8 Stz. + *8,1 Stbm.* + *12,8 St.*

IV. Putzarbeiten. Außenfläche 5,18 m², Innenfläche 4,24 m², Sohlenfläche 2,44 m².

Außenfläche: Rapputz.
Material 16 l/m² . . . . 5,18 · 16 = 83 l zu 0,055 DM. = *4,60 DM.*
Löhne . . . . 5,18 (0,8 Stm. + 0,2 St.) = *4,2 Stm.* + *1,0 St.*

Innenfläche: Ceresitputz.
Material 20 l/m² . . . . 6,68 · 20 = 134 l zu 0,07 DM. = *9,40 DM.*
Löhne . . . . 6,68 (0,8 Stm. + 0,2 St.) = *5,4 Stm.* + *1,3 St.*

V. Wasserarbeiten. Wenn Wasser in der Baugrube vorhanden ist, muß die *Wasserhaltung* nach Abschnitt VII, S. 112ff. berücksichtigt werden.

Zusammenstellung der Selbstkosten je 1 m Kanal.

Es werden folgende Löhne und Materialpreise frei Verwendungsstelle angenommen:

Materialpreise:		*Löhne:* reine Löhne		mittl. Stundenlohn
Hochofenzement	7,— DM./100 kg	1 St.	= 1,75 DM.	1,90 DM.
Plastiment . .	1,— DM./1 kg	1 Stm.	= 2,10 ,,	2,30 ,,
Sand 0/7 . . .	12,— DM./m³	1 Stz.	= 2,10 ,,	2,30 ,,
Kies 7/40 . . .	10,— DM./m³	1 Stbm.	= 1,80 ,,	2,— ,,
Wasser	0,50 DM/m³			

1. Baustoffverbrauch (aus III.)	
660 kg Zement zu 7,— DM.	46,20 DM.
5 kg Plastiment zu 1,— DM.	5,— ,,
1,35 m³ Sand 0/7 zu 12,— DM.	16,20 ,,
2,15 m³ Kies 7/40 zu 10,— DM.	21,50 ,,
0,44 m³ Wasser zu 0,50 DM.	0,20 ,,
	89,10 DM.
2. Bauhilfsstoffverbrauch (aus II.)	27,70 ,,
Material	116,80 DM.
+ 10% Zuschläge	11,70 ,,
1. + 2. Materialkosten	128,50 DM.
dazu Mörtelkosten (aus IV.) 14,— + 10% =	15,40 ,,
Materialkosten insgesamt . . . 143,90 = rd.	*144,— DM.*

3. Löhne

	St.	Stm.	Stz.	Stbm.
aus I. . . .	8,4			
aus II. . . .	42,9		7,0	
aus III. . . .	12,8		8,8	8,1
aus IV. . . .	2,3	9,6		
	66,4	9,6	15,8	8,1

66,4 St.	zu 1,90 DM.	126,16 DM.
9,6 Stm.	zu 2,30 DM.	22,08 ,,
15,8 Stz.	zu 2,30 DM.	36,34 ,,
8,1 Stbm.	zu 2,— DM.	16,20 ,,
Reine Lohnkosten		*200,78 DM.*
+ 60% Zuschläge		120,52 ,,
Löhne + Zuschläge		*321,30 DM.*

Selbstkosten (ohne Einrichtungs- und Gerätekosten) *je 1 lfd. m Kanal* Profil V

Material + Zuschläge . . .	144,— DM.
Löhne + Zuschläge	321,30 ,,
Selbstkosten	*465,30 DM./1 lfd. m Kanal.*

Kostenüberschläge von städtischen Kanalisationen.

Für rohe Überschläge kann man auf Grund der Erfahrungen bei ausgeführten Anlagen in größeren Städten Deutschlands die Gesamtkosten von Kanalisationen — ohne Reinigungsanlagen und private Hausanschlüsse — schätzen:

(Preise Frühjahr 1954)

1 lfd. m Kanal	250,— bis	500,— DM.
1 m² entwässerte Fläche	2,50 bis	4,50 ,,

Dabei gelten bei der ersten Angabe die niederen Werte für kleinere Städte und geringere Tiefe der Rohre, während die größeren Werte für größere Städte und tiefe Lage der Kanäle gelten. Bei der zweiten Angabe (je 1 m² entwässerter Fläche) gelten die kleineren Werte für kleine nicht eng bebaute Städte, die großen Werte für dicht bebaute große Städte.

Entwässerungsbedarfsartikel.

(Straßen- und Grundstücksentwässerung.)

Sinkkasten. Zur Einleitung des Wassers in die Straßenleitung werden die sog. Sinkkasten in Einlaufschächte (Regeneinläufe) eingebaut. Sie werden in etwa 40 bis 50 m Abstand möglichst einander gegenüber angeordnet. Die Zahl der Sinkkasten richtet sich nach der Größe der zu entwässernden Straßenfläche. *Jeder Straßensinkkasten soll etwa 300 bis 400 m² Straßenfläche* aufnehmen.

Man unterscheidet a) Sinkkasten mit Schlammfang, b) Sinkkasten ohne Schlammfang, jedoch mit Wasserverschluß, c) Sinkkasten ohne Schlammfang und ohne Wasserverschluß. Die Sinkkasten werden aus Beton, Steinzeug, Gußeisen und in Monierkonstruktion hergestellt.

Straßensinkkasten.

Modelle und *Preislisten* nach Angabe von Spezialfirmen (Geigersche Fabrik, G. m. b. H., Karlsruhe, Rheinische Steinzeugwerke u. a.).

Gewichte 160 bis 350 kg. — *Beispiele* (in Steinzeug) mit Aufsatzrosten.

Frankfurter Modell (Abb. 136).

Unterteil, 500 mm Höhe, etwa . . . . 75 kg
Mittelteil, 700 mm „ „ . . . . 80 kg
Oberteil, 75 cm hoch, etwa . . . . . . 86 kg
Siphon etwa . . . . 29 kg
komplett etwa 270 kg

Der Oberteil und Siphon werden nach der Röhrenpreisliste berechnet. Lichtweite 450 mm.

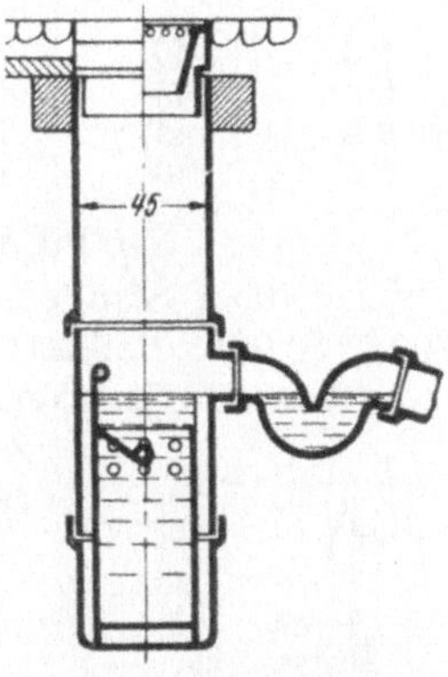

Kölner Modell. Lichtweite 450 mm. Unterteil nur 400 mm.

Unterteil, 700 mm hoch, etwa . . . . 90 kg
Mittelteil, 650 mm „ „ . . . . 90 kg
Oberteil, 450 mm „ „ . . . . 55 kg
Zusammen: 235 kg

Abb. 136. Straßeneinlauf der Stadt Frankfurt aus Steingut.

Oberteil nach der Röhrenpreisliste.

Elberfelder Modell für Trennsystem mit Bodenauslauf.

Steinzeugteil, 1090 mm hoch, Lichtweite 450 mm, Gewicht 160 kg

Modell für Misch- und Trennsystem.

Mit Tauchzylinder für Mischsystem. Ohne Tauchzylinder für Trennsystem. Unterteil 710 mm hoch, Lichtweite 400 mm, 570 mm hoch, Lichtweite 480 mm, Gesamthöhe 1280 mm . . . 165 kg
Oberteil, 500 mm hoch, etwa . . . . 65 kg
Tauchzylinder . . . . 15 kg
Eimer . . . . 20 kg
Zusammen: 265 kg

Straßensinkkasten System „Geiger" mit Bodenauslauf und Hängeeimer.
Modelle aus Steinzeug (Abb. 137).

Modell	Lichtweite D cm	Höhe des Sinkkastens H (Unterteil) cm	Oberteil h cm	Ausflußweite cm	Gewicht kg	Preis [1] DM.
1 B	40	160	50, 75, 100	100, 125, 150	245	. . . . . .
2 B	45	180	50, 75, 100	120, 145, 170	350	. . . . . .
3 B	45	180	50, 75, 100	100, 125, 150	360	. . . . . .
1 C	40	115	50, 75, 100	90, 115, 140	180	. . . . . .
1 C	45	125	50, 75, 100	90, 115, 140	265	. . . . . .
Patent Geiger-Mohr		205	50, 75, 100	120, 145, 170		. . . . . .

[1] Jeweils gültige Preise können eingesetzt werden.

Straßeneinlauf System „Geiger“.

Modelle aus Beton.

Modell	Lichtweite D cm	Höhe des Unterteils H cm	Oberteil h cm	Ausflußweite cm	Gewicht kg	Preis [1] DM.
1 A	40	150	50, 75, 100	95, 120, 145	365	......
2 A	45	150	50, 75, 100	95, 120, 145	405	......
3 A	45	175	50, 75, 100	90, 115, 140	470	......
4 A	40	150	50, 75, 100	95, 120, 145	375	......

Normenentwürfe für Straßenabläufe.

DIN 4052. Straßenablauf, Beton, Einzelteile, Entwurf Tonind.-Ztg. 1934, S. 932, Beiblatt — Ausführungsbeispiele (Entwurf).

DIN 4053. Straßenablauf, Steinzeug, Einzelteile, Entwurf Tonind.-

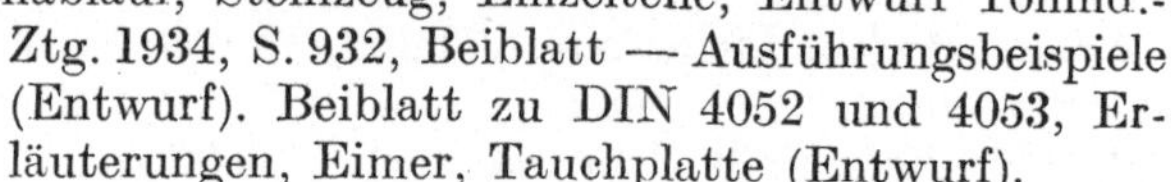

Ztg. 1934, S. 932, Beiblatt — Ausführungsbeispiele (Entwurf). Beiblatt zu DIN 4052 und 4053, Erläuterungen, Eimer, Tauchplatte (Entwurf).

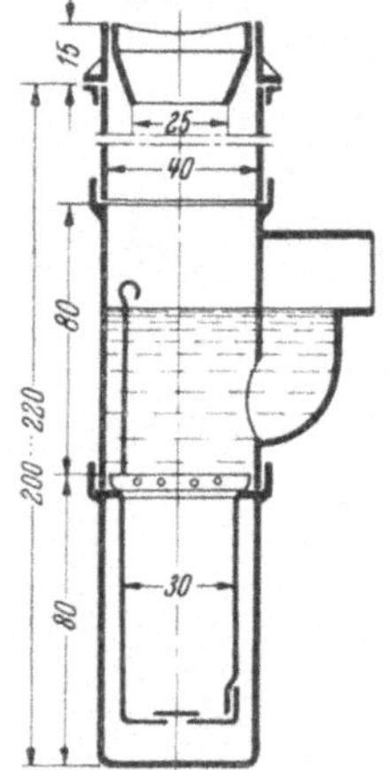

Abb. 137.

Gußeiserne Aufsätze für Straßensinkkasten.

DIN 1207, Blatt 1 bis 4, Aufsatz für Straßenabläufe mit Schmalrost, 104 bis 138 kg Gewicht. Preis (1954) . . . . 75,— bis 100,— DM.

DIN 593, Blatt 1 bis 4, Aufsatz für Straßenabläufe mit Breitrost, 105 bis 145 kg Gewicht. Preis (1954) . . . . 80,— bis 110,— DM.

Verlegen von Straßensinkkästen (s. auch S. 396).

Lohnaufwand je 1 m Länge

$D = 40$ cm . . . . 2,5 Stc.

$D = 45$ cm . . . . 3,0 Stc.

$D = 50$ cm . . . . 3,5 Stc.

Materialaufwand: Dichtungsmaterial s. S. 396.

Stau-, Spül- und Absperrvorrichtungen.

Konstruktionen, Gewichte und Preise sind aus Katalogen und Preislisten von Spezialfirmen (z. B. Geigersche Fabrik, G. m. b. H., Karlsruhe) zu entnehmen. Als Schieberverschlüsse wählt man *Handzugschieber* oder *Spindelschieber:*

Spindelschieber für Kreis- und Eiprofile.

Gewichte der Vollschieber, ohne Zubehörteile.

Kreisprofile				Eiprofile	
Lichtweite cm	Gewicht kg	Lichtweite cm	Gewicht kg	Lichtweite cm	Gewicht kg
15	35	40	115	20/30	65
20	50	45	140	25/37,5	95
25	55	50	165	30/45	115
30	70	55	175	35/52,5	150
35	90	60	215	40/60	180
—	—	—	—	50/75	245

[1] Jeweils gültige Preise können eingesetzt werden.

Zubehörteile: Spindelwelle = 5 bis 10 kg. Führungslager für Spindelwelle kleiner Schieber = 6 kg. Desgl. für großen Schieber = 10 kg. Wandlager mit Zeigerwerk = 20 kg. Kleiner Schlüsselhut mit Spindelführung = 16 kg. Schlüssel mit Kurbelgriff = 6 kg. Handrad = 12 kg.

Hochwasser-Abschlußklappen.

Gewichte der Rohrklappen für kreis- und eiförmige Kanalprofile.

	Lichtweite in cm													
	10	15	17,5	20	25	30	35	37,5	40	45	20/30	25/37,5	30/45	35/52,5
Klappen mit kurzem Rohransatz . . kg	10	12	18	23	27	30	33	42	50	67	24	35	50	70
Klappen mit langem Rohransatz . . kg	12	16	21	30	35	39	44	53	62	88	33	49	66	100
Steifes Gegengewicht . . . . kg	3	5	7	9	11	13	17	20	22	29	10	13	17	25
Nach vorn umklappbares Gegengewicht . . . . kg	4	6	8	11	13	16	20	23	26	33	13	16	21	29
Andrückmechanismus . . . . . kg	5	6	7	8	8	9	9	10	12	14	8	9	10	12

Kanalspüler.

Vielgebrauchte *Kanalspüler* sind die *selbsttätigen* Kanalspüler System MÜLLER-GEIGER. Je nach der Konstruktion und Größe zwischen 500 und 1500 DM. Rohrweite 100, 150, 225 mm. Spülwassermenge 20, 40 bzw. 80 l je Stück. Gewicht 150 bis 700 kg.

Maße, Gewichte.

Modell	Rohr-Lichtweite *D* cm		Stauhöhe *H* cm	Sohlenabstand cm	Maße der Einbaugrube Tiefe cm	Länge cm	Breite cm	Spülwassermenge s/l	Gewicht etwa kg
I	10	a	85	6	86	60	45	*20*	140
		b	100	6	96	60	45	*20*	150
		c	125	6	106	60	45	*20*	165
II	15	a	85	8	86	65	45	*40*	215
		b	100	8	96	65	45	*40*	225
		c	125	8	106	65	45	*40*	240
III	*22,5*	a	150	10	125	100	70	*80*	600
		b	175	10	150	100	70	*80*	625
		c	200	10	175	100	70	*80*	650

Spülbehälter aus Zementrohrformstücken, für Modell I und II verwendbar, bestehend aus Schacht 100/100 cm mit versetzten Steigeisen, Aufsatzkonus 100/70 cm, Grube 45/65 cm und 80 cm weitem, rundem Füllkanal (ohne Schachtabdeckung), mit *2 m³ Fassungsraum,* Gewicht etwa 3800 kg, *jeder weitere Kubikmeter Fassungsraum* (durch Verlängerung des seitlichen Füllkanals um jeweils 2 m) Gewicht etwa 1300 kg.

Normen für Absperrvorrichtungen:

DIN 595, Blatt 1 bis 3, Reinigungsöffnungen mit Keilverschluß, Knebelverschluß und Schraubverschluß.

Grundstücksentwässerung.

Technische Vorschriften für Bau und Betrieb von Grundstücksentwässerungsanlagen nach *DIN* 1986 und 1986 U (Umstellnorm).

Normen für Grundstücksentwässerung.

Gußeiserne Abflußrohre.

DIN 1172 bis 1178. Gußeiserne LNA.-Rohre.

DIN 364. Gußeiserne LA.-Rohre 50 bis 200 mm ∅.

DIN 538 bis 545. Muffendeckel, Krümmer, Bogen, Übergänge, schräge Kreuzstücke, Abflußrohrformstücke.

DIN 1393 bis 1396. Halbschräge T-Stücke und Kreuzstücke für LNA.- und LA.-Rohre.

DIN 1392, Blatt 1 bis 3. Reinigungsrohre, Verschlüsse.

DIN 1381 bis 1383. Abortbecken.

Steinzeugrohre.

DIN 1203 bis 1206, 1230 bis 1231.

Sinkkasten.

DIN 590. Kellersinkkasten ohne Putzöffnung (19 bis 36 kg).

DIN 591. Kellersinkkasten mit Putzöffnung (21 bis 38 kg).

DIN 592. Deckensinkkasten (13 bis 15 kg).

DIN 597. Aufsatz für Hofablauf, leicht, 30 kg.

DIN 598. Aufsatz für Hofablauf, schwer, 60 kg.

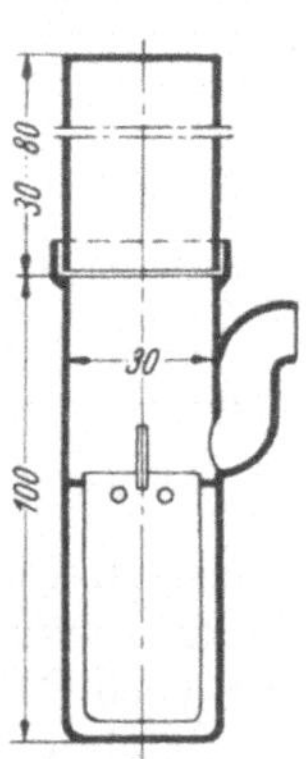

Abb. 138. Hofsinkkasten.

Hofsinkkasten (nach Abb. 138), Dresdener Modell, 300 mm Lichtweite.

DIN 1999. Benzinabscheider.

Waschplatzsinkkasten für Garagen 90 bis 120 kg nach Spezialkatalogen.

XXIII. Wasserversorgung.

A. Rohrverlegungsarbeiten und Armaturen.

Wichtige DIN-Normen.

DIN 1988. T. V. für Bau und Betrieb von Wasserversorgungsanlagen von Grundstücken.

DIN 1983. T. V. für Bauleistungen von *Brunnenarbeiten.*

DIN 1998. Richtlinien für die Einordnung von Gas-, Wasser-, Kabel- und sonstiger Leitungen bei der Planung öffentlicher Straßen.

DIN 2400. Rohrleitungen, Übersicht.

DIN 2401. Druckstufen, Rohrleitungen, Armaturen.

DIN 2402. Nennweiten, Rohrleitungen und Armaturen.
DIN 2429. Sinnbilder für Rohrleitungen.
DIN 4230. Formstücke für Rohrleitungen, Übersicht und Sinnbilder.

Rohre aus Gußeisen.

DIN 2432. Gußeiserne Muffendruckrohre für Nenndruck 10, Betriebsdruck W 10.

DIN 2422. Gußeiserne Flanschenrohre für Nenndruck 10, Betriebsdruck W 10.

DIN 1172 bis 1178. Gußeiserne Leitungen LNA.-Rohre.

DIN 1394 bis 1396. Gußeiserne Leitungen LNA.-Rohre. Abzweige u. dgl.

Rohre aus Flußstahl.

DIN 2450. Flußstahlrohre, nahtlos, St. 34, für Nenndruck 1 bis 50.
DIN 2451. Flußstahlrohre, nahtlos, St. 42, für Nenndruck 1 bis 50.
DIN 2452. Flußstahlrohre, patentgeschweißt, für Nenndruck 1 bis 50.
DIN 2453. Flußstahlrohre, wassergasgeschweißt für Nenndruck 1 bis 50.
DIN 2454. Flußstahlrohre, autogengeschweißt, für Nenndruck 1 bis 50.
DIN 2455. Flußstahlrohre, genietet für Nenndruck 1 bis 6 (W 1 bis 6; G 1 bis 5, D 1 bis 5).

Steinzeugrohre.

DIN 1203 bis 1206. Steinzeugrohre, Bogen, Abzweige und Übergänge.
DIN 1986 U. Umstellnorme zur Bleiersparnis für Dichtungen.

Verlegen von gußeisernen Muffen- und Flanschenrohren* nach DIN 2432 und 2422.

(Gewichtsangabe und Wandstärke für Flanschenrohre!)

Nennweite = Innendurchmesser	Wandstärke *s*	Gewicht von 1 m Rohr (bei $L = 3{,}00$ m)	Materialkosten 1 lfd. m = ⅓ Rohr kostet		*Lohnaufwand für 1 lfd. m* Verlegen (mit Nahtransport bis 50 m), Dichten, Anschlüsse usw.		Gerätekosten [2] je 1 m
			ab Werk [1]	frei Verwendungsstelle [1]	Str.	(mit ... % Zuschlägen)	
D mm	mm	kg	DM.	DM.		DM.	etwa DM.
50	7,5	11,4	......	....	0,4	....	0,20
80	8,5	19,6	......	....	0,5	....	0,30
100	9	25,1	......	....	0,6	....	0,40
125	9,5	32,8	......	....	0,8	....	0,40
150	10	41,1	......	....	0,9	....	0,60
200	11	59,1	......	....	1,0	....	0,60
250	12	80,0	......	....	1,6	....	0,80

* Man vgl. hierzu „*Gußeiserne Druckrohre*" für Gas- und Wasserleitungen von Dr. Ing. PARDUN †, Gelsenkirchen, Verlag Girardet, Essen. Ferner STRADTMANN, *Stahlrohrhandbuch*, Vulkanverlag Dr. W. Classen, Essen.

[1] Hier können die örtlichen Preise eingesetzt werden.

[2] Diese werden am besten von Fall zu Fall ermittelt. Die angegebenen Werte sind nur Mittelwerte bei größeren Arbeiten.

(Fortsetzung von Seite 409.)

Nennweite = Innen-durchmesser	Wand-stärke *s*	Gewicht von 1 m Rohr (bei $L = 3{,}00$ m)	Materialkosten 1 lfd. m = 1/3 Rohr kostet		*Lohnaufwand für 1 lfd. m* Verlegen (mit Nahtransport bis 50 m), Dichten, Anschlüsse usw.		Gerätekosten[2] je 1 m
			ab Werk[1]	frei Verwendungsstelle[1]	Str.	(mit. . . % Zuschlägen)	
D mm	mm	kg	DM.	DM.		DM.	etwa DM.
300	13	101,8	......	....	1,8	....	0,90
350	14	128,2	......	....	2,1	....	0,90
400	14	148,0	......	....	2,4	....	1,—
450	15	175,5	......	....	2,6	....	1,—
500	16	208,4	......	....	2,8	....	1,—
600	17	264,6	......	....	3,0	....	1,10
700	19	348,0	......	....	4,5	....	1,10
800	21	443,4	......	....	5,0	....	1,20
900	23	542,3	......	....	5,5	....	1,50
1000	24	635,2	......	....	6,0	....	2,50
1200	28	891,3	......	....	9,0	....	3,—
1600	Stahl-	1000,0	......	....	15,0	....	6,—
2400	rohre[3]	1625,0	......	....	28,0	....	10,—

Verbrauch an Blei- bzw. Teerstricken bei Muffenröhren.

Eine Dichtung erfordert *B* kg Bleiring oder Bleiwolle und *H* kg Strick[4] bei *D* mm Lichtweite.

D	*B*	*H*	*D*	*B*	*H*
25	0,20	0,028	325	3,27	0,516
30	0,30	0,033	350	3,50	0,533
35	0,30	0,042	375	4,60	0,664
40	0,34	0,051	400	5,16	0,746
50	0,45	0,069	425	5,50	0,789
60	0,60	0,073	450	5,78	0,833
70	0,63	0,094	475	6,—	0,877
80	0,70	0,105	500	6,73	1,010
90	0,75	0,115	550	7,38	1,170
100	0,85	0,135	600	8,42	1,330
125	1,—	0,170	650	9,50	1,420
150	1,33	0,214	700	10,30	1,550
175	1,53	0,246	750	12,50	1,750
200	1,83	0,297	800	14,60	2,080
225	2,04	0,367	900	17,—	2,470
250	2,56	0,440	1000	23,—	2,920
275	2,78	0,469	1100	24,20	3,400
300	3,03	0,509	1200	26,40	3,900
			1500	28,50	6,400

[1] Hier können die örtlichen Preise eingesetzt werden.

[2] Diese werden am besten von Fall zu Fall ermittelt. Die angegebenen Werte sind nur Mittelwerte bei größeren Arbeiten.

[3] Anwendbar auch für das *Verlegen von stählernen Dükerrohren* (im Trockenen, ohne Wasserhaltung).

[4] Weißstrick und Bitumenstrick.

Bemerkung. Die Umstellnormen sehen zur Bleiersparnis statt der Bleiringe bzw. Bleiwolle vor: *Aluminiumwolle* oder *Sinterit.* Für kleinere Abmessungen und kleine Drücke lassen sich auch *Eternitdruckrohre,* für größere Abmessungen *spiralbewehrte Schleuderbetonrohre* mit Spezialmuffendichtungen verwenden als Ersatz für Stahlrohre.

Das Einbauen der Formstücke (Absperrschieber und Überschieber) kostet für 1 Stück ($L = D + 200$) ohne Kosten des Einbaus von *Schieberschächten* an *Lohn*

bei $D = 50$ mm	2,5 Str.
„ $D = 100$ mm	3,5 Str.
„ $D = 200$ mm	5,0 Str.
„ $D = 300$ mm	8,0 Str.
„ $D = 500$ mm	12,0 Str.
„ $D = 600$ mm	18,0 Str.

Das Einbauen der Hydranten (Unterflurhydranten mit Straßenkappe) nebst zugehörigem A-Stück kostet für 1 Stück bei einer Lichtweite des A-Stückes von

50/50 bis 80/80 mm	6,0 Str.
150/80 mm	8,0 Str.
200/80 mm	10,0 Str.
300/80 mm	13,0 Str.
350/80 mm	15,0 Str.

Abb. 139. Absperrschieber.

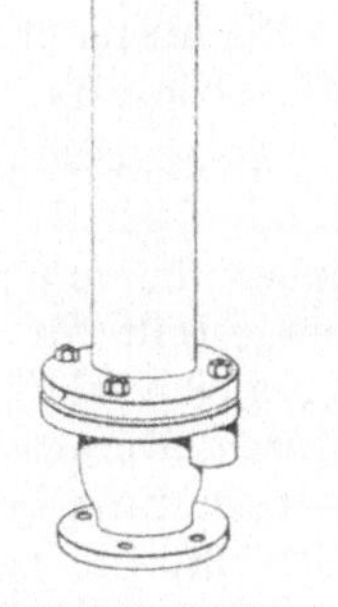

Abb. 140. Hydrant.

Über weitere *Armaturen:* Anbohrschellen, Teilkasten, Entlüftungskasten, Schlammkasten, Entlüftungsventile, Wasserschieber, Einbaugarnituren (für Hauptventile), Überflur- und Unterflurhydranten, Standuhren, Schlüssel, Straßenschilder usw. vergleiche man die Kataloge und Preisangaben von Spezialfirmen (z. B. Bopp und Reuther, Mannheim).

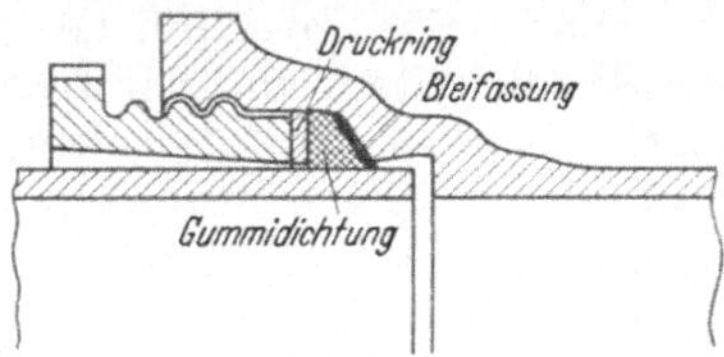

Abb. 141. Schraubmuffe „Halberg“.

Spezialrohre.

Um an Lohnkosten für die Leitungsverlegung von Wasserleitungen zu sparen, verwendet man neuerdings, besonders bei kleineren Abmessungen (z. B. Wasserversorgung von Baustellen) *Spezialrohre,* welche einen raschen Zusammenbau der Rohre ermöglichen:

a) Muffenrohre: z. B. *Schraubmuffenrohre,* Schraubmuffe „Union“ und Schraubmuffe „Halberg“ seien genannt (siehe Abb. 141).

Die Normen sehen vor: DIN 2855 für Schraubmuffen, 100 DIN 2855 für Schraubring, 100 DIN 2855 für Dichtring.

b) *Flanschenrohre: z. B. maschinell autogen längsnahtgeschweißte Flanschenrohre* mit beidseits *aufgeschweißten Bunden und losen Flanschen* für ND 10, schwere Ausführung, jedes Rohr *auf 30 atü geprüft*, rohschwarz in *Längen von je 5 m*:

Nennweite NW mm	Rohrlänge m	Wandstärke mm	Gewicht je 1 lfd. m kg	Neuwert[1] 1954 DM.
80	5,0 (6,0)*	3,52 (1)*	8,55 (3,2)*	7,82 (7,60)*
100	5,0 (6,0)*	3,75 (1)*	11,60 (5,0)*	10,60 (9,75)*
125	5,0 (6,0)*	4,0 (1,5)*	15,31 (7,2)*	13,82 (15,—)*
150	5,0 (6,0)*	4,5 (1,5)*	20,31 (8,3)*	17,67 (18,—)*
200	5,0	4,5	27,72	24,99

Ebenfalls etwa die Hälfte des Gewichts von gußeisernen Muffen- und Flanschenrohren, haben *Gasrohre mit Gewinde und Muffen DIN 2440.*

c) *Schnellkupplungsrohre:* z. B. Kardankupplung Laux-Hannover-Linden, elektrisch überlappt geschweißte *Bandstahlrohre*, nach der Verarbeitung feuerverzinkt, druck- und vakuumdicht, in *Längen von 6 m* hergestellt für *15 atü.* Die Klammerwerte in obiger Tabelle geben zum Vergleich die Abmessungen, Gewichte usw. von *Schnellkupplungsrohren.* Diese werden auch in *doppelten Wandstärken* (2 bis 2,5 mm) zur Verwendung im *Tiefbau* hergestellt. Der Vorteil ist außer dem geringen Gewicht die geringfügigen Verlegungskosten (etwa $^1/_{10}$ der Kosten für gußeiserne Muffenrohre).

B. Hochbehälter (Reinwasserbehälter und überdeckte Klärbecken).

Hochbehälter. Die Stahlhochbehälter werden nach dem Gewicht des verarbeiteten Stahls bezahlt. Für gewöhnliche Stahlbehälter kann man je nach der Größe des Behälters und der Konstruktion etwa 130 bis 150 DM.[2] für 100 kg verarbeiteten Stahl setzen. Der kleinere Preis für große Behälter (etwa 800 bis 1000 m^3 Inhalt), der größere Preis für kleinere Behälter (etwa 80 bis 100 m^3 Inhalt).

Intze-Behälter etwa 140 bis 160 DM. für 100 kg verarbeiteten Stahl. Stahl-Unterbau aus Stabeisen etwa 120 bis 130 DM. für 100 kg Eisen.

Behälter aus Stahlbeton. In Betracht kommen im allgemeinen folgende Leistungen: Beton, Stahl, Schalung, Putz und, wenn die Behälter in den Boden zu liegen kommen, Erdaushub.

---

[1] Preis Frühjahr 1954 ab Werk auf Frachtbasis Düsseldorf—Grafenberg plus 3,85 DM./t Preisausgleich.

* Die Klammerwerte geben zum Vergleich die entsprechenden Angaben für *Schnellkupplungsrohre.*

[2] Preis Frühjahr 1954.

Zum *vorläufigen Veranschlagen von Stahlbetonbehältern* einschließlich Erdarbeiten kann der Preis K für 1 m^3 Nutzinhalt in DM.[1] aus folgender Gleichung annähernd geschätzt werden:

$$K = 84 + 13000/J.$$

J = Behälterinhalt in m^3. Für $J = 500$ m^3 würde der Behälter aus Stahlbeton etwa $84 + 13000/500 = 84 + 26 = 110$,—DM. für 1 m^3 oder etwa $500 \cdot 110 = 55000$,— DM. im ganzen kosten.

Für Halbkugelbehälter aus Stahlbeton von $J = 50$ bis 1000 m^3 Inhalt kann man die Kosten für 1 m^3 Nutzinhalt zu

$$K = 75 + 1500/J$$

setzen (Basis: Frühjahr 1954).

Bei genauer Kalkulation erhält man in den meisten Fällen etwas kleinere Einheitspreise.

Man vergleiche auch die entsprechenden Ausführungen in dem Kapitel „Beton- und Stahlbetonbau", S. 300 und 305.

C. Brunnenanlagen.

Gemauerte Schachtbrunnen. Beim Veranschlagen solcher Brunnen kommen folgende Arbeiten vor: a) Bodenaushub, b) Auszimmerung, Brunnenmauerwerk.

Diese Arbeiten können nach S. 393ff. berechnet werden (Einsteigeschächte).

Röhrenbrunnen (Filterrohrbrunnen).

a) Vorarbeiten.

Für die Vorarbeiten (Erbohren des Wasserhorizonts) kann man etwa mit folgenden Sätzen rechnen (siehe auch Vorarbeiten für Erdarbeiten S. 70):

Bei einem Stundenlohn von St. = 1,80 DM. kann man rechnen für *Probebohrungen* in Sand, Kies, Lehm und Tonböden *je 1 lfd. m*

in Tiefen von 0 bis 15 m	15,— bis 17,— DM.
„ „ von 15 bis 30 m . . .	17,— „ 20,— „
„ „ von 30 „ 50 m . . .	20,— „ 30,— „

dazu 1. *einmalige* Ausgaben für Transport des Bohrgerätes zur Baustelle und zurück. 2. Ausführung eines Pumpversuches mit Stellung und Bedienung der Pumpe etwa 150,— DM.

---

[1] Preis Frühjahr 1954.

b) Anlage von Röhrenbrunnen (Filterrohrbrunnen).

Röhrenbrunnen aus 60 bis 80 mm weiten schmiedeeisernen Röhren (Abessinier) in Sand bis 15 m Tiefe kosten

für 1 m Brunnen . . . . . . 60,— bis 75,— DM.

Röhrenbrunnen als *Filterrohrbrunnen* mit verzinkten Filterrohren und verzinkten Aufsatzrohren von 300 mm Ø bis 30 m Tiefe kosten bei St. = 1,80 DM. *je 1 stgd. m fertigen Brunnen* 200,— bis 250,— DM. (ohne Pumpenhaus und maschinelle Anlage für die Pumpe).

Bohren des Brunnens (ohne Transport des Gerätes) *Lohnaufwand je 1 lfd. m Brunnen* $1{,}1\,St_{bo} + 3{,}4\,St.$ in Böden wie Sand, Lehm, Geschiebemergel, Kies u. dgl.

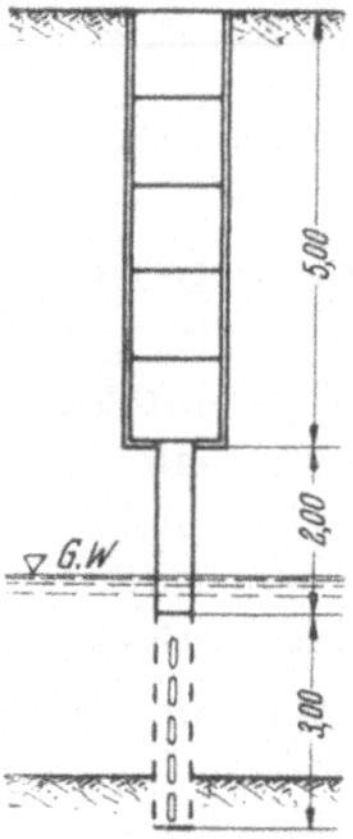

Abb. 142.

Beispiel 82. *Beispiel eines Kostenanschlags für Niederbringen eines Filterbrunnens* (Abb. 142).

Pos. 1. 5,0 lfd. m Schacht hergestellt und ausgesteift, Stahlbetonringe eingebaut, abgesenkt einschließlich aller Nebenarbeiten, Gestellung von Mannschaften und Vorhalten von Geräten je 1 lfd. m 110,— DM. . . . . 550,— DM.

Pos. 2. 4,5 lfd. m Bohrung niedergebracht mit der Schappe in bohrbarem Gebirge einschließlich aller Nebenarbeiten, Stellung der Bohrmannschaften sowie Vorhalten von Geräten und Gerüsten und Transport der Geräte vom Lagerplatz zur Baustelle und zurück je 1 lfd. m 80,— DM. . . . . 360,— „

Pos. 3. 5,0 lfd. m Stahlbetonringe 1000 mm Ø, 0,50 m Bauhöhe, frei Baustelle angeliefert je 1 lfd. m 80,— DM. . . 400,— „

Pos. 4. 3,0 lfd. m verzinkte Filterrohre 300 mm Ø, 3 mm Wandstärke, längslaufend geschlitzt, geliefert und eingebaut je 1 lfd. m 90,— DM. . . . . 270,— „

Pos. 5. 2,0 lfd. m verzinkte Aufsatzrohre 300 mm Ø, 3 mm Wandstärke, geliefert und eingebaut, je 1 lfd. m 80,— DM. . 160,— „

Pos. 6. *Filterkies*, gewaschen und gesiebt, geliefert und eingebaut . . . . 80,— „

Pos. 7. Ausführung eines *Pumpversuchs* einschließlich aller Nebenarbeiten unter Gestellung der Bedienung und Pumpe . 150,— „

Gesamtkosten des Filterrohrbrunnens. . . . . *1970,— DM.*

D. Beispiel eines Kostenanschlags für die Wasserversorgung einer Gemeinde.

Beispiel 83. Als Beispiel ist ein Kostenanschlag über die Herstellung eines Rohrnetzes für eine Gemeinde angeführt.

Kostenanschlag
über die Herstellung des Wasserversorgungsnetzes für die Gemeinde...

Position	Anzahl	Gegenstand der Veranschlagung	Geldbetrag im einzelnen DM.	Geldbetrag im ganzen DM.
		I. Erdarbeiten.		
1	5400	lfd. m Rohrgraben für Wasserleitungrsohre von 150 bis 275 mm l. W. und einer Rohrüberdeckung von 1,50 m in durchschnittlicher Breite von 0,80 bis 1,00 m ausschachten bzw. ausbaggern. Absteifen der Baugrube, Herstellen der Baugrubensohle einschließlich Kopflöcher, Ausfüllen der Baugrube, Abrammen, Einschlemmen, Abfuhr des übriggebliebenen Bodens nach den von der Bauverwaltung angegebenen Lagerplätzen, für 1 lfd. m . . .	8,—	43200,—
2	200	lfd. m Rohrgraben für die Anschlußleitungen der Überflurhydranten ausschachten, sonst wie Pos. 1, für 1 lfd. m.	10,—	2000,—
3	1000	lfd. m Rohrgrabenfläche auf Wiesen und in Gärten oder auf Äckern aufreißen und wiederherstellen, ohne Zubußmaterialien, für 1 lfd. m	2,50	2500,—
		Summe I		47700,—
		II. Straßenbefestigungsarbeiten.		
4	400	lfd. m Rohrgrabenoberfläche auf unbefestigten Straßen und Wegen aufreißen und wiederherstellen, ohne Zubußmaterialien, für 1 lfd. m	4,—	1600,—
5	1500	lfd. m Rohrgrabenoberfläche auf befestigten Straßen und Wegen aufreißen und wiederherstellen, für 1 lfd. m	5,—	7500,—
6	2600	lfd. m Rohrgrabenoberfläche in Gemeinde- bzw. Staatsstraßen mit Packlager und Klarschlag aufreißen und wiederherstellen, für 1 lfd. m.	6,—	15600,—
7	200	lfd. m Rohrgrabenoberfläche, Pflaster mit Packlager aufreißen und wiederherstellen, für 1 lfd. m	10,—	2000,—
		Summe II		26700,—
		III. Rohrleitungen und Armaturen.		
8	80	lfd. m Stahlmuffenrohre von 275 mm l. W. beschaffen, anliefern, nach der Baustelle befördern, abladen und verlegen; Lieferung der Dichtungsmaterialien, die Muffen nach dem Verlegen umwickeln und asphaltieren, für 1 lfd. m	165,—	13200,—
9	450	lfd. m Stahlmuffenrohre von 225 mm l. W. beschaffen, anliefern, nach der Baustelle befördern, sonst wie oben, für 1 lfd. m . . .	140,—	63000,—
10	1000	lfd. m Stahlmuffenrohre von 200 mm l. W., die unmittelbar durch die (Stadt) Gemeinde .... bezogen werden, auf Bahnhof .... übernehmen, nach der Baustelle befördern, an der Baustelle abladen, verlegen, sonst wie Pos. 8, für 1 lfd. m.	6,—	6000,—
		Übertrag:		82200,—

Position	Anzahl	Gegenstand der Veranschlagung	Geldbetrag im einzelnen DM.	Geldbetrag im ganzen DM.
		Übertrag:		82200,—
11	1500	lfd. m Stahlmuffenrohre von 175 mm l. W., sonst wie Pos. 10, für 1 lfd. m	5,—	7500,—
12	2500	lfd. m Stahlmuffenrohre von 150 mm l. W., sonst wie Pos. 10, für 1 lfd. m	4,—	10000,—
13	500	lfd. m Stahlmuffenrohre von 100 mm l. W., sonst wie Pos. 10, für 1 lfd. m	3,—	1500,—
14	200	lfd. m Stahlmuffenrohre von 80 mm l. W. für die Anschlußleitungen der Hydranten, sonst wie Pos. 10, für 1 lfd. m	3,—	600,—
15	1500	kg normalen, bearbeiteten Formguß oder Stahlformguß, nach der Normaltabelle für Formguß berechnet, am Bahnhof ...... übernehmen, sonst wie Pos. 10, als Zuschlag zur Rohrlänge, für 100 kg	4,40	66,—
16	5000	kg normalen, unbearbeiteten Formguß oder Stahlformstücke, wie Bogen, Verjüngungsstücke, Überschieber usw., liefern und verlegen, sonst wie Pos. 8, für 100 kg	200,—	10000,—
17	3000	kg normalen, unbearbeiteten Formguß oder Stahlformstücke, wie Bogen, Verjüngungsstücke, Überschieber usw., übernehmen, befördern und verlegen, sonst wie Pos. 10, als Zuschlag zur Rohrlänge, für 100 kg	4,40	132,—
18	2	Stück Teilkästen für Straßenkreuzungen der Rohrleitungen mit vier Flanschabgängen, Rohrstutzen, 225 mm l. W., mit vollständiger Einbaugarnitur und selbsttätigem Entlüftungsventil beschaffen, anliefern und einbauen, sonst wie Pos. 8, für 1 Stück . . .	660,—	1320,—
19	4	Stück Teilkästen, größter Rohrstutzen 200 mm, sonst wie Pos. 18, für 1 Stück	550,—	2200,—
20	1	Stück Teilkasten für die Straßenkreuzung der Rohrleitungen mit drei Flanschabgängen, größter Rohrstutzen 225 mm, beschaffen, anliefern und verlegen, sonst wie Pos. 8, für 1 Stück	440,—	440,—
21	4	Stück normale Muffenabsperrschieber von 225 mm l. W. mit vollständiger Einbaugarnitur für 1,50 m Rohrdeckung beschaffen, anliefern und einbauen als Zuschlag zur Rohrlänge, für 1 Stück	550,—	2200,—
22	8	Stück normale Muffenabsperrschieber von 200 mm l. W. einbauen, sonst wie Pos. 21, für 1 Stück	150,—	1200,—
23	15	Stück normale Muffenabsperrschieber von 175 mm l. W., sonst wie Pos. 21, für 1 Stück . . .	500,—	7500,—
24	20	Stück normale Muffenabsperrschieber von 150 mm l. W., sonst wie Pos. 21, für 1 Stück . . .	450,—	9000,—
25	30	Stück Unterflurhydranten von 80 mm Ventilweite für 1,50 m Rohrüberdeckung mit selbsttätiger Entleerung, Klaue, Straßenkappe, Schlüssel, Fußplatte beschaffen, anliefern, einbauen, die Entleerung mit gewaschenem Kies umfüllen, einschließlich aller Materialien und Nebenarbeiten, für 1 Stück	500,—	15000,—
		Übertrag:		150858,—

Position	Anzahl	Gegenstand der Veranschlagung	Geldbetrag im einzelnen DM.	Geldbetrag im ganzen DM.
		Übertrag:		150858,—
26	40	Stück Überflurhydranten mit 80 mm Ventilweite mit je zwei Schlauchstutzen, selbsttätiger Entleerung, unterliegender Spindel für 1,50 m Rohrüberdeckung, Fußkrümmer mit Muffen für 80 mm Rohranschluß beschaffen, anliefern und einbauen, einschließlich Dichtungsstoffe, Aufstellung des Krümmers auf Klinkern und die Entleerung mit gewaschenem Kies umfüllen, für 1 Stück	600,—	24000,—
27	30	Stück Bezeichnungsschilder für Unterflurhydranten aus Gußeisen mit erhabener roter Schrift auf weißem Grunde, 100 bis 125 mm groß, nach Vorschrift liefern und anbringen, für 1 Stück	15,—	450,—
28	47	Stück Bezeichnungsschilder für Absperrschieber mit schwarzer Schrift auf weißem Grunde, sonst wie Pos. 27, für 1 Stück	12,—	564,—
		Summe III		175872,—
		IV. Verschiedenes.		
29	25	Stück Unterlagsbrettchen für Schilderbefestigung an Zäunen liefern, für 1 Stück . . .	4,—	100,—
30	5	Stück Schiebersäulen aus weichem Kantholz, 3,20 m lang, 10/10 cm stark, mit Schildbrett, das Unterteil mit Karbolineum gestrichen, liefern und aufstellen, einschließlich Erd- und Nebenarbeiten, für 1 Stück	16,—	80,—
31	....	Stück Hochwasserverschlüsse von . . . mm l. W. liefern und eindichten, für 1 Stück	—	—
32	10	Stück schmiedeeiserne Schieberschlüssel mit Haken zum Öffnen der Straßenklappen liefern (Gewicht . . . . . kg) für 1 Stück	20,—	200,—
33	8	Stück Hydrantenschlüssel liefern, für 1 Stück.	20,—	160,—
34	10	Stück Hydrantenschlüssel liefern, für Überflurhydranten, für 1 Stück.	20,—	200,—
35	2	Stück Standrohre mit zwei Auslässen und einer Verschlußkapsel mit Kupferrohr liefern, für 1 Stück	750,—	1500,—
36	30	Stück Straßenkappen der Unterflurhydranten mit Reihensteinen I. Klasse umpflastern, einschließlich Lieferung der Steine und des Pflastersandes, für 1 Stück	20,—	600,—
37	27	Stück Schieberkappen auf Straßen und Wegen mit Reihensteinen I. Klasse umpflastern, sonst wie vor, für 1 Stück	20,—	540,—
38	20	Stück Schieberkappen auf Straßen und Wegen mit Reihensteinen II. Klasse umpflastern, sonst wie vor, für 1 Stück	15,—	300,—
39	1	Stück Ventilbrunnen mit Regulierventil, Einbaugarnitur und Schlüssel liefern und einbauen .	800,—	800,—
		Summe IV		4480,—

Position	Anzahl	Gegenstand der Veranschlagung	Geldbetrag im einzelnen DM.	Geldbetrag im ganzen DM.
		Einheitspreise für etwaige Tagelohnarbeit.		
40	1	Schachtmeisterstunde		
41	1	Rohrlegerstunde		
42	1	Maurerstunde		
43	1	Arbeiter- oder Tagelöhnerstunde		
44	1	Baupumpe von mindestens 5 s/l-Leistung mit Bedienung für 1 h		
45	1	Baupumpe ohne Bedienung für 1 h		
46	1	Laternenstunde ohne Bedienung.		
47	1	Benzinlampenstunde ohne Bedienung		
48	1	1 LKW (5 t) mit Bedienung für 1 h		
		Materialien.		
49	1	kg Zement liefern		
50	1	m³ Klarschlag liefern		
51	1	m³ Kies liefern		
52	1	m³ Mauerwerk liefern		
53	1	m³ Beton (Mischung . . . . . .) liefern		
54	100	Stück Ziegel liefern		
		Zuschläge.		
55	1	lfd. m Tieferschachtung von 1,50 bis 1,75 Rohrdeckung einschließlich Abfuhr des überschüssigen Bodens		
56	1	lfd. m Tieferschachtung von 1,50 bis 2 m, sonst wie vor usw.		
57	1	Dichtung für Stahlröhren von 225 mm l. W. mit Weißstrick und Weichblei einschließlich Feuerung und Ton, aber ohne Arbeitslohn . . .		
58	1	Desgl. von 200 mm		
59	1	Desgl. von 150 mm		
60	1	Desgl. von 100 mm		
61	1	Desgl. von 80 mm		
62	1	Sonntags- und Nachtarbeiten = 50% Zuschlag .		

Zusammenstellung.

I.	Erdarbeiten	47700,— DM.
II.	Straßenbefestigungsarbeiten	26700,— „
III.	Rohrleitungen und Armaturen	175872,— „
IV.	Verschiedenes	4480,— „
	Angebotssumme:	*254752,— DM.*

Gesamtkosten von Wasserversorgungen mittlerer und großer Städte.

Die *Anlagekosten* neuzeitlicher Wasserversorgungen für mittlere und große Städte einschließlich Filtrationsanlagen betragen nach den in Deutschland gemachten Erfahrungen im Mittel

je Kopf der Bevölkerung *etwa 90,— DM.* (St. = 1,60 DM.)
(Grundlage: Löhne und Materialpreise Frühjahr 1954).

Die *Selbstkosten von 1 m³ Wasser* größerer Wasserversorgungsanlagen (Betriebskosten, Gerätekosten, Abschreibung und Verzinsung) betragen

für 1 m³ Wasser 0,15 bis 0,20 Dpf.

XXIV. Brückenbauarbeiten.

Es werden unterschieden:

a) Holzbrücken,

b) Gewölbte Beton-Stahlbeton- und Steinbrücken,

c) Stahlbetonbalkenbrücken,

d) Stahlbrücken.

Berechnungsgrundlagen siehe DIN-Norm 1071 bis 1075 für Straßenbrücken,
„ „ „ 1182, 1183 für Feldwegbrücken,
„ „ „ 1045 für Stahlbetonbrücken.

Vorschriften der Deutschen Bundesbahn für Eisenbahnbrücken.

Holzbrücken[1].

Da *Holzbrücken* in erster Linie für vorübergehende Zwecke als Transportbrücken für Beton- und Erdtransporte im Tiefbau in Frage kommen, sei auf den betreffenden Abschnitt (XVIII. Zimmererarbeiten, Fördergerüste) verwiesen, wo auch Angaben über die Kostenermittlung solcher Arbeiten gemacht sind.

Holzbrücken können indessen auch für Eisenbahnen (meist mit Walzträgern oder Stehblechträgern als Hauptträger) und Straßen zur vorübergehenden Benutzung als *Notbrücken* dienen (Abb. 143).

Bei der Kostenermittlung sind nach Aufstellung einer „Holzliste" die im Abschnitt Zimmererarbeiten gegebenen Richtlinien einzuhalten.

Für *hölzerne Fachwerksbrücken* macht Melan in seinem Werk „Der Brückenbau" Angaben, welche für die statische Berechnung und die Kostenermittlung benutzt werden können.

a) Gewicht der Querkonstruktion g_1 (Fahrbahn, Querverbände, Windverstrebung) für *eingleisige Eisenbahnbrücken* in kg/m Brückenlänge:

Bezeichnung		Holz kg	Schienen und Schrauben kg	Zusammen kg
Bahn oben Trägerhöhe *h* in m	Hauptbahn	720 + 75 h	110	830 + 75 h
	Nebenbahn	700 + 71 h	80	780 + 71 h
	Schmalspur 1 m	465 + 62 h	70	535 + 62 h
Bahn unten Trägerhöhe *h* in m	Hauptbahn	960 + 100 h	110	1070 + 100 h
	Nebenbahn	930 + 95 h	80	1010 + 95 h
	Schmalspur 1 m	620 + 83 h	70	690 + 83 h

Dieses Gewicht läßt sich meist für einen gegebenen Fall nach Projektskizzen ermitteln.

[1] Über Berechnung und Ausführung von Holzbrücken s. DIN 1074. Berlin: Ernst & Sohn.

b) Gewicht der Hauptträger $g_2 = \frac{(0{,}0064\,p + 0{,}006\,g_1)\,l}{1 - 0{,}006\,l}$ in kg/m Brückenlänge (l = Stützweite in m, p = Verkehrslast je 1 m Brückenlänge).

Gesamtgewicht des Überbaus

$$g = g_1 + g_2.$$

Die Kalkulation von Holzbrücken erfolgt nach den Richtlinien in Abschnitt XVIII, Zimmerarbeiten, worauf verwiesen werden muß.

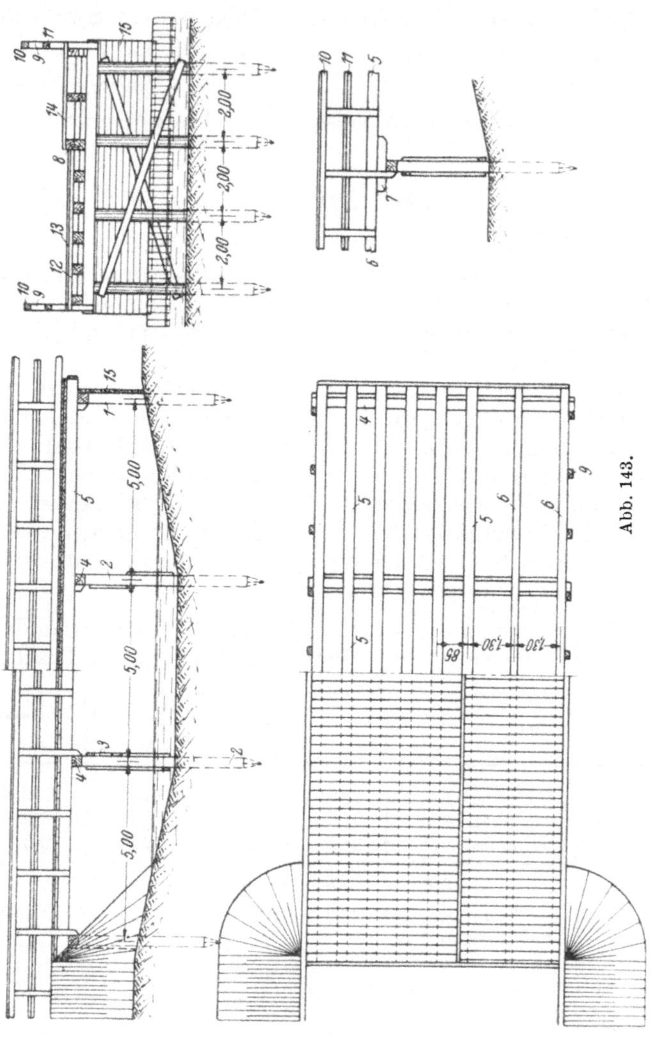

Abb. 143.

Gewölbte Brücken aus Mauerwerk, Beton oder Stahlbeton.

Baustelleneinrichtung. Diese ist bei großen Wölbbrücken sehr sorgfältig an Hand der „Geräteliste" und nach der Örtlichkeit zu ermitteln. Betonierungsanlagen, Fahrgerüste, Aufzüge, Turmdrehkrane und andere maschinelle Anlagen sind ebenso wie die Einrichtung der Wasserversorgung (Brunnenbohrungen, Hochbehälter, Leitungen usw.), Stromversorgung und gegebenenfalls Kosten für Unterbringung der Arbeiter usw. sorgfältig zu ermitteln. Bunker und Siloanlagen mit automatischen

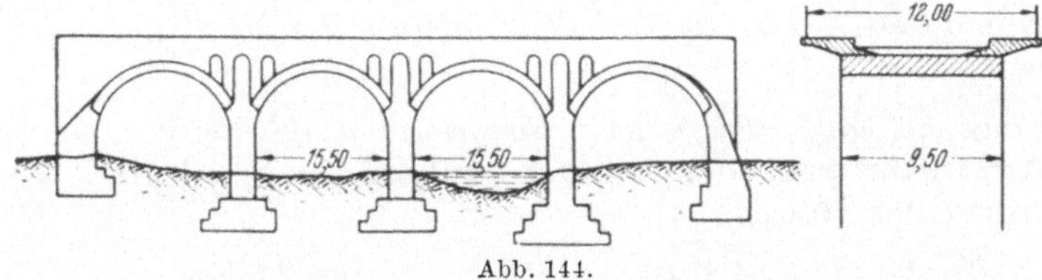

Abb. 144.

Waagen, Zementschuppen und andere Anlagen für den Umschlag von Zuschlagstoffen und Bindemitteln sind zu berücksichtigen, desgleichen bei Flußbrücken die Notbrücken bzw. Transportbrücken. Man kann überschlägig für *Einrichtungskosten von Brückenbaustellen* rechnen:

bei Gesamtbaukosten DM.	*Einrichtungskosten in % der Gesamtbausumme* Vertrag mit Materiallieferung	Vertrag ohne Materiallieferung
bis 500000,—	5 %	7 %
„ 2000000,—	4,5%	6 %
„ 6000000,—	3 %	4,5%

Die *Gerätevorhaltungskosten*[1] betragen *3,5 bis 5% der Gesamtbausumme* (einschließlich Materiallieferung), wobei der letztere Wert für große Objekte gilt.

A. Grabarbeiten.

I. Baugrubenaushub für Fundamente.

Hierüber siehe unter Abschnitt III, Erd- und Felsarbeiten: Aushub aus Baugruben S. 74f. Böschungen je nach Bodenbeschaffenheit. Bei Schalung der Fundamente ist ein Arbeitsraum von 0,60 m vorzusehen.

In wenig standhaftem Boden und bei größeren Tiefen ist waagerechter oder senkrechter Verbau, d. h. *Baugrubenaussteifung* erforderlich (s. Abschnitt III, S. 84f. und Beispiel S. 79).

In Flüssen und bei Fließsand oder Schlamm ist Einfassung der Baugrube mit stählernen bzw. hölzernen Spundwänden erforderlich (s. Abschnitt XIV, Rammarbeiten, S. 218ff.).

[1] Gerätemiete + Materialkosten der Geräteunterhaltung (soweit diese nicht mit den Lohnkosten der Geräteunterhaltung in den Einzelpreisen erfaßt werden).

Überschlägige Berechnung der Baugrubenaussteifung.

Brückenpfeilerbaugruben 5/5 m bis 8/10 m bei Schachtzimmerung.

	Aushub je 1 stgd. m	Holzbedarf m³ je 1 stgd. m Aushub		Holzbedarf m³ je 1 m³ Baugrubenaushub			Bedarf an Bauklammern je 1 stgd. m
	m³	Bohlen 6 cm	Rundholz Ø 25—30 oder Kantholz	Bohlen 6 cm	Sprießholz Ø 25–30	insgesamt m³	kg
Pfeiler 5/5 m	25	1,25	1,25	0,05	0,05	0,10	15
Pfeiler 8/10 m	80	2,4	3,2	0,03	0,04	0,07	40

Man kann also den *Holzbedarf* rechnen *mit 7 bis 10% des verbauten Raumes* und den *Bedarf an Sprießholz allein mit 4 bis 6% des verbauten Raumes.*

a) Daher *Lohnaufwand je 1 m³ Baugrubenaushub* (verbauten Raum) *für Schachtzimmerung* (Baugrubenaussteifung), d. h. Abbund, Einbau und Ausbau der Hölzer:

$$0{,}07 \cdot 30 \text{ Stz. bis } 0{,}10 \cdot 26 \text{ Stz.} = 2{,}1 \text{ bis } 2{,}6 \text{ Stz.}$$

im Mittel: 2,5 Stz. bei senkrechtem Verbau

(1,5 Stz. bei Verbau von umspundeten Baugruben).

b) *Holzverbrauch* bei 3 bis 4maliger Verwendung des Holzes und der Stahlklammern je 1 m³ Baugrubenaushub:

0,025 m³ Holz (½ Schalbohlen, ½ Rundholz und Halbrundholz oder Kantholz).

0,2 kg Bauklammern.

Bei *sehr starkem Druck* (Gleitflächen im Untergrund u. dgl.) können diese *Mittelwerte aus a) und b) noch wesentlich überschritten werden!*

1. Bemerkung. Laden, Fördern und Kippen des herausgeschafften Bodens und Hinterfüllung der Baugrube sind bei der Kalkulation zu beachten!

2. Bemerkung. Wasserhaltung mit Anlage des Pumpenschachtes außerhalb der Baugrube ist (nach Abschnitt VII, S. 112f.) besonders zu berechnen.

c) *Betriebsstoffverbrauch* bei Aushub mit Dieselkranen (s. auch S. 79) oder elektrischen Kranen:

1,5 kWh bzw. 1,5 kg Dieselöl/1 m³ Aushub, 0,2 kg Putz- und Schmiermittel/1 m³ Aushub.

3. Bemerkung. *Besondere Gründungen,* z. B. auf Stahlbetonpfählen oder Umschließung der Baugrube mit stählernen bzw. hölzernen Spundwänden oder Preßluftgründung sind besonders zu ermitteln. Die Kosten des Aussprießens der Baugrube werden entsprechend den vorausgegangenen Ausführungen berechnet. *Wasserhaltung* ist gleichfalls besonders nach Pumpenstunden für Kreiselpumpen, Ø 100, 150, 200 oder 300 mm zu ermitteln. In die *Einrichtungskosten* (Aufstellen und Abbrechen der Pumpanlage) ist auch die *Anlage eines Pumpenschachtes außerhalb der Baugrube* mit einzukalkulieren.

B. Betonier- und Maurerarbeiten.

II. Fundamentbeton der Widerlager und Zwischenpfeiler (150 bis 180 kg Zement/1 m³ Beton).

a) *Betonieren* allein (je nach Abmessungen und Örtlichkeit) 4,5 bis 6,0 Stb./1 m³ Beton.

b) *Schalen* (wenn erforderlich!) 1,8 Stz. je 1 m² geschalte Fläche.

c) Besondere *Zimmererarbeiten* (Gerüstarbeiten), z. B. Betonfahrgerüste siehe Abschnitt „Zimmererarbeiten", S. 343ff. und Beispiel S. 293.

III. Häuptiger Beton für Widerlager und Zwischenpfeiler (200 bis 250 kg Zement/1 m³ Beton).

a) *Betonieren* allein (je nach Abmessungen und Örtlichkeit) 5,0 bis 7,0 Stb./1 m³ Beton.

b) *Schalen* (Ein- und Ausschalen)

bei Höhen bis 6 m . . 2,5 Stz. je 1 m² geschalte Fläche[1]
„ „ „ 10 m . . 2,8 Stz. „ 1 m² „ „ [1]
„ „ „ 15 m . . 3,5 Stz. „ 1 m² „ „ [1]

Bemerkung. b) entfällt bei Verkleidungsmauerwerk!

Dagegen *erhöht sich der Lohnaufwand für das Betonieren* von verkleideten Pfeilern und Widerlagern (da immer nur der Beton für etwa 3 Schichten eingebracht werden kann) *um mindestens 2 Stb./1 m³*.

c) Zimmererarbeiten (Gerüstarbeiten) für Betonfahrgerüste, Aufzugsgerüste usw. siehe Abschnitt „Zimmererarbeiten", S. 343ff. und Beispiel S. 293.

Besondere Einrüstung (z. B. Gleitschalung) für sehr hohe Pfeiler oder Einschalung von Unterschneidungen ist zu berücksichtigen.

Bedarf an *Bauhilfsstoffen und Kleineisenzeug* siehe Beispiel S. 293 und „Materialkosten für Schalarbeiten", S. 291.

Bemerkung zu a) Betonieren. Bei entsprechenden Einrichtungen für die Abmessung der Zuschlagstoffe (Bunker und Silos mit automatischen Waagen), Diesellokomotiven für den Transport der Zuschlagstoffe sowie Bindemittel und bei Verwendung besonderer Maschinen zum Hochfördern des Betons (z. B. Schwenkmaste, Turmdrehkrane mit Spezialkübeln u. dgl.) lassen sich die Kosten für c) „Fördergerüste" beseitigen oder ermäßigen. *Ferner kann der Lohnaufwand unter Umständen gesenkt werden bis 4,0 Stb. je 1 m³ Beton.* Dagegen müssen die *höheren Gerätekosten und Einrichtungskosten* berücksichtigt werden.

IV. Gewölbebeton der Bögen (320 bis 350 kg Zement/1 m³ Beton).

Massive Beton- und Stahlbetonbögen.

Eine entsprechende *Baustelleneinrichtung* für diese Arbeiten, z. B. Verwendung von wenigstens 3 Kornsortierungen der Zuschlagstoffe (0—7 mm, 7—15 mm und 15—40 mm), laufende Betonkontrolle usw. wird vorausgesetzt.

[1] Bei großen Höhen erleichtern *Turmdrehkrane* oder ähnliche Geräte den Transport und Einbau, so daß Höhenzuschläge entfallen. — Eine weitere Verbilligung kann unter Umständen durch Verwendung von fertigen *Schaltafeln* erzielt werden.

Bei 3 bis 6 Bogenöffnungen und Betonmengen von 100 bis 1000 m³ kann man rechnen (Einbringen des Betons mit Fahrgerüst über der Bogenschalung siehe Abb. 145)

je 1 m³ Beton (bzw. Stahlbeton)

a) Reine Betonarbeiten (mit Vorbereitungen wie Gleislegen, Anlage von Rutschen, Ausblasen und Annässen der Schalung usw.) 6,0—8,0 Stb.

b) Zimmererarbeiten[1] (Lamellen ein- und ausschalen, Bogenstirn schalen, auswechseln des Fahrgerüstes für Lamellenbetonierung usw., Aufstellen und Abbrechen des Zufahrgerüstes über den Bögen) 20 bis 25 Stz./lfd. m eingleisiger Eisenbahnbrücke oder je 1 m³ Beton . . 10 bis 15 Stz.

NB. *bei Gerüsthöhen nicht über 8 m*, sonst empfiehlt sich eine *genaue Ermittlung der Gerüstkosten* (Aufstellen, Abbrechen und Materialkosten) an Hand von Skizzen bei weitgespannten und hohen Bögen. Bei größeren Objekten verwendet man auch für die Bogenbetonierung Turmdrehkrane

Abb. 145. Betonfahrgerüst für Bogenbetonierung.

u. dgl. Geräte. Dann *entfallen Fahrgerüste* und ermäßigen sich die Kosten des Betoneinbaus. Die höheren Einrichtungs- und Gerätekosten (z. B. Fahrgerüste für die Krane) sind von Fall zu Fall besonders zu ermitteln.

c) Bewehrungsarbeiten (ohne Gelenkquader), d. h. Sortieren, Schneiden, Biegen und Verlegen (Verwendung neuzeitlicher Maschinen vorausgesetzt)

je 1 m³ Stahlbeton

bei 0,6% Armierung = 47 kg/1 m³ zu 0,10 Ste. = 4,7 Ste.
„ 1,0% „ = 78 kg/1 m³ „ 0,10 Ste. = 7,8 Ste.

Demnach *Lohnkosten je 1 m³ bewehrtem Gewölbebeton:*

6,0 Stb. + 10 Stz. + 5,0 Ste. = *21* St_{mi} (16 St_{mi} ohne Armierung)
bis 8,0 Stb. + 15 Stz. + 8,0 Ste. = *31* St_{mi} (23 St_{mi} „ „)

[1] Im einzelnen ist zu kalkulieren: 1. Lamellen ein- und ausschalen (je nach Stärke der Armierung) 8 bis 10 Stz. je 1 m² geschalte Fläche. 2. Stirnschalung (mit Abstandsverankerung; Ankereisen berechnen!) 3,5 bis 4,5 Stz. je 1 m² geschalter Fläche. 3. Fahrgerüste (einschließlich auswechseln) 40 Stz. je 1 m³ Gerüstholz. (3. entfällt beim Einsatz von Turmdrehkranen für die Betonierung.)

Der *Verbrauch an Bauhilfsstoffen und Kleineisenzeug* ist nach den in Abschnitt XVII, Beton- und Stahlbetonarbeiten und im Abschnitt XVIII, Zimmerarbeiten, gegebenen Richtlinien zu berechnen.

Aufgelöste Stahlbetonbögen (auch Hohlbögen und Scheibenbrücken). Abb. 146 zeigt eine solche Brücke. An Arbeiten fallen an:

a) *Reine Betonarbeiten* (wie S. 424) . . . . 6,5 bis 7,5 Stb.

b) *Zimmererarbeiten:* 1. *Bogenschalung* (Seitenschalung mit Schalung für Aussparungen und Verankerung): Ein- und Ausschalen 3,5 + 1,0 = *4,5 Stz. je 1 m² geschalter Fläche.* 2. *Lamellenschalung* (Trennung der Bogenabschnitte und Schlußlamellen) je nach Stärke der Armierung und Höhe *8 bis 12 Stz. je 1 m² Schalung.* 3. *Fahrgerüste* 40 Stz. je 1 m³ Gerüstholz.

Abb. 146. Stahlbetonbogenbrücke mit aufgelöstem Überbau.

c) *Bewehrungsarbeiten* (wie S. 424). Bei Verwendung von Romryck- und Rekordmaschinen sowie Turmdrehkran für Transport geht der *Gesamtaufwand* für die *Bewehrungsarbeiten* auf *70 bis 75 Ste.* je 1 t zurück.

V. Lehrgerüste für die Gewölbe.

Näheres hierüber siehe unter Abschnitt XVIII, Zimmererarbeiten, S. 348ff. *Pfahlrammungen* sind nach dem Abschnitt XIV, „Rammarbeiten", gleichfalls getrennt zu ermitteln.

Über den *Holzverbrauch* siehe Abschnitt XVIII, „Zimmererarbeiten", S. 534f.

Der *Holzbedarf* (einschl. Belagbohlen) schwankt zwischen 2,5 und 6% des verbauten Gerüstraumes (mittlerer Wert für Untergerüste 3,0%, für Obergerüste 4% des umbauten Gerüstraumes ohne Belagbohlen der Bogenschalung).

Kleineisenbedarf: etwa 25 bis 30 kg je 1 m³ Gerüstholz.

Lohnaufwand für Lehrboden, Abbinden, Aufstellen und Abbrechen der Lehrgerüste:

35 bis 42 Stz. je 1 m³ abgebundenes Lehrgerüstholz.

Man vergleiche dazu die Ausführungen in Kap. XVIII, Zimmererarbeiten, Seite 348ff.

VI. Kämpferbeton bei eingespannten Bögen bzw. Gelenkquader bei Dreigelenkbögen.

Stahlbeton 1 : 6 für Kämpfer der Widerlager und Pfeiler mit Armierung und Verankerungseisen (etwa 25 kg je 1 m³ Beton) herstellen kostet an Löhnen je 1 m³ Beton:

Betonieren (mit Gerüsten)[1]	14 Stb.
Schalen	5 Stz.
Armieren	3 Ste.
	$22\ St_{mi}$.

oder

Gelenkquader 1 : 4 (350 kg Zement je 1 m³ Beton) *für Dreigelenkbögen mit Spiralbewehrung (etwa 140 kg/1 m³ bewehrt)* kostet an Löhnen je 1 m³ Beton:

Betonieren und Rüsten[1]	13 Stb.
Schalen	10 Stz.
Armieren 140 kg zu 0,12 Ste.	17 Ste.
	$40\ St_{mi}$

VIa. Stahlgußgelenke für Dreigelenkbögen oder Zweigelenkbögen einbauen.

Bei einem Einzelgewicht von 400 bis 800 kg je Lager kostet das *Einbauen der Stahlgußgelenke*

je 1 t Gußteile und Kleineisenzeug . . . . *50 Ste.*

VII. Aufbau über den Gewölben.

a) Massive Bauweise.

Überbeton 1 : 14 oder 1 : 16 je 1 m³ Beton:

Reine Betonierarbeiten	4,0 bis 5,5 Stb.
Gerüstarbeiten[2]	4,5 Stz.
Löhne für Betonieren	8,5 bis 10 St_{mi}

Dazu Schalarbeiten für *Stirnschalung* 4 Stz. *je 1 m² Schalung.*

Verbrauch an Bauhilfsstoffen *je 1 m² Schalung:*

0,02 m³ Schalholz,
0,02 m³ Kantholz,
0,25 kg Schaldraht[3] 6 mm, 0,20 kg Drahtstifte.

Bemerkung. Schalung für „Sparöffnungen" ist besonders zu berücksichtigen.

---

[1] Betonieren allein: 8 Stb.

[2] Zweckmäßig für jeden Fall besonders zu ermitteln. Die Kosten für Gerüstarbeiten entfallen größtenteils bei Verwendung von Großgeräten wie *Turmdrehkranen* oder bei Pumpbeton (stärkere Schalung!).

[3] Bei Verwendung von *Schalungsankern* (siehe auch Fußnote 3, Seite 427) ca. 1 kg/1 m³ Beton. Dafür ermäßigen sich die Lohnkosten für die Schalung etwa um 1 Stz./1 m².

b) Aufgelöste Bauweise mit Stahlbetonsäulen und Stahlbetonbalkendecke je 1 m^3 Stahlbeton.

1. Betonieren (und Rüsten)[1] . . . . 7,0 Stb. (+ 5 Stz.)

2. Schalarbeiten für Säulen und Deckenschalung *je 1 m^2 geschalte Fläche* . . . . 4,0 bis 5,5 Stz.[2]

Über Bedarf und Verbrauch von *Bauhilfsstoffen* siehe Abschnitt XVII, ,,Beton und Stahlbetonarbeiten", S. 302f. Es ist bei Berechnung *des Verbrauchs an Bauhilfsstoffen* (Schal- und Rüstholz, Kleineisenzeug) zu beachten, daß bei Ausführung derartiger einmaliger Konstruktionen fast nur ,,Brennholz" übrigbleibt. Das Schalholz ist daher mit 80% und das Rüstholz mit 40 bis 50% abzuschreiben. Den Verbrauch an Nägeln kann man rechnen mit 0,20 kg/1 m^2 bis 0,30 kg/1 m^2 und Schaldraht[3] 0,15 kg/1 m^2 bis 0,30 kg/1 m^2 geschalte Fläche.

3. Bewehrungsarbeiten (Schneiden, Biegen, Verlegen) je 1000 kg Rundstahl . . . . 80 bis 100 Ste.

Bedarf an Flechtdraht 1,1 mm . . . . 5 kg/1 t Eisen.

VIII. **Konsolbeton** *(320 kg Zement/1 m^3 Beton) bewehrt (40 kg/1 m^3 Beton)* **und Abdeckplatten.**

(Siehe Skizze Abb. 147.)

a) Lohnaufwand je 1 m^3 Beton.

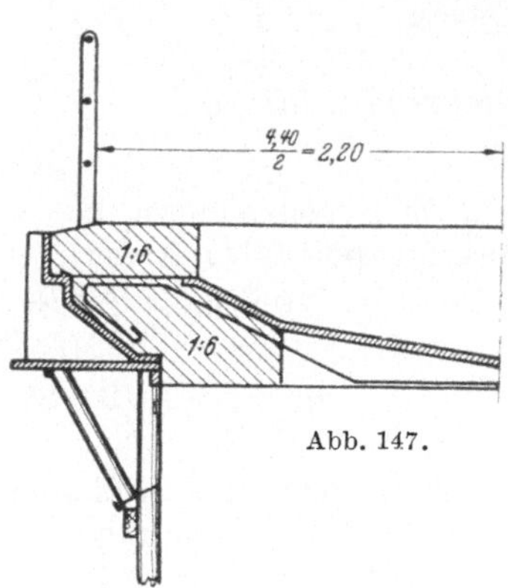

Abb. 147.

1. Betonieren u. Rüsten (einchl. Herstellung der Lamellenschalung für Trennfugen) . 15 Stb.
2. Schalarbeit: 2,2 m^2 geschalte Fläche zu 5,5 Stz. . . . . 12 Stz.
3. Armierung: 40 kg zu 0,12 Ste. 5 Ste.

Insgesamt je 1 m^3 Beton: 32 St_{mi}.

b) Verbrauch (nicht etwa Bedarf!) an Bauhilfsstoffen je 1 m^2 geschalte Fläche.

Schalholz 30 mm	0,03 m^3
Sprießholz Ø 12 bis 15 cm . .	0,02 m^3
Nägel	0,25 kg
Schaldraht	0,15 kg

[1] Siehe Fußnote 2, S. 426.

[2] Je nach Höhe und Abmessung der Säulen. Von Fall zu Fall besonders zu ermitteln. Voraussetzung bei großen Höhen Vorhandensein entsprechender Großgeräte zum Hochfördern der vorbereiteten Schalungen und Rüsthölzer. Inbegriffen sind die teils beträchtlichen *Untergerüste* zum Anbringen der Schalkästen bzw. Schaltafeln. Etwas Hobeln und Ölen der Schalung ist wichtig, um das Ausschalen zu erleichtern und den Verschnitt niedrig zu halten.

[3] Heute werden meist *Schalungsanker* 12 bis 16 mm Ø verwendet, deren Verbrauch nach dem Schalungsplan zu ermitteln ist (etwa 1 Stück auf 2 m^2 geschalte Fläche). Die Mehrkosten werden durch Einsparung von Schalungslöhnen ausgeglichen.

IX. *Glattstrich (400 kg Zement je 1 m³ Mörtel), 2—3 cm stark ohne oder mit Zusatz von Ceresit, Sika oder dgl.*

Glattstrich mm stark	Materialverbrauch je 1 m²		Löhne je 1 m²	Bei Ceresitzusatz kg Ceresit
	kg Zement	l Sand		
20	12	22	0,5 Stm. + 0,3 St.	0,5
25	15	26	0,65 Stm. + 0,35 St.	0,6
30	18	30	0,8 Stm. + 0,4 St.	0,75

X. *Armierter Glattstrich (320 kg Zement je 1 m³ Mörtel), 3 cm stark mit Stahleinlagen 16 ∅ 5 mm (als Schutz der Isolierung).*

Glattstrich cm stark	Materialverbrauch je 1 m²			Löhne je 1 m²
	kg Zement	l Sand u. Riesel	kg R. E.	
3	15	35	2,5	1,2 Stm. + 0,4 St.

XI. *Vorsatzbeton*[1] *(300 kg Zement je 1 m³ Beton)*

zur späteren Bearbeitung (Spitzen oder Stocken)
Zuschlag je 1 m² . . . . *+ 0,5* St_{mi}

C. Sonderausführungen in Naturstein- und Klinkermauerwerk.

(Man vergleiche hierzu auch die entsprechenden Abschnitte „Maurerarbeiten", S. 246f. und „Steinmetzarbeiten", S. 467f.)

XII. *Pfeiler- und Widerlagerverkleidung in Naturstein*

20 bis 40 cm hoch, 30 cm stark mit 1,5 bis 2 cm Fugen mauern, nacharbeiten und fugen kostet einschließlich Nahtransport[2] bis 30 m:
an Löhnen je 1 m² Verkleidung . . . . 5,0 Stm. + 2,5 St.
30 bis 60 cm hoch, 40 cm stark
je 1 m² . . . . 6,0 Stm. + 3,0 St.

Zu beachten ist jedoch bei Natursteinverkleidung, daß zufolge der niederen Betonleistungen sich der *Lohnaufwand für Betonieren* in diesem Falle (siehe III.) um mindestens 2 Stb. erhöht, d. h. er beträgt *ca. 9 Stb./1 m³*.

1. Bemerkung. *Gerätekosten* (Krane) und *Gerüstkosten* sind außerdem zu ermitteln. Bei Verwendung von *leistungsfähigen Hebezeugen* (wie *Turmdrehkran*) wird an Löhnen und Gerüstkosten gespart. Der reine Lohnaufwand geht dann zurück (je 1 m² etwa 0,5 St_{masch} + 3,0 Stm. + 1,2 St.).

2. Bemerkung. Größere oder schwierige Transporte vom Umschlagplatz zur Verwendungsstelle sind besonders zu veranschlagen.

---

[1] Wird heute wenig ausgeführt.

[2] Abladen der Steine am Entladebahnhof, Transport mit Lastautos und Stapeln der Steine an der Baustelle ist besonders zu veranschlagen. Man kann bei 0,30 bis 0,40 m mittlerer Stärke rechnen 1 m² = 1 t.

XIII. Klinkerverblendung von Pfeilern siehe unter „Maurerarbeiten", S. 266f.

XIV. Brückengewölbe in Natursteinen (Quader- oder Bossenmauerwerk)

(s. auch Maurerarbeiten, S. 248f.) kostet ausschließlich Gerätekosten und Lehrgerüsten an *Lohnaufwand*

je 1 m³ Mauerwerk . . . . 1,8 Stst. + 8 Stm. + 4 St.[1]

Dazu Geräte- und Gerüstkosten je nach den örtlichen Verhältnissen. Das *Abladen und Zwischenlagern der Werksteine* ist *nicht* im vorstehenden Lohnaufwand erfaßt. (Ohne Krankosten etwa 2 $St_{mi}/t = 6\ St_{mi}/1\ m^3$).

XV. Brückengewölbe aus Klinkermauerwerk.

a) Lohnaufwand je 1 m³ Mauerwerk, einschließlich Nahtransporten bis 50 m, *ausschließlich Gerätekosten und Lehrgerüsten* . 7,0 Stm. + 3,0 St.[2]

b) Fugen der Sichtflächen je 1 m² . . . . . . 0,8 Stm. + 0,25 St.

c) Lehrgerüste (s. Abschnitt „Zimmererarbeiten", S. 348ff.).

XVI. Steindeckplatten und Gesimsplatten aus Naturstein.

Steindeckplatten 0,10 bis 0,15 m stark versetzen und die Fugen verkitten kostet

für 1 m² . . . . 4,5 Stm. + 2,5 St.

Gesimsplatten aus Stein 0,30 cm stark versetzen bis 4 m Höhe

für 1 m² . . . . 6,0 Stm. + 4,0 St.

Zuschlag für je 1 m Mehrhöhe . . . . 0,5 St.

D. Isolierungs- und Dichtungsarbeiten, Entwässerungsarbeiten.

Dichtung des Gewölbes oder der Fahrbahn durch Abdeckung mit

a) Ziegelflachschicht oder Rollschicht (s. auch S. 267),
b) Goudronüberzug,
c) Asphaltüberzug,
d) Asphaltfilzplatten, Oppanolfolien,
e) Bleidichtungsbahnen, Aluminiumdichtungsbahnen,
f) Torkretglattstrich 25 bis 30 mm.

---

[1] Fugen und Nacharbeiten der Sichtfläche sind ebenfalls besonders zu veranschlagen. Bei Verwendung von Steinen $> 0{,}2\ m^3$ ist der Einsatz von leistungsfähigen Hebezeugen wie Turmdrehkrane, Portalkrane od. dgl. vorausgesetzt.

[2] Voraussetzung sind Maurer, welche Übung haben im Mauern von Klinkermauerwerk.

Zu b) *Goudronüberzug:* 2maliger Anstrich für 1 m² erfordert:
an Material: Goudron . . . . 1,5 kg
an Arbeitslohn . . . . 0,6 Stas.

Zu c) *Asphaltüberzug:* Auf fertiggestellte Unterlage einschließlich Geräte und Aufsicht. Kosten nach der folgenden Tabelle:

Asphaltstärke	Material je 1 m²				Löhne und Geräte
	Asphaltmastix	Goudron	Trinidadasphalt	Quarzsand	
mm	kg	kg	kg	l	je 1 m²
7,5	10	—	—	5	0,4 Stas. + 0,4 St.
10	15	—	—	7	0,5 Stas. + 0,5 St.
20	22	4	4	14	0,6 Stas. + 0,6 St.
30	30	7	7	21	0,7 Stas. + 0,7 St.

Hierher gehören auch Sonderverfahren wie z. B. das *Tektipix*verfahren, bei dem auf eine 15 mm starke weiche Isoliermasse eine etwa 30 mm starke harte Schutzschicht aufgebracht wird.

Zu d) *Asphaltfilzplatten* u. dgl. in zwei Lagen mit einem Kaltanstrich und zwei Heißanstrichen nach der AIB. Isolierplatten von 4 bis 10 mm Stärke mit Filz- oder Gewebeeinlage[1] werden auf die Abdeckung gelegt und an den Stoßfugen um 6 bis 10 cm überdeckt.

Auf diese Platten wird dann noch eine zweite Lage mittels Klebeasphalt im Verband aufgelegt, so daß die Stoßfugen der ersten Lage um 50 cm überdeckt werden. Die Oberfläche wird mit Klebeasphalt überstrichen.

1 m² Platten zu verlegen erfordert etwa . . . . 0,4 Stas.

Werden die Ränder etwa 10 cm überlappt, mit Asphaltkitt fest aufeinander geklebt und mit etwa 6 bis 8 kg schwerem Eisen überbügelt, so erfordert 1 m² Fläche:

1,20 m² Asphaltplatten,
1,00 kg Asphalt zum Überzuge,
1,00 kg Asphalt zum Verkleben der Nähte,
10,00 kg Steinkohlenteer und etwa
0,40 Stas. als Arbeitslohn.

Kosten einschließlich Materiallieferung in fertiger Arbeit:
je 1 m² . . . .*

Statt Asphaltfilzplatten werden heute mit Erfolg *Oppanolfolien* (z. B. 1 mm stark, Preis Frühjahr 1954 5,70 DM./m² für Material) verwendet, welche mit Oppanolin (¼ kg/m²) auf die Unterlage geklebt werden.

[1] Als Ersatz für Juteeinlagen werden jetzt *Isolierbahnen mit Aluminium-* bzw. *Zinkfolieneinlage* geliefert oder man greift auf Anstrichverfahren unter Verwendung von Naturasphalt zurück.

* Die derzeitigen Ortspreise können eingesetzt werden.

Zu e) *Bleidichtungsbahnen* und *Aluminiumdichtungsbahnen:* z B. Original-Siebel-Dichtungsbahnen mit Bleifolie oder Aluminiumfolie zwischen Bitumenpappe. *Materialpreise* (Frühjahr 1954):

Stärke der Folie	Preis je 1 m² in DM. Bleifolie	Aluminiumfolie
0,05 mm	6,75	5,—
0,10 „	9,—	6,30
0,15 „	11,75	7,50
0,20 „	14,50	8,80

Löhne für das Verlegen (einschl. *Gerätekosten*) kann man je nach Umfang der Arbeiten, Örtlichkeit usw. 1,5 Stas. bis 2,0 Stas. rechnen (ohne Zuschläge). Hinzu kommen noch die Kosten für

Fracht und Anfuhr,
Geräte und Werkzeuge,
Brennmaterial,
Verdienst des Unternehmers.

f) *Torkretglattstrich 25 bis 30 mm* (in 2 Lagen aufgespritzt) Schichtleistung (8 h) mit 1 Gerät (Torkretkanone) etwa 40 m².

Beispiel einer Kostenermittlung:

Lohnaufwand 1,8 St_{mi} zu 2,— DM.	= 3,60 DM.
12 kg Zement zu 80,— DM./t frei Baustelle .	= 0,96 „
0,04 m³ Sand 0/3 mm zu 12,— DM./t . . .	= 0,48 „
Gerätekosten (einschl. Kleingeräte)	= 0,56 „
Einrichtung und Abbau	= 0,40 „
Zuschläge 70% auf L + 10% auf M = 2,80 + 0,20	= 3,— „
Angebotspreis	*9,— DM. 1 m².*

Dachpappe (doppelt) in den Dehnungsfugen einlegen kostet *je 1 m²*
an Material . . . . 2,2 m² Dachpappe
Lohnaufwand. 1,2 Std.

Zinkblecheinlagen[1] über den Dehnungsfugen versetzen mit Asphaltkittausguß je 1 m²
an Material . . . . 1,1 m²
an Lohnaufwand . . . . 6,0 Ste.

Steinzeugröhren (oder Entwässerungsstücke in Eisen) 15 cm l. W. verlegen je 1 lfd. m. . . . . 2,5 Stm.

E. Eisenwerkarbeiten

(einschließlich eiserner Geländer).

Liefern und verlegen von schmiedeeisernen Geländern[2]*: je 1 kg*
a) Material . . . . 0,45 bis 0,55 DM.
b) Werkstatt- und Versetzlöhne (mit Zuschlägen) 0,55 bis 0,60 „

[1] Besser *Kupferblech.* [2] Preise Frühjahr 1954.

F. Holzarbeiten.

Lehrgerüstarbeiten siehe unter B V, S. 425.

Gesamtkosten von gewölbten Brücken.

Bei Vorprojekten ist es oft sehr zweckmäßig, wenn die Kosten von Brücken rasch geschätzt werden können, ohne daß ein Entwurf der Brücke vorliegt. Soweit die Baukosten von bereits ausgeführten ähnlichen Brückenbauten zum Vergleich herangezogen werden können, ist diese Aufgabe erleichtert. Man hat dann nur die besonderen Umstände zu berücksichtigen, wodurch sich die zu kalkulierende Brücke von einer ausgeführten Brücke mit bekannten Kosten unterscheidet. Man geht dabei im allgemeinen aus von den *Kosten je 1 m² Grundrißfläche,* d. h. der Fahrbahnfläche zwischen den Geländern (in der Brückenlänge bis zu den Widerlagerenden gerechnet). Hierbei ist allerdings die Höhe der Brücke nicht berücksichtigt. Es ergeben sich dann für hohe Viadukte hohe Kosten je 1 m² Grundrißfläche, desgleichen z. B. für Flußbrücken mit schwierigen Gründungen. Bei gewölbten Brücken (Massivbrücken und Brücken mit aufgeständerter Fahrbahn) zieht man dann noch zum Vergleich heran die *Kosten je 1 m³ umbauten Raum, d. h. je 1 m² Ansichtsfläche der Brücke über Gelände* (einschl. Widerlageransicht) *auf 1 m Tiefe* (Breite) *des Bauwerks.* Wo Ansichtsskizzen der Brücke im Längenprofil vorliegen, bedient man sich bei gewölbten Brücken vorteilhaft dieser Schätzungsmethode, welche die Höhenlage berücksichtigt und bei sonst gleicher Bauausführung nicht zu stark schwankende Werte ergibt. Als *Preisgrundlage* sind die *Preise Frühjahr 1954* angenommen.

Gesamtkostenangaben je 1 m³ umbauten Raum.

Die Gesamtkosten von massiven gewölbten Beton- und Stahlbetonstraßenbrücken (auch Überbau mit Sparbögen und Klinkerbogenbrücken mit kleinen Öffnungen bis 30 m) mit mehreren Öffnungen (20 m Breite und mehr) betragen bei *Brückenklasse I A*

je 1 m² Ansichtsfläche 1 m tief . . . . *85,—* bis *125,— DM.*

(Ansichtsflächen nicht bearbeitet, nicht verkleidet.)

Bei normaler Gründung (ohne Umspundung, Wasserhaltung u. dgl., d. h. bei festem Kiesuntergrund mit mindestens 4 kg/cm² Tragkraft) kann man diese Kosten Ka_1 je 1 m² Ansichtsfläche auf 1 m Brückenbreite in DM. als Funktion des mittleren Stundenlohns $\mathrm{St_{mi}}$ und der Tagespreise in DM. der hauptsächlichen Baustoffe frei Baustelle ermitteln, wenn h die Höhe der Brücke über Gelände und l die Spannweite der einzelnen Öffnungen bedeutet:

$$Ka_1 = 20\,\mathrm{St_{mi}} + \text{Kosten}\ (1{,}7\ \mathrm{m}^3\ \text{Kies} + 260\ \text{kg Zement} + 0{,}025\ \mathrm{m}^3\ \text{Schnittholz}) + \frac{85\,\mathrm{St_{mi}}}{h} + 0{,}0003\,\frac{l^2}{h}\left[25\,\mathrm{St_{mi}} + \text{Kosten}\ (130\ \text{kg Rundstahl} + 0{,}01\ \mathrm{m}^3\ \text{Schnittholz})\right]$$

oder mit 1 St_{mi}[1] = 2,— DM., 1 m³ Kies sortiert 10,— DM. frei Bau, 1 t Zement 70,— DM. frei Bau, 1 t Rundstahl[2] 550,— DM. frei Bau, 1 m³ Kantholz 190,— DM. frei Bau

$$Ka_1 = 78 + \frac{170}{h} + 0{,}04\,\frac{l^2}{h}.$$

Etwa nach dieser Formel wurde die Tafel Abb. 148 gezeichnet, welche es gestattet, jeweils für l und h das zugehörige Ka_1 zu entnehmen. Nimmt man für *gewölbte Steinbogenbrücken* mit Steinbögen sowie Pfeiler- und Widerlagerverkleidung folgende Preise frei Baustelle an: Werksteinverkleidung gerade grob gespitzt 40 bis 50 cm stark 140,— DM. je 1 m² frei Bau, Bogensteine 400 DM. je 1 m³ frei Bau, so ergeben sich zusätzliche Kosten für die Steinbrücke von $\left(80 + 0{,}2\,\frac{l^2}{h}\right)$ DM. Diese Mehrkosten sind zu den Werten der Tafel Abb. 148 zu addieren. Man stellt dabei dann fest, daß Steinbogenbrücken 2,1- bis 3mal soviel kosten als Betonbrücken ohne Verkleidung.

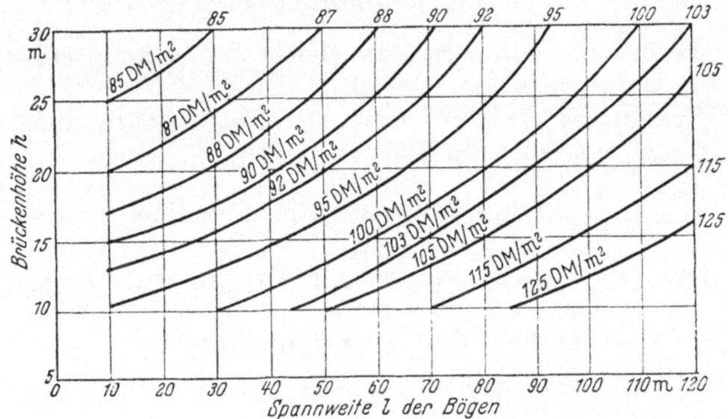

Abb. 148. Kosten von massiven Betonbogenbrücken je 1 m² Ansichtsfläche.

Gesamtkosten von gewölbten Steinbogenbrücken[3] mit gewölbten Bögen aus Werkstein (Hartgestein), Werksteinverkleidung der Ansichtsflächen (grob gespitzt) und Betonüberbau (oder Sparbögen), sonst wie vor *je 1 m² Ansichtsfläche 1 m tief* . . . . *175,—* bis *360,— DM.* Dabei gelten die niederen Werte für kleine Spannweiten und große Höhen (Viadukte), die großen Werte für große Spannweiten und kleine Höhen (weitgespannte Bögen mit kleinem Pfeilverhältnis f/l).

---

[1] Mittlerer Stundenlohn *ohne* Zuschläge.

[2] Rundstahl II einschließlich Verschnitt, Fracht (27,20 DM.), Zuschlag auf Materialkosten.

[3] Die Werte für *Betonbogenbrücken* können auch auf *Klinkerbogenbrücken* bis 30 m Spannweite Anwendung finden. *Schwierige Tiefgründungen*, z. B. Druckluftgründungen, auch umfangreiche *Wasserhaltungsarbeiten*, sind bei der Preisermittlung besonders zu berücksichtigen.

Für *2gleisige und 4gleisige Eisenbahnbrücken* (9 m bzw. 16 m breit, Lastenzug *N*) kann man folgende *Gesamtkosten* annehmen:

Massive Betonbrücken je 1 m² Ansichtsfläche 1 m tief . . . . *100,—* bis *150,— DM.*

Steinbogenbrücken (wie oben) je 1 m² Ansichtsfläche 1 m tief . . . . *200,—* bis *300,— DM.*

Gesamtkostenangaben je 1 m² Grundrißfläche.

Wo noch keine Ansichtsskizzen oder Skizzenprojekte vorliegen, welche eine Kalkulation im einzelnen ermöglichen, können für *Kostenüberschläge der Gesamtkosten* von gewölbten Brücken folgende Angaben dienen, welche sich *auf 1 m² Grundrißfläche* (zwischen den Geländern) beziehen. Die Höhe über Gelände bzw. Flußsohle ist mit h in Metern bezeichnet, die lichte Weite der Bogenöffnungen mit l. Die Angaben sind jeweils für Beton- und Steinbrücken gemacht unter den gleichen Annahmen wie bei den Kostenangaben je 1 m³ umbauten Raum.

Bei den nachstehend behandelten *Flachbrücken* $\left(\frac{l}{h} > 2\right)$ ist gleichfalls einfachste Gründung vorausgesetzt (Kies mit mindestens 4 kg/cm² Tragkraft als Untergrund).

Für die Kosten Kg_1 *je 1 m² überbauter Fläche* kann man folgende Näherungsformel aufstellen (in DM.):

$$Kg_1 = 35\,\mathrm{St_{mi}} + \frac{h}{2}\,[20\,\mathrm{St_{mi}} + \text{Kosten}\,(2\,\mathrm{m^3}\ \text{Betonkies sortiert} + 300\,\mathrm{kg}\ \text{Zement} + 0{,}02\,\mathrm{m^3}\ \text{Schnittholz})] + \frac{l^2}{4000}\,[25\,\mathrm{St_{mi}} + \text{Kosten}\,(130\,\mathrm{kg}\ \text{Rundstahl} + 0{,}01\,\mathrm{m^3}\ \text{Schnittholz})]$$

oder bei den angenommenen Löhnen[1] und Materialpreisen (Frühjahr 1954):

$$Kg_1 = 70 + 40\,h + 0{,}03\,l^2.$$

Für Kostenüberschläge können dann die Kosten von massiven Betonbogenbrücken und Steinbrücken aus der nachstehenden Tabelle entnommen werden.

Gesamtkosten von massiven Betonbogenbrücken (bzw. Stahlbetonbrücken) und Steinbrücken (auch mit Sparbögen im Überbeton) als Straßenbrücken Klasse IA (20 bis 25 m breit) in DM./1 m².

a) Flachbrücken ($l/h > 2$) *als Fluß- und Flutbrücken* (siehe Abb. 149, sowie nachfolgende Tabelle.).

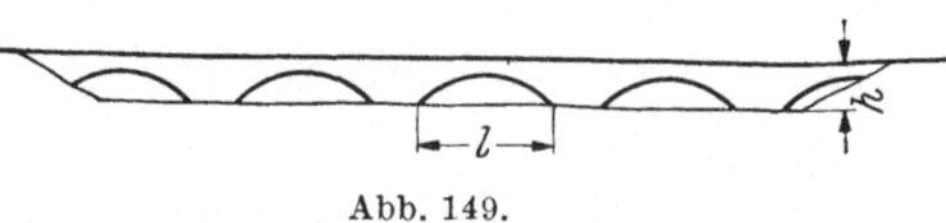

Abb. 149.

[1] 1 $\mathrm{St_{mi}}$ = 2,— DM. ohne Zuschläge. Die Zuschläge sind eingerechnet.

Brückenart		$l = 12$ m	$l = 20$ m	$l = 30$ m	$l = 40$ m	$l = 50$ m	$l = 60$ m	$l = 70$ m	$l = 80$ m
$h = 6$ m	Beton	325,-	335,-	350,-					
	Stein	620,-	650,-	680,-					
$h = 10$ m	Beton		480,-	500,-	520,-	540,-	570,-	600,-	
	Stein		1050,-	1130,-	1220,-	1400,-	1570,-	1800,-	
$h = 15$ m	Beton			700,-	720,-	740,-	770,-	800,-	850,-
	Stein			1530,-	1650,-	1800,-	1970,-	2220,-	2450,-
$h = 20$ m	Beton			900,-	920,-	940,-	970,-	1000,-	1050,-
	Stein			1950,-	2080,-	2200,-	2380,-	2620,-	2850,-
$h = 25$ m	Beton				1100,-	1120,-	1160,-	1180,-	1200,-
	Stein				2500,-	2600,-	2800,-	3020,-	3250,-

Bemerkung: Für *2gleisige Eisenbahnbrücken* (Brückenbreite $b = 9$ m, Lastenzug N) erhöhen sich obige Werte um *etwa 15%*.

In gleicher Weise lassen sich die Kosten für *Hochbrücken* über hohe Täler ($l/h < 1$), d. h. Viadukte entwickeln.

Die *Kosten je 1 m²* *Ansichtsfläche* kann man ermitteln, indem man *oberhalb der Kämpfer* mit *95,— DM./je 1 m²* und *bei den Pfeilern* mit *85,— DM./je 1 m²* rechnet. Zugrunde gelegt sind die oben angegebenen Löhne und Materialpreise. Die *Lohnbasis* ist *1* $St_{\mathrm{mi}} = 2{,}-$ *DM.* (ohne Zuschläge).

Die *Kosten je 1 m² überbauter Fläche* betragen dann etwa

$$K g_1 = 6{,}5\, l + 26 + 12\, h \text{ (Faustformel).}$$

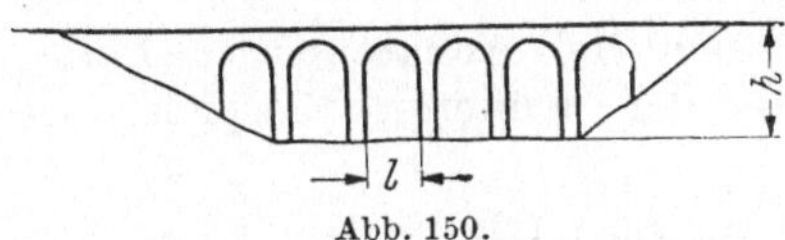

Abb. 150.

b) Hochbrücken ($l/h < 1$), *d. h. Viadukte mit hohen Pfeilern und Halbkreisbögen als Talbrücken* (siehe Abb. 150).

Kosten DM./1 m².

Brückenart		$l = 10$ m	$l = 15$ m	$l = 20$ m	$l = 25$ m	$l = 30$ m
$h = 20$ m	Beton	430,-	470,-			
	Stein	1130,-	1130,-			
$h = 30$ m	Beton	580,-	620,-	660,-	710,-	
	Stein	1620,-	1480,-	1520,-	1660,-	
$h = 40$ m	Beton	730,-	770,-	820,-	850,-	
	Stein	2100,-	1840,-	1820,-	1900,-	
$h = 50$ m	Beton		930,-	960,-	1000,-	1050,-
	Stein		2200,-	2140,-	2170,-	2200,-
$h = 60$ m	Beton			1120,-	1150,-	1200,-
	Stein			2470,-	2450,-	2460,-

1. Bemerkung: Für 2gleisige *Eisenbahnbrücken erhöhen* sich die oben angegebenen Kosten um *etwa 20%*.

2. Bemerkung: Da sich die in der Tabelle angegebenen Gesamtkosten in DM./1 m² auf eine *Lohnbasis* von *1* $St_{\mathrm{mi}} = 2{,}-$ *DM.* beziehen, so macht es keine Schwierigkeiten, die Werte einem veränderten mittleren Stundenlohn anzupassen.

Gesamtkosten von Stahlbetonbrücken mit aufgelöstem Überbau (Stahlbeton-Fahrbahntafel und Stahlbetonwände oder -stützen) als Straßenbrücken Klasse IA (20 bis 25 m breit) in DM./1 m² (siehe Abb. 151).

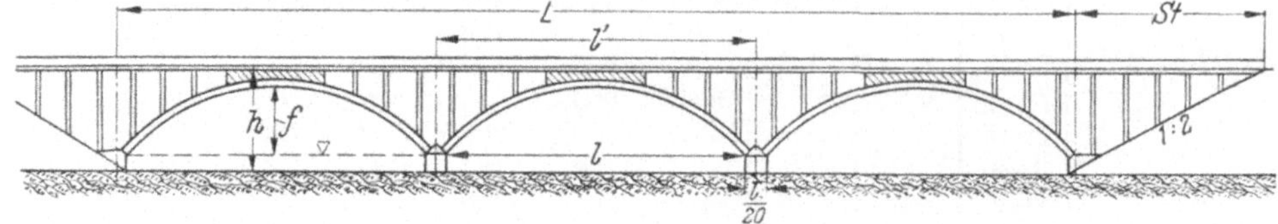

Abb. 151. Mehrfeldrige Bogenbrücke mit aufgelöstem Überbau.

Unterschieden werden einmal mehrfeldrige Bogenbrücken (als Flachbrücken) und einfeldrige, in beiden Fällen mit Ständeranschlüssen und dann A. der Bogen mit vollem Querschnitt, B. der Bogen mit aufgelöstem Querschnitt sowie C. die Ständerbrücke für die Anschlüsse, (siehe Abb. 151 mit Stahlbetonwänden oder -stützen).

1. *Mehrfeldrige Stahlbetonbogenbrücken aufgelöst.*

A. Mit Vollbogen

Kosten in DM. je 1 m² überbauter Fläche im Bereich von L (d. h. ausgenommen die Ständeranschlüsse).

Die Gesamtkosten in DM. setzen sich bei Annahme der Löhne ($St_{mi} = 2,$— DM.) und Materialpreise der früheren Beispiele wie folgt zusammen:

a) *Belag* (Pflaster mit Verguß oder Beton), Glattstrich, Isolierung, Geländer, Gelenke, Fugenabdeckungen, Bankette, Kabelrohre u. dgl. je 1 m². . . . . 85,— DM.
(bis 95,— DM.)

b) *Fahrbahnplatte in Stahlbeton* 0,35 bis 0,38 m³/1 m² mit 5,2 m² Schalung/1 m³ Beton und Stahlbewehrung 140 kg/1 m³ Beton.

Daher $K_{f\,1\,m^2}$ = 0,35 m³ (12 St_{mi} + 5 Stz. · 5,2 + 0,140 · 150 St_{mi}) + 0,35 (1,5 m³ Sortierkies + 360 kg Zement + 3 kWh + 0,140 t Rundstahl[1] zu 510,— DM. + 25,— DM. Holzverschnitt).

Die erforderliche Rüstung (3,3 bis 4% des verbauten Gerüstraums) ist bei der Aufständerung gerechnet. Mit den früheren Materialpreisen und Löhnen ergibt sich: 0,35 m³ Stahlbetontafel zu 255,— DM.[2] . . . . 90,— DM.

c) *Bogenbeton* (einschließlich Stahlbeton der Pfeiler und Widerlager am Anschluß an den Bogen mit oder ohne Gelenke).

[1] und [2] s. Fußnoten S. 437.

Es ist angenommen, daß der Beton ohne Gerüste mit Kranen od. dgl. Geräte eingebracht wird. Bei den Schalarbeiten ist auch das Schalen der Schlußlamellen inbegriffen. Die Kosten für 1 m³ Bogenbeton $K_{b\,1\,m^3}$ betragen $K_{b\,1\,m^3} = 13\ St_{mi} + 8\ Stz. + 110\ kg \cdot 0{,}140\ St_{mi}$ + Kosten für (1,5 m³ Stahlbetonsortierkies + 380 kg Zement + 110 kg Rundstahl[1]) + 8,— DM. Holzverschnitt.

Mit den früher angenommenen Löhnen und Materialpreisen ergibt sich ein Einheitspreis (ohne Lehrgerüste und eventuell sonstige Gerüste) von etwa $K_{b\,1\,m^3} =$ *180,— DM.*

An *Bogenbeton* sind *erforderlich* $\left(0{,}003 \cdot \frac{l^2}{h}\right)$ oder $\left(0{,}002 \cdot \frac{l^2}{f}\right)$ m³.

Oder Kosten $K_{1\,m^2}$ *je 1 m² Grundfläche:*

$$K_{b\,1\,m^2} = 0{,}003 \frac{l^2}{h} [37\ St_{mi} + (1{,}5\ m^3\ \text{Kies} + 380\ kg\ \text{Zement} + 110\ kg$$

Rundstahl) + 5,— DM.] oder mit den früheren Annahmen:

$$K_{b\,1\,m^2} = 0{,}003 \frac{l^2}{h} \cdot 180{,}\text{— DM.} = \left(0{,}55 \frac{l^2}{h}\right) \text{DM.}$$

d) *Aufständerung* über den Bögen (Querrahmen und Wände 0,50 m bis 0,70 m stark): Für überschlägige Kostenschätzungen kann man annehmen, daß die Stahlbetonkonstruktion der Aufständerung *3 bis 4% des verbauten Raumes* beträgt. Es kommen also an *Stahlbeton* (4 m² bis 4,5 m² Schalung je 1 m³ Beton, 160 kg Rundstahl je 1 m³ Beton) auf 1 m² überbaute Fläche:

$$K_{a\,1\,m^2} = \left(\frac{2f}{100}\right) m^3.$$

Mit $f = \frac{2}{3} h$ und einem Preis von 270,— DM./1 m³ Stahlbeton ergibt sich:

$$K_{a\,1\,m^2} = (3{,}6\,h)\ \text{DM.}$$

Dazu kommt der *Bau von Gerüsten,* welche gleichzeitig für die Unterstützung der Platte dienen: *6% des verbauten Gerüstraums* also je *1 m² Grundfläche* $\frac{3f}{100}$ *m³ Gerüstholz.* Einschließlich aller Zuschläge kann man rechnen in DM.: 40 Stz./1 m³ Gerüstholz oder je *1 m² Grundfläche* (1,2 f) Stz. oder mit Stz. = 2,20 DM. bzw. mit Zuschlägen = 3,50 DM. *4,2 f* (oder 2,8 h) DM. Dazu kommt der *Holzverschnitt* von $\frac{3f}{500}$ m³ Schnittholz (bei einem Holzpreis von 190,— DM. 1,1 f DM. oder 0,7 h DM.).

e) *Lehrgerüste:* Sofern nicht nach Skizzen geschätzt wird, muß man bei dem wesentlich schwereren Vollbogen mit 5 bis 6% der ver-

[1] Rundstahl II einschließlich 6% Verschnitt und 10% Zuschlag auf Materialpreise.

[2] Je nach Örtlichkeit, u. U. bis zu 285,— DM. = 100,— DM./1 m².

bauten Fläche als Holzbedarf rechnen. Die *Kosten je 1 m² Grundfläche* betragen dann, wenn F die qm verbaute Fläche bedeuten:

$$Kg_1 = \left(\frac{3{,}5\,F}{l'}\right) Stz.^1 + \left(0{,}02\,\frac{F}{l'}\right) m^3 \text{ Schnittholz und Kantholz}$$
(Holzabschreibung).

Nimmt man näherungsweise $F = 0{,}7\,\mathrm{h} \cdot \mathrm{l}$ und $\mathrm{l}' = 1{,}05\,\mathrm{l}$, so ergibt sich

$$Kg_1 = 2{,}3\,h \cdot Stz.^1 + (0{,}015\,h)\,m^3 \text{ Kantholz und Schnittholz.}$$

Betonfundamente und Pfahlrammungen für das Untergerüst sind besonders zu veranschlagen.

f) *Gründungen:* Je nach den örtlichen Untergrundverhältnissen ist die Gründung (und letzten Endes auch die Konstruktion) zu bestimmen, am besten nach Skizzenentwurf und überschlägiger statischer Berechnung.

Die Kosten der Gründung nebst Pfeiler und Widerlager können bei $\mathrm{St}_{\mathrm{mi}} = 2,$— DM. (ohne Zuschläge) zu 120,— DM. bis 150,— DM. je 1 m² Grundfläche angenommen werden.

Somit

Gesamtkosten für mehrfeldrige Stahlbetonbogenbrücken (Straßenbrücken IA) mit aufgelöstem Überbau und Vollbogen[2].

Kosten in DM./1 m² (Frühjahr 1954).

Höhe h der Brücke	$l = 30$ m	$l = 50$ m	$l = 80$ m	$l = 100$ m	$l = 140$ m
$h = 10$ m	500,—	675,—	1050,—	—	—
$h = 15$ m	550,—	655,—	900,—	1150,—	—
$h = 20$ m	600,—	720,—	880,—	1120,—	1500,—
$h = 25$ m	650,—	800,—	890,—	1080,—	1400,—
$h = 30$ m	—	850,—	900,—	1050,—	1350,—
$h = 40$ m	—	—	1000,—	1080,—	1440,—

B. Mit aufgelöstem Bogen (auch Scheibenbrücken).

Pos. a) und b) bleiben sich gleich.

Bei Pos. d) *Aufständerung* erhält man hier aufgelöste Wände und kann mit 3% des verbauten Raumes rechnen, also $\frac{1{,}6\,f}{100}$ *m³ Beton/1 m²* Grundfläche. Mit $f = \frac{2}{3}\,h$ und einem Stahlbetonpreis von 270,— DM./1 m³ ergibt sich:

$$K_{a\,1\,m^2} = (3\,h)\ \mathrm{DM.}$$

Sonst ändert sich nur c) *Bogenbeton* (einschl. des Stahlbetons für die Anschlüsse an den Pfeilern und Widerlagern).

[1] Mit Stz. = 2,20 DM. rechnen. Die Zuschläge sind in dem Ansatz berücksichtigt.

[2] Der Vollbogen kann sich auch nur auf einen Teil der Brückenbreite erstrecken.

Es ergibt sich die Menge des Bogenbetons je 1 m² Grundfläche:

$$Kg_1 = 0{,}0008 \frac{l^2}{f} \text{ oder } 0{,}0011 \frac{l^2}{h}.$$

Da mit 160 kg/1 m³ Bewehrung und 5 m² Schalung/1 m³ zu rechnen ist, ergibt sich

$$Kg_{1\,\mathrm{m}^2} = 0{,}0011 \frac{l^2}{h} [100\ \mathrm{St_{mi}} + (1{,}5\ \mathrm{m}^3 \text{ Sortierkies} + 380\ \mathrm{kg} \text{ Zement} + 160\ \mathrm{kg}\ \mathrm{RE.}) + 40{,}\text{—}\ \mathrm{DM.}]$$

oder mit den früher angenommenen Löhnen und Materialpreisen

$$Kg_{1\,\mathrm{m}^2} = \left(0{,}0011 \frac{l^2}{h}\right) \cdot 375{,}\text{—}\ \mathrm{DM.} = \left(0{,}40 \frac{l^2}{h}\right) \mathrm{DM.}$$

Bei e) *Lehrgerüste* ergeben sich wesentlich leichtere Gerüste. Man kann mit 3 bis 4% des verbauten Gerüstraumes als Holzbedarf rechnen. Mit 40 Stz./1 m³ und 1 Stz.[1] = 3,50 DM. ergibt sich

$$Kg_1 = \left(5{,}0 \frac{F}{l}\right) \mathrm{DM.} + (0{,}008\,h)\ \mathrm{m}^3 \text{ Kantholz}$$

$$\text{oder } Kg_1 = 3{,}5 \cdot h\ \mathrm{DM.} + (0{,}008\ \mathrm{h})\ \mathrm{m}^3 \text{ Kantholz.}$$

N.B. Pfahlrammungen, Felssprengungen u. dgl. für die Untergerüste müssen besonders veranschlagt werden, ebenso Betonfundamente.

f) *Gründung:* Diese wird wesentlich leichter. Rohe Schätzung wie bei A, f.

Bei den angenommenen Löhnen (1 $\mathrm{St_{mi}}$ = 2,— DM.) und Materialpreisen (1 m³ Stahlbetonkies 10,— DM./m³, 1 t Zement 75,— DM., 1 t Rundstahl 510,— DM. frei Bau, 1 m³ Kantholz 190,— DM./m³ frei Bau) ergeben sich dann etwa in Übereinstimmung mit den Kosten bei ausgeführten Brücken die

Gesamtkosten für mehrfeldrige Stahlbetonbogenbrücken (Straßenbrücken IA) mit aufgelöstem Überbau und aufgelöstem Bogen (auch Scheibenbrücken).

Kosten in DM./1 m² (Frühjahr 1954).

Höhe h der Brücke	l = 30 m	l = 50 m	l = 80 m	l = 100 m	l = 140 m
h = 10 m	490,—	590,—	760,—	950,—	1350,—
h = 15 m	590,—	660,—	780,—	880,—	1260,—
h = 20 m	610,—	690,—	800,—	870,—	1050,—
h = 25 m	—	700,—	780,—	810,—	1000,—
h = 30 m	—	750,—	810,—	880,—	980,—
h = 40 m	—	—	900,—	950,—	1050,—

C. Ständeranschlüsse (im Bereich von St.).

Die Kosten setzen sich wieder wie folgt zusammen:

a) Belag, Pflaster (bzw. Betondecke), Isolierung, Schrammborde, Fugendeckung, Geländer usw. . . . . . ca. 85,— DM.

[1] Einschließlich Zuschlägen (65%).

b) Fahrbahnplatte 0,35 m³ Stahlbeton (5,2 m² Schalung/ 1 m³ Beton, 140 kg/m³ Bewehrung) zu 270,— DM. = ca. 95,— DM.

d) Aufständerung mit 4% des verbauten Raums. Es ergibt sich der *Stahlbeton* zu *0,02 h m³* zuzüglich (3 h) DM. für Gerüstkosten, welche auf b) und d) entfallen.

Böschungsneigung 1 : 2 und einfache Gründungsverhältnisse vorausgesetzt, ergeben sich dann folgende Gesamtkosten für die Ständeranschlüsse, welche bei

1. A. und B. gleichermaßen gelten können wie bei 2. A. und B.

Gesamtkosten für Ständeranschlüsse von Stahlbetonbogenbrücken (Straßenbrücken IA) mit aufgelöstem Überbau (Wandständern) (siehe Abb. 152).

Kosten in DM./1 m² (Frühjahr 1954).

Höhe h am Kämpfer	a) + b) Belag usw. Fahrbahnplatte DM.	Ständerbeton DM.	Gerüstkosten DM.	Gründung DM.	Gesamtkosten DM.
$h = 10$ m	180,—	55,—	30,—	70,—	335,—
$h = 15$ m	180,—	80,—	45,—	80,—	385,—
$h = 20$ m	180,—	105,—	60,—	100,—	445,—
$h = 25$ m	180,—	125,—	75,—	120,—	500,—
$h = 30$ m	180,—	150,—	90,—	130,—	550,—
$h = 40$ m	180,—	200,—	120,—	150,—	650,—

2. *Stahlbetonbogenbrücken mit aufgelöstem Überbau (als Straßenbrücken IA) mit einer Öffnung und Ständeranschlüssen* (siehe Abb. 152).

A. Vollbogen.

Die Kosten setzen sich wie folgt zusammen:

a) und b) wie bei 1. A. und B.

c) *Bogenbeton* (einschl. Stahlbeton an den Widerlageranschlüssen je 1 m² Grundfläche $0{,}002\,\frac{l^2}{f}$ m³ Bogenbeton oder in DM. (mit 260,— DM./m³ gerechnet): $\left(0{,}52\,\frac{l^2}{f}\right)$ DM.

d) *Aufständerung:* (0,02 f) m³ *Stahlbeton je 1 m² Grundfläche* oder mit 280,— DM./m³ gerechnet (5,6 *f*) DM. oder (*3,7 h*) *DM.*
Gerüstkosten je 1 m² Grundfläche (1,5 *f*) St_{mi} + (0,005 *f*) m³ Schnittholz oder mit $St_{mi} = 2$,— DM. und 1 m³ Schnittholz = 200,— DM.: (4 *f*) DM. oder (*2,7 h*) *DM.*

e) *Lehrgerüste:* Sofern keine Gerüstskizzen vorliegen, kann man roh rechnen (*F* bedeutet die verbaute Gerüstfläche. Gerechnet wurde mit 40 Stz./1 m³ und 1 Stz. = 3,50 DM. einschl. aller Zuschläge):

$$Kg_{1\,m^2} = \left(7\frac{F}{l}\right) + \left(0{,}02\frac{F}{l}\right) \text{ m}^3 \text{ Schnittholz.}$$

Fundamentbeton, Pfahlrammungen u. dgl. sind gesondert zu rechnen.

f) *Gründung:* Am besten errechnet man die Kosten an Hand einer überschlägigen Ermittlung der Massen nach Skizzenprojekt.

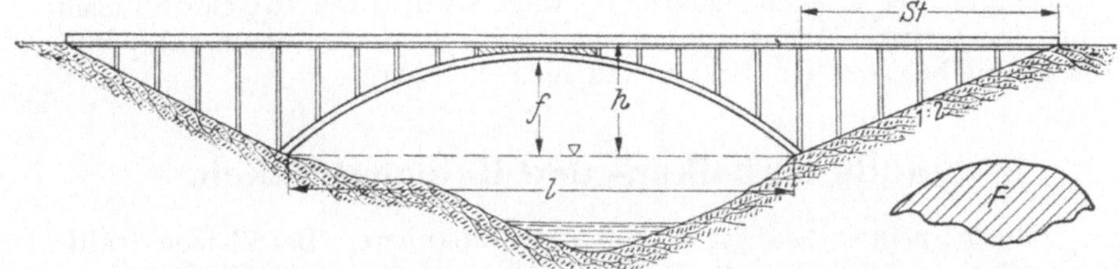

Abb. 152. Stahlbetonbogenbrücke mit 1 Öffnung und Ständeranschlüssen.

Sonst kann man ganz roh (bei Gründung auf Fels) den Fundamentbeton der beiden Widerlager je 1 m² überbaute Fläche wie bei 1. A. und B. zu $\left(0{,}35 + 0{,}002\frac{l^2}{f}\right)$ m³ Beton annehmen. Darnach erfolgt die Gesamtkostenermittlung wie bei 1. A.

B. Aufgelöster Bogen.

Die Berechnung erfolgt wie bei 1. B.

C. Ständeranschlüsse.

Die Berechnung erfolgt wie bei 1. C.

Bei Annahme einer Böschungsneigung 1 : 2 der Seitenanschlüsse (siehe Abb. 152) ergeben sich für den *Vollbogen* bei Annahme einfacher Gründungsverhältnisse (Fels bei Widerlagergründung) sowie ohne Schwierigkeiten beim Lehrgerüst (z. B. Pfahlrammung) folgende *Gesamtkosten:*

Gesamtkosten für Stahlbetonbogenbrücken (Straßenbrücken Klasse IA) mit aufgeständerter Fahrbahn (Stahlbetonfahrbahntafel und Stahlbetonstützen) als Fluß- und Talbrücken mit Vollbogen (ohne Ständeranschlüsse):

Kosten DM./1 m².

Höhe h der Brücke	$l = 30$ m	$l = 50$ m	$l = 80$ m	$l = 100$ m	$l = 140$ m
$h = 15$ m	450,—	530,—	680,—	880,—	1160,—
$h = 20$ m	520,—	560,—	680,—	850,—	1050,—
$h = 25$ m	560,—	600,—	680,—	820,—	1050,—
$h = 30$ m	—	660,—	710,—	760,—	1000,—
$h = 40$ m	—	—	770,—	830,—	1050,—
$h = 60$ m	—	—	800,—	880,—	1080,—

In der gleichen Weise lassen sich die *Gesamtkosten* für den *aufgelösten Bogen mit Ständeranschlüssen* ermitteln. Die Gesamtkosten werden natürlich geringer. Die Entscheidung darüber, welche Konstruktion am Platze ist, wird allerdings nicht ausschließlich von den Kosten abhängen. Man darf nicht übersehen, daß der Vollbogen (welcher bei großen Spannweiten nur bei Felsgrund für die Widerlager gewählt werden kann) den dynamischen Beanspruchungen eines schweren Verkehrs besser gewachsen ist. Andererseits kann er aber, vor allem bei eingespannten Bögen nur bei felsigem Baugrund gewagt werden. Der aufgelöste Bogen mit der stärkeren Armierung ist gegen kleine Setzungen weniger empfindlich und belastet den Untergrund nicht so sehr.

Stahlbetonbalken- und Rahmenbrücken.

Baustelleneinrichtung ist besonders zu kalkulieren. Bei kleinen Stahlbetonbrücken bis 50 m Länge Lohnaufwand . . . 800 bis 2000 St_{mi}.

Vor allem ist die Aufstellung der maschinellen Anlagen, die Einrichtung der Wasserversorgung (Brunnenbohrung, Hochbehälter usw.) und Anlage von Fahrgerüsten auf Grund der örtlichen Verhältnisse sorgfältig zu berechnen.

Überschlägig kann man rechnen, daß die *Einrichtungskosten 4 bis 7% der Gesamtkosten* (bei Verträgen ohne Materiallieferung 6 bis 10% der Vertragssumme) betragen.

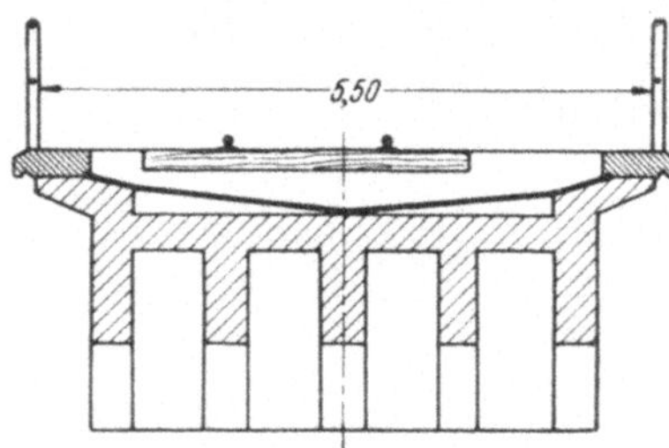

Abb. 153a. Querschnitt einer Stahlbetonbahnbrücke.

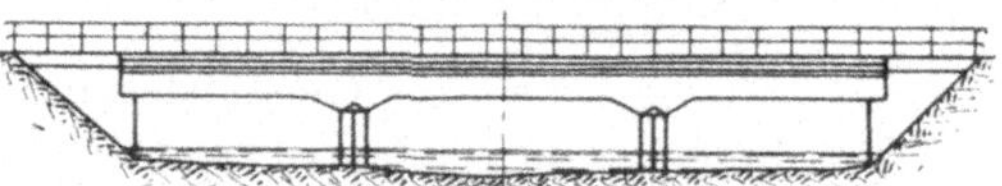

Abb. 153b. Ansicht einer Stahlbetonbalkenbrücke.

1. *Erdaushub* wie bei gewölbten Brücken. *Baugrubenumschließung* und *Wasserhaltung* besonders veranschlagen.
2. *Fundamentbeton* für Widerlager, Flügel und Pfeiler
   a) *Ein- und Ausschalen* je 1 m² Schalfläche . . . 1,2 bis 1,5 Stz.
   b) *Betonieren* je 1 m³ . . . . 5 bis 6 Stb.
3. *Aufgehender Beton für Pfeiler und Widerlager*
   a) *Betonieren* je 1 m³ . . . . 5,5 bis 8 Stb.
   (beim Arbeiten mit Turmdrehkranen 4,5 bis 5 Stb.)
   b) *Schalen* je 1 m² Schalfläche . . . . 1,8 bis 2,5 Stz.
   (Höhen nicht über 5 m, sonst Höhenzuschläge!).

Bei *Natursteinverkleidung* entfällt b) Schalen, mit Ausnahme der Rückflächen der Widerlager und Flügel. Kosten der „Verkleidung“ siehe unter „Gewölbte Brücken“, S. 428.

4. *Stahlbeton der Auflagerquader* (etwa 100 kg/1 m³)

a) Betonieren je 1 m³ . . . . 9 Stb.

b) Schalen je 1 m² Schalfläche . . . . 1,5 Stz.

c) Armieren je 1 kg . . . . 0,12 Ste.

5. *Stahlbeton der Fahrbahnplatte* (etwa 150 kg R. E./1 m³, 320 kg Zement je 1 m³ Beton).

a) Betonieren je 1 m³ . . . . 6 bis 9 Stb.[1]

Bemerkung. Voraussetzung: Anlieferung der Zuschlagstoffe und der Bindemittel frei Verwendungsstelle. Bei feingliedrigen Konstruktionen und kleinen Massen kann man mit 10 bis 12 Stb. je 1 m³ Stahlbeton rechnen, während man andererseits bei Trägerbrücken mit großen Massen einschließlich der vorbereitenden Rüstarbeiten und Nachbehandlung mit Wasser mit *6 bis 7 Stb. je 1 m³ Stahlbeton* auskommen kann. Werden allerdings *hohe Betonfahrgerüste* oder *besondere Aufzugstürme* erforderlich, so ist deren Anlage gesondert zu kalkulieren (s. Zimmerarbeiten!).

b) Schalen (Ein- und Ausschalen). Schalfläche je 1 m³ Stahlbeton ist von Fall zu Fall zu berechnen (i. M. 4,5 bis 6 m²/m³).

Man kann an *Lohnaufwand für Schalarbeiten*[2] (Ein- und Ausschalen) rechnen

Stahlbetonfahrbahnplatte massiv mit ebener Untersicht je 1 m² Schalfläche . . . . 1,8 Stz.

Stahlbetonfahrbahnplatte, aufgelöst mit Querrippen ohne Vouten je 1 m² Schalfläche . . . . 2,5 Stz.

Desgl. wie vor mit allseitigen Vouten je 1 m² Schalfläche . 2,8 Stz.

Stahlbetonhauptträger mit ebener Untersicht je 1 m² Schalfläche . . . . 2,2 Stz.

Stahlbetonhauptträger mit ebenen Vouten je 1 m² Schalfläche 2,5 Stz.

Stahlbetonhauptträger mit runden Vouten je 1 m² Schalfläche 3,0 Stz.

Stahlbetonhauptträger mit gebogener Untersicht[3] und Voutenanschlüssen der Decke und Querträger je 1 m² Schalfläche . . 3,5 Stz.

Bauhilfsstoffverbrauch für die Schalung. Bei Stahlbetonbalkenbrücken, vor allem mit allseitigen Vouten, und erst recht bei gewölbter Untersicht von Stahlbetonrahmenbrücken, ist der *größte Teil der Schalbretter und des Kantholzes* (70 bis 80%) nach dem Ausschalen nur noch als Brennholz zu gebrauchen, sofern man nicht die Möglichkeit hat, anschließend ein Bauwerk von ähnlichen oder gleichen Abmessungen zu bauen.

Holzverbrauch. Es sind je *1 m² geschalter Fläche 0,7 m² Schalbretter 30 mm st. als Verbrauch* zu kalkulieren.

---

[1] Die niederen Werte gelten für größere Objekte von mindestens 250 m³ und Plattenbrücken, die hohen Werte für kleine Objekte und Plattenbalkenbrücken.

[2] Reine Schalarbeiten ohne Einrüstung!

[3] Bei Rahmenbrücken.

Verbrauch an Kleineisenzeug und Schaldraht.

Man kann für mittlere Verhältnisse rechnen je 1 m² geschalter Fläche:

0,20 kg Drahtstifte,
0,15 kg Schaldraht.

c) Lehrgerüste. Zweckmäßig werden die Kosten der *Einrüstung von Stahlbetonbalken- und Rahmenbrücken* getrennt von den eigentlichen Schalarbeiten berechnet, und zwar am besten an Hand einer Gerüstskizze.

Bei *gewölbter Untersicht von Rahmenbrücken* muß man genau, so *wie bei Bogenbrücken*, mit einem *normalen Lehrgerüst* (Konstruktion mit Verband) rechnen. Man vergleiche dazu Abschnitt XVIII, „Zimmerarbeiten", Lehrgerüste S. 348ff. Für rohe Überschläge genügt es, den *Holzbedarf* (ohne Verschnitt) mit *5 bis 6% des verbauten Gerüstraums* (einschl. Belagbohlen, ohne Belag 4 bis 5%) zu schätzen (davon etwa 60% Rundholz und Halbrundholz, 40% Kantholz und Schnittholz). Kleineisenzeug etwa 20 kg je 1 m³ Holz.

Lohnaufwand je 1 m³ Rüstholz . . . . 30 Stz. bis 38 Stz.

Bei *ebener Untersicht* (ohne bzw. mit Vouten) *der Hauptträger* genügt eine einfache *Einrüstung* mit Rundholzstempeln auf Keilen und Querschwellen mit Längs- und Querverschwertung durch Halbrundhölzer und Traghölzer (Kantholz 12/12 cm). Man kann dann rechnen:

Gerüsthöhe	Steifen Ø cm	Holzbedarf ohne Verschnitt je 1 m² Grundfläche: Rundholz und Halbrundholz m³	Holzbedarf ohne Verschnitt je 1 m² Grundfläche: Kantholz und Schnittholz m³	Holzbedarf insgesamt in Prozent des umbauten Gerüstraums	Lohnaufwand für Auf- und Abbau je 1 m² Grundfläche Stz.
$h = 4$ m	16	0,10 (0,025)[1]	0,06 (0,015)[1]	4,0 (1,0)[1]	3,2
$h = 5$ m	18	0,15 (0,04)	0,075 (0,02)	4,5 (1,1)	4,5
$h = 6$ m	20	0,20 (0,05)	0,10 (0,025)	5,0 (1,2)	6,0

Der *Lohnaufwand* errechnet sich bei diesen Rüstungen als Konstruktionen ohne Verband nach dem Abschnitt XVIII, Zimmererarbeiten, S. 336, bei Holzdurchmessern der Steifen von 15 bis 22 cm zu

18 bis 20 Stz. je 1 m³ verzimmertes Holz (ohne Verschnitt).

Entfallen also z. B. bei einem 6 m hohen Stahlbetonhauptträger mit ebener Untersicht auf 1 m² Grundfläche 2,2 m² geschalte Fläche, so ist bei den Schalarbeiten für Rüstung 6,0/2,2 = *2,8 Stz. je 1 m² Schalfläche* zuzuschlagen, d. h. Schalarbeiten einschließlich Einrüstung kosten an Lohn

2,2 + 2,8 = *5,0 Stz. je 1 m² Schalfläche.*

Materialverbrauch für die Lehrgerüste. Bei *gewölbten* Untersichten gilt das im Abschnitt „Zimmerarbeiten" für Lehrgerüste Gesagte.

---

[1] In Klammer der kalkulatorisch abzuschreibende *Holzverbrauch* in m³.

Bei *ebenen* Untersichten und normaler Einrüstung mit Rundholzsteifen kann man mit *4maliger Verwendung* des Rund- und Kantholzes rechnen, d. h. man kann bei Rüsthöhen von 4 bis 6 m den Holzverbrauch zu *1% bis 1,2% des verbauten Gerüstraums* in die Kalkulation einführen.

Verbrauch an Kleineisenzeug: i. M. 7 kg Kleineisenzeug je 1 m³ Rüstholz (= ⅓ des Bedarfs).

Bemerkung. Bei schlechtem Untergrund müssen zur Unterstützung des Lehrgerüstes unter Umständen *Betonfundamente oder Pfahlrammungen* vorgesehen werden, welche dann besonders zu veranschlagen sind (Abschnitte „Betonarbeiten“ und „Rammarbeiten“).

d) Stahlbewehrungsarbeiten. Für R. E. schneiden, biegen, sortieren, transportieren und verlegen kann man rechnen, je nach dem Umfang der Arbeiten, je nachdem das Biegen maschinell mit neuzeitlichen Maschinen oder auf der Biegebank erfolgt, je nach der mittleren Stärke des Rundstahls usw.

für 1 kg . . . . 0,07 bis 0,14 Ste.

Bemerkung. Wird Schweißen oder Zusammenschluß mit Spannschlössern bei langen Eisen erforderlich, so muß dies besonders berücksichtigt werden.

Nach dem Teilabschnitt „Stahlarbeiten bei Stahlbetonbauten“ des Abschnitts „Beton- und Stahlbetonarbeiten“, S. 311 kann man für *Stahlbetontragkonstruktionen* rechnen

je 1 t R. E. . . . . 80 Ste.

Beim *Biegen von Hand auf der Biegebank* und bei sehr langen schweren Eisen von Rahmenbrücken kann man rechnen

je 1 t R. E. . . . . 120 Ste.

6. *Konsolbeton M. V. 1 : 6* (etwa 40 kg R. E./1 m³ Beton) und *Abdeckplatten* (mit Fugen alle 2 bis 3 m und Aussparen der Löcher für die Geländer) siehe die entsprechende Position für „gewölbte Brücken“.

7. *Glattstrich* (400 kg Zement je 1 m³ Mörtel) 2 cm stark auf dem Rücken der Fahrbahn und der Abdeckplatte aufgebracht, erfordert an *Lohn je 1 m²* . . . . 0,6 Stm. + 0,3 St.

8. *Abdichtung der Fahrbahntafel* mit 2 Lagen teerfreien Asphaltinplatten od. dgl. 4 mm stark auf den Glattstrich aufgeklebt und mit teerfreier Asphaltinmasse überstrichen. (Übertragung am besten an *Spezialfirma*!)

9. *Monierglattstrich 1 : 3, 3 cm stark (Schutzbeton)* mit Baustahlgewebe 5 kg/m² oder Drahtnetzeinlagen von 60 mm Maschenweite und 5 mm Draht. Je 1 m² sind erforderlich

a) Lohn . . . . 1,0 Stm. + 0,8 St. + 0,3 Ste.[1]

b) Material . . . . 0,03 m³ Beton 1 : 3
5,5 kg R. E.

10. *Zweimaliges Streichen der Widerlagerrückflächen* mit Anstrichmasse (Inertol, Preolith od. dgl.) *je 1 m²*

an Lohn . . . . 0,5 St.

an Material . . . . 0,5 kg

[1] Entfällt bei Verwendung von Baustahlgewebe.

11. Schmiedeeisernes Rohrgeländer mit Pfosten aus I NP. 6 alle 1,0 bis 1,2 m und 3 Gasrohren 5/4″ mit Ausdehnungsvorrichtung liefern, versetzen und streichen (mit Grund- und 2 Deckanstrichen) je 1 lfd. m (= 60 kg)

Löhne (Werkstatt und Versetzen) . . . . 5 Stsl.
Material[1] . . . .

12. Stahlgußlager für feste und bewegliche Auflager liefern und versetzen je 1 t

an Lohn . . . . 50 Stsl.
an Material[1] . . . .

Gesamtkosten von Stahlbetonbrücken.

(Preise Frühjahr 1954.)

Straßenbrücken Brückenklasse I A.

1. **Mehrfeldrige Stahlbetonplatten- und Stahlbetonplattenbalkenbrücken** als Überführungen, Flutbrücken u. dgl. (mindestens 3 Öffnungen, Höhe der Fahrbahn über Gelände $h = 6{,}0$ bis 8,0 m, Breite der Brücke 20 m und mehr, Länge der Brücke gemessen zwischen den Widerlager- bzw. Plattenenden) für *Lichtweiten von* $l = 10$ *m bis* $l = 30$ *m* kosten *je 1 m² Fahrbahnfläche* (zwischen den Geländern):

a) Unverkleidet und unbearbeitet . . . . . 480,— bis 580,— DM.

b) Mit Steinverkleidung für Pfeiler, Widerlager und Brüstungen . . . . 750,— bis 880,— DM.

Beispiel 84. Eine 21 m breite Straßenbrücke in Stahlbeton, Brückenklasse I A, über einen Fluß, mit 9 Öffnungen zu je 34 m Stützweite, 305 m Gesamtlänge und 8 m mittlerer Höhe der Fahrbahn über Gelände, hat einen Verbrauch an Beton von 8300 m³, an Rundstahl von 600 t. Es sind überschlägig die *Kosten je 1 m² Fahrbahnfläche* zu ermitteln.

Lösung. Man kann überschlägig für je 1 m² Fahrbahnfläche etwa wie folgt rechnen:

Einrichtung und Räumung $\frac{128000}{6405}$ . . . . 20,— DM.
Erd- und Felsarbeiten für Gründungen[2], Wasserhaltung . . . . 80,— „
Beton der Fundamente und Pfeiler 1900 m³ oder
$\frac{1900}{6405} = 0{,}3$ m³ Beton zu 85,— DM. . . . . 25,— „
Stahlbeton der Fahrbahnplatte (5 m² Schalung/1 m³, 100 kg RE/1 m³)
$\frac{6400}{6405} = 1{,}0$ m³ zu 250,— DM. . . . . 250,— „
Lehrgerüste: 5% von $6405 \cdot 8 = 2500$ m³ Holz oder je 1 m² Fahrbahn 0,25 m³ zu 180,— DM. . . . . 45,— „
Isolierung, Geländer, Schutzbeton, Lager und Sonstiges . . . . . 90,— „

Gesamtkosten je 1 m² Fahrbahnfläche . . . . *510,—DM.*

[1] Materialpreise können nach den örtlichen Verhältnissen und auf Grund eigener Erfahrung eingesetzt werden.
[2] Einschließlich Baugrubenumschließung.

2. Stahlbetonbrücken mit einer Öffnung als Platten-, Plattenbalken- oder Rahmenbrücken (für Unterführungen von Feldwegen unter Straßen Klasse IA, 20 m breit und mehr). Die Kosten werden zweckmäßig gerechnet *je 1 m lichter Weite und je 1 m Breite der Brücke, d. h. je 1 m² lichter Öffnung* des Durchlasses bzw. der Unterführung (also nicht je 1 m² Brückenkonstruktion zwischen den Widerlagerenden).

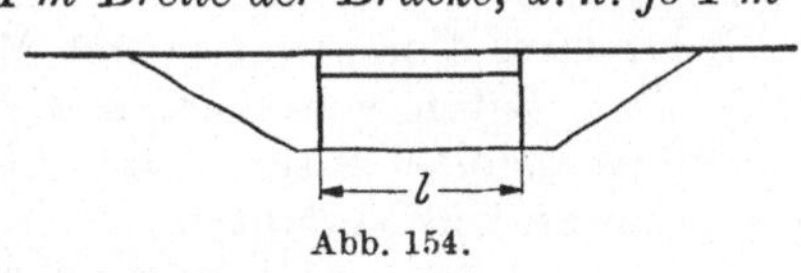

Abb. 154.

Gesamtkosten in DM./1 m² lichter Öffnung[1].

l = lichte Weite in m	Mit Werksteinverkleidung[1] der Widerlager und Flügel	Unbearbeitete Stahlbetonbrücke
5	1020,—	580,—
6	900,—	550,—
8	820,—	520,—
12	840,—	550,—
20	720,—	—

Spannbetonbrücken[2].

Das Hauptverdienst, zuerst bei großen kühnen Brückenbauten den „Spannbeton" verwendet zu haben, gebührt wohl dem französischen Ingenieur FREYSSINET (Paris). In Deutschland haben in erster Linie Professor Dr. DISCHINGER, Dr. FINSTERWALDER und neuerdings Dr. LEONHARDT zur Weiterentwicklung des Spannbetonbrückenbaues beigetragen. Schon ist es schwer, alle in Deutschland angewendeten Verfahren und die Firmen anzugeben. Teils ruhen die Verfahren auf den Patenten von FREYSSINET, teils sind die Erfinder eigene Wege gegangen. Nachstehend seien einige wenige der gebräuchlichsten Verfahren genannt:

Das Vorspannsystem „Dyckerhoff und Widmann"

Dr. FINSTERWALDER arbeitet im Brückenbau (auch Freivorbau!) vorwiegend mit *Einzelstäben ∅ 26 mm aus St 60/90* (neuerdings St 80/105), welche in genauen Längen mit Gewinden angeliefert und in Blechhülsen verlegt werden. Die Stäbe werden nach Erhärtung des Betons mit hydraulischen Spezialpressen gespannt sowie mit Mutter und Anker gegen den fertigen Beton verankert. Die Blechrohre werden hernach mit Zementmörtel ausgepreßt. Die Vorspannkraft je Stab beträgt etwa 30 t.

---

[1] Preisgrundlage *Frühjahr 1954.* 1 St_{mi} = 2,— DM. (ohne Zuschläge). 1 m² Werksteinverkleidung fertig versetzt 175,— DM./m². 100 kg Zement frei Baustelle 75,— DM.

[2] Für die zur Auswertung zur Verfügung gestellten Unterlagen von Brückenausführungen in der Praxis schuldet der Verfasser Dank der Bauunternehmung Thormann & Stiefel A.G. „Thosti" in Augsburg und Herrn Direktor HANS BRUCKNER dieser Firma persönlich.

Bei dem *Vorspannverfahren BBRV*[1] (Schweizer Patent) werden *Drähte aus St 150/170 ∅ 6 mm* zu Bündeln zusammengefaßt und Vorspannglieder von 30 t, 60 t und 85 t hergestellt, welche in Blechrohren verlegt werden. Die in einem Endanker gehaltenen Drähte werden nach erfolgter Vorspannung mit Mutter und Auflagerplatte gegen den erhärteten Beton verankert und dann zur Erzielung eines Verbunds mit Prepaktmörtel ausgepreßt. Abb. 155 und Abb. 156 zeigen die Spannköpfe bei diesem Verfahren.

Abb. 155. Spannköpfe des BBRV-Verfahrens bei einem Brückenbau.

Das *Vorspannverfahren Baur-Leonhardt* verwendet Litzen aus *je 7 Drähten ∅ 3 mm St 180*, welche an den Bauwerksenden durchgehend um sogenannte „Spannblöcke" gewickelt werden. Die Litzen werden in Lagen (Abstandhalter!) zu einem Bündel zusammengefaßt und in Blechkästen verlegt. Nach Erhärtung des Brückenbetons werden die Spannblöcke mit hydraulischen Pressen gegen das Bauwerk verschoben, wodurch die Litzenbündel gespannt werden. Nach erfolgter Vorspannung werden zur Herstellung eines Verbunds die Blechkästen mit Zementmörtel ausgepreßt.

Die Materialkosten bei Spannbetonbrücken liegen bei allen Spannbetonverfahren eindeutig fest und hängen nur ab von der Art der verwandten Sonderstähle. Nachstehend sind als Anhaltspunkt auf der *Preisbasis des Jahres 1954* die ungefähren *Materialkosten bei Ver-*

[1] Anfangsbuchstaben der Namen der schweizerischen Patentinhaber (Birkenmaier, Brandestini, Roš, Vogt).

wendung von Sonderstählen, wie sie bei Spannbetonbrücken üblicherweise verwendet werden, angegeben. Wo von den ausführenden Spezialfirmen fertige Spannglieder an Baufirmen geliefert werden (z. B. BBRV-Verfahren) liegen die Materialkosten gleichfalls fest.

Der Hauptanteil der Materialkosten entfällt auf die *Sonderstähle*, welche in den verschiedensten Durchmessern, Festigkeiten usw. geliefert werden. Es betrugen z. B. die *Stahlpreise im Oktober 1954:*

1. Für Spannbetonlitzen ∅ 9 mm bestehend aus 7 je 3 mm dicken Drähten (1000 lfd. m = 406 kg) aus Patentgußstahldraht mit 180 kg/1 qmm Bruchfestigkeit (St 125/170) frei Empfangsstation für 1 t . . . . 1300,— DM.

2. Blanker, kaltgezogener patentierter Neptunspannstahl St 145/170 6 mm ∅ in Ringen, Preis frei München für 1 t . . . . 1150,— DM.

3. Spannbetonlitzen (Felten und Guilleaume, Köln-Mühlheim) aus blankem Patentgußstahldraht mit 180 kg/qmm Bruchfestigkeit (170 kg/qmm garantierte Mindestfestigkeit) 5 mm ∅ bestehend aus 2 je 2,5 mm dicken Drähten, bzw. 5,5 mm ∅ bestehend aus 3 je 2,5 mm dicken Drähten, frei Empfangsstation für 1 t . . . . 1280,— DM.

Desgl. mit 180/200 kg/qmm Bruchfestigkeit (190 kg/qmm garantierte Mindestfestigkeit), frei Empfangsstation für 1 t . . . . 1380,— DM.

4. Sigma-Spannbetonstahl (Hüttenwerk Rheinhausen) 145/160 ovalgerippt, 8×2,8 mm und 9×4,2 mm, frei München für 1 t . . . . . 920,— DM.

Abb. 156. Spannköpfe an einem Brückenhauptträger mit Spannpresse.

Bei der Ermittlung der *Materialkosten von Spannbetonbrücken* muß der Antransport des Materials, der Geräte, die Ankerplatten, Blechhülsen bzw. Blechkästen, Muttern, Kompressorkosten, Betriebsstoffe usw. miterfaßt werden. Diese Nebenkosten sind jeweils nach dem angewandten Verfahren zu ermitteln.

Nachstehend folgen einige unverbindliche Angaben über

Materialkosten bei Spannbetonbrücken 1954.

Einzelstäbe ∅ 26 mm St 60/90 mit Gewinde, Blechhülsen, Muttern, Gerätekosten usw. für 1 t . . . . ca. 1150,— DM.

Litzenbündel aus Drähten ∅ 3 mm St 180 mit zugehörigen Blechkästen (Schwarzblech Nr. 20), Materialkosten[1] für 1 t . . . . ca. 1700,— DM.

[1] Ohne das Herstellen der Spannblöcke.

Fertige Vorspannglieder für 30 t, 60 t und 85 t Vorspannung aus Drähten ∅ *6 mm* St 150/170 für 1 t . . . . ca. 2570,— DM.

Bemerkung: Auf diese Preise wird die ausführende Baufirma im Angebot einen *Zuschlag* (ca. 10%) *für Gemein- und Geschäftskosten* machen.

Bei Sonderverfahren anfallende Sonderkosten, wie z. B. beim Verfahren BAUR-LEONHARDT das Schalen und Betonieren der „Spannblöcke“ (das bei großen Ausführungen nicht sehr ins Gewicht fällt), sind besonders nach den jeweiligen örtlichen Gegebenheiten zu ermitteln.

Die *Lohnkosten für Spannbetonbrücken* bewegen sich, nach den dem Verfasser zur Auswertung überlassenen Unterlagen, durchweg bei allen Verfahren etwa in den gleichen Grenzen. Man kann den *Lohnaufwand am Bau* etwa wie folgt veranschlagen:

Für Aufladen, Stapeln (auch des Gerätes), Transporte und Herrichten (nebst Biegen), Verlegen, Spannen, Injizieren kann man rechnen

je 1 t Spannstahl 105 St_{mi}.

Auf diese Löhne wird die ausführende Baufirma dann einen Zuschlag[1] für Gemeinkosten und Geschäftskosten berechnen.

Die *Höhe des mittleren Stundenlohns* St_{mi} hängt dann davon ab, ob das einzelne Verfahren Sondermonteure mit Anreisekosten benötigt oder durch Arbeiter des Bauunternehmers nach Anleitung ausgeführt werden kann.

Stahlbrücken.

DIN-Normen und sonstige Grundlagen für den Stahlbrückenbau.

DIN 1000 Stahlbauwerke — Bedingungen für Lieferungen und Leistungen.

DIN 1072 Straßen- und Wegbrücken — Lastannahmen.

DIN 1073 Berechnungsgrundlagen für stählerne Straßenbrücken.

DIN 1078 Verbundträger-Straßenbrücken — Grundlagen für die Ausbildung und Bemessung.

DIN 1079 Grundsätze für die bauliche Durchbildung von stählernen Straßenbrücken.

DIN 1960 Verdingungsordnung für Bauleistungen VOB.

DIN 1961 Allgemeine Vertragsbedingungen für die Ausführung von Bauleistungen.

DIN 4101 Vorschriften für geschweißte, vollwandige, stählerne Straßenbrücken.

---

[1] Der Zuschlag hängt ab von der Schwierigkeit der Baumaßnahmen, Umfang der Arbeiten usw. Er dürfte für Kostenermittlungen mit 100% bis 120% der reinen Löhne angenommen werden können.

TVSt (DV 827) Technische Vorschriften für Stahlbauarbeiten, 10. Auflage.

BE (DV 804) Berechnungsgrundlagen für stählerne Eisenbahnbrücken der Deutschen Bundesbahn.

GE Grundsätze für die bauliche Durchbildung stählerner Eisenbahnbrücken.

DV 848 Vorläufige Vorschriften für geschweißte Eisenbahnbrücken.

RoSt (DV 807) Technische Vorschriften für den Rostschutz von Stahlbauwerken.

Stahl-Handbuch vom Deutschen Stahlbau-Verband Köln: ,,Stahl im Hochbau".

Materialpreise: *Grundpreise* nach den Listen des Wirtschaftsverbandes ,,Stahl- und Eisenbau" (Liste 3).

Aufpreise für Profil, Gewicht, Länge, Güte und Abnahme nach den Aufpreislisten gültig ab 20. 5. 53 und 1. 8. 54.

Löhne: Nach den jeweils gültigen Metallarbeitertarifen.

Auslösungen: Gemäß Bundestarifvertrag für die besonderen Arbeitsbedingungen der Montagearbeiter in der Eisen-, Metall- und Elektroindustrie.

Preise für Walzmaterial, Niete und Elektroden

Walzmaterial-Grundpreise ab 1., 15. und 18. 2. 1954 in Thomas- und SM-Güte.

	Werksgrundpreise		Werkshandelspreise		Frachtbasis
	Th	SM	Th	SM	
Formstahl	367,91	384,49	383,05	400,35	Oberhausen
IP-Stahl	387,90	404,96	403,85	421,65	,,
Stabstahl	377,18	393,75	392,75	409,95	,,
Grobbleche	412,28	443,96	429,25	462,25	Essen
Breitflachstahl . .	412,28	436,65	429,25	454,65	Oberhausen

In den Grundpreisen ist der Frachtausgleich für revierferne Orte mit DM. 3,75/t bereits eingerechnet.

Die *Überpreise* für Qualität, Abnahme, Profil, Gewicht und Länge wurden ab 20. 5. 53 geändert. Maßgebend sind die neuen Aufpreislisten für die einzelnen Walzsorten, herausgegeben vom Wirtschaftsverband ,,Stahl- und Eisenbau". Für Stab-, Form- und IP-Stahl gelten ab 1. 8. 54 neue Überpreise.

Vorfracht.

Die *Vorfracht* für Walzmaterial wird nach *Klasse D* berechnet. Die Rückvergütung bei revierfernen Orten gemäß Veröffentlichung im Bundesanzeiger Nr. 142 vom 28. 7. 54 ist abzuziehen.

Revierfern sind alle Bezugswerke, die 220 km und weiter von den Frachtbasen entfernt liegen.

Frachten[1].

Als *Fertigfracht* (Konstruktionsfracht) gilt *Klasse C*, als *Geräte- und Werkzeugfracht Klasse F*.

Abfall.

Den *Abfall* (Verschnitt) kann man im Brückenbau mit 7,1% auf die Summe = Grundpreis + Überpreis + Vorfracht annehmen.

Eine Schrottrückvergütung ist darin bereits abgezogen.

Wassergünstig liegende Betriebe können auch die *Wasserfracht* benutzen, da sie billiger ist.

Die Kosten für *Niet- und Elektrodenverbrauch* betragen:

Bauwerk	Baustahl 100% St 37		100% St 52	
	100% genietet Niete etwa	Elektroden-schweißung	100% genietet etwa	Elektroden-schweißung
Vollwand-brücken . . .	18 kg/t oder 26,— DM./t	5 bis 10 kg Elektroden/t und 1,8 DM./Schweißer-stunde	29,— DM./t	5 bis 10 kg Elektroden/t und 1,8 DM./Schweißer-stunde
Fachwerk-brücken . . .	20 kg/t oder 28,— DM./t		31,— DM./t	

Ist die Konstruktion nur teilweise genietet, dann sind die Nietkosten anteilig einzusetzen.

Lager.

Die Preise für die *Lager* sind von Fall zu Fall bei den Lieferwerken anzufragen (Stahlguß!).

Aufbau der Einheitspreise.

Die Anordnung PR 113/47 über die Preisbildung im Stahlbau vom 17. 11. 47 ist laut § 23 der Baupreisverordnung vom 11. 5. 51 außer Kraft gesetzt. Trotzdem kann das nach dieser Anordnung aufgestellte Kalkulationsschema auf Seite 453 weiter verwendet werden.

Zur Beurteilung des kalkulierten Einheitspreises wird von der Bundesbahn das vom *Richtpreisausschuß* (*RPA*) herausgegebene *Merkblatt B 6*, Ausgabe 1. Mai 1953, herangezogen.

Das *Merkblatt H 2* für den *Stahl-Hochbau* ist *ungültig*.

Seit Mai 1953 fanden drei RP-Tagungen statt. (Letzte Tagung am 29. 6. 1954 in Hohensyburg). Hierbei wurden die Abschläge für die Materialpreisermäßigung festgelegt; zuletzt mit 54,— DM./t ab 1. 2. 1954.

Auf Seite 453 ist das Kalkulationsschema für den *Aufbau des Tonnenpreises nach Merkblatt B 6* zu ersehen. Darin ist auch die heute gültige Ermäßigung des Materialpreises von 54,— DM./t eingetragen.

Seite 455 und 456 ist in dem Beispiel 86 die Kalkulation einer Stahlbrücke praktisch durchgeführt.

---

[1] Bundesbahntarif Teil II, Heft A. Man vergleiche die Ausführungen in Abschnitt II, § 6, Seite 54 ff.

Beispiel 85: *Kalkulationsschema RPA.*

Nr. Zum Angebot ....

....

Aufbau des Tonnenpreises
in Anlehnung an das vom „RPA für neue Stahlbauten" aufgestellte

Merkblatt B 6 für stählerne Brücken

I. Genietete oder geschweißte Konstruktion aus St 37, St 52 oder St 50 meS (HSB 50)

	Aufgestellt nach Richtpreistafel Typ Nr.		DM./t	DM./t
1	Baustoffkosten	a) Baustoffgrundwert		
		b) Zuschlag 21%		
2	Werkstattkosten	a) Lohngrundwert		
		b) Zuschlag 240%		
3	Aufstellkosten	a) Lohngrundwert		
		b) Zuschlag 105%		
			Summe 1—3	
4	Zuschlag für hochwertigen Baustahl			
			Summe 1—4	
5	Sonstige Baustoffaufpreise			
6	Zuschlag für Übergewichte (nur bei theor. Abrechnung)			
7	Zuschlag für geschweißte Ausführung			
8	Zuschlag für besondere Ausführungen und Schwierigkeiten (Erläuterungen nächste Seite)			
			Summe 1—8	
9	Preisermäßigungen			
			Summe 1—9	
10	Zuschlag für Verwaltungs- und Vertriebskosten (5,4% von 1–9)			
			Summe 1—10	
11	Zuschlag für Wagnis und Gewinn (7% von 1—10)			
			Summe 1—11	
12	Gerüste und nicht übliche Geräte			
	a) Kosten für Gerüste und nicht übl. Geräte (gemäß Zeichnung und Baustoffauszug)			
	b) Ermäßigung bei mehrfacher Verwendung der Gerüste auf gleicher Baustelle			
	Zwischensumme			
	c) Außergewöhnliche Leistungen			
			Übertrag:	

DM./t

	Übertrag:		
13	Frachten km		
	a) Baustoffvorfracht abzüglich Frachtrückvergütung		
	b) Fertigfracht von bis		
	Anfuhr- u. Umschlagkosten von bis =		
	c) Gerüst- und Gerätefracht einschl. Anfuhr und Umschlagkosten für t		
	von bis und zurück =		
14	Sonstige Kosten		
	Summe 1—14		
15	Zuschlag für Umsatzsteuer, Verbandsabgabe und Vertretergebühren (6% von 1—14)		
	Summe 1—15		
16	Angehängte Zu- und Abschläge		
	Materialermäßigung nach RP-Niederschrift 35 c	54,	—
	Tonnenpreis ohne Lohn- u. Gehaltsnebenkosten Summe 1—16		

II. Stahlguß

DM/t

1	Bezugspreis ab Lieferwerk		
2	Zuschlag (20% von 1)		
3	Aufstellungskosten a) Lohngrundwert		
	b) Zuschlag (105%)		
	Summe 1—3		
4	Zuschlag für Wagnis und Gewinn (7% von 1—3)		
5	Fracht und Anfuhr		
6	Sonstige Kosten:		
	Tonnenpreis für Stahlguß Summe 1—6		

Erläuterungen zu I und II

, den 19

Stempel und Unterschrift

Beispiel 86. *Kalkulation einer Stahlbrücke.*

Objekt: Flußbrücke $l = 100$ m, $B = 20$ m, $G = 990$ t

Anfrager:

1954 | W. Nr. | A. Nr.

Nr.	*Stahlbogenbrücke*				
1	Material	510,–			
2	Zuschlag 4% . . .	20,–			
3	Techn.Büro-Gehälter	22,–			
4	Zuschlag 100% . .	22,–			
5	Werklohn	120,–			
6	Zuschlag 180% . .	220,–			
7	Schweißlohn. . . .	10,–			
8	Zuschlag 180% . .	18,–			
9					
	Summe 1—9 . .	942,–			
10	Bauaufsicht	10,–			
11	Montagelohn . . .	120,–			
12	Rüstlohn	50,–			
	Summe 10—12 .	180,–			
13	Zuschlag 60% . .	110,–			
	Summe 10—13 .	290,–			
	Summe 1—13 . .	1232,–			

	I ⊏	I P	L ⊥ —	Gr.Bl.	Breitfl.					
Grundpreis . . .	383,–	404,–	393,–	429,–	394,–					
Profilaufpreis .	20,–	30,–	47,–	20,–						
Qualität u. Abn.	5,–	5,–	5,–	5,–	5,–					
SM. Schweißg. .	—			—						
Vorfracht . . .	27,20	27,20	27,20	27,20	27,20					
Niete Schr. 5%	20,80	20,80	20,80	20,80	20,80					
Abfall 7% . . .	30,–	30,–	30,–	30,–	30,–					
SortenpreisDM./t	486,–	517,–	523,–	532,–	477,–					

	DM./t	Gewicht	DM./t	DM./t	Gewicht	DM./t
I ⊏	486,–					
I P	517,–					
L ⊥° — . . .	523,–					
Gr. Bl. . . .	532,–					
Breitflach . .	477,–					
Mischpreis.				DM./t		
Elektroden						
Grundanstrich . . .						
Verpackung						
Materialpreis . . .			510,—	DM./t		

Nr.	Position	DM				
14	Handlungskosten 7%	35,–				
15	Baugeräte	15,–				
16	Rüstmaterial . . .	—				
17	Werklohn zu 16 .	—				
18	Zuschlag % . .	—				10 t Stahlguß Stg 52,81 S
19	Bauhilfsstoffe . .	10,–				
20	Betriebsstoffe[1] . .	20,–				2000,— DM/t.
21	Mieten	—				
22	Techn. Büro-Mont. .	10,–				
23	Zuschlag 100% . .	10,–				
24						
	Summe 1—24 . .	1332,–				
25	Wagnis u. Gewinn 7%	93,–				
26	Lohnnebenkosten* .	—				
27	Versand-Konstr. . .	45,–				
28	Versand-Geräte . . / Versand-Rüstung .	10,–				
29	Montageversicherung	10,–				
30	Seeversicherung . .	—				
31	Zoll u. Zollsp. . . .	—				
32						
33						
	Summe 1—33 . .	1490,–				
34	Umsatzsteuer und Vertrieb 6% . .	90,–				
	Tonnenpreis .	1580,–				

* Auslösungen und Reisekosten für Stammleute in Pos. 7 enthalten.

[1] Stromverbrauch (m. Baustellenschweißung der Fahrbahn) 60 kWh × 0,25 DM. = 15,— DM./t, Elektrodenverbrauch 2000 kg SH-Gelb × 2,50 DM. = 5000,— DM. oder 5,— DM./t.

Montagekosten.

Die Montagekosten richten sich nach dem Montageort und nach der Montageart des Bauwerkes.

Montagearten sind:

1. Montage auf Holz- oder Stahlrüstung oder kombiniert. Dabei werden — wenn erforderlich — Rammpfähle aus Holz oder Stahl verwendet. Man neigt heute mehr zu Rammpfählen aus Stahl. (Rohre oder Spundwandkästen.)
2. Teilweise eingerüstet und freivorgebaut. Dabei wird Rüstmaterial eingespart.
3. Landmontage mit anschließendem Einschieben der Brücke in Längsrichtung. Bei Strombrücken kann das Einschieben auch auf Pontons erfolgen.
4. Ufermontage der Hauptträger und Einsetzen der Hauptträger mit Schwimmkranen. Die Fahrbahnteile werden dann mit einem Schwenker eingebaut. Kleinere, fertige Brücken können auch ganz mit einem Schwimmkran eingesetzt werden.

Preisindex — Mitte 1954.

Nach RPA beträgt der Index für Brückenbauten *gegenüber Juni 1939 etwa 3.*

Ermittlung des Stahlgewichtes für stählerne Brücken.

Der Kalkulation geht eine statische Berechnung mit einer Gewichtsberechnung voraus.

Gewichtsparend sind Brücken in Verbundbauweise, Brücken mit aufgeschweißtem versteiftem Fahrbahnblech, sowie die Verwendung von Stahl 52. Auch Brücken auf mehreren Stützen sind gewichtsparend.

Zur überschlägigen Gewichtsermittlung des Stahlüberbaues können Erfahrungsformeln benutzt werden, und zwar für:

Eisenbahnbrücken: Die BE 1951, Tafel 2,5. gibt Näherungswerte für Eigengewichte *ein- und zweigleisiger Eisenbahnbrücken* für Lastenzug *S, L, N, E.*

Straßenbrücken: 1. Sattler (Bautechnik 1948, H. 8.). 2. Melan. 3. Engesser und Bertschinger.

1. Eisenbahnbrücken.

Eingleisig und *zweigleisig.* Für Vorkalkulationen sind die entsprechenden Tafeln der BE 1951 zu benützen. Für ganz rohe Überschläge zur ersten Orientierung genügt eine ganz einfache *Faustformel* für *eingleisige Blechträgerbrücken von 10 bis 30 m Spannweite,* welche das *Gewicht*[1] *je 1 lfd. m in t* gibt:

$$g = \frac{l}{10} \pm 0{,}3\,t \quad \left(\begin{array}{l}+\text{ bei Buckelblechausführung,}\\ -\text{ bei offener Brücke).}\end{array}\right.$$

[1] In St 37.

2. *Straßenbrücken.*

Es empfiehlt sich eine überschlägige statische Berechnung je nach der Belastung.

Für rohe Schätzung kann man annehmen, bei St 37 das Gewicht g_1 je 1 m² überbauter Fläche.

Für Fernstraßen und Straßen Brückenklasse I A

$$g_{1\,m^2} = 0{,}10 + \frac{l}{250} \quad bis \quad 0{,}15 + \frac{l}{250}$$

g in t, l in m. Der kleinere Wert gilt für Leichtfahrbahnen in Stahlbeton, Spannbeton u. dgl.

Alle angeführten Gewichtsformeln gelten für *genietete* Konstruktionen. Bei *geschweißten* Stahlbrücken kann mit einer Gewichtsverminderung von 10 bis 20% gerechnet werden. Allerdings erhöhen sich die Werkstatt- bzw. Montagekosten entsprechend.

Erläuterungen zum Kostenaufbau für Stahlbrücken.

Die nachstehenden Ausführungen gelten zwar allgemein, sind aber in erster Linie auf Stahlblechträger- und Fachwerkträgerbrücken mit ein oder mehreren Öffnungen zugeschnitten, besonders soweit Preise genannt sind. Als Material ist *St 37* angenommen. Für Sonderstähle, wie St 52, 44 ermäßigt sich das Gewicht, es sind aber die entsprechenden Zuschläge zu machen. Soweit nichts Besonderes gesagt ist, sind *genietete Konstruktionen* bzw. in der *Werkstatt geschweißte und an der Baustelle genietete* Konstruktionsteile gemeint.

Geschweißte Brückenkonstruktionen.

Für *Baustellenschweißung* und auch für Werkstattschweißung von Sonderstählen ist ein entsprechender Zuschlag (im letzteren Falle ein Wagniszuschlag) zu machen.

Man kann im allgemeinen annehmen, daß Einzelteile von 5 bis 10 t (werkstattgeschweißt) aus der Werkstatt kommen und dann auf der Baustelle (am besten maschinell mit Elliraschweißung bei Fahrbahntafeln) zusammengeschweißt werden.

Der *Gewichtsersparnis* bei Schweißkonstruktionen steht ein *erhöhter Aufwand an Löhnen und Betriebsstoffen* (höherer Stromverbrauch je 1 t und Elektrodenverbrauch) gegenüber.

Bei *Baustellenschweißung* kann man je nach örtlichen Verhältnissen und Schweißverfahren (Lichtbogenschweißung von Hand, Elliraschweißung mit Maschinen) für die *reine Montage* (ohne Rüstung usw.) mit folgendem *Lohnaufwand* und *Betriebsstoffverbrauch* rechnen:

a) *Lohnaufwand*	für Tragkonstruktion . .	35 bis 45 $St_{schweiß}$
je 1 t Konstruktion	für Fahrbahntafel	50 $St_{schweiß}$

b) *Betriebsstoffverbrauch:*

	Stromverbrauch kWh/t	Elektrodenverbrauch kg/t
Für Tragkonstruktion	40 bis 50	6
Für Fahrbahntafel (Elliraschweißung)	100	10

Der Stromverbrauch schwankt also hier zwischen 10,— DM./t Konstruktion und 25,— DM/t, der Elektrodenverbrauch zwischen 15,— DM./t und 30,— DM./t (Preise Frühjahr 1954).

Der Kostenaufbau ist nun am *Beispiel einer kontinuierlichen Trägerbrücke* mit Öffnungen von 50 bis 150 m gezeigt (s. Abb. 157).

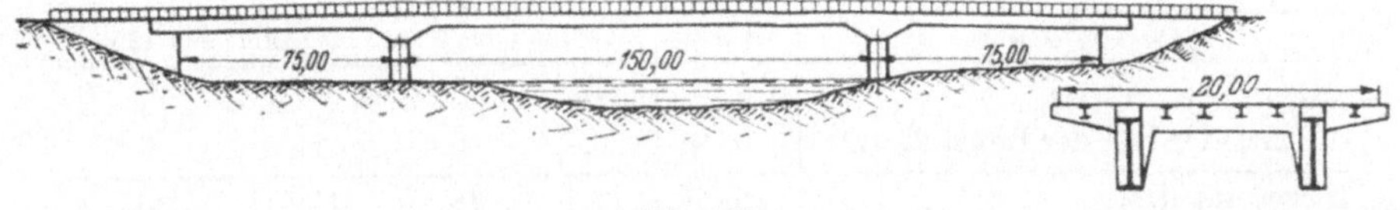

Abb. 157.

Beispiel 87. Als Beispiel sei der Kostenaufbau des Preises je 1 t Konstruktion für eine kontinuierliche Stahlträgerbrücke vorgeführt.

1. Baustoffkosten frei Werkstatt

	je 1 t Konstruktion
5000 t St 37 Baustoffkosten, einschließlich Nieten sowie Zuschlägen für Gemeinkosten, Geschäftskosten, Wagnis und Gewinn	600,— DM.
Zuschlag für teilweise Verwendung von St 52	35,— „
Zuschlag für Buckelbleche	15,— „
Baustoffkosten frei Werkstatt je 1 t	*650,—DM.*

2. Werkstattkosten je 1 t (je nach Konstruktion. Schweißen bis + 20%).

50 Stsl. (mit Zuschlägen) zu 5,50 DM.	275,— DM.
Zuschlag für Bearbeitung von Sonderstählen wie St 52 . .	15,— „
Für Gewinn und Wagnis + 5% von 290,— DM.	15,— „
Insgesamt für Werkstattkosten	*305,—DM.*

3. Fracht- und Fuhrkosten für die Stahlkonstruktion, Geräte, Baracken, Werkzeuge, Rüstholz usw. je nach Örtlichkeit, Bahn- oder Wasserförderung.

Werden z. B. die *Frachten für die Stahlkonstruktion* selbst *vom Bauherrn* getragen und beträgt die Entfernung des Lagerplatzes der Unternehmung von der *Brückenbaustelle 500 km* (Bahn-km), so setzen sich die Kosten bei 5000 t Konstruktionsgewicht und den nachstehenden aus der „Geräteliste" entnommenen Gewichten z. B. wie folgt zusammen:

Art der Geräte	Gewicht t	Tarifklasse	An- und Rücktransport + Hin- und Rückfracht je 1 t DM.	An- und Rücktransport + Hin- und Rückfracht insgesamt DM.
Geräte (Krane, Rammen, Preßluftanlage, Loks, Gleis, Förderwagen, Reparaturwerkstätte usw.)	250	F	80,—	20000,—
Baracken 500 m² (Werkstatt, Baubüro, Untertretbaracken usw.)	60	F	80,—	4800,—
Holz für Transport- und Montagegerüste[1] 500 m³ zu 0,7 t	350	E	45,—	16000,—
Insgesamt für Gerätebeförderung	660			40800,—

oder Kosten der *Gerätebeförderung* 40800/5000 = *8,20 DM./t.*

[1] Da es nicht wirtschaftlich ist, Rüstholz auf 500 km zu transportieren, ist mit Ankauf des Holzes an Ort und Stelle und nur Rücktransport des Holzes gerechnet.

Die *Anfuhrkosten der Stahlteile* der eigentlichen *Brückenkonstruktion*, einschließlich Überladen vom Waggon an dem Empfangsbahnhof auf Lastkraftwagen, richten sich nach den örtlichen Verhältnissen, Straßenzustand, Größe der Stahlteile (Spezialtransportwagen) und in erster Linie nach der Entfernung der Baustelle vom Entladebahnhof. Für mittlere Verhältnisse kann man etwa folgende *Förderkosten* annehmen je 1 t Anfuhr (für Krankosten am Bahnhof und auf der Baustelle sind 3,— DM./t eingesetzt):

km Förderlänge	bis 5 km	bis 7 km	bis 9 km	bis 11 km	bis 12 km
Anfuhrkosten[1] DM./t	10,—	11,—	12,—	13,—	14,—
+ Entladen[2] an der Baustelle DM.	6,—	6,—	6,—	6,—	6,—
Insgesamt DM.	16,—	17,—	18,—	19,—	20,—

Unter Umständen muß der *Bau von Zufuhrwegen* oder *zusätzlicher Gleistransport* bei unwegsamem Gelände berücksichtigt werden (s. Abschnitt X, Förderkosten).

4. Aufstellungskosten (Montagekosten). Diese setzen sich zusammen wie folgt:

a) Kosten der *Vorhaltung* von Geräten und maschinellen Anlagen (Krane, Preßluftanlage, Stromerzeugung), Baracken, Werkzeugen, Werkstätten usw.

b) Aufbau und Abbau der vorgenannten Anlagen.

c) Vorhalten, Unterhaltung und Betriebskosten (außer Löhnen) dieser Anlagen[3].

d) Löhne für Montage (einschl. der Löhne für „allgemeine Arbeiten").

e) Kosten der Bauleitung und Allgemeine Geschäftskosten.

Im vorliegenden Beispiel kann man bei *Baustellennietung* rechnen je 1 t:

Löhne (reine) 10 Stsl. + 32 St.	84,— DM.
Geräteabschreibung und Unterhaltung (mit Kleingeräte)	10,— „
15 kg Niete/t auf der Baustelle	15,— „
Betriebsstoffe[3] 40 kWh zu 0,25 DM.	10,— „
Sonstige Betriebsstoffe + 20% von 10,— DM.	2,— „
Gemeinkosten und Geschäftskosten 60% von L, 10% von M . .	54,— „
Selbstkosten je 1 t	175,— DM.
12% für Wagnis, Gewinn und Umsatzsteuer	21,— „
Zuschlag für Teile aus St 52	14,— „
Aufstellungskosten insgesamt	*210,—DM.*

Hier und auch bei den folgenden Angaben ist angenommen *1 Stsl. = 2,— DM.* (ohne Auslösungen, Überstunden-Nacht-Sonntags-Zuschlägen usw. Mit diesen Zuschlägen 1 Stsl. = 2,50 DM., 1 St. = 1,80 DM.).

[1] Preise 1954 bei guten Straßen. Es sind jeweils die gültigen Tarife des Güternahverkehrs zu berücksichtigen.

[2] Entladekranvorrichtungen vorausgesetzt. St_{mi} = 2,— DM. (ohne Zuschläge).

[3] Vor allem 1. Betriebsstoffe (Kohle, Schmiermittel, Rohöl), Strom und Wasser. 2. Kleingeräte und Werkzeuge (etwa 1,50 DM./t).

Bei den Betriebsstoffen überwiegt der *Stromverbrauch*, den man für Nieten und Schweißen mit *30 bis 60 kWh je 1 t* rechnen kann (beim Strompreis sind die Kosten der elektrischen Einrichtung, Transformatormieten u. dgl. zu beachten). Alle übrigen Stoffe (Benzin, Öl, Kohle, Wasser) betragen höchstens 15 bis 20% davon. Die niederen Stromverbrauchswerte gelten für *Blechträgerbrücken*, die hohen Werte für *Fachwerkbrücken* und *Bogenbrücken*. Über Betriebsstoffverbrauch von geschweißten Brücken sind Angaben auf Seite 458.

Man kann dann für rohe Überschläge bei *Baustellennietung* etwa mit folgenden Sätzen rechnen (bei *Baustellenschweißung* sind die Sätze um etwa 20% zu erhöhen):

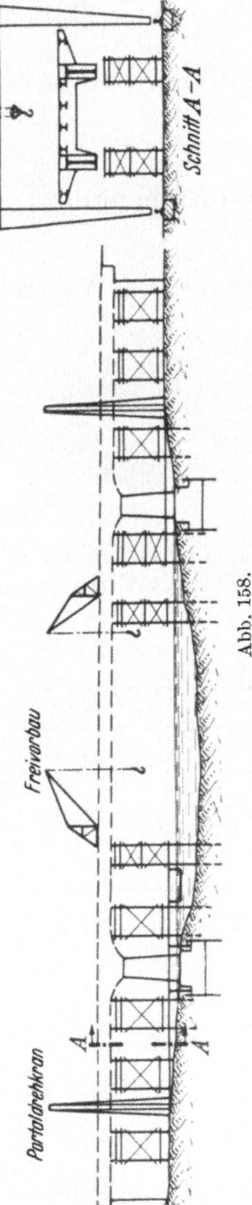

Abb. 158.

Tabelle 46. *Aufstellungskosten für Blechbalken- und kontinuierliche Trägerbrücken sowie Fachwerksbrücken (Nietung) St 37 in DM./1 t bei Stsl = 2,50 DM., 1 St = 1,80 DM.*

Spannweite der Brücke	10 bis 30 m	30 bis 50 m	50 bis 80 m	80 bis 150 m	150 bis 300 m
DM./t[1]	180,—	190,—	200,—	210,—	220,—

Dazu kommen noch kleine Zuschläge bei Verwendung von *Sonderstählen, Buckelblechen* u. dgl. m.

Abb. 158 zeigt die Montage einer Flußbrücke im Freivorbau.

5. Montagegerüste und Fördergerüste werden zweckmäßig an Hand des *Montageprogramms* und der Aufstellungsskizzen von Fall zu Fall ermittelt. Sie hängen in erster Linie von der *Höhenlage der Brückenkonstruktion* über Gelände bzw. über Flußsohle ab.

Man ermittelt den *Holzbedarf, Holzverbrauch* (mit Kleineisenzeug) und *Lohnaufwand* für Aufstellen nebst Abbrechen von besonderen *Fördergerüsten* nach den im Kapitel „Zimmererarbeiten“, S. 342 ff. gegebenen Richtlinien an Hand eines Skizzenentwurfs (als Beispiel siehe Abb. 158, welche die Montageskizze einer Flußbrücke zeigt). Für *Montagegerüste* kann man die Ausführungen über *Lehrgerüste* sinngemäß anwenden, wobei der *Materialbedarf* höchstens dem von Untergerüsten nahekommt, da das Gewicht von Stahlbrücken je 1 m² Grundfläche bei gleichen Spannweiten *wesentlich niederer* ist (z. B. etwa 0,5 t/m² bei $L = 80$ bis 100 m). Auch die Verzimmerung (Abbinden) ist einfacher. Man kann daher, soweit Gerüste gestellt werden (beim Freivorbau mit Kranen ist dies nur teilweise der Fall), überschlägig mit folgenden Werten rechnen:

Materialbedarf an Rundholz und Kantholz (ohne Belagbohlen) 2,0 bis 3,0% (i. M. 2,5%) des verbauten Gerüstraumes, also bei h m Höhe je 1 m² Grundfläche $\frac{2{,}5\,h}{100}$ (ohne Rammpfähle).

Kleineisenzeug (Bolzen, Schrauben, Klammern) 15 bis 25 kg je 1 m³ Gerüstholz.

Über den abzuschreibenden „Holzverbrauch“ vgl. Kapitel XVIII, „Zimmererarbeiten“, S. 354 ff.

Lohnaufwand für Aufbau und Abbau *30 bis 35 Stz* je 1 m³ Gerüstholz (einschließlich Belagbohlen).

Je nach den Holzpreisen und Zimmererlöhnen lassen sich dann die Gerüstkosten und *Gerüstzuschläge je 1 t Konstruktion ermitteln.*

Rammarbeiten sind nach den im Kapitel XIV gegebenen Richtlinien zu berechnen.

[1] Einschließlich Auslösungen usw. für Stammarbeiter. Angenommen mittlere Stundenlöhne 1 Stsl. = 2,50 DM., 1 St. = 1,80 DM. Nicht enthalten sind die Kosten für besondere soziale Maßnahmen (Trennungsentschädigung, Wegegelder, Wochenendheimfahrten usw.).

Die *Gerüstzuschläge* müssen von Fall zu Fall ermittelt werden. Im allgemeinen werden sie sich zwischen 15,— und 40,— DM. je 1 t bewegen (Frühjahr 1954).

6. Stahlbrückenanstrich (1 Grundanstrich, 2 Deckanstriche):

a) Materialverbrauch: Farbverbrauch 0,5 kg/1 m² (bei 9 m² je 1 t Stahlkonstruktion: 4,5 kg je 1 t[1]).

b) Lohnaufwand: 0,3 bis 0,4 Malerstunden/1 m². Größere Gerüstarbeiten sind besonders zu veranschlagen.

Gesamtbaukosten von Brücken mit Stahlüberbau.

(Preise Frühjahr 1954.)

Für rohe Kostenüberschläge können die nachstehenden Angaben der Gesamtbaukosten[2] von Stahlbrücken dienen.

A. Straßenbrücken, Brückenklasse I A (20 m breit und mehr).

Baukosten in DM./1 m².

1. Blechträger- und Fachwerksbrücken in St 37[3] mit mehreren Öffnungen.

Die *Klammerwerte* gelten für Brücken mit nur *1 Öffnung*. Es ist angenommen, daß Pfeiler und Widerlageransichten mit Werksteinen verkleidet sind.

a) Flußbrücken (10 bis 12 m hoch).

	l = 20 m	l = 40 m	l = 60 m
Unterbau	430,— (600,—)	380,— (480,—)	380,— (450,—)
Stahlüberbau und Fahrbahn	350,— (400,—)	460,— (500,—)	580,— (620,—)
Baukosten DM./m².	780,— (1000,—)	840,— (980,—)	960,— (1070,—)

	l = 80 m	l = 100 m	l = 150 m
Unterbau	380,— (420,—)	360,— (400,—)	330,— (360,—)
Stahlüberbau und Fahrbahn	700,— (750,—)	800,— (850,—)	1100,— (1150,—)
Baukosten DM./m².	1080,— (1170,—)	1160,— (1250,—)	1430,— (1510,—)

Bemerkung: Für die größeren Spannweiten (ab 80 m) sind Fachwerksbrücken im allgemeinen wirtschaftlicher.

---

[1] Zum Vergleich sollen die Verbrauchsziffern bei *Stahlhochbauten* (z. B. Industriehallen) angegeben werden: 15 m² bis 25 m² Anstrichfläche je 1 t Konstruktion mit einem Farbverbrauch von 8 bis 12 kg je 1 t.

[2] Nicht inbegriffen sind die Kosten für besondere soziale Maßnahmen, welche der Bauherr trägt. Die Mehrkosten schwieriger Gründungen sind auch besonders zu berücksichtigen.

[3] Bei Verwendung von St 44 bzw. St 52 oder geschweißter Konstruktion sind die Kosten etwa dieselben (bei geringerem Gewicht 10 bis 20%).

b) Flutbrücken und Talbrücken[1] *(Viadukte).*

Angenommen sind kontinuierliche Stahlträgerbrücken mit mindestens 4 Öffnungen. Für Pfeiler und Widerlager ist Werksteinverkleidung gerechnet. Wenn l die Stützweite und h die Höhe der Fahrbahn über Talsohle in Metern bezeichnen, betragen die ungefähren

Baukosten in DM./1 m² (Frühjahr 1954, $St_{mi} = 2,$— DM.)

	$l = 20$ m	$l = 40$ m	$l = 60$ m	$l = 80$ m	$l = 100$ m	$l = 150$ m
$h = 10$ m	780,—	840,—	960,—	1080,—	1160,—	1430,—
$h = 20$ m		1030,—	1120,—	1200,—	1300,—	1560,—
$h = 30$ m		1220,—	1280,—	1320,—	1440,—	1690,—
$h = 50$ m			1600,—	1560,—	1720,—	1940,—
$h = 70$ m			1820,—	1800,—	2000,—	2190,—

Bemerkung: Bei *Betonpfeilern ohne Steinverkleidung* verringern sich die obigen Werte um etwa $\frac{320}{l}$ *DM. je 1 m Pfeilerhöhe.* Ein Viadukt mit Stahlüberbau $l = 50$ m, $h = 30$ m mit Betonpfeilern und 3,30 m Höhe der Stahlkonstruktion kostet demnach $1250 - \frac{320}{50}(30 - 3{,}3) = 1080,$— DM./m².

2. Stahlbogenbrücken in St 37
zur Überbrückung von Flüssen, Tälern usw.
Pfeilverhältnis des Bogens $f/l = 1:5$.

Gesamtbaukosten in DM./1 m² Fahrbahnfläche.

Höhe h	$l = 40$ m	$l = 60$ m	$l = 80$ m	$l = 100$ m	$l = 120$ m
Unterbau	550,—	460,—	420,—	400,—	380,—
Stahlüberbau mit Fahrbahntafel .	480,—	600,—	720,—	800,—	900,—
Insgesamt	1030,—	1060,—	1140,—	1200,—	1280,—

Bemerkung: Die Anwendung dieses Brückentyps setzt günstige Baugrundverhältnisse voraus.

B. Gesamtbaukosten von zweigleisigen Eisenbahnbrücken in DM. je lfd. m Brücke.

Überbau: *Blechträger oder Fachwerkträger* (kontinuierlich) mit mehreren Öffnungen.

Unterbau: Pfeiler und Widerlager in Beton mit Werksteinverkleidung.

Belastung: Lastenzug *N.*

---

[1] Die Kosten des Stahlüberbaus mit Fahrbahn bleiben dieselben wie bei a) Flußbrücken. Bei Verwendung von *St 44* bzw. *St 52* oder geschweißten Konstruktionen bleiben die Kosten etwa dieselben (nur weniger Gewicht!).

Baukosten in DM./1 lfd. m Brücke.

Höhe h	$l = 40$ m	$l = 60$ m	$l = 80$ m	$l = 100$ m
$h = 10$ m	9500,—	11200,—	13500,—	14000,—
	(11500,—)	(12500,—)	(15000,—)	(16000,—)
$h = 20$ m	12500,—	13500,—	15000,—	15500,—
$h = 30$ m	15500,—	16000,—	16500,—	17000,—

Die *Klammerwerte* gelten für Brücken mit nur *einer Öffnung*.

XXV. Steinmetzarbeiten und Steinbrucharbeiten.

Allgemeines.

Der *Zeitaufwand* bei der Herstellung von Steinmetzarbeiten hängt ab:

a) von der Art der Oberfläche, d. h. ob man ebene (gerade), einfach gekrümmte (wie Zylinderkegel usw.) oder doppelt gekrümmte, gewundene oder schraubenförmige Flächen zu bearbeiten hat;

b) von der Größe und Gestalt der zu bearbeitenden Fläche, d. h. ob man eine größere oder kleinere Steinmenge abzuarbeiten hat;

c) von der Größe des Abfalls, d. h. von der Menge des außerhalb des gewöhnlichen Arbeitszolles befindlichen Steines, die abzuarbeiten ist;

d) von der Art der Flächenbehandlung, d. h. ob die Fläche gespitzt, gestockt, gekrönelt usw. wird;

e) von der Härte des Gesteins.

Als Härteklassen des Gesteins seien angenommen:

Klasse 1 = weicher Sandstein, Tuff.
,, 2 = harter Sandstein, weicher Kalkstein (Muschelkalk).
,, 3 = sehr harter Sandstein, harter Kalkstein, Porphyr, weicher Granit, Beton.
,, 4 = harter Granit, Syenit, Marmor.

Abarbeiten des Abfalles bei runden Flächen oder des Arbeitszolles. Bei Schichtstärken bis zu 10 cm kann man für eine Stärke von *x cm* setzen:

Für 1 m³

Klasse 1	*Klasse 2*	*Klasse 3*	*Klasse 4*
$(50 - 3x)$ Stst.	$(65 - 4x)$ Stst.	$(80 - 5x)$ Stst.	$(100 - 6x)$ Stst.

Ebene Flächen mit ringsum gehendem Schlag *grob spitzen* (prellen) kostet *für 1 m²*

Klasse 1	*Klasse 2*	*Klasse 3*	*Klasse 4*
1,5 Stst.	*1,8* Stst.	*2,5* Stst.	*3,3* Stst.

Ebene Flächen fein spitzen kostet *für 1 m²*

Klasse 1	*Klasse 2*	*Klasse 3*	*Klasse 4*
1,8 Stst.	*2,0* Stst.	*3,0* Stst.	*3,5* Stst.

Ebene Flächen gerade zu scharrieren kostet *für 1 m²*

Klasse 1	*Klasse 2*	*Klasse 3*	*Klasse 4*
2,0 Stst.	*2,8* Stst.	*3,5* Stst.	*4,5* Stst.

Ebene Flächen fein scharrieren (gestemmte und geschliffene Flächen) kostet *für 1 m²*

Klasse 1	*Klasse 2*	*Klasse 3*	*Klasse 4*
2,8 Stst.	*3,8* Stst.	*4,8* Stst.	*5,5* Stst.

Ebene Flächen zu kröneln oder zu *stocken* (bei hartem Gestein) kostet *für 1 m²*

Klasse 1	*Klasse 2*	*Klasse 3*	*Klasse 4*
2,0 Stst.	*2,5* Stst.	*3,0* Stst.	*4,0* Stst.

Aufgeschlagene (mit durchgehenden Rillen versehene) *Flächen* kosten *für 1 m²*

Klasse 1	*Klasse 2*	*Klasse 3*	*Klasse 4*
2,5 Stst.	*3,5* Stst.	*4,2* Stst.	*5,0* Stst.

Gekrümmte Flächen.

Einfach gekrümmte Oberflächen zu bearbeiten kostet *1,5 mal* mehr.
Doppelt gekrümmte Oberflächen zu bearbeiten kostet *2,2 mal* mehr.

Quaderbearbeitung (für Brückenverkleidung u. dgl.).

Quader zu trennen (schroten), d. h. Rinne einhauen und mit Keilen trennen, kostet für 1 m Rillenlänge:

bei weichen Steinen . . . . 0,7 Stst.
bei mittelharten Steinen . . . . 1,2 Stst.
bei harten Steinen . . . . 2,4 Stst.

Quader zu bearbeiten, d. h. alle 6 Flächen eines Quaders einigermaßen zu spitzen für Fundament, kostet für 1 m³:

bei weichen Steinen. . . . . 10 Stst.
bei mittelharten Steinen. . . . . 15 Stst.
bei harten Steinen . . . . 25 Stst.

Glatte Ansichtsquader (bei Brücken) zu bearbeiten, und zwar 5 Flächen zu spitzen, Vorderfläche zu kröneln und die 4 Vorderkanten mit einem Schlag zu versehen, kostet für 1 m³:

bei weichen Steinen. . . . . 15 Stst.
bei mittelharten Steinen. . . . . 25 Stst.
bei harten Steinen . . . . 35 Stst.

Glatte Auflagerquader (für Stahlrücken) zu bearbeiten, und zwar 4 Flächen zu spitzen, 2 Flächen zu kröneln und 7 Kanten mit Schlag zu versehen, kostet für 1 m³:

bei weichen Steinen. . . . . 20 Stst.
bei mittelharten Steinen. . . . . 30 Stst.
bei harten Steinen . . . . 50 Stst.

Gewölbequader zu bearbeiten kostet für 1 m³:

bei weichen Steinen . . . . 25 Stst.
bei mittelharten Steinen . . . . 35 Stst.
bei harten Steinen . . . . 55 Stst.

Dreieckige Wassernasenrille von etwa 3 cm Breite und 2 cm Tiefe aushauen kostet für 1 lfd. m Länge:

bei weichen Steinen . . . . 0,3 Stst.
bei mittelharten Steinen . . . . 0,5 Stst.
bei harten Steinen . . . . 1,0 Stst.

Der Bearbeitung der Steine gehen die eigentlichen *Steinbrucharbeiten*, d. h. die *Gewinnung von* geeigneten *Bruchsteinen* voraus. Mit Rücksicht auf die außerordentliche Verschiedenheit der Gesteine nach Härte, Spaltbarkeit, Zähigkeit, Lagerung und Überlagerung des Gesteins im Bruch usw. können die folgenden Sätze natürlich nur Anhaltspunkte geben. Es muß von Fall zu Fall nach den jeweils vorliegenden Verhältnissen kalkuliert werden, zumal die Transportverhältnisse (z. B. Förderbahn, Drahtseilbahn, Bremsberg u. dgl.) und die Verkehrsverhältnisse (Gleisanschluß, Wasseranschluß usw.) für die Abbeförderung der Steine eine große Rolle spielen. Auch die Möglichkeit der Verwendung des Gesteinabfalls und der Umfang des Abraums im Steinbruch sind zu beachten.

Erzeugung von Bruchsteinen[1].

Der Abraum (Erde oder Schutt), der sich über den Felsmassen befindet, muß besonders in Rechnung gestellt werden. Das Sprengen und Erzeugen von lagerhaften Bruchsteinen einschließlich Brechen der Steine, Förderung bis auf 20 m Entfernung, Aufsetzen in meßbare Haufen sowie Aufladen und Räumung des sich beim Sprengen ergebenden Abfalles kostet je 1 m³ an Lohnaufwand[2]:

a) Bei weichem zutage stehendem, dünn geschichtetem, zerklüftetem oder verwittertem Gestein, das sich noch mit Keilen oder Spitzhacke lösen läßt, für 1 m³ . . . . 1,5 Sts. + 2,0 St.

b) Bei Felsen, der teils mit Pulver gesprengt werden muß, für 1 m³ (etwa 0,15 kg Pulver) . . . . 2,0 Sts. + 3,0 St.

c) Bei mittelhartem Felsen, der nur gesprengt werden kann, für 1 m³ (etwa 0,25 kg Pulver) . . . . 3,0 Sts. + 4,0 St.

bei sehr harten Felsarten (etwa 0,5 kg Pulver) . . 6,0 Sts. + 4,0 St.

Das Erzeugen von Steinen, die eine regelmäßige, vorgeschriebene Form haben sollen (Stufen, Fenstergewände, Auflagerquader usw.) von höchstens 0,5 m³, einschließlich des Aufladens auf Wagen, jedoch ohne die reine Bearbeitung von Bruchflächen, kostet einschließlich Geräte für 1 m³:

bei weichem Sand oder Kalkstein . . . . 30 Sts. + 10 St.
bei hartem Sand oder Kalkstein, Porphyr, weicherem Granit . . . . 40 Sts. + 12 St.
bei hartem grobkörnigem Granit, Quarzit u. dgl. . 50 Sts. + 15 St.

[1] Man vergleiche hierüber das Kapitel IV, Bohr- und Sprengarbeiten, S. 87ff.

[2] Kabelkrananlagen, Bremsberge u. dgl. zum Hoch- oder Tieffördern der Steine und Geräte für die Gewinnung sind hierin *nicht* enthalten.

Beispiel 88. Was kostet 1 m³ Verblendstein (Ansichtquader etwa 30 cm Schichthöhe, ½ Läufer und ½ Binder, Läufer etwa 75 cm lang, 30 cm tief, Binder 40 bis 45 cm tief), fertig bearbeitet in Granit ab Werk, wenn die Stundenlöhne einschließlich Sozialaufwand, Gemeinkosten und Geschäftskosten (auch Gerätekosten) betragen: 1 Stst. = 4,— DM., 1 Sts. = 3,50 DM., 1 St. = 3,— DM. Der Stein sei harter, feinkörniger Granit.

Lösung. Aus S. 465 und 466 ergibt sich je 1 m³
30 Stst. + 50 Sts. + 15 St. = 30 · 4,— + 50 · 3,50 DM. + 15 · 3,— DM.
= *340,— DM. je 1 m³* oder 340,— · 0,38 = *130,— DM. je 1 m²*.

Kosten für Verkleidungssteine von Brücken.

Verkleidungssteine von Brückenpfeilern und Brückenwiderlagern werden entweder als *glatte Ansichtsquader* (S. 465) hergestellt oder als *Bossenmauerwerk* (flache Spaltbossen) bzw. als *grob gespitztes Verblendmauerwerk.*

Für die Läufer kann eine Schichthöhe $h = 0{,}20$ bis $0{,}50$ m, für die Steinlänge $l = 1{,}5$ bis $2{,}5\,h$ und für die Stärke $d = 25$ bis 40 cm gewählt werden. Die Einbindetiefe der Bindersteine soll 30 bis 50 cm betragen und auf 1 m² mindestens 2 Steine einbinden. Die Versetzung der Steine erfolgt nach „Schichtenplan" oder „Versetzplan". Die Steine müssen an den Ansichtsflächen geradlinig und rechtwinklig bis auf mindestens 10 cm Tiefe an den Fugen abgeprellt sein und dürfen in der Schichthöhe nur eine größte Toleranz von 0,5 cm aufweisen. Die Rückenflächen können bruchrauh oder roh gespitzt bleiben. *Abdecksteine* für Auflagerbänke müssen besonders sorgfältig bearbeitet werden (obere Kanten abrunden). Sie werden nach lfd. m oder nach m³ abgerechnet. *Bogensteine* für Brückenbögen oder Pfeileröffnungen (Stirnflächen bossiert oder grob gespitzt, Leibung fein gespitzt) werden nach m³ berechnet.

Die nachstehende Zusammenstellung gibt auf der Preis- und Lohnbasis 1954[1] (1 Steinmetzstunde = 2,20 DM., 1 Tiefbauarbeiterstunde = 1,60 DM.) einige Anhaltspunkte für die Kosten von Verkleidungssteinen für Brückenpfeiler.

Kosten von Brückenverkleidungssteinen

mit grob gespitzten Ansichtsflächen von 0,20 bis 0,50 cm Schichthöhe:

Gesteinsart	1 m² gerade Verkleidungssteine			1 m² gebogene Verkleidungssteine			1 lfd. m Abdecksteine für		1 m³ Bogensteine
	20/25 cm	30/35 cm	35/40 cm	20/25 cm	30/35 cm	35/40 cm	Auflagerbänke 40/60 cm	Brüstung 15/50 cm	
	DM.	DM.	DM.	DM.	DM.	DM.	DM.	DM.	DM.
1. Muschelkalk (weich)	75,–	110,-	125,–	95,–	125,–	140,–	100,–	90,–	350,–
2. Harter Muschelkalk, Porphyr u. weiche Granite	95,–	125,–	135,–	110,–	150,–	170,–	125,–	95,–	425,–
3. Harte Granite, Marmor	110,–	140,–	155,–	120,–	170,–	190,–	150,–	110,–	480,–

[1] Preise Frühjahr 1954 in Bayern.

Als Beispiel sei ein *Kostenanschlag* für die Lieferung der Verkleidungssteine der Pfeiler und Widerlager einer Flußbrücke angegeben:

Kostenanschlag

für die Lieferung der Verkleidungssteine zur Strombrücke
über den .... *bei* ....

Lieferbedingungen: Besondere Vertragsbedingungen, VOB. usw.
Material: Gesunder, blaugrauer Granit aus dem Bruch ....
Lieferstation: Preise gelten frei Bahnhof ....
Lieferfrist: Widerlagersteine bis .... Pfeilersteine bis ....
Planunterlagen: Versetzplan.
Toleranz der Schichthöhen: $\frac{1}{2}$ cm max.
Abrechnung: Gebogene Flächen werden in der Abwicklung gemessen, Bogensteine nach dem kleinsten umschriebenen Rechteck.

Nr.	Menge	Bezeichnung der Arbeit	Geldbetrag je Einheit DM.	Geldbetrag im ganzen DM.
1	800 m²	*Gerade Verkleidungssteine* für die Widerlager, Pfeiler und Flügelmauern mit durchlaufenden Schichten nach dem Versetzplan in Schichthöhen von $h = 20$ bis 50 cm, Steinlängen $l = 1{,}5$ bis $3\,h$ und Steinstärken der Läufer von 30 bis 35 cm, mindestens 2 Binder von etwa 40 bis 45 cm Länge auf 1 m². Die Steine sind grob gespitzt, Kanten der Ansichtsfläche rechtwinklig und geradlinig zu liefern. Rückflächen bruchrauh. Fugen 1,5 cm stark, müssen mindestens 15 cm volle Tiefe haben. Die Steine sind zu liefern frei Bahnwagen Bahnhof . . . . . . für 1 m²	150,—	120000,—
2	250 m²	*Gebogene Verkleidungssteine* für die runden Widerlagerecken und die Pfeilerköpfe mit $R = 1{,}0$ m, sonst wie Nr. 1 frei, Bahnwagen Bahnhof . . . . . . zu liefern für 1 m² . . .	175,—	43750,—
3	150 lfd. m	*Gerade Abdecksteine* für die Auflagerbänke der Pfeiler und Widerlager $d = 0{,}40$ m, $h = 0{,}60$ m, $l = 0{,}80$ m, Ansichtsflächen fein gespitzt, Oberkante mit $R = 12$ cm abgerundet, Kanten in der Ansicht geradlinig und rechtwinklig, mindestens 10 cm volle Flächen in den 1,5 cm starken Fugen. Im übrigen nach Zeichnung Nr.... Rückflächen abbossiert, sonst wie Nr. 1 für 1 lfd. m . .	150,—	22500,—
4	25 lfd. m	*Gebogene Abdecksteine* für die Ausrundung der Ecken von Widerlagern und Pfeilerköpfen mit $R = 1{,}0$ m, sonst wie Nr. 3 für 1 lfd. m	200,—	5000,—
5	10 m³	*Scheitrechte Bogensteine* als Abschluß der Pfeileröffnungen mit $R = 1{,}20$ m in der Leibung. Stirnfläche bossiert, Leibungsfläche gespitzt. Stirnstein 0,50 m, Leibungsstein 0,30 m stark. Sonst nach Zeichnung Nr. . . . für 1 m³	480,—	4800,—
		Gesamtsumme des Angebots:		*196050,—*

XXVI. Abbrucharbeiten und Trümmerbeseitigung.

Die Kostenermittlung von Abbrucharbeiten und für die Trümmerbeseitigung bei Hochbauten in zerstörten Städten läßt sich an Hand der vorausgegangenen Kapitel durchführen. Angaben über Abbrucharbeiten im Hochbau finden sich in dem Kapitel XV. Maurerarbeiten S. 250. Über ,,Bohr- und Sprengarbeiten" gibt Kapitel IV Seite 88ff. Auskunft. ,,Baggerarbeiten" und ,,Förderkosten" sind in den Kapiteln VIII, X und XI behandelt. Daß es Phantasten gibt, welche aus dem Schutt unserer Städte ,,mit Gewinn Ersatzstoffe erzeugen" wollen (vermittels zentraler Aufbereitungsanlagen außerhalb der Stadt), kann als klassisches Beispiel für die Wichtigkeit und Dringlichkeit einer sachgemäßen ,,Baukostenermittlung" auch auf diesem Gebiet angeführt werden.

Selbst bei wirtschaftlichster Durchführung bleibt die Trümmerbeseitigung stets eine kostspielige Angelegenheit. Soweit nicht die Wiedergewinnung der Ziegel oder die Beseitigung von Stahltrümmern im Wege sind, wird die Schutträumung mit Bagger und die Förderung mit Gleis oder Lastkraftwagen erfolgen. Auf die entsprechenden Kapitel wurde bereits verwiesen. Man wird nur in der Beurteilung der möglichen Baggerleistungen in Anbetracht der beengten Verhältnisse an der Baustelle, besonders bei großen Transportarbeiten und Lastwagenförderung, vorsichtig sein müssen.

Nachstehend sollen drei Arten von Abbrucharbeiten behandelt werden, welche im Ingenieurbau der Nachkriegszeit eine Rolle spielen:

1. Abbruch und Trümmerbeseitigung von *Stahlbetonhochbauten*.
2. Abbruch und Trümmerbeseitigung von *Stahlbetonbrücken*.
3. Abbruch und Trümmerbeseitigung von *Stahlbrücken*.

1. Abbruch und Trümmerbeseitigung von Stahlbetonhochbauten.

Der Abbruch erfolgt im allgemeinen am wirtschaftlichsten durch Sprengen. Um eine entsprechende Zerkleinerung zu erreichen für das Verladen des Schutts, muß man damit rechnen, daß *je 1 m³ Stahlbetonkonstruktion 3 lfd. m Bohrlöcher* erforderlich sind. Nicht zu unterschätzen ist die Behinderung durch die Bewehrungseisen, welche mit Schneidbrennern abzuschneiden sind.

a) *Lohnaufwand je 1 m³ Stahlbeton.*

Ohne die Einrichtungsarbeiten, ohne Gerätekosten und sonstige Gemeinkosten, ohne Löhne für allgemeine Arbeiten (Reparaturwerkstätte, Magazin, Wache u. dgl.) kann man beim Umsetzen und Verladen der

Trümmer mit Baggern etwa mit folgenden Lohnkosten je 1 m³ Stahlbeton rechnen:

Aufsicht	0,5 Sts./m³
Bohrbetrieb, Laden und Sprengen einschl. Vorbereitung (durch Freilegen des Betons) . . .	5,5 Sts./m³
Abschneiden und Sortieren der Bewehrungseisen (30 Stsl. je 1 t Bewehrung) bei Annahme einer Bewehrung von i. M. 50 kg/m³	1,5 Stsl./m³
Zerkleinern der Sprengtrümmer, Umsetzen und Verladen mit Baggern	1,5 bis 2,5 St./m³
	Insgesamt 9 bis 10 St_{mi}/1 m³

Als „Mittellohn" kann man ⅔ Facharbeiter und ⅓ Hilfsarbeiter annehmen.

Die reinen Lohnkosten (ohne Sozialaufwand und ohne die Kosten besonderer sozialer Maßnahmen wie Trennungsentschädigung, Übernachtungsgelder usw.) würden also bei einem „mittleren Stundenlohn" von 2,— DM., 18,— bis 20,— DM. je 1 m³ Stahlbeton betragen.

Dazu kommen dann für Sozialaufwand etwa 23%. Es betragen demnach, wenn die *reinen Löhne mit 100%* bezeichnet werden:

Löhne + Sozialaufwand	123%
Geschäftskosten, Bauleitungskosten, Wagnis und Gewinn sowie Umsatzsteuer sollen 25% des Umsatzes betragen oder	

$$\frac{25}{100-25} = 33\tfrac{1}{3}\%\ \text{der Selbstkosten}$$

d. h $33\frac{1}{3}\%$ von 123 = 41%

Gesamtkosten = 164% der reinen Löhne.

Somit ergibt sich ein Aufschlag von 64% auf reine Löhne, womit sich der Anteil des Angebotspreises aus Lohn zu etwa

28,— DM. bis 32,— DM. je 1 m³ Stahlbeton

errechnet.

b) *Betriebsstoff- und Sprengstoffaufwand je 1 m³ Stahlbeton.*

Legt man folgende Stoffpreise zugrunde:

Sprengstoff	2,— DM./1 kg
Dieselöl	0,53 DM./1 kg
1 Flasche Sauerstoff	7,— DM.
Bohrstahl	1,50 DM./1 kg
Strom	0,20 DM./1 kWh
Karbid	0,45 DM./1 kg

so kann man je 1 m³ Stahlbeton bei einer Stundenleistung von 2 bis 3 m³ mit folgendem Stoffaufwand errechnen:

Stoffkosten je 1 m³ Stahlbeton

Sprengstoff 1,0—1,5 kg i. M. 1,2 kg zu 2,— DM.	2,40 DM.
Bohrstahl 1 kg zu 1,50 DM.	1,50 ,,
Dieselöl für Bagger (einschl. 20% Schmieröl) 5,5 kg zu 0,53	2,90 ,,
Stromverbrauch für Kompressoren 40 kWh zu 0,20 DM. (einschl. Schmiermittel)	8,— ,,

Für Abschneiden der Bewehrungseisen sind erforderlich
Je 1 t Bewehrung

2 Fl. Sauerstoff . . .	zu 7,— DM.	=	14,— DM.
6 kg Karbid	zu 0,45 ,,	=	2,70 ,,
je 1 t Bewehrung			16,70 DM.

für 50 kg Bewehrung	0,83 ,,
Sonstiges (Beleuchtung, Schmiedekohle usw.	0,37 ,,
Stoffkosten je 1 m³ Stahlbeton	16,— DM.

Wenn man für Geschäftskosten, Bauleitungskosten + Wagnis und Gewinn + Umsatzsteuer wieder 25 % des Umsatzes annimmt, so ergibt sich ein Zuschlag von $\frac{25}{100 - 25} = 33\frac{1}{3}$ %, d. h. es wäre mit einem *Stoffkostenanteil des* Angebotspreises von *21,— DM. je 1 m³ Stahlbeton* zu rechnen.

Bemerkung: Zur Ermittlung des *Angebotspreises* sind noch die Kosten der Gerätevorhaltung und -unterhaltung sowie die Einrichtungs- und Räumungskosten nach den örtlichen Verhältnissen zuzuschlagen.

Abb. 159. Bild einer gesprengten Flußbrücke.

2. Abbruch und Trümmerbeseitigung von Stahlbetonmassivbrücken.

Diese Arbeiten unterscheiden sich von 1. nur durch die größeren Massen, welche auf eine kleine Fläche entfallen und durch die meist stärkere Bewehrung. Es ist daher mit einem höheren Lohnaufwand für das Zerkleinern, Umsetzen und Verladen der Sprengtrümmer zu rechnen und je nach dem Grad der Bewehrung gleichfalls der Lohnaufwand zu ändern. Für das *Fördern (mit Gleis) zur Kippe* müssen Förderweite und Kippverhältnisse berücksichtigt werden. Unter mittleren Verhältnissen kann man einschließlich Kippe mit einem Lohnaufwand von *1,5 bis 2,0* $St_{mi}/1\ m^3$ rechnen und mit einem Betriebsstoffaufwand (Dieselloks) von *2 kg Dieselöl* (eingerechnet Schmiermittel) *je 1* m^3.

Bei Beseitigung der Trümmer von Flußbrücken durch Sprengung ist zu beachten, daß bei größeren Flüssen unter Umständen besondere *Arbeits- und Transportbrücken*, Gleisanschlüsse u. dgl. erforderlich sind. Bei *Unterwassersprengungen* zur Räumung des Flußbettes *erhöht sich der Sprengstoffbedarf auf 4—5 kg je 1* m^3 *Stahlbeton.*

3. Abbruch und Trümmerbeseitigung von Stahlbrücken.

Für den Tiefbauunternehmer handelt es sich hier meist um die Aufgabe, abgestürzte Konstruktionen von Stahlbrücken mittels Schneidbrenner in förderbare, hub- und verladefähige Stücke zu zerlegen. Erschwert wird die Aufgabe bei Flußbrücken — Hochwasserwagnis! — Hier müssen u. U. Spezialseilwinden verwendet und Unterwassersprengungen sowie Taucherarbeiten vorgenommen werden. Die *örtlichen* Verhältnisse sind hier so verschieden, ebenso die zum Einsatz vorhandenen Geräte (und bei Wasserarbeiten die Wasserstände) von so großem Einfluß auf die Kosten, daß die nachstehenden Angaben nur als Anhaltspunkte gelten können, in welchem Rahmen etwa der Kostenaufwand sich bewegt.

Je nach Örtlichkeit, Geräteeinsatz und Umfang der Arbeiten sind jeweils getrennt zu veranschlagen:

A. Baustelleneinrichtung und -räumung.

B. Gerätevorhaltung und -unterhaltung.

C. Verladung und Abtransport des gewonnenen Stahlschrotts.

D. *Der Abbruch selbst, bestehend im Zerlegen der Stahlkonstruktion* (welche durch Sprengung oder Einsturz zerstört wurde) *in förderbare und hubbare* (je nach Hebegerät) Stücke, einschließlich Umsetzen und Fördern der Stücke zur Verladestelle. Man kann rechnen:

a) *Lohnaufwand*

für 1 t Stahlkonstruktion (je nach Konstruktion und Örtlichkeit) . . . . 30 bis 45 St_{mi}.

b) *Betriebsstoffverbrauch*

für 1 t Stahlkonstruktion

1 bis 2 Flaschen	Sauerstoff	für autogenes Zuschneiden
5 „ 8 kg	Karbid	der Konstruktion.

Kohle- bzw. *Strom-* und *Dieselverbrauch* für Bagger, Planierraupen, Lokomotiven, Seilwinden und andere Geräte sind je nach den besonderen Verhältnissen der jeweiligen Baustelle zu ermitteln:

Man kann mit etwa *15 kg bis 20 kg Dieselöl/t* rechnen.

Unter mittleren Verhältnissen (Grundlage Frühjahr 1954) kann man mit *Betriebsstoffkosten* von *16,— DM. bis 26,— DM je 1 t Stahlkonstruktion* rechnen.

Wo *Unterwassersprengungen* notwendig sind (in Flüssen), muß mit einem *zusätzlichen Sprengstoffverbrauch von 1,0 bis 2,5 kg je 1 t Konstruktion* gerechnet werden.

Der Verbrauch an „*Kleingeräten und Werkzeugen*“ sowie an „*Reparaturmaterialien und Ersatzteilen*“ kann bei diesen Arbeiten sehr beträchtlich sein und muß entsprechend den gemachten Erfahrungen gesondert zugeschlagen werden. Sehr hoch kann z. B. der Verschleiß an Drahtseilen sein, wenn die Stahltrümmer mit schweren Seilwinden aus Flüssen entfernt werden.

Demgegenüber muß natürlich der *Wert des Stahlschrotts* bzw. der wieder verwendbaren Stahlteile geschätzt werden, sofern die abgebrochenen Stahlteile in den Besitz des Abbruchunternehmers übergehen.

Anhang.

Die Nachkalkulation und ihre Organisation auf der Baustelle.

Allgemeines.

Bei der Organisation der Kostennachrechnung ist wohl zu beachten, daß die Aufgabe der *technischen* Nachkalkulation eine grundsätzlich andere ist als die der *kaufmännischen* Nachkalkulation. Während letzterer in erster Linie die Aufgabe zufällt, durch entsprechende Kontenführung kaufmännisch in der Baubuchhaltung den finanziellen Erfolg der Arbeiten nachzuweisen, soll die *technische Nachkalkulation* in der hierfür brauchbarsten Form die *technischen Unterlagen für die Kostenvorrechnung* liefern. Da die Kostenvorrechnungen für die Preisermittlung stets Schätzungen sind, brauchen demgemäß technische Kostennachrechnungen auch nicht den Grad der Genauigkeit besitzen wie kaufmännische Buchungen. Ihr Wert besteht eben darin, daß sie nicht in Geldbeträgen, sondern in Einheiten rechnen, welche unabhängig sind von zeitlichen Schwankungen in Währungssystemen, Lohntarifen usw. Die Ergebnisse der technischen Nachkalkulation lassen sich daher auch leichter von einem Bauvorhaben (dessen Nachkalkulation vorliegt) auf ein anderes Bauvorhaben übertragen, sofern nur die Bauarbeiten selbst ähnlicher Natur sind. Man kann dann bei einiger Betriebserfahrung die Kalkulationssätze entsprechend den geänderten Verhältnissen (z. B. größere oder kleinere Transportwege, andere Bodenart und dgl.) ändern. Denn es wird hier der *Lohnanteil nach Lohnstunden je Einheit der Leistung und der Materialanteil nach Materialmenge je Einheit der Leistung* gerechnet. Die *technische Nachkalkulation* kann sich daher auch in den Fällen, wo eine gute kaufmännische Buchführung vorhanden ist, auf die *Ermittlung eines Teiles der Selbstkosten*, und zwar in erster Linie von Löhnen, Baustoffen, Betriebsstoffen und Bauhilfsstoffen in bezug auf die einzelnen Leistungen des Kostenanschlags (Bauvertrags) beschränken. Beide Arten von Nachkalkulationen sind notwendig und jede hat ihren besonderen Wert. Die Unkostensätze z. B. ergeben sich einzig und allein aus der kaufmännischen Nachkalkulation.

Die *kaufmännische Buchhaltung* einer Bauunternehmung bzw. einer Baustelle vermag über die *finanzielle* Lage des Unternehmens bzw. der Baustelle *nach Beendigung* der Bauarbeiten in der *Schlußbilanz* oder während der Bauausführung in *Zwischenbilanzen* genaue Auskunft zu geben. Sie kann aber dieses nur in enger Fühlungnahme mit der technischen Leitung, da die Bewertung der tatsächlichen vertraglichen Leistungen — diese sind ja maßgebend für die Beurteilung und nicht etwa die seitens des Bauherrn geleisteten Abschlagszahlungen — nur dem Betriebsleiter zusteht. Selbstverständlich wird kein guter Bauleiter den Wert von kaufmännischen Zwischenbilanzen unterschätzen. Jedenfalls hinken aber alle Ergebnisse der kaufmännischen Buchhaltung nach und wenn sie bekannt werden, ist an dem guten oder schlechten Ergebnis nichts mehr zu ändern oder aus dem Ergebnis auf die Fehlerquellen zu schließen. Je verwickelter aber die Buchhaltungen ihre Kontenführung aufbauen — in dem Bestreben, die technische Nachkalkulation zu ersetzen —, desto mehr machen sich auch die genannten Nachteile geltend. Man kann daher den Ergebnissen häufig nur den Wert einer nachträglichen *Baustellenstatistik* beimessen. Demgegenüber gibt aber die *technische Nachkalkulation* dem Bauleiter jederzeit *für jede einzelne Arbeit einen Maßstab zu ihrer Bewertung*. Die wunden Stellen des Betriebes werden durch die zwischenzeitlichen technischen Nachkalkulationen, *Zwischenkalkulationen* genannt, aufgedeckt, und der wachsame Bauleiter und Unternehmungsleiter hat die Möglichkeit, rechtzeitig einzugreifen und die erforderlichen technischen Verbesserungen vorzunehmen. Wenn aber Fehler in der Baustellenorganisation nicht vorliegen und trotz bester Leistungen eine weitere Herabminderung der Kosten unter den gegebenen Verhältnissen sich nicht erreichen läßt, so ist der Beweis erbracht, daß die Kostenvorrechnung unrichtig war. Für die *Betriebskontrolle* ist die technische Nachberechnung daher von größter Bedeutung. Der Hauptvorteil der kaufmännischen Nachberechnung ist ihre Genauigkeit. Denn ein buchhalterischer Abschluß muß natürlich auf den Pfennig genau stimmen, während für die Ergebnisse technischer Nachberechnungen die Rechenschiebergenauigkeit genügt. Der Kalkulator vermag ja den Lohnstundenverbrauch einzelner Arbeiten doch nie auf die erste und noch weniger auf die zweite Dezimale genau vorauszuschätzen. Der Verfasser macht ausdrücklich diese Bemerkung, weil Betriebstheoretiker nur zu leicht geneigt sind, eine Genauigkeit in diese praktischen Wissenschaften hineinzutragen, welche diese nie haben können und sollen.

In neueren Veröffentlichungen[1] (vor allem OPITZ) werden Vorschläge gemacht, um eine bessere Übereinstimmung zwischen technischer und kaufmännischer Kalkulation bzw. Nachkalkulation zu erzielen. Es wird vorgeschlagen, den bisher kalkulierten „Baubetriebslöhnen" auch die sogenannten „Gemeinkostenlöhne" zuzuschlagen — a) Hilfslöhne für Auf- und Abbau sowie Verladen der Geräte; b) die „Soziallöhne", d. h. die Sozialaufwendungen für Arbeiterurlaub, Feiertagszahlung, Krankheit und bezahlte Arbeitsversäumnis. Diese waren bisher als Zuschläge zu den Löhnen kalkuliert. c) Die vielfach als „Hilfslöhne" bei den „Allgemeinen Baukosten" erfaßten Lohn-

[1] GERHARD OPITZ, „Preisermittlung für Bauleistungen", Werner-Verlag Düsseldorf 1951; GERHARD OPITZ, „Kontenplan und Kostenrechnung, Buchhaltung und Nachkalkulation", Werner-Verlag Düsseldorf 1951; P. RIEM, Grundzüge der Preisermittlung im Baubetrieb, 3. Aufl., Bauverlag Wiesbaden 1953.

aufwendungen für Boten, Wächter, Lagerplatzarbeiter, Sanitäter, Telephonisten, Meßgehilfen, Reinemachfrauen, Kantinenhilfen usw. Der Verfasser hat die unter c) genannten Löhne allerdings als „Löhne für allgemeine Arbeiten" zusammen mit den Werkstattlöhnen erfaßt und auf die Hauptbauleistung verteilt — und die „Gemeinkosten der Baustelle" (Allgemeine Baukosten) zusammen mit den „Allgemeinen Geschäftskosten" in *einem* Zuschlag als „Betriebsgemeinkosten" zusammenzufassen. Das Studium dieser Literatur ist zu empfehlen. Die Anwendung auf einfache Bauvorhaben erscheint zweckmäßig. Der Verfasser hat aber Bedenken dagegen, bei größeren Tiefbauvorhaben sachliche Leistungen wie z. B. die Materialkosten der Geräteunterhaltung (Reparaturmaterial und Ersatzteile) oder die Kosten für Verbrauchsgeräte (Schwellen, Kleingeräte und Werkzeuge) in % der Baustellenlöhne auszudrücken. Der Ingenieur kann hier keine tatsächlichen Zusammenhänge sehen.

I. Technische Nachkalkulation.

Der Zweck der technischen Nachkalkulation als Grundlage für die Vorkalkulation und als Hilfsmittel der Betriebskontrolle liegt fest: Eine ins einzelne gehende technische Nachberechnung — und sie muß ins einzelne gehen und vor allem jede Leistung des Kostenanschlages getrennt erfassen, damit ihre Ergebnisse auf andere ähnliche Arbeiten übertragbar sind — ermöglicht allein die Feststellung, ob die einzelnen Arbeiten an den verschiedenen Stellen eines Baubetriebes wirtschaftlich durchgeführt werden. Sie ermöglicht auch jederzeit einen *Vergleich zwischen den tatsächlichen und den kalkulierten Kosten*, und zwar im einzelnen, nicht nur im gesamten. Sie ermöglicht also eine Gewinn- oder Verlustrechnung jeder vertraglichen Leistung. Der Bauleiter erhält so auch einen *Maßstab zur Beurteilung der Wirtschaftlichkeit von Gruppenarbeiten*. Außer dieser wertvollen Betriebskontrolle gewinnt der Bauleiter aus der technischen Nachkalkulation jeder einzelnen, auch der kleinsten Arbeit, die Erfahrungen, welche ihm beim Abschluß von Gruppenakkorden oder zur Festlegung der Grundleistungen bei Gewährung von Leistungsprämien zur Verfügung stehen müssen.

Zur Frage der *praktischen Organisation der technischen Nachkalkulation* auf Baustellen ist zu bemerken, daß es sich empfiehlt, für Baustellen mit über 300 Arbeitern einen Techniker fast ausschließlich mit der Bearbeitung dieser Aufgabe zu betrauen. Die letzte Auswertung der Ergebnisse liegt jedoch beim Bauleiter selbst.

Auf welche *Kostenelemente* soll sich nun die technische Nachkalkulation bei ihren Untersuchungen erstrecken? Die Hauptkostenarten (Löhne, Material, Gerätekosten, Gemeinkosten und allgemeine Geschäftskosten) würden an und für sich natürlich alle interessieren. Da nun aber die *allgemeinen Geschäftskosten in der kaufmännischen Nachkalkulation* erfaßt und ihre Höhe dem Kalkulator jeweils nach der Geschäftslage von der Geschäftsleitung angegeben wird (man vergleiche darüber Abschnitt II, § 7, S. 56), scheidet dieser Kostenfaktor von selbst aus.

Auch die *Gerätekosten* lassen sich bei der Vorkalkulation von Angeboten sehr leicht an Hand der Geräteliste und des Betriebsplans ermitteln (siehe II, § 1). Die Gerätemieten sind Ermessenssache, zumal die neue BPrVO nur „angemessene" Abschreibungs- und Verzinsungssätze verlangt. Die technische Nachkalkulation erstreckt sich hier fast ausschließlich auf Ermittlungen über die Kosten der Aufstellung und des Abbaues der Geräte (Abschnitt II, § 3, S. 25). Denn die Geräteunterhaltungskosten (Abschnitt II, § 2, S. 20) und die verbrauchten Bauhilfsstoffe können erst nach Beendigung der Arbeiten festgestellt werden. Auch der *Baumaterialienverbrauch* wird von der Materialbuchhaltung auf dem Baubüro bzw. der Lagerbuchhaltung im Magazin nach Kosten getrennt erfaßt (zweckmäßig in einer Materialkartothek). Außerdem ist der Materialverbrauch je Einheit der Leistung bei den meisten Bauarbeiten ziemlich feststehend und bekannt. Zur Kontrolle genügen im allgemeinen *monatliche Materialbestandsaufnahmen, nach Bauwerken und Verbrauchsstellen getrennt*, damit zwischenzeitlich möglichst gleichzeitig mit den Leistungsaufnahmen für die Bauabrechnung und nach Baubeendigung der *tatsächliche Materialverbrauch je Einheit der Leistung* festgestellt werden kann.

Die technische Nachkalkulation beschränkt sich demnach, besonders bei größeren *Tiefbauarbeiten*, in erster Linie auf die Nachprüfung des tatsächlichen *Lohn- und Betriebsstoffverbrauchs*. An erster Stelle stehen die *Lohnkosten*, zumal auch andere Auslagen, man denke z. B. an die sozialen Aufwendungen, in unmittelbarer Abhängigkeit von den verausgabten Löhnen stehen, und zwar nicht nur kalkulatorisch, sondern tatsächlich. *In der technischen Nachkalkulation spielt demnach die Erfassung der Löhne die wichtigste Rolle.* Selbst bei Tiefbauten ist die Erfassung der Betriebsstoffe nicht so wichtig, weil sich der Betriebsstoffverbrauch mit der für die Praxis erforderlichen Genauigkeit auch auf anderem Wege errechnen läßt (nämlich durch Annahme der täglichen bzw. stündlichen Durchschnittsleistungen der Maschinen und den aus jeder geordneten Gerätekartothek zu entnehmenden Ziffern für den Betriebsstoffverbrauch).

Als einzig brauchbares Maß zur Erfassung der Lohnkosten von Bauleistungen gilt die *Anzahl der verbrauchten Lohnstunden je Einheit der Leistung* (vgl. Abschnitt II, § 4, S. 31f.).

Organisation der technischen Nachkalkulation von Tiefbauarbeiten.

Die technische Nachkalkulation gruppiert sich nach den obigen Ausführungen in
1. Nachkalkulation der Löhne,
2. Nachkalkulation der Betriebsstoffe.

1. Nachkalkulation der Löhne.

Die Unterlagen für die Nachberechnung liefern in erster Linie die *Arbeitsberichte der Schachtmeister* und des sonstigen Aufsichtspersonals, die in übersichtlicher Form alle die Angaben enthalten sollen, auf welchen sich die Nachkalkulation aufbaut. Der Bauleiter entwirft daher am besten auf großen Tiefbaustellen jeweils eigene *Berichtsformulare*, in Anpassung an die besonderen örtlichen Verhältnisse. Beim Entwurf von Vordrucken für Berichtsformulare sind folgende Grundsätze zu beachten: Möglichst wenig Schreibarbeit für das Aufsichtspersonal; das Formular soll zur Berichterstattung im Sinn der Kostennachrechnung zwingen, so daß Rückfragen möglichst vermieden werden. Musterbeispiele von Berichtsformularen sind für verschiedene Tiefbauarbeiten vorgeschlagen (Formulare Nr. 1 bis 15). Mit *einem einzigen* Berichtsformular, welches einheitlich für alle Arbeiten Verwendung findet, ist keinesfalls auszukommen. Bei den späteren Ausführungen über die Nachkalkulation von Erdarbeiten sind z. B. fünf verschiedene Berichtsformulare empfohlen.

Diese *Tagesberichte der Meister* bilden nun die Unterlage für die tägliche und monatliche Nachberechnung des Lohnstundenverbrauchs aller Arbeiten auf der Baustelle. Man kann sich bei etwas primitiverer Nachkalkulation damit begnügen, die auf die einzelnen Vertragstitel entfallenden Leistungen und Lohnstunden festzustellen (Ausscheidung der Lohnstunden nach den Titeln des Bauvertrags in den Tagesberichten durch die Bauführer und Eintragung in Listen). Diese primitive Art der „*Austitelung*" nach Positionen des Vertrages mag für untergeordnete Leistungen auch genügen, während für den Haupttitel (bei Erdarbeiten die Erdbewegung) eine mehr ins einzelne gehende Aufstellung unbedingt erwünscht ist, mit Rücksicht auf die spätere Wiederverwendung dieser Unterlagen bei Vorkalkulationen.

Um nun dem Bauleiter und der Zentrale der Unternehmung einen Überblick über die täglichen Leistungen des Betriebes, also eine *tägliche Nachkalkulatiou* zu geben, wird zweckmäßig *täglich* ein *Baustellenbericht* in doppelter Ausfertigung für die Bauleitung und die Zentrale der Unternehmung ausgearbeitet. Dieser Bericht, welchem die Schachtmeisterberichte mit den Bemerkungen der Bauführer zugrunde liegen, soll in übersichtlicher Form Leistungen und verbrauchte Lohnstunden der einzelnen Teile des Betriebes (bzw. Titel des Vertrags) und des Gesamtbetriebes enthalten mit Angaben über Witterungsverhältnisse, Erschwernisse, größere Reparaturen, Stillegung von Geräten u. a. m. Bei sehr großen Baustellen ist in der Bauberichterstattung eine *Unterteilung in mehrere Bauabschnitte* erforderlich (Beispiel eines Tagesberichtsformulars Vordruck Nr. 6).

Notwendig ist eine Kontrolle, ob die Lohnstundensumme aus den Tagesberichten mit der *Lohnstundensumme der* aus den Lohnbüchern zusammengestellten *Lohnlisten* in der Lohnbuchhaltung übereinstimmt.

Zur Durchführung der *Nachkalkulation in größeren Zeitabschnitten* (am besten monatlich) empfiehlt sich, wie langjährige Erfahrungen erweisen, die Anlage eigener „*Betriebstabellen*", in welche möglichst täglich die Lohnstunden aus den Schachtmeisterberichten übertragen werden. Aus den Abschlußzahlen der Betriebstabellen am Monatsende stellt der Bauleiter einen *Monatsbericht*, d. h. die mit dem Monat abgeschlossene Nachkalkulation (von Baubeginn bis Monatsende) zusammen, welche in einem Exemplar auf der Baustelle verbleibt und in einem zweiten Exemplar der Zentrale der Unternehmung übermittelt wird. Aus derartigen tabellarisch angeordneten Monatsübersichten muß in wenigen Augenblicken zu übersehen sein, ob wirtschaftlich gearbeitet wird. Die Betriebstabellen können, soweit „Einrichtungsarbeiten" und „allgemeine Arbeiten" in Frage kommen, für alle Tiefbauarbeiten in gleicher Weise gehandhabt werden, während bei der „Bauausführung im engeren Sinne" eine Trennung nach verschiedenen Bauobjekten erfolgt.

Richtlinien für die Lohnzergliederung bei Anlage von Betriebstabellen und Baustellenberichten zur täglichen und monatlichen Nachkalkulation.

Allgemeines. Die Betriebstabellen müssen *sämtliche* auf der Baustelle angefallenen *Lohnstunden* enthalten. Sie werden zweckmäßig nach einzelnen Betrieben (einzelne Bagger, Handschächte usw.) getrennt aufgestellt und für die monatliche Nachkalkulation aufaddiert. Es müssen alle Lohnstunden (auch von Tagelohnarbeiten) des betreffenden *Baukontos*, in den Betriebstabellen in Erscheinung treten, da sonst ein Vergleich mit den Lohnlisten nicht möglich ist. Bei Akkord- und Prämienarbeiten werden Akkordüberschüsse und Leistungsprämien nachträglich zweckmäßig in Lohnstunden umgerechnet.

Bei Anlage der Betriebstabellen ist scharf zu trennen zwischen den *Einrichtungsarbeiten* (Einrichtung und Abräumung der Baustelle) und den *Arbeiten der Bauausführung.*

Einrichtungsarbeiten.

Unter Einrichtungsarbeiten werden folgende Arbeiten verstanden:

1. Antransport und Entladen von Geräten und Bauhilfsstoffen. Hierunter fallen das Verladen der Geräte am Lagerplatz, das Ausladen auf Entladebahnhöfen und Überladen auf eigene Förderwagen (oder Abladen von Eisenbahnwagen und Überladen auf Fuhrwerke nebst Transport zur Baustelle), der Transport zur Verwendungsstelle und das Abladen daselbst. Auch die Anlage eines *Überladebahnhofs*, welche bei großen Baustellen mit Bahnanschluß erforderlich wird, fällt unter diesen Anteil der Einrichtungsarbeiten, soweit man nicht die Materialkosten damit belasten kann. Auch der Abtransport von Bauhilfsstoffen, wie Schalungen und Rüstungen, gehört hierher, während die Anfuhr der sonstigen Bau- und Betriebsstoffe zur „Bauausführung" gehört. Man kann indessen auch bei Tiefbauarbeiten das Entladen der Betriebsstoffe (Kohle, Schmiermittel usw.) unter die „Lagerplatzarbeiten" rechnen, da diese Arbeiten doch stets von den Lagerplatzarbeitern vorgenommen werden. Der Lohnaufwand wird ermittelt in *Lohnstunden je 1 t.*

Zu den Lohnkosten kommen die *Frachten, Anschluß- und Zustellgebühren* und gegebenenfalls Kosten von Lastkraftwagentransporten. (Man vergleiche hierzu Abschnitt II, § 6, S. 49.)

2. *Aufbau der Geräte*, bei Erdarbeiten also die Aufstellung von Baggern, Absetzapparaten und sonstigen Großgeräten, unter Einschluß des Transports von der Entladestelle zur Verwendungsstelle. Bei Betonarbeiten kommen in Frage die Aufstellung von Kiessortieranlagen, Betonmischanlagen, Turmdrehkranen, Kabelbahnen usw. (vgl. Abschnitt II, § 3, S. 27f.).

Bemerkung. Die in 1. und 2. genannten Arbeiten wurden in den Betriebstabellen den Einrichtungsarbeiten zugeteilt, obgleich sie nach dem Grundplan bei den „Gerätekosten" aufgeführt sind. Bei der Nachkalkulation werden sie aber besser hier geführt. Wo der Bauvertrag einen besonderen Titel „Einrichtungskosten" vorsieht, erscheinen sie auch bei der Vorkalkulation unter den „Einrichtungslöhnen".

3. *Erster Gleisbau.* Hier sind die Lohnkosten anzugeben für das *erstmalige* Legen der Betriebsgleise auf der Baustelle. Hierunter fällt auch das erste Legen von Anschlußgleisen, Gleisen auf dem Lagerplatz, von Lade- und Kippgleisen, während das Umlegen der Ladegleise, wie auch das Rücken von Kippgleisen, zusammen mit der Gleisunterhaltung unter den Titel „Transport- und Gleisarbeiten" bei der Bauausführung fällt. Die Leistung dieser Arbeiten wird nach *lfd. m Gleis* bemessen. In die Leistung inbegriffen sind: Schaffen eines Planums, Vorschaffen von Schienen und Schwellen auf Gleishunden (Untergestelle von Förderwagen), Nageln des Gleises, Einbringung von Bettungsmaterial, sowie erstes Unterstopfen des Gleises bis zur Betriebsfähigkeit. Das Entladen des Gleises aus den Eisenbahnwaggons dagegen fällt unter 1. und das spätere Nachrichten des Gleises im Laufe des Betriebes unter die „Gleisunterhaltung".

4. *Aufstellen von Baubaracken.* Dieser Titel umfaßt die Erstellung von Baubüros, Magazinen, Werkstätten, Unterkunftsbaracken, Kantinen, Zementschuppen usw. Die Leistung wird nach m^2 überbauter Fläche bzw. m^3 umbauten Raumes angegeben.

5. *Herrichten des Lagerplatzes.* Dazu gehören Anlagen wie Kohlenbunker, Ölkeller, sowie erforderlichenfalls Erdbewegungen und Rodung der Lagerflächen usw. Das Gleislegen auf den Lagerplätzen fällt dagegen unter „erstes Gleislegen".

6. *Einrichtung der Reparaturwerkstätte.* Sie umfaßt die Herstellung von Maschinenfundamenten, Aufstellung der Maschinen, Transmissionen u. dgl. (vgl. Abschnitt II, § 3, S. 31).

7. *Einrichtung einer Wasserversorgung* (Speisewasser für Bagger, Lokomotiven, Betonbereitung usw.). Dazu gehört das Bohren von Brunnen oder die Anlage von Wasserfassungen, das Aufstellen von Pumpen und Hochbehältern, sowie das erstmalige Verlegen der Wasserleitungsrohre über die ganze Baustelle (nebst Aushub und Wiederverfüllen der Rohrgräben). Das spätere Umlegen von Leitungen (Baggerzuleitungen u. dgl.) zählt zur Bauausführung. Unter die Einrichtungsarbeiten fällt auch bei Verwendung von Wasserreinigungsapparaten deren erste Aufstellung.

Bemerkung. Nicht zu übersehen sind die *Materialkosten* der Wasserversorgung. Es wird sich daher vielfach eine getrennte Kostenberechnung der Wasserversorgung und Umrechnung der Gesamtkosten auf 1 m^3 Wasser empfehlen. (Siehe die Ausführungen S. 123ff.)

8. Ausrüstung der Baustelle mit einer Kraftzentrale für die *Erzeugung von elektrischem Strom und Druckluft*, Aufstellen der Transformatorenstation und Legen der Niederspannungsleitungen. Ferner Einrichtung der *Lichtversorgung* der Baustelle (Büro, Lagerplatz, Magazine, Werkstätten und Baubetrieb). Die laufenden Auslagen für Strom fallen unter „Betriebsstoffverbrauch" mit Ausnahme der Löhne für die Bedienung der genannten Anlagen, welche unter „allgemeine Arbeiten" des Betriebes fallen.

9. Einrichtung von Wasserhaltungen. Diese wird zweckmäßig bei der Kalkulation zusammen mit den laufenden Wasserhaltungskosten ermittelt und erscheint dort als *Einrichtungspauschale* für jedes Pumpenaggregat gesondert.

10. Einrichtung von Streckentelephon u. dgl.

11. Rodungsarbeiten. Ob diese zu den Einrichtungsarbeiten zu zählen sind, hängt davon ab, ob sie im Vertrag als besondere Leistung in einem eigenen Titel aufgeführt sind. In letzterem Fall zählen sie nicht zu den Einrichtungsarbeiten, sondern zur Bauausführung mit Ausnahme von Rodungsarbeiten, welche nicht in unmittelbarem Zusammenhang mit den eigentlichen Bauarbeiten stehen (Roden von Lagerplätzen usw.). Die Rodungsarbeiten umfassen das Entfernen stehengebliebener Wurzelstöcke, welche mit Hebebäumen ausgegraben oder aber ausgeschossen werden. Die ungefähre Anzahl der Stöcke je 1 m^2 Fläche und ihr mittlerer Durchmesser sind anzugeben und der Lohnstundenaufwand sodann auf 1 m^2 Fläche umzurechnen.

12. Sonstige Einrichtungsarbeiten. Hierunter können alle unter 1. bis 11. nicht besonders aufgeführten Einrichtungsarbeiten zusammengefaßt werden, z. B. Anlage von Garagen für PKWs und LKWs u. dgl. m.

Bemerkung. Für die „*Abräumung der Baustelle*" sind die Kosten des Abbruchs der unter 1. bis 12. bezeichneten Anlagen in gleicher Weise zu erfassen.

Bauausführung.

I. Allgemeine Arbeiten.

Bei der Bauausführung kommen zunächst eine Reihe *Arbeiten allgemeiner Natur* in Frage, welche nicht unmittelbar zum Betrieb gehören, aber doch zur Durchführung der Bauarbeiten unbedingt erforderlich sind. Oder anders ausgedrückt *Arbeiten, welche alle Bauarbeiten gleichermaßen belasten, aber nicht in unmittelbarem Zusammenhang mit den Bauarbeiten selbst stehen.* Unter diese allgemeinen Arbeiten fallen folgende Lohnkosten, welche auf die einzelnen Titel des Vertrags anteilig zu verteilen sind, sofern man nicht zur Vereinfachung der Kalkulation es vorzieht, die Hauptarbeit (bei Baulosen, welche vorwiegend Erdarbeiten umfassen, also die Bodenbewegung) mit diesen Kosten zu belasten:

a) Reparaturwerkstätte. Die für die Reparatur von Maschinen, Förderwagen und sonstigen Geräten in der Werkstätte verbrauchten Lohnstunden[1] (fast ausschließlich Facharbeiterstunden) fallen unter diesen Titel. Eine Trennung nach den verschiedenen Facharbeiterkategorien (Maschinenschlosser, Dreher, Schmiede, Stellmacher usw.) ist meist nicht erforderlich, da es keine Schwierigkeiten macht, den „*mittleren Werkstattlohn*" hinreichend genau zu ermitteln. Es kann angestrebt werden, die Werkstattlöhne in der Nachkalkulation auf die einzelnen Gerätegattungen wie Bagger, Lokomotiven, Förderwagen, Geräte für gleislosen Erdbetrieb usw. zu verteilen, so daß die auf die einzelnen Geräte entfallenden Reparaturlöhne in Erscheinung treten.

b) Magazin, Lagerplatz, Bewachung, Kraftwagenführer usw. Erfaßt werden hier die Lohnstunden des Magazinverwalters und der ihm zeitweise zur Verfügung gestellten Hilfskräfte. Ferner der Lohn des Nachtwächters (welcher zweckmäßig gleichzeitig als Nachtheizer Verwendung findet), weiter die Löhne für Lagerplatzarbeiter (Aufladen von Baugeräten, Stapelung von Geräten und Aufräumungsarbeiten, Sandrösten, Kohleladen usw.) und für Bedienungspersonal von Last- und Personenkraftwagen[2] (eventuell Titel „Förderkosten"!). Auch die Bedienung einer Kraftzentrale und Überwachung der elektrischen Anlagen kann unter diesem Titel geführt werden, obgleich es sich auf Baustellen, wo eine größere Kraftzentrale ständige Bedienung erfordert, empfiehlt „Kraftgewinnung und Stromverteilung" als eigenen Titel zu führen.

c) Unterhaltung von Bau- und Wohnbaracken (eventuell Zuschüsse zu Unterkunft und Verpflegung der Belegschaft).

d) Wasserversorgung der Baustelle. Bedienung von Pumpanlagen, Hochbehältern u. dgl. Alle im Zusammenhang mit der eigentlichen Bauausführung stehenden Arbeiten für die Wasserversorgung (z. B. Zuleitung zu den Baggern) zählen nicht zu den „allgemeinen Arbeiten".

Bemerkung. Bei diesem Titel ist in der Kostenvorrechnung neben den Lohnkosten der Betriebsstoffverbrauch nicht zu übersehen, wenngleich er gegenüber dem Gesamtverbrauch an Betriebsstoffen kaum ins Gewicht fallen wird.

e) Wegeverlegungen, Notbrücken u. dgl. Bei den letzteren wird auch das Materialkonto belastet, was nicht übersehen werden darf.

f) Vermessungsarbeiten. Die Hilfskräfte bei Absteckungsarbeiten aller Art sind hier zu erfassen, während der Vermessungstechniker das Unkostenkonto als Angestellter belastet.

g) Sonstige Arbeiten allgemeiner Art, z. B. Hochwasserschutzarbeiten.

Bemerkung. Auf der Kostenstelle „Werkstättenbetrieb" werden neben Löhnen noch Betriebsstoffe sowie Reparaturmaterialien und Ersatzteile verbraucht. Die Betriebsstoffe sind aber ganz geringfügig gegenüber den im Gesamtbetrieb verbrauchten Betriebsstoffen. Die verbrauchten Reparaturmaterialien und Ersatzteile zählen als Materialkosten zur „Geräteunterhaltung".

---

[1] Diese Lohnaufwendungen kann man auch unter den *Gerätekosten* als *Lohnkosten der Geräteunterhaltung* bezeichnen.

[2] Das Fahrpersonal von Schwerlastwagen, welche im gleislosen Erdbetrieb eingesetzt sind, fällt unter die Bauausführung im engeren Sinn, und zwar unter „Löhne für Transport" (und Unterhaltung der Fahrwege).

II. Die Bauausführung im engeren Sinne.

Die Lohnkosten für die *Bauausführung im engeren Sinne* werden in der Nachkalkulation zweckmäßig nach den Titeln des im Bauvertrage enthaltenen Leistungsverzeichnisses (Kostenanschlags) getrennt. Die Schachtmeisterberichte sollen daher möglichst eine eigene Spalte enthalten, worin vom Bauführer die entsprechende Ordnungszahl des Vertrages vermerkt wird („Austitelung").

Die Richtlinien für die Baustellenberichterstattung und Aufstellung der Betriebstabellen müssen bei der Bauausführung im engeren Sinne eine *Trennung nach den wichtigsten Tiefbauarbeiten* erfahren: *Erdarbeiten, Betonarbeiten, Rammarbeiten, Brückenbauten, Maurer- und Steinbrucharbeiten, Schachtungen und Rohrverlegungen* (nachstehend nicht behandelt), *Brunnengründungen und Druckluftgründungen, Tunnel- und Stollenbau.*

A. Erdarbeiten.

I. Baggerbetriebe.

Die folgenden Ausführungen beziehen sich in erster Linie auf sog. *Trockenbaggerbetriebe* (Eimerkettenbagger und Löffelbagger) wie sie in Abraumbetrieben, bei Eisenbahn- und Kanalbauten, Flußkorrektionen usw. Verwendung finden. Ihre sinngemäße Anwendung auf Naßbaggerbetriebe (Schwimmbagger) dürfte indessen keine Schwierigkeiten bereiten.

Die Anlage von *Betriebstabellen* erfolgt zweckmäßig für jeden einzelnen Bagger getrennt. Bei gleichartigen Verhältnissen und gemeinsamen Kippen (Einbaustellen) können auch mehrere Baggerbetriebe gemeinsam in *einer* Betriebstabelle geführt werden. Die Betriebstabellen sollen auf ihrer Umschlagseite möglichst nähere Angaben enthalten, welche ein genaues Bild über die Art der Arbeiten geben, also neben Skizzen über die ausgeführten Baggerschnitte Angaben über Bodenbeschaffenheit, Transportentfernung zur Kippe, Steigungen in den Betriebsgleisen, verwendete Fördergeräte u. dgl. m. In einer eigenen Spalte „Bemerkungen" sind anzugeben die Witterungsverhältnisse, Schwierigkeiten beim Lösen und Einbauen des Materials, Ursachen für Stillstand von Baggern, Art und Beschaffenheit der Kippen (Höhe der Kippen, Verhalten des Bodens beim Kippen, Unterscheidung nach Damm- und Ablagerungskippen, Angabe von Hilfsmitteln wie Einebnungspflügen u. dgl.), Erleichterung der Arbeit durch Wegfall des Transportes (seitliches Aussetzen des gewonnenen Bodens), Angabe des Systems der verwendeten Fördergeräte (Selbstkipper usw.). Diese Beschreibung wird zweckmäßig durch Lichtbilder und eine graphische Darstellung der Baggerleistungen unterstützt.

Die *Lohnzergliederung* bei Erdarbeiten mit Baggerbetrieben erfolgt am besten nach folgenden 3 Titeln:

1. Bagger, 2. Transport und Gleis, 3. Kippe (Einbau).

1. Bagger. Unter diesem Titel, welcher das Lösen und Laden mit dem Bagger umfaßt, wird der Lohnaufwand für folgende Arbeiten wiedergegeben:

a) Baggerschacht. Umfassend die Bedienung des Baggers (bei Löffelbaggern auf Raupen 1 Baggermeister, 1 Heizer; bei Eimerbaggern 1 Baggermeister, 1 Maschinist, 1 Heizer). Bei Diesel- oder Elektrobaggern entfällt der Heizer. Bei Raupenbaggern genügt im allgemeinen 1 Mann für Baggerplanie. Bei älteren Löffelbaggern auf Schienenstößen sind wenigstens 2 Mann zum Herstellen des Planums und zum Vorlegen der Baggerstöße erforderlich. Beim Eimerbagger kommen hier in Frage die Lohnkosten für Freimachen des Gleises und Rücken des Baggergleises von Hand oder mit Gleisrückmaschinen).

Abb. 160.

b) Nebenarbeiten. Löhne für Böschungsarbeiten und Sohlenplanie bei Einschnittsbaggerungen, Herstellung von Gräben zur Entwässerung der Baggersohle, Verlegen bzw. Umlegen der Wasserleitungen, welche dem Bagger das Speisewasser zuführen (bei elektrischen Baggern treten an ihre Stelle die Arbeiten an den Fahrleitungsmasten der Stromzuführung).

Bemerkung. Sofern das Lösen nicht unmittelbar durch Bagger erfolgen kann, sondern eine Lockerung des Bodens durch Sprengschüsse oder überhaupt ein *Sprengen des Bodens* erforderlich ist, sind diese Kosten für das Lösen des Bodens den oben genannten Lohnkosten zuzufügen und der Verbrauch an Sprengstoffen bei der Nachkalkulation der Betriebsstoffe mit zu berücksichtigen.

2. Transport und Gleis. Unter die Lohnkosten für diesen Titel fallen die Löhne

a) für Transportpersonal im engeren Sinne, d. h. Lokomotivführer, Heizer, Weichensteller, Bremser usw.

b) für Gleisarbeiten, umfassend den Lohnaufwand für Gleis mbauten im Baggerschacht und auf der Kippe sowie die laufende Gleisunterhaltung (Gleisregulierung) in den Baggerlade- und Transportgleisen. Es wird sich meistens empfehlen, die Gleisrichterstunden gleichmäßig auf die einzelnen Bagger zu verteilen.

Bemerkung. Bei seitlichem Aussetzen des gewonnenen Baggergutes fällt der Titel b) fort. Bei *gleislosem Transport*, also z. B. bei Verwendung von Drahtseil- oder Kabelbahnen, muß statt des Gleispersonals das Bedienungspersonal der Seilbahn (1 Kranführer und das Personal zum An- und Abhängen sowie Verschieben der Krankübel) hier aufgeführt werden.

3. Kippe. *(Einbau.)* Dieser Titel umfaßt die Löhne für

a) das Kippersonal, d. h. die Löhne für Kippmeister und Kippkolonnen, deren Besetzung in erster Linie von den Verhältnissen auf der Kippe und der Art des Transportgerätes (Selbstkipper verschiedener Systeme und Wageninhalte, gewöhnliche Holzkastenkipper) abhängt.

b) Nebenarbeiten auf der Kippe. Hierunter fallen die Löhne für Regulierung der Dammböschungen bei Dammschüttungen bzw. für Planierarbeiten bei Ablagerungen.

Bemerkung. Bei *Spülkippen* ist noch die Bedienung der Pumpanlage zu berücksichtigen. Bei Verwendung von *Absetzapparaten* auf der Kippe sind die *Gerätekosten* und Betriebskosten dieser Apparate zu ermitteln. Die Lohnkosten beschränken sich in diesem Fall auf die Löhne für das Bedienungspersonal (1 Baggermeister, 1 Maschinist, 1 Schmierer), für die Arbeiter zum Kippen der Förderwagen und Unterhalten sowie Umlegen der Absetzergleise, Umlegen der Hochspannungsleitungen und Planierarbeiten.

Lohnzergliederung bei Baggerarbeiten mit gleisloser Förderung.

Während Titel *1. Bagger* sich nicht ändert, wird in Titel *2. Transport* das gesamte bei der Erdförderung als Kraftfahrer eingesetzte Fahrpersonal von Erdtransportwagen, Schürfkübelwagen u. dgl. erfaßt. Unter *3. Kippe* (d. h. Einbau) erscheint außer dem Kippmeister (oder Vorarbeiter) das Bedienungspersonal von *Planierraupen* und die wenigen Arbeiter für *Nebenarbeiten* (Planierarbeiten, Regulierung von Dammböschungen u. dgl.).

Die beträchtlichen *Gerätekosten* (vor allem Materialkosten der Geräteunterhaltung, aber auch die Lohnkosten) sind getrennt zu erfassen.

II. Handschächte.

Bei *kleineren Handschächten*, wo der Boden von Hand (oder mittels Sprengung bei festem Gestein) gelöst und auf Kipploren (oder Lastkraftwagen) geladen wird, welche mit Hand oder mit Pferden zur Einbaustelle befördert und dort gekippt werden, wird es im allgemeinen genügen, den Lohnaufwand in Lohnstunden je 1 m³ festzustellen.

Bei *Handschächten mit Lokomotivbetrieb*, wie sie beispielsweise im Straßen- und Bahnbau früher häufig vorkamen, empfiehlt sich, um eine Anwendung der Ergebnisse bei neuen Kalkulationen zu erleichtern, bei der Nachkalkulation in ähnlicher Weise wie bei den Baggerarbeiten eine Unterteilung in folgende 3 Titel:

1. Ladeschacht,
2. Lokomotivbetrieb (Transport und Gleis),
3. Einbau.

Es soll bei dieser Gelegenheit noch besonders darauf hingewiesen werden, daß derartige Nachberechnungen nur dann einen Wert für die Zukunft besitzen, wenn diesen Aufschreibungen eine genaue Beschreibung der Arbeit mit Skizzen und näheren Angaben über Bodenbeschaffenheit, Transportentfernung, Transportgeräte, Steigungen in den Betriebsgleisen, Verhältnissen auf der Kippe usw. beigegeben sind. Dabei wird sich heute in den meisten Fällen ergeben, daß der Einsatz von *Flachbaggergeräten* und Greif- oder Schleppseilgreifbaggern wirtschaftlicher ist. Bei *Mutterbodenarbeiten* wird jedoch ein Teil Handarbeit verbleiben.

Abb. 161 (zu III. Wasserhaltungsarbeiten).

III. Wasserhaltungsarbeiten.

Im Zusammenhang mit größeren Erdarbeiten werden sehr häufig *Wasserhaltungsarbeiten* erforderlich. Die Lohnkosten hierfür werden bei der Nachkalkulation, soweit *Einrichtungskosten* (z. B. Anlage eines Pumpenschachts) *und allgemeine Arbeiten* in Frage kommen, nach den früher gegebenen Richtlinien ermittelt, während sie sich für die *Bauausführung im engeren Sinne* (Unterhaltung der Anlagen) wie folgt zergliedern:

1. Löhne für Wartung der Pumpanlagen.
2. Löhne für Reinigung der Pumpenschächte, Offenhalten von Zulaufgräben, Vertiefung von Pumpensümpfen und Anlagen von Drainagen in der Baugrubensohle (bei Bauwerken).
3. Löhne für Erstellung, Unterhaltung und Beseitigung von *Fangedämmen* und ähnliche Arbeiten im Zusammenhang mit der Wasserhaltung.

Durch Zusammenfassung der Ergebnisse aus I, II, III und der Kosten für „allgemeine Arbeiten“ erhält man in bestimmten Zeitabständen einen endgültigen *Abschluß der Nachkalkulation für Erdarbeiten.* Die Zusammenstellung solcher Abschlüsse erfolgt am besten auch in Tabellenform. Sollen derartige Monats- oder Vierteljahrsabschlüsse aber ein getreues Bild der Lohnkosten geben, so muß man die Forderung stellen, daß außer dem Lohnstundenaufwand an *reinen Löhnen* auch der „*mittlere Stundenlohn*" (Prämienzahlungen, Akkordüberschüsse, Auslösungen, Zulagen u. dgl. berücksichtigen!) ermittelt wird. Der „*mittlere Stundenlohn*" ist nach den Lohnlisten der Lohnbuchhaltung zu ermitteln und in Beziehung zu setzen zum Erdarbeiterlohn. Es gilt dann die Gleichung: Verbrauchte Lohnstunden je 1 m^3 Erdbewegung $\times$ mittlerer Stundenlohn $=$ Lohnkosten je 1 m^3 Bodenbewegung.

IV. Verdichtungsarbeiten.

Im neuzeitlichen Erdbau bei Straßen- und Bahnbauten werden die Bodenmassen nach dem Einbau verdichtet. Das *Bedienungspersonal von Stampfgeräten und Rüttelgeräten* (Stampfbagger, Vibromax, Frösche usw.) einschließlich anteiliger Aufsicht ist hier bei den Lohnkosten zu erfassen. Auch bei diesen Arbeiten sind die Gerätekosten und Betriebsstoffkosten erheblich.

Berichterstattung der Baustelle bei Erdarbeiten.

Da nach den früheren Ausführungen die Arbeitsberichte der Schachtmeister und des sonstigen Aufsichtspersonals die Grundlage jeder technischen Nachkalkulation auf Baustellen bilden, sind nachstehend eine Anzahl von *Entwürfen für Vordrucke zu Schachtmeisterberichten, Baustellenberichten* und *Betriebstabellen* beigegeben, wie sie bei Erdarbeiten Verwendung finden können.

Tagesberichte des Aufsichtspersonals. Für *Baggerarbeiten* empfiehlt sich die Verwendung von 5 verschiedenen Vordrucken für Werkstätte, Maschinenbetrieb (Außendienst), Bagger, Kippen und sonstige Arbeiten (Entladearbeiten, Handschächte usw.) entsprechend den Vordrucken 1 bis 5.

Tagesberichte der Bauleitung an die Zentrale der Unternehmung. Vordruck Nr. 6 zeigt ein Formular für einen solchen Tagesbericht bei Erdarbeiten. Es darf nicht übersehen werden, daß derartige Berichte im Erdbau allerdings eine kleine Ungenauigkeit enthalten, insofern die angegebenen Massen nicht das Ergebnis eines genauen Aufmaßes sind, sondern auf Grund des sog. „Wagenmaßes" (geschätzter Inhalt der Förderwagen) errechnet sind.

Monatsberichte der Baustelle. Sie stellen lediglich einen Auszug aus den *Betriebstabellen* dar. Diese zusammenfassende Übersicht für die Zentrale der Bauunternehmung wird von der Baustelle zweckmäßig in Tabellenform angelegt und ist in dieser gedrängten Form dann nichts anderes als eine *monatliche Nachkalkulation,* welche die Abschlüsse der Betriebstabellen zur Grundlage hat und durch entsprechende Bemerkungen über die besonderen Umstände und Erschwernisse auf der Baustelle zu ergänzen ist. Die Massenermittlung erfolgt hier, zumindest in 2- bis 3monatlichen Zeitabständen, durch „Aufmaß" zur Ausschal-

Nr. 1.

Firma ______________ *Maschinenbetrieb* (Außendienst)

Tagesbericht Nr. ________ vom ______________ 19____

Wetter ______________ Baustelle ____________

Es waren beschäftigt	Lohnstunden						Gesamtzahl der	
für Bagger	Nr. 1	Nr. 2	Nr. 3	Nr. 4	Nr. 5	Absetzapparat		
Baggerstunden							h	Arbeiter
Baggermeister . .								
Baggermaschinist								
Baggerheizer . .								
Planierraupenführ.								
Kraftf.(Erdtransp.)								
Summe								
Lokführer								
Lokheizer								
Bremser								
Hilfsarbeiter . . .								
Summe								

	Rangierdienst		Transporte			Handschächte		
	Anzahl	h	t	Anzahl	h	m³	Anzahl	h
Lokführer								
Lokheizer								
Bremser								
Summe								

Sonstige Arbeiten	Wasserleitung						Insgesamt	
	Anzahl	h	Anzahl	h	Anzahl	h	h	Arbeiter
Facharbeiter . . .								
Hilfsarbeiter . . .								

Der Bauleiter: ____________ Der Maschineningenieur: ____________ Der Maschinenmeister: ____________

Nr. 2.

Firma ______________ *Werkstätte*

Tagesbericht Nr. ________ vom ______________ 19____

Betriebsstunden ____________

darunter Überstunden ________ Baustelle ____________

Pos.	Es waren beschäftigt	h	Bezeichnung der Arbeiten
	Maschinenmeister.		
	Stellmacher . . .		
	Dreher		
	Schlosser		
	Schmiede		
	Zuschläger . . .		
Summe A			
	Hilfsarbeiter . . .		
	Magazingehilfe . .		
	Kraftfahrer . . .		
	Wächter		
Summe B			
Summe A + B			
darunter Überstunden . .			

Reparaturen:

Bagger	h	Lokomotive	h	Sonstige Geräte	h
Nr.		Nr.		Wagen	
,,		,,		Absetzapparat	
,,		,,		Planierpflug .	
,,		,,		Planierraupe .	
,,		,,		Erdförderwagen . . .	
,,		,,			

Der Bauleiter: ____________ Der Maschineningenieur: ____________ Der Maschinenmeister: ____________

Nr. 3.

Firma ………… **Bagger** *Nr.* …………

Tagesbericht Nr. ………… vom ………… 19…………

Arbeitsstelle bei Station km ………… Baustelle …………

…… Züge mit { …… Wagen je …… m³ / …… Wagen je …… m³ } = […… m³] Wasserhaltung: …… Pumpen …… Ø

Wetter ………… Bodenart ………… ohne/mit Sprengen

Schichtdauer von …… bis …… = …… Betriebsstd. [Baggerstd. ……]

Pos.	Es waren beschäftigt	h	Bezeichnung der Arbeiten Bemerkung über Störungen
……	…… Schachtmeister . .	……	
……	…… Mann am Bagger .	……	
……	…… Böschungsplanierer	……	
Summe		……	
	für Gleisarbeiten:		
……	…… Weichensteller . .	……	
……	…… Wagenschmierer . .	……	
……	…… Gleisrichter . . .	……	
……	…… Arbeiter	……	
Summe		……	
	**Wasserabführung: Mutterboden abheben:*		Station ……
……	…… Vorarbeiter	……	…… m², …… cm stark = …… m³
……	…… Arbeiter	……	…… Wagen je …… m³ = …… m³
Summe		……	
	Sprengarbeiten:		Sprengstoffverbrauch:
……	…… Schießmeister . . .	……	Art des Sprengstoffes ……
……	…… Arbeiter	……	…… Ladung. à …… Patron./kg = …… Patron./kg
Summe		……	
	Sonstige Arbeiten:		
……	…… Vorarbeiter	……	
……	…… Arbeiter	……	
Summe		……	

* Nicht Zutreffendes zu durchstreichen.

Der Bauleiter: ………… Der Bauführer: ………… Der Schachtmeister: …………

Nr. 4.

Firma ………… **Kippe**

Tagesbericht Nr. ………… vom ………… 19…………

Kippe für ………… Bagger Nr. ………… bei Station …………

…… Züge mit { …… Wagen je …… m³ / …… Wagen je …… m³ } = […… m³] Baustelle: …………

Wetter ………… Bodenart …………

Schichtdauer von ………… bis ………… = ………… Betriebsstunden

Pos.	Es waren beschäftigt	h	Bezeichnung der Arbeiten Bemerkung über Störungen
……	…… Kippmeister . . .	……	
……	…… Vorarbeiter	……	
……	…… Arbeiter	……	
……	…… Weichensteller . .	……	
Summe		……	

Kippe für ………… Bagger Nr. ………… bei Station …………

…… Züge mit { …… Wagen je …… m³ / …… Wagen je …… m³ } = […… m³] …………

Bodenart ………… Arbeitszeit ………… Betriebsstunden

*mit/ohne Pflug-Planierraupe *aufgedämmt/ausgekippt …………

Pos.	Es waren beschäftigt	h	Bezeichnung der Arbeiten Bemerkung über Störungen
……	…… Kippmeister . . .	……	
……	…… Vorarbeiter	……	
……	…… Arbeiter	……	
……	…… Weichensteller . .	……	
……	…… für Planieren . . .	……	
Summe		……	
……	…… für Gleisvorstrecken	……	…… lfd. m …… mm Spur
……	…… für Gleisabbrechen	……	…… lfd. m …… mm Spur
……	……	……	
……	……	……	
Summe		……	

* Nicht Zutreffendes zu durchstreichen.

Der Bauleiter: ………… Der Bauführer: ………… Der Schachtmeister: …………

Nr. 5.

Firma .... **Sonstige Arbeiten**

Tagesbericht Nr. .... vom .... 19 ......

Wetter .... Baustelle ....

Schichtdauer von .... bis .... = ... Betriebsstunden

Pos.	Es waren beschäftigt	h	Bezeichnung der Arbeiten		
	Auslade- und Transport-Arbeiten:		*Entladene Waggons*		
			Anzahl	Ges.-Gew. t	Ladegut
	...... Schachtmeister . .				
	...... Vorarbeiter				
	...... Arbeiter				
Summe					
	Handschacht:		...... Wagen je ...... m^3 = ... m^3.		
	...... Vorarbeiter				
	...... Arbeiter				
Summe					
	...... Schachtmeister . .				
	...... Vorarbeiter				
	...... Arbeiter				
	...... Vorarbeiter				
	...... Arbeiter				
	...... Vorarbeiter				
	...... Arbeiter				
Gesamtsumme					

Tagelohnarbeiten sind besonders aufzuführen.

Der Bauleiter: .... Der Bauführer: .... Der Schachtmeister: ....

tung der zuvor erwähnten Ungenauigkeit. Die Vordrucke Nr. 7 bis 10 geben Anhaltspunkte, wie der Kopf von *Betriebstabellen für große Erdarbeiten* angelegt werden kann. Der *Kopf der Tabellen* braucht bei Anlage in Heftform, die sich unbedingt empfiehlt, natürlich *nur einmal* geschrieben werden.

Die einzelnen *Monatsabschlüsse* können dann unter Benützung des gleichen Kopfes am Schluß des Heftes zusammengestellt werden, so daß dann in jedem Augenblick ein Abschluß der Betriebstabelle, d. h. eine technische Nachkalkulation der betreffenden Arbeit vom Zeitpunkt des Baubeginnes bis zum Abschluß möglich ist. Bei Anlage empfiehlt sich Anpassung an den Bauvertrag und die Eigentümlichkeiten der jeweiligen Arbeit. Es dürfte keine Schwierigkeiten machen, z. B. Tagesberichtformulare und Betriebstabellen für *gleislose Erdbetriebe* zu entwerfen. Der Anfänger muß davor gewarnt werden, Betriebstabellen zu sehr ins einzelne gehend zu entwerfen, da sich in diesem Fall der Arbeitsaufwand nicht lohnt und nur die Übersicht leidet.

Nr. 6.

Tagesbericht vom .... 19 .... Nr. .... Baustelle ....

Wetter .... Schichtdauer von .... bis .... = ... Betriebsstunden Bauleiter ....

Bezeichnung der Arbeit und Arbeitsstelle	Position	Aufgewandte Lohnstunden für																							Summe der Lohnstunden	Leistungen	Einheit	Lohnstunden je Einheit	Kosten je Einheit	Anzahl der Arbeiter
		Baggerschacht				Transport				Gleisbau und Gleisunterhaltung				Kippbetrieb				Wasserhaltung			Sonstige Arbeiten									
		Aufsicht	Facharbeiter	Arbeiter	Zusammen	Aufsicht	Facharbeiter	Arbeiter	Zusammen	Aufsicht	Facharbeiter	Arbeiter	Zusammen	Aufsicht	Facharbeiter	Arbeiter	Zusammen	Facharbeiter	Arbeiter	Zusammen	Aufsicht	Facharbeiter	Arbeiter	Zusammen					DM.	
																												□		

Bemerkungen: ....

....

Nr. 7. I. Einrichtungsarbeiten.

Datum 1950	1				2		3				4				5				6			7		8			9			10			11
	Antransport und Entladen von Geräten und Betriebsstoffen				Gleisbau, erstmalig		Aufstellen von Baracken				Herrichten des Lagerplatzes				Einrichtung der Werkstatt				Wasserversorgung			Aufbau der Geräte		Einrichtung einer Kraftzentrale			Sonstige Einrichtungsarbeiten			Summe 1. bis 9.			Bemerkungen
	t	Facharbeiter	Arbeiter	Gesamt	lfd. m	Arbeiter	m²	Facharbeiter	Arbeiter	Gesamt	Schachtmeister	Vorarbeiter	Arbeiter	Gesamt	Maschinenmeister	Facharbeiter	Arbeiter	Gesamt	Facharbeiter	Arbeiter	Gesamt	Bagger Nr.	Bagger Nr.	Facharbeiter	Arbeiter	Gesamt	Facharbeiter	Arbeiter	Gesamt	Facharbeiter	Arbeiter	Gesamt	
		h	h	h		h		h	h	h	h	h	h	h	h	h	h	h	h	h	h	h	h	h	h	h	h	h	h	h	h	h	
1. 1.																																	
2. 1.																																	

Nr. 8. II. Bauausführung. 1. Allgemeine Arbeiten.

Datum	1	2	3			4		5	4 + 5		6	7			8		
	Vermessung	Wegeverlegung und Notbrücken	Wasserversorgung				Reparaturwerkstatt	Lagerplatz, Magazin, Wache, Kraftfahrer			Bedienung der Kraftzentrale Facharbeiter	Sonstige allgemeine Arbeiten			Summe 1 + 2 + 3 + 4 + 5 + 6 + 7		
			Facharbeiter	Arbeiter	Gesamt	m³						Facharbeiter	Arbeiter	Gesamt	Facharbeiter	Arbeiter	Gesamt
	h	h	h	h	h		h	h	h	h/m³	h	h	h	h	h	h	h

Nr. 9. Pos. 1. Erdarbeiten.

Datum	Handschacht			Baggerarbeiten																		Baggerarbeiten insgesamt						Erdarbeiten insgesamt			Bemerkungen
				Bagger Nr.						Bagger Nr.						Bagger Nr.															
					h						h						h						h								
	m³	h	h/m³	m³	Bagger	Transport und Gleis	Kippe	Insgesamt	h/m³	m³	Bagger	Transport und Gleis	Kippe	Insgesamt	h/m³	m³	Bagger	Transport und Gleis	Kippe	Insgesamt	h/m³	m³	Bagger	Transport und Gleis	Kippe	Insgesamt	h/m³	m³	h	h/m³	
2. 1.																															
3. 1.																															

Nr. 10. Nachkalkulation von Erdarbeiten. III. Wasserhaltungsarbeiten.

Allgemeine Angaben				1				2			3			Wasserhaltung 1 + 2 + 3			Bemerkungen (über Versagen von Pumpen, Dammbrüche usw.) Beschreibung der Anlage (mit Photo oder Skizzen)
				Wartung der Pumpanlagen				Pumpenschacht, Gräben, Dränagen usw.			Fangedämme u. dgl.						
Datum	Wetter	Anzahl der Pumpen	Ø der Saugrohre	Betriebsstunden	Maschinist	Arbeiter	Insgesamt	Facharbeiter	Arbeiter	Insgesamt	Facharbeiter	Arbeiter	Insgesamt	Facharbeiter	Arbeiter	Insgesamt	
				h	h	h	h	h	h	h	h	h	h	h	h	h	
1. 1.																	
1. 2.																	

B. Betonarbeiten.

Im Ingenieurbau begegnen wir Betonarbeiten beim Bau von Krafthäusern, Schleusen, Wehranlagen, Brücken, Talsperren, Stützmauern usw. Wenn auch in der Praxis bei Bauverträgen die Betonarbeiten nur in Verbindung mit anderen Bauleistungen zusammen vorkommen (Erdaushub, Rammarbeiten u. dgl.), so sollen nachstehend doch nur die *reinen Betonarbeiten* mit den dazugehörigen Hilfsarbeiten Berücksichtigung finden. Für den Baugrubenaushub großer Betonwerke gilt das unter A. über Erdarbeiten Gesagte, für Rammarbeiten der Abschnitt C usw.

Abb. 162. Betonieren mit Krankübeln.

Die reinen Betonarbeiten lassen sich bei Betonbauten, gleichgültig welche Bauverfahren für den Einbau und die Förderung der Betonmassen zur Verwendung kommen, gleichermaßen in folgende Einzelleistungen auflösen, welche bei der *Nachkalkulation der Löhne* auch zweckmäßig zu trennen sind:

1. Einrichtung und Abräumung der Baustelle, nach den S. 479ff. gegebenen Richtlinien. Der „Aufbau der Geräte" bei Betonarbeiten bezieht sich auf die Aufstellung und Wiederentfernung von Aufbereitungsanlagen, Betonmaschinen, Betonaufzügen, Betonpumpen, Turmdrehkranen, Kabelbahnen usw. Die *Kraftversorgung der Baustelle* ist bei größeren Betonbaustellen, wo zumeist der elektrische Antrieb gewählt wird, besonders zu beachten. Denn die Einrichtung des Stromanschlusses (Transformatorenanlage) und der ganzen elektrischen Anlagen verursacht ganz beträchtliche Kosten, nicht nur an Löhnen, sondern auch an Gerätekosten (Materialinvestierungen).

2. *Allgemeine Arbeiten*, nach den auf S. 481f. gegebenen Richtlinien.

3. *Schalarbeiten.* Diese zerfallen in

a) Einschalen, umfassend das Herrichten der Schalungen oder Schaltafeln, die Beförderung derselben zur Verwendungsstelle und das Aufstellen der Schalung.

b) Ausschalen, umfassend die Abnahme der Schalungen nach Erhärtung des Betons, Ausnageln der Hölzer, Reinigen sowie Sortieren und Rücktransportieren des verbliebenen Holzes zu einer Stapelstelle.

Bemerkung. Die Vornahme der Abschreibungen für *Bauhilfsstoffe* (Schalholz, Draht, Nägel usw.), welche bei Schalarbeiten von Wichtigkeit ist, kann nur im Benehmen mit der kaufmännischen Nachkalkulation nach Baubeendigung vorgenommen werden. Immerhin empfiehlt es sich für die Bauleitung, auch ihrerseits Feststellungen über den *Verbrauch einzelner Bauhilfsstoffe, bezogen auf 1 m² Schalung,* machen zu lassen. Zu beachten ist ferner, daß die mit dem *Antransport und der Stapelung des Schalholzes* sowie mit dem *Rücktransport* (Aufladen an der Baustelle und Wiederabladen und Stapeln im Gerätehof der Unternehmung sowie Frachten) *nach dem Lagerplatz* verbundenen Lohnkosten nicht vergessen werden.

4. Betonieren. Der hierauf bezügliche Arbeitsprozeß zerfällt in Erzeugung (Herstellung), Förderung und Einbau der Betonmassen. Bei der Nachberechnung der Löhne wird es zumeist den Bedürfnissen der Praxis genügen, die Lohnkosten der genannten drei Teilarbeiten zusammenzufassen. Das Betonieren zerfällt demnach in

a) Herstellung des Betons, umfassend das Ausladen, Lagern und Heranschaffen von Bindemitteln und Zuschlagstoffen vor die Betonmischmaschinen sowie Bedienung der Mischmaschinen und Aufbereitungsanlagen.

Bemerkung. Es ist hier vorausgesetzt, daß die Zuschlagstoffe nicht an Ort und Stelle gewonnen werden können, sondern „frei Verwendungsstelle" geliefert werden. Für den Fall der *Gewinnung auf der Baustelle* gelten die für Erdarbeiten aufgestellten Richtlinien. Auch das *Waschen der Zuschlagstoffe,* sofern es auf der Baustelle geschieht, darf nicht übersehen werden.

b) Fördern des Betons, in horizontaler oder vertikaler Richtung mit Lokomotiven, Aufzügen, Turmdrehkranen, Kabelbahnen, Gießtürmen, Pumprohren (Pumpbeton), Förderbändern oder mit Loren von Hand.

c) Einbau des Betons, umfassend die Abnahme, das Verteilen und Stampfen bzw. Einrühren und Einrütteln der Betonmassen von Hand bzw. mit elektrischen Stab- oder Tauchrüttlern.

Bemerkung. Bei Stampfbetonarbeiten muß unter dem Titel „Fördern des Betons" auch das „Rüsten" berücksichtigt werden, worunter das Verlegen und Umlegen von Betongleisen innerhalb des Bauwerks, das Herrichten von einfachen Holzrutschen oder Hosenrohren und ähnliche vorbereitende Arbeiten verstanden werden.

5. Herstellung großer Transport- und Lehrgerüste. Die Herstellung derartiger Gerüste kann bei großen Bauwerken (wie z. B. Krafthäusern und Betonbogenbrücken) ganz beträchtliche Lohnkosten verursachen. Bei der Nachkalkulation der Löhne für solche Gerüstarbeiten wird zweckmäßig die folgende Dreigliederung des Arbeitsprozesses vorgenommen:

a) Abbinden des Gerüstes, umfassend das Abladen, Sortieren und Abbinden des Gerüstholzes auf einem zu diesem Zweck hergestellten Lehrboden (Kosten der Erstellung des Lehrbodens nicht vergessen!).

b) Aufstellen des Gerüstes, umfassend den Transport[1] des abgebundenen Gerüstholzes zur Verwendungsstelle und Zusammenfügen der Hölzer an Ort und Stelle.

c) Abbruch des Gerüstes, zuzüglich Rücktransport der nach dem Abbruch verbleibenden Hölzer.

---

[1] Vertikaltransport zweckmäßig mit Turmdrehkranen oder ähnlichen Maschinen.

Trotzdem bei der Kostenvorrechnung diese Dreiteilung kaum Verwendung findet, sondern vielmehr meist nur der gesamte Lohnaufwand für die Herstellung von Gerüsten in *Lohnstunden je 1 m³ Holz des fertig abgebundenen Gerüstes* geschätzt wird, empfiehlt sich trotzdem auf der Baustelle aus Gründen der Betriebskontrolle bei der Kostennachrechnung die Unterteilung in die drei Teilarbeiten. Über Kosten von Transport- und Lehrgerüsten siehe Abschnitt XVIII, S. 342ff.

Bemerkung. Die Höhe der *Abschreibung* für den „Verbrauch an Holz und Kleineisenzeug" hängt vor allem auch von der Möglichkeit einer baldigen Wiederverwendung des zurückgewonnenen Holzes ab. Die Kosten für den Rücktransport des zurückgewonnenen Holzes zum Lagerplatz sind bei der Vorkalkulation nicht zu übersehen! (Siehe die Fußnote S. 302.)

6. Rundstahlbewehrung. Die Herstellung der Bewehrung mit Rundstahl bei Stahlbetonarbeiten wird in der Kostennachrechnung (ebenfalls mit Rücksicht auf die Betriebskontrolle und weniger zu Zwecken der Kostenvorrechnung) zweckmäßig in folgende zwei Teilarbeiten zergliedert:

a) Biegen der Eisen, umfassend das Abladen, Sortieren, Schneiden und Biegen der Rundeisen.

b) Verlegen der Eisen, umfassend den Transport der gebogenen Eisen zur Verwendungsstelle und Flechten der Bewehrung auf den Schalungen.

Da die Kosten für Bewehrungsarbeiten wesentlich von den maschinellen Hilfsmitteln für Schneiden und Biegen der Rundeisen abhängen, ist ein Vermerk hierüber in den Aufzeichnungen der Betriebstabellen erforderlich.

Bemerkung. Feststellungen über *Materialverbrauch* auf der Baustelle haben sich hier zu erstrecken einerseits auf den *Stahlverschnitt* in Prozent des Liefergewichts und andererseits auf den Verbrauch an *Flechtdraht je 1 kg verlegten Rundstahl*[1].

7. Wasserhaltung (während der Ausführung der Betonarbeiten, einschließlich der Herstellung von Dränagen auf der Fundamentsohle). Man vergleiche dazu die Ausführungen III, Seite 486, A. Erdarbeiten.

Bemerkung. Betonarbeiten enthalten vielfach die verschiedenartigsten Bauteile (Fundamente, Stützmauern, Turbinenkammern, Saugschläuche, Kranbahnträger usw.) an ein und demselben Bauwerk. Da der Arbeitsaufwand je 1 m³ Beton für die verschiedenen Bauteile ein sehr verschiedener sein wird, so sind *nur gleichartige Bauteile* in der Nachkalkulation gemeinsam aufzuführen und im übrigen möglichst eine *scharfe Trennung nach Bauteilen* durchzuführen. Erst nach Beendigung der ganzen Bauarbeiten kann man noch alle die verschiedenen Betonarbeiten zusammenfassen und den *Arbeitsaufwand je 1 m³ Betonmasse* ermitteln. Bei gleichartigen Bauwerken, wie z. B. Schleusen, Brückenwiderlager u. dgl. kann in manchen Fällen schon eine Trennung nach Fundamentbeton und aufgehenden Beton genügen.

Bauberichterstattung bei Betonarbeiten.

Die Anlage von *Betriebstabellen* macht nach den obigen Ausführungen keine Schwierigkeiten.

---

[1] Siehe die Angaben S. 310.

Nr. 11. Betonarbeiten.

Firma ......
Tagesbericht Nr. ...... vom ...... 19......
Wetter ......
Schicht Nr. ...... von ...... bis ...... Uhr
...... Betriebsstunden

Beton- (Maurer-) Polier ......
Betonmaschine Nr. l
Betonmaschine Nr. l
Betonmaschine Nr. l
Betonmaschine Nr. l

Zementverbrauch ...... Sack.
Mischungen 1: ...... = ... m³
Mischungen 1: ...... = ... m³
Mischungen 1: ...... = ... m³
Mischungen 1: ...... = ... m³

...... t Armierung
...... m² Glattstrich
...... m² Putz
...... m² Mauerwerk
...... Stück Ziegel

Pos.	Beschreibung der Arbeit	Mengen (Leistung)		Lohnstunden							Insgesamt Arbeiter				h je Einheit
				Polier	Vorarbeiter	Maurer	Betonierer	Maschinist	Facharbeiter	Hilfsarbeiter	Zahl	h: Facharbeiter	h: Hilfsarbeiter	h: Gesamt	
			Arbeiterzahl h												
			Arbeiterzahl h												

Bemerkungen: ......

Bauführer: ...... Bauleiter: ......

Nr. 12. Zimmerarbeiten.

Firma ......
Tagesbericht Nr. ...... vom ...... 19......
Wetter ......
Schicht Nr. ...... von ...... bis ...... Uhr
...... Betriebsstunden
...... Bandsägestunden ...... Kreissägestunden

Zimmerpolier ......

Geschalte Fläche:

vorbereitet	aufgestellt	ausgeschalt	Bauteil
...... m²	...... m²	...... m²	......
...... m²	...... m²	...... m²	......
...... m²	...... m²	...... m²	......

Nägel ...... kg Schaldraht ...... kg

Holzkonstruktionen:

abgebunden		aufgestellt (abgebrochen)		Bezeichnung der Konstruktion
lfd. m	m³	lfd. m	m³	

Nägel ...... kg, Schrauben ...... kg, Klammern ...... kg

Pos.	Beschreibung der Arbeit	Menge		Lohnstunden						Insgesamt Arbeiter				h je Einheit
				Polier	Vorarbeiter	Zimmerleute	Maschinist	Facharbeiter	Hilfsarbeiter	Zahl	h: Facharbeiter	h: Hilfsarbeiter	h: Gesamt	
			Arbeiterzahl h											
			Arbeiterzahl h											

Bemerkungen: ......

Bauführer: ...... Bauleiter: ......

Der *Monatsbericht* gibt auch lediglich eine übersichtliche tabellarische Zusammenstellung der Monatsabschlüsse der Betriebstabellen und ist möglichst durch graphische Darstellungen über den *Baufortschritt* zu ergänzen. Der errechnete „*mittlere Stundenlohn*" ist anzugeben.

Hinsichtlich der *Polierberichte* empfiehlt sich für größere Betonbaustellen ebenfalls der Entwurf verschiedener Vordrucke für die Tagesberichte der Poliere entsprechend dem besonderen Charakter der Baustelle. Außer einem Vordruck für den Bericht des Maschinenmeisters, aus welchem die Lohnstunden für den *Werkstattbetrieb* wie auch für die *Bedienung der maschinellen Anlagen* ersichtlich ist, und einem Formular für *verschiedene Arbeiten* (Entladearbeiten, Gleisarbeiten, Transporte usw.) empfiehlt sich noch der Entwurf von zwei weiteren Formularen für die eigentlichen Betonarbeiten, und zwar *ein Vordruck für Betonpoliere* (Betonieren und Armieren) und *ein Vordruck für Zimmerpoliere* (Schal- und Gerüstarbeiten). Die Vordrucke Nr. 11 und 12 können als Muster dienen.

C. Rammarbeiten.

Rammarbeiten kommen in der Ingenieurpraxis hauptsächlich vor bei Gründungen aller Art als Spundwandrammungen mit Holz- bzw. Stahlspundwänden zur dauernden oder vorübergehenden Sicherung von Fundamenten gegen Unterspülen, zur Umschließung von Baugruben und als Pfahlrammungen bei Pfahlgründungen. Betriebstabellen für Rammarbeiten müssen in erster Linie eine genaue Beschreibung der Arbeit enthalten mit Angaben über Beschaffenheit des Untergrundes, Wasserstand, Art und Abmessungen der verwendeten Bohlen oder Pfähle, Konstruktionsart der verwendeten Ramme usw.

Abb. 163.

Bei der *Nachkalkulation der Löhne* kann man den Arbeitsprozeß in folgende Teilarbeiten zerlegen:

1. Einrichtungs- und Aufräumungsarbeiten. Beischaffen, Aufbau und Abbau der Ramme, des Rammgleises und sonstiger Geräte (Kran zum Hochheben der Pfähle u. dgl.).

2. Allgemeine Arbeiten. Solche fallen eigentlich nur bei sehr großen Rammarbeiten an, wo sich der Bauauftrag hauptsächlich auf Rammarbeiten beschränkt. Dann gelten die früher gegebenen Richtlinien. Wo indessen Rammarbeiten im Zusammenhang mit Erd- oder Betonarbeiten zur Ausführung kommen, belastet man mit den „allgemeinen Arbeiten“ die Hauptleistung des Vertrages und nicht die Rammarbeiten.

3. *Herstellung von Rammgerüsten* und Abbruch derselben.

4. *Rammen von Spundwänden und Pfählen.* Diese Arbeitsleistung besteht aus folgenden Teilarbeiten:

a) Beischaffen der Spundbohlen oder Pfähle zum Lagerplatz.

b) Zuspitzen der Bohlen oder Pfähle bzw. Versehen mit Pfahlschuhen.

c) Transport der Bohlen oder Pfähle zur Verwendungsstelle.

d) Zusammenfassen der Bohlen zu Rammelementen und Rammen der Spundwände oder Pfähle einschließlich Anbringen von Führungszangen, Legen und Verlegen des Rammgleises sowie Drehen der Ramme an den Ecken und Verschieben der Ramme.

Die Teilarbeiten a) bis c) kann man zusammenfassen und entsprechend den jeweiligen örtlichen Verhältnissen, *bezogen auf das Gewicht* (t) von 1 m^2 Spundwand, den Lohnaufwand ermitteln. Denn diese Leistungen sind im wesentlichen abhängig vom Gewicht der Rammelemente.

5. *Abschneiden der Spundwände oder Pfähle* bzw. *Ziehen der Spundwände* nach Gebrauch (oder Bearbeiten des Pfahlkopfes von Stahlbetonpfählen mit dem Drucklufthammer).

Die Angabe der Leistung erfolgt bei Spundwänden nach *m^2 gerammter Fläche,* bei Pfählen nach *stgd. m gerammtem Pfahl.* Die Lohnstunden sind bei der Nachkalkulation nach Facharbeitern und Hilfsarbeitern zu trennen (zwecks Errechnung des „mittleren Stundenlohns“) und als Schlußergebnis der *Lohnaufwand* (St_{mi}) *je 1 m^2 bzw. je 1 stgd. m* zu ermitteln.

Ergänzend ist auf der Baustelle der Betriebsstoffverbrauch (Kohle und Schmiermittel) festzustellen, und zwar am besten in *kg/m^2* bzw. *kg/stgd. m* auszudrücken, wodurch sich eine Wiederverwendung der Ergebnisse bei der Kostenvorrechnung erleichtert, da diese Werte bei ähnlichen Arbeiten und Rammgeräten wenig voneinander abweichen.

Bauberichterstattung bei Rammarbeiten.

Nach der vorausgegangenen Anleitung dürfte die Anlage von *Betriebstabellen* und *Monatsberichten* bei Rammarbeiten keine Schwierigkeiten

Nr. 13.

Firma .... Baustelle ...., den .... 19......

Tagesbericht Nr. .... des Schachtmeisters .... Wetter ....

Schichtdauer von ...... bis ...... Uhr Leistung .... Wagen zu ...... m^3 = ... m^3

Pos.	Leistung	Benennung der Arbeit	Arbeiter-zahl Sch./F./A.	Lohnstunden				Stmi je Einheit
				Schacht-meister	Fach-arbeiter	Ar-beiter	Ins-gesamt	
			1/2/15					

Bemerkungen: ....

....

.... Bauführer: ....

machen. Bezüglich der *Rammeisterberichte* empfiehlt sich bei großen Rammarbeiten der Entwurf eines besonderen Vordruckes, während bei kleineren Rammarbeiten im Rahmen sonstiger großer Bauarbeiten ein einfaches Berichtformular, etwa nach Vordruck Nr. 13, genügt. Die Nachberechnung der *Herstellung von Stahlbetonpfählen* erfolgt nach den für Stahlbetonarbeiten gültigen Gesichtspunkten.

D. Stollenbau.

Die *Einrichtung von Stollenbaustellen* besteht neben den üblichen Barackenbauten vor allem in der Erstellung der maschinellen Anlage (Kompressorenstation, Ventilatoren usw.), einer kleinen Werkstätte (zum Schärfen der Bohrer und für die Reparatur der Förderwagen), sowie in der ersten Anlage der Fördergleise und Druckluftleitungen (auch elektrische Leitungen). Die Unterhaltung dieser Anlagen während des Baues zählt in der Nachkalkulation mit zu den „allgemeinen Arbeiten".

Bei der Nachkalkulation der Löhne für die *Bauausführung im engeren Sinne* kann das folgende *Kostenschema* als Grundlage für die Anlage von Betriebstabellen dienen. Alle Nachberechnungen von Löhnen und Material (Baumaterialien, Betriebsstoffe, Sprengstoffe) haben sich auf *1 lfd. m Stollen* von ... m^2 Querschnitt und außerdem auf *1* m^3 *Ausbruchsmasse* zu beziehen. In beiden Fällen ergeben sich je nach der Bodenart und den sonstigen örtlichen Verhältnissen (Gesteinshärte, Stollenlänge, Druckverhältnisse im Stollen usw.) charakteristische Zahlenwerte.

Kostenschema.

I. Stollenausbruch.

1. Gewinnen des Ausbruchs, bestehend aus dem

a) Bohren der Bohrlöcher, Laden, Schießen und Lüften

.... Häuerstunden.

b) Schuttern[1], d. h. Beseitigen und Aufladen des durch Schießen gewonnenen Materials in Förderwagen

.... Schlepperstunden.

2. Fördern des Ausbruchsmaterials, umfassend die Lohnkosten für den Transport im engeren Sinne zuzüglich der erforderlichen Gleisarbeiten. Diese Arbeiten entsprechen dem Titel „Transport und Gleis" bei Erdarbeiten. In der Nachberechnung erscheinen also

.... Lokomotivführerstunden,

.... Gleisrichterstunden.

3. Kippen der Förderwagen .... Tiefbauarbeiterstunden.

Zimmererarbeiten.

Die Lohnkosten für die Stollenverzimmerung werden zweckmäßig bei der Nachberechnung auf 1 lfd. m Stollen und außerdem 1 m^3 Rundholz (bzw. 1 lfd. m Rundholz von ... cm Stärke) bezogen.

---

[1] Bei Verwendung von Lademaschinen, Förderbändern u. dgl. sind die „Gerätekosten" dieser Geräte zusätzlich zu berücksichtigen.

4. Einbau der Stollenzimmerung

...... Zimmerpolierstunden + ... Zimmererstunden.

Zur Ermittlung des *Materialverbrauchs* ist das *tatsächlich verbrauchte Holz in m³ und Kleineisenzeug in kg* (Klammern u. dgl.) nach Baubeendigung festzustellen, so daß sich Erfahrungswerte ergeben, mit *wievielmaliger Verwendung des Holzes* gerechnet werden kann.

II. Stollenauskleidung.

5. Betonierungsarbeiten (s. auch unter „Betonierarbeiten") bezogen auf 1 m³ Beton

...... Facharbeiterstunden + ... Hilfsarbeiterstunden.

6. Schalarbeiten für die Stollenauskleidung bezogen auf 1 m² geschalte Fläche

.... Zimmererstunden.

(Materialverbrauch für *Lehrgerüste* beachten!).

7. Rundstahlbewehrung bezogen auf 1 t Bewehrungseisen

.... Facharbeiterstunden.

8. Putzarbeiten, bezogen auf 1 m² geputzte Fläche

.... Maurerstunden.

Bemerkung. Bei der Nachberechnung der *Materialkosten* von Stollenbauten ist vor allem wichtig die Ermittlung des *Sprengstoffverbrauchs* (... kg Sprengstoff, ... Stück Zündkapseln, ... lfd. m Zündschnur) wie auch des *Stromverbrauchs* für die Drucklufterzeugung und die Beleuchtung der Baustelle.

Bei der Nachberechnung der *Geräteunterhaltung* (Materialkosten hierfür: Reparaturmaterialien und Ersatzteile, Kleingeräte und Werkzeuge. Lohnkosten: Werkstattlöhne) ist der Verschleiß an Bohrern, Kleineisenzeug für Gleise, Rohrleitungen usw. zu ermitteln. Diese Feststellungen ergeben sich indessen leichter aus der kaufmännischen Nachkalkulation (man vergleiche das Kapitel „Kaufmännische Nachkalkulation").

Bauberichterstattung für Stollenbauten.

Für den *Schießmeisterbericht* genügt ein einfaches Berichtformular (ähnlich Vordruck Nr. 13). Für die Stollenzimmerung und Schalungsarbeiten kann Formular Nr. 12, für Betonierarbeiten gegebenenfalls Vordruck Nr. 11 zweckmäßig Verwendung finden. Zur Orientierung des Bauleiters kann ein Betriebsbericht (Kopf nach Vordruck Nr. 14) dienen, welcher täglich von den Schichtbauführern anzufertigen ist.

E. Brückenbauten.

Brückenbauten sind in der Praxis stets mit anderen Bauarbeiten verknüpft, welche mit der eigentlichen Brückenkonstruktion nichts zu tun haben. (Die Gründungsarbeiten, umfassend den Erdaushub sowie Pfeilerschachtung, Widerlager- und Pfeilerbetonierung, Rammarbeiten, Wasserhaltung u. dgl. m.). Diese Arbeiten sind bereits an anderer Stelle behandelt. Es soll also nur die *reine Brückenkonstruktion* ins Auge gefaßt werden.

An *Brückenkonstruktionen* unterscheidet man Holzbrücken, Stahlbrücken und Massivbrücken, welche bei der Nachkalkulation auch eine getrennte Behandlung erforderlich machen. Zwar gelten für Beton-

Nr. 14 [1].

Tagesbericht vom .... 19.......... 24 h .... -stollen

Datum	Zahl der Betriebsstunden	Zahl der Angriffe	1. Bohren							2. Laden und Schießen						
			Je 1 Angriff durchschnittlich	Bohrloch			Reine Bohrzeit	Lohnkosten Häuer		Reine Zeit		Sprengstoffverbrauch			Schießmeister	Feuerwerker
				d mm	Zahl	Länge		Zahl	h	für Laden und Schießen	für Lüften	kg	Zündschnur	Zündkapseln		
			h				h			h	h		m	Stück	h	h

3. Schuttern und Fördern einschließlich Kippen									Stollenfortschritt		4. Einbau (und Ausbau)						
Reine Zeit für Schuttern	Schlepper		Beladene Wagen		Förderpersonal Lokomotivführer		Kipppersonal				Rundholz			Zimmerer		Zimmererstunden	
h	Zahl	h	Zahl	m³ Ausbruch	Zahl	h	Mann	h	m	m³	lfd. m	*d* cm	m³	Zahl	h	je lfd. m	je m³

5. Löhne und Betriebsstoffe aus 1. bis 4.									Bemerkungen über Temperatur, Betriebsstörungen, Wasserverhältnisse, Lagerung des Gesteins usw.
insgesamt			je 1 m³ Ausbruch				Sprengstoff		
Meister	Facharbeiter	Tiefbauarbeiter	Meister	Facharbeiter	Tiefbauarbeiter	Gesamt			
h	h	h	h	h	h	h	kg		

brücken im allgemeinen die Ausführungen des Kapitels B., „Betonarbeiten". Indessen erscheint es doch zweckmäßig, mit Rücksicht auf die große Verschiedenheit der einzelnen Betonarbeiten bei Brückenbauten und mit Rücksicht auf die sonstigen dabei vorkommenden Arbeiten, die maßgebenden Gesichtspunkte für die Nachkalkulation vorzuführen.

I. Holzbrücken.

Hier und auch bei den folgenden Konstruktionen wird nur die *Bauausführung im engeren Sinne* berücksichtigt, während für die Einrich-

[1] Der zu diesem Formular gehörende Kopf ist aus satztechnischen Gründen in drei Teilen untereinander angeordnet worden. Der Kopf ist wie üblich fortlaufend von links zu lesen.

tungsarbeiten und allgemeinen Arbeiten (Herstellung des Reißbodens beachten!) die früher gegebenen Richtlinien Gültigkeit haben.

Bei der *Nachkalkulation der Löhne* für die Herstellung der Holzkonstruktion von Holzbrücken wird man unterscheiden:

a) Abbinden der Hölzer, umfassend das Abladen, Sortieren und Abbinden der Hölzer auf einem Reißboden.

Abb. 164. Flußbrückenbau.

b) Aufstellen der Holzkonstruktion, umfassend den Transport des abgebundenen Holzes zur Verwendungsstelle und Zusammenfügen der Hölzer.

Die verbrauchten Löhne sind im Schlußergebnis der Nachrechnung auf *1 m³ fertige Holzkonstruktion* zu beziehen.

Bemerkung. Bei größeren Fachwerkbrücken kann als dritte Leistung die Aufstellung von *Montagegerüsten* (Hilfsgerüsten) in Frage kommen. Für diese gilt das über Transportgerüste bei Betonarbeiten Gesagte.

II. Stahlbrücken.

Da üblicherweise die einzelnen Konstruktionsteile von Stahlbrücken aus der Werkstatt fertig zur Montage auf die Baustelle gelangen, besteht die Aufgabe der Baustelle bei Erfassung der Kosten für die Bauausführung im engeren Sinne nur darin, die *Kosten der Aufstellung an Ort und Stelle* zu erfassen. Es gilt daher, den *Lohnaufwand* für folgende Teilarbeiten zu ermitteln:

a) Herstellung von Montagegerüsten. Diese Arbeiten werden in gleicher Weise behandelt wie die Herstellung von Transport- und Lehrgerüsten bei Betonarbeiten.

b) Aufstellung der Stahlkonstruktion. Diese umfaßt den Transport der Konstruktionsteile zur Verwendungsstelle, Vernietung, Verschraubung oder Schweißung der einzelnen Teile sowie Bedienung der erforderlichen maschinellen Anlagen (Preßluftanlage, Krane usw.).

c) Ölfarbenanstrich der *Stahl*konstruktion.

Zum Schluß erfolgt die Umrechnung des *Lohnaufwands* (fast ausschließlich Facharbeiter) auf *1 t Konstruktionsgewicht.*

III. Beton- und Stahlbetonbrücken.

Man kann *Betonbrücken* in konstruktiver Hinsicht unterteilen in

a) Stahlbetonbalken- und Rahmenbrücken,

b) Bogenbrücken (mit oder ohne Eiseneinlagen).

Bei Stahlbetonbogenbrücken in aufgelöster Konstruktion vereinigen sich die beiden Typen, insofern der obere Teil mit der Fahrbahn eine Stahlbetonbalkenbrücke und der untere Teil eine Bogenbrücke darstellt. Bei beiden Brückentypen umfaßt die Bauausführung im engeren Sinne für die Herstellung der eigentlichen Brückenkonstruktion folgende Bauteile:

1. Fundamentbeton (s. „Betonarbeiten").

2. Widerlager- und Pfeilerbeton.

3. Gewölbebeton

a) Betonieren und Rüsten ..... St_{mi}/m^3.

b) Hilfsgerüste[1] ..... St_z (Zimmererstunden).

c) Lehrgerüste ..... St_z (Zimmererstunden je 1 m^3 abgebundener Holzkonstruktion).

d) Ein- und Ausschalen des Bogens und Abschalen der Bogenlamellen .... St_z/m^2.

e) Armieren des Bogens ..... St/t.

4. Überbeton

a) Betonieren ..... St/m^3.

b) Schalen ..... St_z/m^2.

Bzw. 4a. Fahrbahnbetonierung

a) Betonieren und Rüsten ..... St/m^3.

b) Schalen (Ein- u. Ausschalen) ..... St_z/m^2 (einschließlich Untergerüst)[1].

c) Fahrgerüste[1] ..... St_z (Zimmererstunden).

d) Rundstahlbewehrung ..... St/t.

5. Glattstrich der Fahrbahn ..... St_m/m^2.

6. Vorsatzbeton ..... St/m^2.

7. Konsolbeton und Abdeckplatten ..... St/m^3 und ..... St/m.

8. Brüstungsbeton: Betonieren ..... St/m^3, Schalen ..... St_z/m^2.

9. Fahrbahnisolierung (Asphaltplatten u. dgl.) ..... St/m^2.

10. Steinbeigung (hinter Widerlager) ..... St/m^3.

11. Schmiedeeisernes Geländer ..... St_{sl}/lfd. m, ... St_{sl}/kg.

Es empfiehlt sich, bei Brückenbauten im Anschluß an die Nachkalkulation nach Beendigung der Arbeiten die *tatsächlichen Kosten* (laut Abrechnung) auf 1 m^2 *Fahrbahnfläche* (die Fahrbahnfläche zwischen den Geländern) umzurechnen, da diese Werte für überschlägige Kosten-

[1] Bei hohen Untergerüsten für die Schalungen empfiehlt es sich, die Untergerüstkonstruktion für sich als Zimmererkonstruktion zu kalkulieren.

berechnungen von Nutzen sind. Bei der Verbuchung ist darauf zu achten, daß Erschwernisse wie schwierige Gründungen und auch der Zweck der Brücke (Straßenbrücke oder Eisenbahnbrücke mit Belastungsangaben) besonders vermerkt werden.

IV. Bauberichterstattung für Brückenbauten.

Den obigen Richtlinien entsprechend erfolgt die Anlage von *Betriebstabellen* und *Baustellenberichten.* Für die *Polierberichte* eignen sich am besten Formulare, welche links genügend Platz für die Beschreibung der Arbeiten enthalten, während rechtsseitig die Lohnstunden nach Arbeiterkategorien getrennt vermerkt werden. Die Berichte müssen auch Leistungsangaben (Anzahl der Betonmischungen) enthalten. Ausführliche Vordrucke speziell für Brücken zu entwerfen, dürfte sich mit Rücksicht auf die Verschiedenartigkeit der vorkommenden Arbeiten nicht lohnen. Empfehlen wird sich bei *großen Massivbrückenbauten* die Verwendung von drei verschiedenen Berichtsformularen, nämlich ein Vordruck für *Zimmerpolierberichte* und ein Vordruck für *Betonpolierberichte* (s. die Vordrucke Nr. 11 und 12) sowie ein Vordruck für Schachtarbeiten und sonstige Arbeiten (Vordruck Nr. 13).

F. Maurer- und Steinbrucharbeiten.

In Tiefbaubetrieben können auch heute noch umfangreiche Maurerarbeiten vorkommen, z. B. bei der Verblendung von Schleusen, Brückenbögen und Brückenpfeilern. Wenn auch Talsperrenbauten in Bruchsteinmauerwerk kaum mehr ausgeführt werden, so ist die Ausführung großer Betonbauten dieser Art doch häufig mit einer *Steinbruch- und Brecheranlage* in der Nähe der Baustelle verbunden. Steinbruchanlagen finden im Tiefbau auch Verwendung für die Herstellung von Packlagesteinen, Pflastersteinen, Randsteinen usw. im Eisenbahn- und Straßenbau.

I. Steinbrucharbeiten.

Neben den Einrichtungsarbeiten und den allgemeinen Arbeiten (z. B. Unterhaltung einer kleinen Schmiede zum Schärfen der Bohrer und Brechstangen) besteht die Bauausführung im engeren Sinne bei Steinbruchbetrieben aus folgenden Teilarbeiten:

1. Gewinnen von Bruchsteinen, und zwar

a) Brechen der Steine mit Brechstangen, Steinkeilen usw., erforderlichenfalls vorausgehendes Bohren von Sprenglöchern mit Maschinen (Druckluftbohrhämmer) und Sprengen des Gesteins nebst darauffolgendem Zerkleinern zu lagerhaften Bruchsteinen bzw. zu einer für den Brecher geeigneten Steingröße.

Bemerkung. Bei Pflastersteinen, Stufen u. dgl. schließen sich die *Steinmetzarbeiten* an.

b) Abdecken des Steinbruchs, d. h. Entfernen von Abraum, Humusboden, brüchigem Gestein, Gesteinsabfällen usw. einschließlich Transport nach einer Kippstelle und Abkippen daselbst.

c) Transport der gewonnenen Steine zu einem Stapelplatz, von wo aus in gewissen Zeitabständen der Abtransport zur Baustelle erfolgt (unter günstigen Verhältnissen kann diese Zwischenlagerung ausfallen).

d) Aufladen der Steine auf Transportgefäße (von Hand oder mit Baggern).

2. Transport der Steine zur Verwendungsstelle (Brecheranlage, Steinbeigungen usw.) mit Lokomotivzügen, Bremsbergen, Seilbahnen und anderen Transportmitteln (z. B. Lastkraftwagen).

Bei der *Nachkalkulation* ist der Lohnaufwand nur nach 1. und 2. ohne weitere Zergliederung festzustellen. Auf die Transportarbeiten können die diesbezüglichen Ausführungen in dem Kapitel A., „Erdarbeiten" Anwendung finden. Die Umrechnung der Lohnkosten erfolgt meist auf *1 m³ lose geschichtete Bruchsteine* (Wagenmaß).

Der *Betriebsstoffverbrauch* für 1. und 2., bestehend aus dem Verbrauch von Sprengstoffen und Energie (bei maschineller Bohrung der Sprenglöcher) einerseits und dem Verbrauch an Kohlen, Dieselöl, Schmiermitteln usw. für die Fördermittel andererseits, wird in *kg je 1 m³ Bruchsteine* ausgedrückt. Auch der *Verschleiß an Werkzeugen* (Bohrstahl u. dgl.) ist festzustellen.

II. Brecheranlagen[1].

Brecheranlagen zur Zerkleinerung von Bruchsteinen zu Schotter und Brechsand mit den zugehörigen Elevatoren, Sieben, Silos usw., erfordern ganz beträchtliche *Einrichtungskosten.* „Allgemeine Arbeiten" entstehen kaum, wenn man annimmt, daß gelegentliche Reparaturen von dem Bedienungspersonal selbst bzw. von der vorhandenen Reparaturwerkstatt der Baustelle ausgeführt werden. Wo allerdings Baustellen fast ausschließlich der Schottergewinnung dienen, belasten Werkstätte, Wasserversorgung und andere Kostenstellen den Schotterbetrieb als „allgemeine Arbeiten".

Die technische Nachkalkulation der Betriebskosten für die *Bauausführung im engeren Sinne* erstreckt sich in erster Linie auf die Kosten für den Arbeitsverbrauch, und zwar

1. Löhne.

a) Facharbeiterstunden für Bedienung der maschinellen Anlagen,

b) Hilfsarbeiterstunden für Heranfahren der Steine vom Stapel zum Brecher, nebst Abkippen der Steine ins Brechmaul und Bedienung der Silos, der Waschanlage usw.

2. Betriebsstoffe und Energie. Man vergleiche dazu das Kapitel „Nachkalkulation der Betriebsstoffe".

Sowohl Lohnaufwand wie Betriebsstoffverbrauch sind auf *1 m³ fertigen Schotter* zu beziehen (gemessen nach Wagenmaß, wobei man etwa annehmen kann, daß 1 m³ loser Bruchsteine nach Wagenmaß gemessen auch etwa 1 m³ Schotter ergibt). Bei Ermittlung der *Selbstkosten* müssen natürlich noch die *Einrichtungskosten* und *Gerätekosten* berücksichtigt werden.

[1] Sinngemäß anzuwenden auf Kiessortieranlagen und Aufbereitungsanlagen überhaupt.

III. Mauern von Steinmauerwerk (Bruchstein, Werkstein, Klinker).

Von den eigentlichen Maurerarbeiten getrennt zu ermitteln sind bei der Nachkalkulation die Kosten für

1. die *Herstellung des Mörtels* (von Hand oder) mit Maschinen.

Der *Lohnaufwand* für die Maurerarbeiten zerfällt im übrigen in

2. Vermauern der Steine in Mörtel mit Bearbeitung der Sichtflächen und Verfugen

.... Maurerstunden (St_m).

3. Antransport[1] (horizontal und vertikal) von Steinen und Mörtel zur Verwendungsstelle

...... Maschinistenstunden + ... Hilfsarbeiterstunden.

4. Herstellung von Mauergerüsten ... m² Ansichtsfläche des Gerüstes .... Facharbeiterstunden.

Zusammenfassend wird der Verbrauch an Maurer- und Hilfsarbeiterstunden je *1 m³ fertiges Mauerwerk* ermittelt.

Bauberichterstattung für Maurer- und Steinbrucharbeiten.

Für die *Schachtmeisterberichte* (Bruchmeister, Schießmeister) genügen im allgemeinen ganz einfache Formulare (Vordruck Nr. 13). Für große Steinbruch- und Brecherbetriebe, wo mit Baggern geladen wird, empfiehlt sich der Entwurf von besonderen Berichtsformularen (siehe Richtlinien für Baggerarbeiten).

G. Brunnengründungen und Druckluftgründungen.

I. Brunnengründungen.

Siehe Abschnitt IX, „Gründung und Untergrundentwässerung".

II. Druckluftgründungen.

Die *Einrichtungsarbeiten* auf Baustellen, wo Druckluftgründungen vorwiegen, bestehen im wesentlichen aus folgenden Arbeiten:

Errichtung der erforderlichen Baracken (Büro, Werkstätte, Magazin, Kraftzentrale).

Aufstellung der Maschinen für die Erzeugung von Druckluft, Kraft- und Lichtstrom (Dieselmotor oder Lokomobile, Kompressoren, Dynamo).

Aufstellung von Betonmaschinen, Fördermaschinen und Hebezeugen.

Anlage einer Wasserversorgung und eines Lagerplatzes mit Gleisanschluß und Entladevorrichtungen (Portalkran).

Entladen von Geräten aller Art.

Erste Gleisanlage für Boden- und Materialtransporte nebst Bau der hierzu erforderlichen Gerüste.

Unter den „*allgemeinen Arbeiten*" bildet die Unterhaltung der Werkstatt mit der Schmiede, Dreherei und Schlosserei sowie die Bedienung

[1] Der Vertikaltransport wird meist mit Aufzügen, Turmdrehkranen u. dgl. erfolgen. Die Gerätekosten und Betriebsstoffverbrauch der verwendeten Maschinen sind zu beachten.

des Lagerplatzes (Magazinverwalter, Nachtwächter usw.) den Hauptanteil.

Für die *Bauausführung im engeren Sinne* kommen bei Caissongründungen folgende Teilarbeiten in Frage, welche in der Nachkalkulation getrennt zu erfassen sind:

1. Herstellung der Senkkästen.

In *Stahlbeton:*

a) Herstellen des Lehrgerüstes und der Schalung.
b) Herstellen der Rundstahlarmierung.
c) Betonieren.
d) Glattstrich.

In *Stahl:*

Montage der Stahlteile ..... Stsl./t.

2. Transport der Senkkästen (Einschwimmen) zur Versenkstelle, sofern man die Senkkästen nicht über der Versenkstelle montieren kann.

3. Herstellung von Versenkgerüsten und Montageböden, unter Einschluß der im Fluß erforderlichen Pfahlrammungen und der Montage einer Kranbahn.

Oder aber statt 2. und 3.:

3a) Herstellung einer künstlichen Schüttung aus Kies, welche zwischen vorher gerammte Spundwände eingebracht wird und über welcher die Senkkästen montiert werden. Dazu kommt noch die Herstellung von Gerüsten zum Auswechseln der Schachtrohre.

4. Ablassen der Senkkästen bis zur Flußsohle
bzw.

4a) Absenken der Senkkästen ohne Druckluft in der künstlichen Schüttung (s. Brunnengründung, S. 163f.).

5. Pneumatisches Absenken der Senkkästen nach Anbringung der Schleusen- und Schachtrohre, bestehend aus:

a) Bedienung der pneumatischen Anlage.
b) Bodenaushub unter Druckluft im Caisson.
c) Abtransport und Verkippen des Bodens.

Bemerkung. Auch das Anbringen sowie Wiederentfernen der pneumatischen Anlage fällt natürlich unter diesen Titel.

6. Betonieren des Aufbaus über den Senkkästen, und zwar

a) Schalen,
b) Betonieren.

7. Ausbetonieren der Arbeitskammer unter Druckluft.

Bauberichterstattung für Brunnen- und Druckluftgründungen.

Die *Betriebstabellen* sind nach obigen Richtlinien anzulegen. Für die *Schachtmeisterberichte* genügen bei Brunnengründungen Formulare einfachster Art mit Leistungs- und Stundenangaben (Formular Nr. 13), während man für Druckluftgründungen zweckmäßig drei verschiedene Formulare verwendet, und zwar

1 Berichtsformular für Werkstatt- und Maschinenbetrieb (Maschinenmeister),

1 Berichtsformular für Ramm- und Zimmerarbeiten (Zimmerpolier) und

1 Berichtsformular für die Schacht- und Betonarbeiten (Schachtmeister bzw. Betonpolier).

2. Nachkalkulation der Betriebsstoffe.

Eine besondere Rolle spielt bei Tiefbauarbeiten, vor allem Erdarbeiten, der *Betriebsstoffverbrauch*. Bei Hochbauarbeiten dagegen ist der Kostenanteil für Betriebsstoffverbrauch von ganz untergeordneter Bedeutung.

Der Nachkalkulation des Betriebsstoffverbrauches auf Tiefbaustellen dienen einerseits die täglichen Aufzeichnungen des Magazinverwalters über die ausgegebenen Schmiermittel und andererseits die *Maschinenberichte* der im Betrieb tätigen Maschinisten (Baggermeister, Lokomotivführer usw.). Ein für Bagger und Lokomotiven geeignetes Berichtsformular zeigt Vordruck Nr. 15. Da sich die Aufzeichnungen der Maschinenberichte, soweit sie sich auf den Schmiermittelverbrauch beziehen, leicht kontrollieren lassen an Hand der Aufzeichnungen des Magazinverwalters über die an die einzelnen Maschinen ausgegebenen Putz- und Schmiermittel, so macht es keine Schwierigkeiten, den Verbrauch der einzelnen Maschinen an Putz- und Schmiermitteln (Maschinenöl, Zylinderöl, Putzwolle, Staufferfett usw.) in regelmäßigen Zeitabständen genau nachzurechnen und das Ergebnis etwa in *Monatsberichten* festzulegen. Auch der *Kohlenverbrauch* der einzelnen Maschinen (vor allem der Dampflokomotiven, welche auch heute in Tiefbaubetrieben meist noch bevorzugt werden) müßte sich hinreichend genau ergeben. Praktisch wird es allerdings immer schwer sein, aus den Berichten der Maschinenführer ein genaues Bild über den Kohlenverbrauch (Verbrauch an Dieselöl) der einzelnen Maschinen zu erhalten. Da aber die Einrichtung eigener Kohlenausgabestellen in Tiefbaubetrieben sich nicht lohnt, kann diese Ungenauigkeit nur durch Vornahme einer *monatlichen Bestandsaufnahme von Kohle und Schmiermitteln* durch die Magazinverwaltung ausgeglichen werden. Solche Bestandsaufnahmen ermöglichen die *Feststellung des gesamten Verbrauches an Betriebsstoffen von Baubeginn an.* Man braucht nämlich nur den Bestand von der gesamten Liefermenge abziehen, welche auf den Karten der *Materialkartothek* (Formular Nr. 19) verzeichnet ist.

Auch der *Verbrauch jeder einzelnen Maschine an Betriebsstoffen je 1 Betriebsstunde* läßt sich dann, wenn man etwas ausgleicht (leider wird dies selten zu umgehen sein), mit genügender Genauigkeit ermitteln. Die Materialbuchhaltung hat dann die Aufgabe, auf Grund dieser Ermittlungen, entsprechend dem Monatsbericht zur Nachkalkulation der Löhne,

Nr. 15.

Firma ……………… **Erdarbeiten**

Maschinenbericht der Baustelle ……………… vom ……………… 19 ……

über Bagger-Nr. ………, Lok.-Nr. ……… Wetter ………

Schicht von ……… bis ……… Uhr = ……… Betriebsstunden, ……… h für Auswaschen, ……… Reparaturstunden

Maschinenführer ………………

Lfd. Nr. der Züge	Wagenzahl	Bagger			Büro!	Kippe		Büro!				Bemerkungen
		Nr.	Ankunft	Abfahrt	Transport Entfernung km	Ankunft	Abfahrt	Ladezeit min	Voll: Fahrzeit zur Kippe min	Kippzeit min	Leer: Rückfahrzeit min	
1.												
2.												
3.												
4.												
5.												
6.												
7.												
8.												
Summe:												
Durchschnitt:												

Kohlenverbrauch ……… Stück Briketts = ……… kg

Für Anheizen ……… Stück Briketts = ……… kg

Dieselöl ……… kg

Bauführer: ………………

Nr. 16.

Monat .... 19 .... Durchschnittliche Betriebszeit .... h.

Datum	Maschine	Fabrikat	Baujahr	Betriebsstunden (Tag)	Verbrauch an **Betriebsstoffen** insgesamt																	
					Maschinenöl	Sattdampfzylinderöl	Heißdampfzylinderöl	Wagenöl	Putzöl	Putzwolle	Staufferfett	Petroleum	Karbid	Benzol	Dieselöl	Talg	Transformatoröl	Motorenöl	Strom	Steinkohle	Brennholz	Schmiedekohlen
					kg	kg	kg	kg	kg	kg	kg	kg	kg	kg	kg	kg	kg	kg	kW	t	Ztr.	t
1.8. bis 31.8.53																						
1.8. bis 31.8.53																						
Von Baubeginn bis 31. 7. 53																						
Von Baubeginn bis 31. 8. 53																						

Datum	Verbrauch je Gerät je 1 Betriebsstunde (Tag)																	
	Maschinenöl	Sattdampfzylinderöl	Heißdampfzylinderöl	Wagenöl	Putzöl	Putzwolle	Staufferfett	Petroleum	Karbid	Benzol	Dieselöl	Talg	Transformatoröl	Motorenöl	Strom	Steinkohle	Brennholz	Schmiedekohle
	kg	kg	kg	kg	kg	kg	kg	kg	kg	kg	kg	kg	kg	kg	kW	t	Ztr.	t
1.8. bis 31.8.53																		

Verbrauch in DM.

Summe	Leistung m³	kg/m³		kW/m³	Dpf./m³			Gesamt
		Kohle	Öle		Kohle	Öle	Strom	Dpf./m³

einen *monatlichen Maschinenbericht* auszufertigen, welcher den *Betriebsstoffverbrauch* der einzelnen Maschinen oder Maschinengruppen enthält. Vordruckformular Nr. 16 wird man z. B. vorteilhaft bei großen Erdarbeiten verwenden können. Die Erfassung des *Betriebsstoffverbrauches je 1 Betriebsstunde für jede einzelne Maschine* ist gleichzeitig eine Betriebskontrolle der einzelnen Maschinen und Maschinenführer. Dagegen ist es bei dieser Art von Berichterstattung kaum möglich, die einzelnen Baggerbetriebe (einschl. der zugehörigen Lokomotivbetriebe) für sich getrennt zu behandeln. Das ist aber meist an und für sich nicht leicht, da im Laufe der Berichtsperiode einzelne Lokomotiven vielfach doch für verschiedene Bagger fahren. Es ist auf alle Fälle aber darauf zu achten, daß der Verbrauch, in bezug auf die *reinen Betriebsstunden* (nach Abzug der Stunden für das Auswaschen der Lokomotiven und der Reparaturstunden an der kalt gestellten Maschine) ermittelt wird. Wichtig ist ferner, daß der auf Grund des gesamten Verbrauches an Betriebsstoffen in dem Maschinenbericht sich ergebende *Bestand* mit dem tatsächlichen Bestand der monatlichen Bestandsaufnahme übereinstimmt.

Es dürfte nach dem vorstehend Gesagten nicht schwer sein, entsprechend Vordruck Nr. 16 einen passenden Vordruck für einen *gleislosen Erdbetrieb* zu entwerfen. Der durchschnittliche Förderweg, Anzahl der Fahrzeuge und der Fahrten sind anzugeben und schließlich ist der *Verbrauch an Dieselöl in* $kg/1\,m^3$ (Hauptanteil der Betriebsstoffkosten) zu ermitteln.

Die für den *stündlichen Betriebsstoffverbrauch der einzelnen Maschinen* sich ergebenden Ziffern kann man als *Kennziffern* ansprechen, welche bei ähnlichen Betriebsverhältnissen nur geringe Abweichungen zeigen dürfen (vgl. Abschnitt II, § 5, S. 41ff.).

Der *Kohlenverbrauch*, welcher z. B. bei Erdarbeiten die Hauptrolle spielt, hängt natürlich in erster Linie von dem *Maß der Inanspruchnahme der Maschine* im Betrieb ab, d. h. von der tatsächlich geleisteten mechanischen Arbeit, welche aber schwer zu erfassen ist. Bei Arbeitsmaschinen (Bagger, Betonmaschinen usw.) wird unter sonst gleichen Bedingungen die *Stundenleistung* (z. B. in m^3) immerhin einen Maßstab bilden. Bei Förderlokomotiven in Baubetrieben sind nach den Untersuchungen des Verfassers[1] in erster Linie maßgebend der sog. ,,Grad der Ausnützung der Lokomotive", d. h. das Verhältnis zwischen reiner Fahrzeit und gesamter Betriebszeit der Maschine (gleichgültig durch welche Ursachen dieses Verhältnis bedingt ist) und an zweiter Stelle die ,,Ausnützung der Zugkraft der Lokomotive des Vollzugs".

Aus der Erkenntnis heraus, daß der ,,Grad der Ausnützung" primär bestimmend ist für den Kohlenverbrauch (und auch Stromverbrauch) von Baumaschinen, empfiehlt sich zur *Berechnung des Kohlenverbrauches einzelner Baumaschinen* in der Praxis die nachstehend gegebene Berechnungsart: Man geht dabei aus von Erfahrungswerten über den Kohlenverbrauch von Baggern, Lokomotiven usw. bezogen auf 1 PSh. Dabei

---

[1] BAUMEISTER: Über die Berechnung des Kohlenverbrauches von Baulokomotiven bei Baggerarbeiten. ,,Der Bauingenieur" 1933, Heft 13/14.

stellt allerdings die PSh hier nicht ein Leistungsmaß, sondern lediglich einen rechnerischen Wert dar, welchen man dadurch erhält, daß man die Betriebsstärke der Maschine in PS mit der Betriebszeit multipliziert. Es ergibt sich dann z. B. bei Feststellung eines Kohlenverbrauches von 800 kg bei 200-PS-Lokomotiven und 10stündiger Betriebszeit ein Kohlenverbrauch von $\frac{800}{200 \cdot 10} = \mathit{0{,}4\ kg/PSh}$.

Diese Kohlenverbrauchswerte schwanken trotz der Verschiedenheit der Verhältnisse bei verschiedenen Bauarbeiten für Maschinen gleicher Stärke innerhalb verhältnismäßig enger Grenzen. (Man vergleiche darüber die graphischen Darstellungen Abschnitt II, § 5, S. 45.)

Bei allen Berechnungen des Betriebsstoffverbrauches darf man nicht übersehen, daß auch die *Güte der Betriebsstoffe* einen maßgebenden Einfluß auf den Verbrauch hat. Die Güte der *Kohle* darf auch nicht allein nach dem sog. Heizwert beurteilt werden (bei bester Ruhrkohle zwischen 7500 und 8200 Kalorien). Stark schlackende Kohle wirkt z. B. sehr ungünstig auf den Kohlenverbrauch. Bei den Putz- und Schmiermitteln hängt die Höhe des Verbrauches auch sehr davon ab, ob man billige oder teure Ölsorten im Betrieb bevorzugt.

Die *Nachkalkulation der Putz- und Schmiermittel* (Maschinenöl, Zylinderöl, Wagenöl, Staufferfett, Putzwolle usw.) ist im übrigen von mehr untergeordneter Bedeutung gegenüber dem *Hauptbetriebsstoff* (Kohle, Strom, Dieselöl). Es betragen z. B. bei großen Erdarbeiten die Kosten für Putz- und Schmiermittel etwa 14 bis 20% der Ausgaben für Kohle (je nach der größeren oder kleineren Entfernung der Kohlegewinnungsstätten). Bei vorwiegend *elektrischem Betrieb* auf Baustellen ist möglichst für die einzelnen Maschinen und für den gesamten Betrieb der Verbrauch an Strom in kWh je Leistungseinheit (1 m³ Beton usw.) in gewissen Zeitabständen (am besten monatlich) zu ermitteln.

Bei *gleislosen* Erdbetrieben wird man feststellen, daß der *Betriebsstoffverbrauch* sehr hoch liegt gegenüber Gleisbetrieb (bei 2 km mittlerer Förderweite etwa 1 kg Dieselöl/1 m³). Die Ersparnis liegt beim Lohnanteil.

Da für die Nachkalkulation der Betriebsstoffe auf Baustellen in erster Linie die *Materialbuchhaltung und Magazinverwaltung* die Unterlagen

Nr. 17.

Firma .... Baustelle ....

Tagesbericht über *eingegangene Materialien* usw.

Lfd. Nr.	Eingangs-		Bezeichnung der Gegenstände	kg	m³	m, m²	Stück	Lieferant bzw. Absender
	Monat	Tag						

Bemerkungen: ....

............................, den .... 19......

....
Materialienverwalter.

Nr. 18. **4. Betriebsstoffe.**

Gegenstand (z. B. Maschinenöl) ....

Datum	Einheit		Empfänger bzw. Lieferant	Datum	Einheit		Empfänger bzw. Lieferant
....	Bestand:	....	....	....	Übertrag:	....	....
....	....gang[1]:	....	....	....	....gang[1]:	....	....
....	Sa.:	....	....	....	Sa.:	....	....
....	....gang[1]:	....	....	....	....gang[1]:	....	....

liefern müssen, seien noch kurz Anhaltspunkte für eine zweckmäßige Berichterstattung gegeben: Der Magazinverwalter hat von allen eingehenden Materialien Bericht zu erstatten auf *Eingangsberichtsformularen* gemäß Vordruck Nr. 17. Gleichzeitig erfolgt der Eintrag in die *Lagereingangsbücher*, welche gemäß Vordruck Nr. 18 angelegt werden können. (Die Gruppierung erfolgt zweckmäßig nach 1. Großgeräte, 2. Kleingeräte und Werkzeuge, 3. Bau- und Bauhilfsstoffe, 4. *Betriebsstoffe*, 5. Reparaturmaterialien und Ersatzteile.)

Über jeden Betriebsstoff wird eigens Buch geführt. Der Ausgang an Betriebsstoffen, d. h. in erster Linie der vom Magazinverwalter ausgegebenen Putz- und Schmiermittel, ist täglich nach einzelnen Maschinen getrennt zu verbuchen. Der Lagerbestand wird von der Magazinverwaltung zweckmäßig jeden Monat ermittelt zur Kontrolle der Betriebsstoffverbrauchsziffern. Auf Grund aller dieser Maßnahmen der Magazinverwaltung wird dann von der *Materialverwaltung* die *Materialkartothek* geführt, deren zweckmäßig mit farbigen Emaillereitern versehene Karten etwa nach Vordruck Nr. 19, angelegt werden können. Von der Materialverwaltung wird dann auch jeden Monat der bereits erwähnte *Monatsbericht des Betriebsstoffverbrauches* etwa nach Formular Nr. 16 aufgestellt.

Wie die Ergebnisse der Nachkalkulation des Betriebsstoffverbrauches der einzelnen Maschinen verwertet werden können, zeigt der Vordruck Nr. 20 für das Kartothekblatt einer Dampflokomotive (Rückseite).

3. Organisation der technischen Nachkalkulation für Hoch- und Stahlbetonbauten.

Während bei Tiefbauarbeiten, insbesondere Erdarbeiten, die Löhne und die Gerätekosten die Hauptkostenfaktoren (Ausnahme Betonarbeiten) bilden und von den Baustoffen nur die Betriebsstoffe eine Rolle spielen, liegen die Verhältnisse für *Hoch- und Stahlbetonarbeiten* ganz anders. Hier bilden die *Baustoffkosten*, mit etwa 45% der Gesamtkosten, den *Hauptkostenanteil*. Zwar spielen auch die Lohnkosten bei Hochbauten immer noch eine hervorragende Rolle (etwa 35% der Gesamt-

[1] Eingang bzw. Ausgang.

Nr. 19.

Firma .... Gruppe .... Nr. .... der Karte

Gegenstand .... Einheit .... Lager Nr. .... Gruppe .... Fach Nr. .... Fester Bestand

Datum	Eingang von / Ausgang nach	Einheitspreis DM.	Einheitspreis Pf.	Zugang	Abgang	Lagerbestand	Datum	Eingang von / Ausgang nach	Einheitspreis DM.	Einheitspreis Pf.	Zugang	Abgang	Lagerbestand

Inventur

Datum	Menge	Einheit	Einheitspreis DM.	Einheitspreis Pf.	Bilanzwert DM.	Bilanzwert Pf.

Nr. 20 (Vorderseite).

Bauunternehmung .... Baustelle	Maschinengruppe: Lokomotiven.	M. L. 5.

Fabrik-Nr. .... Kessel-Nr.	Erbauer: Henschel u. Sohn, Kassel. Baujahr 1930. Anschaffungspreis 15000,— DM.	Erworben am 6. 10. 1937. Lieferant ....

Spur 900 mm	PS 160/180	Atm. 12.	Heizfläche: Wasserberührt 44 m^2. Feuerberührt 38 m^2.	.... Kaufpreis .... DM.

Photo.

Siederohre:

Stückzahl 108.

Länge: 2800 mm.
Äußerer Durchmesser: 42 mm.
Wandstärke: 2,5 mm.

Baustelle bzw. Bauwerk	Verwendet vom	Verwendet bis	Voraussichtlich verfügbar

Maßskizze der Roststäbe:

Abmessungen und sonstige technische Daten.
Länge (einschl. Puffer): 6700 mm. Breite: 2200 mm. Höhe: 3300 mm. Achszahl: 2.
Achsabstand: 1800 mm. Tenderinhalt: 1,9 m^3. Bunkerinhalt: .... kg.
Leergewicht etwa 15000 kg. Dienstgewicht etwa 19000 kg.

Zubehör zur Lokomotive: ....

Bemerkungen: ....

33*

Nr. 20 (Rückseite).

1. Größere Reparaturen.

Datum	Art der Reparatur	Beleg Nr.	Kosten in DM.				Ort der Reparatur
			Löhne und Sozialaufwand	Material	Unkosten	Insgesamt	

2. Gerätemiete.

Einschichtig für 1 Tag:

.... DM.

Mehrschichtig für 1 Tag:

.... DM.

3. *Auf- und Abladen.*

Datum	Lohnstunden für		Gewicht t	St./t
	Abladen	Aufladen		

4. *Betriebsstoffverbrauch.*

Betriebsdauer .... h .... Bedienung .... Maschinist

	Für 1 Tag		Für 1 h		Für 1 PSh	
	kg	DM.	kg	DM.	kg	DM.
Kohlen . . .						
Maschinenöl .						
Zylinderöl . .						
Putzwolle . .						
Wasser . . .						
Gesamtkosten						

Dazu für Anheizen der Lokomotive:

.... kg Kohle zu .... Pf. = ... Pf.

.... m^3 Holz zu .... Pf. = ... Pf.

5. *Bemerkungen* (über Verwendbarkeit, Fehler usw.):

Aufgestellt: ....

Unterschrift: ....

kosten), andererseits treten aber die *Gerätekosten*, sogar bei gut mechanisierten Stahlbetonbetrieben, verhältnismäßig stark zurück. (Sie betragen z. B. in dem Rechnungsbeispiel Abschnitt XVII, S. 319ff. 2,2% der Gesamtkosten, während sie bei Stahlbetonhochbauten höchstens 2% der Gesamtkosten und bei einfachen Hochbauten höchstens 1% betragen.) Der *Verbrauch an Betriebsstoffen* ist bei Hochbauten so geringfügig, daß man sich damit begnügen kann, den Betriebsstoffverbrauch den *Gerätekosten* zuzuschlagen. (Selbst bei Gußbetonhochbauten betrugen die Betriebsstoffkosten nur 0,5 bis 0,8% der Gesamtbaukosten.) Dagegen spielen, wenigstens bei Stahlbetonhochbauten, neben den Baumaterialien die *Bauhilfsstoffe* eine hervorragende Rolle (vgl. das Kapitel „Kaufmännische Nachkalkulation", S. 521ff.).

Abb. 165.

Die anteiligen Kosten für die „*Einrichtungsarbeiten*" und die „*allgemeinen Arbeiten*" sind bei Hochbauten gleichfalls so unbedeutend, daß sie bei der Vorkalkulation in den Lohnkosten bzw. in den „Unkosten der Baustelle" mitberücksichtigt werden.

Eine besondere Zergliederung der Lohnkosten der verschiedenen Bauleistungen (wie z. B. im Tiefbau) ist bei der technischen Nachkalkulation im *Hochbau* nicht erforderlich. Es genügt die *Angabe des Lohnstundenverbrauches je Leistungseinheit*, getrennt nach Facharbeiter- und Hilfsarbeiterstunden. Die Ergebnisse weichen in geordneten Betrieben unter ähnlichen Verhältnissen (Stockwerkshöhe, Mauerstärke, maschinelle Hilfsmittel usw.) wenig voneinander ab.

Was die *Form der praktischen Durchführung von technischen Nachkalkulationen bei Hoch- und Stahlbetonbauten* anbelangt, so wird man zweckmäßig in Anlehnung an den Kostenanschlag des Bauvertrags *Betriebstabellen* anlegen (Vordruck Nr. 21) und dabei die zwei Hauptarbeitsgruppen: 1. Einrichtungsarbeiten und allgemeine Arbeiten, 2. Bauausführung (eventuell durch verschiedenfarbige Karten) unterscheiden. Man kann die weitere Unterteilung innerhalb ein und derselben Gruppe bei Verwendung steifer Kartenblätter durch farbige Emaillereiter betonen, auf welchen die Benennung der Arbeiten (bzw. Position des Kostenanschlags) vermerkt ist. Sonst erscheint diese Angabe am rechten

Nr. 21.

Pos...... des Vertrags .... vom .... 19.....

Benennung der Arbeit ....

Vorkalkuliert: .... Facharbeiterstund. + ... Hilfsarbeiterstund.

Bericht		Leistung m³ (m²)		Verbrauchte Lohnstunden				Lohnstunden je Einheit				Bemerkung (z. B. Leistungsprämien)
				nach Bericht		Summe		nach Bericht		insgesamt		
vom	bis	nach Bericht	Summe	Facharbeiter	Hilfsarbeiter	Facharbeiter	Hilfsarbeiter	Facharbeiter	Hilfsarbeiter	Facharbeiter	Hilfsarbeiter	

Baustelleneinrichtung[1]

Allgemeine Arbeiten

Pos. 1. Erdarbeiten

Pos. 2. Fundamentbeton

Pos. 3. Ziegelmauerwerk 2 Stein stark

Pos. 4. Ziegelmauerwerk 1½ Stein stark

Pos. 5. Ziegelmauerwerk 1 Stein stark

Rand[1] des Blattes. Wie aus Vordruck Nr. 21 ersichtlich, knüpfen die Eintragungen in die Betriebstabellen an *Wochenberichte* der Baustelle an (s. Bauberichterstattung). Der Umschlag des Heftes, in das die Betriebstabellen eingeheftet sind, muß eine kurze Beschreibung der Arbeit mit Skizzen, Photos usw. enthalten. Selbstverständlich ist zeitweise *nachzuprüfen, ob sich die Lohnstundensumme der Betriebstabellen mit derjenigen der Lohnlisten deckt.*

Richtlinien für die Lohnzergliederung bei der Nachkalkulation von Hoch- und Stahlbetonbauten.

1. Erdarbeiten. Bei kleineren Erdarbeiten, welche von Hand mit Hilfe von Schubkarren oder Loren ausgeführt werden, genügt die Feststellung der je 1 m³ Erdaushub insgesamt verbrauchten Lohnstunden. Bei größeren Erdarbeiten mit Baggerbetrieb werden die Lohnstunden nach den früher gegebenen Gesichtspunkten zergliedert (I. A., Erdarbeiten). Bei Baggerarbeiten muß dann auch der Betriebsstoffverbrauch (Kohle, Dieselöl, Maschinenöl usw.), bezogen auf 1 m³ Bodenbewegung, ermittelt werden (Abschnitt „Nachkalkulation der Betriebsstoffe").

Bei Zuhilfenahme anderer maschineller Hilfsmittel beim Baugrubenaushub (Schrägaufzüge, Krane, Förderbänder usw.) ist die Bedienung der Maschinen getrennt zu erfassen und der Betriebsstoffverbrauch zu ermitteln.

2. Maurerarbeiten. Die Betriebstabellen für Maurerarbeiten müssen neben einer kurzen Beschreibung der Arbeit (mit Skizzen, Photos od. dgl.) folgende Angaben enthalten: Die Leistung in m³ Mauerwerk (Angabe der Wandstärke), wobei die Leistung in regelmäßigen Zeitabständen

[1] *Daumenregister* zum Auffinden des gewünschten Titels des Bauvertrags.

[1] *Daumenregister* für Betriebstabellen.

aufgemessen bzw. nach der Anzahl der vermauerten Steine geschätzt wird. Möglichst getrennt zu erfassen sind die Löhne für die *Gerüstarbeiten* (nach m² Ansichtsfläche des Gerüstes), wie auch die *Herstellung des Mörtels* von Hand oder mit Maschinen. Für die eigentlichen *Maurerarbeiten* wird getrennt zwischen Maurerstunden und Hilfsarbeiterstunden (für Ziegeltragen, Mörteltragen, Beschickung von Ziegel- und Mörtelaufzügen).

Wo für den *maschinellen Transport* von Ziegeln, Mörtel, Werksteinen usw. bei umfangreichen Hochbauten Spezialkrane, Aufzüge, Turmdrehkrane usw. zur Verwendung kommen, sind die *Maschinenkosten* (einschl. Bedienung) sowie Kosten für Auf- und Abbau der Maschinen getrennt zu erfassen.

Die Leistungen für *Verfugen und Verputz von Mauerwerk* werden in m² gemessen und die Löhne nach Maurerstunden und Hilfsarbeiterstunden ausgeschieden. Die Kosten der erforderlichen *Gerüstarbeiten* werden in gleicher Weise auf m² verfugte bzw. verputzte Fläche bezogen.

3. Beton- und Stahlbetonarbeiten. Bei Fundamentbeton sind die Löhne für Schalarbeiten (bezogen auf 1 m² abgewickelte Schalfläche) zu trennen von den Lohnstunden für das Betonieren (einschl. aller mit dem Betonieren zusammenhängenden Arbeiten wie Gleislegen, Anlage von Betonrutschen und kleiner Gerüste).

Bei *Stahlbetonbauten* (Deckenkonstruktionen, Säulen usw.) hat man folgende drei Titel zu unterscheiden:

a) Betonieren, b) Schalen, c) Armieren.

a) Betonieren (Angabe über Umfang der Arbeit, Mischmaschinentyp, Transportmittel und Transportentfernung, Materiallagerung usw.). Bei Arbeiten kleineren Umfangs sind die Löhne (nach Facharbeitern und Hilfsarbeitern getrennt) für die gesamten, mit dem Betonieren zusammenhängenden Arbeitsvorgänge (Betonbereitung, Transporte, Aufzüge und Einbau des Betons) unter diesem Titel zusammenzufassen und auf 1 m³ Beton zu beziehen.

Bei umfangreichen Stahlbetonarbeiten empfiehlt es sich mit Rücksicht auf die Betriebskontrolle, die Betriebstabellen etwa nach folgender Zergliederung anzulegen:

Nr. 22.

Datum	Menge	1. Herstellen des Betons mit Materialbeifuhr				2. Transport und Aufzüge			3. Einbau des Betons (einschl. Transport auf der Decke)				1 + 2 + 3	
		Maschinist	Betonierer	Hilfsarbeiter	Gesamt	Transport	Aufzug	Gesamt	m³	Betonierer	Hilfsarbeiter	Gesamt	h	h/m³
	m³	h	h	h	h	h	h	h		h	h	h		

Sind bei Beton- und Stahlbetonarbeiten eigens größere *Lehr- oder Transportgerüste* erforderlich, so müssen die Lohnkosten hierfür gesondert erfaßt und auf 1 m³ Rüstholz bezogen werden (man vergleiche hierzu I. B., „Betonarbeiten", S. 494ff.).

b) Schalen. Der Lohnaufwand für die Schalarbeiten wird möglichst getrennt nach *Einschalen* (Abbinden und Aufstellen der Schalung) und *Ausschalen* (Ausschalen und Ausnageln, sowie Stapeln des zurückgewonnenen Holzes). Die Leistung wird nach der Anzahl m² abgewickelter Schalfläche vollkommen genügen. Will man aber für Balken- und Säulenschalung getrennt die Stundensätze ermitteln, so muß man „Zeitbeobachtungen" im Betriebe anstellen.

Wichtig ist bei der Nachkalkulation der Schalarbeiten die Ermittlung des *Verbrauchs an Bauhilfsstoffen*, welcher sich darstellt als die Differenz zwischen den angelieferten und den zurückgewonnenen Bauhilfsstoffen (Trennung nach Rundholz, Schnittholz und Kleineisenzeug).

c) Armieren. Bei Ermittlung des Lohnstundenaufwands für die Rundstahlbewehrung ist möglichst zu trennen zwischen *Eisenbiegen* (einschl. Abschneiden der Eisen, Sortieren usw.) und *Eisenverlegen* (Flechten). Diese Trennung dient jedoch mehr dem Zwecke der Betriebskontrolle als dem der Vorkalkulation, wo man die gesamten Bewehrungsarbeiten zusammenzufassen pflegt. Leistungsmaß ist das kg bzw. 1000 kg = 1 t fertig verlegten Rundstahls.

4. Sonstige Arbeiten. Für alle übrigen Arbeiten dürfte es genügen, den Lohnaufwand in Lohnstunden je Einheit der Leistung in den Betriebstabellen zu erfassen.

Die wichtigsten *Ergebnisse der technischen Kostennachrechnung* werden nach Beendigung der Bauarbeiten (Abschlüsse der Betriebstabellen!) in der Zentrale der Unternehmung in ein Kartothekblatt einer *Nachkalkulationskartothek* eingetragen, wo auch die Baukosten, bezogen auf große Einheiten (1 m³ umbauter Raum, 1 m² überbaute Fläche) erscheinen (siehe III., „Die Nachkalkulationskarthothek").

Bauberichterstattung für Hoch- und Stahlbetonbauten.

Auch für Hoch- und Stahlbetonarbeiten bilden die Baustellenberichte, welche auf den *Tagesberichten der Poliere* und Meister fußen, die Hauptgrundlage der technischen Nachkalkulation. Nur auf sehr *großen Baustellen* empfiehlt sich die tägliche Verarbeitung der Polierberichte zu einem *Sammelbericht für den Bauleiter.* Da es indessen bei Hochbauarbeiten selten möglich sein wird, täglich auch nur einigermaßen genaue Leistungsangaben zu erhalten, werden die *Baustellenberichte* an die Zentrale der Unternehmung zweckmäßig als *Wochenberichte* im Zusammenhang mit wöchentlichen Aufmaßen aufgestellt, so daß die Leistungsangaben einigermaßen genau sind.

Als Formular für die Polierberichte kann ein Vordruck gemäß Formular Nr. 23 Verwendung finden. Der Polier trägt darin die Anzahl der Arbeiter und die verbrauchten Lohnstunden nebst Bezeichnung der Arbeit ein. Der Eintrag 3/25 besagt dann z. B., daß 3 Arbeiter beschäftigt waren mit einem Gesamtlohnaufwand von 25 Lohnstunden. Am Ende jeder Woche erfolgt der Eintrag der Leistungen.

Für die *Wochenberichte* der Baustelle an die Zentrale kann gleichfalls Formular Nr. 23 Verwendung finden. In der Zentrale erfolgt der Übertrag der Lohnstunden aus den Wochenberichten in *Betriebstabellen* (Vordruck Nr. 21). Bei solcher Anlage der Betriebstabellen ist auch jederzeit ein Vergleich zwischen vorkalkulierten und tatsächlich verbrauchten Löhnen möglich.

Auf sehr großen Hochbaustellen mit umfangreichen Stahlbetonarbeiten ist allerdings die Verwendung verschiedener *Polierberichtsformulare* zu erwägen, und zwar 1. für Maurerpoliere (Vordruck Nr. 13), 2. für Betonpoliere (Vordruck Nr. 11), 3. für Zimmerpoliere (Vordruck Nr. 12).

Nr. 23

Tagesbericht vom .... 19........ Nr. .... Baustelle ....
(Wochenbericht)
Bauunternehmung ....
Wetter .... Schichtdauer von .... bis .... Uhr = ... Betriebsstunden

Bezeichnung der Arbeit und Arbeitsstelle	Position des Vertrags	Aufgewandte Lohnstunden für																		Summe der Lohnstunden	Leistungen	Einheit	Lohnstunden je Einheit	Lohnkosten je Einheit DM.	Anzahl der Arbeiter
		Polier	Vorarbeiter	Maschinist	Maurer	Zimmermann	Armaturarb.	Schmied	Schlosser	Schreiner	Erdarbeiter	Pflasterer			Hilfsarbeiter	Lehrling									
		1/9	*1/9*	*1/9*	*5/45*	*6/50*		*1/8*	*1/8*		*3/25*														

Bemerkungen: ....
.... Polier: .... Bauleiter: ....

II. Kaufmännische Nachkalkulation.

Die Übertragung der gesamten Nachkalkulation auf die Baubuchhaltung wäre praktisch zwar möglich, jedoch weder wirtschaftlich noch zweckmäßig. Eine kaufmännische Verbuchung in Anlehnung an die Titel des Bauvertrags etwa in Form eines Kartensystems mit verschiedenfarbigen Karten als Gegenstück zu Fabrikbuchhaltungen wäre durchaus denkbar. Sie würde allerdings viel technisches Verständnis beim kaufmännischen Personal der Baustellen voraussetzen. Auch die Ausscheidung der Löhne in den Lohnlisten nach einzelnen Titeln des Bauvertrags ließe sich trotz mancher Schwierigkeiten in der Praxis erreichen. Die Umrechnung der Lohnbeträge in Lohnstunden würde bei stets gleichbleibenden Löhnen ebenfalls keine Schwierigkeiten bereiten. Für die Baubetriebe wäre aber eine Personalerweiterung unvermeidlich. Das kaufmännische Personal müßte technisch geschult sein bzw. technisches Personal in der Buchhaltung mitwirken. Die Lohnbuchhaltung vor allem hätte eine schwierige Aufgabe zu lösen. Für die Betriebskontrolle könnte eine rein kaufmännische Nachkalkulation kaum nutzbar gemacht werden. Die Folge wäre, daß eine solche Buchhaltung bald nur für sich existieren würde, ohne dem Betriebe und der technischen Leitung zu nützen.

Trotzdem hat die kaufmännische Buchhaltung in der Kostennachrechnung sehr wichtige Aufgaben zu erfüllen. Ihre wichtigste Aufgabe ist wohl die Feststellung des finanziellen Erfolges in *Zwischenbilanzen*, d. h. die *finanzielle Nachkalkulation*, welche unter II. C, S. 526f. kurz besprochen wird.

Der Nachkalkulation unmittelbar dienen in der kaufmännischen Buchhaltung die sog. *Selbstkostenbücher*. Die Selbstkosten werden darin nach den verschiedenen Bauaufträgen oder *Baukonten* und jedes Baukonto nach Kostenarten getrennt verbucht. Diese Selbstkostenbücher werden auf größeren Baustellen am besten an Ort und Stelle von der Baubuchhaltung geführt. Wenn sämtliche die Baustelle betreffenden Rechnungen (auch wenn sie nicht von dieser, sondern von der Zentrale bezahlt wurden) der Baustelle zur Verbuchung zugehen — dieser Geschäftsgang ist schon mit Rücksicht auf die Nachprüfung der Rechnungen geboten —, so ist die Baubuchhaltung in der Lage, die Rechnungsbeträge auf die entsprechenden Titel des Selbstkostenbuches zu übertragen. Wenn dann der Baustelle noch über die Gerätemieten (Geräteleihgebühren) und über die anteiligen Geschäftskosten der Zentrale Rechnung erteilt wird (mindestens einmal im Jahr im Zusammenhang mit der Bilanz), so kann der Bauleiter die gesamten *Selbstkosten der Baustelle nach Kostenarten getrennt* überblicken. Wo nun verschiedene Bauaufträge gleichzeitig durch ein und dieselbe Bauleitung zur Ausführung gelangen, können die allgemeinen Baukosten der Bauleitung zunächst nicht nach verschiedenen Baukonten getrennt werden. Vielmehr wird man zunächst diese Unkosten (wie auch die Geschäftskosten der Zentrale) für alle Baukonten gemeinsam führen und muß sie dann nachträglich nach einem bestimmten Schlüssel (am besten im Verhältnis der Bausummen) auf die einzelnen Konten übertragen.

Die Frage, welche und wie viele *Selbstkostentitel* man für Bauarbeiten führen soll, kann nicht allgemein beantwortet werden. Bei *Tiefbauten*, im besonderen Baggerarbeiten, wo Maschinenarbeit vorwiegt, und wenig Baustoffe verbraucht werden, muß der Hauptwert bei der Titelführung des Selbstkostenbuches auf eine weitere *Zergliederung der Gerätekosten* gelegt werden, so daß neben den Geräteleihgebühren und den Fracht- und Transportkosten für Geräte auch der *Materialverbrauch für die Geräteunterhaltung*, und zwar 1. Reparaturmaterialien- und Ersatzteilverbrauch, 2. Werkzeug- und Kleingeräteverbrauch und 3. Schwellenverbrauch, als getrennte Titel im Selbstkostenbuch erscheinen. Für den *allgemeinen Hochbau* (Wohnungsbau) wie auch für *Stahlbetonbauten* (Fabrikbau, Hallenbau usw.) ist bei dem verhältnismäßig geringen Anteil der Gerätekosten an den Selbstkosten eine solche Zergliederung weder erwünscht noch zweckmäßig. Bei kleineren Hochbauten können die Gerätekosten sogar in die allgemeinen Geschäftskosten miteinbezogen werden. Man sieht also hier grundsätzlich verschiedene Bedürfnisse der Titelführung von Selbstkostenbüchern im Hochbau einerseits und im Tiefbau andererseits. Es gilt hier unbedingt der *Grundsatz, bei der Unterteilung der Selbstkosten in der kaufmännischen Nachkalkulation nicht weiter zu gehen, als mit Rücksicht auf den Aufbau der Vor-*

kalkulation für die betreffenden Arbeiten und mit Rücksicht auf die Wichtigkeit der verschiedenen Titel bei der Selbstkostenrechnung geboten erscheint.

A. Organisation der kaufmännischen Nachkalkulation von Tiefbauarbeiten.

Ein einheitliches Schema der Titelführung von Selbstkostenbüchern für Tiefbauarbeiten kann nicht gegeben werden. Vielmehr wird die Titelführung trotz vielfacher Übereinstimmung sich nach den Bedürfnissen der Kostenvorrechnung für den einzelnen Bauvertrag verändern. Nachstehend sollen an Hand der vorgeführten *Titel für Erdarbeiten,* welche durchaus charakteristisch sind, verschiedene Abweichungen bei anderen Tiefbauarbeiten erörtert werden. Durch Beachtung der so gegebenen Richtlinien wird der Bauleiter in die Lage versetzt, in jedem besonderen Fall die *zweckmäßigste Selbstkostenzergliederung* selbst zu *entwerfen.*

Selbstkostenzergliederung für Erdarbeiten.

1. Löhne (reine Lohnkosten)[1].
2. Kohlen (frei Baustelle) bzw. Dieselöl.
3. Schmiermittel (Öle, Fette usw.), Licht- und Kraftstrom, Wasser.
4. Reparaturmaterialien (auch Bauholz für Wagenreparaturen).
5. Ersatzteile für Maschinen (Großgeräte).
6. Verbrauchte Werkzeuge und Kleingeräte (einschl. Schwellen) oder
6a. Gleisschwellen.
7. Geräteleihgebühren.
8. Frachten und Fuhrkosten für Gerätean- und -rücktransport.
9. Baustoffe (frei Baustelle).
10. Sozialversicherungen und sonstige soziale Aufwendungen[2].
11. Allgemeine Baukosten der Bauleitung.
12. Anteilige Kosten der Zentrale und Steuern.

Zu dieser Titelführung soll vorweg bemerkt werden, daß bei vorwiegend *elektrischem Betrieb* auf der Baustelle, wie auch bei Verwendung einzelner elektrischer Bagger und Absetzapparate oder elektrischem Antrieb bei großen Wasserhaltungen, der in Titel 3. mit aufgeführte *Stromverbrauch* unbedingt *als getrennter Titel* zu führen ist. Durch die Führung der Titel 1., 2. und 3. erhält man eine nicht unerwünschte Kontrolle der technischen Nachkalkulation für die gesamten Lohnkosten und Aufwendungen für *Betriebsstoffe.* Die Titel 4. bis 8. umfassen Kosten, welche die technische Nachkalkulation nicht erfaßt und welche als *Gerätekosten* (im weiteren Sinne des Wortes) einen um so größeren

---

[1] Unter Umständen kann ein Titel „1a Werkstattlöhne" geführt werden.

[2] Als besonderer Titel sind die *Kosten der besonderen sozialen Maßnahmen* (Trennungsentschädigungen, Wochenendheimfahrten usw.) zu führen.

Anteil der Selbstkosten ausmachen, je mehr bei einer Bauausführung Maschinen die Handarbeit ersetzen. Besonderen Wert haben dabei die Erfahrungssätze, welche aus der Verbuchung der *Materialkosten für die Geräteunterhaltung* unter den Titeln 4., 5. und 6. gewonnen werden. Diese *Materialkosten der Geräteunterhaltung* — die Lohnkosten werden unter dem Titel „Reparaturwerkstätte" in der technischen Nachkalkulation erfaßt — rechnet man dann, zwecks Wiederverwendung bei Vorkalkulationen, auf Jahreskosten in Prozent des Geräteneuwertes um oder auf die Einheit der Leistung, d. h. 1 m^3 Erdbewegung (man vgl. Abschnitt II, § 2, S. 21ff.).

Bei dem Titel 6. „Werkzeuge und Kleingeräte" und unter Umständen auch bei Titel 4. und 5. (wenn nämlich größere Vorräte vorhanden sind) ist nur darauf zu achten, daß bei zwischenzeitlichen Abschlüssen der Bestand abgesetzt und nur das *tatsächlich verbrauchte Material* in die Bilanz eingesetzt wird.

Die Titel 10. und 11. zählen zu den „*Gemeinkosten*". Titel 12. sind die sogenannten *allgemeinen Geschäftskosten.* Die Kosten aus Titel 10. (und zweckmäßig auch Titel 11.) werden *in Prozent der Lohnkosten* ausgedrückt, von welchen sie auch unmittelbar abhängen. Titel 11. und 12. werden nach Beendigung der Arbeiten *in Prozenten der Selbstkosten* bzw. Gesamtkosten ausgedrückt und in Form von „*Zuschlägen*" *auf Lohn und Material* für Zwecke der Vorkalkulation umgerechnet.

Bei *Betonarbeiten,* deren Ausführung meist mit einem größeren Verbrauch an elektrischem Strom verbunden ist, wird der Titel „Stromverbrauch" getrennt geführt. Die Titel 4., 5. und 6. können bei Betonarbeiten unter *einem* Titel, als Verbrauchsmaterial für „Geräteunterhaltung" zusammengefaßt werden. Bei dem Titel 9. „Baustoffe" muß, wie bei Hoch- und Stahlbetonarbeiten, eine Zergliederung Platz greifen einerseits nach den *zum Einbau bestimmten Baumaterialien,* umfassend die Zuschlagstoffe (Kies, Schotter, Sand), die Bindemittel (Zement, Traß, Kalk) und Rundstahl, andererseits nach *Bauhilfsstoffen* (Schalholz, Rüstholz und Kleineisenzeug).

Nach ähnlichen Erwägungen kann in Anlehnung an die Selbstkostenzergliederung für Erdarbeiten, auch bei allen übrigen Tiefbauarbeiten die Auswahl der jeweils geeigneten Titel für die Selbstkostenbücher erfolgen. Bemerkt sei nur noch, daß für die übrigen Tiefbauarbeiten die Titel 4., 5. und 6. (Verbrauchsmaterialien) zusammengefaßt werden können.

B. Organisation der kaufmännischen Nachkalkulation von Hoch- und Stahlbetonbauten.

Charakteristisch für den Hochbau ist das *Vorherrschen der Baustoffkosten* und das Zurücktreten der Gerätekosten. Während die Gerätekosten summarisch erfaßt werden können, müssen für die wichtigsten *Baustoffe* und *Bauhilfsstoffe* eigene Titel geführt werden. Bei den *Arbeiten für den Innenausbau,* welche von den Bauunternehmungen meist an die zuständigen Handwerksmeister oder Spezialfirmen weiter vergeben werden (z. B. Schreiner- und Glaserarbeiten für Fenster und Türen, Malerarbeiten, Dachdeckerarbeiten, Klempnerarbeiten, Heizungsanlagen usw.), müssen die Kosten dieser Titel einzeln vermerkt werden. Wieder etwas anders als bei *reinen Hochbauten* gestaltet sich das Titelschema bei *Industriebauten* (Hallenbauten für Werkstätten, Lagerhäuser, Kesselhäuser usw.), wo der *Rohbau* in *Stahlbeton* oder *Stahl* die Hauptkosten verursacht, während der Innenausbau mehr zurücktritt.

Es soll nun mit Vordruck Nr. 24 ein *Titelschema für Selbstkostenbücher* gegeben werden, wie es bei *Hochbauten mit Stahlbetondecken* verwendbar ist. Dieser Entwurf soll indessen nicht ein Normalschema für alle Hoch- und Stahlbetonbauten ohne Unterschied darstellen. Vielmehr

Nr. 24[1].

Rechnung		1		2																	
		Löhne		*Baustoffe* (frei Baustelle einschl. Fracht und Fuhrkosten)																	
Nr.	Datum			Ziegel		Zement		Kalk		Kies		Sand		Kantholz und Schnittholz		Rundstahl und Flechtdraht		Sonstige Baustoffe			
		DM.	Pf.	DM.	Pf.	DM.	Pf.	DM.	Pf.	DM.	Pf.	DM.	Pf.	DM.	Pf.	DM.	Pf.	DM.	Pf.	DM.	Pf.

3						4		5		6		7			
Bauhilfsstoffe						*Betriebsstoffe* und elektrischer Strom		*Gerätekosten*		*Sozialversicherung*		*Unkosten* der			
Schalholz		Rüstholz		Kleineisenzeug (Nägel usw.)								Bauleitung		Zentrale Steuern usw.	
DM.	Pf.	DM.	Pf.	DM.	Pf.	DM.	Pf.	DM.	Pf.	DM.	Pf.	DM.	Pf.	DM.	Pf.

8															
Malerarbeiten		Schreiner- und Glaserarbeiten (Fenster und Türen)		Dacharbeiten und Klempnerarbeiten		Heizung und Lüftung		Elektroinstallation		Wasserleitung und Kanalisation					
DM.	Pf.	DM.	Pf.	DM.	Pf.	DM.	Pf.	DM.	Pf.	DM.	Pf.	DM.	Pf.	DM.	Pf.

[1] Der zu diesem Formular gehörende Kopf ist aus satztechnischen Gründen in drei Teilen untereinander angeordnet worden. Der Kopf ist wie üblich fortlaufend von links zu lesen.

muß sich das Titelschema auch hier der Eigenart des Bauwerks und den Bedürfnissen der Vorkalkulation anpassen.

Die Verbuchung der für die einzelnen *Baustoffe* verausgabten Geldbeträge in den Selbstkostenbüchern gibt die Möglichkeit, die *durchschnittlichen Preise der einzelnen Baustoffe frei Baustelle* zu ermitteln. Man braucht nur zuvor der „Materialkartothek" (Vordruck Nr. 19) die gelieferten Baustoffmengen zu entnehmen.

C. Bilanz und Zwischenbilanz als finanzielle Nachkalkulation.

Die *Kontrolle des finanziellen Erfolges* von Baubetrieben und Baustellen in regelmäßigen Zeitabständen (am besten monatliche „Zwischenbilanz") und nach Beendigung der Bauarbeiten („Endbilanz"), ist das Ziel der kaufmännischen Kostennachrechnung. Eine Zwischenbilanz läßt sich wie folgt aufstellen: Im Anschluß an ein Aufmaß der einzelnen Leistungen der Baustelle (am besten zum Monatsende) wird aus dem Leistungsverzeichnis des Bauvertrags der *Gegenwert der Leistungen* errechnet. Durch eine Aufnahme der *Materialbestände* muß deren Gegenwert in DM. ermittelt werden. In Fällen, wo die Aufnahme der Bestände etwas schwieriger ist (z. B. Kies, Sand u. dgl.), genügt es vollkommen, den Materialverbrauch nach Erfahrungssätzen gemäß den geleisteten Massen von den gelieferten Materialmengen in Abzug zu bringen. — Erfahrungsgemäß ist es zweckmäßig, die ganzen Leistungen stets *vom Beginn der Bauarbeiten ausgehend* zu berechnen und nicht den monatlichen Leistungszuwachs für sich. Der Gegenwert der Leistungen nach dem Kostenanschlag und der Gegenwert der Materialbestände in DM. addiert, bilden den *Gegenwert der Bauleistungen in DM.*

Bei Finanzierung der Baustelle durch die Zentrale sind demgegenüber die Geldbeträge in DM. festzustellen, welche von der Zentrale zur Verfügung gestellt wurden, wobei der Kassenbestand und nicht bezahlte Rechnungen für Material u. dgl. zu berücksichtigen sind. Wenn der Gegenwert der Leistungen nicht der zur Verfügung gestellten Geldsumme, abzüglich des Kassenbestandes, nach Bezahlung aller Rechnungen entspricht, muß die Ursache der Kostenüberschreitung untersucht werden.

Zur Errechnung des *Gewinns* bzw. *Verlusts* werden die Einnahmen den Ausgaben gegenübergestellt.

Als *Einnahmen* sind anzusehen:

1. Das gesamte *Guthaben aus dem Bauvertrag* und andere Guthaben:
   a) Vom Bauherrn und Dritten bezahlte Rechnungen und Abschlagszahlungen.
   b) An den Bauherrn eingereichte und noch nicht bezahlte Rechnungen (auch vorläufig als Sicherheit einbehaltene Beträge).

c) Gegenwert für noch nicht in Rechnung gestellte Leistungen.

d) Rechnungen an Dritte (noch nicht bezahlt).

2. Der Gegenwert der *Materialbestände:*

a) Baustoffe.

b) Betriebsstoffe.

Als *Ausgaben* sind gegenüberzustellen:

1. Bezahlte Rechnungen (in den Selbstkostenbüchern verbuchte Selbstkosten).

Bemerkung zu 1. Der Verbuchung der Selbstkosten liegen Rechnungsbelege zugrunde (bei den Löhnen die Lohnlisten). Eine gewisse Schwierigkeit liegt darin, daß unter Umständen bei zentralem Einkauf noch nicht alle Rechnungen vorliegen. Dann muß die Materialkartothek herangezogen werden.

2. Rechnungen von Dritten an die Baustelle oder Unternehmung (nicht bezahlte Rechnungen).

3. An die Zentrale abzuführende Beträge oder abzubuchende Beträge, also z. B.

a) Gerätemieten (Geräteleihgebühren).

b) Anteilige allgemeine Geschäftskosten der Zentrale und Steuern.

c) Verbrauch an Bauhilfsstoffen wie Schal- und Rüstholz, Nägeln, Draht usw.

d) Verbrauch an Kleingeräten und Werkzeugen (auch Gleisschwellen).

Der *Unterschied zwischen Einnahmen und Ausgaben* ist der *Gewinn* oder, bei negativem Ergebnis, der *Verlust.*

III. Die Nachkalkulationskartothek.

Die Sammlung der Erfahrungen über die Baukosten von ausgeführten Bauarbeiten erfolgt zweckmäßig in der Zentrale der Unternehmung kartothekmäßig in einer *Sammelkartothek* (Cardex-System od. dgl.). Es werden steife Kartenblätter in DIN-Normenformat verwendet. Als Beispiel ist ein Vordruck (Nr. 25) für Hochbauten entworfen (S. 528).

Nr. 25 (Vorderseite).

Lfd. Nr. .... Bauherr: .... | 19...../..... | Gebäudegruppe: ....

Baustelle: .... Bauwerk: ....

Größe: .... m^3 umbauter Raum .... m^2 überbaute Fläche

Kosten gesamt: .... DM.

Photo und Skizzen:

Kosten je 1 m^3 umbauter Raum
.... DM.
1. ....
2. ....
3. ....
4. ....

Kostenarten	DM.	%
1. Löhne		
2. Baustoffe[1]		
3. Gemeinkosten[2]		
4. Allgemeine Geschäftskosten[3]		
Selbstkosten[3]:		100

Kosten der Hauptbaumaterialien .... DM.

Ziegel 1000 Stück	Kantholz 1 m^3	Kies 1 m^3	Sand 1 m^3	Rundeisen 1 t	Zement 100 kg	Dacheisen 1 t	Bruchstein 1 m^3	Transport km/t	

Treppen 1 Stufe	Dachdeckung 1 m^2	Kamine 1 stgd. m	Malerarbeit 1 m^2

Zentral-heizung	Wasserleitung und Kanalisation	Elektrische Beleuchtung	Ventilation

Mittlere Löhne .... DM. je 1 h.

Maurer	Zimmer-leute	Ar-mierer	Erd-arbeiter	Stukka-teure	Hilfs-arbeiter	Mittel-lohn	Sozial-aufwand %

Zwischenwände 1 m^2				
Ziegel		Holz		
¼ St.	½ St.	m^3		

Kosten einzelner Arbeiten (Preise) in DM.

Erd-arbeiten	Bruchstein-mauerwerk	Beton-fundamente	Stahlbetonkonstruktion			Ziegel-mauerwerk	Putz	Fenster	Türen	Holzkon-struktion	Fuß-böden		
			1 m^3	kg. R.E.	1 m^2 Decke Nutzlast								
1 m^3	1 m^3	1 m^3	DM.	je 1 m^3	..... kg	1 m^3	1 m^2	1 m^2	1 m^2	1 m^3	1 m^2		

[1] Und Bauhilfsstoffe. [2] Einschließlich Gerätekosten und allgemeine Baukosten. [3] Ohne Umsatzsteuer, Wagnis und Gewinn.

Nr. 25 (Rückseite). **Nachkalkulation:** Gerätekosten und Löhne.

Gerätekosten.

Geräte		Neuwert	Abschreibung und Verzinsung			Unterhaltung		Betriebskosten					Gesamtkosten	Betriebsstunden	Durchschnittliche Leistung / Betriebsstunde
								Löhne und Sozialaufw. Facharbeiter	Betriebsstoffe						
	St.	DM.	%	Monat	DM.	%	DM.	h	kWh	DM.	Öle kg	DM.	DM.		
1.															
2.															
3.															
4.															

		= maschine			
Montage h	Demontage h	Montage h	Demontage h	Montage h	Demontage h

Aufstellen von Hilfsbaracken			Entladen von Geräten	
m²	Lohn h	h/m²	t	h/t

Einrichtungsarbeiten.

Facharbeiter h	Hilfsarbeiter h	Gesamt h	DM.

Allgemeine Arbeiten.

Werkstätte, Magazin, Lagerplatz usw.		Sonstige allgemeine Arbeiten	
Facharbeiter h	Hilfsarbeiter h	Facharbeiter h	Hilfsarbeiter h

Lohnkosten in h/Einheiten.

1. Erdarbeiten			2. Maurerarbeiten				Gerüste		3. Betonfundamente				4. Stahlbetonarbeiten							
														Betonieren		Schalen			Armieren	
m³	Lohn h	h/m³	m³	Maurer h	Hilfsarbeiter h	Gesamt h/m³	m²	h	m³	Betonierer h / h/m³	Hilfsarbeiter h / h/m³	Gesamt h / h/m³	m³	Facharbeiter ----- h	Hilfsarbeiter ----- h	m²	Facharbeiter ----- h	Hilfsarbeiter ----- h	t	h
			St. st.	h/m³	h/m³		h/m²						h/m³			h/m²			h/t	

5. Putz			6. Zimmerarbeiten			7. Schlosserarbeit			8. Fußböden			9. Treppen			10. Dachdecken		
m²	Stukkateur h	h/1 m²	m³	Zimmerer h	h/m³	kg	Schlosser h	h/kg	m²	Zimmerer h	h/m²	Stufen	h	h/1 Stufe	m²	h	h/m²

11. Fenster			12. Türen			13. Malerarbeit			14. Kamine		15. Heizung	16. Wasserleitung und Kanalisation	17. Elektrische Beleuchtung
m²	h	h/m²	m²	h	h/m²	m²	h	h/m²	stgd. m	h/stgd. m	1 Heizkörper DM.	DM.	1 Brennstelle DM.

Sachverzeichnis.

(721/67/54.)